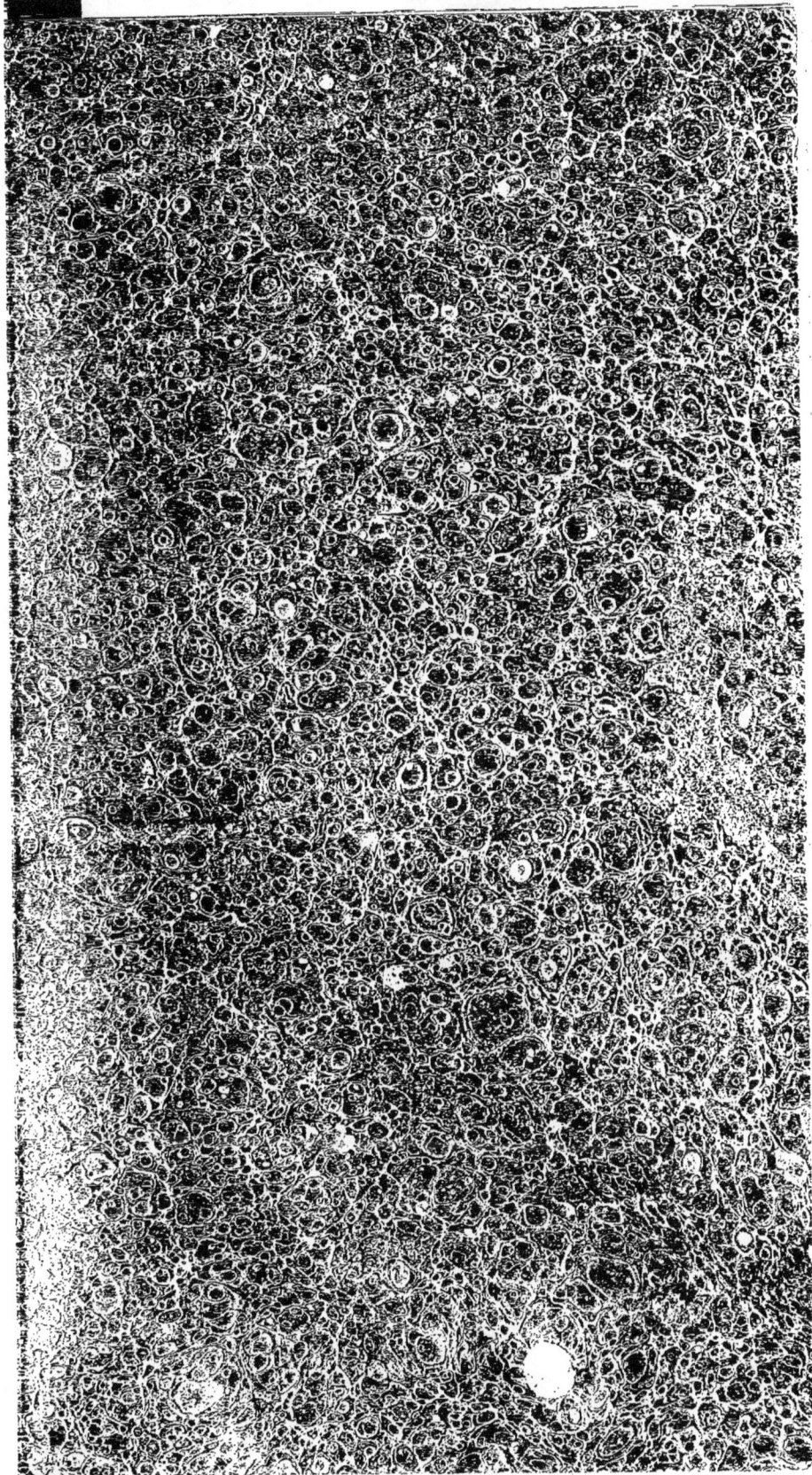

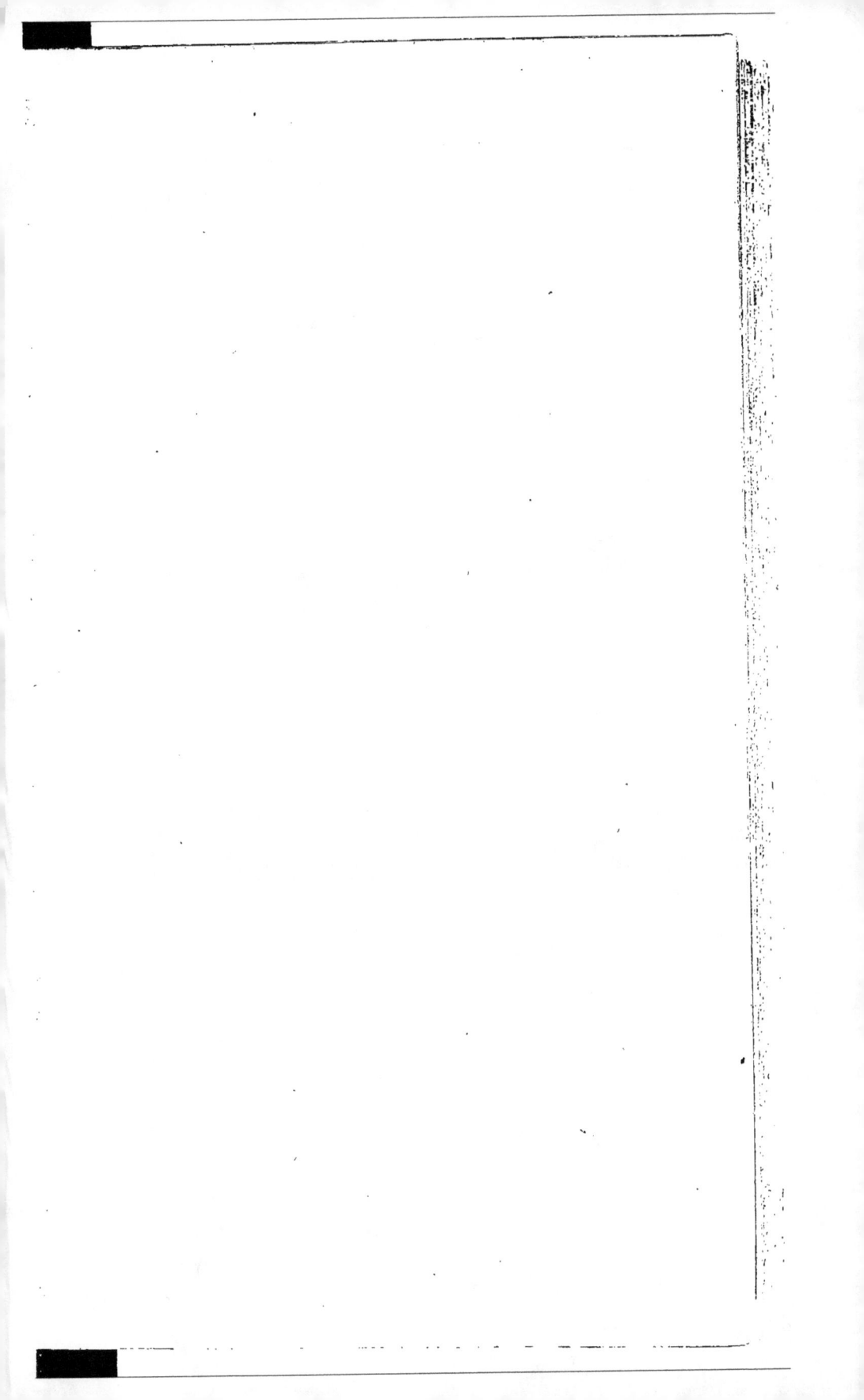

DESCRIPTION

GÉOLOGIQUE ET MINÉRALOGIQUE

DU DÉPARTEMENT DE LA LOIRE.

(C.)

DESCRIPTION

GÉOLOGIQUE ET MINÉRALOGIQUE

DU DÉPARTEMENT DE LA LOIRE

PAR

M. L. GRUNER,

INGÉNIEUR EN CHEF AU CORPS IMPÉRIAL DES MINES.

PARIS.

IMPRIMERIE IMPÉRIALE.

MDCCCLVII.

1858

AVANT-PROPOS.

L'étude géologique d'une contrée, comme son étude géodésique, comprend deux parties distinctes.

Le premier travail est une sorte de triangulation; le deuxième, un levé détaillé de tous les districts. Au premier appartiennent la coordination générale des terrains, la fixation de leur âge, la détermination des lignes de soulèvement; au second, l'examen approfondi de chacune des formations, l'étude minutieuse de leurs limites respectives, l'énumération des ressources variées que peut offrir le sol.

MM. Dufrénoy et É. de Beaumont ont exécuté le réseau général; les études détaillées furent le partage des ingénieurs résidant sur les lieux mêmes[1].

Sous la date du 30 août 1835, une circulaire de M. Legrand, alors directeur général des ponts et chaussées et des mines, provoqua pour ces travaux la coopération

---

[1] Il ne faudrait pas croire cependant que les ingénieurs chargés des cartes départementales n'ont eu qu'à fixer les limites de terrains. Lorsque j'entrepris l'étude géologique du département de la Loire, M. Dufrénoy n'y avait point encore distingué les terrains de transition des terrains anciens. Ce qui m'occupa le plus fut précisément l'étude des terrains paléozoïques et porphyriques. A cet égard, tout était à faire; et on peut en dire presque autant des terrains tertiaires de notre département.

A

des conseils généraux. Ce concours fut accordé avec empressement dans le département de la Loire; des fonds spéciaux furent immédiatement votés pour les études et la publication.

Chargé de la carte de ce département, je commençai mes premières courses en 1836, et dès la fin de 1838 les études générales furent à peu près terminées. Aussi peu après je publiai, dans les *Annales des mines*[1], le résultat sommaire de mes observations. Quelques nouvelles courses, en 1840, 1841, 1847 et 1851, furent cependant nécessaires pour combler certaines lacunes inévitables.

Travaux
pour
l'étude spéciale
du
bassin houiller.

L'étude géologique du département provoqua de ma part un examen plus attentif du terrain houiller. Le bassin carbonifère de Saint-Étienne avait été, en 1813, l'objet d'une publication spéciale, sous la direction de M. l'ingénieur en chef Beaunier. Mais alors les travaux souterrains étaient peu développés. Il eût été difficile d'établir d'une manière positive les rapports d'âge et de stratification des diverses parties du bassin. M. Beaunier ne l'essaya point; il se contenta de décrire séparément les divers groupes de mines, sans chercher à les coordonner entre eux, et sans se prononcer sur leur indépendance ou corrélation relative.

Pendant trois ans, je m'occupai exclusivement du bassin houiller. A mesure que j'avançai dans ce travail, je vis le cadre s'agrandir devant moi, comme il arrive d'ordinaire en pareille matière.

Pour mieux me rendre compte de la position respective des divers systèmes de couches, je fis dresser, pour le bassin entier, des cartes à l'échelle de 1/5,000, sur

[1] *Annales des mines*, 3e série, t. XIX, p. 53. *Mémoire sur la nature des terrains de transition et des porphyres du département de la Loire.*

lesquelles je rapportai tous les puits, fendues, failles, affleurements, etc., avec leurs cotes de niveau, rapportées à une même origine fixe; ou plutôt, j'utilisai pour cela, en les complétant, les plans dressés dès 1813 par M. Beaunier. J'y appliquai le système des courbes de niveau souterraines, tracées de dix en dix mètres sur le mur des couches de houille, système que M. Chatelus, le premier, je crois, avait adopté pour les plans généraux des mines de Rive-de-Gier.

Vers la même époque (1841), j'entrepris, au laboratoire de l'école des mines de Saint-Étienne, une série d'essais sur les houilles du bassin de la Loire, essais dont les premiers résultats ont paru en 1842 dans le tome Ier de la 4e série des *Annales des mines*, page 701, et qui, complétées plus tard, permirent de classer nos houilles d'une façon rationnelle, d'après les bases proposées antérieurement par M. Regnault pour les combustibles minéraux en général [1]. En 1847, je publiai le résumé de mes études sur le bassin houiller, sous forme d'une carte d'ensemble à l'échelle de 1/50,000, accompagnée de quelques pages de texte; et la même année, dans l'*Annuaire départemental*, un court exposé général de la constitution géologique du département.

Enfin, j'ajouterai que l'étude détaillée du bassin houiller fut l'occasion première d'un travail analogue sur le bassin anthraxifère du Roannais et d'une étude spéciale sur les anciennes mines de plomb du Forez [2].

Ces travaux accessoires retardèrent forcément la

---

[1] *Description et classification des houilles de la Loire: Annales des mines,* 5e série, t. II, 1852, p. 511.

[2] *Annales de la Société d'agriculture, d'histoire naturelle et des arts utiles de Lyon,* 1856 et 1857. *Mémoire sur les filons du plateau central et les anciennes mines de plomb du Forez.*

publication de la carte et de la description géologique générale. D'autres circonstances encore contribuèrent à éloigner ce moment.

A l'époque où je fixai les limites géologiques de nos divers terrains, je n'avais à ma disposition que la carte de Cassini. Celle du dépôt de la guerre était à peine commencée, et même aujourd'hui les feuilles du département de la Loire ne sont point encore toutes publiées. Il fallut attendre la carte spéciale que M. Godefin, ingénieur en chef du cadastre, devait publier sous les auspices du conseil général. Avant qu'elle parût, je dus quitter Saint-Étienne. Mon séjour de cinq ans dans l'ouest de la France et la perturbation générale occasionnée par la révolution de 1848 apportèrent un nouveau retard à la publication. Enfin, après tous ces délais, dont je tenais à signaler les principales causes, la gravure et l'impression purent être commencées en 1855.

La publication devait se composer d'abord d'un seul volume de texte, pourvu d'une carte et de coupes géologiques générales.

L'importance du terrain houiller, au point de vue industriel, m'amena à modifier ce premier plan. La description du bassin houiller, réduite à un simple chapitre, n'eût pas satisfait les exploitants, tandis que, d'autre part, les nombreux détails que comporte la matière dépassaient les bornes d'une monographie départementale. Il fallut se décider à scinder l'ouvrage, ou, du moins, à le diviser en deux volumes, que l'on pourra, si l'on veut, se procurer séparément.

Le premier, consacré au département en général, comprend sa description physique et géologique; il renferme, outre la carte et les coupes géologiques proprement dites, une carte orographique du Forez et des provinces voisines, un tableau hydrométrique de la Loire, et les plans détaillés du bassin anthraxifère avec ses porphyres.

Le second, exclusivement réservé au terrain houiller, est accompagné d'une vingtaine de planches, représentant les diverses parties du bassin par les plans ci-dessus mentionnés et par de nombreuses coupes nivelées avec soin.

Pour rendre ces deux volumes entièrement indépendants, j'aurais dû consacrer dans le premier au moins quelques pages au terrain houiller. Je ne l'ai pas fait néanmoins, et voici mes motifs : d'abord, j'ai voulu éviter un double emploi aux personnes qui voudront se procurer les deux volumes; ensuite, le terrain houiller varie peu, d'une manière générale : il est connu des géologues, et, dans tous les cas, j'ai indiqué ses rapports de stratification, en décrivant les terrains supérieurs et inférieurs. A ce point de vue, la lacune sera donc peu sentie. D'ailleurs, la composition spéciale du terrain houiller de la Loire est indiquée par la carte publiée en 1847. Cependant, pour les personnes qui ne posséderaient pas la notice imprimée jointe à la carte en question, je rappellerai en peu de mots, dans cet avant-propos même, les caractères les plus saillants de notre dépôt houiller [1].

Mais, auparavant, quelques mots encore sur la division et le contenu du premier volume et sur les planches qui l'accompagnent.

---

[1] Si l'on objectait que j'aurais pu tout aussi bien placer cette note dans le corps même du volume, pour en former le chapitre V, je répondrais qu'elle eût toujours contrasté par son exiguïté avec l'importance accordée aux autres terrains.

La carte géologique est à l'échelle de 1/160,000. C'est trop faible pour une carte départementale ; je suis le premier à le déplorer. Le tracé des limites sur le terrain avait été exécuté, comme je l'ai déjà dit, à l'aide de la carte de Cassini. La carte manuscrite que me fournit M. Godefin fut dressée à l'échelle de 1/120,000, et cette échelle, déjà plus faible que celle de Cassini, aurait du moins dû être conservée. Malheureusement, par un malentendu et à mon insu, on la réduisit aux trois quarts à l'Imprimerie impériale. Il en fut de même des coupes, dont les distances horizontales correspondent, dans l'original, à 1/120,000 et les distances verticales à 1/30,000.

J'ai tracé les limites aussi consciencieusement et avec autant d'exactitude qu'il m'a été possible. Mais il importe de signaler deux sources d'erreurs tenant à la nature même du travail.

Les cartes de Cassini, quoique assez exactes, ne permettent cependant jamais un tracé géologique tout à fait rigoureux. Beaucoup de hameaux et de maisons isolées ont changé de nom depuis le levé de ces cartes, et, sauf quelques grandes routes anciennes, les voies de communication n'y sont point indiquées. On ne peut, par suite, jamais s'orienter rigoureusement sur le terrain, et il est impossible de tracer bien exactement les points-limites observés. Aussi, de ce chef, il peut résulter quelques erreurs de 200 à 300 mètres, quoique ces cas, je crois pouvoir l'affirmer, soient assez rares.

La seconde cause d'erreurs tient au report des limites. Celles-ci n'auraient pu être tracées directement sur la carte de M. Godefin, à moins de recommencer toutes les courses, ce que je n'ai pu faire d'une façon complète que pour la lisière du bassin houiller. Celle-ci, par suite, est aussi exacte que possible.

Quant aux autres limites, elles résultent du report de la carte de Cassini sur celle de M. Godefin; or, comme ces deux cartes ne s'accordent pas toujours, il en est résulté une nouvelle incertitude sur la véritable position de certains contours. Ces erreurs ne sauraient pourtant être bien importantes; mais, pour avoir une carte tout à fait rigoureuse, il faudra reviser ces limites incertaines sur le terrain même, dès que l'on pourra se procurer pour le département de la Loire les belles cartes géodésiques du dépôt de la guerre.

Dans l'arrondissement de Roanne, le tracé des limites a été particulièrement laborieux. De nombreux filons porphyriques sillonnent le terrain de transition. J'ai pu tracer rigoureusement tous ceux qui appartiennent aux concessions anthraxifères, parce que pour ces parties du département j'avais à ma disposition les plans du cadastre, réduits à l'échelle de 1/10,000. Ce sont ces mêmes plans, ramenés par la gravure à 1/15,000, que j'ai joints au présent volume, autant pour montrer la conformation bizarre et variée des filons porphyriques que pour dévoiler l'allure générale des couches d'anthracite. Ailleurs, où j'étais réduit à la carte de Cassini, j'ai dû me borner à la position approximative des massifs porphyriques les plus importants. Enfin, je dois faire observer encore que dans les chaînons de la Madeleine et d'Ambierle, et dans la partie nord-est du département, entre Regny, Saint-Victor et Belmont, les filons porphyriques sont parfois assez difficiles à distinguer du grès anthraxifère, et que j'ai pu attribuer sur certains points aux masses porphyriques ce qui appartient en réalité au terrain à anthracite.

On remarquera que le relief a été supprimé sur la carte géologique, pour la rendre moins confuse. Mais j'ai indiqué par divers traits la direction réelle des chaînons et les accidents principaux de la surface du sol. En comparant d'ailleurs la carte géologique avec les coupes et la carte orographique, on aura une idée suffisamment nette de la conformation générale du département de la Loire.

Détails sur le plan suivi dans le premier volume.

Le texte comprend deux parties :

La constitution *physique* et la constitution *géologique* du département.

La plupart des ingénieurs qui ont publié des descriptions géologiques départementales les ont fait précéder d'une sorte de traité abrégé de géologie générale, destiné aux personnes peu versées en histoire naturelle. J'ai cru pouvoir m'en dispenser, et cela, d'une part, parce que les connaissances géologiques sont aujourd'hui assez répandues, et que les traités élémentaires de géologie sont à la portée de tous les lecteurs; puis, d'autre part surtout, parce que, à mon avis, ces résumés sont pourtant insuffisants pour donner une connaissance exacte de la constitution géologique de notre globe; ils font même souvent naître des idées fausses, ainsi que cela arrive dans toutes les sciences lorsqu'on les étudie d'une façon superficielle.

La première partie comprend la constitution physique du Forez et des contrées voisines. Il était nécessaire de dépasser les bornes étroites du département de la Loire, pour arriver aux limites naturelles des massifs montagneux et en saisir utilement les caractères distinctifs. La carte orographique, à l'échelle de 1/500,000, correspond spécialement à cette première partie : elle fait connaître la direction des lignes de soulèvement, et, par la diversité des teintes, on distingue du premier coup d'œil les montagnes, les plateaux et les plaines. En la comparant à la carte géologique, on peut immédiatement saisir les rapports qui lient la configuration du sol à sa constitution géologique.

La deuxième partie est consacrée à la description géologique proprement dite. Deux chapitres sont réservés à chaque terrain ou groupe de terrains.

Le premier est purement scientifique; le second, plutôt industriel. Ce dernier signale les roches et minéraux utiles, et décrit les exploitations que ces substances ont provoquées.

La description géologique proprement dite de chacune des formations se divise elle-même en trois parties distinctes. Un premier paragraphe indique d'une manière générale les caractères minéralogiques et géologiques du terrain, ainsi que l'influence de la nature des roches sur l'orographie, l'hydrographie et la nature agricole du sol.

Vient ensuite la description spéciale des principaux districts où le terrain se rencontre. Cette partie, écrite en vue des personnes qui habitent le département ou de celles qui désirent le connaître à fond, pourra être passée par tous ceux qui se contentent d'étudier les formations indépendamment de leur distribution détaillée.

Enfin, le dernier paragraphe est destiné à fixer l'âge des terrains et celui des soulèvements qui les affectent.

Pour atteindre ce but, j'ai dû presque toujours poursuivre les formations dans les contrées voisines, ce qui donne à cette troisième partie un intérêt plus général.

Le volume se termine par une table raisonnée des matières. Les détails qu'elle renferme et les descriptions locales dont je viens de parler m'ont engagé à ne pas ajouter un tableau alphabétique des localités citées, ni la statistique minéralogique résumée de toutes les communes, avec renvoi à la page.

J'ajouterai, enfin, qu'une collection de roches et de fossiles, d'un millier de spécimens, recueillis dans mes courses, a été déposée dans les vitrines de l'école des mines de Saint-Étienne, pour y être conservée comme pièces à l'appui.

Résultats géné-
raux
de l'étude
géologique
du département. Bien que le travail dont j'ai été chargé ne soit qu'une monographie départementale, il renferme cependant plusieurs faits géologiques d'un intérêt assez général pour que je croie devoir les signaler ici en peu de mots, à cause du jour qu'ils peuvent être appelés à jeter sur certaines questions encore obscures et controversées de géologie rationnelle.

1° Quant aux terrains anciens, il me paraît établi (p. 159) que les granites éruptifs proprement dits du plateau central appartiennent tous à une période *unique*, d'une certaine durée, malgré certaines différences minéralogiques plus ou moins importantes;

Que tous ces granites constituent un ensemble de zones ou bandes parallèles, allongées du N. N. E. au S. S. O., suivant le grand axe du plateau central (de Carcassonne à Semur);

Que les éruptions granitiques du plateau central correspondent à l'origine de la période silurienne, c'est-à-dire au système du *Longmynd*, et qu'il faut attribuer à la sortie du granite l'orientation normale du terrain de gneiss et le métamorphisme si prononcé des roches schisteuses anciennes;

Que les pegmatites et les roches congénères (p. 182) sont postérieures aux granites proprement dits, mais antérieures à la période carbonifère, et qu'elles semblent dirigées, d'une manière générale, de l'est à l'ouest.

2° Quant aux terrains de transition, il paraît aujourd'hui constant :

Que les dépôts paléozoïques du département de la Loire appartiennent en entier au système carbonifère, et se composent de haut en bas des formations suivantes (p. 429) :

Pendant toute cette période, soulèvements et affaissements, tantôt lents, tantôt plus ou moins saccadés, suivant E. 25° N....................

1° Terrain houiller proprement dit :
Porphyre quartzifère ou *système du Forez*, N. 15° O.;

2° Grès à anthracite ou *millstone-grit* :
Porphyre granitoïde ou *système des Ballons*, S. 15° O.;

3° Grauwacke ou *calcaire carbonifère;*

Que, postérieurement au terrain houiller, il a paru dans certaines parties du plateau central (la Creuse et le Morvan, par exemple) un troisième porphyre, l'*eurite quartzifère*, qui court sensiblement du sud au nord;

Que chacun de ces porphyres, comme aussi les granites et les pegmatites, ont provoqué la formation de filons quartzeux spéciaux; mais que les plus importants d'entre ces filons, ceux qui renferment, en outre, spécialement de la barytine et de la galène, sont d'un âge plus récent; que leur direction habituelle est le N. O.-S. E., qu'ils se rattachent intimement aux dépôts métallifères des arkoses liasiques, et sont la conséquence du système de soulèvement dit du Morvan [1];

3° Quant aux terrains secondaires et tertiaires :

Que la lisière nord du plateau central a dû s'affaisser lentement, depuis l'origine de la période jurassique jusqu'à la fin du dépôt des argiles à jaspes;

[1] Ce sujet a, du reste, été traité d'une façon spéciale dans mon *Essai d'une classification des principaux filons du plateau central de la France* (*Annales de la Société d'agriculture, d'histoire naturelle et des arts utiles de Lyon*, année 1856).

Qu'à partir de ce moment le sous-sol ancien se souleva graduellement pendant tout le reste de la période secondaire;

Qu'à dater de la période tertiaire, le plateau central s'abaissa de nouveau et jusqu'à la fin de l'époque *miocène;*

Que l'origine de l'époque *pliocène* a été marquée par un dernier relèvement général du centre de la France (p. 609);

Que le terrain tertiaire lacustre des bassins de la Loire et de l'Allier se compose de trois parties, dont l'altitude et l'extension horizontale s'accroissent de bas en haut, tandis que leur puissance varie en sens inverse;

Enfin, que la base de ces dépôts, bornés aux bassins supérieurs de la Loire et de l'Allier, correspond probablement au terrain *éocène;* la partie moyenne, au *miocène inférieur* (le *tongrien*) et l'étage le plus élevé au *miocène supérieur* (le *falunien*);

4° Quant aux terrains de date plus récente :

Que les basaltes sont postérieurs à l'étage tertiaire le plus élevé, le *falunien*, du département de la Loire;

Que le terrain quaternaire de nos contrées ne saurait se distinguer des produits de l'époque actuelle;

Et que nulle part, d'ailleurs, on ne voit la moindre trace de moraines ni aucun des autres effets de la période glaciaire.

Nature et composition du bassin houiller de la Loire.

J'ajouterai maintenant quelques mots sur la composition spéciale du terrain houiller de la Loire, afin de combler la lacune ci-dessus mentionnée.

Le calcaire carbonifère et le millstone-grit existent dans l'arrondissement de Roanne, tandis que la véritable formation houillère y manque; et, inversement, à Saint-

Étienne et à Rive-de-Gier, on a le terrain houiller proprement dit, sans les deux formations inférieures du système carbonifère.

Le terrain houiller de la Loire s'est déposé au fond d'une vaste dépression du terrain ancien : au nord perce spécialement le gneiss, au sud le micaschiste, à l'ouest le granite type du Forez. Partout la superposition est discordante. Le bassin houiller s'étend du S. O. au N. E. depuis les bords de la Loire jusqu'au Rhône et au delà. D'abord fort étroit, à son extrême limite sud-ouest, et même bifurqué sur une certaine étendue, il se renfle bientôt vers le nord, atteint sa plus grande largeur à Roche-la-Molière et à Saint-Étienne, se rétrécit de nouveau auprès de Saint-Chamond, et devient surtout fort peu large en aval de Rive-de-Gier. A Tartaras, la bande houillère est réduite à 300 mètres. Plus loin, elle augmente et diminue tour à tour : ainsi, à Givors, elle atteint 1,500 mètres, et sur la rive gauche du Rhône, auprès de Communay, on observe la même largeur au point où elle se cache sous les sables tertiaires.

Le terrain houiller de la Loire se compose, comme tous les bassins carbonifères du globe, d'une alternance variée de schistes, de grès et de poudingues, mais avec prédominance marquée de ces dernières roches, surtout dans les parties nord et ouest du bassin.

Le nombre total des couches de houille ayant plus de 1 mètre de puissance est de vingt-huit à trente, et l'épaisseur totale du charbon pur varie entre 45 à 50 mètres.

Ces couches sont inégalement réparties. Elles constituent quatre systèmes ou faisceaux, entre lesquels se trouvent de puissants massifs stériles, presque exclusivement composés de grès et de poudingues plus ou moins grossiers.

De bas en haut, ce sont :

Le système ou groupe de Rive-de-Gier, comprenant quatre couches;

Le système inférieur de Saint-Étienne, renfermant sept couches;

Le système moyen de Saint-Étienne, avec neuf ou dix couches;

Le système supérieur de Saint-Étienne, formé de huit couches.

Le premier, dit de *Rive-de-Gier,* occupe le bassin entier et embrasse, comme lui, 20,690 hectares. Il se subdivise en trois étages.

A la base est une véritable brèche, composée de fragments peu roulés de roches anciennes, alternant çà et là avec des parties plus fines, imparfaitement stratifiées. Elle a tous les caractères d'un amas de roches brisées, accumulées par éboulement, au sein d'une masse d'eau. On la rencontre spécialement le long de la lisière nord et ouest du terrain houiller.

Le deuxième étage comprend les couches de houille et se compose exclusivement, outre le charbon, de grès et de schistes.

Sa puissance varie de 80 à 120 mètres. Parmi les quatre couches, la principale, dite *Grande masse,* a de 6 à 12 mètres; chacune des trois autres, 1 à 2 mètres. Jusqu'à ce jour elles sont exclusivement exploitées à Rive-de-Gier même; mais leur prolongement vers Saint-Chamond et Saint-Étienne, sous les systèmes supérieurs, me paraît hors de doute.

Au toit de la couche la plus élevée vient le troisième étage. C'est un grossier poudingue stérile, dont la puis-

sance est en moyenne de 200 mètres à Rive-de-Gier
même, et de 5 à 600 mètres vers Saint-Chamond et
Saint-Étienne. Il se compose exclusivement de débris
roulés, riches en galets de quartz.

Le deuxième groupe, dit *système inférieur de Saint-
Étienne*, commence vers Saint-Chamond, entoure Saint-
Étienne, et s'étend jusqu'aux limites ouest du bassin
houiller. Il mesure environ 10,000 hectares, et comprend deux étages, l'un houiller, l'autre stérile.

Le premier étage, composé en majeure partie de grès
ordinaire, contient sept à huit couches de houille, variables de qualité et de puissance, mais parmi lesquelles
se trouve habituellement une couche principale de 6 à
8 mètres. On les exploite au nord de Saint-Chamond et
dans les parties nord et ouest du district stéphanois. La
puissance totale de ce premier étage varie de 3 à
400 mètres. Celle du poudingue stérile placé au-dessus
atteint 200 mètres auprès de Reveux, à l'est de Saint-
Étienne, et au plus 50 mètres au mont Salson, à l'ouest
de la ville.

Le troisième groupe, dit *système moyen*, occupe exclusivement les environs de Saint-Étienne et ne couvre
guère plus de 4,700 mètres. Comme le précédent, il
se compose d'un étage houiller à la base et d'une partie
stérile vers le haut. La puissance du premier oscille entre
200 et 400 mètres; celle du second, entre 120 et
250 mètres.

Dans la partie houillère on connaît une grande couche
de 8 à 10 mètres et plusieurs veines secondaires de 1 à
2 mètres.

Enfin, le dernier groupe, dit *système supérieur*, comprend encore, à la base, un faisceau houiller, assez important par le nombre de ses couches, mais peu constant

dans son allure; puis au-dessus un poudingue stérile, à galets de quartz, de 100 à 150 mètres de puissance.

Il forme au centre du bassin deux crêtes peu larges, d'environ 1,300 hectares de superficie, allongées dans le sens de la vallée houillère.

Les charbons de la Loire sont en général gras et collants. Les houilles sèches à longue flamme y sont inconnues, et un petit nombre de mines fournissent du charbon demi-maigre à courte flamme. La nature des houilles dépend d'ailleurs beaucoup moins de leur niveau géologique que des conditions spéciales de leur enfouissement. La même couche fournit tour à tour, selon les lieux, du charbon gras ou maigre.

Dans le bassin de la Loire les couches et les failles obéissent à deux directions principales, contemporaines, résultant toutes deux de la compression latérale que dut produire sur les assises houillères le soulèvement de la chaîne du Pilat. L'une est parallèle, l'autre perpendiculaire à l'axe de la vallée houillère.

Le cubage des couches de charbon conduit à un massif disponible de cinq à six milliards d'hectolitres, sans compter les couches de Rive-de-Gier, dans leur prolongement, à peu près assuré, sous les systèmes supérieurs de Saint-Étienne. Mais pour exploiter ces dernières couches, au centre du bassin, il faudra des puits de 1,200 à 1,500 mètres.

DESCRIPTION

GÉOLOGIQUE

DU DÉPARTEMENT DE LA LOIRE.

PREMIÈRE PARTIE.

CONSTITUTION PHYSIQUE.

—————⋯————

§ 1er.

SITUATION, ÉTENDUE, CONFIGURATION GÉNÉRALE.

Le département de la Loire, formé de l'ancienne pro- Situation.
Étendue.
vince du Forez et de quelques communes du Beaujolais et
du Lyonnais, est compris entre les 45° 20′ et 46° 30′ de
latitude boréale et les 1° 20′ et 2° 25′ de longitude orientale du méridien de Paris.

Ses limites sont : à l'est, les départements du Rhône et
de l'Isère; au sud, ceux de l'Ardèche et de la Haute-Loire;
à l'ouest, le Puy-de-Dôme et l'Allier; au nord, le département de Saône-et-Loire.

Sa plus grande longueur est de 136 kilomètres, mesurée
dans le sens du méridien, de l'extrême limite de la commune d'Urbize à l'angle sud de la commune de Saint-Sauveur;

Sa plus grande largeur, de 66 kilomètres, entre Chavanay, à l'est, sur les bords du Rhône, et Gumières, à
l'ouest, dans les montagnes du Forez.

Sa superficie totale, d'après le travail cadastral, est de

1

477,018 hectares, répartis du nord au sud en trois arrondissements, savoir :

Arrondissement de Roanne au nord........ 178,459 hect.
———————— de Montbrison au centre..... 195,111
———————— de Saint-Étienne au sud.... 103,448

Total................ 477,018

Configuration du sol. Le département de la Loire est l'un des plus variés, sous le rapport de sa configuration extérieure.

Placé sur le versant septentrional du plateau central de la France, il appartient presque en entier au bassin du fleuve dont il porte le nom. La Loire le parcourt dans sa plus grande longueur, du sud au nord. Aussi, en négligeant le vallon du Gier et le revers méridional du Pilat, c'est-à-dire la pointe sud-est du département, dont les eaux se rendent au Rhône, on peut le considérer, dans son ensemble, comme une large vallée ouverte au nord et fermée dans les trois autres sens.

Toute vallée, spécialement à son origine, se partage en une série de bassins et de défilés. Tantôt le rivage est uni et s'élève peu au-dessus du niveau des eaux; tantôt les berges sont escarpées et hautes, et le torrent suit péniblement une gorge étroite et sinueuse.

Division du département en trois régions. Par suite de cette disposition, le département de la Loire se divise en trois régions éminemment distinctes : les montagnes qui forment les flancs de la grande vallée, les plateaux qui bordent les défilés du fleuve, et les plaines ou bassins plats.

Région des montagnes. Les montagnes se partagent elles-mêmes en trois massifs différents, les montagnes du Forez, la chaîne du Pilat et le groupe du Beaujolais.

Le premier isole, à l'ouest, le bassin de la Loire de celui de l'Allier; le second sert, au sud, de ligne de partage aux eaux de la Loire et du Rhône; le troisième continue cette même ligne de faîte à l'est, entre la Loire et la Saône.

En parcourant maintenant cette vallée ainsi encaissée, du sud au nord, dans le sens de la pente du fleuve, on rencontrera successivement deux plateaux ondulés et deux bassins plats.

Région des plateaux et des plaines.

Le premier plateau, celui de Saint-Étienne, s'étend du revers nord de la chaîne du Pilat à la base des montagnes du Forez, et du bassin d'Aurec (Haute-Loire) au bassin de Feurs (Loire).

A Saint-Rambert, la Loire sort du défilé et les coteaux se retirent des bords du fleuve. On se trouve tout à coup transporté au milieu d'un vaste bassin elliptique, de huit à dix lieues de longueur sur trois à quatre lieues de largeur : c'est la plaine dite de *Feurs*, ou du Forez (*forum Segusianorum*).

Au-dessous de Balbigny commence le second plateau, celui de Neulize. Une série de coteaux élevés, disposés en forme de puissante digue, viennent barrer le cours du fleuve sur une longueur de près de six lieues, et relient transversalement les montagnes du Forez au groupe des hauteurs du Beaujolais.

Enfin, à trois kilomètres en amont de Roanne, ce deuxième défilé s'ouvre à son tour, les coteaux s'abaissent, et un nouveau bassin, la plaine de Roanne, s'étend au loin vers le nord.

Reprenons avec quelques détails chacune de ces régions, et, pour les étudier d'une manière plus complète, qu'il me soit permis de les poursuivre en partie au delà des limites de notre département.

§ 2.

OROGRAPHIE. [1]

A. RÉGION DES MONTAGNES.

I. MONTAGNES DU FOREZ.

La chaîne la plus importante du département de la Loire, tant par sa hauteur que par son étendue, est celle que l'on désigne sous le nom de *Montagnes du Forez.*

Vue de loin, elle ressemble à une large croupe à dos arrondi, dont les flancs s'abaissent régulièrement et en pente douce des deux côtés de la ligne de faîte.

Nulle sommité qui dépasse de beaucoup ses voisines, encore moins de ces pics à formes élancées, ou de ces grands escarpements à parois nues si fréquents dans les Alpes.

Cependant cette chaîne, qui de loin paraît si mollement ondulée, est sillonnée transversalement par un grand nombre de gorges très-sinueuses, sortes de déchirures où se montrent à nu les roches du terrain. Elles sont généralement étroites et profondes, et leurs parois, à pente très-roide, souvent hérissées de crêtes et de dentelures rocheuses.

Cette structure singulière semble caractériser d'une manière spéciale les montagnes granitiques du plateau central. Elle se retrouve en effet partout la même, dans la Creuse et la Corrèze, l'Aveyron et le Puy-de-Dôme, et M. Dufrénoy l'a signalée dans l'explication qui accompagne la grande carte géologique de la France.

Étendue de la chaîne du Forez.

On donne le nom de Montagnes du Forez, en prenant ce terme dans son sens le plus étendu, au vaste groupe

[1] Pour bien comprendre ce qui va suivre, il faut avoir sous les yeux la petite carte annexée au volume. On peut aussi consulter la carte géologique de l'Atlas.

montagneux qui sépare la vallée de la Loire de celle de l'Allier. Cette large protubérance commence à se dessiner aux environs du Donjon et de la Palisse. De ce point, en avançant vers le sud, elle se développe graduellement en hauteur et en largeur. La base du massif se trouverait assez bien limitée par deux droites divergentes, partant de l'embouchure de la Bèbre et allant, l'une à l'est, sur Montbrison et Saint-Marcellin, l'autre à l'ouest, sur Issoire.

Là, le massif atteint son maximum de largeur; au delà, il est borné par deux autres lignes qui suivraient à peu près la Loire et l'Allier, en convergeant sur Pradelles, où les deux cours d'eau ne sont plus séparés que par une simple arête dont la base a 14 kilomètres.

Ainsi, dans leur ensemble, les montagnes du Forez couvrent un vaste espace elliptique dont le grand axe est exactement dirigé du nord au sud, du Donjon à Pradelles, et le petit axe de l'ouest à l'est, d'Issoire à Montbrison. Le premier a 185, le second 60 kilomètres.

Au nord, les montagnes se perdent dans la plaine de la Loire; au sud, elles se rattachent au plateau élevé de la Haute-Loire et de l'Ardèche, dont le point culminant est le mont Mezenc (1,774 mètres); et ce plateau résulte luimême de l'entrecroisement de la chaîne du Forez et de celle du Pilat.

La hauteur de la ligne de faîte s'élève en proportion de la largeur du massif. Elle augmente depuis le Donjon jusqu'au parallèle de Montbrison. Là, elle atteint au mont Herboux (Pierre-sur-Autre) le niveau de 1,640 mètres, ou 1,270 mètres au-dessus de la plaine du Forez.

Mais son altitude moyenne, entre Noirétable et Saint-Anthème, n'est que de 1,300 mètres, ou 930 mètres audessus de la plaine. Dans sa partie méridionale, entre Saint-Bonnet-le-Château et Pradelles, elle dépasse rarement la cote de 1,000 mètres, mais aussi ne descend pas souvent au-dessous de 900 mètres.

À voir de loin les montagnes du Forez, et à les juger

Altitude de la chaîne du Forez.

Chaînes

d'après leur apparente uniformité, on croirait qu'elles appartiennent à un système unique, directement orienté du sud au nord.

Mais l'apparence trompe ici comme ailleurs, et, au fond, la disposition des montagnes du Forez est loin d'être simple. Elles se composent, sous le double rapport orographique et géologique, de trois parties tout à fait distinctes, et chacune de ces parties se sous-divise elle-même en une série de petits chaînons variés.

Au centre est le massif principal, la chaîne à laquelle on donne plus particulièrement le nom de Montagnes du Forez, au nord-est les montagnes de la Madelaine, au sud-ouest, sur la rive gauche de la Dore, le massif de la Chaise-Dieu, entre Courpierre et Pradelles.

La chaîne centrale est séparée des hauteurs de la Madelaine par les vallées de la Bèbre et du Lignon, ou à peu près par une ligne qui irait de la Palisse à Boën; d'autre part, les rivières de l'Arzon et de la Dore l'isolent du massif méridional, et ces deux cours d'eau correspondent sensiblement à une droite allant de Courpierre au Puy.

La chaîne du Forez est essentiellement granitique; la montagne de la Madelaine, principalement porphyrique; le massif de la Chaise-Dieu, granitique au nord et basaltique au sud.

Étudions successivement chacun de ces trois massifs.

1° Chaîne proprement dite du Forez.

Les montagnes proprement dites du Forez s'étendent de Cusset, sur l'Allier, à Monistrol, sur la Loire. C'est une chaîne de 110 kilomètres de longueur sur 25 kilomètres de largeur, courant du sud 25° est au nord 25° ouest. Elle se compose d'une succession de chaînons obliques, parallèles entre eux, tous orientés sur N. 50° O., et coupant l'axe de figure sous un angle de 25°.

D'autres arêtes moins saillantes se dessinent parallèlement à l'alignement N. 15° E.

Le chaînon le plus important est celui au pied duquel est bâti Montbrison. Il correspond au centre du groupe, et passe par Pierre-sur-Autre, la cime la plus haute du département (1,640 mètres). Depuis ce sommet, il conserve au sud-est, jusqu'à Verrières, le long des limites du département, une hauteur moyenne de 1,300 à 1,400 mètres, puis s'abaisse graduellement vers Gumières, Chazelles et Saint-Marcellin. Au nord-ouest, le massif baisse rapidement, dans la direction de Courpierre, en passant par le Brugeron et le bourg d'Aubusson. *Chaînon de Pierre-sur-Autre, orienté sur N. 50° O.*

Au pied de ce chaînon, et parallèlement à sa direction, coulent, sur le versant nord, le Lignon et la Mare, sur le versant sud, aux environs d'Olliergue, la Dore et plusieurs de ses affluents, près le Brugeron[1].

La vue est vaste et belle du sommet de Pierre-sur-Autre. Elle embrasse, au loin, les vallées de la Loire et de l'Allier; à l'est, elle s'étend jusqu'au Mont-Blanc; au sud et sud-ouest, jusqu'au Mezenc (1,774 mètres), au Mont-Dore (1,886 mètres) et au Cantal (1,858 mètres), ces trois cimes les plus hautes du plateau central.

A une faible distance au sud du chaînon de Pierre-sur-Autre, on distingue, sur la carte, une crête parallèle moins haute et moins nettement accusée. Elle se dirige des environs de Saint-Anthème sur Saint-Bonnet-le-Château, et descend de là vers Aurec, dans la vallée de la Loire. *Chaînon de Saint-Bonnet-le-Château.*

Au nord de la ligne de Pierre-sur-Autre se montrent cinq chaînons parallèles, dont deux fort importants. Le premier part des environs de Thiérs, s'élève vers les bois de l'Hermitage (1,306 mètres), atteint sa plus grande hauteur au nord de la Chamba, au pic de Vimont (1,353ᵐ), puis s'abaisse rapidement vers Jeansagnère, sur les bords du haut Lignon, qui coule ici exactement dans le prolongement même du chaînon. Mais, parallèlement à ce cours d'eau, et en retrait (au nord) sur la ligne du pic de Vi- *Chaînon de l'Hermitage et du pic de Vimont.* *Crête de Saint-Georges-sur-Couzan.*

---

[1] Voir la petite carte annexée au volume.

mont, nous trouvons la crête de Saint-Georges-sur-Couzan.

Massif du bois de la Faye.

Auprès de Noirétable, entre les deux branches parallèles de la Durolle, petite rivière qui passe à Thiers, se
dresse le petit massif du bois de la Faye.

Chaînon des Bois-Noirs et du Puy-Montoncelle.

Au delà vient le chaînon dit les Bois-Noirs. Il prend naissance sur les bords de l'Allier, entre Châteldon et Vichy;
passe par le sommet du Puy-Montoncelle (1,292 mètres)
et par le mont Saint-Thomas (1,181 mètres); coupe ensuite la route de Roanne à Clermont, au niveau de 938^m,
et descend de là vers Champoly, au pied occidental de la
montagne d'Urfé.

A partir de ce point, dans le prolongement direct de
l'axe du chaînon, s'ouvre la vallée de Saint-Thurin, qui
correspond exactement à la limite commune du granite et
des terrains de transition.

Au nord du massif des Bois-Noirs coule parallèlement
la rivière d'Aix. Elle sépare, dans la partie supérieure de
son cours, la chaîne du Forez des montagnes de la Madelaine.

Chaînons de Cusset.

Enfin, on trouve encore le même alignement N. 50° O.
à S. 50° E. dans le Sichon, qui passe à Cusset, et dans
les deux coteaux élevés qui longent cette rivière, depuis
Saint-Priest-la-Prugne jusqu'à Vichy.

Arêtes orientées sur N. 15° E.

Quant aux arêtes N. 15° E., elles sont nombreuses dans
la partie méridionale de la chaîne, mais beaucoup moins
saillantes que les crêtes dont nous venons de parler. Elles
semblent correspondre à un soulèvement antérieur dont
les rides, moins élevées, sont aujourd'hui en partie effacées
par l'alignement principal. Nous verrons, en décrivant le
Pilat et les montagnes du Beaujolais, que ces arêtes font
partie du système de plis qui a imprimé aux schistes cristallins leur allure normale. En étudiant les terrains anciens
sous le rapport géologique, nous prouverons, de plus, que
cette direction se rattache à l'éruption des grandes masses
granitiques du centre de la France, et correspond proba-

blement au plus ancien soulèvement dont cette contrée a été le théâtre.

La petite carte annexée au volume fait connaître la série des arêtes dont nous venons de parler. Si nous suivons la chaîne, du sud au nord, nous trouvons d'abord une crête N. 21° E. et deux petites rivières parallèles, à Yssengeaux, sur la rive droite de la Loire; ensuite une longue arête N. 15° E., à l'ouest de Craponne, entre les parties hautes des cours de l'Arzon et de la Dore. Elle traverse même la ligne de faîte du chaînon de Pierre-sur-Autre et se prolonge sur l'autre versant, dans la direction du bourg de Sauvain, sous forme d'un léger contre-fort.

D'autres crêtes, au nombre de quatre ou cinq, se montrent sur le versant occidental de la chaîne du Forez, entre Saint-Bonnet et Ambert. Quelques-unes franchissent aussi la ligne de faîte, et l'une d'elles relie, entre Verrières et Saint-Anthème, le chaînon de Saint-Bonnet au chaînon de Pierre-sur-Autre. Ces arêtes impriment à la plupart des vallons de ce district une allure parallèle. Ainsi, l'Ance, l'Andrable et quelques-unes de leurs branches coulent toutes, dans la partie supérieure de leur cours, du N. 10° à 20° E. au S. 10° à 20° O.

Enfin, au nord de la cime de Pierre-sur-Autre, la ligne de faîte de la chaîne du Forez se détourne elle-même au nord 15° à 16° est, et les gorges du haut Lignon subissent une inflexion parallèle. Cette arête est fort bien marquée sur la carte de Cassini (n° 52). Elle y est désignée sous le nom de bois d'Olliergue. Sa hauteur moyenne est de 1,300 à 1,400 mètres. Elle conduit au chaînon du bois de l'Hermitage et se prolonge même au delà, en s'abaissant vers le vallon de Saint-Julien-la-Vêtre.

2° Massif de la Chaise-Dieu, au sud-ouest de la chaîne centrale.

Le massif de la Chaise-Dieu est compris, au nord, entre l'Allier et la Dore; au sud, entre l'Allier et la Loire.

La partie nord, jusqu'à Paulhaguet et la Chaise-Dieu, est une large protubérance granitique surbaissée, allongée dans le sens du méridien, et composée, comme la chaîne du Forez, d'une série de petites crêtes, les unes dirigées du S. 50° E. au N. 50° O., les autres du S. 15° O. au N. 15° E.[1]

Le district méridional est réduit à une chaîne unique, allant du N. O. au S. E., de Paulhaguet à Pradelles. Le basalte y domine; mais comme cette roche ne forme qu'une sorte de calotte à la surface du granite et du gneiss, la direction générale résulte sans doute ici aussi du principal soulèvement qui a façonné la chaîne du Forez, soulèvement de beaucoup antérieur à l'apparition des roches basaltiques.

Le plateau central de la France comprend aussi, en dehors du département de la Loire, une série de chaînons dirigés les uns sur N. 50° O., les autres sur N. 15° E.

Nous ne dirons rien de plus du massif de la Chaise-Dieu, qui ne fait point partie du département de la Loire; mais nous observerons que la double direction qui s'y manifeste, comme dans la chaîne du Forez, acquiert un certain intérêt, par cette circonstance qu'elle se retrouve dans plusieurs autres parties du plateau central. Ainsi l'alignement N. O.-S. E. dans les hautes montagnes granitiques de la Margeride, sur la rive gauche de l'Allier, et dans les crêtes qui bordent la Creuse, entre Guéret et Aubusson; l'axe N. 15° E., non-seulement dans le Pilat et le Beaujolais, mais encore d'une manière très-prononcée dans le Puy-de-Dôme, la Corrèze, la Creuse et l'Ardèche, et, dans tous ces lieux, il coïncide avec la direction des strates du terrain de gneiss.

Nous nous contenterons de signaler, pour le moment, cette coïncidence d'une manière générale, nous réservant d'en parler plus au long lorsque nous traiterons, dans la partie géologique, la question des divers soulèvements qui ont successivement modifié le sol de cette partie de la France.

---

[1] Voir la petite carte.

3° Montagnes de la Madelaine.

Au nord de la chaîne du Forez, les montagnes de la Madelaine constituent un groupe à part, limité à l'ouest par la Bèbre, et à l'est par la plaine de Roanne. Son apparence générale est cependant la même : ce sont, de part et d'autre, des croupes mollement arrondies, çà et là surmontées de quelques dômes.

Cependant on observe dans la Madelaine une plus grande uniformité. Les chaînons suivent une direction unique, qui est celle de la chaîne prise en masse, c'est-à-dire du S. 15° E. sur N. 15° O. On pourrait aussi y signaler la présence un peu plus fréquente de crêtes rocheuses, le porphyre étant moins altérable que le granite.

La Madelaine est formée de chaînons N. 15° O.

Les montagnes de la Madelaine couvrent un espace à peu près rectangulaire de 15 kilomètres sur 60. Au sud, on les voit naître aux environs de Grézolles et de Saint-Just-en-Chevallet; au nord, elles se perdent dans la plaine, un peu au delà du Donjon et du bassin houiller de Bert.

La chaîne se compose de plusieurs ondulations parallèles fort rapprochées, entre lesquelles courent une série de hautes vallées d'une faible largeur. On donne plus particulièrement le nom de montagnes de la Madelaine au district le plus élevé compris entre les deux routes de Roanne à Clermont et de Roanne à Cusset. Sur une longueur de 15 kilomètres, la ligne de faîte s'élève généralement à plus de 1,000 mètres, soit 700 mètres au-dessus de la plaine de Roanne. Les points culminants sont, à la limite du département, le sommet du bois des Crèches (1,123ᵐ) et, à 2 kilomètres de la limite, dans le département de l'Allier, la cime du bois de l'Assise (1,165 mètres)[1].

Altitude du chaînon principal.

Le point le plus élevé de la première des deux routes que je viens de nommer est au niveau de 884 mètres, et celui de la seconde à la cote de 799 mètres. Au nord de

---

[1] Voir la carte de l'Atlas, planche n° 1.

la ligne de Cusset à Roanne, la chaîne s'abaisse graduellement vers Saint-Martin-d'Estreaux, où la route de Paris à
Lyon la traverse à 501 mètres. Plus loin, elle constitue
les quelques cimes arrondies qui dominent Montaiguet et le
Donjon. Son altitude oscille là entre 400 et 500 mètres.
L'un des sommets atteint cependant 519 mètres, et un
autre 530 mètres.

A son extrémité sud, entre Saint-Polgues et Saint-Just-
en-Chevalet, la chaîne est plus élevée et ses ramifications se
multiplient. Les lignes de faîte des divers chaînons ne descendent guère au-dessous de 700 mètres; plusieurs cimes
dépassent 800 mètres, et le pic de la forêt de Cremeaux
atteint même 907 mètres.

Le système de la Madelaine se rattache aux montagnes
du Forez par le col de Saint-Priest-la-Prugne, situé au
pied oriental du Puy-Montoncelle, au niveau de 782 mètres,
entre la Bèbre et la rivière d'Aix.

Chaînons secondaires de la Madeleine. Parmi les ondulations secondaires groupées autour du
massif principal, nous devons spécialement signaler la
longue crête qui borde la plaine de Roanne. Une série de
profonds vallons la sépare du chaînon central. En allant
du sud au nord, on rencontre successivement les vallons
de l'Isable, du Renaison, de la Tache, de la Tessonne et
le ruisseau de Saint-Martin-d'Estreaux. A l'origine de chacun d'eux, des cols relient le chaînon secondaire au système
principal. Entre l'Isable et le Renaison, c'est le col du Four,
au niveau de 838 mètres; entre la Tache et la Tessonne,
le col de la Croix-du-Sud, à la cote de 611 mètres, et près
de Saint-Bonnet-les-Quarts, à la source du ruisseau de
Saint-Martin, le col de Marmin, à la hauteur de 577 mètres.

Côtes d'Ambierle et de Villemontais. Ce chaînon est appelé, dans ses diverses parties, d'après
les villes ou bourgs situés le long de son pied : côtes
de Villemontais, de Saint-André, de Saint-Haon, d'Ambierle, etc. Au sud, les premières cimes commencent à
paraître auprès de Saint-Polgue, au niveau de 600 mètres.
A Chériez, la route de Roanne à Clermont le traverse à

749 mètres. A 2 kilomètres de Chériez, on arrive au point culminant, le mont Grousset (949 mètres).

Au delà, le chaînon s'abaisse, en se maintenant toutefois jusqu'à Ambierle au niveau moyen de 700 à 800 mètres. Ainsi, à Arçon, on trouve 903 mètres; à Saint-Haon-le-Vieux, 776 mètres, et au mont Pierre-Fitte, au-dessus d'Ambierle, 852 mètres.

Au delà de Saint-Bonnet, le point le plus élevé n'a plus que 702 mètres; enfin, la dernière butte, dite le Jard, auprès de Saint-Martin-d'Estreaux, est à la cote de 602 mètres.

En deux points, aux Noës et à Saint-Bonnet-les-Quarts, le chaînon qui nous occupe est rompu jusqu'à sa base par de profondes gorges transversales. Elles servent de passage au Renaison et à la Tessonne, qui s'échappent des vallées intérieures, et se rendent par là à la plaine de Roanne, puis à la Loire.

Au nord de Saint-Martin, la crête qui borde la plaine se confond, en une seule large croupe, avec les dernières ramifications du chaînon principal, et, ensemble, elles constituent les hauteurs, déjà nommées, du Donjon et de Montaiguet.

II. CHAINE DU PILAT.

La chaîne du Pilat est le deuxième système montagneux du département, dans l'ordre de leur importance relative[1]. Elle ferme le bassin de la Loire dans la direction du sud-est et le sépare ainsi de celui du Rhône.

Comme les montagnes du Forez, le Pilat offre une série de croupes largement arrondies, sillonnées en divers sens de gorges étroites et profondes; et cette structure tient ici

[1] La chaîne du Pilat était autrefois connue sous le nom de monts Cémènes. On retrouve ce nom dans la petite rivière la Semène, qui prend sa source, vers le haut de la chaîne, dans la commune de Saint-Genest-Malifaux, et se jette dans la Loire entre Aurec et Firminy. Dans le département de la Haute-Loire, on trouve aussi une petite rivière appelée Sumène.

également à la nature friable du granite et des roches plus
ou moins schisteuses dont se compose tout ce massif. Cependant, le granite du Pilat est généralement plus dur que
celui des montagnes du Forez; aussi observe-t-on, même
en dehors des gorges transversales, des pentes assez roides,
quelques cimes légèrement dentelées, et çà et là des escarpements où le rocher se montre à nu sous forme de parois
fortement inclinées.

Le Pilat
se compose
d'une
série de chaînons
N. 55° E.

Le massif du Pilat est formé d'une série de chaînons
parallèles, tous orientés sur N. 55° E. Ils se succèdent de
telle façon, que chacun d'eux commence, au nord-est, à la
vallée du Rhône et se termine, au sud-ouest, sur les bords
de la Loire. Le Pilat comprend ainsi, dans son acception
la plus large, toutes les parties de ce grand massif montueux qui surgit au sud de Lyon et s'étend vers le midi,
dans le sens du méridien, entre la Loire, à l'ouest, et le
Rhône, à l'est. Aussi, vu de loin et pris en masse, il a
l'apparence d'une large chaîne nord-sud.

Chacun des chaînons partiels est séparé de son voisin
par une double vallée longitudinale, dont les eaux coulent
d'une part, vers le nord-est, au Rhône, et d'autre part,
dans la direction du sud-ouest, à la Loire. Ainsi, du côté
du Rhône, nous trouvons le Janon, le Gier, la Diaume, la
Cance, la Day, etc.; du côté de la Loire, l'Ondène, la Semène, le Riotort, le Gournier, etc. Remarquons encore que,
comme le lit de la Loire est à 300 mètres au-dessus de
celui du Rhône (comparés sous le parallèle d'Aurec et de
Serrières), les pentes du Pilat doivent nécessairement être
plus fortes sur le versant oriental, et les vallées de direction, entre les divers chaînons, plus étendues et plus profondément encaissées du côté du Rhône. Cette différence
est en effet frappante lorsqu'on compare les vallées du
Gier, de la Diaume et de la Cance aux vallons opposés de
l'Ondène, de la Semène et du Riotort.

Chaînon
de Riverie.

Le premier chaînon, en partant du nord, est celui de
Riverie. Il prend naissance entre Oulins et Vernaison, sur

les bords du Rhône, s'élève vers Saint-André et Riverie, passe à Saint-Christot et Fontanès, coupe le Furens entre la Tour et la Fouillouse, et se prolonge encore au delà jusqu'à la Loire. Sa longueur est de 50 kilomètres, sa largeur de 9 à 10. La hauteur moyenne de la chaîne est de 800 à 850 mètres, et ses points les plus élevés sont : la montagne située entre Saint-Romain et Chatellus (950 mètres), le signal de Saint-André-la-Côte (937^m), la chapelle Saint-Pierre, près de l'Aubépin (908 mètres), la montagne de Fontanès (890 mètres), et la butte qui domine au nord le bourg de Saint-Christot (880 mètres).

Entre ce premier chaînon et le Pilat proprement dit coulent, au nord-est, le Janon et le Gier, au sud-ouest, l'Ondène; et dans cette double vallée gît le terrain houiller de la Loire, qui, par ce seul fait, se trouve orienté comme le Pilat. Et, en effet, entre Saint-Chamond et Valfleury, le mont Crépon, point culminant du bassin houiller (821 mètres), est dirigé sur N. 55° E. Le même alignement s'observe aussi sur la rive droite de l'Ondène, entre Saint-Étienne et Firminy.

Le second massif comprend le point culminant de la chaîne, le mont Pilat. On le voit surgir de la vallée du Rhône, entre Givors et Vienne, là où le fleuve fait un coude très-prononcé vers le sud-est. Il s'élève immédiatement en pente roide, dans la direction du sud-ouest, atteint 793 mètres au mont Monay, au-dessus de Condrieux, et 797 mètres au sommet qui domine à l'est le col de la croix de Mont-Vieux.

Mont Pilat proprement dit.

A partir de la roche des Trois-Dents, une végétation subalpine annonce une hauteur moyenne d'au moins 1,300^m, et, plus loin, le sommet du Pilat, à la crête de la Perdrix, est à la cote de 1,434 mètres. Le dos de la chaîne s'élargit ensuite et se divise en deux, auprès de Saint-Genest-Malifaux, aux sources de la Semène. En même temps, son niveau baisse et oscille dès lors entre 1,000 et 1,200^m. Aussi la culture du seigle et des pommes de terre reparaît partout, sauf sur quelques cimes exceptionnelles, telles que le mont Chaussite, près de Saint-Sauveur, qui vont encore à 1,300 mètres.

Au sud-ouest de Saint-Genest-Malifaux, la montagne continue à baisser, et ses dernières ramifications joignent la Loire aux environs de Monistrol et d'Yssengeaux. Sa longueur totale est de 60 à 65 kilomètres et sa base transversale de 12 à 15.

Côte de Tracol et Combe de Broussin.

Le troisième chaînon commence au Rhône, entre Saint-Pierre-le-Bœuf et Serrières. Coupé transversalement par la Diaume, entre Bourg-Argental et Annonay, il se relève rapidement vers Saint-Martin-de-Burdigne et les bois de Taillat, pour s'abaisser de là graduellement vers Tence et Monfaucon, dans la Haute-Loire. La côte de Tracol a 60 kilomètres, dans le sens de sa longueur, sur 6 à 8 en largeur. Son point culminant va à 1,360 mètres.

Chaînons de Saint-Bonnet, de Côte-Chaude et de la Louvèse.

Plus au sud, on trouve encore les chaînons parallèles de Saint-Bonnet-le-Froid, de la Côte-Chaude et de la Louvèse, le long des vallées de la Diaume, de la Cance et de la Day. Ils sont disposés comme les précédents et n'appartiennent plus au département de la Loire; par ces motifs, je puis me dispenser d'en parler plus au long, et j'ajouterai seulement que les parties hautes de ces diverses crêtes vont généralement à 1,200 ou 1,300 mètres, et qu'elles aboutissent, dans la Haute-Loire, au point culminant de cette partie de la France, au mont Mézenc (1,774 mètres).

Arête N. 15° à 18° E.

Tous les chaînons que je viens de faire connaître courent du N. 55° E. au S. 55° O. Mais à côté de ces alignements principaux on observe, dans la chaîne du Pilat, comme dans les montagnes du Forez, de nombreuses arêtes N. 15° à 18° E. Elles relient entre elles les chaînes N. E.-S. O., et constituent les cols par lesquels on peut passer de l'une des vallées du bassin du Rhône au vallon opposé du bassin de la Loire. On voit une pareille arête au col de Saint-Sauveur, entre le Grand-Bois et la côte de Tracol; une autre, entre la côte de Tracol et celle de Saint-Bonnet-le-Froid. Mais cet alignement est surtout bien accusé à Pavesin et à la croix de Mont-Vieux. Le mont Pilat se compose réellement de trois chaînons distincts, l'un allant du Rhône à Longes, le second de Pavesin à la croix de Mont-Vieux, et le troisième de la roche des Trois-Dents à la Loire ; et ces trois chaînons partiels N. E.-S. O. sont reliés entre eux par les côtes transversales de Pavesin et de la croix de Mont-Vieux.

Il importe aussi de remarquer que la plupart des gorges, ruisseaux ou crêtes qui descendent du Pilat vers la vallée du Gier suivent, au moins dans une partie de leur cours, cette même direction N. 15° à 18° E.: ainsi la montagne entre Chavanolles et Saint-Paul-en-Jarrêt, sur la rive gauche du Dorlay ; la côte à l'est de Farnay, entre les ruisseaux d'Égarande et de Couzon ; le vallon du Ban, en amont de la Valla ; le vallon du Riotet, au-dessus de Bourg-Argental, etc.

La même direction, à quelques degrés près, se montre d'une manière très-nette au col de Valfleury, entre le mont Crépon et la chaîne de Riverie, crête qui n'est, au reste, que le prolongement sud de la côte d'Izeron, l'un des chaînons du groupe du Beaujolais.

Non loin de là, au travers de la même chaîne de Riverie, se dessinent encore deux autres arêtes parallèles, celle de Chagnon à Saint-André-la-Côte et celle de la Tour-en-Jarrêt à Fontanès et Chatellus.

Arêtes N. 20° E. de la chaîne de Riverie.

Les trois rides courent sur N. 20° à 22° E.

Remarquons, dès maintenant, que dans toute la chaîne du Pilat les strates du gneiss et du micaschiste sont à peu près orientées comme ces arêtes, c'est-à-dire sur N. 15° à 30° E.

III. GROUPE DES MONTAGNES DU BEAUJOLAIS.

De même que le Pilat comprend la série des hauteurs situées entre la Loire et le Rhône, le groupe du Beaujolais embrasse cette large zone fortement accidentée qui s'étend

entre la Loire et la Saône, depuis le revers nord de la
chaîne de Riverie jusqu'aux premières montagnes du Charollais[1].

Le groupe du Beaujolais ressemble moins à un assemblage ordinaire de vallons et de crêtes qu'à un plateau irrégulièrement ondulé, coupé de gorges sinueuses et profondes. Au premier coup d'œil, tout semble n'être que dé-
sordre. Cependant, en parcourant le terrain, carte en
main, ce dédale de crêtes se débrouille peu à peu, et on
parvient à distinguer quelques alignements.

Les montagnes du Beaujolais présentent forcément une
double pente vers la Loire et vers la Saône; mais la ligne
de faîte est en général plus rapprochée de la Loire, et suit
à peu près la limite commune des départements de la Loire
et du Rhône. Néanmoins, comme la vallée de la Loire est
plus élevée que celle de la Saône (entre Lyon et Feurs la
différence est de 170 mètres, et entre Villefranche et
Roanne, de 104 mètres), les pentes sont ordinairement un
peu plus roides du côté de la Saône.

Le massif conserve, dans toute son étendue, un niveau
moyen qui varie peu. Dans le voisinage de la ligne de faîte,
il gravite à peu près entre 600 et 800 mètres, tandis que
les plus hautes cimes vont à 900 et à 1,000 mètres. Le
mont Moné et le signal de Saint-Rigaud, dans les bois
d'Ajoux, ont 1,000 et 1,012 mètres. Partout la culture
réussit jusqu'au haut des cimes.

Si la structure des montagnes du Beaujolais est plus
compliquée que celle du Pilat, et même que celle des
montagnes du Forez, cela tient à la nature des roches, qui,
dans ce groupe, est beaucoup plus variée. Au sud, des
schistes argilo-cristallins et des granites; au centre, des
grès et schistes carbonifères; au nord, ces mêmes grès
avec des porphyres.

Le massif du Beaujolais est partagé, d'une manière assez

[1] Ce groupe renferme ainsi, outre le Beaujolais proprement dit, une
partie de l'ancien Lyonnais.

naturelle, par la vallée de la Turdine ou de Tarare, en deux districts très-différents, que nous décrirons séparément.

1° District méridional du Beaujolais.

La partie méridionale du groupe du Beaujolais se lie intimement aux montagnes de Riverie, ou plutôt, le système du Pilat se poursuit encore au travers de ce district. Les principales crêtes sont, en effet, orientées les unes sur N. 55° E., les autres sur N. 20° à 22° E.

La plus méridionale de ces crêtes va de Chazelles, près de Saint-Galmier, sur Duerne et Izeron, et s'abaisse de là vers Vaugneray, pour se relever de nouveau vers le Mont-d'Or Lyonnais. Elle est exactement dirigée du nord 55° E. au S. 55° O. Parallèlement à ce chaînon coulent, sur le versant nord, la Brevenne, dans la partie supérieure de la vallée de Sainte-Foy, et, sur le versant sud, tous les affluents nord de la Coize, entre Chazelles et Saint-Symphorien-le-Château. Nous appellerons ce chaînon Côte de Duerne. Les points les plus élevés sont le signal de la Courtine, près d'Aveize (919 mètres), le bois de la Verrière (928 mètres) et le signal de la Roue, au-dessus d'Izeron (904 mètres). Le bourg de Duerne lui-même est à 824 mètres, et la hauteur moyenne de la côte peut être estimée à 750 ou 800^m. Sa longueur est de 25 kilomètres, ou même de 40, si on y comprend le Mont-d'Or Lyonnais : sa largeur, à la base, de 5 à 6,000 mètres.

Côte de Duerne.

Au signal de la Roue, que nous venons de nommer, la chaîne se bifurque : la côte de Duerne s'abaisse au N. E. vers Vaugneray (486 mètres), tandis qu'une autre crête plus haute se dirige, vers le N. N. E., sur Saint-Bonnet-le-Froid, la Croix-du-Blanc et Lentilly, puis se termine à l'Azergue, au pont de Lozanne. Au sud d'Izeron, cette même crête se prolonge en sens inverse, par Rochefort et Saint-Martin-en-Haut, et va rejoindre la chaîne de Riverie à l'Aubépin; elle la traverse même et reparaît au delà, dans

Côte d'Izeron.

2 .

l'arête déjà signalée qui va de Saint-Christot à Valfleury, c'est-à-dire des hauteurs de Riverie au mont Crépon. Nous l'appellerons, avec M. Fournet, Côte d'Izeron. Sa hauteur moyenne est aussi de 7 à 800 mètres, mais ses points culminants sont moins élevés que ceux de la côte de Duerne : ce sont la butte de Saint-Bonnet (787 mètres), la crête au-dessus de Courzieu (898 mètres) et le bois de la Pouade, près Rochefort (781 mètres); sa longueur totale est de 30 kilomètres, depuis l'Aubépin au pont de Lozanne. La côte d'Izeron se compose presque exclusivement de gneiss et de schistes anciens, dont les strates sont régulièrement alignées sur N. 20° à 25° E. Comme la crête aussi court sur N. 22° E., et que la vallée de la basse Brevenne, au pied de la côte, lui est exactement parallèle, on ne peut guère douter que l'une et l'autre ne soient le résultat du soulève-ment même qui a ridé les schistes.

Au nord de la vallée de Sainte-Foy, l'influence du sys-tème du Pilat ne se fait plus sentir. Mais on reconnaît toujours l'alignement nord-nord-est dans la direction des strates du terrain, la position des principales crêtes et la marche de plusieurs cours d'eau.

Chaînon du mont Pellerat. Le chaînon le plus important est celui du mont Pellerat, N. 21° E. A son extrémité sud, il se présente sous forme d'une crête granitique arrondie (de 600 à 650 mètres), entre la Brevenne et la Thoranche : de là, il s'élève vers Saint-Clé-ment-les-Places et Mont-Rotier, isolant, dans toute sa lon-gueur, les affluents de la Brevenne (Rhône) de ceux de la Loire. Plus loin, il atteint son maximum de hauteur au mont Pellerat (860 mètres), puis s'abaisse vers la vallée de la Turdine, en passant entre Saint-Forgeux et Saint-Romain-le-Popey.

Côte d'Affoux. Un chaînon parallèle non moins saillant surgit, sur la rive droite de la Turdine, auprès de Tarare; il passe entre Affoux et Violay, en laissant, à une faible distance au nord, la cime du mont Boussièvre (1004 mètres). En ce point, le chaînon atteint lui-même, au nord-ouest de Villechenève,

dans la montagne qui domine la Rivière, le niveau de
900 mètres; de là, il descend sur Panissières et se termine
à la plaine du Forez, au confluent des divers affluents de la
Loyse.

Le même alignement N. 21° E. s'observe encore [1] dans
les coteaux granitiques de Haute-Rivoire et de Villechenève,
et dans la direction de la Thoranche, du Pont Lyonnais,
de l'Oise et de la branche méridionale de la Turdine, en
amont de Tarare.

Aux environs de Villechenève et de Violay, la régularité
des crêtes N. 21° E. est troublée par l'apparition des premières buttes porphyriques du district nord.

Observons aussi que la côte d'Affoux et le mont Pellerat
sont reliés l'une à l'autre par une arête N. O.-S. E., qui
pourrait bien devoir son origine, comme les coteaux parallèles du plateau de Neulize, au système N. 50° O. des
montagnes du Forez.

Enfin, aux environs de Violay, dans la zone carbonifère
qui va de Néronde à Tarare, nous devons mentionner
quelques accidents stratigraphiques parallèlement à l'axe
O. 10° à 15° N. sur E. 10° à 15 S.

2° District septentrional du Beaujolais.

La région comprise entre la vallée de la Brevenne et
celle de la Turdine nous conduit naturellement du district
sud au district nord.

Nous avons laissé au sud de la Brevenne les derniers
effets du système du Pilat : entre la Brevenne et la Turdine,
nous trouvons presque exclusivement l'alignement N. N. E.
En franchissant la Turdine, nous allons rencontrer, associée
à ce système, la direction des crêtes porphyriques de la
Madelaine, c'est-à-dire l'axe N. 15° O.

En effet, tous les chaînons et tous les cours d'eau au

---

[1] Voyez la petite carte annexée au volume.

nord de Tarare sont à peu près dirigés du nord au sud;
ou plutôt, lorsqu'on les étudie attentivement, on trouve
que les coteaux granitiques déclinent, en partant du nord
vrai, de 15° à 20° vers l'est, et les crêtes porphyriques de
15° vers l'ouest.

Deux grandes crêtes se font surtout remarquer dans ce
district, et leur entre-croisement correspond précisément
au nœud culminant du Beaujolais, le bois d'Ajoux, près de
Monsol, d'où partent aussi plusieurs rivières suivant les
quatre vents, savoir : la Grosne au nord, l'Ardière à l'est,
l'Azergue au sud, et le Sornin à l'ouest.

Le massif
du Beaujolais
comprend
deux chaînes
principales,
courant l'une
sur
N. 20° E.,
l'autre
sur N. 15° O.

Ces deux principales crêtes sont la chaîne des Molières
et la chaîne de Beaujeu. La première va du bourg des Sauvages (au nord-ouest de Tarare) sur Monsol; la seconde,
de Chessy sur le bois d'Ajoux et, de là, jusqu'à Matour,
le long de la ligne de faîte qui sépare la Saône de la Loire;
l'Azergue coule entre elles dans la partie sud, la Grosne
dans la partie nord.

La chaîne des Molières court sur N. 20° E., la chaîne de
Beaujeu, sur N. 15° O.: celle-là est principalement composée de roches de transition (carbonifères ou autres)[1], la
seconde est en majeure partie porphyrique. Celle-ci se
continue sans interruption depuis Chessy jusqu'à Matour,
sur une longueur de 50 kilomètres, tandis que la crête
des Molières est interrompue, non-seulement par la chaîne
de Beaujeu, mais encore par la vallée de l'Azergue, qui est
parallèle à cette dernière, et qui doit, comme elle, son origine à l'éruption du porphyre quartzifère. Ainsi, on voit ici,
comme on devait s'y attendre, l'alignement ancien inter-

---

[1] La plupart des grès et schistes de la chaîne des Molières appartiennent
au système carbonifère. Cependant, il ne serait pas impossible qu'une
partie de ces schistes, comme l'indique la grande carte de MM. Dufrénoy
et É. de Beaumont, correspondît au système plus ancien du terrain de
gneiss. Il en est ainsi des schistes de la Brevenne; mais je n'ai pas suffisamment étudié la partie nord du département du Rhône pour avoir, sur
ce point, une opinion parfaitement arrêtée.

cepté par un soulèvement plus moderne; ou, en d'autres termes, nous avons déjà, dans ce fait, une preuve indirecte de la postériorité de la chaîne porphyrique.

La chaîne des Molières commence à se montrer au nord de la Turdine, à la grande montée de Tarare (route de Lyon à Paris); elle atteint 775 mètres au sommet de l'ancienne route et 725 mètres au col des Sauvages; plus au nord, au-dessus de Langenève, la crête monte à 866^m; au delà, dans le bois des Molières, la ligne de faîte dépasse 800 mètres et atteint même 899 mètres; enfin, le point culminant est situé, près de Saint-Nizier, au bois de Pramenou (912 mètres), dans le voisinage de la profonde coupure occasionnée par la vallée de l'Azergue.

Chaîne des Molières.

Plusieurs petits chaînons parallèles se montrent à l'ouest du bois des Molières, entre le Ronson, le Rhin, la Dérioule et la Trambouze. Comme le chaînon principal, ils se trouvent arrêtés dans leur prolongement nord par les ondulations du système N. 15° O.

Le granite et, avec lui, les alignements N. 20° E. reparaissent, au nord de Monsol, dans les divers chaînons qui séparent les affluents de la petite et de la grande Grosne; l'un des chaînons se continue même sur la rive droite de la grande Grosne jusqu'à trois lieues au nord de Cluny; plus à l'ouest, la grande ligne de faîte qui traverse, depuis Matour, du sud au nord, le département de Saône-et-Loire, se compose aussi d'une série de crêtes granitiques alignées du sud-sud-ouest au nord-nord-est. Ainsi cette direction prédomine réellement dans toutes les parties des massifs montagneux que l'on rencontre entre le Rhône et la vallée de l'Allier.

La chaîne de Beaujeu naît aux environs de Chessy, sur la rive gauche de l'Azergue; au bourg d'Oingt, sa hauteur est déjà de 650 mètres, et dans le bois Grange, au-dessus de Chamelet, de 872 mètres : comme hauteur moyenne, on peut admettre 750 mètres avec quelques cimes de 8 à 900 mètres. Ainsi la butte au-dessus de la Mure a 890^m

Chaîne de Beaujeu.

et le Mont-Clair, près de Claveysolles, 878^m; mais le point le plus élevé est le signal de Saint-Rigaud (1,012 mètres), dans les bois d'Ajoux, que nous avons déjà cité.

Enfin, on trouve encore, à son extrémité nord, près de Montmélard, une butte de 776 mètres.

Les chaînons porphyriques secondaires, parallèles à la chaîne de Beaujeu, sont fort nombreux.

Montagne d'Avenas.

Au nord de la ville de Beaujeu se trouve la montagne d'Avenas, crête d'une faible longueur (8 kilomètres à peine), mais dont le sommet atteint 894 mètres.

Côte de Claveysolles.

A l'ouest de la chaîne principale se montre la côte de Claveysolles, entre les deux branches de l'Azergue : elle passe à la Roche d'Ajoux (973 mètres) et forme dans son prolongement nord, au delà de Propières, les deux crêtes entre lesquelles coule la partie supérieure du Sornin.

Chaînon de Belleroche.

Proche de la lisière du département de la Loire, nous devons citer un chaînon plus important, celui de Belleroche. Il naît aux environs de Grandris, sur la rive droite de l'Azergue, coupe la chaîne des Molières au bois de Pramenou (912 mètres), atteint 921 mètres au nord de Saint-Bonnet-le-Troncy, s'abaisse vers Belleroche, puis se relève encore vers la butte de Saint-Germain-la-Montagne (727 mètres); il se termine immédiatement au delà, sur les bords du Mussye, l'un des affluents du Sornin.

Très-près du chaînon précédent s'élève le mont Pinay, entre Belmont et Ranchal, à l'est des sources du Rhin; ses deux points culminants ont 822 et 881 mètres.

Bois de la Rotecorde.

Le mont Pinay se lie aux cimes des bois de la Rotecorde, et constitue avec elles une sorte de ceinture ou d'arête semi-circulaire ouverte au nord, et tracée autour de Belmont comme centre[1] : il y a là, en apparence, tous les éléments d'une sorte de cirque dont le rayon serait de 3,500 mètres; mais, en réalité, c'est plutôt un assemblage de petits chaînons parallèles, orientés comme les précédents, et reliés

[1] Voir la carte du dépôt de la guerre.

les uns aux autres par une série de cols élevés. L'un de ces chaînons remonte la rive droite du Rhin, depuis Saint-Vincent jusqu'à sa source, puis descend sur Belmont.

Deux autres embrassent le vallon d'Ecoche, au nord des bois de la Rotecorde.

Un dernier chaînon se montre à l'ouest du massif de la Rotecorde; il passe à Cuinzié, Sévelinges et la crête du Perray, puis à l'est de la Gresle. Sa hauteur moyenne est de 600 à 650 mètres, et le point culminant, la montagne de Grandjean, atteint 691 mètres. Sur son prolongement méridional se trouvent les masses porphyriques éparses de Thizy et d'Amplepuis. *(Côte de Sévelinges.)*

Enfin, nous avons à signaler, au sud de Thizy, la côte de Saint-Victor à Violay: elle passe par le point le plus élevé de la route de Paris à Lyon, le col de Pin-Bouchain (764 mètres), et par le sommet qui domine ce col du côté sud (887 mètres); ce chaînon isole les sources de la Turdine de celles du Bernand et de l'Ecorron, deux affluents de la Loire. *(Côte de Saint-Victor.)*

Près de là, et parallèlement, s'étend, entre Violay et Affoux, la cime plus élevée du mont Boussièvre (1,004 mètres), dont l'une des ramifications se prolonge jusqu'à Villechenève. *(Mont Boussièvre.)*

Pour compléter notre travail sur la configuration du Beaujolais, il nous reste à signaler, en dehors des vallées et des chaînes déjà décrites, quelques dépressions et coteaux qui semblent obéir à des alignements tout à fait différents: je veux parler de la vallée de Tarare en amont de Saint-Romain, du petit vallon de Soanen au-dessous de Saint-Clément, et du coteau qui sépare ces deux vallées. Il me paraît évident que ces ondulations si bien marquées, allant de l'O. 12° à 15° N. à l'E. 12° à 15° S., ne sont pas simplement le résultat de puissantes érosions. Elles correspondent, sans nul doute, au système de fractures qui paraît avoir spécialement affecté le calcaire carbonifère, ainsi que nous aurons occasion de le montrer dans la suite. *(Plusieurs vallées du Beaujolais courent sur E. 12° à 15° S.)*

Vallées
parallèles
au
système N. 5o° O.

Enfin, on peut encore signaler, dans la même contrée, des dénivellations parallèles au système N. 5o° O. Telle est la vallée de l'Azergue, entre Chessy et Létra, les coteaux voisins, entre l'embouchure du Soanen et Saint-Just-d'Avray, mais surtout la longue série de hauteurs et de vallons parallèles qui suivent la ligne de Regny à Tarare et Saint-Bel. Vers son extrémité nord, ce système se manifeste clairement par une suite de grandes failles, en partie injectées de quartz (filon de Verpierre), dans le terrain à anthracite de Regny et Lay.

B. RÉGION DES PLATEAUX ET DES PLAINES.

IV. PLATEAU DE SAINT-ÉTIENNE.

Le plateau de Saint-Étienne, tel que nous l'avons défini, s'étend du revers nord de la chaîne du Pilat à la base des montagnes du Forez, et du bassin d'Aurec (Haute-Loire) à la plaine de Feurs (Loire). Il incline, comme la Loire, du nord au sud, et raccorde, en pente douce, les montagnes du Pilat à la plaine de Forez. Sa forme est celle d'un triangle rectangle dont l'hypothénuse longerait le Pilat. Large au pied de la chaîne du Forez, il devient étroit en s'avançant vers l'est, et se termine en pointe aux cols de Terre-Noire et de Sorbiers, à la ligne de partage des bassins de la Loire et du Rhône.

Le sol du plateau est partout fortement ondulé. À l'est, dans le bassin houiller, ce sont des côtes uniformément arrondies, entrecoupées de vallons réguliers, tandis qu'à l'ouest, où le terrain est granitique, on voit apparaître des coteaux largement bombés, irrégulièrement labourés de sillons étroits et profonds.

Profondeur
du
lit de la Loire

La gorge que suit la Loire se fait surtout remarquer par sa profondeur et sa faible largeur, ainsi que par la roideur et l'âpreté de ses flancs. Tandis que les cotes de hauteur du fleuve sont, dans ce défilé, comprises entre 425 et 370 mètres, ses bords immédiats s'élèvent partout à plus de 500 et même parfois à plus de 600 mètres.

au-dessous du niveau du plateau.

Comme niveau moyen de tout le plateau, on peut prendre, sans erreur sensible, la cote de la ville de Saint-Étienne, soit 525 mètres. Ses points culminants sont le mont Salson, au centre du terrain houiller (701 mètres), la butte granitique du Queyrel, au nord d'Unieux (720 mètres), et le sommet de la côte de Saint-Maurice-en-Gourgois (762^m). Enfin, le point le plus bas, c'est-à-dire le lit du fleuve, près de Saint-Rambert, au sortir du défilé, est au niveau de 370 mètres.

Niveau moyen du plateau.

Les ondulations du plateau de Saint-Étienne semblent obéir au système de direction qui caractérise le Pilat. Dans la partie orientale, occupée par le terrain houiller, on observe l'alignement N. 55° E. Il se manifeste dans la vallée de l'Ondène et dans les côtes du Deveix et du bois d'Aveize. On le retrouve aussi dans la crête granitique qui borde le bassin houiller au nord d'Unieux et dans plusieurs des coudes et circuits tracés par la Loire, au Pertuiset et à Saint-Victor. D'autres ondulations sont perpendiculaires à la chaîne du Pilat (N. 25° à 40° O.), mais correspondent, comme on le verra, aux failles transversales du même soulèvement; de ce nombre sont les vallons de Saint-Étienne, du Cluzel et de Roche-la-Molière, et les coteaux qui séparent ces divers vallons.

Ondulations du plateau de Saint-Étienne.

Dans la partie occidentale, ou granitique, on peut signaler une certaine tendance au système des arêtes N. 15° à 22° E.; car telle est au moins la direction générale de la Loire dans le défilé, telle aussi la marche de la côte de Saint-Maurice à Chambles, sur la rive gauche de la Loire, et celle du Bonson et de tous ses affluents, dans la partie du plateau qui est comprise entre la côte de Saint-Maurice et le pied des montagnes du Forez.

V. PLAINE DU FOREZ.

Au plateau de Saint-Étienne succède la plaine du Forez;
elle est bordée, à l'est, par le groupe du Beaujolais, à
l'ouest, par la chaîne du Forez, et au nord, par le plateau
de Neulize. La Loire, supposée droite, la parcourrait, du
sud au nord, avec une pente moyenne de 0,00125, ou
de 50 mètres sur 40 kilomètres. Tel est, par suite, le sens
et la mesure de la pente générale de la plaine.

La Loire la divise en deux parties inégales : deux tiers
sur la rive gauche, un tiers sur sa droite. Des bords du
fleuve, le terrain s'élève, à l'est et à l'ouest, jusqu'au pied
des massifs montagneux, et cette double pente vers la Loire
est plus forte que l'abaissement général, parallèlement au
cours du fleuve. Dans certaines parties de la plaine, l'inclinaison transversale est uniformément graduée : ainsi de
Boën à Feurs et de Feurs à Sail-en-Donzy. Ailleurs, elle
se partage en une succession de terrasses, reliées entre
elles par des ressauts plus ou moins brusques. La pente
transversale ordinaire est de 0^m,004 à 0^m,006 par mètre.

Altitude moyenne de la plaine. L'altitude moyenne de la plaine du Forez peut être
estimée à 370 mètres, soit 25 mètres au-dessus du niveau de
la Loire dans le centre de la plaine. Quelques terrasses montent cependant à 50 et 80 mètres au-dessus du fleuve, et certains points atteignent même la cote absolue de 450 mètres
ou 105 mètres au-dessus de la Loire.

Cônes basaltiques de la plaine. La plaine du Forez doit ses faibles pentes à l'horizontalité de ses bancs tertiaires. En quelques points, on voit
cependant surgir, du sein de ces couches horizontales, de
petits cônes à pente roide : le mont Uzore (540 mètres),
le mont Verdun (443 mètres), le mont Brison (435 mètres),
la butte de Saint-Romain (448 mètres), etc. Mais aussi
ces protubérances, en quelque sorte parasites, sont d'origine volcanique et ont percé, à une époque peu reculée,
les terrains sédimentaires de la plaine; elles se composent
de basalte.

Le bassin duForez a sensiblement la forme d'une ellipse,
dont le grand axe, dirigé du S. 15° à 20° E. au N. 15° à
20° O., aurait 40 kilomètres, et l'axe transversal, entre
Montrond et Feurs, 20 à 22 kilomètres.

*Forme
de la plaine.*

VI. PLATEAU DE NEULIZE.

A l'extrémité nord de la plaine du Forez, un puissant
barrage relie transversalement la chaîne du Forez aux cimes
du Beaujolais, et constitue ce que nous avons appelé le
plateau de Neulize, du nom d'un grand bourg qui en occupe le centre. Ce massif est formé, comme la partie granitique du plateau stéphanois, de coteaux arrondis, entre-
coupés de nombreux sillons. Cependant les pentes sont ici
plus douces et les vallons moins profonds, et, si nous en
exceptons les parties porphyriques, on y rencontre rarement des gorges à flancs très-escarpés. Ainsi la Loire, quoique resserrée dans un défilé, n'a cependant, dans ce trajet,
ni un cours aussi sinueux, ni un lit aussi étroitement encaissé qu'au travers du plateau de Saint-Étienne.

*Conformation
générale
du plateau
de
Neulize.*

Les coteaux qui bordent le fleuve s'élèvent généralement
aux cotes de 400 à 430 mètres, tandis que les eaux se
tiennent, à l'entrée du défilé, à 320 mètres, et à leur sortie,
à 275 mètres; ainsi la hauteur des berges de la Loire est
habituellement de 100 à 120 mètres.

*Profondeur
du
lit de la Loire
au-dessous
du plateau.*

Pour l'altitude moyenne du plateau, prise dans son
ensemble, on peut admettre 450 mètres; soit 80 à 100^m
au-dessus de la plaine du Forez, et 150 à 170^m au-dessus
de la basse plaine de Roanne. Quelques parties vont cependant à 500 et même presque 600 mètres [1]; ainsi la
butte de Cordelles atteint 561 mètres et l'arête culminante,
au centre du plateau, 582 mètres près de Neulize, et
583 mètres près de Vandranges. Enfin, sur ses deux flancs,

*Altitude
moyenne
du plateau.*

---

[1] Le chemin de fer de Saint-Étienne à Roanne (ancien tracé) traverse
le plateau, et franchit le col de Neulize entre le Bernand et le Gand, au
niveau de 518 mètres, qui est aussi, à très-peu près, la cote de l'origine
du chemin à Saint-Étienne.

en se raccordant aux chaînes qui le limitent, il dépasse 600 mètres. Je citerai la butte de Chaume (616 mètres) entre Saint-Polgue et Bully, et les hauteurs entre Néronde et Fourneaux, à la base des montagnes du Beaujolais.

Ondulations
principales
du
plateau
de Neulize.

Les ondulations du plateau de Neulize sont principalement assujetties au système qui a façonné la chaîne du Forez. Les plus importants cours d'eau qui sillonnent le plateau, la Loire, l'Aix, l'Ysable, le Gand, et même le Rhin dans une partie de son trajet, coulent dans des vallons N. O.-S. E. La même direction se manifeste dans les coteaux de Souternon, Amions, Saint-Paul-de-Vézelin, Cordelles, Vandranges, Amplepuis, Sainte-Colombe, etc.; et nous la retrouverons encore, sur la rive gauche de la Loire, dans les accidents stratigraphiques du grès à anthracite.

Une autre ligne de hauteur appartient, par sa direction et sa nature, au système porphyrique de la Madelaine; c'est la crête culminante ci-dessus mentionnée, allant de Saint-Marcel-de-Félines sur Neulize et Neaux, dans la direction N. 15° O.

Une troisième direction assez importante est celle qui va de l'E. 25° N. sur O. 25° S., ou, plus généralement, de l'E. N. E. sur O. S. O. C'est la direction des vallées du Rhin et de la Trambouze, entre l'Hôpital et Thizy, et celle des cours de l'Aix et du Bernand, près des points où ils se jettent dans la Loire. Le même alignement se reconnaît dans les coteaux de Regny, Combres et Montagny, et caractérise surtout la stratification du grès à anthracite, sur la rive droite de la Loire.

Enfin, un quatrième soulèvement est parallèle au système des vallons de la Turdine et du Soanen; il se dessine entre Bussiers et Violay, dans les mouvements du sol qui avoisinent les sources du Bernand et du Gand : c'est le système O. 12° à 15° N. Il est très-peu prononcé, et pourrait même paraître forcé s'il ne se rattachait à la stratification du calcaire carbonifère, dans la zone duquel ces accidents orographiques se manifestent surtout.

Au plateau de Neulize se lient les coteaux de Saint-Martin-la-Sauveté, dans le prolongement sud de la chaîne de la Madelaine, district éminemment montueux, qui raccorde la plaine du Forez à la montagne d'Urfé. Ici, comme le montre la carte, la constitution géologique est des plus variées. Les porphyres, les basaltes, les schistes carbonifères, les grès feldspathiques du terrain houiller inférieur se croisent de mille manières. Cependant la direction N. O.-S. E. est encore prépondérante; elle se retrouve dans le cours du Lignon et de l'Aix, et dans les coteaux qui montent de Boën à Urfé.

De plus, on reconnaît l'alignement O. 12° à 15° N. dans la région porphyrique de Saint-Martin, Nollieux et Verrières. Parallèlement se dessine la ligne séparative du porphyre granitoïde et du calcaire carbonifère.

Coteaux de Saint-Martin-la-Sauveté, annexes du plateau de Neulize.

VII. PLAINE DE ROANNE.

Au nord de Villerest et de Commelle, le plateau de Neulize s'abaisse, puis se perd dans la plaine de Roanne. Celle-ci se partage en plaine basse et plaine haute.

J'entends par plaine basse la partie complétement unie des deux rives de la Loire, qui ne s'élève nulle part à plus de 30 mètres au-dessus de l'étiage du fleuve, et qui est couverte, dans toute son étendue, par les alluvions anciennes ou modernes. Son pourtour est nettement accusé par un ressaut assez brusque de 25 à 30 mètres, auquel succède une sorte de terrasse s'élevant en pente douce jusqu'au pied des montagnes.

Plaine basse.

Auprès de la ville de Roanne et jusqu'à Mably, la plaine basse occupe, en largeur, une bande de 5 à 7 kilomètres. située presque en entier sur la rive gauche de la Loire.

En aval de Mably, elle se resserre peu à peu, et de Briennon à Iguerande (Saône-et-Loire), elle est réduite, par le rapprochement des hautes terrasses des deux rives, à un étroit couloir de 500 à 800 mètres.

La pente générale nord-sud de la plaine basse de Roanne

Pente

de
la plaine basse
et son altitude
moyenne.

Plaine haute
de
la rive droite.

est de 21 mètres sur 20 kilomètres, ou à très-peu près de 0,001. Son niveau moyen est de 280 mètres.

Sur la rive droite de la Loire, la plaine haute constitue, au-dessus du ressaut de la partie alluviale, un large plan incliné, se relevant de l'ouest à l'est, avec une pente générale d'environ 0,01. Son arête inférieure passe par Notre-Dame-de-Boisset, Perreux et le Haut-de-Pouilly, à la cote de 310 à 320 mètres; sa limite supérieure, au niveau de 400 mètres, par Coutouvre, Villerds et Mars.

Dans la direction des lignes de plus grande pente, elle est sillonnée de profonds vallons, ceux du Rhodon, du Trambouzan et du Sornin; et souvent, non loin de là, on voit quelques tertres plats allant à 450 mètres, qui est le niveau des régions les plus hautes de la plaine du Forez. Néanmoins, malgré ces inégalités, l'ensemble se présente bien sous forme de terrasse faiblement inclinée. Sa largeur est de 7,000^m dans la partie sud, sur les bords du Rhin, et de 10 à 12,000 mètres au nord, à la limite du département.

Plaine haute
de
la rive gauche.

Sur la rive gauche de la Loire, la plaine haute commence également, comme sur l'autre rive, vers 310 à 320 mètres; mais de ce point au pied des montagnes sa pente est notablement plus faible : on trouve à peine 0,0033 [1]. Aussi le niveau général est-il moins élevé sur la rive gauche. Les environs de Saint-Germain, Saint-Romain, Vivans, au centre de la plaine, sont à peine à la cote de 340 mètres. Les points culminants des bois de Mably et de l'Epinasse ne dépassent pas 357 et 368 mètres, et à la limite de la plaine, au pied de la chaîne de la Madelaine, on arrive rarement à 360 mètres; cependant le coteau de Saint-Martin-de-Boisy monte à 446 mètres.

La différence des deux terrasses est surtout sensible au nord de Briennon, là où elles s'avancent toutes deux jusqu'aux bords du fleuve. On observe là, en effet, une surélévation de la rive droite de 80 à 100 mètres, qui provient,

[1] La pente réunie des plaines haute et basse, ou l'inclinaison des cours d'eau qui coupent transversalement la plaine, est de 0,005 à 0,006.

comme on le verra dans la description géologique, d'une puissante faille qui longe la Loire.

A son origine, la plaine haute de la rive gauche n'a qu'une largeur de 6 à 7,000 mètres, mais bientôt elle se développpe aux dépens de la plaine alluviale. A Briennou, elle s'avance jusqu'auprès de la Loire, et, depuis ce point, elle forme entre le fleuve et les montagnes une zone d'au moins 15,000 mètres.

VIII. PRINCIPAUX AXES DE SOULÈVEMENT ET LIGNE DE FAÎTE PRINCIPALE.

Nous venons de décrire longuement les sept grands districts dont se compose le département de la Loire. Rappelons, pour résumer, les grandes lignes de direction qui se manifestent dans le relief du sol, et rangeons-les dans l'ordre de leur formation successive, tel du moins que l'âge relatif des divers soulèvements ressort pour nous de l'étude géologique des terrains :

1° La plus ancienne ligne de soulèvement est celle des vallons et crêtes N. 15° à 30° E. Elle se montre dans les montagnes du Forez, la chaîne du Pilat, le groupe du Beaujolais et la région granitique du plateau Stéphanois. C'est de tous les alignements celui qui embrasse la surface la plus grande. Il caractérise spécialement le terrain de gneiss.

2° Viennent ensuite les quelques rides et vallées E. 12° à 15° S. sur O. 12° à 15° N., qui paraissent avoir été produites par l'éruption du porphyre granitoïde, et qui ont imprimé au calcaire carbonifère son allure tout à fait spéciale.

3° Peu après, le soulèvement E. 25° N. a spécialement affecté le grès à anthracite, et semble avoir entr'ouvert en même temps, dans les terrains plus anciens, les bassins houillers de Saint-Étienne, de Saône-et-Loire et de Sainte-Foy-l'Argentière.

Ce système de direction, comme nous aurons occasion de le montrer dans la description géologique, paraît le résultat d'un mouvement, tantôt lent, tantôt saccadé, qui em-

3

brasse toute la deuxième moitié de la période carbonifère, depuis les premières éruptions du porphyre granitoïde, qui correspond à l'origine de notre grès à anthracite (*millstone-grit*), jusqu'à la fin du terrain houiller proprement dit.

4° Après le dépôt du grès à anthracite ont surgi, parallèlement à l'axe N. 15° O., les nombreux chaînons porphyriques du Beaujolais et de la Madelaine, et la crête culminante du plateau de Neulize.

5° Un mouvement subséquent, plus général, a engendré les chaînons N. 50° O. des montagnes du Forez, et les principaux vallons et coteaux du plateau de Neulize.

6° En dernier lieu a paru le système du Pilat, N. 55° E., qui se manifeste non-seulement dans les chaînons et les vallons du Pilat proprement dit, mais encore dans les ondulations du plateau de Saint-Étienne et plusieurs crêtes de la partie méridionale du Beaujolais.

7° Enfin, à une époque beaucoup plus récente, ont surgi les cônes basaltiques qui paraissent alignés du sud au nord.

Ligne de partage de la Loire et du Rhône.

Pour compléter nos études orographiques, je vais donner quelques détails sur la position de la ligne de faîte qui sépare les deux grands bassins entre lesquels se partage notre département, celui de la Loire ou de l'Océan, et celui du Rhône ou de la Méditerranée.

Cette ligne fait partie de la longue arête qui divise l'Europe entière en deux versants généraux et la traverse, dans le sens de sa plus grande étendue, du nord-est au sud-ouest, de l'extrémité septentrionale de la Russie à la pointe méridionale de la péninsule Ibérienne.

Dans le Lyonnais, elle suit à peu près, du nord au sud, la limite commune des départements du Rhône et de la Loire, en entamant tour à tour l'un et l'autre dans ses fréquentes sinuosités.

Elle pénètre dans le département du Rhône par le chaînon de Beaujeu et le poursuit du nord au sud jusqu'à Chénelette. Là, elle fait un crochet à l'ouest et longe successivement le chaînon de Belleroche et celui des Molières jusqu'au col des Sauvages, au nord-ouest de Tarare. En ce point, par un nouveau coude à l'ouest, elle atteint à Pin-Bouchain le département de la Loire, dont elle suit la limite jusqu'au Boussièvre, au-dessus de Violay. De ce sommet, une crête N. O.-S. E. la conduit à Villechenève et Montrotier.

A partir de ce bourg, la ligne de faîte offre une marche en zigzag extrêmement bizarre. L'entre-croisement des nombreux chaînons du Beaujolais méridional, comme M. Fournet l'a signalé le premier, a produit une disposition fort singulière des cours d'eau et, par suite, de leurs points de partage. Tandis que la Brevenne et le Gier, deux affluents du Rhône, ont leurs sources situées la première à 10 kilomètres, la seconde à moins de 20 kilomètres de la Loire, on voit la Coize, entre la Brevenne et le Gier, partir d'un point voisin du Rhône et couler en sens opposé vers la Loire. La ligne de faîte qui nous occupe est ainsi obligée de contourner presque en entier les bassins de ces trois rivières. De Montrotier, elle longe jusqu'à son extrémité sud-ouest la chaîne du Pellerat, afin d'y tourner les sources de la Brevenne. A Maringes, elle revient sur elle-même, en suivant, dans la direction du nord-est, la côte de Duerne, jusqu'au point où elle est coupée par la chaîne d'Izeron. Celle-ci l'amène à Saint-Martin-en-Haut; de là, on est conduit, par une courte arête de jonction N. O.-S. E., à Saint-André-la-Côte, et bientôt, par l'une des anciennes rides S. S. O., on arrive sur le haut de la chaîne de Riverie, que l'on parcourt jusqu'à Saint-Christot.

A partir de ce bourg, la grande ligne dorsale reprend la suite de la côte d'Izeron et atteint le mont Crépon, au-dessus de Valfleury. De ces hauteurs, elle descend dans le fond de la vallée houillère et la coupe transversalement, du nord au sud, par les cols de Sorbiers et de Terre-Noire.

Au hameau de la Cotencière, au-dessus des forges de Terre-Noire, la ligne de partage quitte le bassin houiller et gravit la chaîne du Pilat, en laissant le crêt de la Perdrix, le point culminant du massif, à 5 kilomètres à l'est.

Arrivée sur le dos de la chaîne, elle la parcourt dans la direction du sud-ouest jusqu'au Mézenc, en suivant alternativement les chaînons N. 55° E. et les crêtes transversales N. 15° E., au niveau moyen de 12 à 1,300 mètres.

Le point culminant de la ligne de partage, dans le département de la Loire, est la cime du Grand-Bois (1,304^m), l'une des sommités du mont Pilat, et, dans le département du Rhône, le signal de Saint-Rigaud (1,012 mètres), de la chaîne de Beaujeu.

Les passages les moins élevés sont le col de Maringes, aux sources de la Brevenne (558 mètres), et surtout les cols de Sorbiers (508 mètres) et de Terre-Noire (549^m). Rappelons ici que le col de Terre-Noire a été choisi pour le passage du chemin de fer de Lyon (le tunnel de Terre-Noire), et le col de Sorbiers pour le canal de jonction de la Loire au Rhône (projet de M. Barreau). C'est aussi sous ce dernier col que M. Bergeron avait projeté sa gigantesque rigole souterraine, qui devait relier, sans écluses, le canal de Givors, prolongé jusqu'à Saint-Chamond, avec la Loire auprès de Saint-Just.

§ 3.

HYDROGRAPHIE.

Le paragraphe précédent nous montre le département de la Loire divisé en deux bassins très-inégaux, celui de la Loire et celui du Rhône; d'une part, une large vallée nord-sud, d'autre part, le seul vallon du Gier et le versant méridional du Pilat.

BASSIN DE LA LOIRE.

La Loire traverse le département, du sud au nord, dans le sens de sa plus grande longueur. Elle sillonne d'abord profondément le plateau de Saint-Étienne, arrose la plaine du Forez, franchit le barrage de Neulize, puis se répand au large dans la plaine de Roanne.

Les sources de la Loire sont situées dans les flancs du
Mezenc, au Gerbier du Jonc, à une hauteur absolue de
14 à 1,500 mètres, non loin de la limite commune des
départements de la Haute-Loire et de l'Ardèche.

A son origine, c'est un véritable torrent. Dans son pre- Pentes du fleuve
en
divers points.
mier parcours de 100 kilomètres, entre sa source et la
limite inférieure du bassin du Puy (à Chamalières), la
chute totale est de 895 mètres, soit 0^m,009 par mètre.
De là, sa pente moyenne diminue progressivement, mais
non pas d'une manière régulière, comme on peut le voir
par les chiffres suivants.

Jusqu'à son entrée dans le département de la Loire, de
Chamalières à l'embouchure de la Semène, sur un développement de 50 kilomètres, sa pente moyenne est presque
de 0^m,003.

Dans la traversée du département, on trouve, pour les
quatre régions que la Loire parcourt successivement, les
nombres suivants :

Districts parcourus.	Lieux et cotes		Chute totale.	Développement du cours d'eau.	Largeur moyenne du fleuve.	Pente moyenne.
	d'entrée.	de sortie.				
Plateau de Saint-Étienne.	427^m au confluent de la Semène.	369^m à Saint-Just.	58^m	21^{km}	80^m	0,00276
Plaine du Forez.	369^m à Saint-Just.	318^m (moulin Barbier).	51	48	150 à 200	0,00106 [1]
Plateau de Neulize.	318^m (moulin Barbier).	275^m à Commières.	43	32	80 à 100	0,00134
Plaine de Roanne	275^m à Commières.	254^m, limite du dép. près la Noaille.	21	25	150 à 200	0,00084 [1]
Dép. de la Loire.	427^m	254^m	173	126	....	0,00137

[1] Nous avons indiqué, pages 28 et 32, les chiffres 0,00125 et 0,001
pour pentes moyennes des plaines de Feurs et de Roanne, chiffres plus
élevés que les pentes réelles du cours d'eau, qui, à raison de ses sinuosités,
a un développement de 48 et de 25 kilomètres, tandis que la longueur
des plaines est de 40 et de 20 kilomètres.

Comme termes de comparaison, nous citerons les pentes moyennes depuis la limite du département à Orléans et d'Orléans à la mer. La première est de 0ᵐ,00057, et la seconde, de 0ᵐ,00027 par mètre.

En comparant ces chiffres entre eux, on voit que la vitesse du cours d'eau diminue brusquement au débouché du plateau de Saint-Étienne, augmente de nouveau dans le défilé du plateau de Neulize, puis diminue encore à l'entrée de la plaine de Roanne.

Aussi les galets charriés par le fleuve traversent les défilés sans s'y arrêter, et se déposent par contre dans les basses plaines de Feurs et de Roanne, dont le niveau tend ainsi à s'élever graduellement, en se couvrant d'alluvions modernes.

Régime des eaux de la Loire. Le régime de la Loire est extrêmement variable, comme celui de toute rivière prenant sa source dans des montagnes presque entièrement déboisées, à pentes généralement roides; et ce qui contribue à rendre encore plus brusques les variations du niveau des eaux, c'est la nature du sol. Les cours d'eau qui prennent naissance dans les terrains secondaires, et spécialement dans les terrains calcaires, sont presque toujours alimentés par un petit nombre de fortes sources dont le volume est assez constant; tandis que les rivières qui parcourent depuis leur origine un sol granitique, comme la Loire et tous ses affluents, reçoivent leurs eaux d'une multitude de petites sources peu profondes, très-inégalement abondantes, selon les saisons. Les eaux de pluie s'infiltrent aisément dans les terrains calcaires, tandis qu'elles glissent à la surface des roches granitiques et se rendent directement dans le fond des vallées. Toute forte pluie ou fonte de neige fera ainsi grossir, dans une proportion bien plus notable, les rivières des contrées granitiques que celles des régions calcaires, et si leur pente est en outre considérable, comme c'est en effet le cas dans le bassin de la Loire supérieure, les crues seront aussi très-brusques. Sous ces divers rapports, le contraste est surtout frappant entre la Loire et la Saône.

Le régime de la Loire, pour les quatre années 1846 à 1849, est représenté par un tableau graphique qui fait partie de notre atlas [1]. Il donne, jour par jour, les hauteurs d'eau au-dessus de l'étiage, au pont de Roanne; je le dois à l'amitié de M. Bontoux, ingénieur des ponts et chaussées, à Roanne.

On voit immédiatement, par les brusques changements de la courbe de niveau, combien les eaux montent et baissent rapidement; mais, pour arriver à des conséquences plus positives, comparons les chiffres des divers mois. En prenant les moyennes, on forme le tableau suivant :

HAUTEURS MOYENNES DE LA LOIRE AU PONT DE ROANNE, au-dessus de l'étiage.					MOYENNES des quatre années pour chaque mois.
Mois.	Années				
	1846.	1847.	1848.	1849.	
Janvier...............	0^m,946	0^m,746	0^m,294	0^m,934	0^m,730
Février...............	0 ,879	0 ,972	1 ,022	0 ,433	0 ,826
Mars.................	0 ,644	0 ,568	1 ,104	0 ,316	0 ,658
Avril.................	1 ,329	1 ,299	1 ,560	1 ,107	1 ,324
Mai..................	1 ,525	0 ,591	0 ,474	0 ,708	0 ,824
Juin.................	0 ,728	0 ,297	0 ,779	0 ,625	0 ,607
Juillet...............	0 ,675	0 ,443	0 ,285	0 ,255	0 ,414
Août.................	0 ,548	0 ,246	0 ,291	0 ,115	0 ,300
Septembre...........	0 ,633	0 ,712	0 ,344	0 ,165	0 ,463
Octobre.............	2 ,145[2]	0 ,837	0 ,658	0 ,769	1 ,102
Novembre............	1 ,021	1 ,075	0 ,939	0 ,778	0 ,953
Décembre............	0 ,863	0 ,894	0 ,681	0 ,882	0 ,830
Moyennes par année.....	0 ,995	0 ,723	0 ,703	0 ,591	Moy^{ne} générale des quatre années : 0^m,753

[1] Voir planche n° 7, qui renferme même dix années.

[2] Ce chiffre si élevé est la conséquence de l'effrayant orage des 17 et 18 octobre 1846, qui amena la crue la plus haute connue, et entraîna à Roanne un grand nombre de maisons. Au pont de Roanne, les eaux montèrent à 7^m,54, et au château de la Roche, dans le défilé du plateau de Neulize, à la hauteur énorme de 19 mètres au-dessus de l'étiage.

Ainsi, d'après ce tableau, la hauteur moyenne de la Loire pour ces quatre années est de 0^m,753 au-dessus de l'étiage. Mais il est probable que la moyenne réelle, pour un espace de temps plus considérable, serait plutôt voisine de 0^m,700, car, sur une période aussi courte, l'influence de l'année exceptionnelle 1846 est nécessairement trop grande.

Époques des hautes et basses eaux. Lorsqu'on range les divers mois d'après la hauteur des eaux, on trouve les séries suivantes :

1846.	1847.	1848.	1849.	Ordre moyen pour les quatre années.
Octobre.	Avril.	Avril.	Avril.	Avril.
Mai.	Novembre.	Mars.	Janvier.	Octobre.
Avril.	Février.	Février.	Décembre.	Novembre.
Novembre.	Décembre.	Novembre.	Novembre.	Décembre.
Janvier.	Octobre.	Juin.	Octobre.	Février.
Février.	Janvier.	Décembre.	Mai.	Mai.
Décembre.	Septembre.	Octobre.	Juin.	Janvier.
Juin.	Mai.	Mai.	Février.	Mars.
Juillet.	Mars.	Septembre.	Mars.	Juin.
Mars.	Juillet.	Janvier.	Juillet.	Septembre.
Septembre.	Juin.	Août.	Septembre.	Juillet.
Août.	Août.	Juillet.	Août.	Août.

On voit que la Loire est spécialement basse vers la fin de l'été, dans le courant du mois d'août, tandis qu'elle atteint son maximum de hauteur au mois d'avril, qui est aussi, dans nos contrées, le mois qui offre le plus grand nombre de jours de pluie et celui pendant lequel fondent principalement les neiges de nos montagnes.

La Loire présente un second maximum de hauteur d'eau vers la fin de l'automne. Le tableau que je viens de dresser donne le mois d'octobre, mais, en faisant abstraction de l'année exceptionnelle 1846, on trouve plutôt le mois de novembre. Nous verrons aussi que c'est dans cette partie de l'année que les chutes de pluie sont les plus abondantes[1]. Il ne faut pas croire cependant que les rivières soient toujours nécessairement hautes lorsque les pluies sont fortes. Ainsi, il pleut davantage et plus abondamment en juillet et août qu'au mois de février, qui est le plus sec de l'année, et cependant la Loire est bien plus haute pendant ce dernier mois. C'est qu'en été une partie des eaux de pluie s'évapore immédiatement ou se trouve absorbée par les terres, qui sont alors toujours plus ou moins sèches; tandis qu'en hiver l'évaporation est presque nulle, et toutes les terres sont imbibées d'eau. Pendant la saison froide, et particulièrement sur un sol granitique, la presque totalité des eaux de pluie coule directement dans le fond des vallées et, delà, dans les rivières.

Le volume des eaux de la Loire varie, comme son niveau, entre des limites extrêmement éloignées. A l'étiage, le débit de la Loire, au pont de Roanne, est seulement de 8 à 10^m cubes par seconde, tandis que, selon M. Vauthier, ingénieur chargé du service de navigation de la Loire, la masse d'eau se serait élevée, le 18 octobre 1846, au chiffre énorme de 7,400 mètres cubes; et celle des fortes crues ordinaires serait, selon A. Peyret, de 4,000 mètres cubes. *Volume des eaux de la Loire.*

Le régime annuel moyen, celui qui correspond à la hauteur approximative de 0^m,70 au-dessus de l'étiage, n'a pas encore été déterminé rigoureusement. Les expériences seraient cependant assez faciles depuis l'établissement du barrage mobile, et on doit désirer que l'ingénieur de Roanne puisse bientôt entreprendre ce travail.

A. Peyret indique pour le volume d'eau charrié par la Loire, année moyenne, mesuré à l'origine de la plaine du Forez, les chiffres suivants :

[1] Dans le paragraphe consacré à la météorologie, nous verrons, en effet, que le mois d'avril offre le plus grand nombre de jours de pluie, et l'automne (surtout octobre et novembre) les pluies les plus fortes, c'est-à-dire celles qui donnent la plus grande hauteur d'eau.

150 mètres cubes pendant   50 jours de navigation.
500 ———————————   5 —— de grande crue.
8 ———————————   110 —— d'étiage [1].
25 ———————————   200 —— de régime ordinaire.

D'où débit moyen $43^{me},50$ pendant les. . . 365 jours.

Je crois ce dernier chiffre un peu faible, car il correspond seulement à une hauteur d'eau de $0^m,41$ sur toute la partie du bassin de la Loire située en amont de la plaine du Forez.

Les observations de la commission hydrométrique de Lyon montrent, pour chacune des années 1844, 1845 et 1846, que le débit de la Saône représente un peu plus de la moitié de la pluie tombée sur le bassin de ce fleuve. En prenant la moyenne des trois ans, on trouve que le débit représente les 0,568 des chutes de pluies. Le reste a dû s'évaporer.

Or, dans le bassin de la Loire supérieure, où le sol est presque entièrement granitique et les pentes généralement roides, la fraction des eaux de pluie qui s'écoule par les rivières doit être plus forte que dans la vallée de la Saône.

On peut la porter, pour le moins, aux 0,60 de l'eau tombée; d'autre part, nous verrons dans le chapitre sur la météorologie que la chute moyenne annuelle est comprise, dans le bassin de la haute Loire, entre $0^m,700$ et $0^m,800$, soit en moyenne $0^m,750$, ce qui donnerait, pour l'alimentation de la Loire, un prisme d'eau de $0^m,45$. D'après cela, le débit moyen de la Loire, à l'origine de la plaine du Forez, se rapprocherait plutôt de 50 mètres cubes d'eau par seconde.

[1] Par étiage, il faut ici simplement entendre *basses eaux*, c'est-à-dire de 0^m à $0^m,25$ au-dessus de l'étiage proprement dit.
Les chiffres ci-dessus rapportés se trouvent dans le *Bulletin de la société industrielle de Saint-Étienne*, t. XIX, p. 56.

L'étendue du bassin de la Loire, en amont de Roanne, est de 697,000 hectares, et en admettant un prisme d'eau de 0^m,45, on trouverait à Roanne, pour le débit moyen, 99 à 100 mètres cubes. Mais nous verrons bientôt que sur le versant oriental de la chaîne du Forez les pluies sont moins abondantes que dans le reste du bassin de la Loire; que, par suite, on ne peut admettre pour cette partie un prisme d'eau aussi élevé. Par ce motif, je crois pouvoir réduire les 99 à 100 mètres cubes au chiffre moyen de 90 mètres cubes.

Ainsi, le volume moyen des eaux passant par seconde au pont de Roanne serait à peu près de 90 mètres cubes, et ce volume représente, sur la totalité du bassin, une couche d'eau de 0^m,407. *Volume moyen des eaux de la Loire à Roanne.*

La faible hauteur moyenne des eaux rend sur la Loire la navigation très-difficile. Comme le tirant d'eau des bateaux est de 0^m,60, ils ne peuvent marcher sûrement tant que le niveau du fleuve n'atteint pas un mètre. D'autre part, lors des grandes eaux, le courant est trop violent et la navigation extrêmement périlleuse : aussi les bateaux ne peuvent-ils marcher qu'à l'époque des crues moyennes, c'est-à-dire lorsque les eaux se tiennent entre un et deux mètres au-dessus de l'étiage. *Navigation sur la Loire.*

En faisant, sur le tableau graphique déjà mentionné, le relevé du nombre des jours pendant lesquels la Loire s'est maintenue à plus d'un mètre au pont de Roanne, on trouve les chiffres suivants :

Années.	1846.	1847.	1848.	1849.	MOYENNES.
Nombre de jours entre 1 et 2 mètres...	110	63	92	76	85
Nombre de jours au-dessus de 2 mètres.	24	6	7	2	10
Nombre de jours des crues hautes et moyennes..................	134	69	99	78	95

D'après cela, on pourrait croire que le nombre moyen annuel des jours de navigation est de 85; mais, d'abord, si l'on fait abstraction de l'année exceptionnelle 1846, on trouve comme moyenne 77 jours; puis de ce chiffre il faut encore retrancher les crues d'une faible durée, qui n'amènent la Loire que pendant un ou deux jours au niveau de 1 mètre : il reste alors, année moyenne, 50 à 60 jours de navigation réelle.

Les bateaux partent, chargés de houille, de Saint-Just ou d'Andrézieux, c'est-à-dire de l'extrémité supérieure de la plaine du Forez. Ils traversent sans trop de difficultés cette première plaine; mais les dangers sont plus grands et les accidents plus nombreux dans le défilé des Roches, au travers du plateau de Neulize. Non-seulement la pente moyenne y est plus forte, mais encore les contours sont souvent brusques, les rives bordées d'escarpements, et le lit du fleuve semé de rochers. De plus, en deux points, au saut du Pinay et au saut du Perron, le cours de la Loire est tout à coup troublé par une série de rapides ou de faibles cascades.

Avant l'ouverture du chemin de fer d'Andrézieux, il y a vingt-cinq ans, on utilisait la Loire, comme voie navigable, presque dès son entrée dans le département. On embarquait les houilles de Firminy à la Noirie, un peu en aval de l'embouchure de l'Ondène. Mais si le défilé du plateau de Neulize n'est pas sans dangers, le passage du plateau Stéphanois, dont la pente est double, est réellement périlleux. On a donc renoncé à ce mode de transport, et la Loire n'est positivement navigable que depuis son entrée dans la plaine du Forez, à environ 200 kilomètres de sa source. Au reste, même entre Saint-Rambert et Roanne, il a fallu entreprendre des travaux pour rendre possible le passage des bateaux. Duplessis, dans sa statistique du département de la Loire, dit que Louis XIV autorisa les travaux en 1702. La compagnie Lagardette les exécuta de 1702 à 1705, et c'est depuis cette époque seulement que la Loire sert

au transport de la houille de Saint-Étienne. Les travaux
coûtèrent 628,490 livres [1].

La direction générale de la Loire, dans la traversée du
département, coïncide à peu près avec celle du méridien;
mais elle subit quelques inflexions partielles qui méritent
d'être signalées. Direction
du
cours de la Loire.

Dans le plateau Stéphanois, le cours de la Loire paraît
suivre un ancien sillon N. 20 à 22° E. La première ébauche
de cette vallée de fracture pourrait donc remonter aux
plus anciens mouvements qui ont façonné le plateau central de la France.

Dans la plaine du Forez, la direction moyenne est presque parallèle au grand axe du bassin, ou plus exactement
S. 10° E. sur N. 10° O.

Le plateau de Neulize produit dans le cours de la Loire
une inflexion très-prononcée, vers le nord-ouest, entre Balbigny et Saint-Maurice, puis un retour au nord-est, de
Saint-Maurice à Roanne. La première direction semble se
rapporter, comme nous l'avons vu, au soulèvement nord
50° ouest des chaînons du Forez.

Enfin, de Roanne à Briennon, la Loire coule dans le
terrain tertiaire exactement du sud au nord, puis se
dévie de nouveau au nord un peu ouest, en suivant, de
Briennon à Iguerande, une faille ou fente du terrain secondaire.

La Loire reçoit de nombreux affluents en traversant le
département, mais ils sont tous d'une importance très-
secondaire. Le plus considérable n'a pas, en longueur développée, plus de 50 kilomètres. Le volume de ses eaux,
à l'étiage, n'excède pas un demi-mètre cube, et le débit
moyen est au maximum de 6 à 7 mètres cubes. Affluents
de la Loire.

La plupart de ces petites rivières prennent naissance
dans l'intérieur même du département. Celles de la rive

[1] Voir le *Bulletin de la société industrielle de Saint-Étienne*, t. XIX,
p. 76.

gauche viennent de la chaîne du Forez, celles de la rive droite du Pilat et des montagnes du Beaujolais.

Affluents
de
la rive droite.

Les principaux affluents de la rive droite, en les comptant d'amont en aval, sont la Semène, l'Ondène, le Furens, la Coize, la Loyse, le Bernand, le Rhins et le Sornin.

La Semène.

1° La Semène, nom qui rappelle les anciens monts Cemènes (Pilat), prend sa source dans la commune de Saint-Genest-Malifaux, sur le haut de la chaîne du Pilat, dans la partie appelée Grand-Bois, au niveau de 1,000 à 1,050 mètres. Elle coule d'abord au sud-ouest, en suivant, sur le dos de la chaîne, une simple dépression, qui devient bientôt une véritable vallée longitudinale.

A la hauteur de Saint-Didier, à 18 kilomètres de son origine, elle se détourne au nord et rejoint la Loire, après avoir franchi, dans une étroite gorge très-sinueuse, transversalement à la ligne de faîte, une nouvelle distance de 12 kilomètres.

La pente moyenne de cette petite rivière est de $0^m,02$ par mètre, l'étendue de son bassin hydrographique de 13,870 hectares, et, en admettant comme pour la Loire supérieure une hauteur d'eau de $0^m,45$, le débit approximatif moyen de la rivière, à son embouchure dans la Loire, de 2,000 litres par seconde.

On a proposé de détourner, pour l'alimentation de la ville de Saint-Étienne, une partie de la Semène, prise à sa source. Ses eaux sont très-pures et fraîches, qualités qu'il faut surtout attribuer à la nature granitique du sol et au niveau élevé de leur point d'émergence. Leur température est de 2 à 3° en hiver, de 10 à 12° en été, d'après les observations de M. Conte-Grandchamp[1].

---

[1] D'après les jaugeages de M. l'ingénieur Conte-Grandchamp, auteur du projet d'alimentation de la ville de Saint-Étienne par les sources du Grand-Bois, celles-ci débitent, pendant les mois de plus grande sécheresse, 35 à 40 litres d'eau par seconde; et la Semène tout entière fournit, dans les mêmes circonstances, à peine 100 litres par seconde au pont Salomon, non loin de son embouchure.

2° L'Ondène arrose la vallée du Chambon, dans le
bassin houiller au nord de la chaîne du Pilat. Comme la
Semène, elle coule du nord-est au sud-ouest, puis atteint
la Loire par le petit vallon de fracture qui va de Firminy
à la Noirie. Son parcours total n'excède pas 20 kilomètres,
et sa pente moyenne dans le bassin houiller, depuis la
Ricamarie à la Loire, est de $0^m,0125$ par mètre (soit
150 mètres sur 12 kilomètres). L'Ondène reçoit ses eaux
du versant occidental de la chaîne du Pilat; elles lui par-
viennent par une série de gorges ou fentes transversales
où coulent l'Ondenon, le Cotatay, le Vacherie, l'Échapre et
la Gampille, petits cours d'eau assez importants par le
nombre des martinets qu'ils mettent en mouvement.

Le bassin de l'Ondène comprend 12,700 hectares; et,
en adoptant les mêmes bases que pour la Semène, on
arrive au chiffre moyen de 1,800 litres d'eau par seconde.

3° Le Furens est, après la Loire, le principal cours
d'eau du plateau Stéphanois. Ses sources sont très-voisines
de celles de la Semène, et situées, comme ces dernières,
dans le Grand-Bois, au niveau de 1,000 à 1,100 mètres.
La plupart sont dans la commune de Tarentaise.

Le Furens parcourt dans toute sa longueur une série de
vallées transversales. Ainsi, il sillonne d'abord, du sud-est
au nord-ouest, le flanc de la chaîne du Pilat; il coupe
ensuite le plateau Stéphanois, en suivant la principale
vallée nord-sud du bassin houiller, celle de la ville de
Saint-Étienne. Entre Latour et Saint-Priest, il longe un
instant le pied de la chaîne de Riverie, mais bientôt il la
coupe au bourg de la Fouillouse et joint la Loire à Andrézieux, à la cote de 365 mètres. Sa pente moyenne, entre
Saint-Étienne et la Loire, est de $0^m,0085$ par mètre (145^m
sur 17 kilomètres). Plus haut, depuis sa source jusqu'au
pied de la montagne, à son entrée dans le bassin de Saint-
Étienne, elle est de $0^m,03$ par mètre, ou d'environ 500^m
sur 15 kilomètres. Cette grande différence explique le dé-

pôt des galets dans la plaine de Valbenoîte, en amont de Saint-Étienne.

Le Furens met en mouvement un très-grand nombre d'usines diverses : des scieries, dans sa partie supérieure; des martinets, des aciéries, des fabriques de faux, des aiguiseries, des teintureries, etc., dans sa partie moyenne; quelques moulins et une papeterie, vers son extrémité inférieure; et toutes ces usines sont réparties sur une longueur qui n'excède pas 35 kilomètres.

D'après A. Peyret, le Furens débiterait, à son entrée dans la vallée de Saint-Étienne, 70 litres par seconde au moment de l'étiage, et jusqu'à 120 mètres cubes dans les plus fortes crues. La moyenne annuelle serait à peu près d'un demi-mètre cube [1]. Le bassin entier du Furens mesure 16,880 hectares, et le volume moyen de ses eaux est d'environ 2,400 litres par seconde à son embouchure.

La Coize. — 4° La Coize est le premier affluent qui fait partie du groupe du Beaujolais. Toutes ses sources sont situées dans le département du Rhône, au niveau de 750 à 800 mètres; les unes, dans le flanc des côtes de Riverie et de Saint-André, les autres, dans l'angle de jonction des côtes d'Izeron et de Duerne. Ces quatre chaînons limitent complétement le bassin de la Coize, et on peut ajouter que cette rivière parcourt, de l'est à l'ouest, la vallée comprise entre les deux chaînes parallèles de Riverie et de Duerne. Seulement, on doit remarquer que, grâce aux deux crêtes saillantes N. N. E. qui relient Fontanès à Chatelus et Saint-Christot à l'Aubépin, le cours d'eau, au lieu de suivre une direction parallèle aux flancs de la vallée, s'y déve-

---

[1] D'après M. Conte-Grandchamp, le débit du Furens se réduit, pendant trois mois, à 6 mètres cubes par minute (100 litres par seconde), en amont de Saint-Étienne, et celui de ses sources, au plateau de la République, serait, en temps de sécheresse, de 20 à 25 litres par seconde. *Bulletin de la société industrielle de Saint-Étienne*, tome XIX, p. 57.

loppe en forme d'arc, dont la convexité est tournée vers le nord.

A Saint-Galmier, la Coize entre dans la plaine du Forez, se dirige au nord-ouest et se jette dans la Loire, à une faible distance en amont de Montrond, à la cote de 346^m. Son parcours total est de 37 à 38 kilomètres.

Les cours d'eau du Beaujolais sont moins rapides que ceux de la chaîne du Pilat. Tandis que la pente de la Semène est de $0^m,02$ et celle du Furens de $0^m,03$ dans l'intérieur des montagnes, on trouve pour la Coize, en amont de Saint-Galmier, seulement $0^m,015$ à $0^m,016$, et dans la plaine du Forez $0^m,004$.

Le canal de jonction de la Loire au Rhône, que M. Barreau, ingénieur des ponts et chaussées, a projeté par les vallées du Furens et du Gier, devait être alimenté, à son point de partage entre Saint-Priest et Sorbiers, par une double dérivation de la Coize et de la Semène.

Le bassin hydrographique de la Coize comprend $30,000^h$, et le volume moyen des eaux, à son embouchure, doit être de 4,000 à 4,500 litres.

5° Au nord de la Coize on rencontre trois ruisseaux, l'Anzieu, la Toranche et le Garollet, puis une petite rivière dite la Loyse. Celle-ci se compose de plusieurs branches qui naissent à la limite du département, au pied des dernières ramifications de la côte de Thizy, aux environs de Violay et de Villechenève. Elles coulent, pour la plupart, jusqu'à la plaine du Forez, parallèlement au système des rides N. N. E. Après leur jonction, à Sail-en-Donzy, les eaux se jettent directement dans la Loire auprès de Feurs. La longueur développée de la Loyse est de 24 kilomètres. Sa pente diffère peu de celle de la Coize : dans la plaine, elle est de $0^m,004$.

La superficie réunie des bassins de l'Anzieu, de la Toranche et du Garollet est de 16,750 hectares; et ensemble ils doivent fournir, en moyenne, à la Loire environ 2,000 à 2,200 litres par seconde.

Les cours d'eau du Beaujolais ont une pente moins forte que ceux de la chaîne du Pilat.

L'Anzieu, la Toranche, le Garollet, la Loyse.

4

Quant au bassin de la Loyse, son étendue est de 15,000 hectares, et le volume moyen de ses eaux peut être estimé à 1,900 litres.

Le Bernand. 6° A l'origine du plateau de Neulize nous trouvons le Bernand, petite rivière de 15 kilomètres, dont les sources sont voisines de Sainte-Colombe. Il parcourt, de l'est à l'ouest, un étroit vallon du terrain anthraxifère et atteint la Loire à l'extrémité nord de la plaine du Forez. Son bassin n'a pas au delà de 4,000 hectares, et par suite il ne peut guère amener à la Loire que 500 litres d'eau par seconde.

Le Rhins. 7° A 2 kilomètres au-dessous de Roanne, la Loire reçoit les eaux du Rhins, l'un des cours d'eau secondaires les plus considérables du département. Il se compose de trois branches, le Gand, le Rahins et la Trambouze.

Le Gand. Les sources du Gand sont proches de celles du Bernand, à la limite du département, aux environs de Violay, et au niveau d'environ 700 mètres. De ce point, il traverse obliquement, du sud-est au nord-ouest, le plateau de Neulize, en suivant un vallon sinueux qui semble résulter d'une succession de failles, les unes transversales, les autres de direction. Dans la partie supérieure, sa pente est de $0^m,017$ à $0^m,018$; de Croizet à Saint-Symphorien, $0^m,0132$, et de Saint-Symphorien à son embouchure, $0^m,0074$.

Le Rahins. Le Rahins vient du Beaujolais. Il prend sa source, vers 700 à 750 mètres, au mont Pinay et dans le flanc des hauteurs de Belleroche. Il longe d'abord le versant occidental du chaînon de Belleroche jusqu'à Saint-Vincent, puis le pied de la chaîne des Molières jusqu'à Amplepuis. Dans la partie supérieure de la vallée, sa chute est de $0^m,015$ à $0^m,02$; entre Saint-Vincent et Amplepuis, de $0^m,007$ à $0^m,008$.

La Trambouze. Au-dessus d'Amplepuis, la rivière franchit la côte de Saint-Victor et reçoit, à 2 ou 3 kilomètres en amont de Regny, la troisième branche, la Trambouze. Celle-ci vient des hauteurs de la Rotecorde et se fraie un passage vers le sud, entre les chaînons porphyriques (N. 15° O.) d'Écoche et de Sévelinges, et les rides nord-nord-est de Thizy et de Cours.

A partir de la jonction des deux branches, la rivière prend le nom de Rhins et, depuis Regny, celle-ci longe la limite nord du plateau de Neulize. A l'Hôpital, au confluent du Gand, il entre dans la plaine de Roanne, puis joint la Loire après un parcours de 50 kilomètres.

D'Amplepuis à Regny, sa pente moyenne est de 0^m,007, de Regny à la plaine de Roanne, de 0^m,0018.

Le bassin hydrographique du Rhins embrasse 48,600^h, et le volume moyen de ses eaux, à son embouchure, doit être approximativement de 6,000 litres par seconde.

En continuant notre marche vers le nord, nous trouvons trois petits cours d'eau, le Rhodon, le Trambouzan et le Jarnossin, faibles ruisseaux qui descendent du chaînon de Sévelinges, et dont la pente à travers la plaine haute de Roanne est de 0^m,007 à 0^m,008. Ils reçoivent les eaux pluviales de 16,500 hectares, et leur débit moyen doit s'élever approximativement à 2,000 litres par seconde.

Le Rhodon, le Trambouzan, le Jarnossin.

8° Enfin, le dernier affluent de la rive droite est le Sornin, dans la vallée de Charlieu. Il égale le Rhins, ou le surpasse même, au point de vue de son importance hydraulique. Le bassin du Sornin est, en effet, de 52,000 hectares, et le volume moyen des eaux d'environ 6,000 litres. A l'étiage, il n'y en a pas 500[1].

Le Sornin.

Le Sornin prend sa source, comme l'Azergue, dans les bois d'Ajoux, au pied de la plus haute cime du Beaujolais, le signal de Saint-Rigaud, au niveau de 914 mètres. Un simple col sépare les deux rivières à leur origine, mais elles coulent en sens inverse : la première au nord, la seconde au sud. Le Sornin tourne bientôt à l'ouest, puis même, à partir de la Clayette, au sud-sud-ouest. De là jusqu'à Châteauneuf, il longe la ligne de contact des terrains porphyrique et secondaire. Sur la gauche est un sol

[1] En septembre 1850, j'ai déterminé le volume des eaux du Sornin au Moulin neuf, près de Pouilly, à 1,000 mètres en amont de son embouchure dans la Loire; ses eaux étaient basses, mais non à l'étiage, et le moulin pouvait fonctionner : j'ai trouvé 708 litres par seconde.

4.

très-inégal, profondément ondulé, ce sont les hauteurs porphyriques du Beaujolais; sur la droite, une série de terrasses et de larges plans faiblement inclinés, la haute plaine
jurassique qui unit le bassin de Roanne au Charollais.

A Châteauneuf, le Sornin reçoit les eaux du Mussye et,
à Saint-Denis-de-Cabane, celles du Botoret, deux grands
ruisseaux qui descendent, comme le Rhins, des hauteurs
de Belleroche et du mont Pinay. A Saint-Denis, le Sornin
se détourne à l'ouest, coupe transversalement la haute
plaine de Roanne, et atteint la Loire à l'entrée du défilé
de Briennon, à la cote de 257 mètres.

Le Sornin parcourt depuis sa source 45 kilomètres.
Dans la partie haute, sa pente est forte, tandis que de Châteauneuf à la Loire on ne trouve que 0^m,0022.

Affluents
de
la rive gauche.

Les affluents de la rive gauche sont, d'amont en aval,
le Bonson, la Mare, le Lignon, l'Aix, le Renaison et la
Tessonne. Leurs sources sont toutes situées sur le versant
oriental de la chaîne du Forez.

Ces cours d'eau sont aussi rapides que ceux de la chaîne
du Pilat. Dans la partie supérieure, les pentes sont de
0^m,02 à 0^m,03, tandis que du pied des montagnes à la
Loire elles sont généralement de 0^m,0035 à 0^m,0050. Les
crues de ces rivières sont cependant moins fortes que celles
des cours d'eau qui descendent du Pilat : c'est une preuve
indirecte de ce fait, déjà annoncé, que les pluies sont moins
abondantes sur le versant oriental des montagnes du Forez
que le long du flanc ouest des montagnes du Pilat et du
Beaujolais.

Le Bonson.

1° Le Bonson vient des environs de Saint-Bonnet-le-
Château, de l'extrémité sud des montagnes du Forez. Ses
sources sont au niveau de 8 à 900 mètres. Depuis le pied
de la chaîne, il traverse le haut plateau de Saint-Étienne,
comme la Loire, dans la direction du S. S. O. au N. N. E.
C'est une faible rivière de 26 kilomètres. Ses eaux se jettent
dans la Loire au pont d'Andrezieux, en face de l'embouchure du Furens, à la cote de 365 mètres. Le bassin du

Bonson comprend 13,000 hectares et doit, en moyenne, donner à la Loire environ 1,500 litres par seconde.

2° La Mare a ses nombreuses sources dans les com- La Mare.
munes de Marols, Gumières et Saint-Jean-Soleymieux, situées à des hauteurs de 900 à 1,100 mètres. Tous ces petits affluents, après avoir sillonné le flanc de la chaîne du Forez, se réunissent en amont de Saint-Marcellin. Dans la plaine du Forez, la Mare se dirige au nord, fertilise les prairies de Sury, reçoit le ruisseau de la Curaize, et gagne enfin la Loire à Montrond, en face de l'embouchure de la Coize, au niveau de 346 mètres.

Depuis sa jonction avec la Curaize jusqu'au village de Boisset, elle longe un pli du sol qui sert de limite aux alluvions de la Loire. Sur la rive gauche, le terrain est tertiaire, sur la rive droite, de nature alluviale. Son parcours est de 40 kilomètres, mais les derniers 17 kilomètres appartiennent à la plaine du Forez, et dans ce trajet la pente est de 0^m,0035 à 0^m,0040. Son bassin hydrographique est de 23,300 hectares, et le volume moyen de ses eaux peut être estimé à 2,400 litres par seconde.

3° Le Lignon est le plus considérable de tous les affluents Le Lignon.
de la Loire. Sa longueur développée est de 50 kilomètres, la même que celle du Rhins; mais comme les montagnes qui alimentent le Lignon sont plus élevées que celles qui donnent naissance au Rhins, ses eaux sont moins sujettes à tarir : d'ailleurs, son bassin est plus considérable. Il a une superficie de 66,500 hectares, et il doit apporter à la Loire un tribut moyen de 7 à 8 mètres cubes par seconde, soit environ 7,500 litres.

Le haut Lignon se divise en deux branches, l'Auzon et le Lignon proprement dit.

L'Auzon vient des bois de l'Hermitage, du niveau de 12 à 1,300 mètres. Il parcourt la vallée transversale de Saint-Julien-la-Vestre et arrive, par le défilé des Ruines, à la longue vallée de direction de Saint-Thurin.

Le Lignon proprement dit descend des plus hautes som-

mités de la chaîne du Forez : ses sources sont à 14 ou
1,500 mètres. Il suit d'abord le vallon de Chalmazel, dans
le prolongement du chaînon de l'Hermitage. A Saint-
Georges, il pénètre dans une gorge transversale qui le conduit à la vallée de Saint-Thurin, d'où, réuni à l'Auzon, il
se dirige vers la plaine du Forez.

A Poncin, il accueille le Vizézy, petite rivière sur laquelle est bâti Montbrison; et, à 3 kilomètres en aval de
Feurs, ses eaux vont s'unir à la Loire à la cote de 327^m.
Sa pente moyenne, depuis le confluent de l'Auzon, sur un
parcours de 22 kilomètres, est de 0^m,0037.

L'Aix.

4° Au nord du Lignon, et dans une vallée parallèle,
faisant partie du plateau de Neulize, coule la rivière de
l'Aix. Ses sources viennent du Puy-Montoncelle et du revers
occidental de la Madelaine : elles sont la plupart comprises
entre les niveaux de 900 et 1,100 mètres.

A son entrée dans la plaine du Forez, l'Aix reçoit l'Y-
sable, autre cours d'eau de même direction (N. O.-S. E.),
dont les sources appartiennent au versant oriental du massif de la Madelaine. L'Aix joint la Loire à l'origine du défilé des Roches, à la cote de 317 mètres, après un parcours
de 38 kilomètres. Entre Saint-Just-en-Chevalet et Saint-Germain-la-Val, sa pente moyenne est de 0^m,009 à 0^m,010 par
mètre; dans la plaine du Forez, en aval de Saint-Germain,
de 0^m,003 à 0^m,004. Le bassin dont les eaux alimentent l'Aix
mesure 40,000 hectares; par suite, il doit, terme moyen,
donner à la Loire au moins 4,500 litres par seconde.

Le Renaison.

5° La Loire, dans sa traversée du plateau de Neulize,
ne reçoit aucun affluent de quelque importance. Mais à
Roanne nous trouvons le Renaison, qui descend, comme
l'Ysable, des sommets boisés de la Madelaine. Par une
étroite écluse, il franchit la côte d'Ambierle, puis se répand
dans la plaine de Roanne, où il atteint la Loire à 20 kilomètres de son origine. Ses sources viennent de 800 à 850^m
de hauteur absolue. Dans la première moitié de sa course,
la pente du Renaison est de 0^m,03 à 0^m,04; dans la plaine

de Roanne, elle est encore de 0^m,006 à 0^m,008. Le bassin du Renaison n'a qu'une superficie de 10,500 hectares; il doit fournir à peu près 1,200 litres d'eau par seconde à son embouchure.

6° La Tessonne, petite rivière de 24 kilomètres, descend du col de la Croix-du-Sud (611 mètres) et des coteaux por- phyriques de Saint-Haon. En sortant des montagnes, près de Changy, elle est au niveau de 337 mètres. De là jus- qu'à la Loire, sa pente est de 0^m,004 à 0^m,005 par mètre, sur un parcours de 17 kilomètres. Son embouchure est à la cote de 255 mètres. Dans la plaine de Roanne, elle arrose la gracieuse vallée de l'ancienne abbaye la Bénissons-Dieu. *La Tessonne.*

Le bassin de la Tessonne ne comprend que 8,400 hectares, et le volume moyen de ses eaux ne peut excéder 900 litres.

Outre les affluents dont nous venons de parler, la Loire reçoit encore directement quelques ruisseaux d'une faible étendue; mais quoique peu importants, pris isolément, ils ne laissent pas de fournir ensemble une masse d'eau assez considérable. La plupart appartiennent au plateau de Neu- lize. En mesurant tous ces bassins accessoires, on trouve : *Ruisseaux qui se jettent directement dans la Loire.*

Dans le plateau Stéphanois. . . . . 6,250 hect.
Dans la plaine du Forez et le plateau de Neulize. . . 40,000
Dans la plaine de Roanne. 9,500
                                    Total. 55,750

Qui doivent donner en moyenne à la Loire 6 à 7,000 litres par seconde.

En résumé, dans notre département, la Loire reçoit, terme moyen, par seconde :

De ses affluents de la rive droite, y compris la Se-
  mène, environ. . . . . 28,950 litres.
De ses affluents de la rive gauche. 18,000
Et directement par quelques ruisseaux. 6,500
                                    Total. 53,450

Et les bassins hydrographiques qui fournissent cette eau mesurent :

Sur la rive droite . . . . 226,300 hect.

Sur la rive gauche 161,700

Sur les deux rives, les bassins de quelques ruisseaux 55,750

Total 443,750

L'étendue des bassins a été calculée avec soin sur les cartes de Cassini; mais je ne me dissimule pas ce que les estimations des quantités d'eau peuvent avoir d'imparfait et d'inexact. Néanmoins, à défaut de renseignements plus précis, j'ai cru devoir indiquer les résultats précédents, pour donner au moins une idée approchée de l'importance relative de nos divers cours d'eau.

BASSIN DU RHÔNE.

Le Rhône.

Tandis que la Loire s'échappe du plateau central et se dirige vers le nord, le Rhône vient des Alpes et coule vers le midi, en suivant la vallée qui sépare les Alpes des montagnes du Centre. On voit donc, dans cette partie de la France, deux grands fleuves très-rapprochés marcher en sens inverse, à des niveaux très-différents. Sous le parallèle de Lyon et Feurs la différence est de 170 mètres; à 50 kilomètres plus au sud, entre Serrières et Aurec, elle est de 300 mètres; et pourtant la distance de l'un des cours d'eau à l'autre dépasse rarement, dans ce district, 40 à 45 kilomètres.

Les deux fleuves se ressemblent d'ailleurs peu. La Loire n'est encore, dans notre département, qu'une rivière torrentielle, et même à Orléans elle ne débite que 50 mètres cubes, au moment de l'étiage. Le Rhône, au contraire, grossi par l'Ain et la Saône, a déjà atteint à Lyon, à 100 lieues de sa source, toutes les proportions d'un véritable fleuve.

A l'étiage, le volume de ses eaux est de 300 à 320 mètres cubes, dont 70 proviennent de la Saône; et le débit moyen du fleuve doit être assez voisin de 2,500 à 3,000 mètres cubes[1]. Alimenté par les eaux des glaciers, pourvu d'un vaste réservoir au débouché des Alpes, le Rhône a nécessairement un régime plus constant que la Loire. Pourtant, en octobre 1840, les eaux du Rhône sont montées à Lyon jusqu'à 5^m,54 au-dessus de l'étiage.

La pente du Rhône est plus forte que celle de la Loire, lorsqu'on les compare à égale distance de leur embouchure. D'Orléans à la mer, sur un parcours de 350 kilomètres, la chute totale est de 95 mètres ou de 0^m,00027 par mètre; tandis que de Lyon à la mer, la pente est de 162 mètres pour une distance d'environ 300 kilomètres, soit 0^m,00054 par mètre; ainsi exactement le double. Mais si nous comparons les deux fleuves dans l'intérieur du département, nous trouvons un rapport inverse. La pente moyenne de la Loire y est de 0^m,00137, tandis que celle du Rhône n'atteint pas 0^m,001.

Le Rhône, au reste, ne traverse pas le département de la Loire; il lui sert seulement de limite entre Condrieux et Limony, sur une longueur de 12 kilomètres. En quittant le département, il est à la cote de 129 mètres. C'est le point le plus bas du territoire que nous décrivons, comme Pierre-sur-Autre (1,640^m) en est le point culminant.

Altitudes extrêmes du département de la Loire.

Le bassin du Rhône ne comprend, dans le département de la Loire, que la moitié orientale de l'arrondissement de Saint-Étienne, c'est-à-dire la vallée du Gier et le versant sud de la chaîne du Pilat; aussi les seuls affluents que le Rhône reçoit du département de la Loire sont le Gier et la Cance.

Affluents du Rhône dans le département de la Loire.

Le Gier prend sa source au Pilat même, à la Jasserie (ferme de montagne) du Crêt de la Perdrix, au niveau

Le Gier.

[1] D'après les publications de la Commission hydrométrique de Lyon, le débit moyen de la Saône, pour les trois années 1844, 1845 et 1846, a été, à Trévoux, de 501 mètres cubes par seconde.

d'environ 1,300 mètres. Cette rivière, comme le Furens et l'Ondène, donne le mouvement à un très-grand nombre d'usines diverses. Ce sont surtout des moulinages de soie, des fabriques de lacets, des martinets, des aciéries, etc.

Le Janon. A Saint-Chamond, le Gier reçoit le Janon. Les eaux de cet affluent, comme celles du Gier lui-même, prises non loin de leurs sources, avaient été conduites par les Romains jusqu'à Lyon, sur le plateau de Fourvières. Les restes des deux aqueducs, qui se réunissaient en un seul en amont de Saint-Chamond se voient encore en beaucoup de points.

Le Janon, depuis Terre-Noire, et le Gier, depuis Saint-Chamond, parcourent dans le bassin houiller une vallée de direction située entre le Pilat proprement dit et la chaîne de Riverie. Parallèlement aux deux cours d'eau, on a établi sur la rive droite le chemin de fer de Saint-Étienne, sur la rive gauche, le canal de Givors et la grande route.

Affluents du Gier. Le Gier lui-même a de nombreux affluents, qui descendent des hauteurs du Pilat et de la côte de Riverie. Du premier viennent l'Onzion, le Dorlay, l'Égarande, le Couzon ; des montagnes de Riverie, le Langonan, la Durèze et le Bosançon.

Le Gier se jette dans le Rhône à Givors, après un parcours de 44 à 45 kilomètres. Son bassin mesure 41,600^h, et en moyenne il doit fournir au Rhône près de 6,000 litres par seconde.

Le revers oriental de la chaîne du Pilat est partout à pente roide et d'une faible largeur. Aussi, depuis Givors jusqu'à Andance, sur un trajet de 45 kilomètres, le Rhône ne reçoit, par sa rive droite, que de faibles ruisseaux. Le premier cours d'eau d'une certaine importance est la Cance, qui passe à Annonay.

La Cance
et la Diaume. La Cance prend sa source à Saint-Bonnet-le-Froid, à la limite des départements de l'Ardèche et de la Haute-Loire. Elle coule jusqu'à Annonay du S. O. au N. E., entre deux chaînons du système du Pilat. Là, elle s'unit à la Diaume,

qui vient du département de la Loire; c'est-à-dire, la branche principale, de la vallée de Saint-Sauveur, et ses affluents secondaires, l'Argentet, le Riotet et le Ternaire, du Grand-Bois et du versant sud du Pilat proprement dit.

De Bourg-Argental à Annonay, la Diaume coupe transversalement la côte de Tracol. Au-dessous d'Annonay, la Cance parcourt du N. O. au S. E. le prolongement du même défilé, puis tourne à l'est et se termine au Rhône, après un parcours de 36 à 37 kilomètres.

La superficie du bassin de la Cance est de 36,500 hectares, qui doivent en moyenne donner au Rhône environ 4,000 à 4,500 litres d'eau par seconde[1].

DES SOURCES.

Presque toutes les sources du département s'échappent du granite et du porphyre, ou de terrains divers dont les assises sont fortement relevées : par ce motif, leur position n'est soumise à aucune règle fixe.

Situation des sources.

On sait que dans les terrains secondaires et tertiaires, régulièrement stratifiés, les sources sont liées à certains niveaux ou bancs; leur nombre est alors restreint, mais la masse d'eau parfois très-considérable. Dans les terrains granito-porphyriques, les sources sont au contraire nombreuses, mais peu abondantes. L'eau s'échappe, dans ce cas, sous forme de filets épars, des fissures accidentelles des roches.

Dans les districts montagneux, et spécialement là où le sol est granitique, on est assuré de trouver une source au fond de chaque combe ou dépression du sol; et les eaux

---

[1] Les pluies sont plus abondantes sur le versant occidental du Pilat, à Saint-Étienne, Firminy, Rive-de-Gier, que sur le revers opposé, à Bourg-Argental, Pellussin, Chavanay. Aussi les crues du Gier, du Furens et de l'Ondène sont-elles plus fréquentes et plus fortes que celles de la Cance et de la Diaume, et, proportionnellement à leur étendue, les bassins du versant est reçoivent moins d'eau que ceux du versant ouest.

y sont d'autant plus abondantes que les flancs des coteaux voisins sont plus développés.

Température des sources. La température des sources dépend nécessairement de leur altitude. Sur le haut de la chaîne du Pilat, au niveau de 1,000 à 1,100 mètres, les sources marquent 6 à 7° c. pendant la saison chaude, et 4 à 5° c. en hiver. Comme elles sont peu abondantes et peu profondes, la température extérieure influe sur celle des sources [1]. Dans la région des plateaux et des plaines, à la hauteur moyenne de 270 à 550 mètres, la température des sources varie entre 10 et 11° 5 c.

Nature des eaux. Les eaux du département de la Loire sont en général très-pures. Sortant presque toutes du granite ou de roches anciennes, elles renferment peu de carbonate de chaux et encore moins de sulfate calcaire (sélénite). Elles sont extrêmement douces et dissolvent parfaitement le savon [2].

M. Dupasquier, de Lyon, n'a trouvé dans les eaux du Furens ni sulfates, ni chaux, ni aucune base terreuse. On y rencontre seulement des traces de chlorures et de car-

---

[1] M. Marié, professeur de physique au collége de Saint-Étienne, a trouvé, en février 1844, par un froid de — 6°, la terre étant couverte de neige depuis plusieurs jours, pour la température de la source de l'Hôtel-du-Grand-Bois 4°,4, et pour les températures des fontaines Sainte-Agnès et du fond de la Raze, 5°,1. M. Conte-Granchamp a même trouvé, en hiver, 2° à 3°, et, en été, 10° à 12°; mais déjà l'eau de source devait être mêlée à quelques filets d'eau provenant de la surface.

[2] Les eaux du Furens conviennent par ce motif spécialement pour le décreusage de la soie. A Saint-Étienne, avec les eaux du Furens, on emploie de 16 à 17 parties de savon pour décreuser 100 parties de soie, tandis qu'à Lyon, avec des eaux moins pures, on en consomme de 18 à 35 parties. (*Bulletin de la société industrielle de Saint-Étienne*, t. XIX, p. 41.) Les sources du Grand-Bois ont donné à M. Houpeurt, ingénieur des mines, sur 10 litres d'eau, 0gr,2415 de matières solides ainsi composées :

Silice............................	0gr,0970
Oxyde de fer.....................	0 ,0895
Sulfate de chaux.................	0 ,0070
Carbonate de chaux..............	0 ,0429
Alcali et perte.	0 ,0051
	0 ,2415

bonates alcalins; et la plupart des sources et des rivières du département sont, sous le rapport des matières salines, dans les mêmes conditions de pureté que le Furens. La Loire elle-même a des eaux très-peu chargées de substances étrangères. D'après une analyse de M. Janicot, répétiteur de chimie à l'École des mines de Saint-Étienne, elles contiennent sur 15 litres[1] :

Composition
des eaux
de la Loire.

		centilitres.
Produits gazeux..	Acide carbonique...............	19 ,20
	Azote......................	25 ,10
	Oxygène....................	12 ,00
		56 ,30

		grammes.
Produits salins...	Silice......................	0 ,105
	Carbonate de chaux............	0 ,216
	Oxyde de fer.................	0 ,027
	Sulfate de chaux..............	0 ,039
	Chlorures de sodium, de magnésium, de calcium.................	0 ,105
Matières organiques..........................		0 ,016
		0 ,508

Les eaux ont été prises, le 2 décembre 1841, au Pertuiset, près de Firminy.

Les carbonate et sulfate de chaux proviennent sans doute principalement des bancs tertiaires du bassin du Puy, où l'on exploite de la pierre à plâtre.

Les eaux du Rhône, prises à Lyon, sont moins pures. Sur 15 litres, M. Boussingault a trouvé, en juillet 1835 :

Composition
des eaux
du Rhône.

		centilitres.
Produits gazeux..	Acide carbonique...............	9 ,8
	Oxygène....................	9 ,8
	Azote......................	17 ,3
		36 ,9

[1] *Annales des mines*, 4ᵉ série, t. Iᵉʳ, p. 719.

		grammes.
Produits solides.. {	Carbonate de chaux.............	1 ,51
	Sulfate de chaux...............	0 ,10
Traces de chlorures et sulfates alcalins..............		//
		1 ,61

Eaux de la Saône. Les eaux de la Saône, d'après M. Bineau, professeur, à Lyon, sont encore moins pures. Dans 15 litres, il a trouvé $2^g,115$ de matières salines, dont $0^g,045$ de sulfate de chaux.

Eaux de la Seine. Enfin, les eaux de la Seine, à Paris, en amont de la Bièvre, renferment, sur 15 litres, d'après MM. Thénard et Colin :

		centilitres.
Produits gazeux.. {	Azote et oxygène..............	36 ,28
	Acide carbonique	12 ,54
		48 ,82

	grammes.
Sulfate de chaux...........................	0 ,761
Carbonate de chaux.........................	1 ,494
Chlorure de sodium........................	//
Divers sels deliquescents	0 ,171
	2 ,426

Ainsi les eaux de la Loire, prises à l'entrée de notre département, sont beaucoup plus pures que celles des autres grands fleuves de France.

Sources minérales. Le département de la Loire est riche en sources minérales. Elles appartiennent presque toutes aux grandes lignes de fracture, c'est-à-dire à la base des chaînes de montagnes. Ainsi, au pied de la chaîne du Forez, on trouve les eaux minérales de Moingt, Montbrison et Sail-sous-Couzan; à la base des montagnes de la Madelaine, les sources de Saint-Alban et de Sail-lès-Château-Morand ; sur la lisière occidentale des montagnes du Beaujolais, les eaux de Saint-Galmier et de Sail-en-Donzy; dans le défilé que suit la

Loire au travers du plateau de Neulize, la source de Saint-Priest-la-Roche.

Une seule, celle de Duivon, qui est au reste fort peu abondante, s'échappe du flanc même des montagnes, des coteaux de la forêt de Cremeaux.

Enfin, cinq sources appartiennent aux bassins tertiaires : l'une d'elles, dite eau des Quatre, est à un quart de lieue de Feurs; la seconde, à Saint-Cyprien, près d'Andrézieux; la troisième, aux portes mêmes de Roanne, et les deux autres, non loin de là, à Origny et Perreux.

Nous n'entrerons pas ici dans la description spéciale de chacune de ces sources; ce sera l'objet d'un paragraphe spécial. Nous observerons seulement qu'une seule de ces sources, celle de Sail-lès-Château-Morand, est thermale (34°); que celles qui sortent des chaînes granitiques ou porphyriques sont alcalino-salines, plus ou moins chargées d'acide carbonique, et que celles des terrains tertiaires sont ferrugineuses et légèrement sulfureuses. Des établissements existent à Saint-Galmier, Saint-Alban, Roanne, Sail-sous-Couzan et Sail-lès-Château-Morand.

§ 4.

MÉTÉOROLOGIE.

Les observations météorologiques faites d'une manière précise et suivie manquent, à ma connaissance du moins, dans le département de la Loire. Il faut donc se borner, sur ce point, à quelques aperçus généraux, puisés dans les traités de météorologie ou fondés sur un certain nombre d'observations partielles faites à Montbrison, Lyon, Roanne et Saint-Étienne.

TEMPÉRATURE.

Il n'est guère possible de fixer la température moyenne d'un département dont les altitudes extrêmes sont 129 et

1,640 mètres; mais on peut, jusqu'à un certain point, déterminer celle de ses plaines et principaux plateaux. A défaut d'observations directes suffisamment nombreuses, nous partirons de la température moyenne de Lyon, qui est de 12°,5 c.

Température
moyenne
de la plaine
du Forez.
La plaine du Forez, au centre du département, est située à 200 mètres au-dessus de Lyon, chiffre qui correspond à une différence de 1° à 1°,1, c'est-à-dire à une température moyenne de 11°,4 à 11°,5; mais si l'on considère que la plaine en question est bornée, à l'ouest et au sud, de montagnes élevées, et qu'elle est relativement ouverte du côté nord, on doit présumer que sa température est plus basse que celle qui résulte d'une simple différence de niveau de 200 mètres. La nature argileuse et aquifère des terres de la plaine doit aussi contribuer, en favorisant les brouillards, à rendre le climat plus froid. D'après cela, il est à présumer que la température moyenne est plutôt voisine de 11°,3; et, en effet, M. le docteur Rey a trouvé, à Montbrison, pour la moyenne de 1846, 11°,02 [1], qui correspond à 11°,20 pour la moyenne de la plaine, dont le niveau général est à environ 40 mètres au-dessous de celui de la ville. Il faut aussi remarquer que le climat de Montbrison doit être relativement plus froid que celui du reste de la plaine, à cause de sa situation au pied des montagnes du Forez, qui privent cette ville du soleil du soir. D'autre part, le chiffre de l'année 1846 trouvé par M. Rey est probablement un peu plus élevé que la véritable moyenne de Montbrison, car cette année fut, dans nos contrées, sèche et chaude, ainsi que le prouvent les observations régulières faites à Lyon depuis un grand nombre d'années.

En résumé, comme ces deux circonstances influent sur le résultat moyen d'une manière inverse, il en doit résulter une sorte de compensation, et, par suite, on pourrait

---

[1] Dans l'Annuaire de la Loire pour 1851, M. le docteur Rey indique pour la moyenne de plusieurs années 13° C; mais ce chiffre ne saurait être exact, puisqu'il est même supérieur à la moyenne de Lyon.

admettre, je crois, comme température moyenne de la plaine du Forez, approximativement le chiffre 11°,3.

La plaine de Roanne est, en moyenne, de 65 mètres plus basse que celle du Forez. A cette différence de hauteur correspond un accroissement d'environ 0°,35. Sa température moyenne serait donc de 11°,65; mais comme Roanne est entouré de montagnes moins hautes que le bassin de Feurs, il est à croire que ce chiffre est un peu bas. Roanne se rapproche en effet davantage, au point de vue de sa situation, de Lyon que des villes de la plaine du Forez, et, si l'on part directement de la température de Lyon, on arrive, pour la plaine de Roanne, au chiffre plus élevé de 11°,8, qui me semble devoir représenter assez exactement sa température moyenne.

Température moyenne de la plaine de Roanne.

On reconnaît aisément, au reste, à la culture de la vigne, que la plaine de Roanne est sensiblement plus chaude que celle du Forez.

Quant au plateau Stéphanois, il est non-seulement plus élevé que les bassins de Feurs et de Roanne, mais encore au centre de montagnes passablement hautes. Sa température, comparée à celle de Lyon, doit donc aussi être plus basse que celle qui résulte d'une simple surélévation du sol.

Température moyenne du plateau Stéphanois.

La différence de niveau est de 350 mètres, chiffre qui correspond à peu près, d'après les données ordinaires, à un abaissement de 1°,9, mais, à raison du voisinage des montagnes, le décroissement doit être plutôt supérieur à 2°; ce qui donnerait, comme maximum de la température moyenne probable du plateau Stéphanois, 10°,5; et je crois que le chiffre réel doit même se rapprocher davantage de 10°,3.

La différence de climat des deux contrées est d'ailleurs frappante à plus d'un égard. A Saint-Étienne, les vignes ne prospèrent plus; le mûrier même et le châtaignier viennent difficilement. Au printemps, la végétation du plateau Stéphanois est de quinze jours en retard sur celle de Lyon.

Enfin, en hiver, il neige souvent à Saint-Étienne tandis qu'il pleut à Lyon. Ainsi, pendant l'hiver 1845 à 1846, il y eut, d'après mes observations comparées à celles de la Société hydrométrique de Lyon, 2 jours de neige à Lyon et 12 à Saint-Étienne. Pendant l'hiver suivant, de 1846 à 1847, la différence est même beaucoup plus grande, et sans doute exceptionnelle : 2 jours à Lyon et 26 à Saint-Étienne.

Climat des chaînes de montagnes du Forez.

Il existe peu de données sur la température moyenne de nos chaînes de montagnes, et il est même difficile de l'apprécier approximativement. A défaut de mesures précises, il convient de rappeler les faits suivants, qui donnent une idée assez exacte de la rigueur du climat. La culture du

Limite de la culture du seigle.

seigle s'élève dans les chaînes du Forez et du Pilat (à Saint-Bonnet-le-Château et à Saint-Genest-Malifaux) jusqu'au niveau de 950 à 1,000 mètres. Au delà viennent les pâturages, les bruyères et les forêts; à partir du niveau de 1,300 mètres, on rencontre les plantes subalpines.

Température moyenne du plateau de Saint-Genest-Malifaux.

La température moyenne du plateau de Saint-Genest-Malifaux paraît être assez basse. Le 5 février 1844, M. Marié, alors professeur de physique au collége de Saint-Étienne, a déterminé la température de plusieurs sources voisines du Grand-Bois, au niveau de 1,000 à 1,050^m. Il a trouvé 5°,1, la température extérieure étant de 6° au-dessous de 0° et la terre couverte de neige depuis plusieurs jours. Ce chiffre si bas ne saurait cependant représenter la température moyenne du sol, car on sait que généralement les sources des hautes montagnes sont plus froides que la moyenne de l'air : celles du Grand-Bois surtout doivent être dans ce cas, car sur ce plateau granitique les eaux ne peuvent s'infiltrer profondément et doivent, en hiver, plus ou moins se refroidir lorsque les gelées sont soutenues. En effet, les mêmes sources marquent en été 6 à 7°. D'après cela, la température moyenne du plateau, au niveau de 1,025^m, me paraît devoir être assez voisine de 7°; ce qui, en partant de Lyon (180 mètres), donnerait un décroissement de

5°,5 c. pour 845 mètres, ou de 1° c. par 154 mètres [1]. On sait, au reste, que le plateau central de la France a un climat plus froid que celui qui devrait correspondre à son élévation et à sa latitude.

La température moyenne du plateau central est relativement plus basse que celle des Alpes.

Dans les Alpes, les hautes montagnes sont partout coupées de profondes vallées qui tempèrent le froid des cimes : tandis que le plateau central est une large surface bombée exposée à tous les vents, et entrecoupée de quelques rares vallons très-étroits dont l'influence sur les montagnes à croupes larges est nécessairement faible.

VENTS.

Des observations multipliées prouvent qu'en Europe le vent dominant est le sud-ouest [2], tant par le nombre de jours qu'il souffle que par sa force. Vient ensuite le vent directement opposé, le nord-est. Le premier est chaud et humide, le second froid et sec.

Vents dominants.

Ces deux vents sont la conséquence, comme l'a établi Halley, de la température élevée des régions intertropicales. L'air, échauffé entre les tropiques, monte, puis se déverse à droite et à gauche vers les pôles. Delà, dans l'hémisphère boréal, un courant supérieur du sud au nord; et par cela même, pour remplacer l'air ainsi raréfié, un courant inférieur contraire, des pôles vers l'équateur; c'est-à-dire, dans notre hémisphère, un vent du nord au sud. Mais ces deux directions, en se combinant avec le mouvement de la terre d'occident en orient, engendrent réellement un vent supérieur venant du sud-ouest et un vent inférieur soufflant du nord-est. C'est là la cause des vents alisés nord-est qui règnent constamment dans le voisinage du tropique boréal.

---

[1] Ce serait un décroissement très-considérable. Cependant on sait que l'abaissement de température est plus rapide lorsqu'on compare les montagnes aux plaines que lorsqu'on passe d'une plaine à un plateau. Ainsi, on a trouvé 168 mètres par 1° de température sur le versant méridional des Alpes.

[2] Cours de météorologie de Kaemtz; traduction française, p. 46.

En approchant des zones tempérées, le courant supérieur sud-ouest s'abaisse insensiblement et atteint souvent, dans nos contrées, les régions inférieures de l'atmosphère, et cela, d'autant plus que l'on avance davantage vers le nord. Aussi, dans le nord de la France, c'est bien réellement le sud-ouest qui domine, tandis que dans le midi et entre la France et l'Afrique c'est plutôt le nord-est.

Ces deux vents dominants sont au reste modifiés, à la surface de la terre, par une foule de circonstances locales, principalement par la direction générale des vallées et des chaînes de montagnes, la configuration des mers, la position des déserts, etc. Ainsi, dans le Forez et le Lyonnais, où les deux grandes vallées de la Loire et du Rhône et les massifs montagneux qui les entourent vont directement du sud au nord, le nord-est dégénère en vent du nord et le sud-ouest en vent du sud. Pourtant, dans la vallée de la Loire, ce dernier vient moins directement du sud que dans le bassin du Rhône.

Dans cette dernière vallée, à partir de Lyon, le vent du nord l'emporte par sa fréquence sur celui du sud; et le premier augmente de violence à mesure que l'on descend la vallée, tandis que l'inverse a lieu pour le vent du sud. Dans le Forez, en particulier, l'intensité des vents du sud est souvent extrême. A Saint-Étienne, les hautes cheminées des machines à vapeur ne résistent pas toujours à ces coups de vent violents.

Les observations faites dans le bassin de la Loire semblent aussi montrer, contrairement aux résultats de la vallée du Rhône, que le vent souffle dans le Forez plus souvent du sud ou du sud-ouest que du nord. C'est du moins le résultat auquel nous sommes parvenus, M. le docteur Rey, à Montbrison, pour la période de 1845 à 1849, et moi, à Saint-Étienne, en 1845 et 1846. On a également constaté que, dans la vallée de l'Allier (à Clermont, Cusset et Billom), les vents du sud sont plus ordinaires que ceux du nord [1].

[1] Voyez les Recherches de M. Fournet sur la distribution des vents dominants en France. *Annuaire de la société d'agriculture de Lyon.*

Les vents les plus rares dans le Forez, et aussi les plus faibles, sont ceux de l'est et du sud-est. Ils ne règnent en général qu'un ou deux jours de suite et précèdent habituellement les vents du sud ou du sud-ouest. Ce sont en quelque sorte des vents de transition qui font toujours succéder le sud au nord et la chaleur au froid. Au reste, on l'a remarqué depuis longtemps, le plus souvent les vents se suivent dans un ordre régulier, presque toujours le même. Après une certaine période de vent du nord, l'atmosphère se calme; une faible brise, venant de l'est ou du sud-est, se fait sentir pendant un ou deux jours, puis le sud ou le sud-ouest s'élève avec force, dure quelques jours et amène la pluie. Ce sud-ouest passe alors à l'ouest et au nord-ouest, qui est, dans nos contrées, le plus fréquent après les deux vents dominants dont je viens de parler. Le nord-ouest est toujours froid, et ramène au printemps les neiges tardives et les giboulées de mars, en été et en automne, les pluies diluviennes. Enfin revient le nord direct, et avec lui un temps plus sec. Il me paraît presque superflu d'ajouter qu'en météorologie, plus qu'en autre chose, la règle n'exclut pas l'exception.

Il résulte encore des observations faites dans notre pays que les vents du nord et du nord-ouest soufflent plus spécialement et sont surtout plus persistants au printemps, tandis que le sud et le sud-ouest règnent plutôt en été et en automne.

Le nord prédomine au printemps, le sud en automne.

PLUIES.

Les pluies sont principalement amenées, dans la région qui nous occupe, par les vents du S. et du S. O. Tant que ces vents durent, les pluies sont fines et chaudes. Elles deviennent froides, à larges gouttes et abondantes, lorsque le vent tourne à l'ouest ou au nord-ouest.

Les pluies sont inégalement abondantes et inégalement fréquentes dans les divers mois de l'année. Le mois de février est généralement le plus sec. Par contre, d'après M. de

Inégale répartition des pluies, eu égard

aux divers mois
de l'année.
Gasparin, la saison la plus pluvieuse, dans le sud-ouest de l'Europe, qui comprend le Forez, est l'automne, surtout octobre et novembre. C'est, en effet, dans cette période que tombent les grandes inondations du Rhône et de la Saône en 1840, et celle de la Loire en 1846. Cependant, lorsqu'on consulte, non le volume d'eau tombée, mais bien le nombre de jours pluvieux, on reconnaît que généralement les mois du printemps, surtout avril et mai, l'emportent sur ceux de l'automne : le mois de juin est généralement l'un des plus pluvieux, soit par la quantité d'eau, soit quant au nombre de jours de pluie.

En comparant l'été à l'hiver, c'est-à-dire juin, juillet et août, à décembre, janvier et février, on trouve, à cause de la sécheresse relative de janvier et février, que les mois d'été fournissent toujours plus d'eau que les mois d'hiver. Pourtant le sol est plus humide et les rivières sont plus fortes en hiver qu'en été; anomalie apparente qui s'explique par l'évaporation, toujours beaucoup plus énergique pendant la saison chaude.

A l'appui de ce que nous venons de dire, donnons les résultats de quelques observations faites à Lyon, Saint-Étienne et Roanne.

Ordre des mois
d'après
le nombre relatif
des
jours de pluies.
Si nous rangeons les mois d'après le nombre relatif de jours de pluie, en commençant par les plus pluvieux, nous trouverons l'ordre suivant :

À LYON			À SAINT-ÉTIENNE		À ROANNE	
en 1844.	en 1845.	en 1846.	en 1845.	en 1846.	en 1849.	en 1850.
Septembre.	Mai.	Octobre.	Mai.	Avril.	Avril.	Avril.
Février.	Avril.	Avril.	Juin.	Octobre.	Mai.	Juin.
Octobre.	Juin.	Mai.	Mars.	Décembre.	Octobre.	Octobre.
Juin.	Mars.	Mars.	Avril.	Mars.	Novembre.	Août.
Août.	Septembre.	Juin.	Décembre.	Janvier.	Septembre.	Novembre.
Janvier.	Janvier.	Juillet.	Juillet.	Juin.	Juin.	Mai.
Novembre.	Décembre.	Décembre.	Novembre.	Mai.	Mars.	Février.
Mars.	Août.	Novembre.	Janvier.	Novembre.	Juillet.	Juillet.
Décembre.	Novembre.	Août.	Août.	Juillet.	Décembre.	Septembre.
Juillet.	Février.	Janvier.	Février.	Août.	Janvier.	Janvier.
Mai.	Juillet.	Septembre.	Octobre.	Février.	Février.	Décembre.
Avril.	Octobre.	Février.	Septembre.	Septembre.	Août.	Mars.

Si nous classons, au contraire, les mois d'après le volume d'eau tombée, en plaçant en tête ceux qui ont donné les quantités les plus fortes, on trouve :

À LYON			À SAINT-ÉTIENNE		À ROANNE	
en 1844.	en 1845.	en 1846.	en 1845.	en 1846.	en 1849.	en 1850.
Septembre.	Septembre.	Octobre.	Juin.	Octobre.	Juin.	Juin.
Octobre.	Juin.	Mai.	Septembre.	Avril.	Avril.	Avril.
Juin.	Novembre.	Avril.	Décembre.	Juin.	Septembre.	Août.
Décembre.	Octobre.	Juin.	Janvier.	Mai.	Octobre.	Septembre.
Novembre.	Juillet.	Mars.	Avril.	Septembre.	Juillet.	Mai.
Avril.	Décembre.	Juillet.	Octobre.	Mars.	Novembre.	Octobre.
Août.	Août.	Septembre.	Mai.	Janvier.	Mai.	Juillet.
Janvier.	Mars.	Novembre.	Juillet.	Août.	Août.	Janvier.
Juillet.	Avril.	Décembre.	Novembre.	Novembre.	Mars.	Février.
Février.	Janvier.	Août.	Août.	Juillet.	Janvier.	Mars.
Mars.	Mai.	Janvier.	Mars.	Décembre.	Décembre.	Novembre.
Mai.	Février.	Février.	Février.	Février.	Février.	Décembre.

Le nombre des jours pluvieux est dans le centre de la France, d'après la météorologie du professeur Kaemtz, de 147 par an.

Les observations de Lyon, Saint-Étienne et Roanne donnent

A Lyon..........
{ en 1844.............. 162 jours.
{ en 1845............ 121
{ en 1846............ 88

A Saint-Étienne...
{ en 1845............ 177
{ en 1846............ 135

A Montbrison...... en 1845............ 73

A Roanne........
{ en 1849............ 134
{ en 1850............ 123

On voit, par ces exemples, que le nombre des jours pluvieux varie beaucoup, non-seulement d'une année à l'autre, mais encore d'un lieu à un autre, même lorsque ces lieux sont très-voisins, comme Lyon, Saint-Étienne et

Montbrison. Il en est de même des quantités d'eau, et il faut surtout en chercher la cause dans la configuration très-variable du sol.

Inégale
répartition
de la pluie
sur
les deux versants
d'une
même chaîne.

De nombreuses observations prouvent que sur les deux versants d'une même chaîne, nord-sud, les pluies sont inégalement fréquentes. Il pleut en général davantage sur le revers occidental. Ce principe, s'il est vrai, doit pouvoir aisément se vérifier dans le département de la Loire, qui est précisément bordé par deux grandes chaînes nord-sud : à l'ouest, par les montagnes du Forez, à l'est, par le Pilat et les montagnes du Beaujolais. Ainsi le climat de Saint-Étienne doit être plus pluvieux que celui de Bourg-Argental et de Lyon; et la rive gauche de la Loire, le long des montagnes du Forez, doit être plus sèche que la rive droite, sur le versant occidental du massif du Beaujolais.

Remarquons encore que l'influence des montagnes nord-sud est d'autant plus marquée qu'elles sont plus élevées. Ainsi la pluie devrait être plus abondante dans le sud du département de la Loire, au pied occidental de la chaîne du Pilat, qu'au centre et au nord, sur le versant ouest des montagnes moins hautes du Beaujolais. Enfin, la partie la plus sèche du département doit être le pied de la chaîne du Forez, spécialement la région comprise entre Montbrison et Saint-Germain-la-Val, où la chaîne du Forez s'élève le plus haut.

Les observations faites jusqu'à ce jour dans notre département ne sont pas suffisantes pour vérifier rigoureusement les principes que nous venons de rappeler; mais du moins celles dont on a conservé le souvenir viennent les confirmer. Ainsi, en général, les grands orages sont plus fréquents à Saint-Étienne et Rive-de-Gier qu'à Bourg-Argental et Pelussin; le Furens, le Gier, l'Ondène dévastent plus souvent les vallons qu'ils parcourent que la Cance et la Diaume. De même aussi, dans la plaine du Forez, la Coize et la Loyse ravagent plus fréquemment leurs rives que la Mare. le Vizezy et le Lignon.

Mais voici quelques données plus précises : les chutes de pluie sont plus abondantes à Saint-Étienne qu'à Lyon et à Roanne, et Montbrison se fait surtout remarquer par la rareté et la faiblesse des chutes de pluie. Voici les chiffres.

HAUTEURS DE L'EAU TOMBÉE							
à Lyon			à Saint-Étienne		à Roanne		à Montbrison
en 1844.	en 1845.	en 1846.	en 1845.	en 1846.	en 1849.	en 1850.	en 1846.
0^m,703	0^m,780	0^m,756	0^m,812	0^m,858	0^m,704	0^m,630	0^m,422 [1]

Et si l'on consulte les nombres de jours pluvieux précédemment donnés, on reconnaîtra que, à ce point de vue aussi, le principe en question est pleinement confirmé.

BROUILLARDS.

Les brouillards se forment lorsque le sol humide est plus chaud que l'air et que l'air lui-même n'est pas très-sec. Il suit delà que les brouillards caractérisent plus spécialement l'hiver. Ainsi M. Fournet a constaté, à Lyon, que les eaux du Rhône et de la Saône sont généralement plus chaudes que l'air à partir du 1er novembre au 1er mars; et c'est précisément là, pour cette ville, la période des plus forts brouillards.

Sous le rapport des brouillards, le département de la Loire peut se diviser en régions très-différentes. En automne, lorsque le temps est calme, sec et froid, les brouillards envahissent les plaines pendant les nuits, puis se dissipent vers le milieu du jour. Si l'air est moins sec, mais toujours calme, ces brouillards peuvent même durer

Brouillards dans les plaines.

[1] Dans l'Annuaire départemental de 1851, M. le docteur Rey indique comme moyenne des quatre années 1845 à 1849 le chiffre plus élevé de 0^m,634, qui cependant est toujours bien inférieur au chiffre de Saint-Étienne.

tout le jour. Ainsi, j'ai vu souvent, en octobre, novembre et décembre, par un très-faible vent du nord, un ciel serein et pur dans nos montagnes et sur les plateaux de Saint-Étienne et de Neulize, tandis que les plaines du Forez et de Roanne et la vallée du Rhône demeuraient plongées dans un épais brouillard.

Mais ces mêmes brouillards se dissipent lorsque le vent vient à s'élever, car alors l'air sec des hauteurs se mêle continuellement à l'air humide des bas fonds et empêche la condensation des vapeurs d'eau.

Brouillards sur les hauteurs.

Un phénomène directement inverse se manifeste lorsque, dans la saison froide, l'atmosphère est humide et agitée; surtout lorsque le vent souffle de l'ouest ou du nord-ouest. Alors, l'air chaud des plaines, chassé dans les montagnes et sur les plateaux, s'y refroidit, les vapeurs se condensent et les brouillards couvrent les régions hautes, tandis que les plaines en sont exemptes. Dans ces circonstances, le plateau de Saint-Étienne et les parties élevées du plateau de Neulize sont souvent envahis par des brouillards très-humides, tandis qu'un ciel simplement nuageux s'étend sur les plaines voisines de la Loire et du Rhône.

Dans la saison moins froide, au printemps et en automne, l'air est rarement assez froid pour que les brouillards puissent se former, dans ces circonstances, sur les simples plateaux, mais ils couvrent encore la région des hautes montagnes, au-dessus des niveaux de 750 à 800^m.

Enfin, même en été, lorsque les vents soufflent de l'ouest ou du nord-ouest, la haute crête du Pilat est souvent coiffée d'un épais brouillard qui annonce presque toujours la venue prochaine de la pluie.

NEIGES.

La température moyenne du département de la Loire étant passablement basse, eu égard à sa latitude, les neiges y sont relativement abondantes et demeurent souvent plusieurs jours sur le sol sans se fondre. Mais évidemment la fréquence des chutes de neige dépend du niveau absolu de chaque région. A Saint-Étienne, les premières neiges précèdent rarement le 1er novembre, et en général il ne neige qu'en décembre, janvier, février et la première quinzaine de mars. Des retours brusques du nord-ouest peuvent cependant déterminer des chutes de neige même en avril.

Sur le haut du Pilat, les dernières neiges ne fondent qu'en mai; au mont Herboux, en juin et juillet. Du reste, sur les deux cimes, comme dans les Alpes au-dessus du niveau de 1,300 mètres, on voit neiger à toutes les époques de l'année.

Dans la plaine du Forez, et surtout dans celle de Roanne, les neiges sont moins abondantes que sur le plateau de Saint-Étienne, mais nécessairement plus fréquentes que dans la vallée du Rhône en aval de Lyon.

La hauteur des chutes de neige n'est jamais très-forte dans nos plaines et sur nos plateaux. A Saint-Étienne, j'en ai rarement observé plus de 0^m,15 à 0^m,20. Nous rappellerons ici ce que nous avons déjà dit à l'occasion de la température moyenne, que, pendant l'hiver de 1845 à 1846, il y eut à Saint-Étienne 12 jours de neige et à Lyon seulement 2; que l'hiver suivant, de 1846 à 1847, on observa 26 jours de neige à Saint-Étienne et seulement 2 aussi à Lyon.

DEUXIÈME PARTIE.

CONSTITUTION GÉOLOGIQUE.

CLASSIFICATION GÉNÉRALE DES TERRAINS.

Le département de la Loire renferme la plupart des terrains qui caractérisent le plateau central de la France et ses plaines les plus voisines.

Les terrains anciens ou de transition inférieurs et les roches éruptives de la même époque (les granites et pegmatites) y occupent la plus large place; et pourtant la longue série des terrains paléozoïques inférieurs est loin d'être complète dans cette partie de la France.

Les terrains les plus répandus appartiennent aux époques azoïques et paléozoïques inférieures.

Les terrains paléozoïques supérieurs sont représentés par le seul système carbonifère, c'est-à-dire par le calcaire carbonifère, l'étage houiller inférieur (le grès à anthracite du Roannais) et le terrain houiller proprement dit.

Pendant cette même période ont paru les porphyres granitoïde et quartzifère.

L'époque paléozoïque supérieure est représentée par le terrain carbonifère et deux classes de porphyres.

La partie la plus élevée des terrains paléozoïques supérieurs manque. Aucun des membres du système Permien (grès rouge inférieur, Zechstein et grès des Vosges) n'existe dans le département de la Loire.

Les terrains de la période secondaire n'occupent, dans nos contrées, qu'une zone extrêmement étroite; aussi le cadre est-il tout à fait incomplet. Ainsi le trias et le terrain crétacé ne se montrent pas; et parmi les étages jurassiques on trouve uniquement le lias et l'oolite inférieur.

Les terrains secondaires sont peu développés.

Pendant la période tertiaire se sont déposés des sables, argiles et calcaires lacustres de la formation miocène (terrain tertiaire moyen); puis les basaltes se sont fait jour vers la fin de cette même époque.

Le terrain tertiaire moyen et les alluvions représentent l'époque moderne.

Enfin, le diluvium et les alluvions anciennes et modernes couvrent, en lambeaux épars, une partie des vallons et des coteaux des régions basses.

La configuration du sol dépend de sa nature géologique. Le département de la Loire est un exemple frappant de cette vérité incontestable que la configuration du sol dépend essentiellement de sa constitution géologique. Dans le chapitre précédent, nous avons divisé le département en trois régions tout à fait distinctes : les montagnes, les plateaux et les plaines. Eh bien ! chacune de ces régions correspond spécialement à l'une de nos grandes périodes géologiques : les montagnes, à la période ancienne ou paléozoïque inférieure; les plateaux, à la période paléozoïque supérieure; enfin, la plaine ou vallée de la Loire, à la période tertiaire. Quant aux terrains de la période secondaire, ils comprennent l'étroite zone de raccordement qui unit la plaine aux flancs des plateaux et des montagnes.

Ainsi, les protubérances principales, la chaîne du Pilat, les montagnes du Forez et la partie méridionale du groupe du Beaujolais, sont formées presque exclusivement de granites, gneiss et micaschistes; la chaîne de la Madeleine et les crêtes de la partie nord du Beaujolais, de porphyre quartzifère; le plateau de Neulize, de grès et schistes du système carbonifère; le plateau Stéphanois, de roches du terrain houiller; enfin, les plaines de Feurs et de Roanne, de sables et argiles tertiaires. Puis on voit, sur la lisière nord du département, les étages calcaréo-marneux du terrain jurassique constituer, entre la vallée tertiaire et les crêtes porphyriques, des plateaux mollement ondulés d'une faible largeur.

Enfin, le basalte paraît, dans la plaine de Feurs et sur le versant oriental de la chaîne du Forez, sous forme de monticules parasites, que l'on reconnaît de loin à leurs contours régulièrement coniques et à la nuance sombre de la roche.

Influence de la composition Des rapports analogues se manifestent lorsqu'on étudie les terrains au point de vue de la richesse agricole, et nous

aurons souvent occasion de les signaler. Pour le moment, géologique du sol
sur
sa fertilité.
il suffira d'indiquer le contraste si frappant entre les *va-
rennes* tertiaires de la plaine du Forez et les terres alluviales
dites *chambons* des bords de la Loire ; comme aussi, la
différence entre les terres *fromentales*, ou les gras pâturages
du Charollais, appartenant au terrain liasique, et les *varennes*
si maigres des terrains granito-porphyriques du Beaujolais.

Complétons ces généralités par le tableau résumé des
diverses formations qui constituent le sol du département
de la Loire. Nous les rangeons, dans l'ordre de leur superposition, depuis les plus modernes aux plus anciens, mais
nous les décrirons en sens inverse, en commençant par le
terrain qui sert de base à tous les autres.

TABLEAU DE LA SUCCESSION DES TERRAINS

DANS LE DÉPARTEMENT DE LA LOIRE.

PÉRIODES.	TERRAINS et formations.	GROUPES OU ÉTAGES.	ROCHES ÉRUPTIVES.
Moderne.	Alluvions modernes et anciennes.	Terres végétales, tourbes, eaux minérales, Alluvions proprement dites.	"
Diluvienne ou quaternaire.	Diluvium.	Dépôts caillouteux anciens, terre glaise jaune se rapportant au loëss.	"
Tertiaire.	"	"	Basaltes.
	Terrain tertiaire moyen (miocène).	Sables, argiles et calcaires lacustres avec minerai de fer.	"

PÉRIODES.	TERRAINS et formations.	GROUPES OU ÉTAGES.		ROCHES ÉRUPTIVES.
Secondaire.	Terrain jurassique.	Oolithe inférieure.	Calcaire à entroques.	"
			Étage à jaspes.	
		Lias.	Marnes supraliasiques.	
			Lias proprement dit.	
			Grès infraliasique.	
Paléozoïque supérieure.	Système carbonifère.	Terrain houiller proprement dit.		Porphyre quartzifère.
		Terrain houiller inférieur ou grès à anthracite du Roannais.		Porphyre granitoïde.
		Terrain de Grauwake [1].	Groupe calcaréo-schisteux ou *Calcaire carbonifère* proprement dit.	"
			Groupe quartzo-schisteux, peut-être *dévonien ?*	
Paléozoïque inférieure et ancienne ou azoïque.		"	"	Roches éruptives anciennes.
				Granite proprement dit et granite siénitique.
	Terrain schisteux ancien ou terrain de gneiss.	Schistes argileux, supragneissiques.		"
		Micaschistes, gneiss et granite schisteux.		

[1] Je me sers à dessein de ce mot ancien, un peu vague, qui fut autrefois appliqué aux grès et schistes des terrains de transition. Il a l'avantage de laisser indécise une question que je ne me hasarderai pas de trancher entièrement : celle de savoir si le groupe quartzo-schisteux appartient au calcaire carbonifère, ou à l'un des terrains plus anciens du système *dévonien.*

DESCRIPTION GÉOLOGIQUE DES TERRAINS.

CHAPITRE IER.

TERRAINS ANCIENS OU AZOÏQUES.

Nous entendons par terrains *anciens* l'ensemble des masses minérales qui sont antérieures, ou *semblent* au moins antérieures, à l'apparition de l'organisme animal sur notre globe [1].

Ces terrains sont de deux sortes : les uns plus ou moins nettement stratifiés, comme les roches sédimentaires modernes ; les autres plutôt massifs, et se rapprochant par leur manière d'être des roches d'origine volcanique. Nous comprendrons les premiers sous le nom de *terrain schisteux ancien*, et les seconds, sous celui de *roches éruptives anciennes*.

Le terrain schisteux forme un tout indivisible. Si à la base on observe principalement du granite schisteux et du gneiss, et dans la partie supérieure des schistes plus tendres, soit micacés, soit stéatiteux, soit argileux, on ne peut cependant établir entre eux une séparation nettement tranchée. La roche de beaucoup la plus développée est le gneiss, et, par ce motif, en prenant la partie pour le tout,

Nos terrains anciens se divisent en schistes cristallins et roches éruptives anciennes, soit gneiss et granites.

Les schistes cristallins deviennent argileux ou stéatiteux vers le haut.

---

[1] Je dois ici observer que je n'attache pas au mot *ancien* le sens que l'on attachait jadis au terme *primitif*. Je n'ai point la prétention de fixer d'une manière absolue le terrain le plus ancien, ce que l'on pourrait appeler la roche primordiale du globe. Ce terme n'exprime pas davantage pour nous l'idée d'un mode de formation spécial ; seulement, il m'a paru nécessaire de séparer nettement les terrains non fossilifères des formations plus récentes qui renferment quelques restes du règne animal. Après avoir décrit les terrains, nous discuterons leur âge, et nous verrons que l'ensemble des roches désignées ici sous le nom de terrains anciens correspond très-probablement à la période *antésilurienne*, telle que M. É. de Beaumont l'a définie dans son Mémoire sur les systèmes de montagnes les plus anciens de l'Europe. *Bulletin de la société géologique*, 2e série, t. IV, p. 930.

il nous arrivera souvent de désigner aussi le dépôt entier sous le nom de *terrain de gneiss*.

Les roches éruptives anciennes succèdent aux schistes ou terrain de gneiss. Après la solidification du gneiss surgirent du sein de la terre les roches éruptives anciennes, le granite avec ses congénères (les pegmatites, leptynites, syénites, etc.), et ici, comme dans le terrain schisteux, il serait difficile de tracer entre elles une limite précise. Le granite proprement dit est la roche dominante; les autres roches sont de simples accidents, des modifications peu considérables du granite ordinaire. Néanmoins, je crois que les pegmatites, ou granite à grandes parties, constituent un type à part plus moderne que le granite proprement dit.

Le granite ride les schistes et ferme la période antésilurienne. La sortie du granite correspond à un changement profond de la surface du sol. Le terrain schisteux fut soulevé, ridé, brisé par lui, et à ce moment parut la première ébauche du grand plateau central de la France. De cette époque datent aussi les rides nord-nord-est, que l'étude orographique nous a montrées si nombreuses dans les massifs du Pilat, du Beaujolais et du Forez.

L'éruption du granite semble clore, dans le centre de la France, d'après nos études, la période ancienne ou antésilurienne.

Étendue du terrain ancien. Le terrain ancien occupe, dans le département de la Loire, approximativement 209,460 hectares, soit 0,44 de sa superficie entière. Il embrasse spécialement les districts montagneux du Pilat et du Forez, la partie méridionale de celui du Beaujolais et la région occidentale du plateau de Saint-Étienne.

Ordre adopté pour l'étude des terrains anciens. Dans chacun de ces districts, le terrain ancien affecte quelques caractères particuliers. Aussi, pour éviter toute confusion, nous allons faire connaître d'abord, d'une manière générale, la nature des roches anciennes, et nous étudierons ensuite leur disposition spéciale dans chacun de nos groupes montagneux. Après cela, nous examinerons la question de l'âge relatif des diverses parties, en les comparant, soit entre elles, soit aux terrains analogues des contrées voisines; enfin, nous discuterons l'influence que le granite a pu exercer sur le terrain schisteux dans la période de son éruption.

§ 1er.

TERRAIN SCHISTEUX ANCIEN OU TERRAIN DE GNEISS.

Les roches dont se compose le terrain schisteux ancien sont le granite légèrement schisteux, le gneiss proprement dit, le micaschiste et stéachiste, et le schiste simplement argileux, mais plus ou moins modifié ou endurci par le phénomène encore si obscur du métamorphisme, c'est-à-dire de l'action réelle ou supposée que les roches d'épanchement ont exercée sur l'enveloppe solide du globe pendant toute la durée de leur période d'éruption. *Composition du terrain de gneiss.*

Les diverses roches schisteuses se succèdent en général, de bas en haut, dans l'ordre suivant lequel nous venons de les nommer; seulement, il peut arriver que, par le fait du renversement des strates, cet ordre semble, en apparence, inverse.

Le gneiss est, comme le granite ordinaire, un composé de feldspath, quartz et mica. Entre les deux roches, il y a une simple différence de structure. Dans le granite, les trois éléments sont irrégulièrement groupés; dans le gneiss, ils sont disposés par lits minces parallèles, ou, si l'on veut, le gneiss est un granite schisteux. Cependant, pour plus de précision, il convient de distinguer encore entre granite schisteux et gneiss proprement dit. Par granite schisteux, nous entendrons désormais un granite faiblement rubanné, et nous réserverons plus spécialement le nom de gneiss aux roches granitiques dont la schistosité est assez fortement prononcée pour se diviser en plaques minces. Le mica prédomine dans le gneiss, le feldspath dans le granite schisteux. De cette différence de composition résulte une différence de dureté : le gneiss est assez souvent tendre et friable, le granite schisteux se divise en *Gneiss.* *Granite schisteux.*

6.

grandes masses dures qui résistent presque toujours à la désagrégation.

Gneiss proprement dit. Le gneiss est la roche dominante du terrain schisteux ancien. Dans la partie inférieure, il passe au granite schisteux, tandis que les assises supérieures, en perdant le feldspath et en se chargeant de mica et de quartz, passent au micaschiste. Plus rarement, le talc remplace le mica, sinon en totalité, au moins en partie, et la roche se nomme *Micaschiste et talcschiste.* alors talcschiste ou stéaschiste. Dans les deux cas, les schistes sont friables, savonneux et doux au toucher; ils sont criblés de paillettes brillantes de mica ou de talc, et au milieu des feuillets schisteux se développent de nombreux rognons ou ganglions de quartz blanc laiteux. Le mica est blanc, brun ou vert; le talc toujours vert.

Schistes argileux. Les schistes micacés ou talqueux font eux-mêmes place à d'autres schistes, où l'élément argileux devient prédominant. Tantôt ils sont tendres, feuilletés et terreux; tantôt durs, tenaces et compactes. Parmi ces derniers, les uns passent aux eurites rubannées, les autres aux schistes siliceux; plus rarement, on voit des schistes à éléments d'amphibole.

Cornes vertes et cornes rouges. Ce sont ces roches plus ou moins durcies que les mineurs ont appelé, à Saint-Bel et à Chessy, *cornes rouges* et *cornes vertes*, empruntant à la terminologie allemande son nom vague de *hornstein* (pierre de corne), que l'on appliquait jadis à toute roche dure, plus ou moins siliceuse, ayant l'apparence et la demi-transparence de la corne. La corne rouge est spécialement un schiste euritique rougeâtre; la corne verte, beaucoup plus abondante, une roche argilo-siliceuse en strates épaisses. Celle-ci est compacte et dure, d'un gris verdâtre assez foncé, et, au milieu de la pâte argilo-siliceuse, on aperçoit, comme dans les gneiss, quelques grains feldspathiques blancs. La couleur verte est peut-être due à un mélange intime de très-minces fibres d'amphibole; mais il est difficile de s'en assurer d'une manière positive. Dans tous les cas, il ne faut pas confondre ces cornes vertes avec les véritables schistes amphiboliques que nous venons de mentionner; encore moins avec les amphibolites proprement dites, dont nous aurons à parler dans le chapitre réservé aux roches et minéraux spéciaux des terrains anciens.

On voit encore, dans le même terrain, quelques schistes blancs très-onctueux; de ce nombre sont les roches feuilletées, savonneuses et brillantes, qui encaissent les filons de Saint-Bel (Rhône). Mais ici la décoloration paraît le résultat de l'action chimique qui a accompagné l'intrusion des pyrites de fer et de cuivre. *Schistes satinés blancs.*

Le terrain schisteux est régulièrement stratifié. La direction des strates oscille entre N. 15° et N. 30° E.; le plus souvent, elle est même comprise entre N. 20° et 25° E., et coïncide avec l'alignement N. N. E. des arêtes granito-gneissiques qui sont si nombreuses dans le Pilat, le Beaujolais et les montagnes du Forez. *Stratification du terrain. Direction dominante : N. 20° à 25° E.*

. L'inclinaison est rarement au-dessous de 35 à 40°, et en divers lieux les strates sont tout à fait verticales, ou même renversées. Dans quelques cas, on voit le sens de la plongée varier d'un versant à l'autre et les bancs, inversement inclinés, s'appuyer de part et d'autre sur des masses centrales verticales.

Dans certains districts peu étendus, le terrain schisteux s'éloigne de son allure normale. A l'extrémité occidentale de la chaîne de Riverie, entre Fontanès, Saint-Héand et la Tour-en-Jarret, la direction dominante est N. 55° à 70° E. Le même alignement s'observe aussi sur quelques points très-voisins de la lisière sud du bassin houiller. C'est sans doute un effet du soulèvement principal de la chaîne du Pilat, qui est parallèle à l'axe N. 55° E. *Alignement exceptionnel : N. 55° à 70° E*

Entre les masses granitiques de Saint-Galmier et de Haute-Rivoire, aux environs de Chazelle, Virigneux et Maringes, le schiste est dirigé sur O. 14° N. [1]. C'est la direction des vallées de la Turdine et de la basse Azergue, direction qui semble *Alignement : E. 14° S.*

[1] Mais cet alignement peut ici provenir, comme nous le verrons bientôt, d'une simple faille transversale du système ordinaire N. 15° E.

avoir quelques rapports avec les accidents stratigraphiques que nous aurons à signaler dans le calcaire carbonifère.

La direction normale des schistes anciens s'accorde avec celle du système du Longmynd.

Quoi qu'il en soit, ces anomalies sont rares, et sur dix observations faites dans le terrain schisteux ancien du département de la Loire, huit à neuf m'ont donné N. 15° à 30° E., et ordinairement N. 20° à 25° E. Cette direction coïncide à peu près avec le système que M. E. de Beaumont a appelé système du *Longmynd*, du nom d'une petite chaîne de montagnes du pays de Galles; et nous verrons que les deux systèmes semblent aussi s'accorder au point de vue de leur âge.

Altitude maximum du terrain de gneiss.

Le terrain de gneiss s'élève, dans le Beaujolais et la chaîne du Pilat, jusqu'au haut des crêtes. Le granite schisteux constitue l'arête culminante du Pilat, à partir de la Croix de Montvieux jusqu'au Bessat, et, en particulier, le point le plus élevé, le Crêt de la Perdrix (1,434 mètres). Le gneiss proprement dit monte au maximum à 1,100 ou 1,200 mètres; le micaschiste dépasse rarement 8 à 900^m. Dans le Beaujolais, le point le plus élevé du terrain schisteux est le Boussièvre, près de Violay (1,004 mètres); c'est un gneiss très-micacé, qui doit, en ce point, au porphyre quartzifère son niveau exceptionnel.

Puissance du terrain de gneiss.

Il est impossible d'évaluer, même par aperçu, la puissance du terrain schisteux ancien. Les dislocations nombreuses qui le sillonnent en divers sens ne permettent pas de fixer positivement la succession réelle des assises. Cependant, lorsqu'on considère que dans la chaîne de Riverie les strates sont à peu près verticales, et que dans certaines parties on peut poursuivre, d'une manière non interrompue, la série des têtes de couches, perpendiculairement à leur direction, sur un parcours de 5 à 6,000 mètres, on acquiert la conviction que la puissance totale est certainement, pour le moins, de 3 à 4,000 mètres. Ainsi, en montant de Saint-Martin-la-Plaine vers Laubépin, dans la direction du nord-ouest, on coupe transversalement une série continue de strates de gneiss presque verticales, sans aucune récurrence, de plus de 6,000 mètres. Cette grande épaisseur ne saurait d'ailleurs étonner, puisque la puissance des terrains paléozoïques de l'Amérique du nord dépasse 10,000 mètres.

Les rapports de stratification du terrain schisteux ancien avec les autres formations voisines sont très-nets et faciles à saisir. On reconnaît aisément que le granite schisteux et le gneiss sont les deux roches les plus anciennes de la contrée. *Rapports de stratification avec les terrains voisins.*

Dans le nord du département de la Loire, le long de la ligne de Pouilly-les-Feurs à Tarare, on voit partout le terrain de gneiss recouvert en stratification discordante par le groupe calcaréo-schisteux (le calcaire carbonifère).

Même superposition transgressive de la part des terrains houillers de Sainte-Foy-l'Argentière et de Saint-Étienne.

Quant aux roches d'épanchement, nous avons déjà annoncé que le granite éruptif est plus moderne que le terrain de gneiss. Il le traverse et le soulève dans les chaînes du Pilat et du Forez et dans le groupe du Beaujolais. Enfin, le porphyre quartzifère se montre également, auprès de Violay, en filons au milieu du gneiss.

Ainsi, dans le département de la Loire, le gneiss a précédé tous les autres terrains, soit sédimentaires, soit éruptifs.

Les schistes anciens ne renferment ni fossiles d'aucune sorte, ni empreinte organique. Cependant il est des schistes, parmi les moins cristallins, dans la chaîne du Pilat et le Beaujolais, qui sont plus ou moins carburés ou graphitiques; d'où l'on peut conclure que, dès cette période reculée, il y eut, dans les bas fonds et le long des rivages, une sorte de végétation aquatique. *Le gneiss est dépourvu de fossiles, mais il contient des débris charbonneux.*

Les roches parasites et subordonnées du terrain de gneiss sont assez variées. On rencontre spécialement du quartz blanc laiteux, tantôt sous forme d'amandes ou de masses lenticulaires (Rive-de-Gier et Rochetaillée), tantôt en filons plus ou moins puissants (la Terrasse, Chavanolle et les environs de Saint-Héand); et ce quartz est tantôt pur, tantôt entremêlé de substances diverses, telles que l'hé- *Roches subordonnées et minéraux divers.*

matite rouge et brune (Chavanolle), la barytine, le spath
fluor, la galène, les pyrites, etc. (la Terrasse).

Outre ces masses éminemment quartzeuses, on trouve
aussi, dans les mêmes schistes, des amas de pegmatite et
de leptynite, des filons de baryte sulfatée presque pure
(Dizimieux et Bellegarde), de l'antimoine sulfuré (Valfleury
et Saint-Héand), de la galène peu argentifère (la Valla,
Rochetaillée), puis des roches amphiboliques et serpentineuses, et divers minéraux isolés, tels que les grenats,
le disthène, l'andalousite, l'émeraude, la tourmaline, etc.

Influence
du
terrain schisteux
sur le
régime des eaux.

Le terrain schisteux est, en général, peu perméable aux
eaux et par suite riche en sources d'un faible volume.
Elles sourdent de la plupart des bas fonds, après avoir
parcouru plutôt les fissures que les plans de stratification
de la roche; et comme le gneiss contient peu d'éléments
solubles, ces eaux sont presque toujours très-pures.

Influence
du gneiss
sur les produits
agricoles.

Le terrain de gneiss se désagrége d'une manière très-
inégale; aussi produit-il, au point de vue agricole, des
terres assez diverses. Le granite schisteux, le gneiss dur
quartzo-feldspathique et les schistes siliceux donnent un
sol très-maigre (sorte de varenne) : ce sont des terres rocailleuses ou sablonneuses, que les gelées soulèvent et que
les pluies entraînent facilement des hauteurs dans les bas
fonds. Là où les forêts ont disparu, le sol se couvre de
bruyères et de genêts, entremêlés de fougères et d'ajoncs
épineux. De loin en loin, à peine tous les dix ans, on lui fait
produire, par l'écobuage (essartage), une faible récolte de
seigle, de sarrasin ou de pommes de terre. Au pied des
coteaux se dessinent pourtant des vallons de l'aspect le plus
riant et des prairies riches et vertes. Dans ces étroites gorges,
le sol est presque toujours profond, grâce aux débris venus
des hauteurs, et sa fertilité se trouve encore rehaussée par
les sources qui ne cessent de l'arroser.

Les gneiss peu feldspathiques, les schistes micacés et
talqueux, et surtout les schistes argileux non silicifiés, se
décomposent beaucoup plus facilement et produisent des

terres profondes lorsque la déclivité du sol ne favorise pas
l'action érosive des eaux de pluie. Ces terres sont d'autant
plus grasses et fortes que les schistes s'éloignent davantage
de l'état cristallin. Elles sont plus fertiles que les précédentes, mais un peu froides. On les améliorerait notablement par le chaulage; et les terres trop maigres pour être
chaulées devraient être amendées par des glaises et argiles
diluviennes, que l'on rencontre en beaucoup de lieux.

Les vallées des terrains schisteux friables se font remarquer par-la fraîcheur et la vigueur de la végétation; elles
sont plus larges et plus ouvertes que celles des terrains
schisteux durs. Nous citerons, au pied du Pilat, les vallées
de Doizieux, la Valla et Sainte-Croix, et sur les flancs de
la chaîne de Riverie, le Valfleuri, la vallée de la Coize
et les environs de Saint-Romain-en-Jarrêt.

Les hautes régions du terrain de gneiss, au niveau de
1,000 à 1,300 mètres, sont occupées, sur le revers nord
de la chaîne du Pilat, par de vastes forêts de sapins et de
hêtres d'une belle venue. Dans les districts inférieurs,
les arbres les plus répandus sont l'aulne le long des cours
d'eau, le chêne dans les terrains ordinaires, le pin sylvestre dans les parties sèches ou plus ou moins sablonneuses.
Le noyer réussit bien dans les terres un peu fortes, au-
dessous des niveaux de 5 à 600 mètres. Le châtaignier, la
vigne, le mûrier ne trouvent, dans le terrain de gneiss,
qu'un petit nombre de lieux qui soient favorables à leur parfait développement, à cause de l'altitude trop grande du sol.

Végétation du terrain de gneiss dans les régions hautes.

Parmi les céréales, on cultive presque exclusivement le
seigle; cependant les terres argilo-schisteuses produiraient de
belles récoltes de froment si on les amendait avec de la chaux.

Les schistes anciens occupent, dans le département de
la Loire, 53,800 hectares, c'est-à-dire le quart des terrains
anciens réunis, ou les 0,113 de la superficie totale du département. Ils forment le revers nord du Pilat, le fond de
la vallée de Saint-Sauveur et presque toute la chaîne de
Riverie, avec les parties contiguës du Beaujolais.

Étendue du terrain de gneiss.

§ 2.

ROCHES ÉRUPTIVES ANCIENNES.

GRANITE
PROPREMENT DIT.
—
Au granite
proprement dit
se trouvent
associés
des pegmatites,
des
leptynites, etc.

Les roches éruptives anciennes du département de la Loire rentrent toutes dans la classe des granites et de leurs principales modifications, telles que les pegmatites, leptynites, etc.

Le granite proprement dit est, d'ailleurs, de beaucoup la roche dominante, la seule qui constitue de grands massifs. Les autres roches forment de simples amas ou des veines et filons peu importants, que nous décrirons sous le nom de roches subordonnées.

Composition
du
granite ordinaire
du Forez.

Le granite du Forez est généralement composé de quartz gris ordinaire plus ou moins translucide, de feldspath orthose blanc opaque, et de mica très-brillant, brun ou noir. Assez souvent, comme l'a constaté M. Durocher, on observe, à côté du feldspath dominant à base de potasse, quelques lamelles[1] de feldspath albite[2]. M. Fournet a aussi reconnu l'albite dans le granite porphyroïde du Beaujolais.

Le granite
se
divise en granite
grenu
et granite
porphyroïde.

Les trois éléments sont, ou associés en masses simplement cristallines, sans formes nettement accusées, ou bien agglomérés en cristaux réguliers plus ou moins volumineux.

Dans le premier cas, la roche prend le nom de granite grenu ou granite ordinaire, dans le second, celui de granite porphyroïde. Ce dernier forme, comparativement à l'autre, des masses d'une faible étendue. Les deux granites ne sont, au reste, pas nettement tranchés; il y a des passages de l'un à l'autre. Pourtant, nos masses granitiques n'ont pas toutes surgi d'un seul coup : elles résultent d'é-

---

[1] M. Delesse pense que ces lamelles sont, non de l'albite, mais de l'oligoclase ou de l'andésite. (*Ann. des mines*, année 1849, t. XVI, p. 103.) L'analyse chimique seule peut trancher la question, et cet examen est encore à faire.

[2] *Annales des mines*, 4ᵉ série, t. VI, p. 67.

ruptions successives qui, néanmoins, semblent bien appartenir à une seule et même période géologique.

Le granite grenu se divise lui-même en deux variétés principales : en granite à grains fins et granite à gros grains.

Le granite à grains fins est formé de particules quartzeuses et feldspathiques, dont les dimensions linéaires dépassent rarement 2 à 3 millimètres. Le mica y est toujours très-abondant, et constamment en paillettes foncées très-brillantes. La roche s'étend au loin sans modifications notables de structure ni de couleur; c'est ce que l'on pourrait appeler le *granite type* du Forez, car il constitue à peu près seul toute la partie méridionale des chaînes du Pilat et du Forez. L'abondance du mica noir ou brun communique à ce granite une teinte un peu sombre et le rend généralement assez friable. Aussi forme-t-il des coteaux largement arrondis qui contrastent singulièrement avec les dentelures et les contours plus anguleux du granite schisteux. Le contraste est surtout frappant lorsqu'on compare la crête granito-schisteuse du Pilat proprement dit au large plateau mollement ondulé de Saint-Genest-Malifaux, formé tout entier de granite à grains fins.

Le granite à grains fins est le granite type du Forez.

Le granite type du Forez n'est jamais ni stratifié, ni schisteux, et il ne passe point au gneiss. Celui-ci est même très-souvent empâté, au milieu du granite, en blocs et fragments épars; preuve certaine que la roche non stratifiée est de formation plus moderne.

Lorsque les éléments du granite grenu deviennent plus volumineux, on lui donne le nom de *granite à gros grains*. Cette variété se rencontre plus rarement que la précédente, et presque exclusivement dans le nord de la chaîne du Forez, auprès de Noirétable et autour du Puy-Montoncelle. Il diffère du granite à grains fins non-seulement par la grosseur des parties cristallines, qui mesurent dans chaque sens 10 à 15 millimètres, mais aussi par l'abondance relative du feldspath et la proportion moindre du mica. Ce

Granite à gros grains.

granite est, de plus, beaucoup moins uniforme. Tantôt il est dur et résistant, comme dans les carrières de Changy, la Pacaudière et Donzy; tantôt très-tendre et friable, comme à Panissières et sur la route de Clermont, entre Noirétable et la Bergère. De plus, tandis que les éléments du granite à grains fins conservent habituellement leur nuance normale, on voit, au contraire, le feldspath du granite à gros grains passer fréquemment du blanc au rose, et le mica devenir tour à tour noir, brun, vert et jaune; de pareils changements se manifestent à plusieurs reprises dans des espaces très-limités. C'est aussi le granite à gros grains qui passe plus généralement au granite porphyroïde.

Granite
à
grandes parties.

Outre le granite à gros grains, on distingue, dans certains districts du plateau central, la Haute-Vienne, par exemple, le *granite à grandes parties*, où chacun des trois éléments cristallins atteint des dimensions de 8 à 10 centimètres, et même quelquefois de plusieurs décimètres. Mais ce granite à grandes parties n'est autre chose que de la pegmatite sous forme de dykes, ou en masses subordonnées, dans le granite ordinaire et le gneiss. Le département de la Loire en renferme également que nous décrirons bientôt.

Le granite à gros grains est quelquefois schisteux, sans pour cela passer au gneiss. On le voit sous cette forme le long du versant nord des bois de l'Hermitage, près de Noirétable.

Granite
porphyroïde.

Le *granite porphyroïde* se distingue des deux espèces précédentes par la forme régulière et la grandeur des cristaux de feldspath. Sur un fond composé de grains quartzeux, et de lamelles feldspathiques et micacées, se dessinent de volumineux cristaux rectangulaires d'une nuance presque toujours très-claire. On en voit de fort beaux exemples aux Salles et à Saint-Julien-la-Vestre, près de Noirétable; le fond est gris-noir, le feldspath blanc. Le granite est très-dur et tenace, mais passe insensiblement au granite friable à gros grains de Noirétable.

Une variété à peu près identique se voit dans la chaîne

du Pilat, sur le chemin de la Croix de Montvieux à Pellussin, et sur la route de Paris à Marseille, à la descente
vers Bourg-Argental. Dans cette dernière localité, il passe
au granite ordinaire à grains fins et enveloppe, en outre,
une multitude de fragments de gneiss.

Dans les montagnes du Beaujolais, le granite est souvent
porphyroïde et à feldspath rougeâtre. En divers points, on y
trouve des cristaux d'amphibole noire[1]. Aussi M. Fournet
lui donne-t-il, dans un mémoire récent, le nom de syénite[2], et par ce motif il le sépare des granites du Pilat et
des montagnes du Forez. Nous aurons à examiner jusqu'à
quel point cette distinction est fondée, et dès maintenant
nous devons dire qu'il nous est impossible de partager sur
ce point les vues du savant géologue de Lyon.

Granite amphibolique.

Le granite porphyroïde, comme les granites grenus, constitue des montagnes à dos largement arrondi. Les variétés
dures forment seules des arêtes plus ou moins saillantes
où les roches se montrent à nu.

Les granites grenus et porphyroïdes offrent diverses sous-
variétés qu'il convient de mentionner ici.

Les lamelles feldspathiques du granite grenu sont parfois rosées ou rouges de chair. La roche se fait alors remarquer par sa dureté. Le granite rouge occupe spécialement
les bords de la Loire, dans la traversée du plateau Stéphanois.
On le retrouve en masses moins considérables dans le haut
du vallon de Saint-Sauveur (Pilat) et à Cervières (chaîne
du Forez), près de Noirétable.

Granite rouge.

Le granite à grains fins de la chaîne du Forez affecte,
à la montagne des Mures, près de Chatelneuf, la forme
globulaire. Il se divise en grands sphéroïdes de près d'un
mètre de diamètre, et chacun d'eux se compose d'une série
de couches concentriques qui se détachent successivement, sous forme d'écailles courbes de $0^m,02$ à $0^m,03$ d'é-
paisseur.

Granite globulaire.

[1] *Annales des mines*, 3ᵉ série, t. XIX, p. 116.
[2] *Bulletin de la société géologique*, 2ᵉ série, t. VI, p. 502.

Granite
tabulaire.

Dans le granite à gros grains de la chaîne du Forez, on remarque des filons et veines d'un granite compacte, jaunâtre, sorte de granulite peu micacé, dans lequel on distingue, au moins à la loupe, les éléments quartzeux et feldspathiques. Il se divise généralement en plaques minces, ce qui motive le nom de granite tabulaire.

Granulite rose.

Le granite du Beaujolais, spécialement entre Feurs et Panissières, renferme aussi une autre sorte de granulite; c'est un granite compacte rosé, qui ressemble au premier abord à certaines eurites du porphyre rouge quartzifère; mais, là encore, on distingue à la loupe les éléments granitiques.

Direction
des masses
granitiques.

Les granites, soit grenus, soit porphyroïdes, suivent, quoique non stratifiés, certaines directions bien déterminées. Il faut distinguer la direction primitive, qui est celle des lignes d'éruption, et les alignements secondaires qui résultent de soulèvements postérieurs.

La direction
des
lignes d'éruption
semble
la même
dans le Forez
et le Beaujolais.

La direction primitive nous paraît être la même pour tous les granites du Forez et du Beaujolais, tandis que les alignements secondaires varient avec les chaînes de montagnes auxquelles ces granites appartiennent.

L'ancienne direction se trouve naturellement un peu effacée par les mouvements postérieurs; cependant elle ressort encore directement de l'orientation de certaines crêtes et vallées granitiques, et surtout de l'alignement même des zones granitiques prises en masse, puis, indirectement, de l'allure que la roche éruptive, lors de son apparition, a dû imprimer au terrain de gneiss.

Dans la description orographique des trois groupes montagneux du département de la Loire, nous avons fait connaître de nombreux chaînons dirigés sur N. 15° à 30° E. parallèlement à l'axe de stratification du terrain de gneiss[1]. Les uns, comme les côtes de Riverie et d'Izeron, se voient au milieu du terrain de gneiss; quelques autres sont à la fois granitiques et schisteux : de ce nombre sont le chaînon

[1] Voyez la petite carte jointe au volume.

du mont Pellerat et la côte d'Affoux; la plupart enfin sont exclusivement granitiques : ces derniers s'observent dans la partie méridionale du Forez et du Pilat, et dans le district nord des montagnes du Beaujolais.

Cette association de chaînons parallèles, les uns granitiques, les autres schisteux, et surtout la coïncidence de leur direction avec la stratification normale du terrain de gneiss, semblent bien établir que le granite a fait éruption suivant l'axe N. 15° à 30° E. ou, plus exactement, N. 20° à 22° E. [1],—et que le gneiss doit son ridement principal à ce premier épanchement du granite. Nous verrons en effet que telle est la véritable direction des éruptions granitiques, et que ces éruptions sont réellement cause de l'allure normale du gneiss. Mais nous ne pouvons nous livrer à l'examen de cette double question, avant d'avoir complété la description détaillée de nos terrains anciens.

L'alignement des fentes d'éruption est N. 20° à 22° E.

Les alignements secondaires sont au nombre de deux.

L'un est dû au système du Pilat, ce sont les chaînons et vallées N. 55° E., qui caractérisent d'une manière si saillante les montagnes granitiques situées au sud de Givors, entre la Loire et le Rhône. Ce soulèvement est, comme on sait, postérieur au dépôt du terrain jurassique. Dans l'Ardèche et le Mont-d'Or Lyonnais, les assises oolitiques sont, en effet, relevées suivant cette direction.

Alignements postérieurs ou secondaires du granite : 1° Direction du Pilat.

L'autre soulèvement est celui de la chaîne centrale du Forez. Il a produit les chaînons principaux N. 50° O. et de nombreux vallons parallèles. Il coïncide, par sa direction, avec le système du Morvan, et, comme lui, il semble avoir mis fin à la période tryasique. Dans tous les cas, il est postérieur à la période carbonifère, car les grès à anthracite du plateau de Neulize ont été ridés par lui.

2° Direction des chaînons granitiques dans les montagnes du Forez.

Le terrain granitique occupe à la fois les cimes les plus

Étendue des masses granitiques dans le sens vertical.

[1] M. Fournet a aussi reconnu que le granite porphyroïde du Beaujolais constitue un énorme filon sensiblement dirigé du S. S. O. au N. N. E. (Mémoire sur les roches des Alpes, dans les *Annales de la société d'histoire naturelle de Lyon*.)

élevées et les cotes les plus basses du département. Dans les montagnes du Forez, le granite constitue la masse entière de Pierre-sur-Autre, qui a 1,640 mètres, plusieurs sommités voisines qui dépassent 1,400 mètres, et le Montoncelle qui a 1,292 mètres. Dans la chaîne du Pilat, il forme la côte de Tracol, dont les points culminants vont à 1,367 et 1,335 mètres, et plusieurs cimes du Grand-Bois, qui atteignent 1,300 mètres. En même temps, il descend jusqu'au Rhône à la cote de 129 mètres, là où ce fleuve quitte le département de la Loire.

Rapports de stratification avec les terrains voisins. Les rapports de position et d'âge du granite éruptif, avec les terrains qui l'avoisinent, se dessinent partout d'une manière fort claire. Tous nos granites sont postérieurs au gneiss; ils l'ont tantôt soulevé et brisé, tantôt simplement traversé, sous forme de dykes. D'autre part, les éruptions granitiques ont précédé le système carbonifère. Le terrain houiller de Saint-Étienne est formé, en partie, de débris granitiques; et nulle part le granite ne pénètre, ni dans le terrain houiller proprement dit, ni dans le calcaire carbonifère. Nous verrons de même que le granite a précédé les porphyres granitoïde et quartzifère. Enfin, nous aurons à montrer que nos divers granites passent réellement les uns aux autres et appartiennent tous à une même période géologique.

Roches subordonnées. Le granite renferme à peu près les mêmes roches subordonnées ou accessoires que le gneiss.

Quartz. Le quartz blanc laiteux s'y trouve en puissants filons; on le rencontre spécialement dans le nord de la chaîne du Forez et dans le Beaujolais, aux environs de Montrotier.

Pegmatites. Les pegmatites et granites graphiques sont fréquents à l'extrémité opposée des montagnes du Forez, aux environs de Saint-Marcellin et de Saint-Bonnet-le-Château.

Leptynites. Plus rarement, le feldspath se montre en masses grenues blanches, dites leptynites; cependant on en voit un exemple à Marcilly, au nord de Montbrison : ce feldspath y est criblé de petits grenats rouges très-brillants.

La serpentine se montre en deux points seulement, et en masses fort peu étendues, au pied oriental du Pilat. Serpentine

Les filons métallifères sont rares dans le granite. J'en connais un seul dans la chaîne du Forez, le filon quartzeux de Gumières, qui contient de la pyrite de cuivre. Mais il y a, dans le nord de la chaîne du Forez et aux environs d'Ambierle, plusieurs grands filons de baryte sulfatée, de spath fluor et de quartz qui pourraient fort bien être plombifères en profondeur. Filons métallifères.

Dans la chaîne du Pilat, on rencontre quelques filons de galène peu argentifère; mais, sauf ceux de Saint-Julien-Molin-Molette, ils sont presque tous minces et irréguliers.

Enfin, on trouve dans le granite quelques substances minérales plus rares, qui, pour la plupart, caractérisent les pegmatites; ce sont la tourmaline, le grenat, l'émeraude, l'andalousite, etc. Le granite du Beaujolais renferme enfin, en divers points, des cristaux d'amphibole noire, et celui de la chaîne du Forez du quartz agathe et calcédonieux, diversement coloré. Tourmalines, grenats, émeraudes, etc.

Nous dirons quelques mots de chacun de ces gîtes et minéraux divers dans le chapitre suivant, qui sera spécialement consacré à la description détaillée des carrières et mines des terrains anciens.

Le granite, plus encore que le terrain schisteux, est imperméable aux eaux. Aussi les sources y sont fréquentes, mais peu volumineuses et variables avec les saisons. La pureté des eaux est remarquable. On y trouve à peine quelques traces de sels (page 60). Sources dans le terrain granitique.

L'imperméabilité des roches granitiques se manifeste encore sous une autre forme. Dans le fond des vallées et sur le haut des plateaux, partout en un mot où la déclivité du terrain est faible, le sol est humide et tourbeux; il cède et tremble sous le pied. Les plateaux granitiques sont humides.

Le granite, soit grenu, soit porphyroïde, se désagrége en général facilement; quelques variétés seules résistent aux influences de l'air. Cependant, les terres granitiques, Terrain granitique au point de vue agricole.

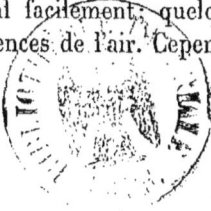

7

même lorsqu'elles sont profondes, sont toujours plus
maigres et plus arides que les terres de la formation schisteuse : ces dernières sont au moins un peu argileuses, tandis
que les premières ne se composent que de sables quartzo-
feldspathiques, qui se dessèchent toujours très-prompte-
ment lorsque la pente du sol favorise l'écoulement des
eaux. On cultive ces terres, comme les varennes du terrain
de gneiss, en leur appliquant le procédé de l'écobuage appelé *essartage* dans nos contrées. À la suite d'une faible récolte de seigle, on laisse le terrain en friche. Les moutons
y paissent les premières années, mais bientôt le genêt et
l'ajonc épineux envahissent le sol¦, et, à la suite d'une période de repos de huit à dix ans, il faut défricher de nouveau.

Ces terres, si peu favorables aux céréales, conviennent
à merveille au pin sylvestre. Dans le voisinage des anciennes forêts, il se développe et se propage spontanément
avec une grande vigueur. Le reboisement serait, par suite,
facile et donnerait souvent, en peu d'années, un produit
supérieur à la culture actuellement suivie. On devrait l'encourager là où le sol est inégal et rocailleux, surtout le
long des crêtes et, en général, dans les altitudes qui dépassent 900 à 1,000 mètres.

On ne rencontre presque nulle part, dans les montagnes
du Forez et du Pilat, de véritables pâturages semblables
aux pelouses vertes des Alpes. Il semble que les éléments
granitiques soient peu favorables à la production des herbes.
Dès que la hache du bûcheron a abattu le pin, on voit apparaître les genêts et la fougère, la bruyère et l'ajonc épineux.

Dans les altitudes inférieures, et sur les pentes peu
roides, le sol meuble acquiert cependant une certaine épaisseur. On peut le cultiver à la charrue et on l'ensemence,
pour seigle, avoine ou blé noir, une année sur deux, ou
deux années sur trois. Ces terres maigres pourraient être
utilement amendées par des glaises ou argiles diluviennes.
Malheureusement elles sont rares dans les districts grani-

tiques du Forez, et les transports extrêmement coûteux dans un pays aussi accidenté.

Le fond des vallons granitiques est couvert de vertes prairies, comme ceux des terrains schisteux. Les débris du granite y forment une épaisse couche, sans cesse arrosée par les sources et ruisseaux des montagnes. En général, les vallons sont plus étroits dans les montagnes granitiques : la différence saute aux yeux, lorsqu'on compare le Beaujolais méridional au versant est de la chaîne du Forez.

La végétation forestière des montagnes granitiques diffère peu de celle des terrains schisteux. Les mêmes essences prospèrent également dans l'une et l'autre roche. Le pin sylvestre vient cependant mieux dans les arènes granitiques.

Le granite couvre à peu près le tiers du département, ou plus exactement les 0,326 : c'est approximativement une superficie de 155,660 hectares, ou près des trois quarts de la surface occupée par les terrains anciens.

Étendue du terrain granitique.

DESCRIPTION SPÉCIALE DES RÉGIONS GRANITO-GNEISSIQUES.

Nous venons d'exposer les caractères généraux du granite et du gneiss. Parcourons maintenant, pour achever l'étude de ces terrains, les diverses régions qu'ils occupent dans le département, et commençons par celle du Pilat.

Chaîne du Pilat.

La chaîne du Pilat s'étend, du nord-est au sud-ouest, depuis Givors, sur les bords du Rhône, jusqu'à la Loire, près de Monistrol. Elle est principalement formée de granite à petits grains, sur lequel repose directement une bande de gneiss, qui couvre partout le revers nord de la chaîne, et dont la largeur diminue du nord au sud.

Auprès de Givors, les schistes occupent les deux flancs et le centre de la chaîne, mais bientôt le granite perce

La chaîne du Pilat est formée de granite au sud, de schistes argilo-cristallins au nord.

sur les bords du Rhône, aux environs de Vienne, et s'élève graduellement, le long du versant méridional, tandis que les schistes forment d'une manière continue, depuis Givors jusqu'à Saint-Féréol, au delà de Firminy, le pied nord du Pilat.

Le granite atteint l'arête culminante au-dessus de Condrieux, aux environs du collet de Grenouse, puis redescend, sur le versant oriental, à la croix de Montvieux. Mais, au Bessat, il gagne de nouveau le dos de la chaîne et l'occupe dès lors exclusivement jusqu'à la Loire. On le voit même s'abaisser graduellement le long du revers occidental, en *Largeur* refoulant de plus en plus la bande de gneiss. Aussi, tandis *de la zone schisteuse.* que la zone schisteuse a 9 à 10 kilomètres de largeur, dans tout le district compris entre Givors et le Bessat, elle est réduite à 5 kilomètres à la hauteur de Saint-Étienne, sur la route de Paris à Marseille, et à moins de 2,500ᵐ, entre Firminy et Saint-Just-Malmont. Au delà de Saint-Féréol, sur la route de Lyon au Puy, le terrain schisteux disparaît même complétement. Le granite du Pilat se lie, en ce point, directement au granite des montagnes du Forez.

Différence Au changement de roche correspond un changement de *tranchée* forme. Partout où paraît le granite éruptif, les contours *entre le granite* s'arrondissent, les pentes sont moins roides et les crêtes ro- *schisteux* cheuses plus rares. La différence est particulièrement sail- *le granite éruptif.* lante entre le granite schisteux du sommet du mont Pilat et le granite grenu des environs de Saint-Genest-Malifaux.

La séparation entre le granite éruptif et le gneiss est toujours bien tranchée. Le granite schisteux lui-même, à la base du gneiss, ne passe jamais au granite grenu proprement dit. Cependant il ne s'ensuit pas que la ligne séparative des deux terrains soit facile à tracer, avec précision, sur une carte. Non-seulement la série des points de contact forme une ligne festonnée très-irrégulière, mais encore le granite reparaît à diverses reprises au milieu du gneiss, sous forme de dykes plus ou moins puissants. La ligne figurée sur la carte ne doit donc être envisagée que comme une limite plus ou moins approchée, qu'il serait toutefois difficile de rendre plus rigoureuse, vu l'impossibilité de marquer tous les dykes.

Sur le versant oriental de la chaîne, si l'on fait abstraction de la partie située entre Givors et Condrieux, le
gneiss ne se montre plus en masses continues. Il a été
complétement disloqué par le granite et réduit en lambeaux d'une faible étendue; souvent même, ce sont de
simples blocs de quelques décimètres cubes. Cependant, au
pied de la chaîne, dans le fond de la vallée de Saint-Sauveur,
et plus spécialement dans le flanc ouest de la côte de Tracol,
le gneiss a mieux résisté à l'action du granite. Il en reste
une faible zone de 1,500 mètres de largeur sur 12 à
15 kilomètres de longueur; mais là encore la continuité
des schistes n'est pas complète : plusieurs veines granitiques coupent la bande de gneiss.

Zone schisteuse de la vallée de Saint-Sauveur.

Le granite éruptif de la chaîne du Pilat appartient principalement à la variété à grains fins. Nulle part je n'ai
aperçu du granite à gros grains. Mais on voit du granite
porphyroïde, passant au granite à grains fins, entre Pellussin et la croix de Montvieux, et à la descente, vers
Bourg-Argental, sur la route de Paris à Marseille.

Le granite éruptif du Pilat appartient à la variété à grains fins, passant çà et là au granite porphyroïde.

D'après ce qui précède, la structure du Pilat est fort
simple et se montre, à part l'extension relative du granite
et du terrain schisteux, partout invariablement la même.
Deux coupes ont été figurées dans la planche n° 4 de l'atlas; et voici, d'une manière idéale, la section transversale
telle qu'elle se présente vers le milieu de la chaîne, entre
le Bessat et la croix de Montvieux :

Coupe transversale du Pilat.

Crête du Pilat (13 à 1,400 mètres au-dessus de la mer).

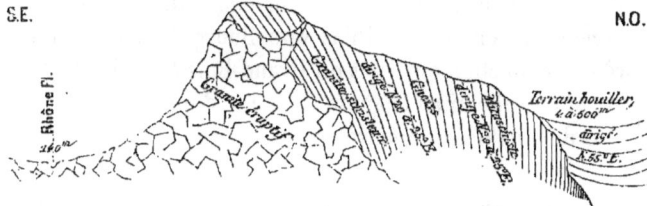

Sur le granite éruptif du versant oriental repose directement le granite schisteux; celui-ci passe au gneiss, et au
gneiss succède le micaschiste plus ou moins talqueux. Les
strates du terrain schisteux se relèvent vers la crête de la
chaîne, en plongeant sous le terrain houiller. Cependant
le relèvement n'est pas direct : je veux dire que la ligne de
pente des strates n'est pas normale à la ligne de faîte de
la chaîne. L'axe de la chaîne est orienté sur N. 55° E., et
les schistes courent sur N. 20° à 25° E., en inclinant vers
le N. N. O. Les deux directions font donc entre elles un
angle moyen de 30° à 35°. Ce seul fait prouverait déjà, à
défaut d'autres, que ce n'est pas le soulèvement auquel le
Pilat doit sa direction générale qui a imprimé aux schistes
leur allure normale. Le terrain de gneiss a été évidemment
ridé, d'une manière très-intense, sous l'influence d'un soulèvement antérieur.

De cette stratification oblique du terrain schisteux, il suit
aussi que les affleurements ou têtes des bancs de gneiss
doivent dessiner, au travers de la chaîne, des arêtes rocheuses coupant l'axe principal, comme les schistes, sous
un angle de 30° à 35°. Et, en effet, nous avons précédemment indiqué, suivant la direction N. N. E.-S. S. O.,
une série d'accidents orographiques très-prononcés. Sur le
revers nord, nous rappellerons spécialement la crête de
Chavanolle à Saint-Paul-en-Jarrêt, celle de Sainte-Croix à
Châteauneuf, et surtout la partie de la ligne de faîte qui
court de la croix du Collet vers la roche des Trois-Dents.

Sur le revers méridional, on remarque un ensemble de
plis et de vallons semblables, et, en ce point, c'est le granite lui-même qui les forme. On peut citer la crête qui
descend du sommet du Pilat vers Bourg-Argental, et les
arêtes de jonction qui vont du Grand-Bois à la côte de Tracol, et de celle-ci au chaînon de Saint-Bonnet[1].

Je dois ici faire remarquer, en passant, le parallélisme

*Les schistes cristal-
lins ont été ridés
avant
le soulèvement
du Pilat.*

*La chaîne
est sillonnée
de
crêtes obliques,
courant
du S. S. O.
au
N. N. E.,
parallèlement
aux strates
des schistes.*

[1] Voyez la carte réduite jointe au volume et la planche n° 2 de l'atlas.

déjà signalé de ces protubérances anciennes, les unes granitiques, les autres schisteuses, et la coïncidence de leur
direction avec celle des strates du gneiss. Pourtant, il
faut avouer que la plupart des accidents orographiques
dont je viens de parler sont plutôt orientés sur N. 15° E.,
tandis que l'allure ordinaire des schistes, dans la chaîne du
Pilat, est N. 20° à 25° E. Il y aurait donc ici une légère
différence de 5° à 10°; mais aussi on ne peut réellement
pas attendre un accord parfait, lorsqu'on songe à la déviation plus ou moins grande qu'a nécessairement dû produire le soulèvement postérieur de la chaîne du Pilat.

Dans le croquis ci-dessus, nous avons figuré les strates
d'autant plus inclinées qu'elles se rapprochent davantage
du pied de la chaîne : c'est en effet ce qui a lieu généralement. Dans les parties supérieures, la plongée est de 35° à
40°, tandis que le long du terrain houiller les strates sont
habituellement presque verticales et parfois même un peu
renversées, comme les assises houillères elles-mêmes.
Cette disposition est la conséquence naturelle du dernier
soulèvement de la chaîne du Pilat. La même force qui a
redressé verticalement le noyau granitique central a dû re-
fouler latéralement le terrain supérieur, c'est-à-dire le micaschiste et le grès houiller[1]. Et ce qui prouve que la forte
plongée du micaschiste est bien ici due au dernier soulèvement N. 55° E., et non au premier ridement N. 20° à 25° E.,
c'est que l'allure des schistes anciens se rapproche, pour
la direction et la plongée, de celle du bassin houiller, tout
le long de la ligne de contact des deux terrains, au pied
de la chaîne du Pilat : ainsi, à Ternay, j'ai observé N. 39°
E., et au sud de Firminy, N. 54° E.

Abstraction faite du double soulèvement, cette disposition offre quelque analogie avec la structure des chaînons
du Jura, où toutes les assises sont ployées en forme de
cintre, de façon à offrir aussi une inclinaison d'autant plus

*Les strates
sont
d'autant plus
inclinées
qu'elles sont plus
voisines
du
pied de la chaîne.*

[1] Voyez, dans l'atlas, les coupes du bassin houiller de Rive-de-Gier.

forte qu'elles s'éloignent davantage du sommet de la montagne.

Passons à quelques descriptions locales, afin de mieux préciser les faits. Nous suivrons la chaîne du nord-est au sud-ouest.

Bords du Rhône entre Givors et Ternay. Dans l'axe du Pilat, sur la rive gauche du Rhône, entre Givors et Ternay, on voit, le long de la route qui borde le fleuve, le micaschiste, régulièrement stratifié, orienté sur N. 8° à 10° E. et plongeant de 60° vers l'ouest. M. Fournet cite cette localité dans son mémoire sur les petits filons quartzeux[1]. Il a observé là une petite veine de quartz et de calcaire spathique, au toit de laquelle le micaschiste est si complétement silicifié qu'il a pris l'apparence du *greisen*.

Pied de la chaîne entre Givors et Rive-de-Gier. Le long du chemin de fer de Lyon, entre Givors et Rive-de-Gier, on voit partout, au pied de la chaîne, le schiste argilo-micacé fortement incliné vers l'O. N. O. et courant sur N. 20° à 25° E. Les rognons quartzeux y sont nombreux.

Coupe de Rive-de-Gier à Pellussin. Une coupe transversale très-nette de la série des roches dont se compose le Pilat se voit sur la ligne de Rive-de-Gier à Pellussin.

Au-dessus de Rive-de-Gier, sur le bord de la rivière de Couzon, à la limite du terrain houiller, le schiste micacé est presque vertical; plus à l'ouest, dans le voisinage du puits de Picpierre, il est même renversé et plonge de 70° à 80° vers l'E. S. E. Dans les deux localités, la direction est N. 10° à 15° E.

En s'éloignant du bassin houiller, on voit la plongée devenir moindre; en même temps la stratification se régularise et la direction ne s'écarte plus de ses limites ordinaires N. 20° à 25° E.

Entre la vallée houillère et le réservoir du canal de Givors, les rognons quartzeux abondent dans le terrain schis-

[1] *Annales de la société d'agriculture de Lyon*, année 1845, p. 78.

teux. La rigole souterraine qui devait conduire les eaux du réservoir au bassin de la Grand-Croix traverse en entier cette série de schistes : ce travail, exécuté en 1838, offrit de grandes difficultés. Le micaschiste, spécialement dans le voisinage du réservoir, est extrêmement tendre, feuilleté et savonneux. La roche, fraîchement abattue, est d'un bleu verdâtre clair et tombe à l'air rapidement en sable argilomicacé. La roche est si friable et se délite si rapidement, que, dans le cours des travaux, deux des puits de service se sont éboulés et durent être abandonnés. On y a rencontré de nombreux nœuds de quartz blanc laiteux de toutes dimensions, mais aucun filon proprement dit.

Au-dessus du réservoir de Couzon, dans la direction de Jurieu et de l'ancienne chartreuse de Sainte-Croix, le micaschiste passe au gneiss en conservant toujours sa même allure ; puis, à l'entrée du bourg de Pavesin, on rencontre le granite à grains fins, le véritable granite type du Forez. Il renferme des fragments empâtés de gneiss et constitue, au sud de Pavesin, toute la côte dite des Pérouses.

La limite du granite éruptif passe au col même de la croix de Montvieux. Sur le versant sud, du côté de Pellussin, on trouve d'abord un fort beau granite porphyroïde à fond gris et à grands cristaux de feldspath orthose blanc, puis, au-dessous et jusqu'au Rhône, le granite ordinaire.

Granite porphyroïde de Pellussin.

Au nord du col, en descendant vers le pont de la Terrasse, sur la route de Saint-Chamond, on voit constamment le gneiss dirigé sur N. 24° E. et plongeant vers l'O. N. O. Dans les parties hautes, il est cependant traversé par quelques veines et culots granitiques. Au village même de la Terrasse, où l'on exploite pour les verreries un puissant filon de quartz, le gneiss court encore sur N. 24° E. et plonge vers l'O. N. O., sous un angle d'environ 40°. Non loin de là, à Saint-Just-en-Doizieux, on a exploité de l'amphibolite noire, très-compacte, parsemée de mouches pyriteuses. Nous nous réservons d'en parler plus au long dans le paragraphe consacré aux roches subordonnées.

Coupe de la croix de Montvieux, à Saint-Chamond.

A 2 kilomètres en aval du pont de la Terrasse, le gneiss fait place au micaschiste, et ce dernier continue jusqu'au bassin houiller; il constitue, entre le Dorlay et la rivière du Couzon, l'une des arêtes N.N.E.

Crête du Pilat entre la croix de Montvieux et le Bessat.

Entre la croix de Montvieux et le col du Bessat, la crête du Pilat est formée, dans toute sa longueur, de granite schisteux. La roche est dure, tenace, principalement composée d'une masse quartzo-feldspathique blanche, tirant sur le jaune rosé. Le mica est assez clairsemé et sous forme de très-petites paillettes, qui tantôt sont brunes ou noires, tantôt d'un blanc argentin très-pur. Lorsque le mica tend à s'effacer, la roche passe à la leptynite.

Le granite schisteux n'a jamais l'apparence porphyroïde; il est toujours beaucoup moins micacé, et par suite aussi, beaucoup moins friable que le granite éruptif grenu; il s'en distingue enfin par l'absence complète de fragments empâtés de gneiss.

Les chirats du Pilat.

L'inaltérabilité du granite schisteux se manifeste d'une manière remarquable dans les *chirats* de la chaîne du Pilat. On donne ce nom à de grandes surfaces du dos de la montagne entièrement couvertes de blocs irréguliers de toute dimension, entassés confusément les uns au-dessus des autres, sur une hauteur de 15 à 30 mètres et plus. Tous ces blocs ont conservé leur arêtes vives; aucun d'eux n'est désagrégé à la surface, et, sur ces points, la végétation est presque nulle. Souvent on remarque à peine quelques lichens. Ces vastes ruines ne se trouvent pas, comme on en voit si souvent dans les Alpes, au pied de grands escarpements. Ce ne sont point des talus de débris qui s'accroissent ou se modifient sans cesse par de nouveaux éboulements. Ici, ce sont les crêtes elles-mêmes qui sont couronnées de grands amas de blocs, et s'il en existe aussi le long des deux versants, au nord, en amont de la Valla, dans les hautes gorges du Jarrêt et du Gier, et, au sud, immédiatement sous la ligne de faîte, entre la roche des Trois-Dents et le Crêt-de-la-Perdrix, ces chirats inclinés ne

sont cependant pas plus dominés par des escarpements que
ceux de l'arête culminante.

Nous devons encore remarquer que, seul, le granite
schisteux résiste assez aux influences désagrégeantes de
l'atmosphère pour former de véritables chirats. Ni le gneiss,
ni le granite éruptif, n'en offrent des exemples. Dans
les régions occupées par le granite ordinaire, on voit plutôt
de grands amas ou dômes de sable granitique, d'où ressortent çà et là des blocs durs irrégulièrement arrondis.

Le sommet du Pilat proprement dit, le Crêt-de-la-Perdrix, est coiffé d'un grand chirat, ayant la forme d'un cône
très-surbaissé à large base, implanté sur le dos de la
chaîne; et la plupart des sommités voisines sont disposées
de même.

Crêt-
de-la-Perdrix.

Évidemment, ces amas de blocs nous représentent d'anciens pics qui se sont écroulés sous l'influence d'une forte
commotion intérieure; et la cause de ce puissant ébranlement, de ces ruines si grandes, nous paraît facile à trouver : elle réside, selon nous, dans le double soulèvement
qui a affecté successivement le terrain de gneiss de la
chaîne du Pilat.

Le terrain schisteux a dû être ridé une première fois parallèlement à l'axe N. 15° à 30° E., puisque telle est son
allure normale; et ce soulèvement a dû aussi produire les
plis et arêtes N. N. E., qui sont si nombreux dans le terrain
ancien de nos contrées. Le granite schisteux, à raison de sa
dureté et de sa grande ténacité, devait alors former des
pics plus ou moins élancés, image réduite des pyramides
hardies qu'une roche presque identique, la protogine schisteuse, affecte encore dans les Alpes.

Plus tard, ce même terrain a été ébranlé à l'origine de la
période houillère; car on trouve, au pied de la chaîne du
Pilat, à la base du dépôt houiller de la Loire, un énorme
aglomérat de roches brisées. Enfin, et c'est là sans doute
la cause principale de la formation des chirats, il y eut un
nouvel ébranlement, beaucoup plus général, à la fin de la

période jurassique, lorsque le Pilat reçut son relief actuel par le soulèvement N. 55° E. Il est évident qu'un pareil surexhaussement n'a pu se produire sans renverser de fond en comble les anciens pics. Un fait qui vient à l'appui de cette explication, c'est que les principaux chirats, comme celui du Crêt-de-la-Perdrix, sont précisément là où la nouvelle crête est coupée par les anciennes arêtes N. N. E.

Étendue du granite schisteux. Le granite schisteux occupe sur le haut de la chaîne une faible zone qui commence à zéro vers la croix de Montvieux, se renfle dans la direction de l'ouest, atteint 2 à 3,000^m au Crêt-de-la-Perdrix, puis se termine en pointe entre Tarantaise et Planfoy.

En descendant depuis l'arête culminante vers le sud, on rencontre presque aussitôt le granite éruptif, tandis que sur le versant nord la roche passe promptement au gneiss proprement dit. Ainsi, en allant du Pilat à Saint-Chamond, on trouve le gneiss à 2 ou 300 mètres de la ferme du Pilat, à l'entrée des bois qui couvrent le flanc de la montagne. Cependant, quelques récurrences de granite schisteux descendent jusqu'au hameau de Chaumette. Au-dessous, le gneiss règne seul, et bientôt on arrive au micaschiste, qui s'enfonce, à Saint-Martin-Accoalieux, sous le terrain houiller.

Tout le long de la descente, le terrain schisteux est orienté sur N. 20° à 25° E. et plonge vers l'O.-N.-O.

Sur le chemin du Pilat à Saint-Étienne, par Tarantaise et Rochetaillée, la succession des roches est encore la même. Au Bessat, on observe les premières alternances de gneiss. A partir du hameau la Violette, le granite schisteux fait place au gneiss, et déjà, à Rochetaillée, on est en plein dans le micaschiste. Là, au sommet de la montagne, les schistes sont orientés sur N. 20° E.

Coupe de Saint-Étienne à Bourg-Argental. Le massif du Pilat est coupé transversalement par la route de Paris à Marseille. La succession des roches se montre là d'une manière fort nette. En allant de Saint-Étienne à Annonay, on trouve au pied de la montée, au village de la Rivière, le micaschiste tendre et feuilleté avec ses rognons de quartz. Plus haut, le mica et le quartz diminuent graduellement, le feldspath prend leur place et la roche devient plus dure : la direction est encore ici N. 20° à 25° E., c'est-à-dire h. 3 de la boussole.

Au milieu des schistes, on rencontre plusieurs dykes de granite. L'un d'eux est même exploité pour l'empierrement de la route : sous cette forme, il est presque toujours plus dur qu'en grandes masses.

A Planfoy, le terrain de gneiss cesse et repose directement sur la roche éruptive, sans passer d'abord au granite schisteux; celui-ci reparaît cependant plus à l'ouest, dans la commune de Saint-Romain-les-Atteux, auprès des villages de la Pallé et du Chatelard; mais il n'y forme qu'une zone discontinue de quelques cents mètres de largeur.

Au-dessus de Planfoy, entre la République et Saint-Genest-Malifaux, au niveau moyen de 1,000 à 1,050^{m}, le granite éruptif ordinaire se développe en masses largement arrondies. L'imperméabilité du sol granitique se manifeste là d'une manière remarquable; chaque combe, chaque petite dépression a sa source et ses suintements d'eau, et presque tous les bas fonds sont plus ou moins tourbeux.

Plateau granitique de Saint-Genest-Malifaux.

A la descente vers Annonay, sur le versant oriental, le granite grenu passe graduellement au granite porphyroïde gris à grands cristaux de feldspath blanc. En même temps, la roche est criblée de fragments empâtés de gneiss; on en voit surtout beaucoup le long de la grande route. Les blocs sont de toute dimension, depuis la grosseur du poing jusqu'à celle de plusieurs mètres cubes. Ils sont presque tous plus ou moins allongés dans le sens du plan des strates, mais leur position relative n'a rien de fixe. Les angles et arêtes des fragments sont en général un peu émoussés ou même arrondis, mais il n'y a jamais passage du granite au gneiss; même lorsque les deux roches sont intimement soudées, la séparation est toujours nette, et parfois le bloc se

Blocs empâtés de gneiss au milieu du granite éruptif.

détache spontanément en laissant un vide au milieu du granite. Enfin, je dois encore observer que ces débris du terrain schisteux n'offrent jamais le moindre indice de fusion
ou de scorification, tandis que des schistes à peu près analogues sont journellement scorifiés dans les houillères embrasées, ou l'ont été en divers lieux au contact des laves,
des trachytes et des basaltes en fusion [1].

Le granite
ne paraît pas
avoir subi
la fusion ignée
proprement
dite.

De tous ces détails on doit nécessairement conclure que le
granite ne devait point être, au moment de son éruption,
dans un état de fusion ignée, comme le pensent encore
quelques géologues. Une température assez élevée pour
fondre le granite tel qu'il se présente à nous, ou plutôt
pour le maintenir en fusion, en le supposant homogène,
aurait produit de tout autres effets. Cependant le granite
était fluide, ou au moins pâteux, puisqu'il a formé des
dykes au sein des gneiss et qu'il à exactement englobé les
nombreux débris du terrain schisteux. Nous verrons dans
la suite de quelle nature a pu être cette plasticité non ignée
des roches granitiques.

Extrémité
occidentale
de la
chaîne du Pilat.

Revenons à la chaîne du Pilat. A l'ouest de Saint-Genest-Malifaux, on trouve le granite à grains fins sur la hauteur, tandis que la bande schisteuse devient de plus en plus
étroite le long du versant nord. Le granite schisteux se
montre en un seul point, dans le voisinage des hameaux
de la Palle et du Châtelard; partout ailleurs, le gneiss succède directement au granite éruptif, qui, ici encore, pénètre sous forme de dykes dans le terrain schisteux. Ainsi,
très-près de la Ricamarie, au hameau du Bessy, à 300 mètres
à peine de la limite du bassin houiller, on voit un puissant
culot granitique au milieu du micaschiste.

Dans ce district, j'ai observé la direction des schistes en
beaucoup de points, spécialement sur les bords de l'Ondenon, dans la profonde gorge du Cotatay, et le long de la

---

[1] J'ai recueilli des échantillons de trachyte blanc au Puy-du-Capucin
(monts Dores), où des fragments empâtés de gneiss sont complétement
scorifiés et fondus sur les bords.

crête qui borde la rive droite de la Semène, entre Saint-Féréol et Cornillon. J'ai constamment trouvé des alignements compris entre N. 15° E. et N. 30° E., avec une plongée de 30° à 50° vers l'O. N. O.

Au sud de Firminy, sur le bord du bassin houiller, prédomine par contre la direction N. 50° à 60° E., qui se rapporte au soulèvement principal de la chaîne du Pilat.

Dans le lit même de la Semène, près d'Oriol, à la limite du département, on observe un granite blanc très-feldspathique, avec mica gris verdâtre, contenant une foule de fragments empâtés de gneiss. A un kilomètre en aval, on voit le contact même du granite et du gneiss. Le poli des roches, dû à l'action des eaux, permet de voir très-nettement la ligne de contact. On constate facilement que le granite s'est insinué dans toutes les fentes et fissures les plus étroites du terrain de gneiss, et cependant il n'y a nulle part la moindre trace de scorification. Ainsi nous arrivons encore à cette double conséquence, que le granite était bien réellement fluide au moment de son éruption, mais non à l'état de fusion ignée. A la descente de Saint-Féréol, vers le pont Salomon, sur la route du Puy, on voit également de nombreux blocs de gneiss au milieu du granite.

Côte de Tracol.

La côte de Tracol offre une structure et une composition peu différente de celle du Pilat. Le terrain schisteux y est représenté par une étroite zone sur le flanc nord de la chaîne, zone à laquelle se rattachent les lambeaux de gneiss que nous avons signalés dans le fond de la vallée de Saint-Sauveur, tandis que le granite éruptif constitue le massif même de la montagne, c'est-à-dire le dos de la chaîne et son versant méridional. La bande schisteuse se compose de gneiss et de granite schisteux sans micaschiste. On la traverse en montant de Bourg-Argental vers Saint-Martin-de-Burdigné; elle paraît peu puissante et se trouve sillonnée

de plusieurs dykes de granite éruptif de tous points semblable à celui du corps de la montagne.

*Deux arêtes
relient la côte
de Tracol
à la
chaîne du Pilat.*

*Granite rouge
du col
de Saint-Meyras.*

Deux arêtes granitiques N. 15° E. unissent la côte de
Tracol à la chaîne du Pilat ; l'une passe par Bourg-Argental
et se trouve coupée par la Diaume ; l'autre fait partie de
la grande dorsale qui sépare le bassin de l'Océan de celui
de la Méditerranée : c'est le col de Saint-Meyras, entre le
vallon de Saint-Sauveur et celui du Riotort. Au sommet du
col perce, au travers du granite ordinaire, une masse de
granite rouge fortement désagrégé ; il est sillonné par une
multitude de veines argilo-ocreuses qui ressemblent au
chapeau de fer d'un réseau de filons métallifères : c'est,
probablement, un amas de pyrites décomposées.

Un granite rouge analogue, mais plus dur, se montre
dans la vallée même de Saint-Sauveur, en amont du bourg.

Chaînons de Saint-Bonnet, de Côte Chaude, etc.

Les chaînons suivants, qui font encore partie du grand
massif montagneux du Pilat, et qui sont dirigés comme le
chaînon principal sur N. 55° E., sont tous situés dans le
département de l'Ardèche ou dans la Haute-Loire. Nous
pouvons donc les passer sous silence ; ils ne nous offriraient
d'ailleurs qu'une fastidieuse répétition de faits déjà connus.

Ce sont toujours les mêmes granites grenus (passant rarement à la variété porphyroïde) qui percent le gneiss, et en
laissent subsister tantôt quelques lambeaux ou zones plus
ou moins étendues, tantôt de simples blocs irrégulièrement
dispersés au milieu de la roche éruptive.

Partout aussi se manifeste la double direction tant de
fois signalée : d'une part, les grandes dénivellations principales parallèlement au système du Pilat (N. 55° E.) ;
d'autre part, les anciennes lignes de soulèvement N. N. E.,
accusées soit par l'allure normale des schistes, soit par un
certain nombre de crêtes granitiques, reliant obliquement
entre eux les chaînons précédents.

Chaîne de Riverie.

- .La chaîne de Riverie diffère à quelques égards des chaînons méridionaux dont nous venons de parler. Comme
eux, elle est bien aussi dirigée, dans son ensemble, sur
N. 55° E., parallèlement au système du Pilat, et le terrain
schisteux y est de même orienté du S. S. O. au N. N. E.;
mais à côté de ces points de ressemblance nous trouvons
des divergences assez marquées.

Le granite éruptif domine dans les chaînons du Pilat
proprement dit, tandis qu'il est tout à fait subordonné
dans la chaîne de Riverie. Celle-ci est presque exclusivement formée de gneiss, et le granite ne s'y montre généralement que sous forme de dykes. En deux points seulement il est en masses plus importantes : l'une d'elles est
située à l'extrémité nord-ouest de la chaîne, entre Saint-
Héand et Saint-Galmier, où elle borde la plaine du Forez;
l'autre, sur le versant opposé, aux environs de Saint-Andéol,
dans le vallon du Gier.

Le granite éruptif est rare dans la chaîne de Riverie.

Le gneiss de la chaîne de Riverie est ordinairement
assez tendre; rarement il passe au granite schisteux proprement dit, aussi les chirats y sont peu fréquents; on en
voit cependant sur le haut de la crête, entre Riverie et
Saint-Christot, où le gneiss devient plus massif et plus dur.

Le véritable micaschiste est faiblement développé dans
les montagnes de Riverie. Je ne l'ai observé que sur la lisière du bassin houiller de Saint-Étienne, entre Latour et
la Fouillouse.

Une particularité qui caractérise la chaîne de Riverie
est la plongée généralement très-forte des strates. Assez
souvent, elles sont tout à fait droites ou oscillent légèrement de part et d'autre de la verticale. Cette disposition,
qui est tout exceptionnelle dans la chaîne du Pilat, où
elle paraît le résultat du soulèvement N. 55° E., ou bien la
conséquence de l'affaissement lent du terrain houiller lors

Les strates de gneiss oscillent, en général, dans la chaîne de Riverie, autour de la verticale.

8

de son dépôt, semble, au contraire, dans les montagnes de Riverie, la règle commune et la conséquence du ridement N. N. E.

La direction dominante des schistes de Riverie est conforme à l'allure normale du terrain de gneiss. Elle est aussi parallèle à plusieurs rides qui ont été signalées dans la description orographique. Nous les rappelons ici [1]; ce sont : l'arête de Riverie à Chagnon, celle du mont Crépon à Laubépin, et celle de Latour à Fontanès et Chatellus.

Cependant, à côté de l'alignement ordinaire se manifeste l'influence du système du Pilat. Les schistes sont parfois orientés sur N. 50° à 60° E. Ainsi, vers l'extrémité occidentale de la chaîne, ou plutôt entre Saint-Christot, Fontanès et Latour, presque toutes les directions observées sont comprises entre N. 50° et N. 65° E. La même direction se montre aussi le long du bassin houiller. Je l'ai observée près de Valfleury, dans le flanc du mont Crépon, à Cellieux et aux environs de Saint-Martin-la-Plaine.

Leptynite de la chaîne de Riverie. Le granite qui perce le gneiss de la chaîne de Riverie est souvent dur et très-feldspathique. Quelquefois, le mica disparaît presque complétement, et la roche passe alors au leptynite. (Plusieurs veines près de Cellieux, sur le chemin de Valfleury, et diverses masses entre Riverie et Francheville. Voyez le paragraphe des roches subordonnées.) Ailleurs, le feldspath se développe en grands cristaux et le granite devient porphyroïde. (Dyke dans le flanc nord du mont Crépon, en face de Valfleury.) Enfin, dans la gorge de Valfleury, il y a aussi du granite grenu à feldspath rouge.

On voit du granite proprement dit dans les tranchées du chemin de fer de Saint-Étienne, entre Givors et Lyon, et dans Lyon même, sur les bords de la Saône.

Passons aux descriptions locales.

Nous avons cité deux massifs granitiques aux deux bouts de la chaîne.

---

[1] Voyez la petite carte jointe au volume, et surtout la carte géologique proprement dite.

Celui de Saint-Andéol est situé au nord de l'étroite bande houillère qui va, parallèlement au Gier, de Tartaras à Givors : c'est une sorte de large dyke au centre de la grande vallée qui sépare le Pilat des montagnes de Riveric. Le granite est riche en feldspath blanc. Habituellement grenu, il affecte pourtant aussi la structure porphyroïde. Il ressemble entièrement au granite qui se montre en énormes blocs dans la brèche d'éboulement, à la base du terrain houiller, près de la Madelaine. Aussi doit-on supposer que le massif de Saint-Andéol formait jadis une véritable crête qui s'écroula, comme les chirats du Pilat; et, ici, la ruine du massif en question est évidemment le résultat du grand affaissement qui a ouvert la vallée houillère.

Granite de Saint-Andéol.

Le second massif granitique, celui de Saint-Galmier, est plus étendu et ses véritables limites ne sont même pas connues, puisqu'il est en partie caché sous le terrain tertiaire de la plaine du Forez.

Granite de Saint-Galmier.

Le granite de Saint-Galmier est d'apparence plus variée que celui de la chaîne du Pilat. Sur la ligne de Saint-Héand à Chevrières, le long du terrain de gneiss, il est dur, à grains moyens, et surtout feldspathique. Le feldspath est blanc opaque, le mica d'un vert noir foncé.

Sur le bord de la plaine, à Saint-Galmier, Chambœuf et Saint-Bonnet-les-Oules, le granite est nuancé de gris, vert, rouge et jaune. Le mica est abondant et la roche souvent friable et décomposée. En plusieurs points, le feldspath se développe en cristaux réguliers, d'où résulte une transition graduée du granite à grains fins au granite porphyroïde.

Ce granite, comme celui du Pilat, a dû traverser le terrain schisteux à l'état fluide ou pâteux. A Chambœuf, il contient, en effet, des blocs de gneiss et, auprès de Saint-Héand, on le voit pénétrer dans le gneiss en place, sous forme de veines. Le terrain schisteux est même en ce point comme étoilé par le grand nombre de filons granitiques et quartzeux.

Le massif de Saint-Galmier est sur le prolongement de la chaîne du Pellerat.

Le granite de Saint-Galmier semble être aujourd'hui presque indépendant; mais il rejoint très-probablement, sous le terrain tertiaire, le granite rouge que l'on aperçoit à Andrézieux et Saint-Just, au milieu du gneiss, et qui de là s'étend le long de la Loire jusqu'à Cornillon. Il y a plus, en consultant la petite carte orographique jointe au volume, on reconnaît aisément que le massif de Saint-Galmier est sur le prolongement de la chaîne du Pellerat et que le même axe, continué au S. S. O., correspond aux coteaux granitiques qui bornent à l'ouest le bassin houiller; que, plus loin encore, il suit les hauteurs au pied desquelles coulent la Loire et le Lignon, entre Aurec et Yssengeaux.

Grande ride granitique N. N. E. allant du Vigan à Romanèche.

Il serait donc possible que cette longue ligne, presque exclusivement granitique, qui reparaît même au N. N. E., entre Romanèche et Mâcon, appartînt tout entière à la chaîne du Pellerat, qui en est comme le centre et le point le plus élevé. Sa direction est N. 21° E. et sa longueur de plus de 30 lieues. La même ligne, prolongée au S. S. O. au delà d'Yssengeaux, suit la crête des montagnes granito-gneissiques de l'Ardèche et du Gard jusqu'au Vigan : elle aurait donc en réalité au moins 60 lieues. Ce serait, dans nos contrées, la plus étendue des anciennes rides, celle qui indique peut-être le plus exactement la véritable direction des fentes suivant lesquelles le granite s'est fait jour en rompant l'enveloppe schisteuse.

Au pied de la ride a dû se former un sillon parallèle, et c'est lui sans doute qui a ébauché le défilé de la Loire au travers du plateau Stéphanois, depuis l'embouchure du Lignon jusqu'à celle du Furens.

Arête N. N. E. de Saint-Christot.

A l'est de la longue protubérance dont nous venons de parler, nous avons indiqué, dans la chaîne de Riverie, trois arêtes parallèles qui sont aussi alignées parallèlement à l'allure normale du terrain schisteux. La plus considérable des trois est celle du centre, qui passe à Saint-Christot, et qui n'est, au fond, que le prolongement sud de la côte d'Izeron (N. 22° E.). Elle a une certaine importance au

point de vue orographique, car elle relie la chaîne de
Riverie au mont Crépon et fait partie de la grande ligne
de partage des bassins de la Loire et du Rhône; mais nous
devons surtout faire ressortir ici son influence sur la structure stratigraphique du sol. Les strates du gneiss, partout
très-inclinées, se redressent d'autant plus qu'elles se rapprochent davantage de l'axe du chaînon. Au centre, elles
sont tout à fait verticales, tandis que sur les deux versants
elles inclinent en sens inverse, en s'appuyant de part et
d'autre sur la zone verticale mitoyenne. Ainsi, à l'est, aux
environs de Saint-Romain-en-Jarrêt et de Saint-Martin-la-
Plaine, les bancs inclinent vers l'E. S. E.; sur le revers
occidental, à Saint-Christot et Fontanès, on trouve, par
contre, la plongée inverse vers l'O. N. O.

prolongement
sud
de
la côte d'Izeron.

Les
strates de gneiss
se relèvent
de part et d'autre
vers
l'axe du chaînon.

Le soulèvement semble donc s'être fait sentir particulièrement sous l'arête culminante, mais la roche soulevante
ne s'y montre pas. On remarque seulement que dans le
voisinage de la ligne de faîte le gneiss est plus dur et plus
feldspathique, et tend à passer au granite schisteux; ce qui
semblerait prouver que ce sont bien là les assises inférieures,
ou du moins celles qui ont ressenti le plus directement
l'influence de la roche éruptive.

Des effets analogues s'observent le long des deux autres
chaînons; cependant leur disposition est moins symétrique.
Si les strates de l'arête culminante sont à peu près verticales, celles des deux versants ne s'appuient pas toujours
régulièrement contre la zone du milieu.

Sur la ligne de Chagnon à Riverie, les schistes courent
généralement sur N. 20° à 25° E., mais l'inclinaison est
variable et les renversements sont assez fréquents.

Arête N. N. E.
de Chagnon
à Riverie.

Quant à la troisième crête, celle de Fontanès, les assises
dont elle se compose sont bien à peu près verticales le
long de l'arête culminante, et plongent au N. O. sur le
versant occidental, mais la direction s'y montre peu constante. A l'est de la ligne milieu, on observe surtout les directions N. 50° à 65° E., tandis que du côté ouest, près de

Arête
de Fontanès.

Saint-Héand et la Fouillouse, on retrouve plutôt l'allure normale N. 15 à 30° E. Ici encore, les assises centrales sont dures et feldspathiques. On peut spécialement citer, au sud de Fontanès, la crête du mont Maurin et, au nord, la montagne de Grammont. De même, sur la route de Saint-Étienne à Saint-Héand, à mesure que l'on approche du massif granitique de Saint-Galmier, on voit le gneiss devenir progressivement plus dur, plus massif et plus riche en éléments feldspathiques. Cette altération graduelle semblerait bien appuyer l'hypothèse de l'action métamorphisante du granite, c'est-à-dire de la transformation que cette roche éruptive aurait fait subir au terrain schisteux ancien.

En descendant, par contre, de Saint-Héand vers Latour ou la Fouillouse, on remarque un changement directement inverse. Le mica augmente et la roche passe au micaschiste. Ainsi, à Latour, à Létra et à la Fouillouse, on trouve du schiste micacé à rognons de quartz blanc laiteux. À Latour, en particulier, il est extrêmement riche en paillettes micacées, vertes ou blanches, qui le rendent très-friable et doux au toucher; mais nulle part la zone micacée n'atteint 2,000 mètres. Le terrain schisteux de la chaîne de Riverie traverse la vallée du Furens, entre la Fouillouse et la Loire, mais au delà il est bientôt arrêté par le granite rose des bords de la Loire. Ce dernier y projette même de puissantes veines à Saint-Just et à Andrézieux, et rejoint probablement dans cette direction le granite de Saint-Galmier.

Les filons ou dykes granitiques sont répartis d'une manière fort inégale dans la chaîne de Riverie. Au nord de Rive-de-Gier, entre le Bosançon et Saint-Christot, je n'en ai vu aucun, tandis qu'ils sont assez nombreux à l'est de Riverie, et aussi entre Cellieu et Valfleury, sur la rive droite de la Dureize. On voit là, dans le flanc nord du mont Crépon, en dykes plus ou moins puissants et tout à fait distincts, du granite porphyroïde, du granite rouge, de la pegmatite et des masses fort épaisses d'amphibole actinote

Le gneiss est d'autant plus feldspathique qu'il est plus voisin du granite.

Dykes granitiques dans la chaîne de Riverie.

Nous reparlerons de ces diverses roches dans le paragraphe réservé aux masses minérales subordonnées.

Partie méridionale du groupe du Beaujolais.

Le terrain ancien comprend encore, au nord de la chaîne de Riverie, presque tout le district méridional du Beaujolais jusqu'à la vallée de la Turdine (Tarare). Ce territoire a les plus grands rapports avec la chaîne de Riverie : ce sont de part et d'autre les mêmes roches et la même configuration du sol. On doit pourtant signaler une prédominance plus grande du granite porphyroïde et syénitique. De plus, le gneiss fait place aux schistes plus ou moins argileux (supragneissiques) qui, dans le voisinage du granite, sont souvent criblés de parties amphiboliques.

Dans la description orographique, nous avons signalé quatre chaînons distincts, les côtes de Duerne et d'Izeron, le mont Pellerat et la côte d'Affoux. Nous allons maintenant les passer en revue, au point de vue géologique, en tant qu'ils touchent au département de la Loire.

On distingue quatre chaînons dans la partie méridionale du Beaujolais.

Côte de Duerne.

La côte de Duerne appartient, par sa direction, comme la chaîne de Riverie et la vallée de la Brevenne, en amont de la Giraudière, au système du Pilat (N. 55° E.). Elle naît sur les bords de la plaine du Forez, au nord de Saint-Galmier, monte vers Chazelles, Greyzieux et Duerne, et se termine à la côte d'Izeron, au signal de la Roue. On y rencontre principalement des gneiss et des schistes argileux plus ou moins cristallins. Les mêmes roches constituent aussi le bassin de la Coize, entre les deux côtes parallèles de Riverie et de Duerne. Le granite s'y montre peu, et uniquement sous forme de dykes d'une puissance faible.

Les schistes affectent généralement l'allure normale

N. N. E. (h. 3 de la boussole). Elle est surtout bien prononcée sur le versant nord de la chaîne, le long de la vallée
de la Brevenne.

En allant de Sainte-Foy-l'Argentière à Duerne, sur la
route de Clermont à Lyon, on voit, dans le bas du flanc de
la montagne, du schiste argilo-talqueux, tendre et feuilleté,
plongeant vers l'O. N. O., du côté de la vallée. En montant,
on arrive aux assises inférieures, et on voit graduellement
la roche devenir plus feldspathique et plus dure. Elle passe
au gneiss et souvent à une sorte de granite schisteux peu
micacé, semblable à celui que nous avons signalé, dans la
chaîne de Riverie, au centre des arêtes N. N. E. de Fontanès et de Saint-Christot.

Allure anormale
des schistes
près
de Chazelles.

Auprès de Chazelles, là où la côte de Duerne pénètre
dans le département de la Loire, le schiste change de direction : celle-ci court sur l'O. N. O. (h. 9 de la boussole) et
les strates sont presque verticales. Cette allure se montre
d'une manière fort nette, dans les tranchées de la route de
Lyon à Montbrison, entre Chazelles et Viricelles, et, plus
au nord, dans la butte qui sépare Viricelles de Maringes.
On voit que les deux axes sont rigoureusement perpendiculaires ; aussi se pourrait-il que la direction h. 9 correspondît aux failles transversales du système normal h. 3.
Les deux soulèvements seraient contemporains, et, tandis
que le granite de Saint-Galmier et celui du mont Pellerat
se sont fait jour, en deux points différents, le long d'une
même fente N. N. E., le district intermédiaire, non granitique, de Chazelles et Viricelles a vu ses schistes brisés transversalement. Le diagramme ci-joint servira d'explication à
ma pensée.

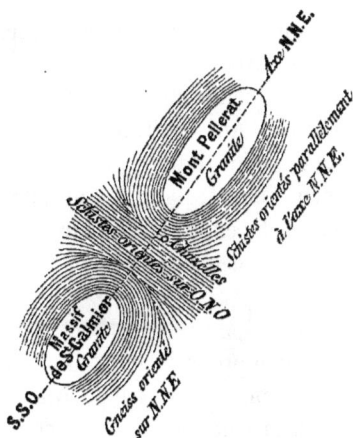

Le district de Chazelles et Viricelles mérite au reste d'être cité sous un autre rapport. Aux environs de Chazelles, le terrain schisteux est sillonné de veines quartzeuses : elles se montrent dans les tranchées de la route de Montbrison, au nord de Chazelles; mais elles sont surtout nombreuses dans la butte assez haute qui sépare Viricelles du bourg de Maringes. C'est, au milieu du schiste, un véritable réseau (*stokwerk*) de concrétions quartzeuses, qui elles-mêmes sont traversées ou tapissées de petites veinules de chlorite verte. Et comme cette substance se rubéfie (se suroxyde) facilement, le sol entier est teint en rouge et ferait croire, de loin, à l'existence d'un grès ou porphyre rouge. Au delà de Maringes et jusqu'à Virigneux, où commence le grand massif granitique du mont Pellerat, le sol est encore rouge. Le quartz a disparu, mais le schiste lui-même est plus ou moins chloriteux, très-tendre et friable, vert, jaune ou gris bleuâtre, se rubéfiant d'une manière intense au contact de l'air.

Ces veinules chlorito-quartzeuses se rattachent sans doute aux dislocations dont nous venons de parler, et, tandis que le granite a surgi à Saint-Galmier et au mont Pellerat, l'espace intermédiaire dut pour le moins être fendillé. Par ces fissures durent alors s'échapper, pendant un long temps,

Veines chlorito-quartzeuses de Viricelles.

les agents gazeux ou liquides qui accompagnent ordinairement les roches éruptives.

Non loin de là, l'influence directe du granite se fait sentir
comme à Saint-Héand. Aux environs de Chevrières, sur la
lisière du granite de Saint-Galmier, le gneiss est compacte,
feldspathique, peu micacé, tandis que la roche devient
plus tendre et plus riche en mica à mesure que l'on avance,
vers le nord, dans la direction de Chazelles et de Maringes.

Côte d'Izeron.

La côte d'Izeron comprend la série des hauteurs situées
entre la Basse-Brevenne et la vallée du Rhône; elle se rattache intimement à la côte de Duerne. Les deux chaînons
sont en effet identiques, quant à la nature des roches, et ce
que je viens de dire de l'une s'applique aussi à l'autre. Ce
sont, de part et d'autre, les mêmes schistes, soit argileux,
soit eldspathiques, çà et là coupés par de rares filons de
granite; mais les deux chaînes ont une direction différente.

La côte d'Izeron est au nombre des arêtes N. N. E. qui
résultent du premier ridement des schistes, et c'est l'une
des plus importantes d'entre elles; elle court sur N. 22°E.,
tandis que la côte de Duerne a été façonnée après coup
par le soulèvement N. 55° E. (système du Pilat). Aussi
observe-t-on dans la côte d'Izeron une structure plus régulière et plus symétrique. Elle présente à quelques égards la
disposition de l'arête transversale de Saint-Christot (p. 116),
dont elle est, au reste, le prolongement immédiat. Au centre,
le long de la ligne de faîte, on trouve du gneiss dur, très-
feldspathique, plus ou moins massif, et, sur les deux flancs,
des schistes très-inclinés, tendres et feuilletés, courant du
S. S. O. au N. N. E., avec une plongée ordinairement identique sur les deux versants, vers l'O. N. O. Sur le côté qui
regarde la Brevenne, les schistes sont principalement argi-
lotalqueux, et sur le flanc opposé, on trouve exclusivement
le gneiss et le micaschiste.

L'un des points où l'on observe le mieux la structure

La côte d'Izeron court du N. N. E. au S. S. O.

Environs

de la chaîne est le district des mines de Saint-Bel. En montant des bords de la Brevenne aux bourgs de Sourcieux ou de Chevinay, on coupe en travers la série des assises. Ce sont des schistes feuilletés, tendres, argilo-stéastiteux, au milieu desquels on rencontre quelques strates siliceuses plus dures, de nuance verte (la corne verte des mineurs), et d'autres roches également dures, plutôt feldspathiques ; mais le micaschiste proprement dit y est rare. Les bancs du terrain sont orientés sur N. 15° à 25° E. et plongent fortement vers l'O. N. O., dans le sens du flanc de la montagne. En montant plus haut, on trouve le gneiss, et, sur la crête, le granite schisteux.

Autour des lentilles métallifères des mines de Saint-Bel, les schistes sont d'un beau blanc très-pur, luisants et savonneux au toucher. La décoloration est sans doute ici due aux agents gazeux ou liquides qui ont amené les matières pyriteuses des filons.

Vallée de Brevenne.

Au pied oriental des côtes de Duerne et d'Izeron coule la Brevenne. Dans sa partie supérieure, la vallée est large et sensiblement parallèle à la côte de Duerne. Le terrain houiller de Sainte-Foy-l'Argentière en occupe le fond et s'étend en stratification discordante sur la tête des strates de gneiss. Il a été redressé par le soulèvement de la côte de Duerne, comme celui de Saint-Étienne et de Rive-de-Gier l'a été par le système du Pilat.

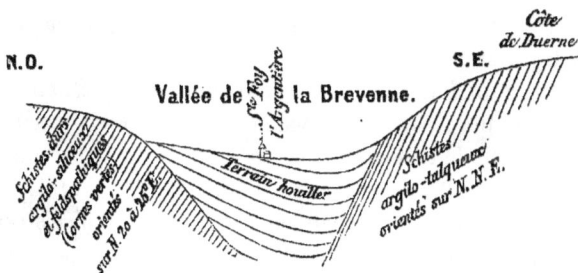

N.O.   Vallée de la Brevenne.   S.E.   Côte de Duerne

La partie inférieure de la vallée, au-dessous de la Giraudière, est beaucoup moins large ; elle s'aligne, comme la côte d'Izeron, parallèlement à la stratification des schistes, du S. S. O. au N. N. E. Les deux flancs offrent d'ailleurs en ce point, quant à la nature des roches, le même contraste qu'à Sainte-Foy : au sud, des schistes tendres ; au nord, des cornes vertes dures. Mais le fond de la vallée n'est plus couvert par le terrain houiller.

Les cornes vertes de la rive gauche sont traversées par de nombreux dykes de granite porphyroïde. On les observe spécialement auprès du bourg de Sainte-Foy. Plus au nord, en s'éloignant de la Brevenne, on voit le même granite s'étendre rapidement et former presque seul toute la masse de la chaîne du Pellerat.

Chaînon du mont Pellerat.

Nous avons appelé chaînon du mont Pellerat la série des hauteurs qui vont de la butte de Maringes sur Haute-Rivoire et Montrotier, et, par le Pellerat proprement dit, sur Saint-Romain-de-Popey, dans la vallée de Tarare. Il est au centre de la longue ride granito-gneissique qui s'étend du Vigan, par Yssengeaux et Saint-Galmier, jusqu'à Mâcon (page 116).

Sa direction exacte entre Maringes et Saint-Romain est N. 21° E., c'est-à-dire, à un degré près, la même que celle de la côte d'Izeron. Mais si les deux chaînes se ressemblent par ce côté, elles diffèrent sous le rapport des roches : celle-ci est surtout schisteuse, l'autre principalement granitique.

Le terrain dominant de la chaîne du Pellerat est en effet le granite porphyroïde du Beaujolais. Cette roche occupe, à l'exclusion de toute autre, la partie comprise entre Haute-Rivoire et Montrotier. Le mont Pellerat et le mont Arjoux sont aussi granitiques, mais en ce point les schistes couronnent par lambeaux le haut de la crête. Le même terrain

schisteux couvre également, d'une manière plus ou moins
continue, le versant est de la chaîne qui regarde la Brevenne, et surtout son extrémité sud, entre Virigneux et
Maringes (voir page 121).

Le granite du Pellerat est en général plus feldspathique
et moins quartzeux que le granite type du Forez. Il est
particulièrement formé de lamelles feldspathiques blanches
et de prismes aciculaires d'albite à angles rentrants [1], entre
lesquels sont enchâssés quelques grands cristaux blancs,
rosés, de feldspath orthose. Mais ce qui caractérise surtout
le granite de ces contrées est la présence de l'amphibole
noire, en petits cristaux nettement développés, dont quelques-uns ont de 4 à 6 millimètres de longueur. Cependant
ils ne sont jamais bien nombreux, et même, le plus souvent,
il n'y en a pas; enfin, là où l'amphibole abonde, le mica
ne disparaît pourtant jamais. Ainsi, le granite amphibolique est plutôt l'exception que la règle, et, entre les deux
roches, la transition n'est jamais brusque. Ce n'est donc
réellement pas une véritable syénite.

> Le granite du Pellerat n'est pas de la véritable syénite.

Le granite porphyroïde du mont Pellerat passe assez
souvent au granite grenu ordinaire, et même quelquefois à
une sorte d'eurite rose et grenue (ou plutôt granulite) qui
ressemble quelque peu au porphyre quartzifère compacte.
On en voit de nombreux exemples entre Feurs et Panissières, le long de la route.

> Le granite porphyroïde du Pellerat passe souvent au granite grenu ordinaire.

En résumé, il me semble que la différence minéralogique
entre les granites du Pilat et du Beaujolais n'est pas telle
qu'elle puisse seule, et sans autre motif, autoriser la séparation des deux roches. Il faut, pour résoudre la question,
consulter aussi, et consulter surtout, les relations géologiques. Or, sous ce rapport, l'identité me semble complète ;
et ce qui en 1841 me paraissait seulement *très-probable* [2]
est maintenant, pour moi, un fait à peu près incontestable.
Mais ce n'est point encore le moment de traiter cette ques-

[1] Mémoire de M. Fournet sur les Alpes.
[2] *Annales des mines*, t. XIX, p. 117.

tion ; il faut d'abord achever les descriptions locales. Pourtant, je ne puis m'empêcher de rappeler de nouveau que
les deux granites percent le terrain schisteux ancien et non
le terrain carbonifère, qu'ils constituent des chaînons N. N. E.
sensiblement parallèles, et qu'ils impriment l'un et l'autre
la même allure aux schistes du terrain de gneiss.

Direction
du granite
du Beaujolais.

La direction primitive du granite du Beaujolais est bien
certainement indiquée par l'alignement de la chaîne du
Pellerat [1]. Non-seulement, en effet, le granite se retrouve
d'une manière continue d'un bout du chaînon à l'autre,
mais encore le même granite forme, sur son prolongement
nord, à l'ouest de Mâcon, entre les diverses branches de la
petite et grande Grosne, une série de crêtes parallèles,
régulièrement orientées sur N. 20° E. Et cette direction ne
se manifeste, dans le nord du Beaujolais, qu'à partir de
Monsol, où précisément le granite reparaît de nouveau [2].
Rappelons aussi que l'axe de la chaîne du Pellerat passe,
dans son prolongement méridional, par le massif granitique de Saint-Galmier et par la série des crêtes de même
nature qui bordent la rive droite de la Loire, entre Andrézieux et Yssengeaux.

Quant aux schistes qui longent la chaîne sur le versant
de la Brevenne, nous avons précédemment montré qu'ils
sont en effet orientés sur N. 20° à 25° E., comme le gneiss
de la chaîne du Pilat. Ainsi, la direction du terrain schisteux est bien la même au contact des deux granites ; et
la côte d'Affoux achèvera de nous faire connaître comment
le granite du Beaujolais a réagi sur l'allure des schistes.

Les schistes
du Pellerat
sont
amphiboliques.

Les schistes du Pellerat se font remarquer par leur nature amphibolique. En allant de Montrotier vers les hautes
crêtes du mont Arjoux et du mont Pellerat, au-dessus de
Saint-Julien-sur-Bibost, j'ai rencontré le schiste argileux,

---

[1] Voyez la carte jointe au volume.
[2] Je rappelle de nouveau, pour appuyer mes assertions, que M. Fournet assimile le granite du Beaujolais à un énorme filon orienté du S. S. O.
au N. N. E.

d'abord, dans le flanc de la montagne, en blocs épars au
milieu du granite, puis, sur la hauteur, en masses plus
ou moins continues. Le même fait se reproduit à l'extrémité nord du chaînon, au sommet du mont Popey. Dans
les deux cas, la roche est criblée d'aiguilles noires, qui sont
de l'amphibole *hornblende*.

Le chaînon du Pellerat pénètre dans le département de
la Loire par son extrémité sud. On le voit former, le long
de la plaine du Forez, les coteaux largement arrondis et
peu élevés (2 à 300 mètres au-dessus de la Loire) qui
s'étendent de l'Anzieu à la Loyse.

J'ai décrit ci-dessus (voir la côte de Duerne) la partie
méridionale de ce district. On doit se rappeler le schiste
feuilleté tendre, chlorito-quartzeux, vert, jaune ou gris
bleuâtre des environs de Chazelles, Viricelles et Maringes,
qui se rubéfie, en s'oxydant, au point de colorer tous les
champs en rouge intense.

La même roche se poursuit, à l'ouest, jusqu'à la plaine
du Forez et, au nord, jusqu'à la Toranche, petite rivière
qui passe à Virigneux et Saint-Cyr-lès-Vignes. Au delà, vient
le granite. Le long de la ligne de contact, les schistes sont
relevés verticalement, et dans la roche éruptive on trouve
des fragments schisteux qui, peu à peu, deviennent d'autant
plus rares que l'on s'éloigne davantage de la limite commune. Le sol alors change de nuance; de rouge, il devient
blanc, et l'argile chloriteuse fait place au sable granitique
sous lequel se cache la roche dure. Celle-ci perce aux environs de Haute-Rivoire et d'Essertines. C'est un fort beau
granite gris clair, à grands cristaux de feldspath rose, dans
lequel on voit, à Essertines, de jolis cristaux d'amphibole.

Côte d'Affoux.

La côte d'Affoux diffère peu du chaînon qui vient de nous
occuper. Ce sont les mêmes roches, la même direction et
les mêmes rapports de stratification. Ils sont reliés l'un à
l'autre par une courte arête granitique N. O.-S. E., de Mon-

trotier à Villechenève, le long de laquelle nous aurons à signaler de nombreux filons quartzeux qui semblent être une conséquence du soulèvement N. O.-S. E. (système du Morvan et des montagnes du Forez).

Le granite occupe spécialement, vers l'extrémité méridionale de la côte d'Affoux, les bords de la plaine du Forez, depuis Sail-en-Donzy jusqu'à Pouilly, et les rives de la Loyse jusqu'à Villechenève, tandis que le schiste est prédominant au nord de Panissières, à Monchal, Sainte-Agathe et Affoux.

Granite
de Donzy.

A Donzy, près de la route de Feurs à Tarare, on exploite pour pierres de taille le granite le plus recherché de la plaine du Forez. Il est dur et à grains moyens, et n'affecte pas, quoique très-feldspathique, la structure dite porphyroïde. Le mica est brun ou vert, le feldspath, blanc ou blanc tirant sur le rose.

Le même granite forme, plus au nord, les larges coteaux surbaissés de Salvizinet, Civens, Roziers et Cottance. La roche est cependant moins dure que dans les carrières de Donzy, et dans certaines parties la structure est légèrement porphyroïde.

Granite altéré
de Roziers
et
de Panissières.

Aux environs de Roziers, la roche est complétement désagrégée. Le sol meuble y est profond et de nature argileuse. Les débris granitiques sont même assez gras pour servir, dans deux petites tuileries, à la fabrication des briques.

A Panissières, et sur la ligne de Panissières à Pouilly, on voit le granite, presque toujours désagrégé, projeter des dykes au milieu des schistes. Au nord de la ville, l'un de ces dikes est même exploité pour sable (arène).

Le granite
renferme
des fragments
de schiste
et
soulève ce dernier
parallèlement
à l'axe
N. 20° à 25° E.

Sur le chemin d'Essertines à Panissières, on rencontre, au milieu du granite, de nombreux blocs de schiste très-micacé. Près de là, au sud de la ville, une coupe très-nette, citée dans mon mémoire de 1841[1], établit positivement

[1] *Annales des mines*, t. XIX, p. 116.

que le granite du Beaujolais a soulevé le gneiss parallèlement à l'axe N. 20° à 25° E.

A 1,500 mètres au sud de la ville de Panissières, le terrain s'élève en forme de butte à sommet plat; c'est le mont Saint-Amand. La route qui conduit à Feurs longe son pied occidental. Elle est tracée au milieu du granite; mais en gravissant la hauteur, à partir de la route, on rencontre le schiste à mi-coteau, directement appuyé sur la roche éruptive et plongeant à l'E. S. E., sous un angle de 15° à 20°. Sa direction est N. 24° E. Voici la coupe, qui est assez nette pour n'avoir besoin d'aucun commentaire.

Ajoutons seulement que le schiste est fort dur, d'un bleu vert foncé, une véritable corne verte, semblable à celle qui forme le flanc gauche de la vallée de la Brevenne, entre Sainte-Foy et l'Arbresle.

Au nord-est de Panissières, la route de Tarare longe à peu près la limite du granite. A l'est, on rencontre le beau granite porphyroïde rose de Villechenève et la Rivière, avec quelques blocs épars de schiste dur amphibolisé; à l'ouest, le même terrain schisteux se présente en masses continues, s'appuyant sur le granite, comme dans la butte dont nous venons de parler. Seulement, les strates inclinent vers l'O. N. O., et la même disposition se manifeste partout au nord de Panissières. Ainsi, aux environs de cette ville, le schiste ancien se relève des deux côtés vers un noyau granitique central. Preuve, ce me semble, que le schiste doit bien son ridement principal à l'apparition du granite.

9

Sur la lisière du département, des filons de porphyre quartzifère sillonnent le granite et le terrain de gneiss de Violay et Villechenève. En soulevant le sol ancien, ils ont engendré la ligne de faîte qui unit la côte d'Affoux au chaînon des Molières.

Schistes
du
versant
occidental
de
la côte d'Affoux.

Au bourg d'Affoux, le long de l'arête culminante, se montre un schiste argileux gris verdâtre, parsemé de grains de feldspath d'un blanc laiteux tirant sur le vert. C'est une sorte de gneiss régénéré. Il plonge presque verticalement vers l'O. N. O., tandis que le granite occupe, au mur des schistes, le flanc de la crête. En descendant d'Affoux, vers Tarare, on poursuit d'abord les mêmes schistes avec leur direction constante vers le N. N. E., tandis que le granite reparaît à l'est, au pied de la côte. Mais, avant d'atteindre le bourg de Saint-Marcel-l'Éclairé, on voit succéder au terrain ancien les schistes et grès tout à fait différents du calcaire carbonifère. Le contraste est frappant dans les caractères minéralogiques et dans l'allure du terrain. Les différences apparaissent surtout, d'une manière extrêmement nette, dans la carrière du Gouget, située à 1,500 mètres du bourg d'Affoux.

Superposition
discordante
du
calcaire carbonifère
sur les schistes
anciens.

Le haut de la crête, le long de la route, est formé, comme on vient de le dire, de schiste argilo-feldspathique verdâtre, plongeant fortement vers l'O. N. O. et dirigé, en moyenne, sur N. 15° à 20° E. Sur le flanc du chaînon, à 3 ou 400 mètres de là, on exploite un calcaire bleu un peu micacé, alternant avec du grès quartzeux micacé et des schistes argilo-terreux bruns verdâtres. Les bancs courent de l'est à l'ouest et inclinent très-légèrement vers le sud. On ne peut observer le contact direct des deux terrains. Ils sont séparés l'un de l'autre par des champs où la roche en place ne se montre pas. Mais la discordance de stratification n'en est pas moins évidente. On pourrait, à la vérité, supposer une faille ou un ploiement de couches. Mais les failles et les plis changent rarement la direction des bancs d'une manière aussi complète; et, s'il y avait simple faille ou pli, resterait toujours la divergence de stratification des localités voisines. Remarquons encore que ce calcaire est plus rapproché du granite que le schiste du haut de la crête, et cependant ce dernier seul est métamorphisé; circonstance inexplicable si le granite n'avait fait éruption avant le dépôt du calcaire.

Voici la coupe :

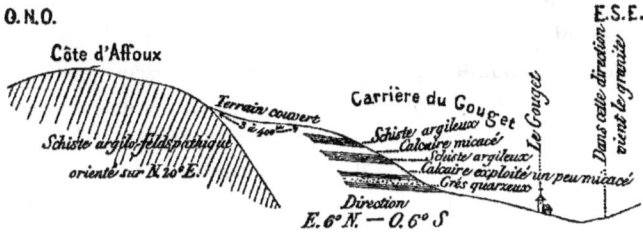

Le schiste ancien, qui ne paraît qu'en masses isolées sur le versant oriental de la côte d'Affoux, forme, sur le versant opposé, au nord de Panissières, une zone parfaitement continue qui isole, depuis la plaine du Forez jusqu'à la vallée de la Turdine, le granite du terrain carbonifère.

A Pouilly, la largeur de la bande schisteuse ancienne est de 1,000 mètres; entre Panissières et Sainte-Agathe, elle dépasse 5,000 mètres; plus à l'est, dans le département du Rhône, elle semble disparaître entièrement, ou du moins elle ne se présente, sur la rive droite de la Turdine, qu'en lambeaux épars au milieu du granite.

Le terrain schisteux de ce district est le plus souvent tendre et friable, mais, du reste, très-variable quant à sa nature. Nous l'avons trouvé argilo-feldspathique à Affoux, très-micacé au Boussièvre et à Monchal, puis souvent dur et chargé d'amphibole au contact du granite. Cependant la roche éruptive n'a pas constamment produit cet effet. A Roziers et à Pouilly, dans le voisinage immédiat du terrain granitique, le schiste est tendre, argilo-feldspathique et non amphibolisé.

Entre Sainte-Agathe et Violay, le porphyre quartzifère

9.

porphyriques
entre
Sainte-Agathe
et Violay.

perce le schiste et s'y présente sous forme de buttes plus ou moins coniques ou de dykes plus ou moins allongés. C'est lui aussi qui a porté le Boussièvre, entre Violay et Affoux, jusqu'au niveau de 1,004 mètres.

La stratification du terrain schisteux est assez régulière dans la zone qui nous occupe. Les exemples cités montrent la prédominance de l'allure normale N. N. E.-S. S. O., avec forte plongée vers l'O. N. O. Sur les schistes ainsi orientés reposent partout, entre Pouilly et Tarare, les bancs du calcaire carbonifère, et partout aussi la discordance est complète. Ceux-ci, en effet, courent généralement de l'est à l'ouest et sont peu inclinés. Ainsi, la différence est facile à saisir; néanmoins, cela devient plus difficile aux environs de Tarare, où le terrain carbonifère a été fortement modifié par les éruptions porphyriques.

Chaîne centrale du Forez.

La chaîne du Forez diffère, à plusieurs égards, du Pilat et du massif du Beaujolais.

La chaîne du Forez diffère à quelques égards des massifs dont nous venons de parler.

Au point de vue orographique, le contraste est frappant : les principaux chaînons sont orientés, comme on sait, sur N. 50° O. (système du Morvan), tandis que ceux du Pilat courent sur N. 55° E.; cependant on retrouve aussi quelques arêtes N. 15° E., mais le soulèvement postérieur les a rendues moins distinctes dans la chaîne du Forez que dans celle du Pilat.

La chaîne du Forez est presque exclusivement formée de granite éruptif.

Quant aux roches, la différence est surtout sensible lorsqu'on compare la chaîne du Forez aux montagnes du Beaujolais méridional. Le gneiss domine dans ces dernières, tandis que le granite éruptif et ses congénères se rencontrent seuls dans le massif du Forez.

Le Pilat, qui unit les deux groupes, les relie aussi sous le rapport des roches. Le terrain schisteux, si général dans la côte de Riverie, et encore si abondant entre Givors et Vienne, à l'extrémité nord du Pilat proprement dit, n'atteint nulle part les bords de la Loire. En longeant la chaîne du Pilat, du nord-est au sud-ouest, on voit le granite se développer graduellement, aux dépens du gneiss, en masses d'autant plus grandes, que l'on approche davantage des montagnes du Forez; et là où les deux chaînes se croisent le gneiss a totalement disparu.

Cependant il n'est pas douteux que, antérieurement aux éruptions granitiques, le terrain schisteux n'occupât également cette partie du plateau central, car on trouve là aussi, en une foule de points au milieu du granite, des débris et blocs de gneiss. Mais si le schiste a été anéanti d'une manière aussi complète, il faut en conclure que les épanchements granitiques ont dû être plus nombreux ou plus énergiques dans ce district que dans le Beaujolais. *Le granite de la chaîne du Forez a percé le terrain de gneiss.*

Les granites de la chaîne du Forez sont très-variés; cependant le granite friable à grains fins et à mica noir (le granite type du Forez) est de beaucoup le plus abondant, surtout dans la partie sud; vers le nord, on le voit passer au granite à gros grains, ou à la variété porphyroïde. *Le granite à grains fins domine dans la chaîne du Forez.*

Le gneiss, nous venons de le dire, n'existe plus en masses continues dans la chaîne du Forez proprement dite, mais il reparaît dans la partie méridionale du massif de la Chaise-Dieu, au sud de la route qui va d'Issoire, par Saint-Germain-l'Herm, à Arlant. Dans ce district, la ligne de contact des deux roches s'éloigne peu de la limite commune des départements du Puy-de-Dôme et de la Haute-Loire. *Le gneiss occupe en partie le versant occidental de la chaîne.*

Maintenant, pour mieux saisir les particularités du terrain granitique, parcourons les montagnes du Forez du sud au nord. *Chaînons partiels dont se compose le massif du Forez.*

Sur les bords de la Loire, où se croisent le massif du Forez et la chaîne du Pilat, la direction des crêtes est d'abord confuse. On reconnaît, à la vérité, les trois soulèvements qui ont affecté les terrains anciens, mais aucun d'eux ne s'est ici manifesté d'une manière assez énergique pour dominer ou effacer les autres. Aussi, à la place d'une crête *Chaînon de Saint-Bonnet et partie sud des montagnes du Forez, entre Monistrol et Saint-Bonnet-le-Château.*

unique bien caractérisée, il s'est produit dans ce district un ensemble peu régulier de courts chaînons qui s'entre-croisent et se limitent réciproquement.

Le système du Pilat se reconnaît dans la côte de Beau-zac, entre Monistrol et Roche-en-Regnier, et dans la direc-tion des sillons que suivent dans ce district la Loire et l'Ance.

Le système N. 5o° O. (du Morvan) a soulevé les crêtes qui vont de Craponne à Roche-en-Regnier et de Saint-Bon-net à Saint-Anthême, et le même soulèvement me paraît avoir ouvert les vallées basses de l'Arzon et de l'Andrable, ainsi que la partie moyenne du vallon de l'Ance, entre Saint-Julien et Solignac.

Enfin, le système le plus ancien a ébauché le défilé de la Loire, au nord de Monistrol, et produit la série des rides et vallons N. N. E. que nous avons signalés, dans la descrip-tion orographique, entre Saint-Bonnet et Ambert.

Tout ce district est formé de granite ordinaire, grenu fin, à feldspath blanc et mica noir, sauf les faibles masses subordonnées dont nous allons parler.

Fragments de gneiss dans le granite des environs de Périgneux. Entre Périgneux et Saint-Bonnet, et surtout le long du Bonsonet et de l'Écoulaise, le granite ordinaire contient des blocs de gneiss. A Savignec, dans le fond de la gorge du Bonsonet, ils sont même réunis en un véritable lambeau d'une certaine étendue, qui toutefois est sillonné de filons granitiques; la roche éruptive redevient d'ailleurs prédomi-nante dès que l'on remonte l'un ou l'autre flanc de la vallée. On peut ici constater, comme dans le Beaujolais et le Pilat, que les fragments de gneiss n'ont été ni fondus ni scorifiés au contact de la roche éruptive; en sorte que nous arrivons toujours à cette même conséquence, que le granite, malgré sa plasticité, ne devait être au moment de son éruption ni incandescent, ni dans un état de fluidité ignée, comme les laves de nos volcans modernes.

Dans les tranchées de la route vicinale n° 5, de Mont-brison à Saint-Bonnet, j'ai remarqué au milieu du granite

friable ordinaire[1], outre les blocs de gneiss déjà mentionnés, de minces veines de granite rose, plus dur et moins
micacé, à structure compacte et serrée : preuve qu'à la
suite d'une éruption principale qui a fourni les grandes
masses homogènes du granite ordinaire, d'autres éruptions
moins considérables ont comblé les fentes que les mouvements postérieurs ou le simple refroidissement avaient ouvertes dans les premières masses.

M. Chatelus, ingénieur des mines dans le Puy-de-Dôme,
m'a signalé un réseau analogue sur le revers opposé du
chaînon de Saint-Bonnet, dans une tranchée de la route de
Viverols à Ambert.

Au chaînon de Saint-Bonnet succède celui de Pierre-
sur-Autre. Une crête N. 15° E., entre Saint-Anthème et
Verrières, les rattache l'un à l'autre.

Chaînon de Pierre-sur-Autre.

Pierre-sur-Autre est le point le plus élevé et comme le
centre de la chaîne du Forez. Le chaînon lui-même est nettement accusé, soit par la série des hauteurs dont il se
compose, soit par la marche des cours d'eau voisins. Il ne
peut rester l'ombre d'un doute sur sa véritable direction.
On ne trouve plus ici la moindre trace de dislocation parallèlement au système du Pilat, et les quelques arêtes
transversales N. 15° E. n'effacent point le caractère général
de la grande protubérance N. 50° O.

Au point de vue de la nature des roches, le chaînon de
Pierre-sur-Autre ressemble bien à celui de Saint-Bonnet.
Le granite type du Forez constitue l'ensemble du massif,
et au sein de la roche dominante se montrent les mêmes
accidents et des masses subordonnées peu différentes.

Ainsi, sur le versant nord de la chaîne, en suivant la route
départementale de Montbrison à Ambert, on rencontre, au
milieu du granite, beaucoup de fragments et de lambeaux
de gneiss, surtout entre Moingt et Lésigneux. De semblables

Blocs de gneiss dans le granite de Lésigneux et de Verrières.

[1] Ces observations seraient sans doute aujourd'hui difficiles, mais j'ai
parcouru cette route en 1837, quelques mois après sa construction : toutes
les coupures étaient alors fraîches.

blocs se voient encore sur le chemin de Montbrison à Chatelneuf et aux environs de Verrières.

Les tranchées de la route d'Ambert ont aussi mis à nu
des dykes de granite très-feldspathique passant à la variété
porphyroïde : l'une de ces masses, la plus considérable de
toutes, occupe en partie l'emplacement même de la ville de
Moingt, et s'étend dans la direction de l'ouest à plus de
5oo mètres. Il est exploité pour pierres de taille dans plusieurs carrières assez vastes, tandis que le granite ordinaire
se désagrége trop facilement pour convenir aux travaux de
construction. Ce granite de Moingt est à structure serrée et
à grains plus fins que le granite ordinaire, et néanmoins
tendre et facile à tailler ; quelques rares cristaux, peu nets,
de feldspath blanc laiteux, se dessinent sur un fond gris
presque homogène. Entre les deux granites, la transition est
brusque ; on voit clairement qu'ils font partie de coulées
différentes, qui semblent néanmoins correspondre à la même
période géologique.

Nous devons aussi signaler comme roche subordonnée le
granite globulaire rose de la montagne des Mures, à l'ouest
de Chatelneuf (page 93). Il est plus dur et à grains plus fins
que le granite ordinaire, se divise en grands sphéroïdes
à couches concentriques, et constitue un assez vaste mame-
lon en saillie sur le granite ordinaire. Il ne semble pas qu'il
y ait ici passage de l'une des roches à l'autre.

Du sommet de Pierre-sur-Autre, une arête N. 15° E.,
celle des bois d'Olliergue, conduit au troisième chaînon
principal, formé par les bois de l'Hermitage et de la Faye,
et par la côte de Saint-Georges-sur-Couzan ; sa direction,
aussi bien que celle des vallées voisines, est encore N. 5o°
O. Ainsi, l'Auzon et les deux branches de la Durolle coulent
dans des vallées N. O.-S. E. parallèlement aux chaînons
principaux des montagnes du Forez.

La côte de Saint-Georges-sur-Couzan, entre le haut Lignon et l'Auzon, se compose de granites variés. A la vérité,
le plus souvent il se rapproche, par la couleur et la gros-

seur de ses éléments, du granite type du Forez; cependant
la crête au nord-est de Palogneux est à gros grains, et
au sud-ouest, dans la direction de Saint-Just-en-Bas, on
trouve les variétés les plus diversement nuancées et de fréquentes transitions du granite à grains fins au granite à
gros grains. Entre Saint-Just et le hameau des Grandes-
Combes, on rencontre dans la même roche des blocs empâtés de gneiss.

A l'extrémité nord de la côte, à la montée des Ruines,
sur la route de Lyon à Clermont, le granite est à très-gros
grains : c'est un assemblage confus, à proportions égales,
de quartz et de feldspath rose et blanc, entremêlé de mica
brun.

Granite rose à gros grains des Ruines.

A Saint-Julien-la-Vestre, au haut de la montée, il devient plus dur et plus feldspathique. Sur un fond gris-noir
obscur, se dessinent des cristaux nombreux et nets de feldspath blanc. Cependant cette structure porphyroïde n'est
qu'un accident local. Le granite à gros grains reparaît au delà
et règne tout le long du pied nord des bois de l'Hermitage
et de la Faye, c'est-à-dire dans le fond de la vallée, depuis
Noirétable jusqu'à la Bergère : il est toujours diversement
nuancé, le feldspath plus ou moins rubéfié, le mica brun
ou vert, le quartz, comme à l'ordinaire, gris et semi-trans-
lucide; la roche, habituellement peu solide, se désagrége
et tombe en sable. Mais on observe dans ce district quelques
dykes granitiques d'une nuance blonde, dont la dureté et
la texture fine et serrée contrastent avec le tissu si lâche
de la masse encaissante : c'est le granite que nous avons
nommé *tabulaire* (page 94), en considération de la facilité
avec laquelle il se divise en plaques minces parallèles.

Granite porphyroïde de Saint-Julien-la-Vestre.

Granite tabulaire.

Dans les bois de l'Hermitage, comme à la côte de Saint-
Georges-sur-Couzan, le granite à grains fins est cependant
encore prédominant. Dès que l'on monte du fond de la
vallée de Noirétable vers les hauteurs situées au sud-ouest,
on remarque un changement graduel sous le rapport de la
grosseur des grains; la roche prend même quelquefois,

Bois de l'Hermitage.

comme à Vérines et Fraissines, une structure confusément schisteuse.

En résumé, le versant sud et la crête du chaînon se composent encore presque exclusivement de granite fin, tandis que sur le revers nord, en approchant des vallées de Noirétable et de Saint-Thurin, la roche passe au granite à gros grains, et celle-ci, exceptionnellement, comme à Saint-Julien-la-Vestre, au granite porphyroïde.

Chaînon du Montoncelle, formé surtout de granite à gros grains et de granite porphyroïde. Au nord du défilé de Noirétable surgit le dernier des quatre chaînons principaux dont se composent les montagnes du Forez; c'est le Puy-Montoncelle, avec deux côtes parallèles peu importantes, voisines de Cusset, sur les rives du Sichon.

Dans ce massif, la direction des éruptions proprement dites est entièrement effacée, et le seul alignement que l'on observe aujourd'hui est celui du soulèvement postérieur, c'est-à-dire l'axe N. 50° O.

Le chaînon du Puy-Montoncelle commence au défilé de Saint-Julien-la-Vestre et embrasse, à son origine, les territoires des communes de Cervières, les Salles et Arconsat. La roche dominante est le granite à gros grains, rose ou blanc, de la vallée de Noirétable, au milieu duquel reparaît çà et là, comme aux Salles, le beau granite porphyroïde, blanc et gris, de Saint-Julien-la-Vestre. Très-rarement on observe des passages au granite à grains fins : comme exemple, je puis cependant citer le sol du bourg de Cervières.

Le même granite à gros grains, diversement nuancé, constitue la suite du chaînon, c'est-à-dire les hauteurs des bois du Guet, les bois de Saint-Thomas et le Puy-Montoncelle proprement dit. Rarement il devient porphyroïde, et nulle part, même lorsque les éléments cristallins sont menus, on ne retrouve le véritable granite type du Forez, qui est si bien caractérisé dans la partie sud de la chaîne. Cette variété principale ne franchit pas la ligne de Boën à Thiers.

Le granite du Montoncelle ressemble davantage à celui

du Beaujolais (Panissières et Villechenève) qu'au granite ordinaire de la chaîne du Forez; cependant il est plus riche en quartz et ne renferme jamais de l'amphibole.

Dans le district dont nous nous occupons, le granite, lorsqu'il est à grains fins, affecte presque toujours la forme tabulaire. Nous avons signalé des filons de cette variété au fond de la vallée de Noirétable. Ils sont tout aussi nombreux et plus puissants sur le revers occidental des bois de Saint-Thomas, spécialement dans le voisinage du château de Lendrevit. Ce granite est toujours d'une nuance blonde, très-quartzeux et fort peu micacé. *Granite tabulaire de Lendrevit.*

Le chaînon granitique du Montoncelle se prolonge vers le nord jusqu'aux limites des montagnes du Forez. Il constitue à son extrémité les deux crêtes N. O.-S. E. qui bordent le Sichon, près de Cusset, et en général les coteaux qui longent le bassin tertiaire entre Vichy et la Palisse.

En dehors de la chaîne proprement dite du Forez, le granite reparaît en masses isolées au milieu des porphyres de la Madelaine; il est même exploité, pour pierres de taille, dans les carrières de Changy et de la Pacaudière : ce sont de faibles lambeaux dont nous dirons quelques mots en décrivant les masses porphyriques qui les enveloppent. *Chaînon de la Madelaine.*

Le massif de la Chaise-Dieu, à l'ouest de la Dore, est formé de deux parties distinctes. La région nord, dans le département du Puy-de-Dôme, se compose, comme la chaîne du Forez, d'une série de chaînons granitiques qui, sans être très-saillants, sont cependant aussi orientés les uns sur N. 50° O., les autres sur N. 15° à 20° E. *Massif de la Chaise-Dieu.*

Le district méridional, dans le département de la Haute-Loire, au sud de Saint-Germain-l'Herm, offre, au point de vue orographique, des crêtes analogues; mais la roche dominante est plutôt le gneiss, et presque toutes les hauteurs sont, en outre, couronnées de nappes basaltiques.

Les montagnes du Forez, comme celles du Beaujolais, abondent en filons quartzeux. *Filons quartzeux dans les montagnes du Forez.*

Nous décrirons les uns et les autres dans le chapitre suivant; mais, dès maintenant, il importe de signaler les principales circonstances qui semblent les rattacher d'une manière spéciale au système des chaînons du Forez.

Les grands filons quartzeux de nos terrains anciens sont en effet presque tous orientés du N. O. au S. E., et suivent particulièrement le pied des chaînons, c'est-à-dire les grandes lignes de fracture et de soulèvement du système N. 5o° O. Ils sont surtout nombreux dans la vallée de Saint-Thurin et au pied du Montoncelle, et là ils se montrent, non-seulement dans le terrain ancien, mais encore dans toutes les parties des terrains de transition, dont les ondulations principales obéissent, comme les chaînons du Forez, au système N. O.-S. E.

Filon de Saint-Thurin, dans la faille qui sépare le granite des terrains de transition.

Dans la vallée de Saint-Thurin, plusieurs filons quartzeux longent le pied de la côte de Saint-Georges-sur-Couzan, à la limite même du granite et des terrains de transition. On peut citer le filon de Lemay, en face de Saint-Thurin, et celui de Chorigneux, entre Sail-sous-Couzan et Marcoux. On voit là clairement que le quartz est plus moderne que l'une et l'autre roche.

Le granite a été soulevé dans la vallée de Saint-Thurin suivant l'alignement N. 5o° O., et cela bien après sa complète solidification.

La même ligne de contact prouve que le granite du Forez a été soulevé, suivant la direction N. 5o° O., lorsque déjà il était entièrement solidifié, et que cette direction n'a rien de commun avec celle de son éruption proprement dite. Dans la vallée de Saint-Thurin, le granite longe en effet les porphyres et roches de transition sans y pénétrer jamais sous formes de dykes, sans en envelopper jamais aucun fragment, et sans avoir jamais produit sur ces terrains les effets, ordinairement si saillants, du métamorphisme : triple phénomène que l'on observe au contraire le long des lignes de contact du granite et du terrain schisteux ancien. Aussi peut-on avec certitude conclure de là, ce que déjà nous avons constaté dans le Pilat et le Beaujolais, que le granite du Forez a fait éruption après le dépôt du terrain de gneiss, mais avant la période du système carboni-

fère, et qu'il fut de nouveau soulevé, à une époque postérieure, après sa complète solidification, suivant la direction
N. 50° O. Plus tard, nous verrons que ce dernier soulèvement est même probablement postérieur au terrain triasique.

Plateau Stéphanois (partie occidentale).

Le plateau de Saint-Étienne se compose, au point de
vue de la nature du sol, de deux parties tout à fait distinctes : l'une, à l'est, comprend le bassin houiller; l'autre,
à l'ouest, est formée de roches anciennes. Cette dernière
doit seule nous occuper pour le moment. Elle est limitée,
au nord, par la plaine tertiaire de Feurs; à l'est, par le
terrain houiller, ou à peu près par une droite allant de
Cornillon à la Fouillouse; au sud, par la chaîne du Pilat,
et, à l'ouest, par les montagnes du Forez.

Le plateau Stéphanois se compose de deux parties distinctes : le district houiller et le massif granitique.

. Ce district est, par sa position et par la nature de ses
roches, le point de jonction de nos trois massifs montagneux. Ainsi, les coteaux granitiques de la rive droite de la
Loire se rattachent au massif de Saint-Galmier et semblent
même être le prolongement de la chaîne du Pellerat
(page 116). Sur l'autre rive, la côte de Saint-Bonnet se
perd, à son extrémité sud-est, au milieu des ondulations du
plateau en question, et celles-ci se confondent, d'autre part,
avec les crêtes qui descendent de la chaîne du Pilat le long
de la Semène.

Deux alignements se manifestent dans cette partie ouest
du plateau Stéphanois, les systèmes N. 20° E. et N. 55° E.
Le premier a ébauché le défilé de la Loire entre Aurec et
Saint-Rambert, et engendré le coteau de Chambles, qui
va de Saint-Rambert à Saint-Maurice. Le second a soulevé, avec le terrain houiller, la crête granitique si saillante
du Queyrel (720ᵐ), au nord d'Unieux; et le même soulèvement a sans doute élargi le défilé de la Loire en forme de
bassins N. E.-S. O., en amont du Pertuiset et aux environs
d'Aurec. On peut aussi remarquer qu'auprès de Saint-Victor,

On distingue dans la partie granitique du plateau Stéphanois deux directions différentes.

la Loire décrit plusieurs coudes parallèlement à l'axe du Pilat (N. 55° E.), et que ces circuits sont précisément dans le prolongement de l'arête centrale de la chaîne de Riverie [1].

La roche dominante est le granite avec blocs de gneiss.

Le granite éruptif est la roche dominante et même presque exclusive de ce district. Cependant, vers la limite nord, entre la Fouillouse et Saint-Just-sur-Loire, se montrent quelques lambeaux de gneiss qui proviennent des derniers rameaux de la chaîne de Riverie; et au sud, dans les environs de Fraisse, les extrémités de la bande schisteuse du Pilat se mêlent aux masses granitiques des bords de la Loire. Partout ailleurs, le granite règne seul et ne renferme que çà et là des blocs peu volumineux de gneiss.

Dans la partie occidentale du plateau règne le granite ordinaire.

Le granite du plateau est, au reste, de deux sortes. Au pied de la chaîne du Forez, et en général sur la rive gauche de la Loire, on trouve, sauf dans le voisinage immédiat du fleuve, le granite grenu ordinaire du Forez. Il constitue surtout le sol de la commune de Périgneux, et même la majeure partie du district compris entre Saint-Marcellin et Saint-Maurice-en-Gourgois.

Sur les bords de la Loire, on trouve du granite très-feldspathique, rouge ou rose.

En approchant de la Loire, le granite devient plus feldspathique et moins quartzeux, les éléments cristallins augmentent de volume, et le feldspath passe du blanc au rose ou rouge de chair; alors la roche ressemble assez au granite du Beaujolais.

Ainsi, à Theil, entre Chambles et Périgneux, on rencontre un granite très-feldspathique, peu différent de celui de Saint-Galmier. A Saint-Just, à Andrézieux, à Saint-Victor, au Pertuiset, en un mot, presque tout le long de la Loire, on voit du granite rouge ou rosé, riche en feldspath, et généralement dur. Là, en divers points, la même roche se prolonge à l'est jusqu'au bord du bassin houiller : ainsi entre Saint-Victor et Saint-Genest-Lerpt, dans le fond de la vallée du Liseron, et dans celle de l'Ondène, près d'U-

---

[1] Voir la carte géologique générale, planche n° 2.

nieux. A Andrézieux, ce granite rouge traverse en filons un gneiss très-micacé, et, auprès de Pertuiset, il tient englobé de nombreux débris du même terrain schisteux.

Ailleurs, et sur la lisière du terrain houiller, le granite est compacte, à grains très-fins, blanc ou blanc rosé, et se rapproche, sauf sa forme, du granite globulaire de Chatelneuf. Ce granite constitue en grande partie la crête du Queyrel, près de Firminy, et surtout son extrémité nordest, à la Caillotière et à Chichivieux.

En terminant, je dois encore observer que nulle part, dans le domaine du plateau de Saint-Étienne, on ne rencontre du granite porphyroïde.

§ 3.

ÂGE GÉOLOGIQUE DES TERRAINS DE GNEISS ET DE GRANITE.

Après avoir décrit les divers granites et le terrain de gneiss du Forez, il nous reste à déterminer les périodes géologiques auxquelles ils appartiennent et l'âge des principaux soulèvements qui ont affecté ces formations. Ensuite, pour généraliser ou corroborer nos conclusions, nous aurons à signaler l'analogie qui semble exister entre nos terrains anciens et ceux des contrées voisines.

Les détails ci-dessus donnés et les discussions partielles auxquelles nous avons été conduits, au fur et à mesure que les faits se présentaient sur notre route, vont au reste faciliter beaucoup notre tâche. Le plus souvent, en effet, nous n'aurons qu'à résumer les observations déjà présentées.

Ainsi, 1° il résulte des descriptions précédentes que le terrain de gneiss supporte, sans exception, toutes les formations sédimentaires du département; que ce terrain lui-même se compose de deux parties : à la base, le granite schisteux et le gneiss proprement dit, par-dessus les schistes argilo-stéatiteux non fossilifères; que l'une et l'autre parties furent soulevées, brisées, traversées par tous les granites et porphyres de la contrée; qu'ainsi le gneiss est bien réelle-

Le gneiss est le terrain le plus ancien du département.

ment le terrain le plus ancien du département de la Loire, et on peut ajouter du plateau central; car, partout, dans le Rhône, le Puy-de-Dôme, l'Aveyron, la Creuse, la Haute-Vienne, etc., j'ai rencontré, et d'autres géologues avaient déjà signalé, des rapports d'âge tout à fait identiques;

Le gneiss est orienté sur N. 20° à 25° E.; il supporte le calcaire carbonifère à stratification discordante.

2° Le gneiss est orienté, dans le Forez et le Beaujolais, du S. 15° à 30° O. au N. 15° à 30° E., et le plus souvent la direction ordinaire est même comprise entre les limites plus rapprochées N. 20° E. et N. 25° E. Cet alignement est le même dans les étages les plus élevés comme dans les parties les plus basses du terrain de gneiss. Il suffit de rappeler ici que les schistes de la Brevenne et de la côte d'Affoux, aussi bien que les gneiss proprement dits du Pilat et des côtes de Riverie et d'Izeron, courent du N. N. E. au S. S. O., et que partout aussi leur plongée est forte.

Par contre, les schistes, grès et calcaires du système carbonifère ont une inclinaison beaucoup plus faible, et sont généralement orientés de l'est à l'ouest, ou plutôt de l'E. 12° à 15° S. sur O. 12° à 15° N.[1]

Pourtant, il faut le dire, le gneiss n'a pas partout invariablement la même direction; mais pourrait-il en être autrement, lorsqu'on songe à la multiplicité des soulèvements qui ont tour à tour affecté les terrains du Forez? Le système du Pilat (N. 55° E.) relève le gneiss sur le bord du bassin houiller et auprès de Fontanès. Aux environs de Maringes et Viricelles, j'ai signalé une série de strates directement perpendiculaires à l'allure ordinaire; mais en même temps on a pu voir que cette disposition semblait être la conséquence d'un ensemble de failles transversales du système ordinaire, et résultait surtout de la position relative des masses granitiques de Saint-Galmier et du Pellerat.

Ainsi, ces quelques exceptions ne sauraient infirmer l'assertion précédente, que le terrain de gneiss, dans tout son ensemble, tel que je l'ai déjà défini, avec ses schistes mi-

---

[1] Voyez la coupe du Gouget, p. 131.

cacés et stéatiteux, argilo-feldspathiques ou amphiboliques, est généralement orienté du N. N. E. au S. S. O.; et cela, non-seulement dans le Forez et le Beaujolais, mais encore, comme nous le verrons bientôt, dans la plupart des autres régions du plateau central.

3° Le soulèvement qui a imprimé au terrain schisteux ancien son allure normale a opéré du même coup un ridement assez intense pour dessiner, parallèlement à la direction des schistes, une série de chaînons plus ou moins élevés (côtes d'Izeron, de Saint-Christot, d'Affoux, etc.).

Les nombreux chaînons N. N. E. sont contemporains du premier ridement du terrain de gneiss.

Les assises dont se composent plusieurs de ces arêtes plongent d'une manière inverse sur les deux flancs opposés, et s'appuient ou sur une zone mitoyenne dont les strates sont sensiblement verticales (côte de Saint-Christot), ou sur un noyau granitique central (côte d'Affoux).

Observons aussi que les nombreux chaînons ainsi orientés ne franchissent pas plus les limites du granite et du gneiss que ce système de direction n'affecte la stratification des terrains plus modernes. Contrairement à cette dernière assertion, on pourrait cependant citer la chaîne des Molières et les coteaux parallèles qui bordent le cours supérieur du Rhins, de la Dérioule et de la Trambouze. Ces crêtes rentrent, en effet, par leur direction N. N. E.-S. S. O., dans le système des côtes granito-gneissiques, et cependant les roches dont elles se composent appartiennent, sinon en entier, au moins en grande partie, au terrain carbonifère. Mais on sait déjà, par divers exemples, qu'il n'est pas rare de voir certaines formations reproduire accidentellement les directions des terrains inférieurs précédemment ridés. M. E. de Beaumont cite des faits de ce genre dans son mémoire sur les systèmes de montagnes les plus anciens de l'Europe [1].

4° On ne rencontre dans le terrain de gneiss ni fossiles, ni empreintes végétales. Quelques parties sont pourtant un peu graphiteuses et sembleraient indiquer une sorte de

Le terrain de gneiss ne contient aucune trace d'organisme, si ce n'est quelques schistes plus ou moins

[1] *Bulletin de la société géologique*, 2ᵉ série, t. IV, p. 944, 957 et 964.

graphiteux;
on n'y trouve
ni calcaire,
ni grès.

végétation contemporaine. Les schistes anciens du Forez et
du Beaujolais ne contiennent également ni calcaires [1], ni
poudingues, ni même aucune roche arénacée; à moins que
le gneiss ne soit lui-même un grès feldspathique et micacé,
dans le genre des grès ou tufs porphyriques du terrain à
anthracite du Roannais.

Le
terrain de gneiss
paraît
appartenir
à la période
antésilurienne.

5° Les faits que nous venons de résumer prouvent l'an-
cienneté relative de notre terrain de gneiss, mais ne permettent pas de préciser rigoureusement l'époque de sa
formation. Les dépôts immédiatement supérieurs appartiennent au calcaire carbonifère, ou tout au plus en partie
au système dévonien. D'après cela, le gneiss pourrait donc
être ou antésilurien, ou silurien, ou même dévonien :
cependant, divers motifs doivent faire supposer qu'il est
plutôt antésilurien.

Et d'abord, il me paraît évident que ce terrain, malgré
sa grande puissance, ne saurait être scindé en deux. Le
passage, souvent graduel, du granite schisteux au gneiss
et du gneiss au micaschiste, ainsi que les alternances de
ces mêmes roches dans le voisinage de leurs limites respectives, annoncent une intime liaison des diverses parties
et une continuité parfaite dans le mode de formation. De
plus, il y a, comme je viens de le rappeler, identité complète de direction et de plongée, concordance entière de
stratification entre les gneiss les plus inférieurs et les schistes
argileux ou micacés les plus supérieurs. Ainsi, pendant la
longue période de leur formation, aucun soulèvement n'est
venu troubler nos contrées. La différence minéralogique,
peu importante au point de vue géologique, peut d'ailleurs
aussi provenir, au moins en partie, de l'influence subsé-

[1] M. Dufrénoy cite pourtant du calcaire dans le gneiss de certaines
localités de la Corrèze, de la Haute-Vienne et du Puy-de-Dôme; mais il
ajoute : «ce calcaire ne se montre presque toujours que vers la limite des
roches anciennes, dans des terrains de transition proprement dits, plus
ou moins modifiés par le granite.» Ainsi le calcaire ne se trouverait donc
là non plus dans le véritable gneiss. *Explication de la carte géologique*,
t. Ier, p. 120.

quente du granite éruptif. Enfin, rappelons encore que les fossiles, le calcaire et les poudingues manquent aussi bien au milieu des schistes argileux proprement dits que dans les gneiss et schistes micacés inférieurs. Ce puissant dépôt constitue, par suite, un terrain unique, dont les parties inférieures et supérieures ne me semblent pas pouvoir appartenir à deux périodes géologiques différentes. Dans tous les cas, si on voulait séparer le gneiss des schistes argilo-feldspathiques supérieurs (schistes et cornes vertes de la Brevenne), on devra au moins convenir que ces derniers sont à tous égards bien plus voisins du gneiss que du terrain carbonifère.

Maintenant, ce terrain, considéré dans son ensemble, ne me paraît avoir aucun des caractères des systèmes silurien ou dévonien. Jamais, en effet, ces deux systèmes ne sont entièrement dépourvus de fossiles et de calcaires, tandis que leur extrême rareté caractérise précisément les terrains inférieurs. A la vérité, les fossiles auraient pu être détruits par les agents qui ont opéré le métamorphisme des roches, mais resterait toujours l'absence des calcaires et le défaut de débris organiques dans les schistes argileux supérieurs, non modifiés. Il est également rare que les assises siluriennes et dévoniennes soient, d'une manière générale, aussi fortement inclinées que les strates du terrain de gneiss. Observons enfin que, dans la plupart des contrées où l'on rencontre à la fois le terrain silurien et le véritable gneiss, ce dernier est positivement plus ancien (Finlande, Suède, etc.).

Mais nous avons à présenter une dernière considération plus concluante.

M. E. de Beaumont propose de clore la période anté-silurienne par le soulèvement qu'il appelle système du *Longmynd*[1]. Au Bingerloch, ce système fait, avec le méridien du lieu, un angle de 30° 15′ vers le N. E. Transporté au mont Pellerat, dans le Beaujolais, situé par 45° 49′ de

La direction du terrain de gneiss coïncide avec le système du *Longmynd.*

---

[1] *Bulletin de la société géologique,* 2ᵉ série, t. IV, p. 941 et 965.

latitude et 2° 8′ de longitude à l'est de Paris, cette direction devient N. 28° 1/2 E., en se servant de la méthode abrégée et approximative indiquée par M. de Beaumont à la page 881 du mémoire ci-dessus cité. Mais nous venons de voir que les assises de gneiss sont orientées, dans les départements du Rhône et de la Loire, sur N. 20° à 25° E., et les nombreuses crêtes qui sont le résultat de ce soulèvement du gneiss, sur N. 21° à 22° E., c'est-à-dire, en prenant les moyennes, N. 22° 1/2 E. pour l'allure des strates, et N. 21° 1/2 E. pour celle des chaînons. La différence entre ces angles et celui du système du Longmynd est, par suite, de 6° à 7°. L'accord, on le voit, n'est pas parfait; mais on trouve dans le mémoire de M. E. de Beaumont des divergences tout aussi fortes, qui, pour ces systèmes anciens, peuvent être un effet des perturbations causées par les soulèvements postérieurs (page 922 du mémoire). D'ailleurs, pourrait-on affirmer que, lors du redressement des assises d'un terrain, certaines circonstances purement locales n'aient pas eu pour effet de modifier légèrement leur direction normale? Ne voit-on pas des filons de même âge, et dans la même contrée, ne pas être toujours rigoureusement parallèles et parfaitement rectilignes? Enfin, les observations sur lesquelles repose la détermination du système du Longmynd ne sont, de l'aveu même de M. de Beaumont, ni assez nombreuses ni assez précises pour que l'on puisse déjà fixer, *d'une manière définitive*, le véritable grand cercle de cet ancien système de soulèvement[1].

Remarquons encore que, quoique la direction du terrain de gneiss dans nos contrées s'accorde exactement avec celle du système du Rhin (N. 21° E.), elle ne saurait être le résultat de ce dernier soulèvement, puisqu'il est postérieur au terrain permien, tandis que le système qui a ridé le gneiss du Forez n'a même pas affecté les formations de la période carbonifère.

---

[1] Pages 929, 940, etc. du mémoire précité.

D'après ce qui précède, je me crois donc suffisamment autorisé à conclure que le terrain de gneiss du Forez et du Beaujolais a été soulevé par le système du Longmynd, et qu'il appartient ainsi à la période antésilurienne [1]; mais il me serait impossible de dire s'il correspond aux schistes antésiluriens du Cumberland, dans lesquels M. Sedgwick vient de trouver des graptolites et des fucoïdes [2], ou aux ardoises vertes sans fossiles du pays de Galles, ou à des formations encore plus anciennes.

Maintenant, les conclusions auxquelles nous venons de parvenir ne s'appliquent pas exclusivement au gneiss du Forez et du Beaujolais. Ce terrain est en effet orienté du N. N. E. au S. S. O. dans une grande partie du plateau central de la France. Ainsi, dans le département de l'Ardèche, au nord de Privas, le gneiss est régulièrement aligné sur N. 24° E., tandis que le grès infraliasique, qui couvre directement le gneiss, obéit au système du Pilat (N. 55° E.).

Le ridement N. N. E. du gneiss se retrouve presque partout dans le plateau central.

Dans la Creuse, où le granite grenu est de beaucoup la roche prédominante, j'ai pourtant observé le gneiss, avec son allure N. 20° à 25° E., sur le bord du petit bassin houiller de Bostmoreau, près de Bourganeuf.

Dans la partie occidentale du plateau central, la stratification ordinaire est un peu différente. Ainsi, entre Villefranche et Najac (Aveyron) règne l'alignement N. 21° O. (système de la Vendée). Cependant, au nord de Villefranche, à Asprières, au château de la Caze, au Minier, etc., on retrouve la direction des schistes du Forez.

Dans la Haute-Vienne, j'ai vu, comme dans l'Aveyron, les strates du gneiss courir habituellement sur le N. N. O. ou le N. O.; mais là encore il n'est pas rare de rencontrer le système N. N. E. Je l'ai observé autour de Saint-Léonard,

[1] C'est dans ce sens qu'il convient de prendre le terme de terrains *anciens* que j'ai appliqué, dès l'entrée de ce travail, à l'ensemble de nos schistes argileux ou cristallins, non fossilifères.

[2] *Bulletin de la société géologique*, 2ᵉ série, t. IV, p. 959.

et, selon M. Dufrénoy, les bancs du granite schisteux (gneiss) de Vaulry sont disposés de même [1].

Il suit de là que la direction N. N. E.-S. S. O. du terrain de gneiss semble surtout générale dans la partie est du plateau central. Et, s'il en est ainsi, le système du Long-mynd doit s'y manifester, non-seulement par de simples accidents stratigraphiques, mais encore, comme dans les départements de la Loire et du Rhône, par une série de plis et de rides régulièrement orientés dans le sens du système en question. C'est, en effet, ce dont il est facile de se convaincre en passant aux questions qui concernent le granite.

Ces questions peuvent se réduire à trois principales :

Age et direction des granites du Forez et du Beaujolais.

1° Les divers granites du Forez et du Beaujolais appartiennent-ils ou non à une période unique?

2° Quel est leur âge et leur direction première?

3° L'allure normale du terrain de gneiss est-elle le résultat de l'apparition des granites, ou ce terrain a-t-il été ridé suivant l'axe N. N. E.-S. S. O. avant ou après la sortie des granites?

Après avoir discuté ces trois importantes questions, il faudra, pour compléter l'histoire de nos terrains anciens, dire quelques mots de la nature première du granite et de l'influence qu'il a dû exercer sur le terrain de gneiss par le fait de son éruption, c'est-à-dire de ce que l'on a appelé le *métamorphisme* des roches anciennes.

1re QUESTION. — Les granites du Forez et du Beaujolais appartiennent-ils ou non à une période unique?

Ces granites sont de deux sortes : le granite grenu ordinaire, que j'ai appelé granite type du Forez, et le granite porphyroïde du Beaujolais, à cristaux d'amphibole. On peut négliger le granite à gros grains, qui n'est qu'une modifica-

---

[1] *Explication de la carte géologique de France*, t. Ier, p. 115.

tion peu importante des deux espèces précédentes, et, à plus forte raison, les autres variétés, dont le rôle est tout à fait subordonné. Il n'est d'ailleurs pas question ici du granite à grandes parties, c'est-à-dire des pegmatites, qui constituent, comme nous le verrons bientôt, une formation spéciale plus moderne.

Au point de vue minéralogique, les deux granites, on doit se le rappeler, offrent des différences peu considérables qui bien souvent s'effacent complétement. Le granite du Forez devient porphyroïde et, réciproquement, le granite du Beaujolais passe au granite grenu, en perdant l'amphibole et ses grands cristaux feldspathiques. Alors, la seule différence, si même elle existe toujours, réside dans les proportions relatives du mica et du feldspath. Le granite du Beaujolais est habituellement très-feldspathique et celui du Forez riche en mica. Mais, pour ceux qui savent combien les roches éruptives d'une même période géologique varient d'aspect et de composition, une aussi faible différence doit paraître sans importance.

Nous ferons une autre remarque au sujet de l'amphibole. On admet généralement que cette substance est, dans les schistes du Beaujolais, le résultat du métamorphisme des roches ; mais dans le granite lui-même n'aurait-elle pas pu se développer de la même façon ? Le Beaujolais est sillonné de filons porphyriques qui, eux aussi, ont pu réagir sur le granite. A la vérité, je n'entends pas soutenir cette thèse, mais pourtant elle mériterait d'être examinée; et il suffit que la question soit posée pour qu'il ne soit pas permis d'invoquer la présence accidentelle de l'amphibole comme preuve que le granite du Beaujolais est le produit d'éruptions spéciales.

En un mot, comme je l'ai déjà dit, pour résoudre la question de l'identité ou non-identité de nos deux granites, les caractères minéralogiques sont tout à fait insuffisants ; il faut surtout envisager les roches du point de vue géologique : c'est-à-dire déterminer leur direction première,

l'époque précise des principales éruptions, et l'influence de
la sortie des granites sur l'allure du terrain de gneiss. Ainsi,
pour être en mesure de répondre à la première question,
il faut avant tout résoudre les deux dernières ; c'est-à-dire
fixer l'âge et la direction des granites, et l'influence de ces
éruptions granitiques sur le terrain de gneiss.

2ᵉ QUESTION. — Quel est leur âge et leur direction première ?

Tous les granites du Forez et du Beaujolais ont précédé le calcaire carbonifère.

D'abord, quant à l'âge des granites, il est suffisamment
prouvé que l'une et l'autre roche sont postérieures au terrain schisteux ancien. D'autre part, il paraît également
démontré que les éruptions granitiques ont toutes précédé
le dépôt du calcaire carbonifère. Mais comme ce dernier
point peut paraître moins évident, il est nécessaire de rappeler quelques-uns des faits précédemment exposés.

Le granite du Pilat et celui de la chaîne du Forez supportent le terrain houiller de Saint-Étienne sans y projeter
aucun filon, et le granite du Beaujolais passe, sans le traverser, sous le terrain houiller de Sainte-Foy-l'Argentière.

Dans la vallée de Saint-Thurin, les schistes carbonifères
reposent directement sur le granite du Forez, et n'en sont
ni pénétrés ni même modifiés.

Enfin, le granite du Beaujolais n'injecte aucune veine
ni dyke quelconque au milieu du calcaire carbonifère, et
encore moins dans les assises plus élevées du grès à anthracite. Dans le département de la Loire, il est vrai, on ne
peut voir le contact immédiat des deux roches. Le terrain
schisteux ancien les sépare toujours, mais ce contact existe
vers le nord du département du Rhône.

D'ailleurs, si le granite du Beaujolais avait paru après
le dépôt du terrain carbonifère, il aurait aussi soulevé et
orienté ces strates comme celles du terrain schisteux ancien ;
on les verrait orientées, au moins dans certaines parties,
parallèlement au grand filon granitique qui traverse le
Beaujolais du N. N. E. au S. S. O. Or, précisément, ce qui

frappe à première vue, c'est la discordance complète des deux terrains. Le calcaire carbonifère n'est jamais relevé, comme le gneiss, parallèlement à la grande zone granitique.

Remarquons en dernier lieu que, si les éruptions du granite amphibolique étaient postérieures au calcaire carbonifère, elles se trouveraient nécessairement placées immédiatement avant ou après le dépôt du grès à anthracite (terrain houiller inférieur). Elles ne pourraient être plus récentes, puisque dans tous les cas elles précèdent la formation houillère proprement dite (le terrain de Sainte-Foy-l'Argentière). Mais j'ai prouvé, il y a longtemps [1], que ces deux époques sont précisément marquées par d'abondantes émissions porphyriques. Le porphyre quartzifère a paru entre le terrain houiller proprement dit et le grès à anthracite; le porphyre granitoïde, entre ce même grès et le calcaire carbonifère : le granite du Beaujolais serait donc forcément contemporain de l'un ou l'autre des deux porphyres. Mais comme il est traversé par le porphyre quartzifère (à Villechenève, Sail-en-Douzy, etc.), il aurait plutôt fait éruption avec le porphyre granitoïde. Or, peut-on raisonnablement admettre que deux roches éruptives, minéralogiquement différentes, aient surgi en même temps, et dans la même contrée, suivant deux directions différentes? Évidemment non. Par suite, je crois pouvoir conclure *que le granite amphibolique du Beaujolais, aussi bien que le granite ordinaire du Forez, a paru avant la période du terrain carbonifère.*

Maintenant, si nous voulons resserrer davantage les limites entre lesquelles nos deux granites sont déjà placés, il faut rigoureusement fixer les directions des fentes d'épanchement.

Deux moyens se présentent pour résoudre la question : on peut ou déterminer directement la position des zones granitiques, ou bien étudier l'influence des éruptions gra-

[1] *Annales des mines*, 3ᵉ série, t. XIX, p. 53.

nitiques sur l'allure du terrain schisteux ancien. Nous aurons recours à l'un et à l'autre.

Dans le Forez et le Beaujolais, les chaînons granitiques
et ceux du terrain de gneiss obéissent à trois directions
différentes. Deux d'entre elles sont le résultat de soulèvements postérieurs, le système du Pilat (N. 55° E.) et le
système des montagnes du Forez (N. 5o° O.). Restent les
crêtes N. N. E., qui se rencontrent d'une manière si générale
dans nos trois groupes montagneux : le Pilat, le Beaujolais
et la chaîne du Forez. Mais ce système pourrait lui-même
aussi être le produit d'un soulèvement plus récent que les
éruptions granitiques. Cependant, s'il en était ainsi, il
aurait toujours précédé la période carbonifère, puisque les
terrains de cette période ne présentent aucun accident
parallèlement au système en question. Ensuite, en admettant que ce soulèvement soit postérieur aux éruptions proprement dites, on arriverait à ce singulier résultat, qu'il
aurait seul eu le privilége de rider le gneiss, tandis que
précisément les épanchements antérieurs n'auraient laissé
aucune trace dans l'allure des schistes ; car, il ne faut pas
l'oublier, sauf de très-rares exceptions, les strates du terrain de gneiss sont constamment orientées du N. N. E. au
S. S. O. Or, peut-on admettre que les granites aient pu
briser, bouleverser, et même en partie submerger le terrain
schisteux ancien, sans soulever les portions non fracturées
et sans communiquer à ces assises redressées le cachet

Le ridement des gneiss, parallèlement à l'alignement N. N. E., est dû à l'éruption du granite, et les deux granites du Forez et du Beaujolais sont identiques, au point de vue géologique.

spécial de la direction des lignes d'éruption ? Évidemment
non. Si donc le gneiss du Forez ne porte les traces d'aucun
autre soulèvement général, il faut bien supposer que le
ridement N. N. E.-S. S. O. est précisément le résultat de
l'éruption des granites : c'est la réponse à notre 3° question.

Et maintenant je dis que ce même fait prouve aussi
qu'il n'y a pas eu deux épanchements différents ; que le
granite du Beaujolais se confond, au point de vue géologique, avec celui du Pilat. Ceci nous ramène à la 1re question.

On sait, en effet, par l'ensemble des faits précédemment cités, que l'allure du gneiss est la même dans le voisinage des deux granites, c'est-à-dire, en moyenne, comprise entre N. 20° et N. 25° E., et que tous les chaînons N. N. E. sont sensiblement parallèles entre eux. Pourtant, il faut ici signaler une légère différence : les crêtes granito-gneissiques du Beaujolais et de la chaîne de Riverie courent sur N. 20° à 22° E., tandis que celles du Pilat et des montagnes du Forez oscillent plutôt entre N. 15° et N. 18° E. Mais remarquons que, de ces deux directions, la première, celle des crêtes du Beaujolais, n'a été affectée après coup par aucun grand soulèvement, et qu'elle coïncide parfaitement avec l'allure moyenne des schistes, tandis que dans le Pilat et les montagnes du Forez les puissants soulèvements N. 55° E. et N. 50° O. ont dû effacer et plus ou moins altérer la direction des lignes d'épanchement. Ainsi, la différence d'environ 5° qui paraît exister entre les deux alignements peut fort bien être une conséquence des dérangements postérieurs. Dans tous les cas, si, pour une aussi faible divergence, on voulait admettre deux granites différents, il serait difficile de dire lequel aurait précédé l'autre.

Une dernière considération va nous montrer qu'il serait peu rationnel d'attacher une grande importance à la différence que nous venons de signaler. Pour avoir la véritable direction primitive des granites du Pilat et du Forez, il faut moins s'en rapporter à la position plus ou moins modifiée des nombreuses arêtes N. N. E. qu'à l'orientation générale des grandes zones granitiques. Les roches granitiques, en sortant pâteuses ou fluides du sein de la terre, n'ont pu former alors des chaînons bien saillants; ce devaient être plutôt de simples bandes légèrement bombées, ou des protubérances arrondies d'une faible hauteur. Aujourd'hui, il faut donc surtout rechercher comment les masses granitiques éparses s'alignent et se raccordent entre elles. Or, précisément, il est facile de montrer que les grandes zones granitiques du plateau central sont toutes orientées

Orientation générale des grandes zones granitiques du plateau central.

du S. S. O. au N. N. E., et que le terrain schisteux offre là
aussi de nombreux accidents orographiques, alignés dans
le sens des masses granitiques.

Rappelons d'abord que M. Fournet assimile le granite
du Beaujolais à un grand filon N. N. E., et que le chaînon
du Pellerat n'est que la partie centrale d'une longue zone
granito-gneissique de plus de 60 lieues, qui va du Vigan,
par les montagnes de l'Ardèche, jusqu'à Yssengeaux ; de là,
le long du défilé de la Loire, jusqu'à Saint-Galmier ; puis,
par le Pellerat et les coteaux granitiques des bords de la
Grosne, jusqu'à Cluny, au nord de Mâcon[1]. Sa direction
générale est N. 19° à 20° E.

Le même alignement se manifeste au pied de la chaîne.
Ainsi, à son extrémité sud, les lignes de contact des terrains
anciens et secondaires sont orientées du S. S. O. au N. N. E.,
entre Saint-Hippolyte et les Vans, et entre Nant et la ville
de Mende. Il en est de même à l'ouest des Causses de Sé-
vérac, entre la Canourgue et Marvejols, le long du Lot.

M. Dufrénoy fait remarquer[2] que le massif granitique
de la Margeride se détache à l'ouest du terrain de gneiss,
suivant une ligne N. 22° E. ; que la direction de la chaîne
granitique qui traverse les départements de la Creuse et de
la Corrèze, depuis Guéret jusqu'à Treignac, est N. 15° E.,
et que ce même alignement se rencontre dans les chaînons
de la Haute-Vienne, à la séparation du granite et du gneiss.
Aussi, de cette concordance de direction, ce savant conclut : « qu'il est à présumer que les différentes chaînes gra-
« nitiques qui s'élèvent ainsi au-dessus du niveau général
« du plateau sont le résultat des mêmes phénomènes. »

Ajoutons que le mont Lévezou, au nord de Saint-Rome
de Tarn, est orienté sur N. 26° E., et que M. Fournet, dans
son étude des gîtes métallifères (p. 84), fait ressortir le
parallélisme des chaînons anciens qui séparent, aux en-

---

[1] Voyez p. 126, et la petite carte à la fin du volume.
[2] *Explication de la carte géologique de France*, t. 1er, p. 114 et 115.

virons de Pontgibaud, l'Allier, la Sioule, le Sioulet et le
Cher, et leur orientation sur h. 2 à 3 de la boussole, soit
(N. 16 1/2° E.).

Le même géologue signale la longue vallée houillère
N. 16° à 17° E. qui va des environs de Bort sur Bourbon-
l'Archambault, ancienne dépression qui pourrait bien se
rattacher au système dont nous nous occupons.

Notons que ce même sillon, prolongé vers le sud, passe
exactement par Villefranche de Rouergue et longe, dans
l'Aveyron, la lisière du terrain ancien, qui elle aussi va du
N. N. E. au S. S. O.

C'est encore à la même direction qu'obéissent, d'après
la carte géologique du Puy-de-Dôme, dressée par M. Baudin, les bandes granitiques allant de Pontgibaud à Gannat
et de Montaigut à Montmarault, et celle qui sépare, à l'ouest
de Pont-au-Mur, le Sioulet du Cher.

M. E. de Beaumont rappelle [1] que les granites du Limousin forment, au milieu du gneiss, des bandes qui ont
une tendance marquée à se rapprocher de la direction
N. 26° E.; et que les schistes anciens infrasiluriens de la
Bretagne et de la Normandie présentent beaucoup d'accidents stratigraphiques dirigés à peu près au N. N. E. Cette
direction se manifeste en particulier par la forme allongée,
du S. S. O. au N. N. E., d'un grand nombre de masses
éruptives de granite et de syénite. Ainsi, on verrait même
ici, comme dans les départements du Rhône et de la Loire,
la syénite et le granite en protubérances parallèles et, par
suite, probablement du même âge.

Les granites et syénites de la Bretagne et de la Normandie sont orientés du S. S. O. au N. N. E.

Enfin, ce qui me paraît surtout digne de remarque, le
grand axe du plateau central, de Carcassonne à Semur, est
exactement orienté sur N. 18° à 20° E. [2], parallèlement à la

Le grand axe du plateau central est orienté sur N. 18° à 20° E,

---

[1] Pages 931 et 932 du mémoire précédemment cité.

[2] La direction N. 21° E., transportée du mont Pellerat à Carcassonne,
d'après le procédé approximatif indiqué par M. E. de Beaumont, devient
à très-peu près N. 19° 1/2 E. Si on y transportait la direction N. 20° E.
des crêtes granitiques des bords de la Grosne, on aurait N. 18° 1/2 E.

zone du Vigan à Cluny, et on voit clairement, par les districts qu'il traverse, que c'est bien là une ancienne ligne de soulèvement. En allant du sud au nord, il traverse les monts Saint-Félix, longe la limite des terrains anciens, à l'ouest de Saint-Affrique, passe auprès du mont Lévezou, borne à l'ouest le massif granitique de la Margeride, atteint près de Brassac la grande protubérance granitique des montagnes du Forez, et suit en dernier lieu ce massif, par Thiers et la Palisse, jusqu'à son extrémité nord, aux environs de Bert. Là, il y a une faible lacune; mais son prolongement nord traverse le massif du Morvan dans sa plus grande longueur, depuis les bords de la Loire, près de Digoin, jusqu'à Semur; et l'on voit, par la carte de M. Manès, que le long de cette ligne tout est granitique au sein du Morvan, sauf le centre, où le porphyre a percé et recouvert l'ancien sol.

Ainsi, en résumé, les zones du granite ordinaire et celles du granite amphibolique sont toutes orientées du S. S. O. au N. N. E. (ou en moyenne sur N. 19° à 20° E.); et l'allure du terrain schisteux ancien obéit au même système dans le voisinage des deux granites. Pourrait-on, après cela, mettre encore en doute l'identité complète des deux roches éruptives?

Maintenant, l'époque précise de cette *unique* éruption granitique doit nécessairement se confondre avec celle du ridement normal du terrain de gneiss (N. 20° à 25° E), à moins d'admettre, ce qui paraîtra sans doute absurde, par son improbabilité même, que le gneiss a été soulevé suivant l'alignement N. N. E. *antérieurement* à l'éruption des granites, et que ceux-ci sont sortis, à une époque plus moderne, par des fentes rigoureusement parallèles aux lignes de fracture anciennes. Enfin, s'il est prouvé, comme nous pensons l'avoir établi, que le ridement normal du gneiss du Forez coïncide avec le système du Longmynd, il en résultera pour nous cette conséquence, que les émissions granitiques ont précisément sillonné le plateau central à l'é-

Les éruptions granitiques du centre de la France ouvrent la période silurienne.

poque où ce système s'est produit, c'est-à-dire à la fin de
la période antésilurienne. L'âge de nos granites se trouverait
donc ainsi rigoureusement fixé.

Et maintenant, arrivés au terme de cette trop longue
discussion, il convient de résumer les conclusions auxquelles nous avons été conduits.

1° Les granites du Forez et du Beaujolais, et probablement tous les granites éruptifs du plateau central, appartiennent à une période unique [1]. Mais la diversité des roches
prouve en même temps que la période en question embrasse
un certain laps de temps et comprend une série d'éruptions
parallèles dont les produits ne sont pas rigoureusement
identiques.

Conclusions concernant l'âge et la direction des granites et du gneiss.

2° Les granites constituent des zones ou massifs plus ou
moins allongés, dont la direction première est N. 20° à
21° E. dans le Beaujolais et le long de la Loire, entre Saint-
Galmier et Yssengeaux, ou N. 19° à 20° E. lorsqu'on envisage la moyenne des grandes lignes qui s'étendent du
Vigan à Cluny et de Carcassonne à Semur.

Le Pilat et les montagnes du Forez ont éprouvé des mouvements postérieurs trop considérables pour que la direction N. 15 à 18° E. de leurs arêtes transversales puisse
être prise comme mesure exacte de la situation primitive
des fentes d'émission.

---

[1] Dans la Haute-Vienne, on distingue aisément deux granites très-
différents : un granite à grains fins, qui appartient et passe au gneiss,
comme le granite schisteux du Pilat, et un granite à grains plus gros, qui
traverse au contraire le terrain schisteux ancien, sous forme de dykes.
C'est uniquement de ce dernier que j'entends parler ici. J'excepte aussi le
granite à grandes parties, qui appartient à la formation plus moderne
des *pegmatites*. Enfin, il ne faut pas confondre avec les véritables granites
des roches granitoïdes plus modernes, telles que le *porphyre granitoïde* de
Boën, que je fis connaître en 1841 *, et que j'ai retrouvé en 1848 dans
la zone métallifère de l'Aveyron, entre Villefranche et Najac.

* *Annales des mines*, 3ᵉ série, t. XIX, p. 95.

3° Les éruptions granitiques ont plissé le gneiss parallèlement à l'axe N. 15° à 30° E., et ont engendré du même coup les crêtes et chaînons qui sont orientés dans le terrain schisteux ancien sur N. 20 à 22° E. Ce soulèvement, malgré la différence de 6 à 7°, me paraît devoir correspondre au système du Longmynd, dont la direction dans le Beaujolais serait N. 28° 1/2 E. Le granite aurait donc surgi du sein de la terre à la fin de la période antésilurienne et marquerait l'origine du système silurien.

Le premier soulèvement important du plateau central paraît correspondre à l'origine de la période silurienne.

Si maintenant on se rappelle combien sont nombreux, dans le centre de la France, les accidents orographiques et stratigraphiques du système N. 15° à 30° E., il nous sera permis de conclure que le plateau central presque tout entier doit sa première et principale ébauche aux éruptions granitiques, et qu'il fut élevé au-dessus du niveau des eaux, en majeure partie, à la fin de la période antésilurienne. Peut-être devons-nous cependant en excepter la partie ouest (Haute-Vienne et Aveyron), où le gneiss est spécialement ridé parallèlement au système de la Vendée (N. N. O.). Il se pourrait que le terrain schisteux ancien ait été plissé et soulevé, dans ce district, avant la sortie des grandes masses granitiques. Mais, dans tous les cas, ce système plus ancien manque dans le Forez, et ce sont bien les éruptions granitiques qui ont imprimé au plateau central sa forme et son relief général. Aussi pourrait-on à juste titre désigner le système du Longmynd sous le nom de *Système du centre de la France.*

Enfin, pour compléter ce résumé, rappelons que le terrain ancien du Forez et du Beaujolais fut soulevé à une époque plus récente, suivant les systèmes du Morvan (N. 50° O.) et du Pilat (N. 55° E.).

Ce dernier caractérise surtout le massif montagneux situé entre le Rhône et le bassin de la Loire, et l'autre, les montagnes du Forez entre la Loire et l'Allier. Peut-être faut-il attribuer au même système la vallée de l'Allier, en amont de Langeac, et le chaînon oriental des montagnes de la Margeride, au sud-ouest de la même vallée[1].

On s'est demandé souvent quel a été l'état primitif du granite et sous quelle forme il a paru à la surface du sol ? Sans entrer à ce sujet dans une discussion approfondie, il peut cependant être utile de montrer jusqu'à quel point les faits précédemment exposés peuvent avancer la solution définitive de cette question, qui intéresse au plus haut degré la théorie des modifications successives qu'a subies notre globe.

Deux points sont certainement incontestables :

Le granite vient du sein de la terre : il a traversé, sou-

État originaire du granite.

Le granite n'a pas subi une véritable fusion ignée.

---

[1] J'ai dû traiter un peu longuement la question de la commune origine de tous nos granites, et ne négliger aucune des preuves sur lesquelles mon opinion est fondée, car, il faut bien l'avouer, elle est en opposition avec celle de deux éminents géologues, MM. Dufrénoy et Fournet.

Selon M. Dufrénoy, l'émission des granites à petits grains aurait précédé celle des granites porphyroïdes, seulement l'intervalle qui sépare les deux éruptions n'aurait pas été considérable *.

De son côté, M. Fournet avait déjà annoncé, dans son Étude sur les dépôts métallifères, p. 87, que les schistes anciens des environs de Pontgibaud furent d'abord percés par le granite à grains fins, et que le granite porphyroïde, venu plus tard, constitue surtout les grandes hauteurs. Plus récemment, ce savant a distingué le granite porphyroïde du Beaujolais du granite du Pilat, désignant le premier sous le nom de *syénite*, et appelant le second *vrai granite* ou *granite ancien* **. M. Fournet ajoute même que la syénite est postérieure au terrain carbonifère.

Mais ni M. Dufrénoy, ni M. Fournet ne citent les faits sur lesquels ils fondent leur opinion. Or, en regard des faits et des considérations que nous avons présentés, il me faudrait un ensemble de preuves bien positives pour abandonner les vues précédemment exposées.

Je dois ajouter que M. Durocher *** a reconnu dans la Bretagne, comme moi dans le Forez, que le granite porphyroïde passe insensiblement aux granites grenus, et qu'ils sont du même âge. Ce géologue a seulement constaté la postériorité du granite à grandes parties qui passe à la pegmatite, ce qui s'accorde aussi avec mes propres observations dans le Forez, la Haute-Vienne et la Creuse.

* *Explication de la carte géologique*, t. Ier, p. 105.
** *Bulletin de la société géologique*, 2e série, t. VI, p. 502.
*** *Annales des mines*, 4e série, t. VI, p. 71.

levé, brisé le terrain schisteux ancien ; en second lieu, il est sorti fluide ou pâteux, car il a pénétré au milieu du gneiss sous forme de dykes et a même englobé complétement ses nombreux débris.

Un troisième point me paraît, pour ce qui me concerne, également hors de contestation : la plasticité du granite, comme on l'a vu (page 110), ne saurait être la conséquence d'une simple fusion ignée [1], telle qu'est celle des laves sortant d'un volcan, ou celle des laitiers sortant d'un haut fourneau. Jamais, en effet, les schistes ne sont scorifiés au contact du granite, tandis qu'on les rencontre tels dans les houillères embrasées, sous les basaltes et sous les coulées de laves, et souvent même au sein des masses trachytiques. Ainsi, dans le trachyte blanc du Puy-du-Capucin (monts Dore) j'ai rencontré des fragments empâtés de gneiss dont plusieurs parties sont entièrement scorifiées et même boursoufflées : les traces de fusion sont on ne peut mieux accusées. Je possède dans ma collection plusieurs échantillons où le gneiss scorifié est intimement soudé au trachyte.

Mais si le granite a été fluide ou pâteux au moment de son éruption, et si pourtant les faits que nous venons de rappeler repoussent l'hypothèse d'une véritable fusion ignée, on doit alors supposer que l'état plastique des roches granitiques fut le résultat d'une température moins élevée, aidée dans son action par un ou plusieurs agents dissolvants qui, aujourd'hui absents, étaient autrefois unis aux divers éléments de la masse granitique.

D'après les recherches de MM. Schéerer et Daubrée, et les remarques judicieuses de M. E. de Beaumont [2], ces agents

---

[1] C'est par ce motif que j'ai évité avec soin, dans tout ce qui précède, d'appliquer au granite le terme de roche *ignée*, fondé sur une hypothèse aujourd'hui fort contestable. Il est vrai que le nom de roche *éruptive* ou d'*épanchement* repose également sur une hypothèse, mais du moins celle-ci semble à l'abri du plus léger doute.

[2] *Bulletin de la société géologique*, 2e série, t. IV, p. 468 et 1310.

seraient essentiellement l'eau, le fluor, le chlore. Par suite, le granite ne serait plus, à proprement parler, une roche ignée ou pyrogène, mais plutôt, comme s'exprime M. Schéerer, une roche *hydropyrogène*.

On a opposé à cette hypothèse que l'eau qui est à la surface de la terre n'est pas, à beaucoup près, en proportion suffisante pour qu'elle eût pu maintenir en fusion ignéoaqueuse la masse entière des éléments du globe terrestre. Mais aussi personne n'a soutenu, que je sache, une pareille thèse; loin de là. Lorsqu'on réfléchit à l'influence de l'attraction centrale et à la densité moyenne de la terre, qui est de beaucoup supérieure à celle des roches ordinaires, on arrive nécessairement à ce résultat, que les granites n'ont jamais dû venir que d'une profondeur comparativement faible; que l'eau n'a pu être mêlée ou combinée qu'aux masses qui, dès l'origine, constituaient la zone externe du globe terrestre, et que sous cette zone, solide ou pâteuse, le noyau central a pu être dès l'origine, comme il l'est encore sans doute maintenant, à l'état de fusion ignée proprement dite. Réduite à ces termes, l'hypothèse n'a évidemment rien de contraire aux faits généraux qui résultent de l'histoire du globe terrestre. On ne peut lui opposer aucune objection sérieuse, ni au point de vue de la chimie, ni au point de vue de la géologie. D'ailleurs, l'eau n'était pas seule en jeu, et les objections que l'on pourrait faire contre l'eau seule tombent d'elles-mêmes lorsqu'on admet, en outre, la présence d'agents aussi énergiques que le sont le fluor, le chlore, etc.

Cette hypothèse expliquerait en même temps les principaux phénomènes du métamorphisme, dont il serait impossible de rendre un compte satisfaisant si l'on bornait l'action du granite à une simple influence calorifique.

Causes du métamorphisme des schistes anciens.

Nous avons vu, dans la chaîne du Pilat et sur le pourtour du massif de Saint-Galmier, que le gneiss est d'autant plus feldspathique et plus dur qu'il est plus voisin du granite éruptif. De même, dans la chaîne de Riverie et dans

11.

les côtes de Duerne et d'Izeron, nous avons remarqué que les assises centrales et inférieures sont plus massives et plus dures que celles qui couvrent les flancs des crêtes. En s'éloignant du granite, le feldspath diminue et le mica augmente; et, lorsque le feldspath a presque disparu, surgissent, au milieu des micaschistes, les ganglions de quartz. Bientôt le quartz et le mica s'effacent à leur tour, et il ne reste plus qu'un schiste argileux tendre, faiblement micacé, comme on en voit sur la rive droite de la Brevenne. Dans certains districts (Maringes et Viricelles, p. 121), nous avons aussi signalé, au milieu du gneiss, un réseau de concrétions siliceuses avec des veinules, et comme un enduit de chlorite verte. Ailleurs, et surtout dans la chaîne du Pellerat, le gneiss est souvent amphibolique.

Tous ces faits, comme on l'a remarqué depuis longtemps, dénotent clairement une transformation graduelle de la roche schisteuse sous l'influence du granite. Mais ce métamorphisme ne se comprendrait pas si on ne supposait, outre l'action calorifique, un transport prolongé d'éléments divers émanant de la pâte granitique, et pénétrant plus ou moins profondément au sein du terrain schisteux. Ceci nous ramène à l'hypothèse de MM. Schéerer et E. de Beaumont, et quelques mots vont nous suffire pour montrer qu'elle rend, en effet, assez bien compte des principaux faits du métamorphisme.

Les vapeurs fluoriques auraient engendré cette profusion de paillettes micacées qui caractérisent les micaschistes et les gneiss les plus tendres. La silice, entraînée par l'eau, le fluor, le chlore, aurait produit les ganglions de quartz et la silicification de beaucoup de schistes. Les mêmes agents devaient entraîner des matières alcalines, et probablement aussi du fer et de la magnésie; mais comme ces composés sont moins volatils que les fluorures et chlorures siliciques, on conçoit que les bases aient en général été fixées dans les schistes les plus voisins du granite, où elles devaient d'ailleurs être aussi retenues par l'affinité que le silicate d'alumine, très-chargé de silice, manifeste à une température élevée pour toutes les bases fortes. Ainsi ont pu être formés, dans le voisinage du granite éruptif, le feldspath du gneiss, par l'absorption des alcalis; l'amphibole, la chlorite et les schistes talqueux, par l'introduction de la magnésie et de l'oxyde de fer. Pourtant, il se pourrait que certains gneiss, comme beaucoup de grès porphyriques, aient aussi été formés, aux dépens de roches feldspathiques préexistantes, par la réagglutination presque immédiate de leurs débris.

Quoi qu'il en soit, on ne saurait nier que le granite n'ait modifié, au moment de son éruption, le terrain schisteux ancien.

On doit convenir aussi qu'il n'a pas été igné à la manière de nos laves, ni porté à une température extrêmement élevée. Sa plasticité a dû être favorisée par un certain nombre d'agents volatils, qui ont facilité, dans le granite même, le développement des formes cristallines.

Nous verrons bientôt que les filons quartzeux et métallifères peuvent encore moins être le produit d'injections ignées, et que les conditions de leur manière d'être supposent nécessairement, ou une injection ignéo-aqueuse, ou même un mode de formation purement aqueux.

CHAPITRE II.

ROCHES ET MINÉRAUX DIVERS DES TERRAINS ANCIENS, EN FILONS OU MASSES SUBORDONNÉES.

Les terrains anciens du département de la Loire renferment une assez grande variété de roches et minéraux subordonnés. Plusieurs d'entre eux ont été utilisés ou pourraient l'être ; nous les mentionnerons spécialement.

A quelques exceptions près, on rencontre les mêmes matières minérales dans le granite et le gneiss ; par ce motif, je ne sépare pas ici les deux terrains ; cependant, je signalerai les différences qu'ils présentent à ce point de vue, et, dans tous les cas, nous indiquerons pour chaque gîte spécial s'il est dans le gneiss ou le granite.

§ 1er.

QUARTZ.

La substance accidentelle la plus répandue dans les terrains anciens est le quartz. Il s'y rencontre en *nœuds* ou *lentilles* et en *filons*.

Lentilles quartzeuses.

Le quartz en nœuds ou lentilles appartient exclusivement au terrain de gneiss, et même seulement à cette partie du terrain qui, riche en mica et pauvre en feldspath, prend le nom de *micaschiste*. Les schistes micacés sont surtout abondants sur le revers nord du Pilat, et là on trouve en effet, le long du pied de la chaîne, de petites masses isolées de quartz, à la distance moyenne de 2 à 3 kilomètres du granite éruptif. Les gens du pays les nomment *chiens-blancs*.

Nature et aspect des rognons siliceux. Les nœuds siliceux se composent de quartz blanc laiteux, passant tantôt à l'état hyalin, tantôt à la variété calcédonieuse. Souvent de petites veinules ocreuses ou micacées les coupent en divers sens; on y voit aussi, mais très-rarement, de minces lames bleues de disthène.

Relativement aux assises du terrain, ils occupent les positions les plus variées.

Manière d'être des rognons quartzeux.

Le plus souvent, les feuillets schisteux contournent les nœuds et ceux-ci semblent avoir simplement disjoint les strates. Ailleurs, les schistes sont froissés, comprimés, gaufrés par le quartz, ou même transversalement coupés. M. Fournet, dans un mémoire intitulé *Simplification de l'étude des filons*[1], a figuré avec beaucoup de soin et de précision plusieurs exemples de chacune de ces manières d'être, presque tous tirés des environs du bassin de Couzon, près de Rive-de-Gier.

Les lentilles ont des dimensions extrêmement variables, depuis quelques centimètres cubes jusqu'au volume de plusieurs mètres cubes; ces dernières sont cependant rares. La plus considérable que je connaisse est le grand amas de Rochetaillée : c'est un noyau de 15 à 20 mètres de puissance, allongé du sud au nord, et placé au sommet d'une étroite crête, entre le Furens et le Janon[2]. Le quartz est blanc jaunâtre, opaque, plus ou moins schisteux, ayant dans certaines parties l'apparence de corne ou de cire. Les schistes, loin d'être coupés, semblent plutôt contourner assez régulièrement l'amas siliceux.

Lentille de Rochetaillée.

Dans le schiste micacé de la Tour-en-Jarrêt (chaîne de Riverie), on trouve également une grande masse de quartz, mais elle me paraît différer de la lentille de Rochetaillée par son origine et par l'époque de sa formation, car elle semble plutôt se rattacher aux dépôts siliceux de Saint-

Masse quartzeuse de la Tour-en-Jarrêt.

[1] *Annales de la société d'agriculture de Lyon.*
[2] Cette crête fait partie de la grande ligne de partage entre l'Océan et la Méditerranée. En ce point, la distance horizontale des deux cours d'eau ne dépasse pas 350 mètres, et la lentille quartzeuse qui supporte les ruines du château de Rochetaillée ne s'élève guère à plus de 100 mètre au-dessus du niveau des deux torrents.

Priest et du Mont-Reynaud; qui sont contemporains du terrain houiller. Par contre, on doit sans doute rattacher aux lentilles du micaschiste les concrétions et veines quartzochloriteuses du gneiss de Maringes et Viricelles (page 121).

Le schiste n'est pas modifié au contact des lentilles quartzeuses.

Le schiste micacé ne paraît avoir éprouvé, au contact des lentilles quartzeuses, aucune impression calorifique intense. Les schistes, souvent gaufrés ou plissés, ne sont jamais ni scorifiés ni fondus; il est même très-rare que les schistes soient silicifiés dans leur voisinage. Nous en avons cependant cité un exemple d'après M. Fournet (page 104); mais c'est là un cas tout à fait exceptionnel, car le quartz y est accompagné de calcaire spathique, ce qui n'a jamais lieu pour les lentilles ordinaires.

Les rognons quartzeux ne me paraissent pas d'origine ignée.

Le savant géologue que nous venons de nommer suppose, avec raison, que le granite est la vraie *pierre mère* du quartz; seulement, adoptant l'hypothèse de la fusion ignée du granite, il explique aussi la formation des lentilles par l'injection d'une pâte siliceuse ignée qui serait demeurée plastique au-dessous du point de fusion, ainsi que cela se voit pour le soufre et quelques autres corps; mais, même en adoptant une différence de température considérable, la silice, dans cet état de *surfusion ignée*, aurait encore dû exercer, sur les schistes voisins, une action calorifique fort intense, surtout autour d'une lentille aussi colossale que celle de Rochetaillée. Et précisément, là les schistes sont parfaitement intacts et n'offrent aucune trace de fusion ni même d'endurcissement spécial. On est donc amené, comme pour les granites, à l'hypothèse d'une origine ignéoaqueuse; ou plutôt il faut supposer, comme nous l'avons dit ci-dessus, que la silice se soit échappée du granite, pendant sa période d'éruption et de refroidissement, sous l'influence d'émanations principalement aqueuses et fluoriques, émanations qui devaient probablement être à la fois gazeuses, liquides et gélatineuses.

Nous trouverons de nouvelles preuves à l'appui de cette manière de voir en étudiant les filons proprement dits : on peut d'ailleurs consulter sur ce point le mémoire déjà cité de M. E. de Beaumont[1].

Les nodules quartzeux des micaschistes sont utilisés, à Rive-de-Gier, pour la fabrication du verre et des briques réfractaires. Les cultivateurs les rassemblent en minant ou labourant leurs terres, et les vendent, rendus à Rive-de-Gier, au prix de 80 à 90 centimes les 100 kilogrammes. On en recueille spécialement dans les communes de Doizieu, Saint-Just, la Valla, Saint-Martin-Acoalieu, Farnay et Jurieu.

On utilise les nodules quartzeux pour la fabrication du verre.

Quartz en filons[2].

Le terrain ancien renferme en second lieu le quartz sous forme de filons, et on les rencontre indifféremment dans le granite et le gneiss; ce qui prouve déjà que cette formation n'a rien de commun avec celle des masses lenticulaires. La différence est, au reste, également complète au point de vue minéralogique, ainsi que l'a observé avec beaucoup de raison M. Drian dans sa note sur le filon de la Terrasse[3].

Le quartz des lentilles est blanc laiteux, plus ou moins hyalin ou corné, mais non saccharoïde, tandis que le quartz des filons est, le plus souvent, grenu ou cristallin. Le premier ne renferme qu'un peu de mica, de rares veinules de fer oxydé et, exceptionnellement, du disthène. Le second est généralement accompagné, quoique en faible proportion, de la plupart des substances qui caractérisent les filons métallifères : la baryte sulfatée, l'hydro-silicate d'alumine, les pyrites de fer et de cuivre, le spath-fluor, la galène, l'oxyde de fer, la blende, les carbonates multiples de chaux, de magnésie, de fer, etc.

Nature du quartz des filons

[1] *Bulletin de la société géologique*, 2ᵉ série, t. IV, p. 1310.

[2] Voyez, sur les filons quartzeux et baryto-quartzeux du plateau central, le mémoire spécial que je viens de faire paraître dans les *Annales de la société de Lyon*, année 1855.

[3] *Annales de la société d'agriculture de Lyon*.

Les filons quartzeux sont plus modernes que le terrain de transition.

Nous devons aussi remarquer, dès maintenant, que des filons tout à fait identiques, sous le double rapport de la direction et de la nature minéralogique, existent dans le calcaire carbonifère, et même dans le grès à anthracite du Roannais : on peut signaler en particulier un filon de 10 mètres de puissance qui coupe, au nord de Regny, le terrain anthraxifère suivant la direction N. 51° O. sur une longueur d'au moins 2,000 mètres. Deux filons semblables percent le porphyre quartzifère de la côte d'Ambierle : l'un, près de la ferme de Goutialon, entre Changy et la Pacaudière, a 5 à 6 mètres de puissance et court sur N. 55° à 60° O.; l'autre, à la haute ville d'Ambierle, est large de 4 à 5 mètres et se dirige sur N. 68° O. Ce dernier est en partie barytique. Des filons de même espèce se montrent encore aux environs de Bussières, à l'est de Néronde, dans la zone du calcaire carbonifère, et plusieurs autres dans le fond de la vallée de Saint-Thurin, au pied de la chaîne du Forez, à la limite du granite et des roches de transition.

La direction générale des filons quartzeux est N. O.-S. E.

Dans tous ces terrains, les grands filons quartzeux sont orientés du N. O. au S. E.[1], et, de plus, presque tous sont situés au pied des chaînons du Forez ou dans le voisinage des grandes ondulations N. 50° O.; coïncidence qui semble annoncer, comme nous l'avons déjà observé, que la formation des filons quartzeux est une conséquence du soulèvement que M. E. de Beaumont a nommé *système du Morvan*. Pourtant, on ne peut directement constater, dans le département de la Loire, que ces filons sont plus modernes que le terrain houiller proprement dit, si ce n'est que l'on a rencontré en divers points de ce terrain des veinules de galène à gangue de quartz.

Dans le gneiss de la chaîne du Pilat, on peut spécialement citer deux grands filons, celui de la Terrasse et celui

[1] MM. Fournet et Drian ont aussi constaté que la plupart des filons quartzeux du Lyonnais courent du N. O. au S. E. *Minéralogie des environs de Lyon*, p. 174.

de Chavanolle : l'un et l'autre dans la commune de Saint-Just-en-Doizieux, le premier sur la rive droite, le second sur la rive gauche du Dorlay.

Le filon de la Terrasse a été décrit avec beaucoup de soin par M. Drian, et les faits que nous allons rapporter sont en partie extraits de l'intéressante notice qu'il a publiée sur ce gîte dans les *Annales de la Société des sciences naturelles de Lyon*.

Filon
de la Terrasse.

A une faible distance en aval du pont de la Terrasse, on exploite le filon principal, qui est flanqué, au nord, d'une branche latérale, moins importante, remplie de quartz bréchiforme cimenté par du peroxyde de fer. Sa puissance moyenne est de 5 à 6 mètres; il a tous les caractères d'un véritable filon et coupe très-nettement les bancs de gneiss. Ceux-ci sont orientés sur N. 20° à 25° E. et plongent d'environ 40° vers l'O. N. O., tandis que la masse de quartz, presque verticale, court sur N. 40° à 50° O. On peut suivre le filon sur les deux flancs de la vallée du Dorlay. Au sud-est, on le voit jusqu'à la distance de plus de mille mètres; au nord-ouest, il coupe transversalement le coteau de Saint-Paul-en-Jarrêt. Dans cette direction, il s'amincit insensiblement et semble se perdre avant d'atteindre la limite du bassin houiller; en sorte qu'il est impossible de fixer ici l'âge relatif des deux masses minérales.

Le quartz est pur au centre du filon, tandis que le long des parois il est pétri de débris schisteux provenant de la roche encaissante. Ces fragments, ainsi que les éponteï du filon, sont plus ou moins altérés; mais ils ne sont ni fondus, ni scorifiés, ni intimement soudés au quartz. L'altération consiste principalement en une sorte de blanchiment qui annonce bien plutôt l'action corrosive d'un liquide que celle d'une pâte siliceuse en fusion.

Un autre fait me semble également peu favorable à l'hypothèse d'une origine purement ignée. Au milieu du quartz, on rencontre des amas ou veines d'hydro-silicate d'alumine, dont la couleur est blanche tirant sur le vert ou le

Le
quartz du filon
de
la Terrasse
ne saurait être
d'origine ignée.

rose, et dont l'épaisseur est parfois de 0ᵐ,5o. M. Drian observe que ces nids sont entièrement enveloppés de quartz et souvent au centre de sphéroïdes à structure radiée, ou bien intercalés entre,les couches concentriques de ces mêmes masses cristallines. Aussi en conclut-il que les deux substances doivent être contemporaines ; et nous ajouterons qu'il est bien difficile de ne pas admettre que l'eau ne fût, *dès l'origine*, combinée avec les éléments du filon.

Le quartz est, dans toute l'étendue du filon, saccharoïde et grenu, ou même cristallin, et alors criblé de petites géodes tapissées de pyramides à six pans.

Certaines parties du filon sont pétries de cristaux divers, ou plutôt il ne reste, en général, que les vides des minéraux détruits, enveloppés de carcasses quartzeuses plus ou moins légères. A ce sujet, M. Drian fait la remarque fort juste que, quand on considère que des blocs assez considérables ont jusque dans leur centre des empreintes de cristaux détruits, on est porté à croire qu'une partie de ces substances ont été enlevées dès l'origine du filon. Et cette observation de sa part me paraît d'autant plus digne de remarque, qu'il partage avec M. Fournet l'hypothèse de l'injection ignée du quartz, tandis qu'elle me paraît précisément prouver qu'il y a eu dépôt successif des matières filoniennes et variation dans la nature des fluides corrosifs, liquides ou gazeux, qui ont présidé à la formation du filon quartzeux.

Cristaux empâtés par le quartz.

Comparées à la masse entière du filon, les substances étrangères sont cependant en très-faible proportion. Les plus abondantes sont la baryte sulfatée, l'halloysite et le spath brunissant ; viennent ensuite la pyrite de fer, la galène et le spath-fluor. Les autres minéraux, tels que la blende, le peroxyde de manganèse, la pyrite cuivreuse, etc., sont extrêmement rares.

Le filon est exploité à ciel ouvert ; quatre à cinq ouvriers y sont habituellement occupés. et non loin de là on a construit un four à réverbère pour *étonner* le quartz (le rendre friable), en le chauffant au rouge et le précipitant incandescent dans un bassin plein d'eau froide : ainsi préparé, le quartz se vend, à Rive-de-Gier, aux verriers, 85 à 90 centimes les 100 kilogrammes.

Le second filon, celui de Chavanolle, est situé à une petite lieue du pont de la Terrasse, sur la rive gauche de l'affluent le plus occidental du Dorlay et proche de la source de cette branche. Il est connu sous le nom de *roche de Chavanolle*. C'est une crête rocheuse fort élevée, qui ressort du flanc du coteau sur une longueur de plus d'un kilomètre, comme une épaisse muraille en ruine. Dans le voisinage du hameau de Chavanolle, la saillie au-dessus du sol environnant atteint jusqu'à 10 mètres. La direction du filon est presque exactement N. O.-S. E.; sa puissance, 3 à 4 mètres. Le quartz est, comme celui du pont de la Terrasse, saccharoïde et plus ou moins carié, mais beaucoup moins pur. Il est criblé de veines de fer oxydé rouge, et ses fissures sont souvent tapissées d'une pellicule de fer spéculaire. En quelques points, l'oxyde est même assez abondant pour que l'on ait songé à fouiller le gîte dans l'espoir d'y trouver du minerai de fer; la matière ferrugineuse est cependant trop pauvre et surtout trop réfractaire; elle n'a pu être utilisée. Mais la présence de l'oxyde de fer libre au milieu d'une masse de quartz prouve du moins clairement, comme l'a observé M. E. de Beaumont, en citant le filon quartzo-ferrugineux de Chizeuil (Saône-et-Loire), que la silice, au moment du remplissage de la fente, n'a certainement pas dû se trouver à l'état de fusion ignée. Il serait au reste également difficile de concevoir comment, dans le filon de la Terrasse, les bases de la baryte sulfatée, du spath brunissant et du spath-fluor eussent pu résister à la puissante affinité de la silice en fusion. Ainsi, les filons de quartz, moins encore que le granite et les lentilles siliceuses du micaschiste, semblent pouvoir être le résultat d'une véritable éruption ignée.

Au toit du filon se montre au jour une forte salbande

Filon de Chavanolle.

Le quartz est ferrugineux, et, par ce motif, ne saurait être d'origine ignée.

argileuse : c'est une terre réfractaire de médiocre qualité, entremêlée de fragments quartzeux, qui correspond sans doute aux halloysites du filon de la Terrasse. Quant aux quartz lui-même, il est également exploité pour les verreries de Rive-de-Gier; mais les fragments les moins ferrugineux ne valent pas le quartz de la Terrasse.

Cônes siliceux
du plateau
granitique
de
Condrieux.

Le quartz se retrouve aussi au pied S. E. du Pilat, sur le plateau de Condrieux, dans le département du Rhône; mais les caractères sont un peu différents. Du milieu du granite et du gneiss s'élèvent, d'après M. Rozet [1], des cônes irréguliers de quartz blanc, semi-vitreux et jaspoïde. Le quartz est fréquemment soudé au granite, et il enveloppe même des fragments de granite de différentes grosseurs. A la base des cônes, le quartz pousse dans le granite des ramifications divergentes, comme si celui-ci avait été étoilé pour le recevoir. Les fragments de granite empâtés par le quartz ne portent pas la moindre trace de l'action d'une température élevée, et, comme à Chavanolle, on trouve au milieu de la masse siliceuse de l'oxyde de fer à l'état libre. Ainsi, ici encore, le quartz n'a pas dû se faire jour à l'état de fusion ignée.

La forme des masses quartzeuses et l'étoilement du granite à la base des cônes n'implique pas nécessairement une éruption à la manière des dômes basaltiques. La butte siliceuse de Saint-Priest, dans le terrain houiller de Saint-Étienne, est également conique, et cependant elle est bien réellement, comme on verra, le produit d'une source siliceuse. La saillie de ces cônes au-dessus du sol environnant, aussi bien que la crête si haute de Chavanolle, résulte uniquement de l'inaltérabilité plus grande du quartz, qui a mieux résisté que la roche encaissante aux influences de l'air et de l'eau.

Les cônes de Condrieux se rapprochent d'ailleurs, par la nature même du quartz comme par leur forme, beaucoup

---

[1] *Bulletin de la société géologique*, 2ᵉ série, t. IV, p. 1309.

plus de la masse siliceuse de Saint-Priest que des filons quartzeux de la Terrasse et de Chavanolle.

Les filons quartzeux sont nombreux dans le gneiss qui entoure le massif granitique de Saint-Galmier. On en rencontre à chaque pas entre Saint-Héand et Fontanès. Leurs caractères minéralogiques sont les mêmes que ceux du filon de la Terrasse, et la direction des filons principaux s'accorde aussi avec l'alignement général N. O.-S. E. La ressemblance est même telle, que M. Drian, dans sa note sur le filon de la Terrasse, croit retrouver le prolongement de ce dernier au delà du bassin houiller, dans un filon de 4 mètres qui perce aux environs de Saint-Galmier. Sans pousser les rapprochements aussi loin, il faut cependant convenir que les deux groupes de filons doivent appartenir au même système.

Filons quartzeux des environs de Saint-Galmier.

Le granite contient également des filons de quartz; cependant, dans le granite du Pilat, ils sont relativement rares, et je ne puis citer que les cônes siliceux du plateau de Condrieux, ci-dessus décrits d'après M. Rozet. Il en est autrement dans la chaîne du Forez, où le soulèvement N. O.-S. E. s'est manifesté avec toute sa force.

Filons quartzeux dans le granite.

Au pied du chaînon de Saint-Bonnet, au sud de Périgneux, le granite est sillonné de nombreuses veines irrégulières de quartz agathe et de quartz calcédoine, spécialement les variétés jaunes, blanches et rouges, et ces quartz se retrouvent, sous forme de galets, dans les parties voisines du terrain tertiaire, entre Saint-Marcellin et Sury.

Filons quartzeux dans les montagnes du Forez.

D'autres filons mieux caractérisés, formés de quartz blanc saccharoïde, se montrent le long de la Mare, entre le chaînon de Saint-Bonnet et celui de Pierre-sur-Autre. Les plus considérables sont orientés du S. E. au N. O., et le plus important de tous, situé à l'ouest du cône basaltique de Chénerailles, court sur N. 55° à 60° O. Sa puissance est de 3 à 4 mètres; le quartz, toujours cristallin et sensiblement pur, ne diffère en rien de celui du filon de la Terrasse. D'autres

Filons de Chénerailles, Pouillieux, Alézieux, etc.

filons se voient dans le voisinage de Chénerailles, entre
Dicles et Pouilleux, et entre Alézieux et Appagneux.

Filon
de Gumières.

Dans le prolongement de la même zone, on trouve, à
Gumières, un filon N. 30° O. dont la puissance est de 2 à
3 mètres. Ici, le quartz renferme des mouches assez abondantes de cuivre pyriteux; aussi reparlerai-je de ce filon
comme gîte métallifère.

Sur le versant opposé du chaînon de Pierre-sur-Autre,
je ne connais aucun véritable filon quartzeux : on trouve,
à la vérité, du cristal de roche non loin de Montbrison, sur
les bords du Vizezy, mais il appartient à des veines de
pegmatite. De même, entre Montbrison et Châtelneuf, j'ai
trouvé, au milieu du granite, plusieurs veines de quartz
concrétionné, principalement des calcédoines jaunes,
blanches et rouges, qui semblent également n'avoir rien de
commun avec le système des filons quartzeux N. O.-S. E.

Filons
des environs
de
la Bergère.

Des filons de quartz plus considérables et mieux caractérisés longent le pied de la chaîne du Montoncelle; les
uns séparent le granite des terrains plus modernes, les
autres surgissent de la roche granitique elle-même. Parmi
ces derniers, nous devons surtout citer deux grands filons
situés dans la commune d'Arconsat, sur le versant sud-
ouest du Puy-Montoncelle. L'un d'eux passe auprès du hameau des Combres et se montre, sous forme de crête saillante, sur une longueur de plus de 1,500 mètres; sa puissance est de 10 mètres et sa direction N. 51° O. Le second
paraît à 2 kilomètres plus au nord, auprès du village de
Boujean; il a 12 à 15 mètres de largeur et court sur N.
46° O. Les deux filons sont donc parallèles aux chaînons
N. 50° O. des montagnes du Forez.

La roche encaissante est le granite à gros grains. Le
quartz des deux filons est blanc, plus ou moins translucide,
à éclat gras et structure saccharoïde, parsemé de rares
cristaux hyalins d'un faible volume.

Filons
de Saint-Julien
et

A 15 kilomètres de là, à l'extrémité sud-est de la chaîne
du Montoncelle, sur l'axe prolongé des filons précédents,

on retrouve quelques masses de quartz dans les communes Saint-Didier-la-Vestre. de Saint-Julien et Saint-Didier-la-Vestre : c'est encore un système de filons N. O.-S. E., ayant une épaisseur moyenne de 4 à 5 mètres. Le quartz est blanc, tantôt compacte, tantôt grenu, ou légèrement cristallin et d'une pureté complète, si l'on en excepte quelques grandes plaques de mica jaune disposées irrégulièrement, en paquets ou nids, au milieu du filon : l'une de ces masses a été attaquée en 1837 en deux points différents. On transportait le quartz à Rive-de-Gier, mais la trop grande distance fit abandonner les travaux.

Dans le prolongement de la chaîne du Montoncelle Filons le long d'une faille dans la vallée de Saint-Thurin. s'ouvre la vallée de Saint-Thurin, et là, au pied de la côte de Saint-Georges-sous-Couzan, paraît encore une remarquable série de filons N. O.-S. E. Ce sont les masses quartzeuses et métallifères signalées dans le chapitre précédent (page 140), le long de la grande faille de Saint-Thurin, qui a relevé le granite au niveau du terrain carbonifère[1].

Le plus considérable est celui du bourg de Saint-Thurin. Au hameau des Mays, sur la rive droite de l'Auzon, on voit au milieu des schistes carbonifères plusieurs veines de quartz blanc rubané, et, à quelques mètres plus haut, un grand filon principal à la limite même du granite et des schistes. Il est dirigé, parallèlement à la vallée, sur N. 48° O. et ressort, sur une longueur de plus de 1,500^m, en forme de haute muraille, du pied des coteaux granitiques. Au delà, sur une distance au moins égale, quelques pointements isolés indiquent encore son prolongement jusqu'au village du Pont. Dans les intervalles, les éboulis de la montagne cachent le reste de la crête. Sa puissance est de 3 à 4 mètres; le quartz est blanc jaunâtre, compacte, plus ou moins calcédonieux, et traversé par des veinules d'hydro-silicate d'alumine et de fer oxydé hydraté.

[1] J'avais déjà signalé ce remarquable faisceau de filons dans le Mémoire sur les terrains de transition du département de la Loire. *Annales des mines*, 3e série, t. XIX, p. 108.

La présence de ces matières, et l'état nullement altéré des schistes les plus voisins du quartz, prouvent de nouveau que la masse siliceuse n'a pu être injectée sous forme de pâte ignée.

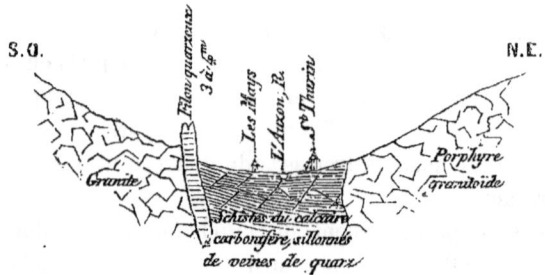

Au sud-est du Pont, en suivant toujours le flanc droit de la vallée de Saint-Thurin, on rencontre sur la lisière du granite quelques gîtes barytiques et plombeux, puis de nouveau un puissant filon quartzeux à l'extrémité inférieure de la vallée, entre Sail-sous-Couzan et Marcoux. A la vérité, la roche encaissante est ici le grès anthraxifère du terrain houiller inférieur; mais, sur un développement en direction d'au moins 2,000 mètres, le granite est rarement à plus de 10 à 15 mètres de la masse siliceuse.

Le quartz est compacte, gris bleuâtre, légèrement calcédonieux; sa puissance varie de moins d'un mètre à 3 ou 4 mètres. Il est surtout puissant dans la gorge qui monte de Sail-sous-Couzan vers Chorigneux. Vers son extrémité sud-est, il s'amincit considérablement, mais son allure est toujours la même : on peut l'observer très-facilement dans un chemin creux coupant le flanc du coteau à quelques cent mètres en amont du village de Prellion.

Le filon est séparé en ce point du granite par la roche qui est ordinairement à la base du grès anthraxifère. C'est un poudingue composé de fragments de schistes, de galets de quartz et de débris porphyriques, le tout fortement tourmenté par le redressement du terrain granitique. Du côté opposé, au nord-est du filon, se montre le grès lui-même, ici sillonné en tout sens par un réseau de veines de quartz plus ou moins ocreuses, dont l'origine se lie sans doute à celle du filon.

Voici, pour mieux saisir la description, le croquis du gîte en question :

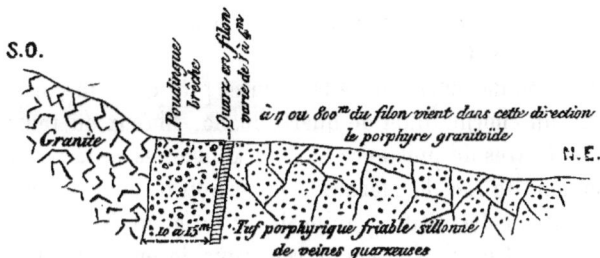

Dans la partie où la masse siliceuse est plus puissante, entre Chorigneux et Sail, la disposition du filon est sensiblement la même; seulement, le poudingue fait place au grès, qui, par suite, encaisse alors complétement le quartz.

En résumé, les faits que je viens de relater confirment la conclusion précédemment annoncée, que les filons quartzeux du département de la Loire, et principalement ceux des montagnes du Forez, constituent un groupe très-important, remarquable surtout par l'uniformité de sa direction N. O.-S. E. et sa position au pied des chaînons N. 5o° O. Et cependant je n'ai fait connaître encore que l'un des faisceaux du groupe en question, car nous verrons bientôt les filons plombeux obéir également à l'alignement N. O.-S. E. Enfin, l'étude des terrains de transition nous montrera, là aussi, la plupart des filons, soit quartzeux, soit métallifères, parallèles au soulèvement N. 5o° O.

Mais ce système s'étend bien au delà des limites du département de la Loire. Ainsi M. Fournet constate que les filons quartzeux, barytiques et plombeux du Lyonnais sont presque tous orientés du N. O. au S. E. J'en ai moi-même

Résumé concernant les filons quartzeux.

Les filons quartzeux N. O.-S. E. s'étendent bien au delà du département de la Loire.

12.

Filons quartzeux du Beaujolais. observé plusieurs dans le granite du Beaujolais. Ils sont nombreux entre Villechenève et Montrotier, le long de la crête N. O.-S. E. qui unit la côte d'Affoux au chaînon du Pellerat, et cette circonstance semble montrer qu'il existe une corrélation intime entre l'origine des filons et le soulèvement N. 50° O.

Au pied du mont Popey, près de Tarare, j'ai vu un très-puissant filon de quartz blanc saccharoïde, orienté sur N. 45° à 50° O.

Filon quartzeux de Bourganeuf postérieur au terrain houiller. Dans le département de la Creuse, près de Bourganeuf, existe un énorme filon de quartz blanc, fibreux ou radié, de 30 mètres de puissance et de 2 kilomètres au moins de longueur, le roc de Mazuras, qui se voit de loin en crête saillante au-dessus du granite. Il est dirigé du N. N. O. au S. S. E., et particulièrement remarquable en ce qu'il est postérieur aux deux petits bassins houillers de Mazuras et de Bouzogle, qui, selon toutes les apparences, étaient autrefois unis, tandis qu'ils sont aujourd'hui séparés par le filon en question.

Filons quartzeux de la Haute-Vienne. Des filons quartzeux, du même genre que celui de Mazuras, existent en grand nombre dans le terrain ancien de la Haute-Vienne. Ils sont aussi dirigés, selon M. Manès[1], du N. O. au S. E. Leur puissance varie de 5 à 20 mètres. Je citerai spécialement le beau filon de Roche-l'Abeille et celui de Morterolle.

Filons quartzeux de l'Aveyron. Presque tous les grands filons quartzeux et plombeux, au nombre de plus de cinquante, entre Villefranche et Najac (Aveyron), sont orientés du N. O. au S. E.[2]; et telle est, dans la même contrée, d'après M. Dufrénoy, la direc-

---

[1] *Statistique géologique et industrielle de la Haute-Vienne*, p. 21. Il y a, du reste, dans la Haute-Vienne, une autre classe de filons quartzeux tout à fait différents, que l'on retrouve aussi dans le Forez et le Beaujolais : ce sont les filons de quartz hyalin avec tourmaline, mica et feldspath, qui dépendent des pegmatites.

[2] Mémoire de M. Fournet dans les *Annales de la société des sciences naturelles de Lyon*.

tion des masses serpentineuses, qui ont paru après le grès bigarré et soulevé ses assises suivant cette même direction N. O.-S. E. [1]. Des filons quartzeux analogues existent aussi dans le Tarn, d'après M. de Boucheporn.

Enfin, comme dernier rapprochement, rappelons que les filons barytiques et plombeux des environs de Freyberg, principalement ceux de la Halsbrücke (les spath-gänge), courent encore du N. O. au S. E. (h. 9.), et que ces filons, les plus modernes de ceux de Freyberg, sont, selon M. de Beust, contemporains des veines quartzeuses, barytiques et plombifères de l'arkose du Morvan. Dans tous les cas, ils pénètrent en Saxe jusque dans le Zechstein.

Filons baryto-plombeux, dits spath-gänge, de Freyberg.

Quartz agate.

Aux filons quartzeux N. O.-S. E. se rattachent quelques masses siliceuses un peu différentes, que l'on rencontre en partie au milieu du porphyre quartzifère. Je les ferai connaître en décrivant le porphyre lui-même; mais il convient de signaler dès maintenant celles de ces veines qui sont à la limite du granite.

Le quartz en question a généralement le caractère rubané de l'agate ou l'aspect plus ou moins corné de la calcédoine. Il est très-abondant au pied oriental du Puy-Montoncelle, entre Saint-Priest-la-Prugne et Champoly. Depuis le premier de ces deux bourgs jusqu'au village de Montat, sur plus d'une lieue de longueur, la ligne de contact du granite et du porphyre quartzifère est marquée par une série de veines de quartz agate diversement coloré, dont l'épaisseur est de 0^m,20 à 0^m,40, quelquefois 1 mètre. Elles ne sont pas toujours, comme les grands filons de la vallée de Saint-Thurin, rigoureusement parallèles à la surface de contact des deux roches. On les voit quelquefois pénétrer du porphyre dans le granite, où elles

---

[1] *Explication de la carte géologique de la France*, t. II, p. 131 et 132.

s'amincissent et se perdent assez promptement. Le long de ces veines, le granite lui-même est devenu plus siliceux.

Plus près de Saint-Just-en-Chevalet, au nord de la route de Roanne à Clermont, entre les villages de Roure et la Gardette, le granite est également sillonné par de semblables veines, jusqu'à la distance de 2 kilomètres de la limite du porphyre.

Sur la route même, près du hameau de Clocheterre, le contact des deux terrains se montre à nu le long d'une tranchée. Au granite succèdent, d'abord une veine mince de porphyre très-quartzeux, ensuite une masse calcédonieuse rougeâtre (corne rouge), passant au quartz calcédoine proprement dit, enfin, à quelques mètres plus loin, le porphyre quartzifère ordinaire. Ce dernier semble donc avoir été silicifié, comme le granite, lors de la formation de ces filons de quartz.

§ 2.

SILICATES ET ROCHES SILICATÉES.

Les silicates et roches silicatées, en filons, veines ou masses subordonnées, sont nombreux dans le terrain ancien du département de la Loire. Ce sont principalement des roches feldspathiques et des silicates d'alumine simples, diverses roches amphiboliques et serpentineuses, et quelques silicates plus composés, tels que les grenats, l'émeraude, la tourmaline, la lépidolithe et la chlorite.

Roches feldspathiques.

Les roches feldspathiques comprennent les *pegmatites*, *leptynites* et *granulites*.

Pegmatites.

La pegmatite est un granite à grandes parties, dont le mica est presque toujours blanc argentin ou légèrement doré. Parfois aussi la roche se réduit à un simple mélange de feldspath et de quartz.

Les pegmatites.

On trouve les pegmatites, dans le gneiss et les divers

granites, sous formes de dykes, amas ou veines, et jamais on ne les voit passer ni au granite grenu ordinaire, ni au granite porphyroïde. Elles se présentent ainsi dans le Forez et le Beaujolais, et je les ai rencontrées avec des caractères tout à fait semblables dans la Haute-Vienne et la Creuse. Nulle part elles ne coupent les roches du terrain carbonifère. Ainsi, les pegmatites sont le produit d'éruptions spéciales, plus récentes que celles du granite, mais antérieures à la période du système carbonifère.

sont plus modernes que nos granites ordinaires.

En se bornant au département de la Loire, il serait impossible d'assigner aux éruptions pegmatitiques une direction déterminée. Chaque amas offre une série de branches plus ou moins contournées, dont l'orientation n'a rien de fixe. Mais en étudiant ces roches dans le Limousin et la Creuse, où elles sont plus abondantes, elles m'ont paru, dans leur ensemble, assez exactement orientées de l'est à l'ouest. M. Dufrénoy indique la direction N. E. - S. O.

Les pegmatites sont, les unes, non mêlées de substances étrangères, les autres, accompagnées de plusieurs minéraux spéciaux qui les distinguent du granite proprement dit, tels que la tourmaline et les grenats. Plus rarement on y rencontre l'andalousite, le disthène et les émeraudes blanches ou vertes.

Les pegmatites perdent quelquefois leur caractère spécial de granite à grandes parties. Si elles sont simplement grenues, on les appelle *granulites*, et si le quartz tend en outre à disparaître, on leur donne le nom de *leptynites*.

Les granulites et leptynites sont presque toujours intimement associés et se rencontrent généralement dans les mêmes lieux; tandis que les pegmatites proprement dites conservent davantage leurs caractères propres et apparaissent plutôt d'une manière indépendante. On peut aussi remarquer que les tourmalines noires caractérisent spécialement les véritables pegmatites, ou le granite à grandes parties, tandis que les grenats sont plutôt habituels aux leptynites et granulites.

Les tourmalines et le mica caractérisent les pegmatites; les grenats, plutôt les leptynites et les granulites.

Les pegmatites sont très-abondantes dans le gneiss des côtes de Riverie et d'Izeron. MM. Fournet et Drian citent spécialement les pegmatites à tourmaline de Montagny, Francheville et Dommartin. Cette dernière renferme de l'émeraude.

Dans le département de la Loire, on trouve, d'après M. Drian, la pegmatite à tourmaline à Chagnon, près de Rive-de-Gier, et je l'ai observée très-bien caractérisée, en veines et dykes peu puissants, mais nombreux, au milieu du gneiss, entre Sorbiers et Valfleury. Le feldspath est accompagné de grandes lames de mica argentin et de beaux prismes cannelés de tourmaline noire. On en trouve en particulier plusieurs veines, au nord de Sorbiers, près d'Albuzy, sur le chemin du village de Fontvieille à la Choletière.

Les pegmatites sont également abondantes au milieu du granite grenu de la chaîne du Forez. Je citerai en particulier plusieurs filons aux environs de Montbrison et de Saint-Bonnet-le-Château.

Les premiers sont remarquables par les émeraudes et l'andalousite que le comte de Bournon y rencontra ; les seconds, par de belles masses de granite graphique. J'y reviendrai en parlant de ces minéraux.

Les leptynites et granulites se présentent de même en masses ou amas nombreux dans le gneiss du Pilat et du Beaujolais. M. Drian en a observé, entre Soucieu et Riverie, au sommet et sur le penchant oriental de la montagne de Riverie. Ils se rencontrent aussi à Orliénas, Brignais, Chaponost, etc. [1] Enfin, M. Drian en indique encore de belles masses au pied méridional du Pilat, entre Etheize et Saint-Julien-Molin-Molette. Dans la plupart de ces localités, les leptynites et granulites sont parsemés de très-petits grenats rouges qui semblent avoir pris la place du mica. Dans les montagnes du Forez, à Marcilly, j'ai rencontré un fort beau filon de leptynite, que je ferai connaître

[1] *Minéralogie des environs de Lyon*, p. 247.

en décrivant les grenats rouges dont il est littéralement criblé.

Disons maintenant quelques mots de deux gîtes assez remarquables que j'ai eu occasion d'examiner plus spécialement.

Au lieu dit *le Puy*, dans la vallée de l'Ozon, près de Sorbiers, on exploite, pour ferrer les routes, une roche quartzo-feldspathique blanche, très-dure, à texture grenue, dans laquelle on distingue, à la loupe, une multitude de très-petits grenats d'un rouge clair, transparent. Le granulite se présente au milieu du gneiss très-micacé, sous forme d'amas irrégulièrement injecté. Du noyau principal s'échappent, dans toutes les directions, des veinules contournées qui s'insinuent entre les feuillets de gneiss. Ceux-ci sont plissés, froissés, durcis, et partout il y a soudure intime entre les deux roches. Le long des surfaces de contact, le granulite passe même graduellement au gneiss: car la masse feldspathique est, dans ces parties, comme le gneiss encaissant, toujours plus ou moins chargé de mica brun-noir. Il est évident que la roche injectée a exercé ici, sur le terrain schisteux, une action extrêmement énergique, qui évidemment ne s'est pas manifestée par de simples effets calorifiques [1].

Le second gîte offre à plusieurs égards des caractères tout à fait différents.

Sur le revers nord du mont Crépon, entre Cellieu et Valfleury, on rencontre dans le gneiss plusieurs dykes d'une roche grenue blanche quartzo-feldspathique, qui ne renferme ni mica ni grenats. C'est une pegmatite à petits grains passant au granulite. Voici comment se présente l'un de ces dykes dans une carrière que j'ai vu ouverte, en 1847, sur le chemin de Valfleury, à environ 1,500 mètres du bourg de Cellieu.

Le gneiss encaissant est tendre et feuilleté. Ses strates

Granulite de la carrière du Chantre, au lieu dit le Puy, près Saint-Étienne.

Pegmatite de Cellieu, près Saint-Chamond.

---

[1] M. Virlet a décrit ce gîte comme une masse simplement quartzeuse. *Bulletin de la société géologique*, 2ᵉ série, t. Iᵉʳ, p. 833.

sont sensiblement verticales et courent sur N. 24° E. Le
filon va du S. E. au N. O. et incline sous l'angle de 30° vers
le S. O., en contre-sens du flanc de la montagne. La roche
est beaucoup moins dure et à grains moins fins que celle de
la carrière du Chantre; elle a été exploitée comme pierre
à bâtir, et on peut la tailler comme un granite peu dur.
Le feldspath paraît même un peu kaolinique.

La pegmatite coupe le gneiss d'une manière très-nette :
ses feuillets ne sont ni plissés, ni gaufrés, et ne paraissent
avoir éprouvé aucune altération, pas même le plus léger
endurcissement.

Voici la coupe de la carrière, vue de face et en travers :

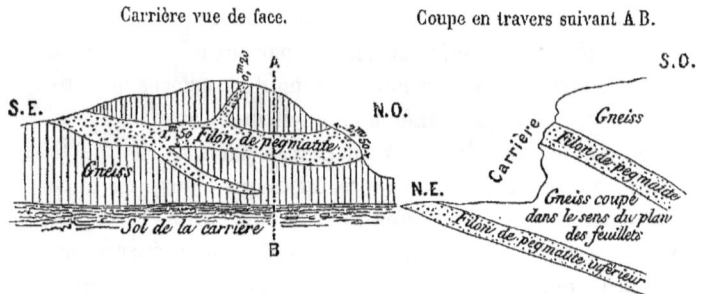

Carrière vue de face.   Coupe en travers suivant A B.

Au sol de la carrière, à environ 10 mètres au mur du
dyke supérieur, s'en présente un second tout à fait semblable qui doit se relier au premier à une certaine profondeur. Du moins, on peut le supposer, lorsqu'on voit la
branche supérieure se diviser elle-même, et pousser en
divers sens quelques rameaux qui vont se perdre en coin,
à une faible distance, au milieu du gneiss.

Les pegmatites, comme les granites, ne me paraissent pas être d'origine purement ignée.

Cette tendance de la masse à se ramifier, et surtout les
nombreuses branches de l'amas du Puy, supposent nécessairement que la pegmatite possédait, au moment de son
éruption, une très-grande plasticité et, par conséquent,
une température fort élevée, dans la pensée de ceux qui
admettent une simple fusion ignée.

Mais cette température élevée me paraît difficile à concevoir en présence d'un gneiss encaissant aussi peu altéré. A la vérité, l'action de la roche injectée dépend de sa masse, et on pourrait ainsi expliquer pourquoi il y eut endurcissement autour de l'amas du Puy et non le long des veines de Cellieu. Mais les pegmatites de Saint-Yrieix, dans la Haute-Vienne, se présentent en amas encore plus considérables, et cependant elles ressemblent beaucoup plus à la roche de Cellieu qu'au granulite de la carrière du Chantre. Elles pénètrent en veines minces au milieu des schistes, en empâtent même des blocs, et cependant, au contact de ces pegmatites, il n'y a ni endurcissement, ni feldspathisation, ni aucune des marques d'une action ignée pareille à celle qui se manifeste au contact d'une coulée de lave [1]. Il semble donc que les pegmatites, comme les granites, devaient leur fluidité beaucoup moins à une température très-élevée qu'à la présence d'agents dissolvants très-énergiques, qui se sont lentement dissipés pendant la période du refroidissement. L'altération inégale des roches encaissantes paraît une conséquence de l'action plus ou moins énergique de ces éléments volatils, dont la nature ainsi que l'abondance relative devaient sans doute varier beaucoup avec les lieux et les temps.

Les pegmatites, plus que les granites ordinaires, renferment encore des restes de ces agents dissolvants volatils, le *fluor* dans le mica blanc argentin, et l'*acide borique* dans les tourmalines. C'est à l'abondance plus grande de ces éléments qu'il faut sans doute attribuer la structure si éminemment cristalline des pegmatites (granite à grandes parties) et l'extrême facilité avec laquelle elles ont pu se ramifier à l'infini au milieu des schistes; tandis que le

---

[1] Si les schistes encaissants de Saint-Yrieix sont en général amphiboliques, il n'y a rien là de spécial aux pegmatites, car les schistes syénitiques sont répandus partout le Limousin, et ne paraissent nullement liés aux granites ou pegmatites. Voyez le mémoire déjà cité sur les filons quartzeux, dans les *Annales de la société de Lyon*, 1855.

granite ordinaire, où le fluor et l'acide borique sont beaucoup plus rares, ne semble avoir jamais eu une fluidité assez grande pour se diviser ainsi à l'infini, et cela sans devenir compacte.

Granite graphique.

Certaines pegmatites de la chaîne du Forez offrent des caractères un peu différents. Le quartz hyalin se développe, au milieu du feldspath opaque, en prismes minces qui apparaissent alors comme une sorte d'écriture hébraïque : de là le nom de *granite graphique*.

Le feldspath de la pegmatite à émeraude et andalousite de Montbrison affecte en partie cette structure singulière.

Granite graphique du Mont, près de Chénerailles.

Elle se manifeste mieux encore dans une série d'amas situés entre Saint-Marcellin et Saint-Bonnet-le-Château; et là, le granite graphique ne renferme ni mica, ni tourmaline, ni aucun des autres minéraux qui caractérisent souvent la pegmatite. Les plus grandes masses se voient au hameau du Mont, près de Chénerailles, et à 3 kilomètres à l'est du même bourg, sur la ligne de Dicles à Poullieux. Une autre masse, composée de feldspath lamelleux presque pur, se montre au village de Chauma, près de Saint-Bonnet.

J'ai précédemment cité les environs de Chénerailles pour ses nombreux filons quartzeux N. O.-S. E. Au premier abord, on pourrait croire qu'il y a une certaine relation entre le quartz et les pegmatites; mais en réalité il n'en est rien. Leur âge est bien certainement différent, puisque d'autres filons, tout à fait identiques, coupent le terrain houiller inférieur (le grès à anthracite du Roannais), tandis que les pegmatites ne franchissent jamais le granite et le terrain de gneiss. Le quartz des filons est blanc saccharoïde, plus ou moins opaque, tandis que celui des pegmatites est gris clair, parfaitement hyalin, et d'un aspect gras.

Kaolin.

Les pegmatites décomposées fournissent le kaolin. Dans le département de la Loire, je ne connais pas de véritable kaolin, et j'ignore la position de l'amas, sans doute très-insignifiant, qui est mentionné comme voisin de Firminy, dans le tome III du *Journal des mines*. Mais je dois indiquer ici une sorte de roche kaolinique formée aux dépens du granite schisteux de la chaîne du Pilat.

Sur la route de Saint-Chamond à Chavanay, en montant vers la croix de Montvieux, on rencontre, à 1,000 ou 1,500 mètres du pont de la Terrasse, au hameau de Chavas, un granite schisteux, altéré, tendre, d'une nuance blanche, espèce de kaolin grossier, maigre et quartzeux. On a poursuivi, il y a quelques années, les veines les plus tendres par des fouilles à ciel ouvert, et le produit extrait fut employé, à Rive-de-Gier, dans une fabrique de briques réfractaires. Mais le kaolin s'est montré trop fusible et n'a pu être employé qu'en le mêlant, en proportion faible, à des argiles plus pures.

Granite schisteux kaolinique de Chavas, près la Terrasse.

A côté de la carrière à kaolin, et dans la même roche, on a aussi exploité du minerai de fer. Le granite schisteux kaolinisé est sillonné de veines de peroxyde de fer plus ou moins hydraté. Le minerai a été fondu aux hauts fourneaux de l'Horme, mais la faible épaisseur des veines et l'abondance de la gangue quartzeuse firent abandonner les travaux.

Autour des veines ferrugineuses, le granite est blanchi, friable et kaolinisé, circonstance qui semble mettre sur la voie de la formation du kaolin. Le fer a dû sortir, comme presque toujours, à l'état de bicarbonate de dissolution dans une eau thermale, et l'acide carbonique en excès opéra la décomposition de la masse feldspathique.

Origine du kaolin de Chavas.

Roches amphiboliques.

L'*amphibole* existe, sous diverses formes, dans le granite et le terrain de gneiss du département de la Loire.

J'ai signalé l'amphibole hornblende, en cristaux épars, au milieu du granite d'Essertines, et M. Fournet fonde principalement sur ce caractère sa distinction entre le

Granite syénitique.

granite du Pilat, qu'il appelle *ancien*, et le granite du Beaujolais, qu'il nomme *syénite*. On a vu les motifs qui m'em-
pêchent d'adopter ces vues, et je dois seulement rappeler
ici que les cristaux d'amphibole sont toujours assez rares,
que le plus souvent même le granite du Beaujolais n'en
contient pas, et que le mica ne disparaît jamais.

Schistes
amphiboliques.

Dans le même district, les schistes argileux sont richement parsemés d'aiguilles d'amphibole (p. 126). Exceptionnellement, ils renferment aussi du feldspath et passent
alors à une sorte de syénite schisteuse. On en rencontre
entre Panissières et Affoux, et surtout dans certaines parties
de la chaîne du Pellerat, au nord de Montrotier.

Amphibolites.

Indépendamment de ces schistes argilo-feldspathiques,
plus ou moins amphiboliques ou amphibolisés, il y a dans
le département de la Loire de véritables *amphibolites*, c'est-
à-dire des roches cristallines ou massives, presque exclusivement composées de lames ou aiguilles d'amphibole s'entre-croisant dans tous les sens.

Amphibolite
de Saint-Martin-
la-Plaine.

La roche la mieux caractérisée est l'amphibolite de la
commune de Saint-Martin-la-Plaine, près de Rive-de-Gier.
A l'est du hameau de Bissieux, sur les bords du ruisseau
le Bosançon, s'élève, au milieu d'un large plateau de gneiss,
une petite colline en forme de dôme très-surbaissé : c'est
une roche noire, brillante, très-dure et tenace, uniquement
composée, au moins en apparence, d'une infinité de
prismes amphiboliques, fortement entrelacés, de plusieurs
millimètres de longueur.

Peut-être l'amphibole y est-elle associée à un peu de
feldspath, mais on ne peut le distinguer, au moins à l'œil
nu, et, dans tous les cas, la roche ne saurait en renfermer
beaucoup, puisque l'essai par voie sèche m'a donné un
culot de fer pesant 14 p. o/o du poids de la roche, tandis
que, dans l'amphibole pure, il y a en général, au plus, 25
p. o/o de protoxyde de fer ou 19 p. o/o de fer métallique.

Les circonstances locales ne permettent pas de reconnaître si l'amphibolite de Saint-Martin est subordonnée au

gneiss, ou si elle doit être rangée dans la classe des roches éruptives introduites après coup sous forme de dykes ou d'amas. Cependant, sa disposition en dôme ou culot arrondi semble plutôt indiquer ce dernier mode de formation. Peut-être aussi y a-t-il une certaine connexion entre l'amphibolite et le filon quartzo-aurifère, tout à fait voisin, de Bissieux, dont je parlerai bientôt.

Une amphibolite assez semblable, mais d'une texture beaucoup plus fine et parsemée de petites mouches pyriteuses, a été exploitée, dans la commune de Saint-Just-en-Doizieu, au pied du Pilat. Taillée et polie, elle est d'un fort beau noir, et si elle n'était aussi dure, on pourrait l'utiliser pour ornements et petits vases de luxe. Les grains pyriteux, semblables à de petites étoiles dorées, produisent sur le fond noir un effet des plus agréables.

La roche fut aussi essayée par les verriers de Rive-de-Gier. Fondue seule, elle donne un verre peu solide, d'une nuance très-foncée : ajoutée, en faible dose, au mélange ordinaire, elle pourrait être employée sans grave inconvénient, mais aussi ne diminuerait guère les frais de fabrication. Selon M. le docteur Lortet, l'amphibolite de Saint-Just constitue un épais filon, dans un amas de pegmatite, au milieu du micaschiste[1].

M. Drian a trouvé une roche analogue dans l'un des puits creusés pour le percement de la galerie qui devait amener les eaux du réservoir de Couzon au bassin de la Grande-Croix. Il en indique aussi à Chagnon, auprès de l'aqueduc romain.

L'âge des amphibolites est difficile à déterminer. La circonstance, signalée par M. Drian, que ces sortes de roches ne paraissent pas exister sous forme de galets dans les poudingues houillers de la Loire ne peut suffire pour les faire considérer comme postérieures à la période houillère. Notons, au surplus, que les véritables amphibolites ne

[1] *Minéralogie des environs de Lyon*, p. 9.

se montrent nulle part dans la zone de notre terrain carbonifère.

Actinote ou amphibole verte et blanche.

Sur le revers nord du mont Crépon, entre Cellieu et Valfleury, j'ai rencontré, dans le gneiss, un banc puissant d'*actinote* fibreuse, passant à la *trémolite*. C'est un assemblage confus de petites lames brillantes, s'entre-croisant dans tous les sens, et dont la nuance ordinaire est le jaune blond un peu verdâtre, le blanc nacré tirant sur le gris, ou le vert pur aigue-marine. Les cristaux sont peu nets, mais on distingue facilement l'angle de clivage, si caractéristique, de l'amphibole.

J'ai désigné la masse en question sous le nom de banc, parce qu'en effet elle semble constituer une véritable assise au milieu des strates du terrain de gneiss. Pourtant, elle pourrait aussi bien être une sorte de filon-couche. Quoi qu'il en soit, la masse amphibolique est à peu près allongée du N. E. au S. O., ou court plutôt vers le N. N. E. comme le gneiss. Il est bon de remarquer aussi qu'elle est située entre les pegmatites de Cellieu, ci-dessus décrites, et un puissant dyke de granite porphyroïde, placé au sud de Valfleury, à côté de l'ancienne mine d'antimoine sulfuré dont je parlerai bientôt.

Diorites.

Le terrain ancien du département de la Loire renferme enfin quelques roches amphiboliques appartenant au genre *diorite*. Ce sont des masses principalement composées d'amphibole verte et de feldspath albite. Elles existent, selon M. Drian[1], car je ne les ai pas vues moi-même, en divers points de la chaîne de Riverie, au milieu du gneiss. Le plus large filon ou culot se trouverait à Saint-Romain-en-Jarrêt, d'autres, moins considérables, à Valfleury, Saint-Christot, l'Aubépin, etc. Tous ces filons auraient une direction générale N. E.-S. O. Mais il serait important de savoir s'ils coupent réellement les strates du gneiss, ou si plutôt leur direction ne tend pas à se confondre avec l'allure

[1] *Minéralogie des environs de Lyon*, p. 115.

ordinaire des bancs du terrain, l'alignement N. 20° à 25° E.

Quoi qu'il en soit, ces roches paraissent avoir quelque analogie avec l'actinote de Valfleury dont je viens de parler. Il y aurait donc à examiner jusqu'à quel point les diverses roches amphiboliques ci-dessus mentionnées se rattachent, ou non, à une origine commune, et quel est enfin leur véritable âge.

Roches serpentineuses.

Les silicates magnésiens, ou roches serpentineuses, comprennent la *serpentine* proprement dite, le *diallage*, le *talc* et l'*asbeste*.

Les serpentines jouent, dans le département de la Loire, un rôle très-subordonné, et leur âge paraît aussi difficile à déterminer que celui des roches amphiboliques.

Dans le département du Rhône, M. Fournet a observé ces roches serpentineuses très-près du grès bigarré et du lias, mais elles n'y pénètrent pas, et même on ne les connaît pas, dans nos contrées, en dehors du terrain granito-gneissique.

Serpentine avec talc et asbeste.

La serpentine du département de la Loire se présente sous forme de dykes peu puissants ou de simples culots d'une faible étendue. Il en existe deux masses au pied oriental du Pilat : MM. Fournet et Virlet les ont fait connaître dans le *Bulletin de la société géologique* [1].

Serpentine d'Étheyse.

La plus considérable est située près de Saint-Julien-Molin-Molette, au village d'Étheyse, à la limite du département de l'Ardèche. Elle forme une colline régulièrement bombée que son aspect aride fait distinguer de loin. La roche est schistoïde, d'une couleur verte, presque noire, offrant, dans une pâte rude, des lamelles talqueuses très-fines. Le talc s'isole en outre sur divers points, et notamment vers

---

[1] *Bulletin*, 2ᵉ série, t. Iᵉʳ, p. 847, et t. II, p. 504.

la périphérie de l'amas, de manière à former des masses rayonnées autour d'un noyau central ellipsoïdal. Quelques fissures sont remplies d'asbeste.

Serpentine
de
Rivorie.

La seconde masse est plus petite; elle est auprès du village de Rivorie, entre Roizey et Pellussin. La serpentine est compacte et verte, sillonnée de petites veines d'une matière blanchâtre, translucide, d'apparence un peu soyeuse et nacrée. On a essayé, il y a quelques années, de l'exploiter pour objets d'ornements, mais sa dureté et ses nuances peu variées firent abandonner les travaux.

La serpentine existe aussi dans la chaîne de Riverie.

M. Drian a découvert, au milieu du gneiss, un filon de serpentine, avec diallage métalloïde, près de la Sibartière, commune de Saint-Christot, et M. Fournet a rencontré une serpentine analogue, avec diallage-bronzite, dans le département du Rhône, entre Riverie et Saint-André-la-Côte.

Ceci me conduit à dire quelques mots du diallage proprement dit.

Diallage
de
Saint-Sauveur.

Dans le gneiss de la chaîne du Pilat, j'ai trouvé une roche d'un brun-vert foncé, peu dure, mais tenace et dense, formée d'une multitude de feuillets cristallins irrégulièrement assemblés. L'éclat est métalloïde, un peu chatoyant. La roche dégage de l'eau sous le feu du chalumeau : ce sont les caractères du *diallage-bronzite*.

On rencontre cette substance sur le chemin de Saint-Sauveur à Riotort, auprès du hameau de la Linassière. C'est un banc, d'environ 0^m,5o, qui semble régulièrement intercalé au milieu du gneiss, mais dans le voisinage du granite éruptif. La masse a tous les caractères d'une simple assise du terrain de gneiss, mais pourrait néanmoins, comme l'actinote de Valfleury, être plutôt un filon-couche.

Plusieurs grands blocs non roulés de la même roche se rencontrent épars sur le plateau granitique de Saint-Genest-Malifaux, entre Marlhes et Saint-Victor, auprès du village de Vialleton. Ce sont sans doute les débris d'un autre dyke.

Silicates divers.

Les substances silicatées dont il me reste à parler sont plus rares que les précédentes, et ne se présentent, en général, que sous forme de petites masses ou cristaux épars. La plupart sont liées aux pegmatites ou leptynites et les caractérisent d'une manière spéciale.

Minéraux silicatés disséminés dans les pegmatites.

La moins rare est la tourmaline noire; c'est elle qui distingue le mieux les pegmatites des granites ordinaires.

Tourmaline ou silico-borate d'alumine, fer, magnésie et potasse ou soude.

Ce minéral a la forme d'un prisme triangulaire fort allongé, dont les faces, sensiblement bombées, sont plus ou moins cannelées ou striées longitudinalement. Certains prismes ont jusqu'à 2 ou 3 centimètres de diamètre et plusieurs décimètres de longueur. Ils sont, ou engagés dans la masse quartzo-feldspathique, ou bien, ce qui est plus fréquent, complétement enveloppés de quartz.

La tourmaline se rencontre dans la plupart de nos pegmatites. Ainsi, je l'ai déjà citée dans les filons des environs d'Albuzy, dans la pegmatite de Chagnon, près Rive-de-Gier, et dans un filon des environs de Montbrison qui renferme, outre la tourmaline, de l'émeraude et de l'andalousite.

M. Drian l'a trouvée à la croix de Mont-Vieux (Pilat), dans une roche pegmatitique un peu confuse. Elle est également très-abondante dans les pegmatites qui avoisinent Lyon, à Francheville, Dommartin, Montagny, Saint-Bonnet-le-Froid, etc. [1]

La tourmaline se montre aussi, quoique plus rarement, en dehors des filons de pegmatite. Ainsi, au nord-ouest d'Essertines, aux environs du village de Molière, le granite du Beaujolais est sillonné de nombreuses veines quartzeuses, et au milieu de ce quartz, gris ou rosé, j'ai trouvé de la tourmaline brune, en grandes masses radiées aciculaires.

Tourmaline radiée.

[1] *Minéralogie des environs de Lyon*, p. 509.

M. Drian indique une tourmaline analogue dans le mi-caschiste des bords de l'étang de Couzon, près de Rive-de-Gier. Elle est là en houppes fibreuses avec quartz et feld-spath.

Émeraude
ou
silicate d'alu-
mine
et de glucine.
Al Si³ + G Si².

L'émeraude a été trouvée, en 1780, aux environs de Montbrison, par le comte de Bournon[1], ou plutôt, selon Passinges[2], par un sieur Imbert, de Montbrison, auquel on devrait également, et non au comte de Bournon, la décou-verte de l'*andalousite*, alors appelée *spath adamantin*.

L'émeraude se trouve, comme la tourmaline, dans la pegmatite, mais plus rarement et d'une manière plus excep-tionnelle. Dans la Haute-Vienne seule (carrières de la Vilatte), l'émeraude s'est rencontrée en masses un peu con-sidérables. Cependant, dans nos contrées, elle existe, outre Montbrison, dans plusieurs pegmatites du Rhône; ainsi, selon MM. Fournet et Drian, à Dommartin et Franche-ville.

Voici comment Passinges décrit le gîte de Montbrison, dont il cache au reste la véritable situation, imitant en cela son prédécesseur de Bournon, qui fit combler les fouilles, pour que personne, après lui, ne pût se procurer les rares échantillons.

« A une certaine distance de Montbrison, on a découvert, « il y a longtemps, un assez gros filon de feldspath » (c'est de la pegmatite). « Dans quelques poches qui ont été mises « à jour, on a trouvé des quilles de quartz cristallin, de « 6 à 9 pouces de longueur et assez grosses, presque toutes « brunes ou enfumées, des prismes de schorl noir » (tour-maline), « striés dans le sens de leur axe, des groupes de « mica blanc argentin, et de très-petits cristaux d'émeraude « verte et blanche, en prismes hexagones, tronqués aux « deux bouts. »

Le même filon, ou un autre voisin (p. 201 du mémoire déjà cité), contient, d'après Passinges, des cristaux de quartz

---

[1] *Journal de physique*, année 1787, p. 370.
[2] *Journal des mines*, an VI, p. 202.

qui ont la forme du carbonate de chaux. On les trouve,
dit-il, épars dans un champ, à une demi-lieue de Montbrison, du côté de la montagne, avec les autres éléments
ordinaires d'un filon de pegmatite, tels que le mica blanc,
le granite graphique et la tourmaline noire. Passinges parle
de rhombes creux, entourés de quartz en petits cristaux
pyramidés, et dont quelques-uns renfermaient un faible
reste de spath calcaire. Il conclut de là qu'une liqueur siliceuse acidulée aura dissous le calcaire et déposé la silice à
sa place.

Enfin, dans la même localité, un troisième filon pegmatitique contient, outre l'émeraude, des cristaux d'andalousite, substance que l'on rencontre également ailleurs
au milieu des pegmatites.

Andalousite
ou
feldspath apyre.
$Al^3 Si^2$
(silicate d'alu-
mine).

Voici la suite du passage de Passinges :

« A une demi-lieue du filon précédent » (celui dans lequel
est l'émeraude), « il s'en trouve un autre encore plus inté-
« ressant; il renferme également dans ses poches du quartz
« cristallisé, enfumé, en grosses et petites quilles, des pris-
« mes de schorl noir strié, à sommets trièdres, des groupes
« de mica argentin hexagonal et de très-petits cristaux
« d'émeraude. Quelques parties du felsdpath contiennent
« aussi de petits grenats rouges; certains cristaux de quartz
« sont traversés en tous sens par des aiguilles de schorl
« noir. Mais ce qu'on y trouve de plus intéressant, c'est du
« *spath adamantin* » (andalousite, alors confondue avec le co-
rindon harmophane de Chine). « Ce minéral est disposé en
« prismes lamelleux striés. Quelques-unes de ces lames
« sont couvertes de mica blanc. Sa couleur est d'un rouge
« violâtre. Les cristaux, qui sont enfermés dans le feldspath
« en tous sens, n'ont encore montré aucune cristallisation
« régulière à leurs extrémités. Il raie le verre avec beaucoup
« de facilité. »

Le comte de Bournon décrit ce minéral dans le *Journal
de physique*, année 1789, p. 451, et dérive les cristaux d'un
prisme hexaèdre à base oblique. Mais le fait est que la plu-

part des cristaux sont de simples prismes droits à section presque carrée. Le musée d'Allard, à Montbrison, renferme deux beaux prismes, gris rougeâtres, très-nets, de 15 à 20 millimètres de hauteur sur 4 à 5 millimètres de côté.

M. Drian cite aussi l'andalousite, en prismes roses-violets, dans les schistes micacés de Saint-Paul-en-Jarrêt et dans le terrain analogue de la rigole souterraine de Couzon, près de Rive-de-Gier[1]. Les cristaux sont empâtés, avec du mica argentin, dans les lentilles quartzeuses du terrain schisteux.

Mâcles. Les mâcles, que l'on considère comme des andalousites formées par voie de métamorphisme, paraissent manquer ou sont au moins fort rares dans les schistes du Forez, tandis qu'elles abondent dans les terrains analogues de la Bretagne et de la Vendée. Nous en trouverons quelques traces dans les schistes du calcaire carbonifère.

Disthène.
$Al^3 Si^2$
(silicate d'alumine). Le disthène paraît avoir la même composition que l'andalousite, mais sa forme et ses caractères sont tout à fait différents, sauf l'infusibilité qui leur est commune.

Cette substance est rare dans le Forez. Cependant M. Poyet, ancien élève de l'École des mines de Saint-Étienne, m'a fait connaître, auprès de la Tour-en-Jarrêt, dans la chaîne de Riverie, une lentille quartzeuse du micaschiste, traversée par plusieurs belles lames bleues de disthène[2]. Je possède, provenant de ce lieu, des échantillons qui ont jusqu'à $0^m,15$ de longueur sur $0^m,004$ à $0^m,005$ de largeur. M. Fournet a trouvé aussi du disthène dans les lentilles quartzeuses de la vallée du Dorlay, près de Saint-Paul-en-Jarrêt, au pied du Pilat; et c'est presque dans le même lieu, et exactement dans la même position géologique, que M. Drian a rencontré l'andalousite.

Fibrolite. Le disthène est parfois fibreux et se nomme alors *fibro-*

---

[1] *Minéralogie des environs de Lyon*, p. 10.

[2] Ce gîte vient d'être décrit par M. J. Blanc dans les *Annales de la société d'histoire naturelle de Saint-Étienne.*

lite, nom imaginé par le comte de Bournon. Ce sont des fibres déliées, blanches ou grises. M. Fournet l'a rencontrée à la croix de Mont-Vieux et près de Rive-de-Gier, associée au quartz des lentilles du micaschiste.

Les grenats accompagnent ordinairement, dans les départements de la Loire et du Rhône, les leptynites et granulites, plus rarement les pegmatites. On les rencontre, en outre, quelquefois, au milieu des micaschistes, dans le voisinage des noyaux quartzeux.

J'ai cité les petits grenats rouges clairs du granulite de la carrière du Puy, près de Sorbiers, et ceux de la pegmatite à émeraude et andalousite de Montbrison.

Une roche analogue existe à Marcilly, entre Montbrison et Boën. A 5oo mètres à l'ouest du cône basaltique de Marcilly, sur le bord du bassin tertiaire, on voit une roche blanche saccharoïde qui perce le granite ordinaire de la chaîne du Forez. C'est une masse feldspathique, un peu quartzeuse, très-dure, se désagrégeant moins facilement que le granite ordinaire et demeurant, par ce motif, sous forme de crête rocheuse, en saillie au-dessus du sol. La roche est d'un blanc éclatant, sans mica, mais parsemée de fort jolis grenats d'un beau rouge intense, de la grosseur d'une tête d'épingle.

M. Drian cite encore des grenats dans la pegmatite de la croix de Mont-Vieux, qui renferme aussi, outre le quartz, des tourmalines et de la fibrolite (disthène).

Quant aux grenats du micaschiste, M. Fournet en a vu, près de Rive-de-Gier, autour de certaines lentilles quartzeuses, et parmi les déblais sortis de la percée de Couzon. Ils sont à cassure résineuse comme la colophane.

J'ai mentionné, dans le chapitre précédent, la chlorite des environs de Maringes. Elle paraît appartenir à la variété dite *chlorite écailleuse*, qui est si abondante dans les schistes métamorphiques des Alpes.

Entre Maringes et Viricelles, le gneiss est sillonné de concrétions quartzeuses dont toutes les fissures et cavités

---

Marginal notes:

Grenats.
Grenats grossulaires.
Al Si + Ca Si

Leptynite à grenats rouges de Marcilly.

Chlorite.
Silicate hydraté de fer, magnésie et alumine.

sont tapissées de nombreuses paillettes verdâtres, qui se rubéfient à l'air. La formation de ces quartz chloriteux, comme je l'ai dit précédemment, semble être une conséquence de l'éruption du granite (p. 121).

Les mêmes schistes chloriteux s'étendent jusqu'à Virigneux et reparaissent, plus au nord, entre Panissières et Sainte-Agathe. Partout ils ont la tendance à se colorer en rouge, par la suroxydation du protoxyde de fer.

Lépidolithe ou fluo-silicate d'alumine, lithine et potasse.

La lépidolithe est une masse rosée ou jaunâtre, composée de petites écailles ou paillettes de mica à base de lithine.

Dans la Haute-Vienne, elle est assez fréquente au milieu des pegmatites, spécialement dans le granite à grandes parties des montagnes de Chanteloube. M. Fournet a rencontré la même substance dans une fente qui traverse le granite de la roche des Trois-Dents (Pilat). Il est probable que là aussi elle fait partie d'un filon de pegmatite.

La lépidolithe est surtout remarquable par la présence de la lithine, dont la proportion s'élève, dans quelques échantillons, jusqu'à 5 p. o/o, et par celle d'une dose presque égale de fluor.

§ 3.

MINÉRAUX TERREUX NON SILICATÉS.

Le terrain ancien renferme, en général, peu de substances terreuses non silicatées, et celles que l'on y rencontre sont presque toujours associées, comme gangue, aux minéraux métalliques : ce sont la baryte sulfatée ou *spath pesant*, la chaux fluatée ou *spath-fluor*, et le carbonate de chaux cristallin ou *spath calcaire*. Ce dernier est d'ailleurs tantôt pur, tantôt combiné aux carbonates de magnésie, de manganèse et de fer (*spath brunissant*).

Baryte sulfatée.

La baryte sulfatée est la plus répandue des quatre subs-

tances. Elle caractérise, comme le quartz, nos filons plombeux. Quelques-uns sont même presque exclusivement
barytiques; cependant ils sont plus rares que les filons
quartzeux.

La baryte sulfatée des filons du Forez est en général
laminaire et d'un blanc de lait opaque ou légèrement jaunâtre. Les cristaux nettement définis sont fort rares, et se
rencontrent seulement dans quelques géodes.

La direction ordinaire des filons barytiques est la même
que celle des filons quartzo-plombeux, et, en effet, ils
semblent comme eux appartenir au système N. O.-S. E.,
ainsi que le remarque fort justement M. Drian. Pourtant,
quelques-uns se rapprochent de la ligne N. S. : c'est en
particulier le cas de l'un de nos principaux filons, celui de
Dizimieu, entre Rive-de-Gier et Longes. Il traverse le micaschiste presque verticalement du nord au sud, en plongeant
légèrement vers l'est. Sa puissance varie de $1^m,5o$ à 2^m.
Il contient de la baryte à peu près pure, en masses lamel-
leuses d'un blanc opaque; on y voit seulement quelques
mouches de galène. En profondeur, on le trouverait peut-
être plus riche en plomb. Ainsi le filon de Juré, dans le
terrain carbonifère, qui est principalement barytique proche
de la surface, s'est trouvé plombeux et plus quartzeux à
partir d'un certain niveau.

Le filon de Dizimieu a été exploité à ciel ouvert pendant
quelques mois, il y a dix à douze ans. On cherchait alors
à faire entrer la baryte dans la composition du verre; on
eut quelque peine à se débarrasser entièrement du soufre, qui
rend le verre opaque lorsqu'il demeure uni à la baryte. En
1847, les essais ont été repris avec plus de succès, et le filon
est maintenant exploité pour la verrerie de M. Lanoir.

Un puissant filon du même genre, que l'on poursuit
au jour sur une longueur d'environ 2,000 mètres, se
montre dans les schistes verts durcis, entre Chazelles et
Bellegarde, près du village le Puits, au pied de la colline
chlorito-quartzéuse de Viricelles. Il est exploité pour des

Les
filons barytiques
courent
en général
du S. E. au N. O.
comme les
filons quartzeux.

Filon
de Dizimieu.

Filon barytique
des environs
de Chazelles.

fabriques de blanc de plomb et de papiers peints : on y voit des grains de pyrite de cuivre.

A Cornillon, près de Firminy, presque sur la lisière du terrain houiller, j'ai trouvé également un filon de baryte sulfatée, accompagnée de blende. Il se montre dans le petit bois de pins qui domine au sud-ouest le bourg de Cornillon. La roche encaissante est encore le gneiss; mais le granite est très-voisin.

Dans la chaîne du Pilat, les filons barytiques proprement dits sont rares; sauf celui de Dizimieu, ils sont généralement quartzeux ou plombeux. Ainsi le filon de la Terrasse renferme bien, outre le quartz, un peu de baryte, mais en proportion très-faible (page 172). Ceux de Saint-Julien-Molin-Molette, au pied oriental du Pilat, sont plombo-quartzeux, et la barytine n'y est qu'en troisième ligne. Il en est de même des filons de galène, blende et quartz des bords du Rhône, aux environs de Vienne. Enfin, les petits filons plombeux que l'on rencontre sur divers points de la chaîne du Pilat, à la Valla, Rochetaillée, Saint-Genest-Malifaux, Saint-Sauveur, etc., sont encore essentiellement quartzeux.

Dans la chaîne granitique du Forez, je ne connais aucun filon barytique, et même les filons métallifères y sont très-clairsemés, tandis que les uns et les autres sont abondants au pied de la chaîne ancienne, dans les terrains carbonifère et porphyrique de Saint-Thurin et Saint-Just-en-Chevalet.

Spath-fluor.

Le spath-fluor ne se montre nulle part isolé, dans le département de la Loire. On le rencontre en petits cristaux cubiques au milieu du quartz, dans le filon de la Terrasse et dans les filons plombeux de Saint-Julien-Molin-Molette. Dans les filons d'Estressin, près de Vienne, et celui de Doirieu, près d'Izeron, M. Drian a vu égalemement des cubes de spath-fluor enveloppés de quartz et de baryte sulfatée.

Vers le nord du département, le spath-fluor semble plus abondant, mais en dehors du terrain ancien. Aux environs d'Ambierle, au milieu du porphyre, on voit deux beaux filons de spath-fluor diversement coloré, accompagné de quartz et de baryte sulfatée.

M. Drian cite deux filons semblables dans le nord du département du Rhône, au milieu du granite du Beaujolais, mais proche du porphyre quartzifère : à Vauxrenard, un long filon de fluorine zonée, verte, blanche et violette, avec quartz et baryte sulfatée, courant du sud un peu ouest sur nord un peu est, et à Mercruy, un filon de quartz et spath-fluor violet.

Spath calcaire.

Le calcaire, on l'a vu précédemment, ne se montre nulle part, dans nos terrains anciens, en couches, filons ou bancs continus. Il existe uniquement, sous forme de cristaux rares, dans les filons métallifères, ou, en veines spathiques minces, au milieu des schistes.

On l'a observé dans les filons de Vienne et de Saint-Julien-Molin-Molette, mais en proportion moindre que la baryte et le spath-fluor.

Il n'est guère plus fréquent dans le terrain de gneiss. A 2 kilomètres du Chambon, près de Saint-Étienne, au pied de la chaîne du Pilat, on exploite pour ferrer les routes un gneiss endurci, parsemé de mouchetures pyriteuses et sillonné de veines, dont les unes sont formées de calcaire spathique, et les autres d'une matière savonneuse verdâtre, que je crois être de l'hydrosilicate d'alumine.

M. Fournet a aussi trouvé du carbonate de chaux lamellaire en veinules blanches, tirant sur le jaune, dans les lentilles quartzeuses de la vallée de Couzon, près de Rive-de-Gier, et dans le micaschiste, entre Givors et Rive-de-Gier.

Ici, comme au Chambon, ce sont probablement des fis-

sures remplies par voie aqueuse postérieurement à la conso-
lidation des schistes.

Calcaire spathique magnésien et spath brunissant.

Au lieu de chaux carbonatée pure, on trouve dans quelques
filons des carbonates multiples de chaux, magnésie, manganèse et fer. Ces minéraux complexes sont même un peu
plus abondants que le carbonate de chaux simple. Indépendamment du rhomboèdre primitif, plus obtus, ils sont
caractérisés par certaines couleurs propres, qui sont le
jaune, le rosé ou le brun.

M. Drian a trouvé du spath brunissant en petits cristaux
au milieu du quartz haché du filon de la Terrasse; et les
filons de la Poype, près de Vienne, renferment, mêlé au
quartz, du calcaire spathique manganésien, en proportion
presque égale à la baryte sulfatée.

§ 4.

SUBSTANCES MÉTALLIQUES.

Les minéraux métalliques de nos terrains anciens ne
sont ni très-variés, ni très-abondants. Nous devons pourtant
citer le fer oxydé, les pyrites ferrugineuses et arsenicales,
l'or natif, le plomb sulfuré, la blende, le cuivre pyriteux
et l'antimoine sulfuré.

Nous allons successivement les passer en revue.

Minerais de fer.

Le minerai de fer se trouve, dans le terrain de gneiss,
en masses tout à fait insignifiantes, et, dans le granite
éruptif, il est encore plus rare.

Nous avons cité le peroxyde compacte rouge et le fer
oligiste spéculaire dans le filon quartzeux de Chavanolle et
dans la branche latérale du filon de la Terrasse. Selon
M. Fournet, on trouve aussi dans ce dernier filon une
sorte de jaspe très-ferrugineux ayant l'apparence d'une hé-
matite très-compacte. Des fouilles furent entreprises sur les

deux points, mais le minerai s'est montré beaucoup trop réfractaire et en veines trop minces.

Un filon quartzo-ferrifère de même espèce existe dans le micaschiste des environs de Rochetaillée.

Un minérai un peu différent de l'hydroxyde en roche a été exploité près du hameau de Chavas, sur le bord de la route Chavanay, dans la montée du pont de la Terrasse à la croix de Mont-Vieux. La roche encaissante est le granite schisteux de la crête du Pilat, ici désagrégé en kaolin quartzo-micacé de qualité très-inférieure. Le minerai se présente en veines minces irrégulières au milieu du kaolin. J'en ai déjà parlé en décrivant ce dernier (page 188). J'ajouterai seulement qu'un échantillon, essayé à l'École des mines de Saint-Étienne par M. Janicot, a été trouvé composé de :

Hydroxyde au hameau de Chavas.

Fer...................... 0,236 ⎫
Oxygène................ 0,090 ⎬ Oxyde de fer, 0,326.
Gangue argilo-quartzeuse...... 0,540
Alumine, magnésie et chaux, solubles dans les acides....... 0,044
Eau..................... 0,090

1,000

L'essai par voie sèche a donné une fonte blanche, cassante, un peu sulfureuse. Ce résultat si peu favorable, eu égard surtout à la faible puissance et à la grande irrégularité des veines ferrugineuses, détermina l'abandon des travaux commencés.

Un minerai de même genre fut également fouillé pour les hauts fourneaux de l'Horme, dans la commune de Saint-Christot, mais sans plus de succès. Au nord du bourg, entre les villages de la Dionière et de l'Hôpital, le gneiss renferme un banc plus ou moins imprégné de fer oxydé hydraté. Le minerai est, comme le précédent,

Minerai de Saint-Christot.

pauvre, quartzeux, de qualité médiocre, et sa puissance très-faible.

Pyrites transformées en oxyde de fer.

L'hydroxyde de fer constitue assez souvent la crête, dite *chapeau de fer*, des filons pyriteux. C'est ainsi qu'à Vérines, près de Noirétable, au pied des bois de l'Hermitage, j'ai trouvé au milieu du granite une masse carriée quartzeuse, entremêlée d'argile ocreuse et de minces plaquettes de fer hydraté manganésifère.

Amas ferrugineux de Joncieux.

Un amas analogue plus considérable se montre à Joncieux, sur le dos de la chaîne du Pilat, à peu près à la limite du granite et du gneiss. En 1843, on y entreprit des fouilles, et on transporta quelques tonnes de minerai aux hauts fourneaux du Janon. C'est un hydrate caverneux, très-quartzeux, fortement sulfureux, qui doit aboutir en profondeur à un filon ou culot pyriteux.

Minerai de la Tour.

Le seul minerai de fer des terrains anciens régulièrement exploité, dans le département de la Loire, est celui de la Tour-en-Jarrêt : il a été mentionné dès 1785 par le comte de Bournon. L'exploitation en fut commencée en 1826, et M. Raby l'a décrit en 1828 dans le Bulletin de la Société industrielle de Saint-Étienne.

Ce minerai se présente sous forme d'amas superficiels dans le micaschiste des flancs sud et ouest du coteau de la Tour-en-Jarrêt.

Le minerai se compose de deux parties, que M. Raby a fort bien distinguées : tantôt c'est simplement du micaschiste entre les feuillets duquel s'est logé du peroxyde de fer concrétionné, plus ou moins hydraté; tantôt une sorte de brèche formée de fragments de schistes recimentés par de l'hydroxyde de fer; et, dans ce cas, la brèche repose elle-même toujours sur du micaschiste plus ou moins ferrugineux. Les deux roches sont au reste très-inégalement chargées de fer, et il est aisé de voir que le minerai a dû être formé sous l'influence de causes dont le cercle d'action était extrêmement restreint.

En poursuivant la brèche dans toutes les directions,

particulièrement à l'est et au sud, on voit qu'elle passe au
conglomérat ordinaire de la base du terrain houiller. Ainsi
le minerai est de beaucoup postérieur aux terrains anciens,
et peut-être même d'une date plus récente que le terrain
carbonifère. Pourtant, en étudiant ce dernier, nous verrons
que le dépôt ferrugineux semble appartenir, aussi bien que
les dépôts siliceux de Saint-Priest, le Mont-Reynaud et
autres, aux premiers temps de la période houillère. Seulement, au lieu de voir dans ces masses, comme M. Virlet,
des produits ignés, nous aurons à les considérer plutôt
comme des produits, d'origine aqueuse, des incrustations
de fortes sources thermales[1].

Les amas du minerai de la Tour sont très-irréguliers :
leur épaisseur moyenne est de 2 à 3 mètres, mais j'ai
vu aussi des excavations dont la profondeur allait à 5 ou
6 mètres.

Le minerai est généralement couvert par quelques décimètres de terre végétale ou de détritus des roches supérieures.

L'exploitation se fait à ciel ouvert, au compte des propriétaires des divers terrains, ou directement par les compagnies de Terre-Noire et de l'Horme. Dans tous les cas,
le minerai est fondu, dans les hauts fourneaux du Janon et
de l'Horme, concurremment avec le fer carbonaté des houillères et les divers minerais qui viennent des départements
de l'Ardèche, de l'Isère, de l'Ain et de la Haute-Saône.

Le prix du minerai est de 10 à 12 francs le mètre cube
extrait, et le poids de ce volume, de 1,500 à 1,600 kilogrammes : il est de qualité médiocre, à cause du quartz,
qui le rend très-réfractaire, et aussi parce qu'il renferme
toujours un peu de soufre et de phosphore.

Sa teneur moyenne est de 25 p. o/o; par la calcination,
il perd 6 à 8 p. o/o. Deux échantillons, inégalement riches,
analysés à l'École des mines de Saint-Étienne, ont donné
les résultats suivants :

[1] *Bulletin de la société géologique*, t. Ier, p. 836.

	Minerai pauvre (brèche).	Minerai riche (micaschiste).
Peroxyde de fer...................	0,320	0,600
Quartz........................	0,602	0,160
Chaux et magnésie..................	0,030	0,109
Alumine......................	Traces.	0,035
Eau et traces d'acides sulfurique et phosphorique...................	0,048	0,096
	1,000	1,000
Soit fer métallique..........	0,22	0,41

Un échantillon exceptionnellement riche a donné à M. Raby 60 p. o/o de fonte, et l'analyse par voie humide lui a fourni les chiffres suivants :

Peroxyde de fer.......	0,8380	
Quartz.............	0,0342	
Alumine...........	0,0162	
Sulfate de chaux......	0,0045	L'acide phosphorique doit être en partie uni au fer, puisqu'il faudrait 0,0024 de chaux pour saturer l'acide.
Acide phosphorique....	0,0022	
Chaux.............	0,0015	
Eau..............	0,1000	
	0,9960	

Les quantités annuellement livrées aux quatre hauts fourneaux de Terre-Noire et de l'Horme ont été assez variables. Certaines années, l'extraction totale s'est élevée à 50,000 quintaux métriques, c'est-à-dire 30,000 quintaux métriques pour Terre-Noire et de 15,000 à 20,000 quintaux métriques pour l'Horme: mais la moyenne ordinaire a été plus faible. On ne peut guère faire entrer ce minerai pour plus de 25 p. o/o dans la charge, sans compromettre la marche des fourneaux : le plus souvent, on s'est tenu au-dessous de 20 p. o/o.

La quantité totale extraite depuis l'origine des travaux

ne dépasse pas 560,000 quintaux métriques, dont environ 200,000 quintaux métriques ont été fondus aux hauts
fourneaux de l'Horme, et 360,000 quintaux métriques à
Terre-Noire. Aujourd'hui, le gîte de La tour touche à sa fin,
et même, vu la mauvaise qualité de ce minerai et l'abaissement des frais de transport des autres minerais sur le
Rhône, il n'y a plus avantage d'exploiter ce dépôt. Aussi,
depuis 1845, l'usine de l'Horme n'en a pas reçu plus de
800 quintaux métriques, et Terre-Noire n'en consomme
annuellement pas 10,000 quintaux métriques depuis 1848.

Pyrites de fer.

Il est peu de terrains anciens qui ne renferment du fer
sulfuré ou arsénio-sulfuré, en filons, veines ou mouches.

Les filons quartzeux précédemment cités contiennent
presque tous des pyrites de fer; celui du pont de la Terrasse
est spécialement dans ce cas. Les filons de la chaîne du
Pilat, à Saint-Julien-Molin-Molette, la Valla, Saint-Féréol, etc., sont aussi plus ou moins pyriteux, et, outre le
fer sulfuré proprement dit, on y rencontre en divers
points des pyrites arsenicales et cuivreuses.

Cependant les pyrites sont relativement assez rares dans
les terrains anciens du département de la Loire. Elles n'y
forment aucun filon ni dépôt d'une certaine importance;
l'amas le plus considérable serait peut-être celui de Joncieux, dont on a fouillé la crête pour minerai de fer
(page 204); mais il resterait à faire des travaux en profondeur pour atteindre les pyrites elles-mêmes. Une masse
analogue existe sans doute au col de Saint-Meyras, entre
Saint-Sauveur et Riotort, où j'ai également signalé dans le
granite un large réseau de veines ferrugineuses (page 112).

Les pyrites de fer sont plus abondantes au pied de la
chaîne du Forez, sur la ligne de Boën à Noirétable; mais,
là, elles dépendent plutôt des porphyres et du terrain carbonifère. Je dois cependant en signaler dans le granite

14

même : ainsi on en trouve, sous forme de veinules et de mouches isolées, dans le granite du château de Couzan, près de Boën, et au village de Praval, dans la même commune.

M. Drian cite des pyrites disséminées dans les fentes du gneiss et du micaschiste à Valbenoîte, près de Saint-Étienne, et autour du réservoir de Couzon, près de Rive-de-Gier. Il en indique également à Saint-Martin-la-Plaine, associées au quartz hyalin laiteux, qui se montre sous forme de veines au milieu du gneiss. Nous devons rappeler aussi les mouchetures pyriteuses de l'amphibolite noire de Doizieux (page 190), et celles du gneiss durci des environs du Chambon, exploité pour l'empierrement des routes (page 202).

M. Fournet a trouvé de la pyrite arsenicale près de Rive-de-Gier, dans les lentilles quartzeuses du micaschiste.

Enfin, nous devons remarquer que les teintes ocreuses, brunes ou rouges, que l'on observe si fréquemment sur les roches schisteuses anciennes depuis longtemps exposées à l'air, sont presque toujours le résultat de l'altération de très-fines veinules ou mouchetures pyriteuses.

Galène et blende.

Anciennes mines de plomb.

Au nombre des métaux qui se rencontrent en filons dans les terrains anciens du département de la Loire, le plomb est de beaucoup le plus répandu.

Presque tous les filons quartzeux et barytiques précédemment décrits renferment un peu de galène et de blende; pourtant ils sont en général si pauvres, au moins près du jour, que le mineur pourrait bien ne pas les reconnaître comme métallifères; mais lorsqu'on les compare aux filons plombeux proprement dits, on voit qu'ils appartiennent à la même classe, soit par leur direction, soit par la nature même de leurs éléments constituants; seulement, tantôt l'un, tantôt l'autre de ces divers éléments devient prédominant, de façon à produire tour à tour des filons plombeux, blendeux, quartzeux ou barytiques.

La direction ordinaire des filons de quartz et de baryte sulfatée est N. O.-S. E.: tous au moins correspondent aux heures 6 à 12 de la boussole magnétique. Les filons plombeux sont dans le même cas. Leur direction prédominante est N. O.-S. E., avec quelques oscillations qui sont aussi comprises entre les heures extrêmes 6 et 12. Et cette coïncidence remarquable, signalée déjà par M. Drian, se manifeste non-seulement dans les filons des terrains anciens, mais encore, et surtout, comme nous le verrons bientôt, dans les nombreux filons qui sillonnent le système carbonifère et les porphyres granitoïdes du nord du Forez.

La gangue habituelle des filons plombeux est le quartz hyalin, ou quartz blanc saccharoïde, et la baryte sulfatée laminaire. Ces substances sont tout à fait semblables aux masses minérales qui remplissent les filons simplement formés de quartz ou de barytine; et lorsqu'elles deviennent plus abondantes, au point d'effacer la matière métallique, alors les filons plombeux ne diffèrent plus en rien des filons barytiques et quartzeux proprement dits.

Dans les filons plombifères, les deux gangues principales ne sont pas en général également abondantes : le quartz est la gangue la plus ordinaire; la baryte sulfatée ne vient qu'en sous-ordre. Dans quelques filons, on observe à la fois deux quartz différents, comme dans les filons de Vienne et de Poullaouen : l'un est amorphe, opaque, plus ou moins calcédonieux; l'autre blanc, cristallin ou même hyalin.

Outre ces deux gangues, on voit souvent des fragments nombreux, plus ou moins altérés, du terrain encaissant; plus rarement, on y trouve du spath-fluor diversement coloré et du spath calcaire ou spath brunissant (carbonates multiples de chaux, magnésie, fer et manganèse).

Au plomb est généralement associé un peu de blende,

et dans certains filons (ceux de Broussin, de la Poëpe et de Saint-Féréol) celle-ci devient même prédominante; enfin, on trouve çà et là des mouches pyriteuses de fer et de cuivre.

La galène est partout peu argentifère; sa teneur est rarement de 3o grammes aux 1oo kilogrammes de plomb. Les filons coupent indifféremment le granite, le gneiss et le micaschiste; cependant les plus importants se rencontrent dans le gneiss, au pied méridional du Pilat, entre Bourg-Argental et Limony, et ce sont ces anciennes mines que nous décrirons d'abord. A la vérité, plusieurs d'entre elles se trouvent dans le département de l'Ardèche; mais on comprendra aisément que, pour avoir une idée nette de l'importance de nos filons, il est indispensable d'étudier tous les gîtes qui composent avec eux un seul et même groupe minier.

La mine principale, celle de la Pause, se trouve d'ailleurs bien réellement dans le département de la Loire, et l'ancienne fonderie de Saint-Julien-Molin-Molette, qui desservait toutes les mines, en dépendait également. Enfin, une seule concession, dite de Saint-Julien, embrassait tous les filons de la contrée, et si jamais les travaux devaient être repris, il faudrait nécessairement les concéder de nouveau à une compagnie unique.

Les mines de plomb de Saint-Julien furent abandonnées vers le commencement de ce siècle; la dernière, celle de Revoin, en 1831. Aussi n'ai-je pu les visiter, et pour les étudier j'ai dû explorer les anciennes haldes et les crêtes des filons, ce qui, dans ce district, est d'un faible secours, car les affleurements sont en général peu marqués; par contre, j'ai trouvé des documents précieux dans les archives de l'administration des mines à Paris, et dans celles de la préfecture du Rhône, l'ancienne généralité de Lyon. En les contrôlant les uns par les autres, il m'a été possible d'arriver à une connaissance assez précise du district en question. Voici les documents des archives de Paris :

1° Le plus important est un mémoire sur les mines de Saint-Julien, rédigé le 30 germinal an II, à la demande du Gouvernement révolutionnaire, par le sieur de Blumenstein, propriétaire de ces mines et fils du concessionnaire primitif. Il donne l'historique des travaux depuis leur origine.

Documents consultés sur les anciennes mines de plomb.

2° Mémoire présenté à l'Administration, en 1769, au nom du sieur de Blumenstein. On y demande la proroga- tion de la concession pour cinquante ans; et, à l'appui de la demande, on cite, par extraits, le procès-verbal d'un sieur König, ingénieur du roi, envoyé à Saint-Julien en 1766, pour constater comment les travaux d'exploitation ont été conduits, et s'il y aurait avantage à réduire l'éten- due des anciennes concessions. C'est à la suite de cette demande que fut rendu l'arrêt de prorogation de 1771.

3° Lettre du ministre à l'intendant de Lyon, sous la date du 11 décembre 1765, annonçant la nomination de l'ingénieur König, chargé de visiter les mines du sieur de Blumenstein.

4° Rapport de M. Bertin, intendant de Lyon. Il pro- pose au ministre, en 1769, conformément aux conclusions du procès-verbal König, que le sieur de Blumenstein con- serve intacts ses priviléges et concessions.

5° Mémoire pour le sieur de Blumenstein, exposant au ministre, en 1781, l'état financier de l'entreprise depuis l'année 1750 jusqu'en 1780. Le concessionnaire devait à cette époque 200,000 livres, et ses créanciers deman- daient la vente de la concession.

6° Mémoire de Jars cadet, lu en 1781 à l'Académie de Lyon, sur les mines du Lyonnais, Forez et Beaujolais.

7° Lettres des élèves des mines, Hassenfratz et Lefèvre, sur les établissements de Vienne et Saint-Julien en 1785.

8° État des mines exploitées dans la généralité de Lyon, par Jars cadet, en 1790.

9° État des mines en exploitation, dressé par le sieur de Blumenstein le 3 brumaire an III.

10° Rapport de l'ingénieur La Verrière sur la nouvelle

délimitation des concessions de Blumenstein, en date du
5 brumaire an ix.

11° États trimestriels des mines des ans ii, iii et iv, et
des années 1807 à 1809. (Un certain nombre de tableaux
en partie incomplets.)

12° Rapports de deux ingénieurs des mines, l'un de
Blavier[1], du 21 floréal an iii, et le second de La Verrière,
du 26 floréal an xi.

13° Tableau des mines exploitées ou suspendues autour
de Saint-Julien, en frimaire de l'an ix.

Les principaux documents trouvés à Lyon sont :

1° État des mines de Saint-Julien, dressé le 1er octobre
1739, par le sieur de Blumenstein fils.

2° Mémoire remis en février 1742 à M. l'intendant de
Lyon, sur l'état des mines dans le Forez, en exécution de
l'arrêt du conseil d'État du 15 janvier 1741. Il est signé
par le sieur de Blumenstein et les directeurs des mines de
Saint-Martin et de Saint-Julien.

3° Arrêts du 9 avril 1749 et 18 août 1771, qui pro-
rogent pour vingt et cinquante ans, jusqu'au 1er janvier
1827, la durée des concessions de la famille de Blumenstein. Le dernier arrêt libère le sieur de Blumenstein de la
redevance de 1 sou par 500 livres de minerai dû aux propriétaires du sol, d'après la première ordonnance de concession, et annule toutes les permissions accordées à des
tiers, tels qu'à Ravel et Abriat d'Annonay, pour l'exploitation du minerai de plomb dans l'intérieur des concessions du sieur de Blumenstein.

4° Procès-verbal de l'ingénieur König sur l'ensemble
des mines et usines du sieur de Blumenstein (1766).

5° Supplique adressée en 1763 à l'intendant de Lyon
par les créanciers du sieur de Blumenstein. Contient l'historique de la marche de l'entreprise depuis 1756 à 1763.
Ce document corrobore les faits cités par de Blumenstein

---

[1] Père et grand-père des deux ingénieurs dont s'honore aujourd'hui
encore le corps des mines.

lui-même dans ses mémoires de 1769 et 1781 (n°s 2 et 5 des pièces trouvées à Paris). Il résulte de ces trois documents que les mines furent surtout prospères de 1760 à 1770; que pendant ces dix ans le sieur de Blumenstein put rembourser à ses divers créanciers environ 150,000^{tt} et réduire sa dette à 44,790 livres; mais, depuis cette époque, les mines produisirent moins, et la dette s'accrut de nouveau au chiffre de 200,000 livres en 1789.

6° Mémoire du sieur de Blumenstein sur l'importance des travaux exécutés par lui et son père : il indique, jusqu'à l'année 1763, le nombre des mines en activité et l'importance de la production.

7° Produit des mines de Saint-Julien et la Goutte (Saint-Martin-la-Sauveté) dans les années 1760, 1761 et 1762.

Enfin, j'ai consulté aussi sur ces mêmes mines un court mémoire de M. Guényveau, dans le *Journal des Mines* de 1809; un tableau des mines de l'Ardèche, inséré dans le *Journal des Mines* de l'an vi. Les extraits des mémoires de Jars fils et de Mme de Beausoleil, dans les anciens minéralogistes de France, les ouvrages statistiques de Alléon-Dulac, Dulac de Latour d'Auvergne, du Colombier et Duplessis, sur les départements de la Loire et du Rhône, et l'ouvrage de l'abbé Jacques Pernetty, intitulé les *Lyonnais dignes de mémoire*, dans lequel il est question de F. de Blumenstein père.

Il serait impossible de fixer d'une manière précise l'époque de la découverte des mines de Saint-Julien. Les noms d'Argental et de Bourg-Argental, et, dans la même contrée, deux hameaux dits *le Plomb* (communes de Condrieux et de Tarantaise) sembleraient indiquer des travaux de mines d'une date assez reculée. Cependant on ne voit nulle part, comme dans l'Aveyron et les Cévènes, des restes considérables de travaux anciens, et presque tous les filons poursuivis autour de Saint-Julien, depuis 1720, par MM. de Blumenstein ont été rencontrés vierges à une faible dis-

Historique
des mines
de
Saint-Julien.

tance du jour. Peut-être l'absence de travaux plus étendus s'explique-t-elle par cette circonstance que les galènes de nos contrées sont toutes très-peu argentifères? car il me paraît peu probable qu'un minerai dont les fragments se rencontrent épars dans les champs eût pu rester long-temps inconnu aux habitants du pays.

Selon Gobet, dans les *Anciens minéralogistes de France*, tome I, page 29, on découvrit des mines de plomb, dans les environs d'Annonay, en 1601 ; mais d'autres filons devaient être connus dans le même district déjà antérieurement[1]. Quoi qu'il en soit, à l'époque où la concession de Saint-Julien fut accordée à F. de Blumenstein (1717), les seuls travaux souterrains alors existants consistaient en fouilles peu profondes, d'où les gens du pays tiraient du vernis ou alquifoux pour les potiers des environs. Les fouilles ou puits, appelés *creux*, atteignaient rarement 15 à 20 mètres, et on les abandonnait dès que l'affluence des eaux ou la rareté du minerai rendait onéreuse la poursuite des travaux.

Le 9 janvier 1717, un mineur allemand du pays de Salzbourg, le sieur de Blumenstein[2], obtint pour vingt ans la

[1] Jars cadet affirme, dans son mémoire présenté à l'académie de Lyon en 1781, que, d'après les archives des anciens seigneurs, des mines de plomb, argent et cuivre furent exploitées dès les xie, xiiie et xive siècles dans les provinces du Forez, du Beaujolais et du Lyonnais.

[2] Le sieur de Blumenstein naquit le 13 avril 1678, à Salzbourg. Il vint en France, en 1702, avec le maréchal duc de Villeroy, qui avait été retenu prisonnier de guerre à Innsbruck dans le Tyrol.

À Paris, il vit des morceaux d'alquifoux provenant de Saint-Julien, et constata que l'on pouvait en retirer 60 p. o/o de plomb métallique. M. de Villeroy l'engagea à exploiter ces mines, et obtint pour lui la concession de Saint-Julien.

De Blumenstein mourut le 2 septembre 1739 ; son fils (l'auteur du mémoire ci-dessus cité) lui succéda après avoir étudié en Saxe avec Jars, de 1741 à 1744. Il dirigea les travaux jusque vers 1796. Depuis lors, ses fils, dont l'un est encore vivant, ont poursuivi les travaux de Saint-Julien jusqu'en 1831, ceux de Vienne jusqu'en 1840, et ceux de Juré jusqu'en 1844. Quant à la fonderie de Vienne, elle est encore en activité, sous l'habile direction de M. de Pielat. On y fond surtout des cendres d'orfévre.

concession de toutes les mines métalliques qu'il pourrait trouver en Forez, près la paroisse de Saint-Julien-Molin-Molette, à la charge de dédommager les propriétaires des terrains à raison d'un sol par chaque tonneau de minerai de cinq cents livres pesant, conformément à l'ordonnance sur l'exploitation du minerai de fer, de mai 1680. En même temps, le roi lui accordait le droit d'élever à Saint-Julien des fourneaux pour la fusion du minerai, et le déchargeait du droit de régale, dit *quint*.

Le 10 octobre 1726, un second arrêt étendit la concession à dix lieues à la ronde autour du bourg de Saint-Julien, dans les provinces du Forez, du Languedoc, du Dauphiné et du Lyonnais.

Ce privilége fut successivement prorogé, d'abord deux fois pour vingt années, puis pour cinquante, par trois arrêts en date des 8 avril 1727, 19 avril 1749 et 18 août 1771. Ce dernier accordait la concession jusqu'au 1er janvier 1827, et fut rendu à la suite du rapport de l'ingénieur Könïg.

L'arrêt du 8 avril 1727 donnait en outre la permission de construire deux ateliers à Vienne en Dauphiné, et le privilége exclusif de fouiller pendant trente ans les mines de plomb situées en Auvergne, à dix lieues aux environs de Chapdes; mais le concessionnaire céda peu après ce dernier droit à une compagnie, et ne paraît s'être jamais occupé lui-même de ces mines[1].

Néanmoins, l'activité de M. de Blumenstein ne se borna pas aux seules mines de Saint-Julien et de Vienne. Le 10 août 1728, on lui donna la concession des mines de plomb et de toute sorte de métaux situées à deux lieues à la ronde autour des bourgs de Saint-Martin-la-Sauveté et de Sail-sous-Couzan, dans le Forez, et ce privilége aussi fut prorogé, de vingt ans en vingt ans, comme celui de la concession de Saint-Julien, puis étendu jusqu'au 1er janvier 1827 par l'arrêt de 1771.

[1] Ce sont les filons de plomb argentifère de Pontgibaud.

Après la promulgation de la loi du 28 juillet 1791, de Blumenstein fils, afin de se conformer aux articles 4 et 5 de cette loi, qui ordonnait la réduction à six lieues carrées des anciennes concessions, plus grandes, demanda qu'il lui fût délimité trois arrondissements distincts, de manière à ce qu'il pût poursuivre les travaux des trois centres d'exploitation alors en activité. Un décret impérial, du 22 brumaire an XIV (13 novembre 1805), a fait droit en partie à ces demandes en instituant deux concessions, l'une, de 113 kilomètres carrés, située dans le département de la Loire, autour du bourg de Saint-Martin-la-Sauveté; la seconde, de 107 kilomètres carrés, portant sur les départements de l'Isère et du Rhône, et ayant la ville de Vienne pour centre. Il ne fut rien statué quant aux mines de Saint-Julien-Molin-Molette [1].

La loi du 21 avril 1810 étant intervenue, les deux concessions de Saint-Martin et de Vienne, qui devaient expirer le 1er janvier 1827, sont devenues perpétuelles.

Quant aux mines de Saint-Julien, elles furent exploitées sans titre régulier jusqu'en 1831, et même classées, au point de vue des redevances à payer, parmi les mines non concédées, conformément aux dispositions du décret du 6 mai 1811.

Aujourd'hui, des trois concessions, une seule subsiste encore, celle de Saint-Martin. La renonciation à la concession de Vienne fut acceptée par ordonnance royale du 12 avril 1845, et les mines de Saint-Julien sont tombées, par le fait même de la cessation des travaux, dans le domaine public.

Les mines de la famille de Blumenstein furent assez prospères de 1720 à 1740 et, plus tard encore, de 1760 à 1770. Elles étaient alors groupées de manière à former quatre districts qui alimentaient un égal nombre d'ateliers distincts.

---

[1] Cependant, l'ingénieur La Verrière avait proposé dans un même rapport, celui du 5 brumaire an IX, la délimitation nouvelle des trois concessions.

Ce sont :

1° La fonderie de Vienne et les mines qui environnent la ville jusqu'à la distance de 4 à 5 kilomètres, c'est-à-dire les filons du Pipet, d'Estressin, de Ponfile, de la Poëpe, de Tupin et de Mont-Saint-Just, dont l'exploitation commença en 1726.

2° La fonderie de Saint-Julien-Molin-Molette et les nombreux filons des environs, jusqu'à Condrieux, Andance, Serrières et Annonay, où les travaux furent entrepris dès 1719.

3° La fonderie de la Goutte, commune des Salles, entre Noirétable et Saint-Just-en-Chevalet, et toutes les mines de la concession de Saint-Martin-la-Sauveté, mises en activité à dater de 1728.

4° L'atelier de Monistrol et les mines voisines de la Haute-Loire, compris aussi dans la vaste concession de Saint-Julien-Molin-Molette. Cet atelier fut entrepris le dernier, en 1743, et abandonné le premier, vers la fin du siècle dernier. Il n'embrassait qu'un petit nombre de mines peu importantes, et on se bornait à y préparer du minerai pour le vernissage des poteries.

Les deux premiers et le quatrième districts faisaient partie de l'ancienne grande concession de Saint-Julien-Molin-Molette, et sont situés au milieu des terrains anciens.

Le troisième comprend les mines des terrains de transition, dans le nord du département de la Loire, et, comme telles, nous aurons plus tard à nous en occuper.

Ajoutons, pour compléter ce tableau historique, que le sieur de Blumenstein eut quelque peine à se mettre en possession de la concession de Saint-Julien. Lorsqu'il se rendit sur les lieux, en 1717, les anciens extracteurs prétendirent que l'alquifoux n'était pas un minerai de plomb. Il fallut, pour convaincre l'Administration et les habitants du pays, qu'un essai authentique fût fait en grand, sur les lieux mêmes, par l'abbé Terrasson, de l'Académie des sciences, en présence de l'intendant de la province de

Lyon. A la suite du procès-verbal dressé, un arrêt du conseil, du 18 juin 1719, confirma la concession accordée en 1717, et de Blumenstein put alors commencer ses premiers travaux. Cependant, malgré des priviléges aussi positifs, et sans avoir égard aux réclamations du concessionnaire, le Gouvernement toléra, à diverses époques, des exploitations étrangères au milieu même des territoires concédés. Ainsi, en 1761, M. de Trudaine, alors ministre, concéda au sieur Ravel, d'Annonay, une concession de 1,200 toises de rayon dans l'intérieur de celle de M. de Blumenstein [1], ayant pour centre le bourg de Saint-Jeurre.

Description des mines de Saint-Julien. Passons à la description proprement dite du district de Saint-Julien.

Les mines de Saint-Julien sont toutes situées au pied oriental de la chaîne du Pilat, dans l'espace triangulaire compris entre les trois villes de Bourg-Argental, Andance et Condrieux. Au nord, ces mines se relient aux exploitations des environs de Vienne, de façon à former avec elles une longue zone, à peu près continue, dirigée du S.-S. O. au N.-N. E., parallèlement aux anciens chaînons du granite et du terrain de gneiss. Les filons de Saint-Julien appartiennent même presque tous à une protubérance gneissique unique, la Combe-de-Broussin, dirigée aussi du S.-S. O. au N.-N. E., comme la généralité des grandes lignes granitiques : cette coïncidence pourrait bien ne pas être fortuite. Le sol ancien, une première fois ébranlé suivant la direction que nous venons de rappeler, devait aisément se fendiller le long de la même zone; mais ce qu'il importe de remarquer ici, c'est que la direction des filons, pris individuellement, n'est pas parallèle, mais plutôt normale à la zone en question. Tous, en effet, courent du S. E. ou de l'E.-S. E. au N. O. ou O.-N. O. Il se pourrait donc que la première origine de ces filons-fentes remontât aux failles

---

[1] L'intendant du Languedoc lui avait même accordé cette concession, d'une manière provisoire, dès l'année 1758. L'arrêt du 18 août 1771 les annula d'une manière définitive.

transversales de l'ancien soulèvement qui a ridé le terrain de gneiss parallèlement à la direction N.-N. E. (le système du Longmynd).

Cependant, ces filons portent plutôt le cachet d'une origine postérieure. Des filons semblables traversent les terrains de la période carbonifère et paraissent correspondre au système N. 50° O. (celui du Morvan), qui a particulièrement affecté la chaîne du Forez.

Au reste, ces conclusions opposées ne sont probablement contradictoires qu'en apparence. Les filons sont, pour nous, comme les grands dépôts sédimentaires, des masses minérales qui ont exigé, pour leur complet développement, des périodes d'une durée fort longue. Je vois dans la plupart des filons des preuves évidentes d'un remplissage successif et d'un élargissement tantôt graduel, tantôt saccadé de la fente. Ainsi, plusieurs périodes géologiques et plusieurs soulèvements différents ont pu contribuer, chacun pour sa part, à la formation d'un même ensemble de filons métallifères. On concevrait en effet difficilement, si toutes les parties s'étaient formées simultanément, pourquoi dans un même système, comme celui dont nous nous occupons, certains filons sont spécialement quartzeux et d'autres, très-voisins, plutôt barytiques, plombeux ou blendeux.

Quoi qu'il en soit, ce qu'il importe surtout de remarquer ici, c'est le parallélisme des nombreux filons de cette longue zone métallifère, qui commence à Annonay et va finir à Vienne, et la similitude des matières minérales dont ils se composent.

Dans le district plus restreint de Saint-Julien, les filons sont surtout concentrés, comme je viens de le dire, le long d'une crête de granite schisteux, la Combe-de-Broussin, qui va de Saint-Marcel-d'Annonay à Saint-Pierre-le-Bœuf, sur une longueur de 8 à 10 kilomètres. On connaît là quinze à vingt filons plus ou moins importants, presque tous situés dans le département de l'Ardèche, mais sur la lisière du département de la Loire.

Le district minier de Saint-Julien comprend trois groupes distincts.

A l'ouest de cette zone principale se trouvent les filons mêmes de Saint-Julien-Molin-Molette, dans le département de la Loire. Ils sont, pour la plupart, sur le prolongement direct des mines de la Combe-de-Broussin.

Du côté opposé, à l'est, dans les cantons de Serrières, Andance et Annonay, on a exploité d'autres filons moins importants, mais encore identiques au point de vue de la direction et de la nature des matières filoniennes : ils traversent les communes de Félines, Peaugre, Vernosc et Talancieu.

Dans ces trois sous-districts réunis, on compte une quarantaine de filons, tous explorés ou exploités, d'une manière plus ou moins suivie, dans la période de 1720 à 1830.

La roche encaissante est le granite schisteux. Il est généralement dur, à grains fins ou moyens, et non porphyroïde. Dans le district de Vienne, c'est plutôt le gneiss qui devient prédominant.

Les roches étrangères sont rares dans ce granite et ne semblent avoir aucune relation avec les filons métallifères. Je dois cependant citer les belles pegmatites blanches d'É-theize, au sud-est du bourg de Saint-Julien, et la masse serpentineuse, d'un vert noir foncé, formant, dans la même localité, un monticule conique qui se distingue de loin par son aridité. L'une et l'autre roches sont peu éloignées des principaux filons de la Combe-de-Broussin. On doit rappeler aussi qu'une seconde masse serpentineuse, moins considérable, paraît à Rivory, entre Roizey et Pellussin, à 3 ou 4 kilomètres à l'ouest de la bande métallifère (p. 193).

Filon de la Pause.

Le principal filon, et le premier que M. de Blumenstein attaqua dès 1719, est celui de la Pause, situé à 3 kilomètres au nord du bourg de Saint-Julien, dans la commune de ce nom.

Le filon de la Pause est ainsi appelé parce qu'il traverse de part en part la montagne de ce nom. Sa direction est

h. 8 1/4 de la boussole magnétique, soit O. 10° à 12° N. vrai ;
et sa pente de 65° à 70° du sud au nord. Il se compose
de deux veines, le filon *blanc* et le filon *rouge*, qui sont
souvent réunies, et dont l'écartement maximum, lorsqu'elles
sont séparées, est de 2 mètres à peine. La gangue de la
première veine est du quartz blanc légèrement calcédonieux,
dans lequel on trouve, quoique assez rarement, un peu de
baryte sulfatée ; tandis que celle de la seconde est du quartz
coloré par de l'oxyde de fer, différence qui semblerait indiquer que les deux filons n'ont pas été formés simultanément.

Le filon et ses épontes sont réguliers. La roche encaissante est un granite kaolinisé, verdâtre, qui devient, au
contact de l'air, extrêmement tendre et ébouleux, en sorte
qu'il a fallu constamment beaucoup de bois pour l'entretien des galeries. Le gîte s'est trouvé particulièrement métallifère dans les parties où les deux veines étaient réunies ;
mais du reste on a rencontré du minerai indifféremment
dans l'une et l'autre branche.

Leur puissance totale maximum était de un pied et demi,
soit 0^m,50 ; et lorsque d'autres veines latérales venaient
encore s'associer aux deux filons rouge et blanc, l'épaisseur
totale, gangue et minerai compris, pouvait s'élever à 0^m,60
ou 0^m,65. Enfin, la largeur ordinaire de chacune des deux
branches isolées variait de 1 pouce à 8 pouces, soit 0^m,027
à 0^m,22.

La masse du filon était généralement compacte ; on y
voyait peu de vides ou de grandes géodes. La matière métallique se composait presque exclusivement de sulfure de
plomb ; la blende, et surtout les pyrites, y étaient rares. Enfin, à la Pause, comme dans la plupart des filons, le minerai ne s'est jamais présenté sous forme de massif continu.
Il était disposé par colonnes ou amas (*boutonnées*, disent
de Blumenstein et Blavier), et même ces colonnes étaient
relativement assez rares. Pour les atteindre, il fallait souvent traverser des parties presque entièrement stériles, de
50 à 80, même 150 mètres d'étendue. L'une des plus

grandes colonnes eut 80 mètres de longueur sur 35 à 40^m, mesurés dans le sens de la pente du filon. Dans la partie exploitée, qui a 1,000 mètres en direction, sur 130 à 150^m en hauteur, un sixième au plus s'est trouvé métallifère; et l'épaisseur réduite de la galène massive ne paraît pas avoir dépassé, en moyenne, 0^m,20 dans les parties les plus riches. Ainsi, il serait prudent de ne pas compter sur des chiffres plus favorables, si jamais on voulait reprendre ce filon dans la profondeur. Sa teneur en argent est, d'après König, de 23 grammes aux 100 kilogrammes de plomb.

La montagne de la Pause est placée entre deux ruisseaux qui coulent ici du nord au sud, tandis que le filon coupe le terrain transversalement, de l'est à l'ouest, depuis l'un des ruisseaux jusqu'à l'autre. Cette disposition favorisait l'exploitation par galeries d'écoulement. Et, en effet, de Blumenstein commença ses travaux par une galerie de niveau ouverte, sur le filon même, à 14 mètres au-dessus du ruisseau occidental, le Ternaire, qui passe à Saint-Julien, et à plus de 90 mètres au-dessous du point le plus élevé de la crête du filon. Il approfondit en même temps, suivant la pente du filon, l'un des petits puits creusés anciennement au haut de la montagne, et le mit en communication avec la galerie inférieure, pour l'aérage des travaux. De Blumenstein se servit, à l'origine, de mineurs tyroliens.

Dans la galerie même, on trouva peu de minerai; mais le gîte fut assez riche à un niveau plus élevé, surtout vers 40 à 50 mètres au-dessous de la crête.

L'exploitation fut poursuivie jusqu'en 1729, et, dans ces dix ans, dit de Blumenstein fils, «mon père réussit à «plus que doubler les avances faites.» Néanmoins, comme à cette époque les produits du filon diminuèrent sensiblement, il l'abandonna pour en entamer quelques autres.

En 1740, peu de mois après la mort du sieur de Blumenstein père, le fils se décida à reprendre les travaux de la Pause. Il entama le filon sur le revers opposé, en ouvrant une galerie supérieure dans le vallon du ruisseau oriental, à 48 mètres au-dessous du point culminant de la crête du filon. Après l'avoir poursuivi, presque sans résultat, sur une longueur de 150 mètres, on fonça au sol de la galerie un puits intérieur qui conduisit bientôt à une colonne de minerai de 38 mètres de profondeur sur 60 à 80 mètres de longueur. L'abatage de ce massif dura dix ans et produisit en moyenne 400 quintaux anciens de minerai par mois, ce qui semblerait indiquer que l'épaisseur totale de la galène massive était, en ce point, d'environ $0^m,20$. On fit en même temps quelques fouilles dans les parties supérieures, mais on les trouva généralement très-peu productives.

En 1750, on se décida à percer une galerie nouvelle à 60 mètres sous la précédente. On l'entreprit à la fois dans les deux vallons, et on perça la montagne de part en part. Sa longueur est de 490 toises (955 mètres)[1] et elle passe à 14 mètres au-dessous de celle qui avait été entreprise, en 1719, par de Blumenstein père.

A ce niveau, le filon fut également pauvre, mais on exploita plusieurs massifs entre ce niveau et celui de 48^m. On fonça aussi six puits inclinés, sur des colonnes de minerai reconnues au sol de la galerie d'écoulement. Le plus profond atteint 50 mètres, et il eût été difficile d'aller plus bas avec les simples treuils à bras dont on se servait alors pour sortir à la fois les eaux et le minerai.

Depuis 1740, la mine de la Pause a été constamment en activité jusqu'au commencement de ce siècle; la galerie inférieure dont je viens de parler fut toujours entretenue avec soin, comme principale voie d'écoulement et d'exploitation. On y travaillait encore en l'an xi (1803) et en 1809, lors des visites des ingénieurs La Verrière et Guényveau. A ces deux époques, le filon se trouvait épuisé dans les

---

[1] C'est le chiffre indiqué dans le mémoire de de Blumenstein fils. L'ingénieur Blavier l'estime à 499 toises 1/2, et l'ingénieur La Verrière dit, en termes généraux, qu'elle a plus de 1,000 mètres.

parties hautes; on se bornait à glaner le minerai précédemment négligé. Pourtant on fonçait un septième puits au
sol de la galerie d'écoulement, non loin de son extrémité
orientale. Il avait 25 mètres de profondeur, et, à ce niveau,
on poussait dans le filon deux chantiers de recherche, l'un
vers l'ouest, pour atteindre un des anciens puits, l'autre
vers l'est, pour percer au jour. Le filon s'y montrait toujours bien réglé, mais stérile et presque exclusivement
quartzeux. Ce travail ne paraît avoir rien produit, car peu
d'années après on abandonna la mine. Au reste, déjà
depuis dix ans les travaux étaient en perte. En 1794, de
Blumenstein avoue qu'à peine la mine *produit* sa dépense,
et l'année suivante l'ingénieur Blavier n'estime la production mensuelle, en minerai préparé, qu'à 10 quintaux anciens. En 1803, l'ingénieur La Verrière y trouva 18 ouvriers,
fournissant par mois à peine 200 à 250 kilogrammes, c'est-
à-dire une valeur d'au plus 100 francs.

De Blumenstein fils termine ainsi, en 1794, sa description de la mine de la Pause. « Ce filon a procuré des
« bénéfices à ses premiers entrepreneurs ; mais pourrait
« bien ruiner ceux qui leur succéderont. » Et cependant, il
dit ailleurs qu'il a peut-être abandonné un peu légèrement
les puits creusés au sol de la galerie d'écoulement, et qu'il
ne les aurait pas quittés s'il n'avait eu le dessein de percer
une autre voie principale, pour l'écoulement des eaux, à
50 ou 60 mètres au-dessous de la précédente. Il ajoute même
que le refus seul des propriétaires dans les terres desquels
il aurait fallu ouvrir ce travail l'a empêché de l'entreprendre.
En effet, au prix où se trouvaient alors les plombs, et d'a-
près les résultats qu'avaient donnés les parties supérieures, il
y avait bien lieu d'espérer que l'on pourrait aussi exploiter
avec avantage les parties inférieures. Il suffisait, pour cela,
de percer la nouvelle galerie, et d'utiliser, pour l'extraction
du minerai et l'épuisement des eaux, les deux ruisseaux qui
baignent le pied de la montagne de la Pause. A la vérité, on
avait trouvé le filon peu riche au niveau de la dernière galerie

d'écoulement, mais aussi on sait que tous les gîtes où le minerai se présente par colonnes offrent des alternances de richesse et de stérilité, et que les filons métallifères deviennent
rarement tout à fait stériles à des profondeurs aussi faibles.

Mais, aujourd'hui, pourrait-on avec avantage reprendre
les travaux? Il est permis d'en douter; à moins que la teneur
du filon n'augmente en profondeur, ce qui paraît peu probable. Aujourd'hui, en effet, la main-d'œuvre est plus
élevée (presque double), les bois sont plus chers, et l'on
sait que les parois de ce filon en exigent beaucoup, tandis
que le minerai ordinaire, rendant 60 p. o/o de plomb, ne
vaut plus que 20 à 25 francs les 100 kilogrammes, au lieu
de 30 à 40 francs, qui était le prix de vente dans le siècle
dernier [1]. Et, pour contre-balancer tous ces désavantages,
on n'aurait que la ressource de pouvoir installer, à moins
de frais et plus facilement, les appareils d'extraction,
d'épuisement et de préparation mécanique. On pourrait
aussi conduire l'exploitation plus rapidement; car ce qui
frappe, lorsqu'on lit les divers rapports dont sont extraits
les détails précédents, c'est le peu d'activité que l'on im-
primait alors aux travaux. Dans la période la plus florissante, le filon de la Pause n'occupait qu'une trentaine
d'ouvriers, et on ne tirait par mois que 400 quintaux anciens de minerai préparé. On mit dix ans à abattre un seul
massif ayant 38 mètres sur 70! Il est évident que les frais
généraux de toute espèce grevaient alors considérablement le
minerai extrait. Néanmoins, je le répète, il me paraît difficile que l'on puisse, dans les circonstances actuelles, reprendre cette mine avec quelques chances de succès.

Faut-il reprendre la mine de la Pause?

Le filon de la Pause se poursuit au delà des deux vallons qui limitent l'exploitation dont je viens de parler.

Le prolongement occidental se voit auprès du hameau

Travaux ouverts sur le prolongement du filon de la Pause.

[1] Pendant les guerres de la Révolution, ce prix était beaucoup plus
élevé. L'ingénieur La Verrière dit qu'en 1803 la valeur du minerai variait
entre 51 fr. 50 cent. et 60 francs les 100 kilogrammes; mais il ajoute
que pendant longtemps il s'était vendu 30 à 40 francs.

15.

de Mizérieux, et fut attaqué par de Blumenstein père en
1729, immédiatement après le premier abandon de la mine
de la Pause. Une galerie d'écoulement fut poussée, sur le
filon, jusqu'à la distance de près de 400 mètres, et mis
en communication avec un puits incliné d'environ 36^m:
on y trouva peu de minerai. Le filon s'amincit dans cette
direction, devient plus dur et plus quartzeux, et les deux
veines se confondent en une seule. Aussi, le bénéfice fourni
par ces travaux étant presque nul, on les abandonna dès
1736, et on n'y rentra plus depuis lors.

A l'est de la montagne de la Pause, le filon se prolonge
jusqu'aux environs du bourg de Saint-Appollinard, et semble
même se rattacher à l'un des filons de la Combe-de-Broussin. De Blumenstein père et fils constatèrent son existence par des fouilles; mais les prétentions exagérées des
propriétaires de la surface empêchèrent l'ouverture d'une
exploitation proprement dite.

En résumé, d'après ce qui précède, la longueur connue
du filon de la Pause serait de 4 à 5,000 mètres, sans
compter son prolongement probable sous la Combe-de-
Broussin. C'est donc réellement un filon fort important, qui
doit nécessairement se continuer en profondeur.

Malheureusement, comme nous l'avons dit, sa faible
puissance utile doit faire craindre que son exploitation ne
soit désormais impossible.

Mines
de Combe-Noire
et
de Revoin.

Deux autres mines furent ouvertes sur la commune de
Saint-Julien, en 1795, dans l'année qui suivit la rédaction
du mémoire de Blumenstein; ce sont Combe-Noire et
Revoin.

Combe-Noire est situé à environ 400 mètres au sud de
la Pause. Les deux filons sont parallèles; car, selon Blavier,
celui de Combe-Noire court sur h. 8 1/2. Cet ingénieur
visita la mine trois mois après son ouverture. On s'était
déjà avancé de 36 mètres dans une roche granitique entremêlée de veines quartzeuses, et on venait d'y rencontrer
des mouches pyriteuses et de la baryte sulfatée. Mais la

galène ne s'y voyait pas encore, et elle ne paraît même jamais s'y être montrée fort abondante, car la mine est désignée comme abandonnée six ans après, dans le tableau de l'an IX (1801), et l'ingénieur La Verrière n'en fait aucune mention dans son rapport de l'an XI (1803); les états trimestriels de 1807 à 1809 n'en parlent pas davantage.

La galerie de Combe-Noire, placée bien au-dessous de la grande voie d'écoulement de la Pause, devait, par une traverse, recouper cet important filon en profondeur et servir ainsi à la poursuite des travaux entrepris sur ce gîte. En pratiquant cette galerie de jonction, on espérait aussi rencontrer quelques autres veines métallifères parallèles. Mais ce projet coûteux ne fut jamais exécuté, soit par suite de l'insuccès des fouilles de Combe-Noire, soit parce que les autres mines de la concession de Saint-Julien, alors déjà dans un état peu florissant, ne devaient guère encourager le concessionnaire à entreprendre de grands travaux d'avenir.

La mine de Revoin fut ouverte au mois de vendémiaire an III, et ne fut abandonnée qu'en 1831, assez longtemps après la fermeture de toutes les autres mines des environs de Saint-Julien. En 1835, j'ai pu encore parcourir la galerie d'écoulement qui rejoint le filon.

Cette mine est située sur le chemin de Saint-Appollinard, à 1,500 mètres à l'est de Saint-Julien. Le filon est dans un granite très-dur, et se compose de quartz géodique entremêlé d'une faible proportion de baryte sulfatée. Mais la gangue tend assez souvent à disparaître, et la galène se trouve alors, en veinules ou rognons isolés, au milieu du granite. Le filon est dans ce cas assez mal défini et difficile à reconnaître. Sa direction est h. 10 1/4 de la boussole magnétique, soit N. 48° O. du méridien vrai. Sa puissance maximum est de 0m,50.

On perça d'abord deux puits inclinés, sur le filon même, à 44 mètres l'un de l'autre. Ils avaient chacun, en 1802,

Mine
de Revoin.

18 mètres de profondeur. A cette époque, pour faciliter l'exploitation, on entreprit, à travers banc, le percement d'une galerie d'écoulement. Elle atteignit le filon au commencement de l'année 1804, à environ 5o mètres sous le jour. Le granite qu'elle traverse est parfaitement solide, et la galerie était encore fort bien conservée en 1835, lors de ma visite. Sa longueur est de 9o mètres.

Depuis l'achèvement de cette galerie, le filon a été exploité, plus ou moins activement, jusqu'en 1831; mais je n'ai trouvé aucun document qui indique l'étendue des travaux entrepris, ni la richesse du gîte. Cependant, l'ingénieur La Verrière mentionne, en passant, le peu de richesse de la mine; et comme, dans les trois rapports de 1795, 1803 et 1809 (ce dernier de M. Guényveau), on signale en général, pour l'ensemble des mines de Saint-Julien, un excédant des dépenses sur les recettes, on doit présumer que le filon de Revoin n'a jamais présenté des parties fort riches, et que la reprise de ce filon offrirait probablement encore moins de chances que celui de la Pause.

Ajoutons qu'à l'origine de l'exploitation, en 1795, le produit en minerai ne dépassait pas, par mois, 25o kilog.

Filons secondaires des environs de Saint-Julien.

Outre les mines dont je viens de parler, il existe aux environs de Saint-Julien, dans le département de la Loire, un certain nombre de filons moins considérables, connus seulement par des fouilles d'une faible profondeur.

Près de Saint-Appollinard, les anciens rapports signalent les filons de Pontain et de Cornas, qui sont à peu près sur la direction du filon de la Pause. Le premier a été suivi sans succès à l'aide d'une galerie d'environ 3o mètres. Sur le second, situé à la montée même de Saint-Appollinard, on a foncé inutilement un puits d'une faible profondeur.

Au moulin de Grivet, commune de Maclas, on voit un puissant filon de baryte sulfatée, pauvre en minerai. Il ne paraît avoir donné lieu à aucun travail sérieux.

A Montchal, commune de Bourg-Argental, de Blumenstein père fit ouvrir deux galeries sur un filon d'assez belle
apparence : l'opposition du propriétaire l'obligea de cesser
les travaux. La teneur de ce minerai est la même que celle
de la Pause.

Enfin, on cite des traces de minerai dans les communes
de Saint-Sauveur et de Marlhes, ainsi qu'à la Garde et les
Oriols, dans la commune de Saint-Julien-Molin-Molette.
Il faut encore ajouter les lieux dits la Miaillerie, Revouz,
Coutayoud et le Peyron, tous situés dans un rayon d'une
demi-lieue à une lieue autour de Saint-Julien. Ce sont, en
général, des veinules de galène sans aucune suite, que les
habitants de ces montagnes trouvent au milieu du granite,
en défrichant ou labourant leurs terres.

A une demi-lieue au nord de Marlhes, on a exploité un
filon peu important dirigé sur h. 11 1/4. Les anciens l'ont
fouillé près du jour, et de Blumenstein le poursuivit à un
niveau inférieur par une galerie d'allongement d'environ
60 toises. La valeur du minerai n'a pas couvert les frais,
et l'ingénieur König méconseille sa reprise.

Aux mines de la commune de Saint-Julien se lient étroitement les exploitations de la Combe-de-Broussin, et
quoique ces dernières soient dans le département de l'Ardèche, nous ne pouvons les passer sous silence, puisqu'elles
constituent, avec les filons de Saint-Julien, un même
district et un même système de travaux.

Mines de la Combe-de-Broussin, dans l'Ardèche.

Trois filons surtout furent exploités dans la Combe-de-
Broussin : la mine de *Broussin*, au hameau du Châtaigner,
et les deux mines d'*Étheize.*

Le grand filon d'Étheize, situé à quelques cents mètres
au nord du village de ce nom et à 3 kilomètres sud-est du
bourg de Saint-Julien, est le premier des filons de la
Combe-de-Broussin qui ait été attaqué par de Blumenstein
père. Il ouvrit ces travaux vers 1729, après avoir abandonné
la mine de la Pause.

Mines d'Étheize.
1°
Ancienne mine d'Étheize.

Comme le filon était déjà connu, le long de sa crête,

par les fouilles des anciens marchands d'alquifoux, on y
pénétra de suite par une galerie d'écoulement placée au
pied occidental de la montagne d'Étheize. Elle fut poussée
jusqu'à la distance de 300 mètres et mise en communication avec un puits d'aérage, le puits d'*Arnaud*, dont la profondeur est de 80 mètres et l'orifice situé au haut de la
montagne.

Le filon fut exploité sept ou huit ans, puis abandonné,
parce qu'il devenait stérile dans son prolongement sud-
est, un peu au delà du grand puits d'Arnaud. Il n'était
d'ailleurs ni aussi puissant, ni aussi riche que celui de la
Pause, car son épaisseur ordinaire était, au maximum, de
0^m,30[1]. Malgré cela, on a pu l'exploiter avec un léger bénéfice, et l'ingénieur La Verrière affirme que l'on trouverait
du minerai vierge, dans la profondeur, au-dessous de la
galerie d'écoulement.

Le grand filon d'Étheize va du S. E. au N. O., et
semble s'aligner sur celui de Revoin, qui n'en est d'ailleurs
distant que d'environ 1,200 mètres. Les deux filons
pourraient donc bien être sur le prolongement l'un de
l'autre.

Filon des Égats. — Dans tous les cas, le filon d'Étheize se prolonge en sens
inverse, dans la direction du S. E., et fut attaqué, en 1787,
sous le nom de filon des *Égats*, sur le revers oriental de
la Combe-de-Broussin. Là aussi, il était déjà connu par
d'anciens travaux.

De Blumenstein fils ouvrit une galerie basse qui devait
passer à quelques mètres au-dessous de l'ancienne voie
d'écoulement dont je viens de parler.

Les premiers 50 mètres sont à travers banc; puis, à

[1] Dans le n° 45 du *Journal des mines* (an VI), un mémoire sans nom
d'auteur donne quelques détails sur les mines de l'Ardèche. On cite le
filon d'Étheize comme ayant une puissance ordinaire de 0^m,60 à 0^m,70.
Il y a là exagération évidente, et on est tombé dans le même défaut, comme
nous le verrons, lorsque, en parlant du filon de Broussin, on le qualifie :
« de superbe filon de 1^m,30, donnant d'excellent minerai. »

partir de là, on a suivi le filon. En 1794, au moment de l'abandon des travaux, sa longueur totale était de 380ᵐ, et il restait à percer environ 90 mètres pour arriver sous le puits d'Arnaud, au delà duquel l'ancienne galerie s'était avancée. Ainsi, en peu de mois, la communication aurait pu être établie. Mais là, comme du côté opposé, le filon devenait plus mince et donnait moins de minerai, à mesure que l'on approchait de l'axe de la montagne. De plus, d'après le mémoire de M. de Blumenstein, le filon était en général moins large et moins riche dans cette partie que du côté opposé. Il n'avait ordinairement que quatre pouces (0ᵐ,11) et souvent pas deux (0ᵐ,055). Cependant, à l'origine, le minerai payait encore les frais.

Aucun travail n'a été entrepris en profondeur; mais, d'après ce que nous avons dit des parties supérieures, la reprise de ce filon aurait peu de chances de succès.

La gangue du grand filon d'Étheize est du quartz ordinaire, surmonté de spath-fluor diversement coloré. La blende et les pyrites y sont fort rares.

Au sud du village d'Étheize se trouve le filon dit de la *Raze*, du nom du lieu où l'on ouvrit les premiers travaux. Il diffère du précédent par la nature de sa gangue. Au quartz sont principalement associés de la blende et des pyrites, qui remplacent même parfois complétement le sulfure de plomb; et, à cette occasion, de Blumenstein fait la remarque que l'abondance de la blende entremêlée de pyrites est un caractère assez général des filons plombeux du Vivarais. Ceux de la Combe-de-Broussin sont en effet la plupart dans ce cas, tandis que les filons de Saint-Julien même ne sont, au contraire, ni très-blendeux, ni très-pyriteux. Une autre particularité de ce filon est la présence de ce que de Blumenstein appelle de la *pourriture*, et Blavier une terre jaune spathique provenant du spath en décomposition. C'est du spath brunissant entremêlé de fer spathique.

Le filon de la Raze est orienté sur h. 10 1/4 de la bous-

3° Filon de la Raze ou nouvelle mine d'Étheize.

sole, soit N. 48 à 50° O. du méridien vrai. Il plonge vers
le N. E. sous l'angle de 80 à 85°.

Un cultivateur découvrit ce filon vers 1754, en labourant sa terre. Le concessionnaire lui permit de l'exploiter,
sous la condition que tout le minerai extrait lui serait livré
à la fonderie de Saint-Julien, au prix de 7 livres le quintal
ancien.

Un puits fut ouvert, au sommet du coteau, sur la crête
du filon, et, en 1766, l'ingénieur König y trouva dix ouvriers; mais, peu après, le minerai venant à manquer, le
propriétaire du terrain abandonna le puits, et de Blumenstein rentra dans ses droits. Ce dernier attaqua le filon
par deux galeries de niveau. L'inférieure, ouverte dans une
raze, près du ruisseau qui descend du village d'Étheize,
écoulait les eaux; l'autre, à un niveau plus élevé, devait
explorer les parties hautes. Dans l'une et l'autre on rencontra de la blende, mais peu de galène. Désespérant alors
des hauteurs, on fit une tentative au-dessous de la galerie
d'écoulement. On rencontra une belle colonne de minerai,
que l'on poursuivit jusqu'à la profondeur de 50 à 60 mètres.
À ce niveau, on poussa une galerie, toujours dans le minerai, jusque bien au delà de la verticale du premier puits,
creusé au haut du coteau par l'inventeur de la mine. La
galène s'est montrée là d'une manière assez suivie; seulement, son épaisseur, y compris la blende et les pyrites de
fer et de cuivre, ne dépassait nulle part quatre pouces
($0^m,105$), et la puissance totale du filon était à peine de
7 à 8 pouces, soit $0^m,20$. Malgré cela, à cause de la continuité de la veine métallifère et du peu d'eau que l'on
rencontra dans le fond, on put exploiter le minerai avec
avantage.

La mine était encore en activité en 1801, mais se trouvait abandonnée en 1803, lorsque La Verrière visita Saint-
Julien; cependant cet ingénieur affirme qu'on avait alors
l'intention de la reprendre bientôt. Elle est, en effet, citée
au nombre des mines en activité dans les états trimestriels

de 1807 à 1809. Dans tous les cas, ce filon est un de ceux
du district de Saint-Julien qui fut exploité, eu égard à sa
faible puissance, avec le plus de profit. Il importe aussi de
remarquer que partout le minerai se trouvait dans la profondeur. Faut-il en conclure que cette mine serait exploitable dans les circonstances actuelles? On ne saurait l'affirmer d'une manière positive; mais du moins, à cause de
la blende, les chances me paraissent plus favorables qu'à la
Pause.

Ajoutons, comme dernier renseignement, qu'en 1795,
le produit de l'exploitation n'était que de 20 quintaux
(1,000 kilogrammes) par mois, donnant 350 à 400 kilogrammes de plomb.

La mine la plus importante de la Combe-de-Broussin *Mine de Broussin.*
est spécialement appelée mine de *Broussin*. Elle est située
à 5 kilomètres est du bourg de Saint-Julien. Le filon court
du hameau dit le Châtaignier au domaine de Pierrefroide.
Sa direction est de h. 8 1/2 de la boussole, la même que
celle du filon de la Pause, et l'ingénieur König semble
même admettre que les deux filons sont identiques. Cependant cela n'est guère possible, d'après la position respective des lieux et la différence des gangues. L'alignement
prolongé du filon de la Pause coupe la Combe-de-Broussin
plus au nord et passerait plutôt au village de Frétard, où
l'on connaît en effet un filon de plomb. D'ailleurs, le filon
de Broussin plonge du N. au S., à l'inverse de celui de la
Pause.

Le filon de Broussin est dans un granite schisteux très-
dur et se compose lui-même de quartz extrêmement dur.
La galène y est moins abondante, et, à cause de la dureté
du quartz, plus coûteuse à abattre que dans la mine de la
Pause.

Au quartz est généralement associé, surtout dans les
parties stériles, de la baryte sulfatée; et quelquefois le
filon se divise en deux, l'un quartzeux, l'autre plutôt à
gangue de barytine. La blende y est également abondante,

et, dans certaines parties, on trouve aussi des pyrites de
fer et de cuivre. Le filon est très-géodique (ouvert), laissant passer les eaux. Les géodes sont spécialement tapissées
de cristaux de quartz, et ceux-ci ordinairement recouverts de
spath-fluor diversement coloré. Enfin, comme dans le filon
de la Raze, on trouve, dans certaines parties presque toujours stériles, du fer spathique, ou plutôt du spath brunissant,
plus ou moins transformé en une masse terreuse jaunâtre.
Blavier parle « d'un oxide de plomb jaune que les potiers
« recherchent avec beaucoup d'empressement, et dont ce-
« pendant on ne retire aucun profit sur la mine. » C'est sans
doute un mélange d'oxydes hydratés de fer et de manganèse, provenant des carbonates décomposés; ou peut-être
du plomb carbonaté, que les mineurs auraient cependant
dû reconnaître, et dont on trouverait encore sur les haldes
quelques traces.

La puissance du filon est assez variable. Dans certaines
parties stériles, très-quartzeuses, elle atteint presque
1 mètre; mais ordinairement, d'après Blavier, elle ne dépasse guère 1 pied ($0^m,33$) et se réduit même, en plusieurs
points, à $0^m,05$ ou $0^m,06$. Aussi est-ce par erreur, comme
je l'ai déjà remarqué, que l'auteur du mémoire sur les
mines de l'Ardèche, inséré dans le n° 45 du *Journal des
mines*, affirme que ce filon « offre en quelques endroits jusqu'à $1^m,30$ d'excellent minerai. » Sa teneur en argent est de
30 grammes aux 100 kilogrammes de plomb, d'après
König.

Le minerai se présente à Broussin, comme à la Pause,
sous forme de colonnes (boutonnées). On les trouve ici
allongées dans le sens vertical, mais leur nombre n'est pas
considérable. Sur une longueur de 260 toises, de Blumenstein n'en indique que quatre, d'environ 12 toises
chacune de largeur. Dans le sens de la pente, on les a poursuivies presque depuis le jour jusqu'au fond des puits creusés
sous la galerie d'écoulement, c'est-à-dire sur une hauteur
totale d'environ 30 toises, et les colonnes n'étaient point

fermées au fond des travaux. D'après cela, on voit que les
parties du gîte tenant du minerai occupent à peine le
sixième de la surface totale du filon. Néanmoins, cette mine
a donné quelque bénéfice, comme la Pause et les deux filons
d'Étheize.

A côté du filon principal, on trouve, çà et là, de faibles
branches secondaires qui sont assez souvent aussi métallifères.

Les travaux furent commencés par de Blumenstein fils,
en septembre 1740, et ont été maintenus en activité, sans
interruption, près de soixante et dix ans. On y travaillait en
1803, lors de la visite de l'ingénieur La Verrière, mais le
filon était abandonné en 1808, lorsque M. Guényveau se
rendit à Saint-Julien. Les états de produits de cette époque
n'en font plus mention. Le filon avait été anciennement
fouillé le long de sa crête, mais aucun des puits n'avait
atteint 15 mètres. De Blumenstein fit, de prime abord,
ouvrir une galerie d'écoulement dans le fond de la vallée, au
bas du hameau le Châtaignier. Les premiers 40 mètres
sont percés sur une veine latérale, composée de quartz fort
dur et de rares mouches de galène. Au delà, on a suivi le
filon principal, qui, très-dur aussi, s'est montré d'abord stérile sur une longueur de 65 toises. On mit dix ans pour
percer ces 105 toises. Enfin, à cette distance, se développa
une assez belle colonne, dont on entreprit aussitôt l'abatage, tandis que l'on avançait en même temps la galerie.
En 1794, elle avait atteint 260 toises, ou environ 500^m [1];
et c'est dans ce trajet que l'on fit la rencontre de quatre
poches métallifères de 12 toises de largeur chacune.

On épuisait, en 1794, la dernière de ces poches, et

---

[1] Blavier attribue, en 1795, à la galerie principale, une longueur totale de 400 toises, et, d'après l'ingénieur La Verrière, elle aurait eu,
en 1803, 865 mètres. Je crois ces chiffres exagérés. Le concessionnaire
n'a pas dû se tromper sur l'étendue de ses propres travaux; dans tous les
cas, l'ingénieur La Verrière ne parle également que de quatre colonnes de
minerai.

l'extrémité orientale de la voie d'écoulement était alors depuis 68 toises dans le stérile. Il ne paraît même pas que postérieurement on ait retrouvé le minerai, ni poussé la galerie beaucoup plus loin, puisque l'ingénieur La Verrière ne mentionne également, en 1803, que quatre colonnes métallifères.

Au-dessous de la galerie d'écoulement, le minerai n'a été enlevé que jusqu'à la profondeur de 20 à 24 mètres. Dans chacune des quatre poches, on avait foncé un puits; mais, conformément à l'habitude prise, on s'était contenté d'y établir de simples treuils à bras, et l'on conçoit qu'avec de pareilles ressources on devait être bien vite arrêté par les eaux.

Peu de temps avant l'abandon de la mine, on fit ouvrir, à 10 mètres sous la galerie principale, une autre voie d'écoulement qui devait favoriser les travaux en profondeur. Elle fut d'abord poussée sur la même veine latérale que la galerie supérieure. On suivit cette veine sur une longueur de 130 mètres, et, dans ce trajet, on rencontra deux petits massifs de galène, que l'on exploita avec avantage; ils s'étendaient, en hauteur, presque jusqu'au niveau de la galerie supérieure.

Sur le filon principal, la galerie inférieure n'avait encore franchi, en 1803, qu'une distance de 102 mètres, et la faible activité alors imprimée aux mines de Saint-Julien semble annoncer que ce travail fut abandonné peu après, sans avoir été utilisé pour l'approfondissement des quatre puits précédemment creusés au milieu des poches métallifères.

Le filon de Broussin a été constamment d'une exploitation très-coûteuse, à cause de l'extrême dureté de la gangue. Voici quelques chiffres qui permettent d'apprécier les difficultés que présente, sous ce rapport, le filon en question. De Blumenstein payait, pour l'avancement de la galerie, 100 livres la toise, ou environ 50 francs le mètre courant, ce qui correspond à environ 25 francs le mètre cube de roche en place, puisque la galerie avait en moyenne 2 mètres de hauteur sur 1 mètre de largeur. D'autre part, l'ingénieur Blavier assure qu'il fallait souvent, pour un seul trou de mine ayant 15 à 16 pouces de profondeur, 20 à 22 fleurets de bon acier, et qu'un ouvrier n'avançait par mois que d'une demi-toise (1 mètre), en usant 10 onces (320 gr.) de poudre par poste.

Le chiffre de 50 francs le mètre courant, ou 25 francs le mètre cube de roche en place, doit paraître d'autant plus élevé que la main-d'œuvre d'un mineur était alors moins élevée qu'aujourd'hui.

A Pont-Gibaud, le prix d'avancement ordinaire, par mètre courant, varie entre 12 et 20 francs (les extrêmes sont 6 francs et 40 francs) dans une galerie à travers banc, et 17 à 18 francs dans les filons; et cependant, on donne aux galeries 2^m,20 sur 1^m,40[1]. Ainsi, en moyenne, dans les filons de Pont-Gibaud, le prix d'abatage est seulement de 6 francs par mètre cube en place, et dans la roche encaissante au maximum de 13 francs.

Les rapports qui me servent de guide donnent peu de détails sur la production de la mine de Broussin. En 1766, l'ingénieur König y trouva 28 ouvriers, dont 10 mineurs et 7 rouleurs. C'était alors la mine qui en occupait le plus grand nombre dans le district de Saint-Julien; mais il ajoute qu'elle n'est pas encore en bon état de production. La Pause, avec moins d'ouvriers, fournissait, à cette époque surtout, une proportion de minerai beaucoup plus forte.

En 1795, lorsque déjà la mine se trouvait dans sa période décroissante, l'ingénieur Blavier estime le produit mensuel à 20 quintaux anciens (1,000 kilogrammes); mais l'extraction, dit-il, pourrait facilement être doublée, si les ouvriers ne manquaient pas.

Enfin, en 1803, l'ingénieur La Verrière ne trouve plus

[1] Mémoire sur Pont-Gibaud, par MM. Rivot et Zeppenfeld. *Annales des mines*, 4e série, t. XVIII, p. 196.

dans la mine que quatre ouvriers, et le produit mensuel ne dépasse guère 300 à 350 kilogrammes.

En résumé, si l'on a égard à la dureté de la gangue, à l'abondance des eaux et à la faible étendue des colonnes métallifères, le succès de la reprise du filon de Broussin doit paraître douteux, à moins que la blende, autrefois négligée, n'y soit réellement abondante.

Les autres filons de la Combe-de-Broussin paraissent peu importants.

Outre les trois filons principaux dont nous venons de parler, on en connaît, dans la Combe-de-Broussin, une douzaine d'autres, qui sont ou imparfaitement explorés, ou réellement peu riches, au moins dans les parties hautes. De Blumenstein et Blavier n'en disent presque rien, et l'ingénieur La Verrière les mentionne très-brièvement. Mais ils sont cités dans le procès-verbal de l'ingénieur König et dans le tableau des mines de Saint-Julien, dressé par l'Administration, en 1801.

Tous ces filons sont, comme les précédents, principalement quartzeux, et plusieurs d'entre eux renferment plus de blende et de pyrites que de galène, ou même paraissent en général contenir peu de substances métalliques.

Filon de Frétard ou de Mantelein.

A 2,500 mètres au nord-est de la mine de Broussin est le filon de *Frétard*, auprès du hameau de ce nom : on y travaillait en 1766, et l'ingénieur König affirme qu'il a bonne apparence; mais l'apparence fut ici trompeuse. On poursuivit vainement le filon sur une longueur de 100ᵐ; le minerai ne se présenta jamais en massifs exploitables. Les anciens y avaient aussi foncé un puits de 40 mètres; on ne sait quel en fut le résultat. La direction de ce filon est h. 9 ; sa teneur en argent, d'après König, de 30 grammes aux 100 kilogrammes de plomb.

Filon de Pierrefroide.

Très-près de Broussin se trouve le filon de *Pierrefroide*, que les anciens ont également fouillé; il a été exploré par un puits de 16 mètres et donnait du minerai. On avait même le projet de l'attaquer par une galerie d'écoulement. On ignore les motifs qui ont fait abandonner ce plan. Le filon court sur h. 9 1/4.

Un peu au N. E. du grand filon d'Étheize se voit le filon
dit de *Combe-Aymar*. Il fut suivi par une galerie dont l'entrée est à côté de celle qui a été ouverte sur la partie orientale du grand filon d'Étheize (le filon des Égats). Le gîte
est puissant, mais contient peu de minerai.

Filon
de
Combe-Aymar.

À l'ouest et au-dessous du filon de Combe-Aymar, entre
ce dernier et celui d'Étheize, on a suivi le filon de la *Combe*.
Il a été exploité par galerie sur une étendue de 8o mètres;
on y a rencontré fort peu de minerai.

Filon
de la Combe.

Dans le même district, on cite les filons du *grand* et *petit
Lambois*, fouillés par les anciens, et les filons moins importants et fort peu connus de *Besson*, de *Riaux*, de *Vignat*
et des *Costes;* puis, à l'extrémité sud de la Combe-de-
Broussin, dans la commune de Saint-Marcel, le filon de
Chantecocu, qui est principalement composé de quartz ferrugineux, et dont la puissance est de $o^m,3o$. Le filon du
grand Lambois a été poursuivi par de Blumenstein fils sur
une longueur de 15o toises.

Filons
du grand
et
petit Lambois.

Enfin, sur le versant oriental de la Combe-de-Broussin,
on a exploité les filons de *Lavaud* et de *Soulier*. Le premier
est situé dans la commune de Vinzieu. Les anciens l'avaient
exploité pour alquifoux, et, en 1734, de Blumenstein
père l'attaqua par une galerie à mi-coteau. L'exploitation,
d'abord prospère, fut mal dirigée après sa mort, et donna
dès lors des pertes; la blende et surtout les pyrites y
étaient d'ailleurs plus abondantes que la galène. On quitta
le travail en 1744. Mais de Blumenstein fils paraît croire
que ce filon, mieux exploité, aurait pu donner des résultats aussi bons que ceux des environs d'Étheize; il avait
même formé le projet de rentrer dans ces travaux. En
1742, la principale galerie avait 18o toises de longueur,
et à la sole de la galerie on avait foncé deux puits de 6 à
15 toises de profondeur. Dans la période la plus florissante,
la mine occupait 4o ouvriers et donnait 7o à 80 quintaux
de minerai par semaine, mais dès 1742 à peine 2o quintaux.

Filons
de Lavaud
et de Soulier.

Le filon de *Souiller*, dans la commune de Savas, a aussi

16

été entamé par de Blumenstein père. Plus tard, vers 1765, il fut exploité par un sieur Ravel, d'Annonay, qui obtint une concession pour l'extraction du minerai de plomb, presque au centre du district déjà régulièrement accordé à la famille de Blumenstein. Ce filon est situé entre celui de Vignat et celui de Lavaud. Il a produit peu de minerai.

A l'est de la Combe-de-Broussin, la famille de Blumenstein exploita encore quelques filons dans les communes de Félines, Peaugre, Vernosc et Talancieu.

Filon
de Balais.

Le plus important est celui de *Balais*, dans la commune de Talancieu, à 16 kilomètres S. E. de Saint-Julien. Il court du S. E. au N. O., depuis le moulin de Thoué, sur le bord de la Cance, jusqu'au hameau de Midon, dans la commune de Vernosc. Ces deux points extrêmes sont à 3,000 mètres l'un de l'autre. Dans cet intervalle, le filon a été attaqué en trois endroits différents et poursuivi par galeries sur une longueur d'au moins 800 mètres. On fonça en outre plusieurs puits, soit au-dessus, soit au-dessous des galeries d'écoulement. Le filon est généralement double; l'une des parties se compose de quartz dur, rougeâtre, le plus souvent stérile, ayant 0^m,50 à 0^m,60 d'épaisseur; l'autre renferme de la baryte sulfatée, avec un peu de quartz blanc, de la blende et de la galène, irrégulièrement disséminés. Dans son ensemble, le filon est puissant; mais le minerai y est clairsemé, et, au lieu d'être concentré sous forme de colonnes, il est plutôt uniformément éparpillé dans la masse entière du filon, ce qui rend son exploitation très-onéreuse; aussi, quoique poursuivi longtemps et en trois points différents, il ne paraît avoir donné jamais de notables bénéfices.

Les travaux furent commencés près du moulin Thoué, en 1736, et poursuivis jusqu'en 1744. En 1755, on attaqua le filon à son extrémité opposée, dans le voisinage de Midon; plus tard, on se plaça entre ces deux points extrêmes, au lieu dit *le Balais*, et on y travailla jusqu'en 1794. Enfin on reprit, cette même année, l'ancienne galerie du moulin Thoué, et on exploitait encore là en 1809. Cependant l'ingénieur La Verrière n'y trouva, en 1803, que huit ouvriers produisant tout au plus en moyenne, par mois, 4 à 500 kilogrammes de minerai; tandis qu'en 1795, Blavier indique encore un produit ordinaire de 20 à 25 quintaux anciens, soit 1,000 à 1,250 kilogrammes.

Nous venons de passer en revue l'ensemble des mines dont se compose le district de Saint-Julien-Molin-Molette, et, d'après les détails qui précèdent, aucune d'elles ne semble pouvoir être reprise, avec chance de succès, dans les circonstances présentes[1].

Considérations sur l'ensemble des mines de Saint-Julien.

On doit louer, comme le fait M. Guényveau, la régularité et la bonne tenue des anciens travaux, mais à la condition de ne considérer que les détails journaliers de l'exploitation; car on ne saurait guère approuver le système suivi, au point de vue de l'avenir. Vivre au jour le jour, attaquer, abandonner, puis reprendre les filons; c'est là, en deux mots, l'histoire entière des travaux exécutés à Saint-Julien depuis 1720 à 1830. Il n'y a là nul travail d'ensemble, aucun vaste système d'épuisement destiné à relier les divers filons les uns aux autres.

Entouré d'abondants cours d'eau, on aurait pu créer aisément, comme cela se fit à Poullaouen, vers la même époque, de vastes appareils d'épuisement et d'extraction, à l'aide desquels les filons eussent pu être suivis en profondeur. Ainsi, à la Pause, il eût certes valu la peine, à l'époque où les plombs étaient chers, d'entamer la profondeur, en utilisant le ruisseau de Ternaire, qui passe sur la

---

[1] Dans un état fourni sur Saint-Julien, le 1er octobre 1739, de Blumenstein fils avoue « que rien n'est si abondant que les veines autour de Saint-Julien, et rien de si rare qu'une bonne; » et l'ingénieur La Verrière, dans son rapport sur la nouvelle délimitation des trois concessions (5 brumaire an IX), appelle l'entreprise de la famille de Blumenstein une *étonnante* affaire, lorsqu'on réfléchit à la multiplicité et à l'extrême pauvreté des filons attaqués. Il ne comprend pas comment l'exploitation ait pu se maintenir aussi longtemps.

crête même du filon. Eh bien! au lieu de profiter de ces
ressources pour exploiter à fond le filon principal, on a
constamment voltigé d'un filon à l'autre, les abandonnant
tous dès que l'on atteignait le niveau des vallons, ou ne son-
dant les parties inférieures qu'à l'aide de simples treuils à bras.

A l'excuse de MM. de Blumenstein, nous devons dire
que la plupart des propriétaires de la surface opposaient,
à l'établissement de grands travaux extérieurs, des obstacles
presque insurmontables, et que les concessionnaires n'avaient
pas alors à leur disposition des capitaux assez considérables
pour entreprendre de vastes travaux d'avenir dans les trois
districts si étendus de Saint-Julien, Vienne et Saint-Martin-
la-Sauveté. Enfin, ce qui a surtout empêché la création
de grands travaux préparatoires, c'est le mode si vicieux
des concessions temporaires. La possession des mines n'a
jamais été assurée à MM. de Blumenstein, avant 1771,
pour plus de vingt ans, et depuis lors, jusqu'en 1810,
pour cinquante années seulement. C'est là, sans contredit,
la cause principale du triste état dans lequel sont tombées la
plupart de nos mines métalliques, tandis que celles d'Allemagne n'ont jamais cessé d'être maintenues en activité[1].

Quoi qu'il en soit, on doit vivement regretter que ces

---

[1] On ne conçoit vraiment pas comment on a pu concéder à une seule
personne un territoire aussi étendu, pour un laps de temps aussi court!
La situation financière de la famille de Blumenstein n'était d'ailleurs pas
à la hauteur de la tâche qui lui était imposée. Dans le mémoire présenté
à l'Administration en 1769, pour appuyer la demande de prorogation, on
lit ce qui suit : «Le sieur de Blumenstein n'a contre lui que sa situation
malheureuse vis-à-vis de ses créanciers. Elle affaisse son imagination, et
le rend quelquefois comme anéanti par des accès de mélancolie. Cependant,
de la somme de 200,000 livres, sa dette est réduite à 44,699 livres, etc.»
L'ingénieur König ajoute à son procès-verbal de 1766 des observations
analogues : «De Blumenstein père n'a en quelque sorte qu'*écrémé* ses filons, pour se servir de l'expression des gens du pays, ce qui ne serait sans
doute pas arrivé si sa concession eût été moins étendue. J'attribue à cette
cause l'abandon ou la suspension *trop légère* d'une foule d'ouvrages (filons).
Le fils a montré plus de persévérance, mais il s'y est ruiné, parce que le
meilleur était déjà pris par son père.»

travaux n'aient pu alors être entrepris; car il ne serait pas impossible que l'exploitation de ces mines fût aujourd'hui encore profitable, si, soutenue par de puissants moyens hydrauliques, elle n'eût jamais été interrompue. Autre chose, en effet, est de *continuer* l'exploitation d'une mine déjà pourvue de toutes les constructions qu'exigent l'extraction, l'épuisement et l'aérage, et autre chose de *créer à nouveau* tous ces appareils, et d'avoir encore à lutter contre les difficultés si grandes qui naissent d'anciens travaux abandonnés. Ainsi, personne, bien certainement, ne songerait aujourd'hui à reprendre les mines du Harz, si elles étaient abandonnées depuis cinquante à soixante ans, tandis qu'à l'heure qu'il est on les poursuit encore avec avantage, parce que, constamment maintenues en activité depuis plusieurs siècles, elles sont déjà munies de tous les puits, galeries et appareils par lesquels se fait la sortie du minerai, de l'eau et de l'air.

Les rapports précédemment cités renferment peu de détails précis sur la production totale des mines de Saint-Julien et sur le résultat financier de l'entreprise. Tous les mémoires cependant s'accordent sur ce point, que l'exploitation donna quelques bénéfices pendant la gestion de de Blumenstein père et jusqu'à l'année 1750. Les produits réalisés à Saint-Julien permirent l'ouverture des ateliers de Vienne, en 1726, et de Saint-Martin-la-Sauveté, en 1728. Les dernières mines devinrent même, en peu d'années, beaucoup plus importantes, sous le rapport des bénéfices, que celles de Saint-Julien.

Détails économiques sur les mines.

Les chiffres que l'on rencontre épars dans les divers mémoires se rapportent en général à l'ensemble des mines, sans qu'il soit possible de dire au juste ce qui revient à chacune d'elles. Cependant, les mines de Saint-Julien, sauf les premiers vingt ans, n'ont jamais fourni le tiers de l'extraction totale; et, depuis 1760, les produits de ce district ont toujours été faibles, surtout comparativement à ceux de Saint-Martin.

Voici d'abord quelques données sur les produits réunis de toutes les mines :

Production totale
des mines
de la famille
de Blumenstein.
Dans un mémoire de 1763 (le n° 6 de Lyon), de Blumenstein fils dit que la quantité de plomb vendue par son père, de 1717 à 1739, fut de 3 millions de livres, sans compter ce qui a été livré aux potiers sous forme d'alquifoux. Ce serait une production moyenne de 1,500 quintaux anciens par an, ou plutôt environ 1,000 quintaux chacune des dix premières années, lorsque Saint-Julien était seul, et environ 2,000 quintaux les années suivantes, lorsque les trois districts furent simultanément en activité. Le nombre des hommes occupés dans les mines variait alors de 80 à 150. Le prix du plomb était de 20 livres le quintal.

De 1740 à 1770, la production moyenne fut de 3,000 à 3,500 quintaux de plomb, et de 1,000 à 2,000 quintaux d'alquifoux; et comme le minerai rendait, en moyenne, 40 p. o/o de métal, la quantité totale de minerai préparé devait être, au maximum, de 10,000 quintaux anciens.

Rarement le chiffre de 4,000 quintaux de plomb a été dépassé. On ne peut guère citer que la période de 1758 à 1760, où la mine du Garay, dans la concession de Saint-Martin, fournit un massif d'une puissance exceptionnelle : la production totale s'éleva en 1758 à près de 6,000 quintaux de plomb, valant en argent, y compris l'alquifoux, 140,570 liv.; en 1759, la valeur extraite fut de 106,248 liv.; en 1760, d'environ 100,000 livres, et chacune des trois années suivantes, de 70 à 75,000 livres.

Le plomb valait alors 24 livres le quintal ancien, et l'alquifoux 14 livres.

Le nombre des mines en activité était de 10, et celui des ouvriers, dans les travaux souterrains, de 200 à 250.

Jusqu'en 1750, les mines purent se développer graduellement, à l'aide de leurs propres ressources, si l'on en excepte un prêt sans intérêt de 16,000 livres, que l'intendant des finances Fagon accorda à de Blumenstein fils, peu après la mort de son père.

Le 2 août 1750, un débordement de la Gère détruisit
de fond en comble l'usine de Vienne et entraîna au loin
les minerais et outils des magasins : c'était une perte de
60,000 livres. Dès lors, le sieur de Blumenstein fut constamment gêné. Il dut emprunter à un taux fort élevé, et sa
dette s'accrut rapidement. En 1756, elle s'élevait déjà à
200,000 livres. Les produits exceptionnels de 1758 à 1760
lui permirent de s'acquitter de 150,000 livres; mais, depuis 1770, les filons s'appauvrirent sensiblement, et la
dette augmenta de nouveau.

Plus tard, les travaux ne purent se soutenir que grâce
aux prix élevés de la période révolutionnaire et de l'empire. Le minerai pur se vendait alors 50 à 60 francs les
100 kilogrammes, au lieu de 30 à 40 francs, prix le plus
élevé de l'époque antérieure. En 1791, l'alquifoux coûtait
même jusqu'à 40 francs le quintal ancien.

Il résulte de tous ces détails que la situation de nos
mines de plomb ne fut jamais très-brillante, et qu'aux
prix actuels de 20 à 25 francs les 100 kilogrammes de
minerai, la reprise des mines de Saint-Julien serait particulièrement impraticable, si ce n'est peut-être celle des
filons les plus blendeux.

Depuis 1770, la production des mines diminue sensiblement, au moins dans la concession de Saint-Julien. Elle
atteint rarement 2,000 quintaux anciens de plomb métallique, et le plus souvent le poids total du minerai extrait
ne dépasse pas 5 à 6,000 quintaux. Vers 1790 à 1792,
on ne tire plus que 4,000 quintaux; en 1795, faute d'ouvriers, seulement 3,000 quintaux. Depuis lors, et jusqu'en
1808, l'extraction reste à peu près constante et se relève
même parfois jusqu'à 4,500 quintaux.

Le nombre total des ouvriers est toujours voisin de 200;
ce qui prouve, lorsqu'on compare la période de 1760-
1770 à celle de 1780-1800, que les filons allaient s'ap-
pauvrissant, ou plutôt, ce qui revient au même, les difficultés d'abatage et d'épuisement en grandissant.

A dater de 1808, l'extraction décroît de nouveau, à Saint-Julien surtout. On arrive successivement à 3,000, puis à 2,000 quintaux anciens de minerai. Enfin, les travaux cessent tout à fait à Saint-Julien, en 1831; à Vienne, en 1840, lors de la grande crue du Rhône, qui inonda la mine, et à Saint-Martin, en 1844, par la vente de la concession. En résumé, on peut admettre, comme production totale des deux concessions de la famille de Blumenstein, comprenant Saint-Julien, Vienne, Monistrol et Saint-Martin, les chiffres suivants :

De 1717 à 1739, 100,000
De 1740 à 1770, 270,000
De 1771 à 1790, 110,000 } quintaux anciens { Ces nombres sont
De 1791 à 1810, 75,000 } de minerai et { même proba-
De 1811 à 1830, 40,000 } alquifoux. { blement un peu élevés.
De 1831 à 1840, 10,000

Total.... 695,000 quintaux anciens, soit 30 millions de kilogrammes, ou à peu près 10 millions de plomb métallique et 4 millions d'alquifoux.

Production
spéciale
des mines
de Saint-Julien.

Si, maintenant, nous consultons spécialement les documents concernant les mines de Saint-Julien, nous trouvons les résultats suivants :

De 1717 à 1739, environ 1,000 quintaux anciens de plomb, ou, comme le minerai ne rendait en général que 35 p. o/o de métal, environ 3,000 quintaux de galène préparée; soit 3,500, si l'on y comprend l'alquifoux vendu aux potiers.

Le nombre des filons successivement attaqués dans la concession de Saint-Julien est considérable. L'ingénieur La Verrière en compte 23 depuis 1717 à 1802; mais jamais on ne travailla à plus de quatre ou cinq simultanément, et même, sur ce nombre, rarement deux se trouvaient à la fois dans une période de riche production.

De 1717 à 1729, c'était spécialement le filon de la

Pause; de 1729 à 1737, celui d'Étheize; de 1735 à 1744, les filons de Lavaud et de Balais. Vers la même époque, en 1740, on ouvrit le filon de Broussin et on reprit celui de la Pause. C'étaient les deux exploitations les plus importantes, car on travailla, sans interruption, près de soixante et dix ans dans l'une et l'autre. Lorsque ces mines commencèrent à décliner, vers 1790, on attaqua Revoin et les Égats. En 1755, on reprit également les filons de Balais et de la Raze, dont les travaux furent maintenus en activité jusqu'en 1810 ou 1812.

La période la plus florissante correspond aux années 1750 à 1755. A cette époque, le nombre des ouvriers variait de 100 à 120, et la production en minerai et alquifoux s'élevait, par an, jusqu'à 5,000 quintaux anciens; mais, en 1766, le nombre des ouvriers descend à 70, et dès lors la production décroît rapidement. Elle atteint rarement 1,500 quintaux anciens.

L'an IV de la République, de Blumenstein indique, dans un rapport officiel, 56 ouvriers et 480 quintaux anciens de minerai. Vers la même époque, l'ingénieur Blavier estime la production à 1,000 quintaux, et le nombre des ouvriers à 80. Il ajoute que, faute de bras, à cause des guerres de la révolution, plusieurs chantiers ont dû être abandonnés; que, sans cela, les mines donneraient facilement 1,500 quintaux.

En 1803, l'ingénieur La Verrière constate une production d'au plus 250 quintaux anciens, avec un personnel de 30 à 40 ouvriers. Il ajoute, ce qui ne saurait étonner, que l'on exploite à perte.

Les états officiels de 1807 à 1809 donnent de nouveau des chiffres plus élevés, savoir : en 1807, 268 quintaux métriques de minerai préparé et 67 ouvriers; en 1808, 248; en 1809, 250 : ainsi la moyenne annuelle, à cette époque, était de 500 quintaux anciens.

M. Guényveau, dans son mémoire de 1809, ajoute que depuis nombre d'années les frais excèdent les produits.

L'extraction se maintint à peu près au même taux jusqu'en 1815; mais, depuis lors, elle diminua de nouveau
assez rapidement, et cessa tout à fait en 1831, par la fermeture de la mine de Revoin.

En résumé, les mines de Saint-Julien ont dû fournir,
depuis 1717 à 1831, environ 180,000 quintaux de minerai
et alquifoux, soit à peu près 2,800,000 kilogrammes de
plomb métallique et 1,000,000 d'alquifoux, c'est-à-dire
les trois dixièmes de la production totale des mines de la
famille de Blumenstein.

Fonderie
de
Saint-Julien. Tous les minerais du district de Saint-Julien étaient
fondus dans l'usine établie au bourg de Saint-Julien même.
Elle se composait d'un petit bocard, d'un four à réverbère pour le grillage, et de deux fours à manche. Huit
ouvriers y étaient occupés. Le four à réverbère a été im-
porté d'Angleterre en 1736. On y grillait à la fois 17 à
18 quintaux, en se servant de houille de Saint-Étienne.
L'opération durait vingt-quatre heures. Les premières douze
heures, on chauffait faiblement, puis, à la fin, jusqu'au
ramollissement de la masse. Dans cet état, le minerai grillé
était tiré sur le sol de l'usine; puis, après l'avoir concassé,
on le fondait au charbon de bois dans le fourneau à manche,
avec addition variable de scories de l'opération précédente
et d'une faible proportion de scories de forge de fer. Au
fourneau à manche on consommait un quintal de charbon
par quintal de minerai grillé, et au four à réverbère 12 à
15 quintaux de houille par opération. Le minerai, mal préparé, ne rendait que 35 à 40 o/o de plomb. On négligeait
en effet, sur les mines, la préparation mécanique. L'ingénieur Blavier observe aussi, avec raison, que l'on aurait
dû remplacer, dans les fourneaux à manche, comme à
Viallas et Villefort, le charbon de bois par le coke.

L'usine de Saint-Julien a été établie en 1720 et elle a
cessé de marcher les premières années de ce siècle. Dès
lors, le minerai de Saint-Julien fut transporté à l'usine de
Vienne, qui est encore en activité.

Nous venons de faire connaître les filons de galène, blende et pyrites qui longent le pied oriental du mont Pilat. Des filons de même genre, quoique moins considérables et moins nombreux, se rencontrent également sur son revers opposé et dans les montagnes de la chaîne de Riverie. *Filon du revers nord du Pilat.*

Dans les communes de Saint-Genest-Malifaux et Tarantaise, les cultivateurs ont plusieurs fois trouvé, en labourant leurs terres, de petits nids ou de minces veinules de galène; mais aucun de ces gîtes n'a donné lieu à des travaux, si ce n'est peut-être, fort anciennement, celui dont le hameau dit le *Plomb*, près de Tarantaise, paraît tirer son nom. Par contre, on a exploité de la galène au pied même de la chaîne du Pilat, à la Valla, à Rochetaillée et au château d'Oriol.

Dans la commune de la Valla, on connaît un filon de galène à 3 kilomètres au sud du bourg, au lieu dit *les Flurieux*, sur la rive droite du Jarrêt. Un propriétaire voisin, le sieur Françon, y entreprit quelques travaux vers les premières années de ce siècle. La roche encaissante est le granite schisteux, semblable à celui de la crête du Pilat, et comme lui remarquable par ses *chirats*. Le filon paraît à peu près dirigé du nord au sud, parallèlement au vallon du Jarrêt. La gangue se compose de quartz blanc carié, parsemé de petites mouches pyriteuses, et d'une sorte de pegmatite très-feldspathique, tendre et partiellement kaolinisée, de nuance grisâtre claire. *Filon de la Valla.*

Selon le dire de J.-Ant[ne] Françon, autrefois ouvrier dans la mine et fils de l'ancien exploitant, le filon est pauvre et fort irrégulier. Sa puissance réduite, en galène pure, ne dépasse guère, en moyenne, $0^m,010$ à $0^m,020$, et atteint, au maximum, $0^m,10$. Il est par conséquent tout à fait inexploitable dans les circonstances actuelles, et même, à l'époque où les 100 kilogrammes d'alquifoux se vendaient, rendus à Saint-Étienne ou à Saint-Chamond, 55 à 60 francs, les extracteurs étaient souvent en perte.

Le filon a été attaqué par quatre ou cinq petites galeries à travers banc, aujourd'hui éboulées à l'entrée, mais dont on reconnaît encore la trace et la direction. Les travaux n'ont point été poussés en profondeur, où l'eau paraît assez abondante; mais on aurait pu facilement atteindre le filon par des galeries beaucoup plus basses.

Les travaux ayant été entrepris sur un terrain communal, le maire de la Valla fit suspendre, en 1815, l'exploitation, ou plutôt, il poursuivit encore les recherches pendant six mois pour le compte de la commune même, mais sans aucun succès. Depuis lors, les travaux n'ont pas été repris.

Au nord-est de la Valla, tout près de Saint-Paul-en-Jarrêt, M. Drian indique un filon de galène sur le bord du Dorlay[1]. On le voit, en face de la porte de la fabrique de M. Poidebard, dans le schiste micacé. Son épaisseur est de 0,02 à 0^m,03 mètres, et on peut le suivre sur une longueur d'environ 12 mètres. Il est formé de quartz hyalin, mélangé de galène, de blende et d'un peu de pyrite cuivreuse.

Je rappellerai ici que les filons quartzeux du pont de la Terrasse, près de Doizieu, renferment un peu de galène en rognons, avec des pyrites de fer et de cuivre, et que le filon de baryte sulfatée de Dizimieux, au-dessus de Rive-de-Gier, contient également des nids de galène.

Jars le fils, dans les *Anciens minéralogistes de France*, publiés par Gobet, dit, dans son mémoire de 1765, «que les «mines de plomb sont communes dans les environs de Saint-«Martin-la-Plaine, au nord de Rive-de-Gier.» Cependant, je n'y ai vu aucunes traces d'anciens travaux, ni crêtes de filons plombeux. Par contre, nous aurons à signaler là les restes d'une ancienne mine d'or.

Filon
de Rochetaillée.

A Rochetaillée, un mineur piémontais exploita un peu de galène, il y a environ vingt-cinq ans. Le filon traverse le Furens, près du hameau de Corbière, à 3 kilomètres au

---

[1] *Minéralogie des environs de Lyon*, par M. Drian, p. 318.

sud de Rochetaillée, au pied d'un escarpement dit Roche-
Pointuc. On le connaît au reste depuis longtemps, car il
figure, ainsi que la Valla, dans le tableau des filons de la
concession de Saint-Julien, qui fut dressé le 15 frimaire
an IX (1801).

Le filon de Rochetaillée coupe presque perpendiculairement le lit du Furens. Sa direction diffère notablement de
celle de nos filons plombeux ordinaires; il court de l'E. 10 à
12° N. sur O. 10 à 12° S., en inclinant de 80° vers le nord.
Sur la rive gauche du Furens, sa puissance totale est de
1 mètre; sur l'autre rive, 0^m,50. La gangue est un quartz
très-dur, nettement bordé de salbandes argileuses. La roche
encaissante est du micaschiste fortement imprégné de
quartz, au moins dans le voisinage du filon. La galène se
présente sous forme de rognons isolés, dont l'épaisseur
ordinaire est de 0,01 à 0^m,02. Quelques-uns cependant
ont jusqu'à 0,05 ou 0^m,06, mais alors ils sont immédiatement suivis d'étranglements complets. Le filon se distingue
au jour sur une longueur de 80 à 100 mètres. Il a été fouillé
le long de sa crête, puis attaqué par une courte galerie
souterraine, sur la rive gauche du Furens, à peu de mètres
au-dessus de la rivière; mais comme les produits ne couvraient pas les frais, les travaux furent bientôt abandonnés.
La galène renferme à peine des traces d'argent : moins de
10 grammes aux 100 kilogrammes de plomb.

Un filon plus important a été exploité dans le siècle dernier, sur les bords de la Semène, à 2 kilomètres au nord
de Saint-Féréol, et à 1,000 mètres des limites du département. Il va du village de la Fayette au château d'Oriol, en
coupant trois fois la Semène, à cause d'un double contour
très-brusque du vallon. Sa direction est à peu près est-
ouest vrai, ou plutôt est 10° sud sur ouest 10° nord. Le
filon est connu sur une longueur d'au moins 500 mètres.
La roche encaissante est le granite éruptif ordinaire du
Pilat, qui contient ici de nombreux fragments empâtés de
gneiss; et la limite même de cette roche se voit à quelques

*Filon
de la Fayette.*

cents mètres plus à l'est. La gangue du filon est du quartz carié, entremêlé d'une roche quartzo-feldspathique, qui appartient probablement au granite encaissant. Sur le bord de la Semène, le filon est puissant; il a au moins 1 mètre avec quelques renflements de 2 à 3 mètres. On voit là, au milieu du quartz, de nombreuses veines de pyrites, à la fois arsenicales et ferrugineuses.

Sur les deux rives de la Semène, on observe les orifices d'anciennes galeries; mais l'exploitation s'est surtout développée sur la rive droite, aux environs du village de la Fayette. Il y a en ce point, sur la hauteur, plusieurs puits, dont l'un fut même repris en juillet 1838, mais de nouveau abandonné après quelques semaines de tentatives peu fructueuses. Sur les haldes, on trouve au milieu du quartz un peu de galène et de la pyrite de fer, mais surtout une proportion assez forte de blende brune foncée.

Les travaux ont été exécutés par de Blumenstein fils vers le milieu du siècle dernier. Ils appartiennent au district de Monistrol où toute la galène était vendue comme alquifoux. On négligeait alors la blende, dont il serait aujourd'hui possible de tirer un parti avantageux, si elle s'y rencontrait avec une certaine abondance.

Le filon ne paraît pas avoir été exploité jusqu'au niveau de la vallée, car la galerie la plus basse qui débouche au jour est encore presque à 30 mètres au-dessus de la Semène. Par ce motif, la reprise des travaux serait assez facile, et le voisinage des mines de houille de Firminy et Unieux, qui sont l'une et l'autre à moins de 4 kilomètres, faciliterait d'ailleurs la poursuite en profondeur.

Filon de Cornillon.

Non loin du filon de la Fayette, j'ai rencontré les traces d'un autre filon analogue. Dans le bois de pin qui est au sud de Cornillon, on voit de nombreux fragments de blende et de baryte sulfatée.

Dans la chaîne de Riverie, les filons plombeux paraissent moins fréquents que dans celle du Pilat. Jars, comme on l'a vu, cite les environs de Saint-Martin-la-Plaine; mais le seul point où la galène soit aujourd'hui connue est Saint-Galmier, ou plutôt ses environs.

Nous avons signalé de nombreux filons quartzeux au milieu du gneiss qui enveloppe le granite de Saint-Galmier. Plusieurs de ces filons renferment, outre le quartz, de la galène, de la baryte sulfatée et de l'argile ferrugineuse. L'un d'eux a donné lieu à quelques travaux en 1841. Il est situé au lieu de la Thivalière, commune de Saint-Galmier, sur la route de Chazelles. Le filon est à peu près dirigé de l'est à l'ouest, et plonge de 70° vers le sud. Dans la partie la plus riche, où la galène a en moyenne $0^m,15$, on a foncé un puits incliné de 15 mètres de profondeur sur $2^m,50$ de largeur. On a exploité le minerai à droite et à gauche, et on a même rencontré plusieurs renflements de $0^m,50$. Néanmoins, comme la veine était fort irrégulière et souvent amincie, les fouilles n'ont pu être continuées. La galène extraite a été vendue comme alquifoux : c'est du sulfure de plomb très-pur, donnant à l'essai 60 à 65 p. o/o de plomb à peine argentifère.

Dans la chaîne centrale du Forez, je ne connais aucun filon de plomb, au moins sur le versant qui appartient à la Loire. Les nombreux gîtes de la concession de Saint-Martin-la-Sauveté appartiennent tous aux terrains de transition supérieurs, c'est-à-dire au système carbonifère et aux porphyres. Quelques-uns cependant, dans la vallée de Saint-Thurin et près de Champoly, sont à la limite même des deux formations; mais, comme ils se rattachent intimement aux filons du système carbonifère, il est plus naturel de renvoyer leur description au chapitre des terrains de transition.

Filons de Saint-Galmier.

Filons cuivreux.

Les minerais de cuivre sont fort peu abondants dans les terrains anciens du département de la Loire. Nous avons signalé la pyrite cuivreuse dans quelques-uns des filons plombeux du district de Saint-Julien, mais on ne la trouve nulle part en proportion suffisante pour que l'on pût, avec avantage, la séparer du minerai de plomb.

Je connais, dans notre département, un seul filon de cuivre, encore est-ce plutôt un filon quartzeux simplement sillonné de veinules cuivreuses : c'est le filon de Gumières, dans la chaîne du Forez [1].

Filon
de
Gumières.

Il forme la ligne de faîte de l'étroit promontoire granitique sur lequel est bâti le bourg de Gumières. Sa direction est N. 30° O.; il est sensiblement parallèle à la vallée de l'Ozon, qui borne à l'ouest le chaînon de Gumières, et plonge au S. O., vers ce vallon, sous un angle de 70° à 80°. La crête du filon traverse le bourg dans toute sa longueur, et on la voit surtout à son extrémité nord, sur le bord du chemin vicinal qui conduit à la route de Saint-Anthème. Plusieurs puits creusés sur le filon, à Gumières même, donnent de l'eau légèrement vitriolique.

La masse du filon est un quartz blanc, saccharoïde, plus ou moins carié. Sa puissance totale est de $2^m,60$. Les salbandes sont argileuses, et les épontes granitiques un peu tendres et d'apparence talqueuse. Le quartz est veiné parallèlement au plan du filon, et particulièrement divisé en trois zones parallèles, entre lesquelles se montrent deux filets, sensiblement continus, de cuivre pyriteux. Leur épaisseur m'a paru en moyenne de $0^m,005$, avec quelques élargissements de $0^m,01$ à $0^m,02$. Ailleurs, cependant, les

---

[1] Les archives de Lyon contiennent cependant un document qui semblerait indiquer une autre mine de cuivre :

En 1755, un sieur de Crouserolles du Velay demande à exploiter une mine de cuivre située à une lieue et demie au nord de Saint-Héand. Dans une lettre adressée à l'intendant de Lyon, le 26 avril 1755, M. Colomb d'Hauteville, résidant à Saint-Étienne, explique que cette mine fut ouverte, il y a soixante ans, par un particulier, sans autorisation, et que la mine dut être fermée. Aucun autre document n'indique la suite donnée à cette affaire, et j'ignore complétement où cette mine est située. D'après les indications précédentes, elle devrait se trouver non loin de la Loire, à peu près à mi-chemin entre Saint-Galmier et Saint-Symphorien-le-Château, ou aux environs de Saint-Médard et de Chevrières.

filets se réduisent à de simples mouches régulièrement alignées dans le sens du filon. L'une de ces veines est à $0^m,65$, l'autre à $1^m,15$ du toit. Outre cela, le quartz lui-même, et plus particulièrement la partie voisine du mur, est aussi parsemé de très-petites veinules ou mouchetures pyriteuses, qui toutes sont également orientées comme le filon. Néanmoins, en moyenne, l'épaisseur totale du minerai ne dépasse guère $0^m,02$; seulement, ce minerai est de la pyrite de cuivre pure, presque sans mélange de pyrite de fer.

Avec une teneur aussi faible, le filon n'est certes pas exploitable; mais un changement peut s'opérer en profondeur, et cette perspective détermina l'ouverture de quelques fouilles.

En 1839 et 1840, des capitalistes de Paris dépensèrent, en recherches diverses, à peu près 7,000 francs. On poursuivit le filon jusqu'à 20 mètres du jour; et, à ce niveau, ainsi qu'à 10 mètres, on ouvrit des galeries d'allongement. Le gîte conserva son allure et sa puissance primitive, sans changement aucun dans la proportion du minerai. Cette circonstance, jointe à l'abondance des eaux, amena, en 1840, la suspension des fouilles. On doit le regretter, car des recherches aussi peu étendues laissent nécessairement le problème sans solution. Si jamais on voulait explorer sérieusement le filon de Gumières, le premier travail à faire serait le percement d'une galerie d'écoulement dans le fond de la vallée de l'Ozon. Un percement de 60 à 80 mètres suffirait pour atteindre le filon; et, en le poursuivant en direction, on arriverait facilement à environ 50 mètres au-dessous de l'orifice des anciennes fouilles.

Recherches entreprises sur le filon de Gumières.

Nous devons encore signaler au nombre des gîtes cuivreux le filon de Bellegarde, que l'on exploite pour baryte sulfatée (page 201). Il renferme, en effet, des mouchetures vertes de cuivre carbonaté.

Filon de Bellegarde.

Filons d'antimoine.

Les terrains anciens du département de la Loire renferment de l'antimoine. A Valfleury, dans les montagnes de Riverie, on a autrefois exploité du sulfure d'antimoine; et, aux environs de Saint-Héand, en cultivant la terre, on a découvert, il y a quelques années, du sulfure double de fer et d'antimoine.

Filon
de Valfleury.

Le filon de Valfleury est situé dans le flanc nord du mont Crépon, à 500 mètres au sud de Valfleury. Au sommet de la crête se montre le poudingue houiller; mais au-dessous, sur le revers nord, perce le gneiss en strates presque verticales, sillonné de plusieurs grands dykes de granite porphyroïde. C'est dans le voisinage de l'une de ces masses que l'on a jadis exploité un filon d'antimoine sulfuré. Il fut découvert en 1755[1], et paraît avoir été exploité jusqu'aux approches de la tourmente révolutionnaire. Voici ce qu'en dit Jars le fils, dans le tome II des *Anciens miné-*

[1] Les archives de la préfecture de Lyon renferment quelques documents concernant les mines de Valfleury. Le 13 septembre 1755, M. de Trudaine envoie à M. Colomb d'Hauteville, de Saint-Étienne, un mémoire des missionnaires de Valfleury, qui demandent à exploiter une mine d'antimoine découverte par eux dans leur bois. Le 22 octobre 1755, il fut dressé procès-verbal de la prise d'un échantillon, que l'on envoya à Paris. Le 1er décembre 1755, permission est accordée aux prêtres d'exploiter pendant un an : l'autorisation est donnée par l'intendant de Lyon, d'après les ordres de M. de Séchelles, alors contrôleur *général* des finances. En 1756, l'autorisation est prorogée d'une année, et on promet aux prêtres une concession *en forme*, si les travaux sont solides et selon les règles de l'art. Cette condition ne fut sans doute pas remplie, car la concession ne fut pas accordée. En 1759, M. Trollier, seigneur haut-justicier de Sènevas, demande la permission d'exploiter la même mine d'antimoine et plusieurs mines de charbon. Avant de répondre, M. de Trudaine, l'intendant de Lyon, désire savoir de M. Colomb si la mine d'antimoine est ou non encore exploitée par les prêtres de Valfleury. Les archives de Lyon ne renferment ni la réponse de M. Colomb, ni aucune autre pièce relative à cette affaire; mais, d'après le mémoire de Jars, écrit en 1765, il est probable que les missionnaires furent seuls autorisés à exploiter à Valfleury.

ralogistes de France, pag. 625 : « A Valfleury, les prêtres
«de la congrégation de la mission ont découvert, il y a
«quelques années, dans le milieu de leur bois, une mine
«d'antimoine d'excellente qualité. Les frais de l'exploitation
«ont été, jusqu'à présent, bien au delà des produits, parce
«que les travaux de la première épreuve ont été trop con-
«sidérables. On avait fait deux ouvertures, dont la pre-
«mière avait environ 50 pieds en carré. La seconde fut
«infructueuse; on n'y trouva pas de minéral. Mais la pre-
«mière dédommagera amplement, dans la suite, par l'abon-
«dance de la matière, de tous les frais qu'on peut avoir
«faits ou qui restent à faire.»

On voit encore aujourd'hui, dans le bois du presbytère,
trois ouvertures ou galeries inclinées, poursuivant le filon
dans le sens de la pente; et, au jour, sur les haldes, du
sulfure d'antimoine, en lames brillantes, dans une gangue
presque exclusivement quartzeuse ou quartzo-schisteuse.
Le filon traverse le gneiss du nord au sud, en plongeant
à l'est, à l'inverse de la pente du terrain. La masse du filon
est du quartz gris opaque, au milieu duquel se dessine le
minerai, sous forme de veines minces se renflant par intervalles.

Grâce à la pente très-forte du sol, on pourrait exploiter
la mine de Valfleury, jusqu'à une profondeur considérable,
à l'aide de simples galeries de niveau partant du jour;
mais l'irrégularité du filon, sa faible puissance et le bas
prix de l'antimoine semblent méconseiller la reprise des
travaux.

Le second filon d'antimoine est situé aux environs de
Saint-Héand. Un cultivateur avait rencontré, il y a une
dizaine d'années, une matière métallique en labourant son
champ; il en apporta quelques morceaux à l'École des
mines. M. Janicot la trouva composée, comme la berthié-
rite, de deux atomes de sulfure d'antimoine unis à trois
atomes de proto-sulfure de fer. Ses caractères extérieurs
étaient d'ailleurs, en effet, ceux de ce minéral.

Sulfure double de fer et d'antimoine de Saint-Héand.

17.

L'inventeur du filon nous a laissé ignorer sa véritable situation. Nous savons seulement qu'il doit se trouver non loin de Saint-Héand et, par suite, comme celui de Valfleury, dans le gneiss ou le granite. Quoi qu'il en soit, ce filon n'a, dans tous les cas, aucune importance industrielle, puisque, au prix où se vend l'antimoine, le traitement de ces sulfures doubles est économiquement impossible, même lorsqu'ils se rencontrent en masses abondantes.

Mine d'or.

Il existe une ancienne mine d'or dans la commune de Saint-Martin-la-Plaine, près du hameau de Bissieux, dans une vigne connue encore aujourd'hui sous le nom de Terrain de la mine, et désignée ainsi dans tous les actes postérieurs à 1602.

Jars le fils[1] en parle dans ces termes : « On assure qu'il « y avait autrefois une mine d'or dans la paroisse de Saint- « Martin-la-Plaine, et l'on prétend même que l'on voit « encore aujourd'hui, dans le trésor de l'abbaye royale de « Saint-Denis, une coupe d'or qui en vient. Mais ce qu'il y « a de certain, c'est que les travaux de ces mines ont été « comblés, parce que l'or était d'un titre assez bas et qu'il « était si difficile de le tirer, qu'il ne payait pas les frais de « l'exploitation. » — Jars cite, à ce sujet, la note suivante, extraite de l'*Histoire de France* de Pierre Mathieu, tom. II, pag. 209 : « Près du village de Saint-Martin-la-Plaine, un « paysan, qui travaillait dans sa vigne, trouva un petit « caillou tout broché d'or, duquel on prenait assurance in- « faillible que ce membre présupposait un corps. J'en eus le « premier advis. De Vic, surintendant à la justice de Lyon, « eut commandement du roi d'y faire travailler. La pre- « mière production fut admirable ; et, entre plusieurs belles « pièces qui s'en tirèrent, j'en montrai une au roi, aux Tui-

---

[1] Dans les *Anciens minéralogistes de Gobet*, t. II, p. 624.

« leries, belle, riche et admirable, en laquelle l'or parais-
« sait et poussait comme des bourgeons de vigne, etc. »

Quelques personnes avaient élevé des doutes sur l'au-
thenticité de ces faits ; mais les recherches de M. l'abbé
Rimaud, vicaire de Saint-Martin, ont confirmé leur réalité.
Voici un extrait de la notice publiée par M. Rimaud : « La
« mine d'or dont parle Pierre Mathieu existe dans la commune
« de Saint-Martin, près du hameau de Bissieux, dans une
« vigne connue, d'après les titres, sous le nom de *la Mine*,
« et, avant 1602, sous celui de *Grangeasse;* la tradition
« confirme l'histoire du petit caillou broché d'or trouvé par
« un paysan en travaillant dans sa vigne.

« Des travaux ont été exécutés à diverses reprises; les
« derniers, en 1745[1]. Un délégué du Gouvernement vint de
« Saint-Étienne pour les surveiller. Des ouvriers étrangers
« furent seuls employés à extraire le minerai. Toutefois, par
« une faveur spéciale et comme compensation du dommage
« causé au champ, Antoine Guillermet, le propriétaire (aïeul
« du propriétaire actuel), eut le droit d'y travailler moyen-
« nant un salaire d'une livre par jour; en outre, il lui fut
« donné un brevet d'exemption de la milice.

« Sept galeries de 8 pieds de dimension furent prati-
« quées dans le rocher; et, pour donner un libre et facile
« écoulement aux eaux de la mine, on ouvrit une percée
« destinée à les déverser dans le ruisseau de Bosançon. Six
« mille livres furent ainsi dépensées sans qu'on ait pu par-
« venir à un résultat avantageux.

« On trouve encore, sur les registres de Saint-Martin-la-
« Plaine, des actes de baptême, dont l'un, du 16 mars 1625,
« constate que le père était travailleur à la mine d'or, au
« lieu de *Tullio*, et que le parrain exerçait les fonctions de
« sous-prévôt à la même mine[2]. »

M. Rimaud rappelle, dans la même notice, que M. Mon-

[1] 1752, selon Jars le cadet, dans un mémoire de 1781 qui se trouve
aux archives de la préfecture du Rhône.
[2] *Revue du Lyonnais*, t. IX, p. 140, 1839.

tellier, ancien président du tribunal de Saint-Étienne, a vu, à Paris, le vase d'or mentionné par Jars. On y lit, d'un côté : *Vase faict de l'or de la mine de Saint-Martin;* de l'autre côté : *Offert à Marie de Médicis.* Enfin, des paillettes d'or ont été trouvées dans le ruisseau du Bosançon.

Ainsi l'existence d'une ancienne mine d'or à Saint-Martin-la-Plaine est positivement constatée.

Après avoir recueilli les renseignements qui précèdent, j'ai visité les lieux, et M. Rimaud eut la bonté de m'indiquer lui-même la position précise du terrain de la mine. Je n'y vis ni halde, ni déblais, ni aucun autre indice d'anciens travaux souterrains. Cependant, j'ai trouvé dans la vigne de nombreux cailloux de quartz, blanc jaunâtre, que l'on ne remarque nulle part ailleurs aux environs, et qui diffèrent entièrement du quartz blanc laiteux, si abondant, sous forme de rognons, au milieu du micaschiste. Ils ressemblent plutôt au quartz saccharoïde ordinaire des filons métallifères. Ce sont donc là très-probablement les débris des matériaux extraits. Au reste, le sieur Guillermet, propriétaire du terrain de la mine, m'assura que son grand-père avait vu encore quelques cavités, mais qu'il les avait fait combler pour cultiver sa vigne.

Le terrain de la mine est situé à environ 400 mètres à l'est du hameau de Bissieux, sur le bord du plateau qui, de là, s'abaisse très-brusquement vers la profonde vallée du Bosançon. Cette disposition rendrait très-facile la reprise des travaux. Une galerie d'écoulement ouverte sur le bord de la rivière atteindrait le filon à plus de 120 mètres verticalement au-dessous du niveau du plateau; et cette reprise ne serait pas aussi déraisonnable que cela paraît au premier abord. On sait, en effet, que, depuis l'emploi du bocard et des moulins d'amalgamation perfectionnés, on exploite avec avantage des filons quartzeux aurifères, dont la teneur en or n'est que de deux à trois millionièmes. A Zell, dans le Tyrol, on travaille même un filon qui n'en renferme qu'un millionième.

J'observerai, en terminant, que tout près du terrain de la mine se trouve la belle amphibolite lamelleuse dont nous avons parlé (pag. 190), et que cette roche n'est peut-être pas étrangère à la formation du quartz aurifère, si, toutefois, ce que je ne saurais affirmer, elle est d'origine éruptive, et non pas simplement un gneiss plus ou moins modifié.

§ 5.

CARRIÈRES.

Les carrières proprement dites sont peu nombreuses dans les terrains anciens. Les roches du terrain de gneiss ne peuvent se tailler. On ne les utilise que pour l'empierrement des routes ou, comme pierres brutes, dans les maçonneries ordinaires; et tous ces matériaux s'exploitent, en général, très-près des lieux de consommation, dans une foule de petites carrières qu'il serait sans intérêt de signaler ici. *Carrières dans le terrain de gneiss.*

Le granite, par contre, est une précieuse pierre de construction; on le recherche surtout pour les travaux hydrauliques, mais sa dureté et les difficultés de sa taille le rendent fort coûteux. Dans l'arrondissement de Roanne, on lui préfère, par ce motif, pour les constructions ordinaires, la pierre calcaire jurassique, et, dans l'arrondissement de Saint-Étienne, les grès houillers. Quant à l'arrondissement de Montbrison, situé à égale distance des grès et des calcaires, on y a souvent recours aux murs en pisé. *Carrières dans le granite.*

Tous les granites ne sont, du reste, pas également propres aux travaux de construction. Les uns sont trop durs, les autres trop tendres; souvent, par excès de dureté, ils éclatent sous le marteau, ou bien encore, très-fissurés, ils ne peuvent se débiter en blocs de grandes dimensions. En général, il faut rechercher les granites à grains moyens et uniformes, riches en feldspath et pauvres en mica.

Les carrières les plus importantes sont situées à Moingt, Donzy et Cesay, dans l'arrondissement de Montbrison, et

auprès de Changy et Ambierle, dans l'arrondissement de
Roanne.

1°
Carrières
de Moingt.

Les carrières de Moingt sont ouvertes au pied de la
chaîne du Forez, à 2 kilomètres sud de Montbrison, dans
un granite très-feldspathique, particulièrement remarquable par la finesse de son grain. Il est tendre et facile à
tailler, et pourtant plus résistant que le granite ordinaire,
beaucoup plus micacé, des montagnes du Forez. Les deux
roches sont nettement tranchées : le granite exploité semble
plus moderne (pag. 136).

Les carrières de Moingt, quoique assez nombreuses,
sont peu étendues; la plupart se trouvent dans l'intérieur
même de la ville de Moingt; l'exploitation y est peu active.
Rarement les ouvriers sont au nombre de 12. Montbrison
seul et ses plus proches environs consomment les pierres
de Moingt; on préfère d'ailleurs, pour les grands travaux
hydrauliques, le granite plus résistant de Donzy et Cezay.
Le mètre cube, taillé brut, coûte, sur les lieux, 30 à
40 francs.

Carrières
de Donzy.

Sur le bord opposé de la plaine du Forez, on exploite,
au pied des coteaux, un fort beau granite du massif du
Beaujolais. Les carrières sont situées aux environs de Donzy,
au nord de la route départementale de Feurs à Tarare.

Le grain de la roche est d'une grosseur moyenne, sa
texture uniforme et tout à fait cristalline. Le feldspath prédomine sans avoir la tendance à s'isoler en cristaux réguliers; il est généralement blanc, quelquefois rose. Le mica,
en feuillets peu nets, est brun ou vert terne. La roche se
taille difficilement, mais elle est dure et résiste mieux que
celle de Moingt aux influences de l'atmosphère; aussi l'em-
ploie-t-on habituellement, dans la plaine du Forez, pour
les ponts et la plupart des constructions importantes. On
peut, d'ailleurs, se procurer, aux carrières de Donzy, des
blocs de dimensions colossales. Malgré ces avantages, l'exploitation y est peu développée, faute de débouchés; rarement elle occupe plus de 15 à 20 ouvriers. Les travaux

n'ont, d'ailleurs, rien de régulier; on recherche surtout les roches qui se présentent en saillie hors de la surface du sol.

Le mètre cube ébauché se vend, en gros blocs, à peu près 5o francs.

A Cezay, entre Boën et Saint-Germain-la-Val, on rencontre, au milieu du porphyre granitoïde, un granite très-feldspathique et micacé, d'une nuance sombre, où le quartz est rare; aussi, au point de vue géologique, la roche m'a paru plutôt une simple variété du porphyre qui l'enveloppe. Mais, sous le rapport industriel, elle diffère peu du granite ordinaire, et on l'exploite comme tel pour les constructions et les moulins à blé. Quant aux services qu'il rend, le granite de Cezay ne paraît pas inférieur à celui de Donzy; mais les carrières sont moins bien placées pour l'exportation des produits, ce qui est, pour le travail des carriers, une cause de fréquentes suspensions : souvent les chantiers sont tout à fait déserts. Le prix des pierres est, d'ailleurs, le même qu'à Donzy.

3ª
Carrières
de Cezay.

Dans le flanc oriental de la côte porphyrique de Saint-Hâon, j'ai signalé plusieurs massifs d'un fort beau granite. On l'emploie dans toutes les constructions des localités voisines, et particulièrement pour les travaux hydrauliques de la plaine de Roanne. Ainsi la plupart des écluses du canal de Roanne à Digoin sont en granite de Changy.

4°
Carrières
de Changy
et d'Ambierle.

La roche est blanche, à grains moyens, et, comme celle de Donzy, très-feldspathique, dure et cristalline.

Les carrières les plus importantes sont ouvertes entre Ambierle et Changy, à une faible distance de la route impériale de Lyon à Paris. Au reste, ici encore, il n'y a pas d'exploitations régulières ; on établit simplement, d'une manière temporaire, quelques chantiers au milieu des terres, là où de grands blocs de granite se rencontrent saillants au-dessus du sol.

Malgré la qualité supérieure de la pierre et la position heureuse des carrières, les ouvriers sont généralement peu occupés. A Roanne et dans les environs, on préfère, pour les bâtisses ordinaires, à cause de la différence des prix, la pierre calcaire de la Tessonne ou celle de Saint-Maurice. Le granite de Changy coûte, en effet, 5o francs le mètre cube, taillé en gros blocs, tandis que la bonne pierre calcaire se vend 15 à 2o francs. Le pont de Roanne lui-même est bâti en calcaire. Cependant, pour les constructions hydrauliques, le granite est certainement préférable; et les ingénieurs des ponts et chaussées s'en servent aujourd'hui, dans la plaine de Roanne, pour les travaux de ponts.

Les carrières de Changy et Ambierle occupent à peu près une quinzaine d'ouvriers.

CHAPITRE III.

TERRAINS DE TRANSITION SUPÉRIEURS.

(Système carbonifère et porphyres contemporains.)

———

Aux terrains anciens (granite et gneiss) succèdent directement, dans le Forez, les roches de la période carbonifère. Les terrains de transition inférieurs, appelés systèmes *silurien* et *dévonien*, semblent manquer complétement, ou du moins on pourrait tout au plus considérer comme antérieure à la période carbonifère la partie la plus basse de nos terrains de transition supérieurs, ce que j'ai appelé groupe quartzo-schisteux dans la classification générale [1].

Les terrains siluriens et dévoniens semblent manquer dans la Loire.

Le système carbonifère se compose, dans le département de la Loire, de trois terrains différents.

Le système carbonifère se compose de trois terrains différents.

Le plus élevé est le terrain houiller proprement dit, dont les caractères sont, à tous égards, tellement particuliers, qu'il ne peut être confondu avec aucun autre.

Terrain houiller.

Vient ensuite le grès feldspathique anthraxifère. Ce terrain est compris entre la formation houillère proprement dite et le calcaire carbonifère, et, comme tel, doit appartenir au millstone-grit ou terrain houiller inférieur. Mais, pour ne pas trancher par un nom une question qui sera peut-être contestée, je préfère l'appeler *grès à anthracite* ou *grès porphyrique* du Roannais; terme qui fait connaître sa position et son caractère le plus saillant, celui de renfermer de la houille anthraciteuse, et d'être composé d'éléments porphyriques.

Grès à anthracite.

Au grès à anthracite, si l'on descend l'échelle des formations, succède un terrain arénacé et argilo-schisteux, véritable grauwacke et grauwacke schisteuse, contenant du calcaire bitumineux, avec les fossiles caractéristiques du calcaire carbonifère.

Grauwacke ou calcaire carbonifère.

[1] Voyez le tableau de la p. 80.

La grauwacke
se divise
en deux groupes. Ce terrain se divise en deux groupes, l'un supérieur, principalement argilo-calcaire, l'autre inférieur, quartzo-schisteux. Le premier contient les fossiles du calcaire carbonifère dont je viens de parler; le second est dépourvu de débris organiques et appartient peut-être à un terrain plus ancien, au système dévonien. Pourtant, ses rapports avec le groupe supérieur sont très-intimes, et, d'ailleurs, il ne forme dans le département de la Loire que quelques lambeaux d'une très-minime importance. Ainsi, au moins provisoirement, je crois devoir le considérer comme la partie inférieure du terrain carbonifère. Nous aurons à examiner plus tard les divers motifs que l'on peut faire valoir pour ou contre cette manière de voir[1].

[1] Dans le mémoire publié, en 1841, sur les terrains de transition et les porphyres du département de la Loire *, j'avais distingué, indépendamment du terrain houiller proprement dit, trois étages différents qui correspondent aux trois divisions dont je viens de parler, au millstone-grit et aux deux groupes du calcaire carbonifère. D'après la détermination de quelques fossiles faite par M. Voltz, j'avais été amené à placer l'étage moyen dans le système *silurien*, et, avec quelques doutes, l'étage inférieur dans le système *cambrien*. Les trois subdivisions ne sauraient disparaître, car elles reposent sur des faits; mais il y a une différence plus tranchée entre l'étage supérieur et l'étage moyen qu'entre celui-ci et l'étage inférieur. Cela explique pourquoi j'ai choisi le terme de *groupes* pour désigner les deux divisions inférieures.

Un examen plus approfondi des fossiles a, d'ailleurs, montré que l'étage envisagé comme silurien appartenait réellement au calcaire carbonifère. On doit la solution de cette question intéressante à M. Jourdan. Ce savant a montré que la plupart des fossiles du calcaire de Regny sont carbonifères, et M. de Verneuil est venu confirmer les vues du professeur de Lyon. M. de Verneuil avait même, dès 1840, classé le calcaire de Regny dans le terrain carbonifère **.

Ainsi l'étage supérieur, que j'appelais terrain silurien anthraxifère, vient se placer entre le terrain houiller proprement dit et le calcaire carbonifère : c'est le millstone-grit; et les deux étages moyen et inférieur, précédemment considérés comme silurien et cambrien, correspondent aux deux groupes calcaréo-schisteux et quartzo-schisteux du calcaire carbonifère.

* *Annales des mines*, 3ᵉ série, t. XIX.
** *Bulletin de la société géologique*, 1840, p. 174.

Deux roches ignées ont paru durant la période carboni-fère. La plus ancienne, le porphyre *granitoïde*, a surgi après le dépôt du calcaire carbonifère, mais avant ou, en partie, pendant la formation du grès à anthracite. La se-conde, le porphyre *quartzifère*, sépare le grès anthraxifère du terrain houiller. Il perce le premier et supporte le se-cond.

Porphyres contemporains du système carboni-fère.

Ainsi, nous avons à étudier successivement les deux groupes du calcaire carbonifère, le porphyre granitoïde, le grès à anthracite et le porphyre quartzifère; ensuite, nous aurions à nous occuper du terrain houiller proprement dit, mais, à raison de son importance et de son isolement, nous lui consacrerons un volume spécial. Les autres ter-rains que nous venons de nommer se font, au contraire, remarquer par des rapports très-intimes, et se présentent comme des membres très-étroitement liés d'un seul et même corps.

Nous séparons, pour l'étude, le terrain houiller des quatre membres plus anciens de la période carbo-nifère.

Ces terrains occupent presque toute la partie nord du Forez et du Beaujolais, et se prolongent au delà, sous les dépôts jurassiques et tertiaires du Charollais. On les voit reparaître dans les départements voisins, sur les deux rives de la Loire. Sur la rive gauche, le calcaire carbonifère se montre à Bert et à Vichy; sur la rive droite, on rencontre les schistes, grès et calcaires carbonifères, avec le grès à anthracite et les deux porphyres, depuis les bords de la Loire, près de Digoin et Bourbon-Lancy, jusque dans les montagnes du Morvan[1]. Enfin, ces mêmes terrains sont de nouveau relevés au jour dans la partie méridionale de la chaîne des Vosges[2]. Ainsi, la limite du système carbonifère dans la direction du nord est tout à fait indéterminée, et ce terrain pourrait fort bien servir de base à une grande

Limites de nos terrains carbonifères.

[1] Mémoire sur les bassins houillers de Saône-et-Loire, par M. Manès, ingénieur en chef des mines, p. 20. Notes de M. D'Avoût sur les terrains de transition et les porphyres du Morvan. *Bulletin de la société géologique*, 2e série, t. II, p. 741 et 750.
[2] *Explication de la carte géologique de la France*, t. Ier, p. 349, etc.

partie des formations secondaires du centre et du nord de la France. En effet, le même système reparaît, près d'Angers, sur les bords de la Loire (bassin houiller de la basse Loire), dans la Mayenne (calcaire de Sablé)[1], et dans le Nord et en Belgique (calcaire de Visé et de Tournai)[2].

Par contre, dans nos contrées, les terrains de transition supérieurs sont assez bien limités à l'ouest et au sud.

Les terrains carbonifères reposent sur le granite de la chaîne du Forez.

A l'ouest, ils reposent directement sur le granite de la chaîne centrale du Forez. Leur limite suit le pied de la chaîne, le long d'une ligne presque droite, allant de Marcilly au col de Saint-Priest-la-Prugne, col qui relie le Puy-Montoncelle au massif de la Madelaine.

Au sud, le schiste carbonifère se prolonge sous les dépôts tertiaires de la plaine du Forez; mais, comme ce dernier bassin est complétement encaissé, à l'est, à l'ouest et au sud, par le granite et le terrain de gneiss, on peut, avec assez de précision, fixer dans ce sens sa limite extrême. Elle doit à peu près correspondre à une ligne plus ou moins arquée allant de Marcilly à Pouilly-lès-Feurs, et dont la convexité serait tournée au sud. A partir de Pouilly, la lisière du terrain carbonifère n'est plus cachée; on peut la suivre presque droite, de l'ouest à l'est, jusqu'à Violay; au delà, elle traverse dans la même direction le département du Rhône, en passant entre Tarare et l'Arbresle. Le long de cette ligne, les schistes et grès carbonifères reposent le plus souvent sur les schistes supérieurs du terrain de gneiss, plus rarement sur le granite du Beaujolais.

Les porphyres ne s'arrêtent pas rigoureusement aux mêmes limites; cependant les filons porphyriques[3] sont relativement très-rares au sud de la ligne que je viens de tracer, et, par contre, fort abondants dans le nord du département.

[1] *Bulletin de la société géologique*, 2ᵉ série, t. IV, p. 976, et t. VII, p. 774.
[2] *Explication de la carte géologique de la France*, t. Iᵉʳ, p. 734 et 753.
[3] Voyez la carte. (Pl. 1.)

A l'est, comme au nord, les terrains de transition se perdent sous les terrains secondaires de la vallée de la Saône. Pourtant, à partir de Belleville et de Beaujeu reparaît le granite, qui, de là, se poursuit au nord jusque dans le Morvan, en isolant sur toute la ligne les terrains sédimentaires de la vallée de la Saône de ceux du bassin de la Loire.

Dans chacune des parties du territoire qui nous occupe, on rencontre simultanément les quatre terrains dont nous venons de parler; néanmoins, chacun d'eux occupe plus spécialement un district déterminé, ou du moins y prédomine aux dépens des trois autres.

Distribution des terrains de l'époque carbonifère dans le département de la Loire.

Ainsi, le grès à anthracite, le plus important par son étendue, couvre presque entièrement le plateau de Neulize sur les deux rives de la Loire, et pénètre, de là, à l'est, dans les montagnes du Beaujolais, et, à l'ouest, en lambeaux épars, au milieu du porphyre quartzifère du massif de la Madelaine.

Le grès à anthracite occupe le plateau de Neulize.

Le calcaire carbonifère passe sous le grès à anthracite et l'entoure en forme de ceinture. Au sud, il borde le plateau de Neulize depuis les rives de la Loire jusqu'à Tarare, tandis que, au nord, il se relève en sens inverse et y constitue une autre bande presque symétrique, entre Montagny et Thizy.

Le calcaire carbonifère sert de support au grès à anthracite.

Sur la rive gauche de la Loire, le terrain carbonifère se montre le long de la vallée de l'Aix, depuis Saint-Germain-la-Val jusqu'à Saint-Just-en-Chevalet, et, en lambeaux isolés, dans la vallée de Saint-Thurin, entre Boën et Champoly. Une autre zone coupe transversalement le bassin anthraxifère, depuis Luré jusqu'à Cordelles, et semble le résultat d'un soulèvement postérieur, car, le long de ses bords, le terrain supérieur porte les traces les plus évidentes de fracture violente.

Le porphyre granitoïde occupe un territoire assez nettement limité, entre le Lignon et l'Aix : un espace triangulaire très-montueux, aux trois angles duquel sont situés Boën, Saint-Germain-la-Val et Champoly.

Le porphyre granitoïde occupe les environs de Boën.

Enfin, le porphyre quartzifère constitue surtout les montagnes de la Madelaine et la partie nord des chaînons du Beaujolais, entre Thizy, Beaujeu, la Clayette et Charlieu. De plus, il perce les trois terrains précédents, et même, en divers points, le granite et le terrain de gneiss, sous forme de dykes nombreux et puissants.

J'ai calculé, aussi approximativement que possible, la superficie de chacun des terrains de transition dans l'intérieur de notre département; voici les chiffres :

Grès à anthracite........	45,600 hect., soit les	0,096 du dép'.
Terrain carbonifère non couvert par le grès précédent.	16,200	0,034
Porphyre quartzifère.....	40,940	0,086
Porphyre granitoïde......	9,050	0,019
Terrains de transition supérieurs.	111,790	0,234

Passons maintenant à l'étude spéciale de chacun de ces terrains.

Remarquons d'abord qu'ils forment, à quelques égards, un tout indivisible, et qu'il convient par ce motif, pour éviter les répétitions, de traiter au point de vue du groupe tout entier les diverses questions qui ont trait à la stratification, la direction et l'âge des formations, comme aussi tout ce qui concerne les filons métallifères et les roches subordonnées.

D'après cela, voici l'ordre que nous allons suivre : nous étudierons successivement la nature des roches de chacun des terrains, leur importance relative, leur puissance absolue, les restes organiques qui les caractérisent, enfin l'influence qu'ils exercent sur la conformation et la nature du sol, sous le triple rapport orographique, hydrographique et agricole.

Ensuite, pour l'ensemble des quatre terrains, on fera connaître la stratification, la direction, la position relative de chacun d'eux; puis les roches subordonnées que l'on y rencontre, sous forme d'amas, filons ou veines.

Après cela, nous parcourrons les diverses régions du département de la Loire où se rencontrent les terrains de transition, ce qui nous permettra de corroborer par des preuves les simples assertions de la description générale.

Nous rechercherons également comment se présentent les terrains analogues dans les contrées voisines; nous tâcherons de fixer leur véritable niveau géologique et l'âge des systèmes de soulèvement qui les ont affectés.

Enfin, nous terminerons par quelques considérations sur le mode de formation des roches de transition.

§ 1er.

CALCAIRE CARBONIFÈRE ET GRAUWACKE DU ROANNAIS.

Le terrain de grauwacke du Roannais se compose, au point de vue des roches, de deux groupes différents. L'inférieur est riche en silice, le supérieur plutôt caractérisé par quelques bancs de nature calcaire : de là, les noms de groupes *quartzo-schisteux* et *calcaréo-schisteux*.

1° Roches du groupe inférieur ou quartzo-schisteux.

Le groupe inférieur est formé de grès et poudingues siliceux, de schistes argileux plus ou moins satinés ou gaufrés, et de quelques lits minces de quartz lydien.

Le schiste argileux est la roche dominante. Il est jaune verdâtre, plus ou moins grenu, doux au toucher et généralement un peu satiné, mais rarement talqueux. Sous plusieurs rapports, il diffère des schistes supérieurs du terrain de gneiss : ainsi, il ne contient jamais du feldspath en grains discernables, ni du mica en grandes paillettes apparentes. Les fibres amphiboliques y sont généralement rares, et on ne le rencontre nulle part en gros bancs massifs et durs, semblables aux cornes vertes du terrain de Saint-Bel. On

Schistes satinés.

18

peut mieux le diviser en plaques minces que les schistes
du terrain de gneiss, mais pourtant il n'est ni assez fissile,
ni assez résistant pour servir comme ardoises.

Les schistes du groupe inférieur sont, dans leur état
normal, généralement unis et plans, mais ils se fendillent,
tendent à se plisser, et prennent une apparence gaufrée
sous l'influence du porphyre granitoïde, tandis que le porphyre quartzifère les coupe sans les modifier.

Au-dessous des schistes précédents, et parfois même
alternant avec eux, on observe un grès plus ou moins grossier, passant, d'une part, au poudingue et, de l'autre, au
grès quartzite ou grès schisteux.

Poudingue siliceux. — Le poudingue est presque exclusivement formé de petits
galets de quartz, les uns hyalins, les autres blanc laiteux,
tous intimement soudés par un ciment siliceux. Le quartz
diffère complétement de celui qui forme les grands filons
N. O.-S. E., au milieu du gneiss et des terrains de transition
eux-mêmes. Les grains hyalins paraissent venir du granite
et le quartz blanc laiteux des nodules siliceux du micaschiste.
Dans les poudingues les plus grossiers, on aperçoit quelques menus fragments du schiste argilo-talqueux verdâtre,
si abondant dans la partie haute du terrain de gneiss.
Enfin, il faut encore remarquer que les poudingues ne renferment jamais des galets de lydienne ni de quartzite; on y
voit uniquement des débris du terrain ancien, tandis que les
grès et poudingues du groupe supérieur contiennent précisément quelques fragments de roches du groupe inférieur.

Grès quartzite lustré. — Le poudingue passe au grès quartzite, roche dure, grenue, à éclat lustré, d'une nuance grise, tirant sur le jaune
clair ou le brun plus ou moins foncé.

Dans le voisinage des schistes, le grès devient lui-même
schisteux; il est alors plus tendre, d'une nuance verdâtre
claire, et l'argile y remplace le ciment siliceux.

Quartz lydien. — Au milieu des schistes fins grenus, on observe du quartz
lydien. Il est disposé en lits réguliers de 0^m,12 à 0^m,15
d'épaisseur, parallèlement à la stratification du terrain.

Le quartz est ou totalement noir, ou veiné de blanc, et, dans ce dernier cas, les veines sont aussi parallèles aux feuillets de la roche schisteuse.

Les roches du groupe inférieur s'observent spécialement sur la rive gauche de l'Aix, en amont de Saint-Just-en-Chevalet, et sur la route de Saint-Just à Roanne, entre les villages de la Bourrée et des Essards. On trouve là toutes les variétés dont je viens de parler, depuis la lydienne jusqu'au poudingue le plus grossier. Le même étage se rencontre aussi sur la rive droite de la Loire, entre Pouilly-lès-Feurs et Bussières.

2° Roches du groupe supérieur ou calcaréo-schisteux.

Le groupe supérieur se compose de grès fins et grossiers, de schistes tendres argileux, et de calcaires plus ou moins bitumineux, qui alternent entre eux sans ordre constant de superposition. Néanmoins, le calcaire semble plus particulièrement caractériser les parties supérieures.

Les schistes argileux sont ici encore la roche prédominante; en général, ils sont feuilletés, tendres et cassants, et s'altèrent facilement au contact de l'air. Leur couleur est assez variable : il y en a de verts clairs, comme dans le groupe inférieur; mais la plupart sont d'une nuance plus foncée, gris bleuâtre ou gris verdâtre, passant au noir; plus rarement, couleur lie de vin. Ils sont ordinairement à grains très-fins et doux au toucher, mais rarement talqueux ou satinés. Pourtant le porphyre granitoïde les a modifiés de la même façon que les schistes inférieurs : on les voit, dans le voisinage de cette roche, plus ou moins durcis, plissés et gaufrés, et dans ce cas presque toujours d'une nuance claire, jaune verdâtre. Plus rarement, ils renferment quelques cristaux ou aiguilles d'amphibole (Solombay, près Souternon). *Schistes.*

Certains schistes sont micacés, argilo-quartzeux et légèrement grenus; c'est de la véritable grauwacke schisteuse, passant graduellement à la grauwacke proprement dite. *Grauwacke schisteuse.*

18.

Schistes trap-
péens.

Dans la partie la plus élevée du terrain carbonifère, les terrains éprouvent assez souvent une altération fort remarquable, qui semble aussi résulter, quoique d'une manière indirecte, d'une certaine influence du porphyre granitoïde. Les schistes deviennent plus massifs et beaucoup plus durs, ils sont imprégnés de silice, et quelquefois même sillonnés de très-minces veinules irrégulières de quartz blanc rayonné (schistes siliceux de Néronde et Regny). Ailleurs, ils sont non-seulement très-siliceux et endurcis, mais encore criblés de grains lamelleux feldspathiques, qui font passer graduellement la roche d'apparence trappéenne aux grès durs porphyriques du terrain à anthracite (Urfé, Juré, Saint-Just-en-Chevalet, la Gresle, etc.). Dans les deux cas, la roche est d'une nuance très-foncée, noire ou verte, et le schiste à grains feldspathiques a les plus grands rapports avec certaines cornes vertes du terrain ancien, telles qu'on les voit à Chessy et à Saint-Bel.

Différences
entre les schistes
trappéens
du
groupe supérieur
et les
schistes gaufrés
du
groupe inférieur.

Au reste, il faut ici le rappeler, ces schistes foncés et durs ne se rencontrent qu'à la limite supérieure du terrain de grauwacke, là où ce dépôt tend à passer au grès à anthracite. On ne doit pas les confondre avec les schistes gaufrés, inférieurs ou moyens, d'une nuance verdâtre claire, dont j'ai parlé ci-dessus. Ceux-ci, en effet, sont rarement imprégnés de silice et n'ont jamais une très-grande dureté. Ils ne tendent pas, comme ces derniers, à devenir massifs, et on n'y rencontre jamais des particules feldspathiques.

Mode probable
de formation
des
schistes trap-
péens
et des schistes
gaufrés.

Nous aurons à rechercher les circonstances spéciales qui ont amené cette double altération des schistes; mais dès maintenant nous pouvons dire que les premiers semblent avoir été modifiés postérieurement à leur dépôt, sous l'influence du porphyre granitoïde, c'est-à-dire *métamorphisés*, tandis que les autres ont dû recevoir la silice et les particules feldspathiques à l'époque même de la sédimentation du terrain.

Le porphyre granitoïde s'est épanché au sein de la mer,

dans laquelle se déposait le terrain carbonifère. Des sources siliceuses furent l'une des conséquences immédiates de ces éruptions, et, dès lors, aux éléments argileux s'ajoutèrent d'abord un ciment siliceux, puis des débris feldspathiques de plus en plus abondants, du porphyre granitoïde. De là, ces schistes, les uns siliceux, les autres silicéo-feldspathiques, que l'on voit passer au grès à éléments porphyriques.

J'aurai à citer les faits qui conduisent à ce mode de formation, contrairement à l'hypothèse de M. Virlet, qui introduit la silice et les éléments du feldspath, après coup, par voie d'imbibition[1]. En un mot, s'il y a eu métamorphisme, il ne s'est manifesté ici que d'une manière fort restreinte, et ne s'applique ni aux schistes noirs siliceux de Regny et Néronde, ni aux roches trappéennes, silicéofeldspathiques, d'Urfé, Juré et Saint-Just, qui sont, les uns et les autres, constamment placés à la séparation du schiste carbonifère et du grès à anthracite.

Par contre, on peut attribuer à l'influence métamorphique du porphyre granitoïde une altération d'un genre encore différent. Presqu'immédiatement au-dessous des schistes silicéo-feldspathiques dont je viens de parler, on rencontre, à Juré et à Saint-Marcel-d'Urfé, quelques schistes gris argileux, maculés de points noirs, ou plutôt criblés de petits nodules durs, d'une teinte très-foncée, qui semblent être des macles en germe. J'indique cependant cette assimilation avec quelques doutes, car je n'ai vu nulle part dans ces roches des macles complétement développées.

Schistes maclifères.

Les grès du groupe supérieur sont généralement à grains fins ou moyens et à ciment argileux ou argilo-micacé. La roche est moyennement dure, et sa couleur ordinaire le gris plus ou moins foncé; de là, le nom de *grauwacke*, c'est-à-dire wacke grise. On rencontre aussi des grès brun-olive et d'autres couleur lie de vin, mais toujours la nuance est

Grès ou grauwackes.

---

[1] *Bulletin de la société géologique*, 2ᵉ série, t. 1ᵉʳ, p. 845.

assez sombre et sans le moindre éclat lustré. La cassure est même habituellement terreuse, grenue et terne.

Dans le voisinage des bancs calcaires, les grès renferment eux-mêmes un peu de chaux et font effervescence avec les acides.

Poudingues. Les grès à grains moyens passent quelquefois à de véritables poudingues, dont les plus gros galets ne dépassent pourtant jamais les dimensions d'une noisette un peu forte. Les galets se composent principalement de quartz blanc laiteux, de lydienne, de quartzite lustré et de schistes grenus satinés. Ce sont, comme on voit, principalement des débris du groupe inférieur; cette circonstance m'avait engagé autrefois à séparer les deux terrains, et m'oblige aujourd'hui encore à maintenir la division en deux groupes.

On ne trouve jamais, dans les poudingues du terrain qui nous occupe, des galets calcaires ni des fragments porphyriques; caractère important qui les distingue facilement des poudingues plus grossiers que l'on rencontre à la base du grès à anthracite.

Outre les éléments dont je viens de parler, on trouve dans certaines grauwackes fines de très-petits grains d'un blanc mat qui paraissent être du feldspath kaolinisé, venant sans doute du terrain granitique.

Les grès et poudingues alternent, en général, avec des schistes tendres et se présentent en bancs réguliers de $0^m,20$ à $0^m,60$ d'épaisseur.

Calcaires. Dans les parties supérieures du terrain, les schistes et grès fins schisteux renferment du calcaire, tantôt disposé en couches régulièrement stratifiées, qui se prolongent au loin d'une manière assez uniforme, tantôt en masses lenticulaires, qui sont limitées à la fois dans le sens de la direction et suivant la plongée.

La roche est grenue, compacte, légèrement subcristalline, d'une teinte gris foncé, tirant sur le bleu. Elle est habituellement bitumineuse et dégage, par le choc, une odeur assez fétide, comme le calcaire analogue de Tournai, en Belgique.

Des tiges de crinoïdes la sillonnent en divers sens et figurent, dans la cassure en travers, des disques ou écussons de chaux carbonatée spathique d'une nuance plus claire. Outre cela, la roche est fréquemment traversée de veines spathiques blanches qui rehaussent encore la nuance sombre du fond.

Les masses calcaires n'ont généralement qu'une puissance totale de 4 à 5 mètres, et n'atteignent que très-exceptionnellement 8 à 10 mètres. Elles sont, d'ailleurs, sous-divisées en bancs peu épais de 0^m,30 à 0^m,50, ce qui rend leur exploitation, comme marbre ou pierre de taille, à peu près impossible: cependant, on utilise ainsi les pierres de Regny. Par contre, on extrait le calcaire carbonifère dans de nombreuses carrières, pour en faire de la chaux, que l'on applique avec avantage à l'amendement des terres.

La chaux est blanche, grasse et pure, circonstance qui prouve que la coloration si foncée de la roche n'est due qu'aux matières bitumineuses et charbonneuses dont elle est imprégnée.

La puissance totale du terrain carbonifère ne saurait être rigoureusement déterminée dans le Roannais. Le seul point qui me paraisse hors de doute est l'importance relative beaucoup plus grande du groupe supérieur. Cependant on peut essayer de l'apprécier approximativement, aux environs de Néronde et Violay, où le terrain forme une zone assez régulière, sans récurrences apparentes, entre les schistes anciens et les grès à anthracite. La largeur de cette bande, perpendiculairement à sa direction, est d'environ 3,000 mètres auprès de Sainte-Colombe, et l'inclinaison moyenne paraît sensiblement comprise entre 8° et 10°; ce qui donnerait, pour l'épaisseur du terrain, de 420 à 520 mètres, ou une puissance moyenne de 470 mètres. Mais je donne ce chiffre avec une extrême réserve, car aucune des données précédentes n'est tout à fait certaine. On ne sau-

Puissance
du terrain.

rait affirmer que la zone en question soit sans failles et l'inclinaison des assises parfaitement constante, ni que, dans les 3,000 mètres, la série des bancs soit réellement complète.

Restes organiques.

Les restes organiques de la grauwacke du Roannais ne sont pas très-abondants. Le groupe inférieur n'en renferme pas, et, dans le groupe supérieur, ils ne paraissent nulle part en dehors des assises calcaires. Les fossiles les plus abondants appartiennent à la famille des crinoïdes; presque tous les bancs calcaires en sont plus ou moins criblés. Les tiges sont surtout assez bien conservées et nombreuses dans les carrières de Saint-Germain-la-Val. On rencontre aussi en divers points quelques restes de polypiers, tandis que les autres fossiles semblent exclusivement concentrés dans le calcaire de Regny : cependant, j'ai vu aussi des térébratules à Saint-Germain-la-Val.

Parmi les fossiles que j'avais recueillis avant 1840, M. Voltz reconnut les espèces suivantes :

Orthis voisin de striatella;
Orthis nova species;
Spirifer resupinatus? ou espèce voisine;
Terebratula mal déterminée;
Syringopora? plusieurs crinoïdes et un certain nombre de coquilles spirées peu nettes, peut-être Eomphale?

Une collection beaucoup plus complète fut, depuis lors, formée et classée par les soins de M. Jourdan, professeur à la faculté des sciences de Lyon, et déposée par lui au musée de cette ville. Elle se composait, en 1847,

Parmi les zoophytes :

Polypiers
de Cyathophyllum dianthus?
——————————— ceratites.
de Syringopora ramulosa.
——————————— reticulata.
——————————— relaxa.
de Stomatopora (Aulapora) serpens.

Crinoïdes { de Cyathocrinites rugosus.
                    ——————— pinnatus.

Parmi les molusques :

De Terebratula lata ?
——————— hastata.
——————— lævis.
——————— lineata.
——————— lineata plano-sulcata.
——————— subglobosa.
——————— inflata.
Spirifer trigonalis.
——— voisin de trigonalis.
——— subglobularis.
Orthis resupinata.
——— Michellini.
——— arachnoïdes.
Productus scoticus.
——————— antiquatus.
——————— pulchellus.
——————— palliutus.
Chonetes papilionacea.
——————— curvatus.
——————— Laguessi.
Porcellia inflata; c'est le fossile que M. Voltz considérait
    comme Eomphale.
Orthocératites regularis.

Ces fossiles sont, pour la plupart, caractéristiques du
calcaire carbonifère, et dans un mémoire récent de M. E. de
Beaumont on trouve l'extrait suivant d'une lettre de M. de
Verneuil : « J'ai étudié dernièrement les différents calcaires
des environs de Roanne et les ai tous reconnus pour des
calcaires carbonifères, comme ceux de Sablé (Bretagne). »[1]

_____

[1] _Dictionnaire universel d'histoire naturelle_, t. XII, p. 238, article _Système des montagnes_. Je ne puis cependant admettre comme exacte la suite de cette citation, d'après laquelle M. de Verneuil affirme que la plupart

Influence
du terrain
sur
la conformation
générale
du sol.

Le terrain carbonifère correspond, dans le département de la Loire, à un sol très-accidenté. On le rencontre le long de plusieurs vallons étroits et profonds, à parois très-roides, que parcourent l'Aix, le Rhins, le Bernard et l'Auzon. Mais cette coïncidence ne tient en aucune façon à la nature même du dépôt. Les roches du système carbonifère furent partout ensevelies sous le grès à anthracite, et ne sont aujourd'hui visibles que là où les porphyres, ou d'autres soulèvements plus récents (les systèmes N. 50° O. et E. 25° N.) ont brisé le manteau de grès. Aussi les schistes, grauwackes et calcaires occupent généralement le fond et les flancs des vallons, tandis que le grès anthraxifère couronne les hauteurs. Cependant quelques lambeaux du terrain carbonifère ont été portés, par les porphyres, à des hauteurs considérables. Ainsi on rencontre des schistes durs siliceux (trapps) au mont Urfé (943 mètres), et des schistes verts satinés, avec les grès et poudingues lustrés du groupe quartzo-schisteux, sur le versant sud du massif de la Madeleine, entre Roanne et Saint-Just-en-Chevalet, aux cotes de 900 à 1,000 mètres.

Sur la rive droite de la Loire, le terrain de grauwacke s'élève graduellement, depuis le port Garel, près de Balbigny (318 mètres), jusqu'à Violay, où l'un des sommets, couvert de schistes, au nord du bourg, atteint 873 mètres.

Le point le plus bas du terrain carbonifère est le lit de la Loire, entre Bully et Cordelles, dont la cote est de 290 mètres.

Le terrain
de grauwacke
au point de vue
hydrographique
et agricole.

Au point de vue hydrographique, la formation carbonifère n'offre aucune particularité remarquable. Comme le terrain ancien, elle est trop tourmentée pour avoir de grandes sources et de véritables nappes ou niveaux d'eau. Les grès, les poudingues et les schistes siliceux sont, en

des schistes surmontent le calcaire. Nous avons vu, dans la description précédente, que le calcaire est au contraire dans la partie supérieure du terrain carbonifère.

général, très-fissurés et absorbent les eaux de pluie, en laissant la surface à sec. Aussi les sources y sont rares.

Par contre, les schistes tendres et les calcaires mêlés d'argiles schisteuses offrent des caractères différents. Le sol conserve une salutaire fraîcheur et tous les bas-fonds sont plus ou moins garnis de sources d'un faible volume.

La fertilité du sol varie, comme son humidité, avec la nature des roches.

Les schistes et grès tendres se délitent rapidement et engendrent un sol fort et profond, très-propice aux prairies et pâturages; en y mêlant de la chaux, on peut même le transformer en excellente terre à froment.

Sur la rive gauche de la Loire, il convient de citer la commune de Saint-Marcel-sous-Urfé et plusieurs parties des communes de Luré, Souternon et Saint-Julien-d'Oddes. A la fertilité du sol on peut deviner la nature des roches. Partout où paraissent les porphyres, le sol est maigre, sablonneux, sec et aride, tandis qu'il est gras et fertile, et d'une certaine fraîcheur, là où dominent les schistes et grauwackes tendres.

Sur la rive droite de la Loire, on observe particulièrement des terres argilo-schisteuses dans les communes de Regny et Montagny, et dans la vallée de la Trambouze, en amont de Combres. Les prairies y sont vertes et la végétation vigoureuse; dans certains points privilégiés, la fertilité est encore rehaussée par le mélange de quelques bancs calcaires. Cependant cette roche manque ordinairement, et dans ce cas la chaux exerce une influence très-grande sur l'abondance et la beauté des produits. Dans l'arrondissement de Roanne, on désigne ces terres fortes argileuses sous le nom de *beluzes*. Elles sont naturellement un peu froides, et ne valent pas les terres dites *fromentales* des formations jurassiques. Cependant, les beluzes, convenablement chaulées, donnent de riches récoltes de froment d'une fort belle venue.

Les poudingues ou grès lustrés, et les schistes plus ou

moins durcis, sont nécessairement beaucoup moins fertiles. Le sol est rocailleux, sa profondeur faible et, par suite, les terres toujours maigres, arides et sèches. Les vignes y prospèrent bien lorsque l'exposition est favorable, comme à Leigneux et aux Allieux, dans la vallée du Lignon; pour cette culture, la couleur sombre de la roche a d'ailleurs l'avantage de rehausser puissamment la chaleur des terres. Mais là où l'élévation du sol, ou sa mauvaise exposition, s'opposent à la culture de la vigne, le seigle lui-même ne donne qu'une chétive récolte. Ces terres rentrent alors dans la classe si variée des *varennes* de montagnes, et demeurent, le plus souvent, abandonnées comme landes. On peut citer le plateau des Essards, au nord-ouest de Saint-Just-en-Chevalet, et certaines parties de la montagne d'Urfé.

Entre ces deux extrêmes, on rencontre, dans certains districts du terrain carbonifère, un sol moins fort que les beluzes, mais plus profond et plus argileux que les varennes proprement dites. Il correspond aux grès fins, tendres, argilo-quartzeux, couleur olive, que l'on rencontre à la base de la zone carbonifère, entre Pouilly-lès-Feurs et Violay, dans les communes de Néronde et de Bussières. Ce sont de bonnes terres pour la culture du seigle, que le chaulage améliore et transforme également en terres à froment.

§ 2.

PORPHYRE GRANITOÏDE.

Le porphyre granitoïde est, comme le granite ordinaire, une roche éruptive, composée de feldspath, quartz et mica; dans l'une et l'autre roche, les trois éléments sont, de la même façon, irrégulièrement associés. Aussi, au premier abord, la différence paraît presque nulle et, jusqu'à présent, on a généralement classé ce porphyre parmi les granites. C'est, d'ailleurs, pour rappeler cette grande similitude que j'ai proposé, en 1840, le nom de porphyre *granitoïde*.

Cependant, en le comparant au véritable granite, on observe une certaine différence dans la proportion relative du quartz et du feldspath. Dans le granite proprement dit, le quartz descend rarement au-dessous de 30 p. o/o et le feldspath ne dépasse guère 50 p. o/o [1], tandis que, dans le porphyre granitoïde, le quartz disparaît quelquefois presque entièrement et se trouve alors remplacé par une égale proportion de lamelles feldspathiques. Mais ce qui différencie surtout le porphyre du granite, c'est la nature même de la masse feldspathique. Le feldspath dominant du granite ordinaire est habituellement à base de potasse, c'est-à-dire de l'orthose, tandis que celui du porphyre granitoïde est à base de soude et paraît appartenir, comme nous le verrons bientôt, à l'espèce albite.

Différence minéralogique entre le porphyre granitoïde et le granite proprement dit.

Le mica est presque toujours assez abondant; il se présente sous forme de petites paillettes peu nettes, généralement ternes et d'une nuance brune tirant sur le vert olive.

Le quartz, comme on vient de le dire, est ordinairement en proportion faible, et semble même parfois manquer complétement. Dans tous les cas, il est plutôt sous forme de petits globules hyalins irréguliers qu'à l'état de dodécaèdres bipyramidés, comme dans le porphyre quartzifère. Le quartz est surtout rare dans les porphyres de Boën et de la Remise, près de Saint-Just-en-Chevalet, tandis qu'il paraît plus abondant à l'Argentière, en face de l'hôpital, et surtout au sommet du mont Urfé.

Le feldspath se présente généralement sous forme de petites lamelles cristallines confusément assemblées. Il n'y a jamais de pâte, dans le véritable sens du mot, comme dans les porphyres quartzifères, ou du moins la pâte entière est cristalline et constitue le corps même de la roche.

La couleur du porphyre dépend de celle du feldspath; elle varie du blanc au blanc grisâtre; plus rarement, elle

[1] *Sur l'origine des roches granitiques*, par M. Durocher. Comptes rendus de l'académie des sciences, 1855, 1er semestre, p. 1278.

est jaune, tirant sur le vert clair, et, dans ce cas, des marbrures roses ou rouges annoncent cette sorte d'altération, due à la suroxydation du fer, que M. Fournet a désignée sous le nom de *rubéfaction*.

En examinant attentivement la masse feldspathique, on distingue aisément, comme l'observe M. Fournet[1], deux composés différents. L'un d'eux est clivable, transparent et dur; l'autre plutôt granulaire et opaque, avec des cassures esquilleuses, irrégulières : ce dernier est le plus abondant des deux. Il eût été intéressant de les analyser séparément, mais leur enchevêtrement est si intime, que le triage m'a paru impossible, et d'ailleurs restait la difficulté d'enlever toutes les paillettes de mica. Je me suis donc borné à soumettre à quelques essais le porphyre lui-même, pris en masse.

J'ai choisi un fragment du porphyre blanc ordinaire, non altéré, de Boën, de celui que l'on peut considérer comme le véritable type de la formation, et dans lequel on ne distingue, au moins à l'œil nu, qu'un fort petit nombre de grains de quartz.

Sa pesanteur spécifique, prise en poudre, a été trouvée, 2,641;

La proportion de silice, 0,710;

Celle de l'alumine, retenant un peu de magnésie, 0,170.

Les autres éléments n'ont pas été rigoureusement déterminés, mais on a constaté l'absence du manganèse, une proportion assez sensible de protoxyde de fer et des quantités faibles de chaux et de magnésie. En dosant l'acide sulfurique et le chlore dans les sulfates et chlorures alcalins, je me suis assuré que le poids absolu de la soude équivaut à peu près à celui de la potasse. Il est évident, d'après cela, que le feldspath dominant n'est pas de l'orthose. Au reste, on est aussi conduit à ce résultat, indépendamment de l'apparence extérieure des lamelles feld-

[1] Mémoire sur la géologie des Alpes. *Annales de la société d'agriculture de Lyon*, t. IV (article *Porphyre granitoïde*).

spathiques, lorsqu'on considère la pesanteur spécifique élevée du porphyre.

Mais si le feldspath dominant n'est pas de l'orthose, ce ne peut être que de l'albite. M. Delesse affirme, il est vrai, que les roches granitiques et les porphyres quartzifères renferment, en général, non de l'albite, mais de l'oligoclase ou de l'andésine[1]. Cependant les recherches sur lesquelles il se fonde ne me paraissent pas embrasser un nombre suffisant d'échantillons pour autoriser une conclusion aussi absolue[2].

Dans tous les cas, le feldspath en question ne saurait être de l'andésine, dont la pesanteur spécifique est plus élevée (2,733), la teneur en silice moins considérable (0,59 à 0,60) et celle de l'alumine beaucoup plus forte (0,24). On ne peut pas davantage balancer entre l'albite et l'oligoclase. A la vérité, dans un porphyre assez sem-

[1] *Annales des mines*, 4ᵉ série, t. XVI, p. 233.

[2] Depuis que ces pages ont été écrites, j'ai analysé d'une manière complète un autre échantillon du porphyre de Boën par la méthode de M. Sainte-Claire Deville.

Voici les résultats obtenus :

		Oxygène contenu.	
Silice	0,731	0,3797	
Alumine	0,126	0,0588	
Potasse	0,030	0,0051	
Soude	0,028	0,0071	Provient
Protoxyde de fer	0,037	0,0084	en grande partie
Chaux	0,004	0,0011	du mica.
Magnésie	0,011	0,0043	
Eau	0,029	"	
	0,996		

Ces chiffres prouvent que le poids absolu de la potasse est un peu plus élevé que celui de la soude; mais, lorsqu'on compare le nombre des équivalents, c'est-à-dire les quantités d'oxygène, on trouve un *rapport* inverse.

Il résulte aussi des proportions de silice et d'alumine que l'échantillon analysé contient des grains de quartz, quoiqu'ils soient en général peu visibles à l'œil nu.

blable, celui de Schirmeck (Vosges), M. Delesse croit avoir reconnu de l'oligoclase[1]. Mais celui de Boën est trop riche en silice et trop pauvre en alumine, quoique le quartz y soit rare, pour pouvoir être principalement composé d'oligoclase, qui renferme 0,23 à 0,24 d'alumine et seulement 0,62 à 0,64 de silice.

Ainsi, il me paraît certain que le feldspath dominant du porphyre de Boën est bien réellement de l'albite. Le second feldspath est, au reste, de l'orthose, et on le reconnaît clairement dans quelques échantillons, tels que ceux de la Remise et d'Urfé, près de Saint-Just-en-Chevalet, où, au milieu de la masse grenue ou finement lamellaire, se développent quelques grands prismes rectangulaires affectant les caractères habituels du feldspath à base de potasse.

Outre les éléments dont je viens de parler, j'ai aussi rencontré, dans quelques échantillons, entre Boën et Saint-Sixte, une substance jaune verdâtre, très-tendre, qui semble être de la pinite, en partie transformée en hydrosilicate d'alumine. Cependant ce minéral y est toujours rare et manque même habituellement, tandis qu'il caractérise, au contraire, par son abondance, la plupart des porphyres quartzifères[2].

Les fissures et fentes qui traversent le porphyre granitoïde sont parfois tapissées de pellicules stéatiteuses, tendres, savonneuses, d'un vert-pomme clair. Elles sont assez nombreuses dans les tranchées de la route de Clermont, en amont de Boën. Le dépôt de cette matière verte semble se rattacher à l'injection de quelques faibles dykes d'une roche dioritique compacte, que l'on observe, dans le même district, au milieu du porphyre. En ce point, le porphyre lui-même semble, au reste, un peu modifié. Il est peu micacé, et à la place du mica on remarque de petites mouchetures vertes qui pourraient bien être de l'amphibole.

[1] *Annales des mines*, t. XVI, p. 363.
[2] D'après M. Dufrénoy, ce serait du silicate hydraté de magnésie (la Villarsite). *Traité de minéralogie*, t. III, p. 555.

Enfin, les fissures du porphyre sont ailleurs tapissées de pellicules spathiques, blanches, de carbonate de chaux. Aussi quelques échantillons font-ils effervescence dans les acides.

Le porphyre granitoïde est généralement moins micacé et, par suite, plus dur que le granite grenu ordinaire du Forez. Il s'égrène aussi moins facilement; mais, sillonné en tous sens par de nombreuses fentes, il peut difficilement être employé comme pierre de taille. Sa structure est irrégulièrement massive et ne m'a paru affecter nulle part la forme prismatique.

Si le porphyre granitoïde ressemble parfois, à s'y méprendre, aux granites proprement dits, on peut aussi le confondre avec certaines variétés de porphyre quartzifère. M. Fournet assure même que les deux roches passent insensiblement l'une à l'autre et appartiennent à la même période d'éruption[1]. Je ne saurais partager cette opinion, et je suis persuadé que ce savant aurait reconnu, comme moi, la différence minéralogique des deux porphyres, s'il avait pu parcourir plus longuement les coteaux si variés qui séparent la vallée de Saint-Thurin de celle de l'Aix. Nous verrons, en effet, en décrivant le porphyre quartzifère, que cette roche diffère du porphyre granitoïde, nonseulement par la nature et le mode d'association de ses éléments, mais encore, et surtout, par son âge. Celui-ci, on ne saurait assez le répéter, est antérieur au grès à anthracite du Roannais, ou tout au plus en partie contemporain, tandis que l'autre est positivement plus moderne.

Différence entre le porphyre granitoïde et le porphyre quartzifère.

Enfin, il est surtout facile de confondre le porphyre granitoïde avec certains grès à anthracite, et on ne doit guère s'en étonner, puisque cette roche est exclusivement formée de débris porphyriques, immédiatement ressoudés sous l'influence calorifique et chimique du porphyre lui-même, et, probablement aussi, sous l'action non moins énergique de

Le porphyre granitoïde est facile à confondre avec le grès ou tuf porphyrique à anthracite.

[1] *Bulletin de la société géologique*, 2ᵉ série, t. II, p. 869.

19

fortes sources thermales que ces éruptions plutoniques semblent avoir provoquées.

Le porphyre granitoïde correspond, comme le granite du plateau central, à un sol inégal, entrecoupé de nombreux vallons sinueux. Les coteaux sont largement arrondis et sans escarpements, mais les flancs des vallées à pentes assez roides.

Le porphyre occupe spécialement, dans le département de la Loire, un espace triangulaire compris entre les trois petites villes de Boën, Saint-Germain-la-Val et Saint-Just-en-Chevalet. A l'est, le district porphyrique part de la plaine du Forez et s'élève de là graduellement vers l'ouest. Les premiers coteaux, entre Boën et Saint-Germain-la-Val, sur le bord du bassin tertiaire, ont environ 400 à 450 mètres; plus loin, leur altitude moyenne est de 550 à 600 mètres, et le point culminant, le mont Urfé, a 943 mètres. Cette dernière hauteur est, au reste, exceptionnelle et paraît le résultat de soulèvements postérieurs. On trouve, en effet, là, au milieu du porphyre granitoïde, de grands filons de porphyre quartzifère et, de plus, des indices positifs du système plus récent, N. 50° O., qui a si fortement affecté la chaîne centrale des montagnes du Forez.

Au point de vue du régime des eaux, le porphyre granitoïde diffère également peu du granite. Cependant, comme il est plus fissuré, les eaux s'y infiltrent mieux. Par ce motif, les coteaux sont généralement arides et secs, le fond des vallées pauvre en sources, et les districts les plus humides moins tourbeux que les bas-fonds granitiques.

Enfin, sous le rapport agricole, le porphyre granitoïde se comporte encore à peu près comme le granite. En se désagrégeant, il produit un sable feldspathique très-maigre. Le sol est léger, blanc, sans profondeur; il se dessèche aux premiers rayons du soleil. Dans les bas-fonds seuls, où les menus débris peuvent s'accumuler et sont humectés par quelques filets d'eau, la végétation se développe bien; on y trouve d'assez belles prairies. Partout ailleurs, le seigle même vient mal et ne donne qu'un médiocre produit, tandis que le genêt et la bruyère, avec la digitale pourprée, y croissent spontanément, comme sur les terres d'origine granitique. Le pin sylvestre envahit aussi volontiers les terres en friche, mais il y atteint rarement ses dimensions normales.

Dans les coteaux bien exposés, entre Boën et Saint-Thurin, on y cultive avec succès la vigne.

Pour amender le sol porphyrique, il faudrait des glaises alluviales, des marnes très-argileuses, ou bien un mélange d'argile et de chaux. Malheureusement, dans une contrée aussi montagneuse, les frais de transport absorberaient et au delà le surcroît de produits.

§ 3.

GRÈS À ANTHRACITE DU ROANNAIS.

(Terrain houiller inférieur ou millstone-grit.)

Le grès anthracite est, dans le Forez, le plus important des terrains de transition supérieurs, celui qui comprend du moins la superficie la plus grande.

Il constitue spécialement le plateau de Neulize, sur les deux rives de la Loire, et se prolonge au nord-est, vers Beaujeu, dans le département du Rhône.

La roche dominante et caractéristique du terrain qui nous occupe est un grès très-feldspathique et micacé, d'apparence porphyroïde, entre les assises duquel se rencontrent de faibles couches d'anthracite. Un poudingue est à la base du terrain, et des schistes feldspathiques, en bancs peu puissants, sont associés au grès.

Poudingue.

Le poudingue est de deux sortes, ou même de trois.

L'espèce la plus ordinaire se compose de débris, les uns tout à fait arrondis, les autres un peu anguleux, du ter-

Poudingue ordinaire.

19.

rain carbonifère et du porphyre granitoïde. Parmi les galets carbonifères, on distingue facilement le grès quartzite lustré, le quartz lydien, les schistes feuilletés gris, verts ou bleus, la grauwacke ordinaire et le calcaire bleu.

Les fragments porphyriques appartiennent au porphyre granitoïde; ils sont, en général, nombreux et se multiplient surtout dans le voisinage du grès.

La grosseur des galets est assez variable; la plupart sont de la taille d'un œuf, rarement ils dépassent celle du poing. Dans les parties supérieures, où le poudingue passe au grès, ils deviennnent graduellement beaucoup plus petits.

Poudingue à ciment siliceux. Le ciment est ordinairement un grès fin, tendre, argilo-micacé, d'une nuance grise et jaune. Il se délite facilement à l'air, et laisse alors les galets libres. Dans quelques parties, cependant, à Regny et Néronde, le ciment est plutôt siliceux et dur. Les schistes immédiatement inférieurs sont alors eux-mêmes fortement silicifiés et, dans ce cas, la silice semble provenir de sources minérales qui ont commencé à couler à l'époque même de la formation du poudingue, lors des premières éruptions porphyriques.

La puissance du poudingue proprement dit dépasse rarement 12 à 15 mètres, si ce n'est à l'est de Regny, près de Foëve, où elle semble atteindre exceptionnellement 40 à 50 mètres; il en est de même près de Combres, entre Montagny et Regny.

Les localités où on observe le mieux le poudingue sont : près de Regny, les flancs des coteaux qui bordent le Rhin et la rive gauche du Rhodon; aux environs de Néronde et de Violay, toute la lisière de la zone carbonifère jusqu'à Joux; enfin, près de Dancé et de Cordelles, le bord de la bande carbonifère qui va de Grézolles jusqu'à Cordelles.

Poudingue à ciment silicéo-feldspathique. La seconde espèce de poudingue présente des caractères bien différents, qui dénotent un passage moins brusque du terrain schisteux au grès porphyrique et, en même temps, un mode de formation tout à fait spécial.

Tandis que le poudingue ordinaire succède au schiste argileux tendre, et le poudingue à ciment siliceux aux schistes silicifiés de Regny et Néronde, le conglomérat, dont il nous reste à parler, repose toujours sur les schistes foncés, durs, silicéo-feldspathiques (cornes vertes ou roches trappéennes), que nous avons signalés à Urfé, Juré, Saint-Just-en-Chevalet et la Gresle. Dans le haut du dépôt, ces schistes trappéens se chargent de plus en plus de grains feldspathiques et de paillettes de mica ; puis on voit apparaître, au milieu de la masse, des débris anguleux du terrain schisteux inférieur, et des galets faiblement arrondis de porphyre granitoïde. C'est alors un poudingue extrêmement dur, dont le ciment ressemble encore aux schistes silicéo-feldspathiques immédiatement inférieurs. Les fragments schisteux, quoique soudés intimement à la pâte, se reconnaissent néanmoins assez facilement. Ils sont extrêmement durs et plus ou moins silicifiés, mais ne renferment jamais aucun grain feldspathique, tandis que la masse, servant de ciment, en est richement parsemée. Ainsi, au nord du bourg de la Gresle, au Crêt du Perray, on rencontre un poudingue composé de fragments de schistes de plus d'un pied cube, englobés dans une pâte grise foncée, pétrie de nodules feldspathiques, tandis que les fragments schisteux eux-mêmes sont simplement durcis et plus ou moins silicifiés.

Il résulte de ces détails qu'il n'y a pas eu feldspathisation. On ne comprendrait pas, en effet, pourquoi les grains feldspathiques se seraient exclusivement développés au milieu du ciment, et non en même temps dans les débris schisteux, qui pourtant, aussi bien que le reste de la roche, ont été fortement durcis et pénétrés de silice. Il est évident que le feldspath du poudingue en question n'a pas une origine différente de celui du grès houiller ordinaire. Ce dernier vient de la destruction du granite, tandis que le premier provient du porphyre granitoïde, dont les débris ont été réagglutinés par un ciment argilo-siliceux. Enfin, l'hypothèse d'une infiltration ou imbibition des éléments

Origine
du poudingue
silicéo-
feldspathique.

feldspathiques est tout à fait inadmissible, lorsqu'on considère que les grès à anthracite sont partout également feldspathiques, malgré la très-grande puissance de ce terrain.

Cependant, le poudingue et le grès n'ont pas dû être formés dans les conditions ordinaires d'un dépôt aqueux. Ils ont subi l'influence des éruptions porphyriques, qui, précisément alors, ont commencé à percer le fond de la mer carbonifère.

A mesure que ces coulées se multiplièrent, les débris de ces roches ignées se mêlèrent plus nombreux aux éléments du terrain schisteux, et les remplacèrent bientôt presque complétement. A la même époque parurent, comme nous verrons bientôt, de fortes sources thermales, principalement siliceuses, qui, jointes à la haute température des récentes coulées, durent nécessairement modifier le terrain à anthracite.

Grès.

Aux deux sortes de poudingues dont je viens de parler succèdent graduellement des roches à éléments plus fins. Ce sont des grès essentiellement feldspathiques, ou plutôt albitiques, formés aux dépens du porphyre granitoïde, comme les tufs trachytiques des Monts-Dore ou des environs de Naples proviennent de la destruction partielle du trachyte proprement dit. Par ce motif, on peut donner aussi

Le grès est une sorte de tuf porphyrique très-feldspathique et micacé.

au *grès à anthracite* le nom de *grès* ou *tuf porphyrique*. Ces deux termes sont pour moi synonymes, et il m'arrivera souvent de les employer l'un pour l'autre. Le premier rappelle l'âge géologique auquel ce terrain appartient, le second, plutôt son origine et les éléments dont il se compose.

Le grès dominant, lorsqu'il n'est point altéré, est une roche cristalline, compacte et dure, dont le ciment est gris foncé, plus ou moins verdâtre. Sur ce fond sombre se dessinent de nombreuses lamelles feldspathiques, entremêlées de quelques grains de quartz et de paillettes de mica.

Le feldspath est tantôt opaque, blanc laiteux, tantôt translucide, gris perlé et presque hyalin. Ce ne sont pas des
cristaux réguliers, mais de simples grains ou fragments
de cristaux, les uns plus ou moins arrondis, les autres encore anguleux, mais offrant rarement les sections rectangulaires qui caractérisent d'une manière si nette les cristaux feldspathiques des porphyres quartzifères. Les grains
les plus gros ont rarement plus de 2 à 3 millimètres de
largeur sur 4 à 5 de longueur.

Le feldspath du grès à anthracite ressemble, par ses caractères extérieurs, au feldspath du porphyre granitoïde,
et, comme lui, il doit appartenir à l'espèce albite (feldspath à base de soude). Pourtant, il faudrait, pour lever tous
les doutes, directement vérifier le fait par l'analyse chimique.

Le mica est presque toujours abondant et cristallisé en
tables hexagonales, très-régulières. En général, il est bronzé
et d'un éclat vif; ailleurs, plutôt un peu terne et verdâtre.
Observons, en passant, que la forme si régulière des paillettes prouve que la roche en question ne saurait être un
grès ordinaire; il a dû être modifié, soit après, soit pendant
son dépôt. Dans certains districts, au Grandry, par exemple,
commune de Saint-Romain-d'Urfé, le mica devient l'élément dominant, et dans ce cas la roche est beaucoup moins
dure et d'une nuance très-sombre.

Le mica se présente souvent dans le grès sous forme de tables hexagonales.

Le quartz semble encore plus rare dans le grès anthraxifère que dans le porphyre granitoïde. Il se montre sous
forme de petits grains hyalins, non pyramidés.

Le ciment du grès est une masse compacte, d'apparence
argileuse ou argilo-siliceuse, qui paraît composée des
mêmes éléments que les schistes carbonifères, car en divers
points les grès sont criblés d'une prodigieuse quantité de
petits fragments de schistes qui se lient au ciment d'une
manière très-intime (Monteizerand et Peycelay, dans le
haut de la vallée de l'Écorron).

Souvent le grès est criblé de petits fragments de schistes.

La couleur du ciment varie du gris pâle au noir ou gris

vert sombre; nuance qui fait très-bien ressortir le feldspath blanc laiteux et rappelle, au premier abord, les roches dioritiques. Un premier effet de l'altération que produit le contact de l'air est de faire passer le ciment vert foncé au violet, puis au rouge, et les grès les plus noirs au brun sombre, tandis que le feldspath devient d'un blanc de lait opaque. Lorsque le mica et le ciment sont peu abondants, la roche conserve sa dureté, et cette première rubéfaction ne pénètre que jusqu'à peu de millimètres au-dessous de la surface. Dans ce cas, les roches imitent complétement les variétés les plus renommées des porphyres marbrés, brun-noir ou violet verdâtre : comme eux, ils pourraient être polis et taillés. On en voit de fort belles masses près de Chériez et de Frédufont, au-dessus de Villemontais, sur l'ancienne route de Roanne à Clermont.

Le grès ressemble parfois au porphyre vert-violet.

Plus souvent, le mica et le ciment sont abondants et l'altération très-avancée. La roche tombe alors en sable argilo-micacé, à la façon de certains granites friables. La nuance du grès ainsi décomposé dépend ici encore de celle de la roche non altérée : le grès gris verdâtre foncé donne un sable rouge, couleur de brique, qu'il est aisé de prendre pour du porphyre quartzifère terreux, si on n'y regarde d'un peu près; mais on saura toujours à quoi s'en tenir si l'on examine la roche dans le fond des ravins, où les eaux de pluie mettent sans cesse à nu les parties non altérées.

Les grès dont la couleur est le gris ou vert pâle prennent une teinte d'un brun olive, d'autant plus jaunâtre, que la couleur primitive est elle-même moins foncée. Enfin, les grès d'une nuance très-claire produisent un sol sableux presque blanc, qui ressemble aux terres d'origine granitique. Les grès désagrégés couleur olive sont les plus répandus.

J'ai pu très-bien étudier l'altération progressive des grès porphyriques dans les tranchées du chemin de fer de Roanne, et particulièrement le long du plan incliné de

Neulize, versant nord[1]. Jusqu'à 0ᵐ,5o ou 0ᵐ,6o du jour, la roche est très-friable et presque entièrement meuble, sa couleur est le jaune olive; puis on arrive graduellement à une roche cristalline, dure, d'un gris clair un peu verdâtre. A 2 mètres ou 2ᵐ,5o du jour, le grès est tout à fait intact, et il est même ici divisé en grandes colonnades prismatiques, à la manière des basaltes et de certains trachytes.

Le grès anthraxifère du Roannais se présente ordinairement en grandes masses très-puissantes, dépourvues de toute trace de stratification : c'est ainsi qu'il se montre dans le défilé de la Loire, en amont de Fragny.

Rarement le grès est nettement stratifié.

Ailleurs, cependant, il est assez nettement découpé en gros bancs d'épaisseur variable : on peut citer le puits des Glandes, à Fragny; la tranchée du chemin de fer de Roanne, sur le plateau de Biesse; les coteaux compris entre Saint-Priest-la-Roche et Vendranges, etc. Cette disposition se manifeste spécialement là où le grès est à grains plus fins et se rapproche des schistes.

Enfin, comme on vient de le voir, il n'est pas rare de rencontrer le grès divisé en prismes pseudo-réguliers. Cette forme, en effet, n'est pas exclusivement propre aux roches d'origine éruptive. Les grès réfractaires des hauts fourneaux, lorsqu'ils sont exposés à une température un peu élevée, se divisent presque toujours, à la longue, en prismes pseudo-réguliers. Ce qui prouve au reste que ces roches, quoique d'apparence porphyroïde, sont de véritables grès, c'est leur structure assez fréquemment bréchiforme. Ainsi, elles renferment, dans les communes de Combres et Saint-Victor, sur les bords de la Trambouze, de nombreux petits fragments de schiste; et précisément ces masses sont divisées en prismes pseudo-réguliers auprès du village de Challand, au toit des anthracites que l'on exploite à Combres. Les prismes ont de 0ᵐ,25 à 0ᵐ,3o de diamètre, sur plusieurs mètres de longueur.

Dans certaines parties, le grès est divisé en colonnades prismatiques.

[1] Ces observations ont été faites en 1837 et 1838, peu de temps après la construction du chemin. Aujourd'hui, cela serait plus difficile.

M. E. de Beaumont cite dans les Vosges des faits entièrement identiques. Un porphyre bréchiforme rouge, divisé en colonnades, passe, dans le vallon de la Nidek, à un conglomérat porphyritique, qui lui-même se lie bientôt au grès rouge proprement dit [1].

Le grès peut être confondu avec le porphyre granitoïde, et a été décrit, tantôt comme mélaphyre, tantôt comme diorite, et même comme granite à grains fins.

Le grès porphyrique prismé peut facilement être confondu avec le porphyre granitoïde, surtout lorsque la roche est un peu altérée; et même il existe probablement, au milieu du grès, quelques masses non recouvertes de porphyre proprement dit. Pourtant, je n'ai pu nulle part constater son existence d'une manière positive, et je dois ici rappeler qu'aux environs de Boën, où le porphyre granitoïde est si largement développé, cette roche n'affecte jamais la forme pseudo-régulière.

Le grès porphyrique du Roannais a été plusieurs fois décrit comme roche ignée : la variété d'un vert noir foncé, comme *mélaphyres*, *porphyres verts* ou *diorites*, par MM. Héricart de Thury et Rozet[2]; les variétés blanches ou gris-vert clair, par M. Dufrénoy, comme granite à très-petits grains[3]. Cependant, déjà Passinges avait été frappé de l'apparence spéciale de ces roches; il les distingue à la fois des porphyres et des granites. Voici ce qu'il en dit : «Ces roches, «très-variées, sont souvent argileuses, porphyritiques, quel«quefois à base de trapp. Il y en a beaucoup que l'on peut «regarder comme des espèces intermédiaires entre le vrai «porphyre et le vrai granite. On y trouve quelques bancs «de pierre calcaire et des carrières de houille» (anthracite)[4].

Et ailleurs :

«La Loire charrie (à Roanne) une quantité prodigieuse «de granites, de porphyres, et de ces pierres intermédiaires

[1] *Explication de la carte géologique de la France*, t. Ier, p. 388.
[2] *Annales des mines*, 3e série, t. XII, p. 47, et *Bulletin de la société géologique*, 1re série.
[3] *Mémoires pour servir à une description géologique de la France*, t. Ier, p. 257.
[4] *Journal des mines*, t. VI, p. 823.

« entre le porphyre et le granite, que l'on a de la peine à
« déterminer [1]. » Plus loin encore, il cite, à Saint-Maurice-
sur-Loire, un grès à empreintes de calamites « qui res-
« semble parfaitement à du granite grossier [2]. » (Voyez ce
dernier passage, mentionné ci-dessous *in extenso*, à l'occasion des empreintes du grès anthraxifère.)

Schistes feldspathiques.

Dans certaines parties du terrain, et particulièrement
dans les localités où se rencontre l'anthracite, le grès
porphyrique ordinaire alterne avec certains grès fins, plus
ou moins schisteux, passant aux schistes grenus compactes.
Ces roches, d'un jaune rosé pâle, fondent au chalumeau en
émail blanc; elles sont par suite, comme les grès, essentiellement feldspathiques, et très-probablement formées des débris les plus fins du porphyre granitoïde.

Des empreintes végétales se montrent sur ces schistes, à
Verreux, près de Vandrange, et à Naconne, près de Regny;
preuve évidente que ce terrain a bien été formé au sein des
eaux. D'autre part, ces mêmes schistes sont porcelanisés
à Bully, Amions et Saint-Priest-la-Roche, circonstance qui
montre assez qu'après leur dépôt ils ont dû être exposés à
l'influence prolongée d'une température assez haute, comme
le prouve au reste également la nature même de l'anthracite.

Grès schisteux feldspathiques à empreintes végétales.

Les schistes feldspathiques ne se rencontrent nulle part
en masses puissantes; les dépôts les plus épais ont moins
de 10 mètres. Les feuillets sont rarement minces; les moins
gros mesurent $0^m,01$ à $0^m,02$.

Anthracites.

Une dernière roche du terrain qui nous occupe est le

[1] *Journal des mines*, t. VI, p. 831.
[2] *Journal des mines*, t. VII, p. 184.

charbon minéral; c'est une véritable anthracite plus ou moins schisteuse, assez fortement chargée de substances terreuses, et par ce motif à éclat terne.

Sa pesanteur spécifique moyenne est de 1,50; la proportion ordinaire des cendres, de 25 p. o/o, et celle des matières volatiles, de 8 1/2 p. o/o. L'anthracite brûle presque sans flamme et se consume difficilement, mais sans éclater ni décrépiter au feu. On ne l'applique, en général, qu'à la cuisson de la chaux; cependant, depuis peu, on s'en est servi avec succès dans un haut fourneau à fer.

Les couches d'anthracite du Roannais ne sont pas, à beaucoup près, aussi régulières que les couches de houille du bassin de Saint-Étienne; elles sont plutôt disposées en forme de chapelets, à la manière du charbon anthraciteux du bassin de Maine-et-Loire.

La puissance des bancs varie de 0^m,50 à 2 mètres, avec quelques renflements partiels de 5 et même 7 mètres.

Au toit des couches, on rencontre assez souvent des schistes, mais les empreintes végétales y sont toujours excessivement rares.

Les mines du Roannais n'ont jamais dégagé la moindre trace de gaz inflammable (feu grisou).

Caractères généraux du grès anthraxifère.

Puissance du terrain.

La puissance du terrain anthraxifère est impossible à fixer exactement; les dislocations sont trop fréquentes et la plongée des assises trop irrégulière. Il est néanmoins certain, d'après le niveau auquel ce terrain s'élève au-dessus des profondes coupures du plateau de Neulize, que 200 mètres sont au-dessous de la réalité. D'autre part, je ne pense pas, d'après l'inclinaison du terrain inférieur, que nulle part son épaisseur totale atteigne 500 mètres[1].

Restes organiques

Les restes organiques sont très-peu nombreux dans le

---

[1] Voir les coupes, planche n° 2.

terrain à anthracite. Le règne animal semble n'y avoir
laissé aucune trace, ou, du moins, il se réduit à une
simple encrine, que M. le professeur Jourdan paraît y
avoir récemment trouvée.

du
grès à anthracite.

Quant au règne végétal, les empreintes sont également
rares. J'ai rencontré quelques calamites et un lépidoden-
dron, tandis que les fougères, si abondantes dans le véritable terrain houiller, manquent ici complétement. Pas-
singe cite des calamites à Saint-Maurice-sur-Loire[1].

Le terrain à anthracite correspond, en général, à un sol
mollement ondulé, entrecoupé de sillons moins profonds
que les régions granitiques. Il doit cette disposition à l'altérabilité du grès. Les escarpements y sont rares. On en voit
quelques-uns dans le défilé de la Loire, mais seulement
là où de puissants filons porphyriques ont redressé le grès;
et même, en ces points, le porphyre résiste seul à l'action
décomposante des agents de l'atmosphère. Sans l'interven-
tion du porphyre quartzifère, le grès à anthracite formerait
un plateau largement arrondi, assez peu varié. Partout
où se montre une proéminence tant soit peu saillante, on
est assuré d'y rencontrer un filon porphyrique.

Influence du grès
sur
la configuration
du sol.

L'altitude moyenne du grès à anthracite est la même
que celle du plateau de Neulize, c'est-à-dire 450 mètres.
Son point le plus bas correspond au lit de la Loire, en
amont de Roanne, là où le fleuve entre dans la plaine
(275 mètres). Les sommités les plus élevées vont, sur la
rive gauche de la Loire, aux environs de Chériez, entre
Roanne et Saint-Just-en-Chevalet, à 850 ou 900 mètres.
Sur la rive droite, quelques points de la côte de Saint-

Altitudes
extrêmes du grès
à
anthracite.

[1] «Tout près du bourg, au sud, on a découvert des tiges de bambou
«longues de 9 à 10 pouces, un peu arquées, ayant des stries longitudi-
«nales et environ deux pouces de diamètre. Elles étaient enfouies dans une
«roche de grès qui ressemble parfaitement à un granite grossier. Il faut
«l'examiner de bien près pour se persuader que c'est un grès, car il peut
«laisser du doute sur les époques de la formation de certains granites.»
Journal des mines, t. VII, p. 184.

Victor à Violay, le long de la lisière du département, atteignent 800 à 850 mètres.

Influence du grès sur le régime des eaux. Le régime des eaux n'offre rien de spécial dans le terrain à anthracite. La compacité du grès et la rareté des strates, jointes à la fréquence des filons porphyriques, s'opposent à la libre circulation des eaux souterraines. Les sources n'y correspondent pas à certains niveaux géologiques bien déterminés, comme dans la plupart des dépôts secondaires ou tertiaires. L'eau s'échappe indistinctement, en filets peu considérables, du pied de la plupart des coteaux, à la manière des sources qui arrosent les vallons granitiques. Mais comme le grès n'est pas, à beaucoup près, aussi imperméable que le granite, les coteaux sont moins secs et les bas-fonds, au contraire, moins humides et jamais tourbeux.

Le grès à anthracite au point de vue agricole. Au point de vue agricole, le grès à anthracite tient généralement le milieu entre le porphyre granitoïde et la formation carbonifère. Le grès porphyrique le plus dur se désagrége facilement. Il en résulte une bonne terre argilo-sableuse, suffisamment profonde, lorsque la déclivité du sol ne favorise pas à un trop haut degré l'entraînement des éléments les plus fins.

Les débris du grès sont plus argileux que ceux du porphyre granitoïde; le sol est, par suite, plus fort et plus frais, sans pourtant jamais pécher par excès d'humidité. Mais ce qui manque au sol anthraxifère, c'est la chaux; aussi le chaulage y produirait certainement les bons effets signalés à l'occasion des schistes carbonifères.

Les terres anthraxifères les plus fertiles se voient dans la commune de Saint-Symphorien-de-Lay. Là, de belles prairies ornent les bas-fonds, de riches champs de seigle couvrent le flanc des coteaux, et le froment alterne avec les prairies artificielles sur le haut du plateau.

Dans les communes de Neulize, Saint-Jodard et Vendranges, où, grâce aux filons porphyriques, les pentes sont assez roides, les terres se montrent aussi moins argileuses.

Ce sont, en partie, des *varennes* où le seigle même est d'apparence chétive, comme dans les terres du porphyre granitoïde. On y laisse de même, pendant plusieurs années, les terres en jachère, puis on défriche de nouveau, en brûlant sur place les racines du genêt, qui s'y développe partout spontanément avec une remarquable rapidité.

Les mêmes terrains maigres de la formation anthraxifère se rencontrent aussi dans les communes de Saint-Just-la-Pendue et de Sainte-Colombe, sur la rive droite de la Loire, et dans celles de Cremeaux et de Saint-Paul-de-Vézelin, sur la rive gauche; par contre, le vallon qui passe entre Dancé et Amions est de nouveau occupé par des terres plus argileuses et d'une profondeur plus grande.

§ 4.

PORPHYRE QUARTZIFÈRE.

Le porphyre quartzifère est le plus moderne des quatre terrains que nous avons à faire connaître dans ce chapitre. Ses éruptions séparent le grès à anthracite du terrain houiller proprement dit.

Il se compose d'une pâte plus ou moins compacte, cristalline ou terreuse, au milieu de laquelle se dessinent des cristaux de feldspath, quartz et mica, et presque toujours aussi des nodules peu réguliers, d'une substance cireuse et tendre, qui est de la pinite ou villarsite un peu altérée.

La pâte est ordinairement d'une nuance rosée, rouge de brique, ou rouge lie de vin; mais souvent aussi on voit la teinte rosée tourner au blanc ou blanc grisâtre, puis le gris passer au vert ou gris-noir foncé. Ces passages se font le plus souvent d'une manière graduelle; et si quelques transitions brusques annoncent des coulées différentes, il n'en est pas moins vrai que les mêmes changements s'opèrent ailleurs d'une façon graduée, ce qui indique clairement une origine commune et une même époque de formation. Toutes les variétés percent le grès à anthracite, et aucune d'elles le terrain houiller proprement dit.

La pâte du porphyre se compose d'éléments feldspathiques, mêlés ou combinés à un silicate ferrugineux auquel est due la coloration rose, grise ou verte. Les analyses de MM. Delesse, Schweitzer, Kersten, etc.[1] prouvent que, dans cette pâte, on trouve à la fois de la potasse et de la soude, mais en proportion moindre que dans les feldspaths purs; que la chaux et la magnésie y sont toujours en proportions très-faibles; enfin, que l'alumine elle-même n'y est jamais en dose aussi forte que dans le feldspath orthose.

La pesanteur spécifique de la pâte est supérieure à celle du feldspath pur à base de potasse. Ainsi, le beau porphyre quartzifère de la Chambodut, près de Saint-Just-en-Chevalet, qui se compose de très-grands cristaux hémitropes de feldspath orthose blanc, enchâssés dans une pâte compacte verte, un peu translucide, m'a donné, pour la pesanteur spécifique des cristaux d'orthose, 2,572; et pour celle de la pâte verte, bien triée, 2,681.

Cette différence résulte surtout de la présence du silicate de fer, mais pourrait aussi, en partie, provenir de la nature spéciale de la pâte feldspathique, qui, au lieu d'être, comme les grands cristaux, de l'orthose pure, se compose probablement d'un mélange d'orthose et d'un feldspath du sixième système cristallin (oligoclase, albite ou andésine, dont les pesanteurs spécifiques sont 2,668, 2,622 et 2,733).

La pâte est plus attaquable par les acides forts que le feldspath proprement dit, et lorsqu'elle est colorée, les acides la blanchissent, en enlevant surtout le fer. La pâte verte du porphyre de la Chambodut a perdu, dans l'acide chlorhydrique bouillant, 0,145 de son poids, dont moitié environ se compose d'oxyde de fer. Le résidu était entièrement blanc. Le feldspath orthose blanc, du même por-

[1] *Annales des mines*, 4ᵉ série, t. XVI, p. 236.

phyre, soumis à un traitement tout à fait identique, n'a abandonné à l'acide que 0,027 de son poids, et la dissolution contenait particulièrement de la silice et de l'alumine.

Parmi les minéraux cristallins que renferme le porphyre, le feldspath proprement dit est de beaucoup l'élément dominant. Il se présente assez souvent en beaux prismes rectangulaires, de 5 à 6 centimètres de longueur sur 1 centimètre de largeur. Habituellement, ils sont hémitropes, très-lamelleux et éclatants; presque toujours, d'une nuance plus claire que la pâte, c'est-à-dire blanc ou blanc rosé, ou tout au plus rouge de chair.

L'orthose est le feldspath dominant.

Ce feldspath, nettement cristallisé, est toujours de l'orthose. On le reconnaît à sa forme et à l'ensemble de ses caractères extérieurs. Au reste, la pesanteur spécifique suffit pour trancher la question : elle est toujours inférieure à 2,60, tandis que celle des autres feldspaths (albite, oligoclase, andésite, etc.) est supérieure à 2,61.

A côté de ces grands prismes dominants, on aperçoit pourtant quelquefois d'autres cristaux lamelleux, un peu différents et de dimensions moindres; c'est l'un des feldspaths à base de soude que nous venons de nommer. Cependant ces cristaux sont relativement rares dans le porphyre quartzifère, et cette circonstance le distingue précisément du porphyre granitoïde, qui, lui, au contraire, est essentiellement albitique.

Le quartz se présente, dans le porphyre, en petits cristaux fort nets, dont la forme est le dodécaèdre bipyramidé. Il est généralement gris et tout à fait hyalin. La grosseur et le nombre de ces nodules quartzeux varie beaucoup d'un porphyre à l'autre. Les grains les plus considérables sont de la taille d'un gros pois. Dans les espèces les plus quartzifères, la proportion des cristaux de quartz semble bien rarement devoir dépasser les 0,25 du poids de la roche; dans tous les cas, il est toujours plus quartzeux que le porphyre granitoïde.

Le quartz est en cristaux bipyramidés.

Le mica est, en général, peu abondant, et assez souvent

Le mica est rare

et en paillettes ternes. il manque entièrement. Le porphyre quartzifère se distingue par là du porphyre granitoïde et surtout du grès à anthracite, qui, l'un et l'autre, se font remarquer par l'abondance des paillettes micacées. Enfin, le mica du porphyre quartzifère se présente habituellement sous forme de petites lamelles peu nettes, d'un brun foncé ou brun verdâtre, à éclat presque toujours terne.

Le porphyre quartzifère contient presque toujours de la pinite amorphe. Outre les substances précédentes, on trouve enfin disséminée, au milieu de la pâte, en petites masses irrégulières, à contours peu nets, une substance tendre, d'une nuance jaune verdâtre. Ces nodules ont parfois jusqu'à 10 ou 15 millimètres de longueur sur 2 à 5 de largeur. Dans les roches non altérées, la substance en question a l'éclat et la cassure esquilleuse de la cire jaune, et se laisse aisément rayer par l'acier. Lorsque les porphyres sont un peu désagrégés, elle peut même sans peine s'écraser entre les doigts. Elle est alors onctueuse au toucher, mais ne fait pas pâte avec l'eau. L'acide muriatique bouillant l'attaque à peine et la calcination en dégage un peu d'eau ; c'est de la pinite amorphe, plus ou moins altérée, c'est-à-dire un silicate très-riche en alumine. Dans les porphyres du Rhône, M. Fournet a vu, en effet, passer ces nodules à de la pinite ordinaire cristallisée [1].

Dans le Forez, peu de porphyres quartzifères sont exempts de pinites, tandis qu'elles sont rares dans les granites et le porphyre granitoïde de nos contrées.

Une substance analogue, mais qui semble plutôt être du feldspath kaolinisé, existe assez abondamment dans certaines variétés de grès à anthracite. On en voit de nombreux petits nids dans les bancs de grès qui couvrent l'anthracite de Combres.

Lorsque la pinite est très-altérée, elle disparaît en partie, et les fragments de roche depuis longtemps exposés à l'air sont alors criblés de nombreuses cellules irrégulières. C'est

---

[1] Nous rappelons que, selon M. Dufrénoy, cette substance serait plutôt de la *villarsite*. (*Traité de minéralogie*, t. III, p. 555.)

le cas du porphyre de la côte d'Ambierle et de celui des bois de la Rote-Corde, aux environs de Belmont.

En comparant, au point de vue chimique, les porphyres quartzifères, pris en masse, aux granites ordinaires, on trouve qu'ils renferment, au moins autant de silice que ces derniers et plus que le porphyre granitoïde. La proportion des alcalis est également peu différente. En général, on trouve dans les porphyres quartzifères 70 à 80 p. o/o de silice et 6 à 8 p. o/o de potasse et soude. Enfin, les porphyres renferment moins d'alumine, mais plus d'oxyde de fer que les granites[1].

Le porphyre quartzifère, quoique toujours formé des mêmes quatre ou cinq minéraux dont je viens de parler, offre cependant de nombreuses variétés qui diffèrent les unes des autres par la dureté, la cristallinité et la couleur de la pâte, comme aussi par le nombre, la grandeur et l'apparence des cristaux. Ces détails trouveront leur place dans la description spéciale des chaînons porphyriques. Mais ce qu'il importe de remarquer dès maintenant, c'est que toutes ces variétés sont faciles à distinguer du porphyre granitoïde, et que nulle part les deux roches ne se lient par des passages insensibles. Indépendamment de la différence d'âge, déjà plusieurs fois mentionnée, elles offrent, au point de vue minéralogique, les divergences suivantes, que je crois devoir résumer ici :

Diverses variétés de porphyre quartzifère.

Dans le porphyre granitoïde, le quartz est sous forme de petits globules irréguliers, assez clair-semés; dans le porphyre quartzifère, en cristaux nombreux, toujours bipyramidés. Le mica abonde dans le premier porphyre, et il est relativement rare dans le second. Celui-ci est caractérisé par une véritable pâte de nuance très-variée, le plus souvent compacte, au milieu de laquelle apparaît le feldspath orthose en prismes généralement hémitropes; tandis qu'une masse cristalline albitique, d'une teinte toujours

Résumé des caractères qui distinguent le porphyre quartzifère du porphyre granitoïde.

[1] Voyez le Mémoire de M. Delesse. *Annales des mines*, 4ᵉ série, t. XVI, p. 235.

20.

claire, où le feldspath orthose paraît comme exception, constitue le fond du porphyre granitoïde. La pinite amorphe est habituelle dans le porphyre quartzifère et, par contre, rare dans le porphyre granitoïde. Enfin, les deux porphyres diffèrent encore par l'influence qu'ils paraissent avoir exercée sur les terrains sédimentaires voisins. Tandis que le granite a profondément modifié les schistes argileux anciens et que le porphyre granitoïde a plissé, satiné, gaufré les schistes carbonifères, le porphyre quartzifère est, comme nous le verrons, resté presque sans action sur les roches qu'il a traversées.

Les deux porphyres ne peuvent véritablement se confondre que lorsqu'ils sont l'un et l'autre plus ou moins altérés. Au milieu des champs, où tout est transformé en sable porphyritique, on peut, en effet, ne pas toujours savoir si l'on a sous les yeux du porphyre quartzifère, du porphyre granitoïde, du grès à anthracite ou même du granite; mais, dans le fond des ravins ou sur le haut des crêtes, il sera en général facile de trancher la question.

La structure du porphyre quartzifère est massive comme celle de toutes les roches d'épanchement. Les fissures, ou joints irréguliers, y sont moins nombreuses que dans le porphyre granitoïde, et, par suite, on peut l'extraire plus facilement en blocs de grande dimension. Dans quelques circonstances assez rares, il affecte, jusqu'à un certain point, les formes prismatiques du basalte; mais ses colonnades ne sont ni aussi régulières, ni aussi étendues que celles du grès à anthracite.

Au point de vue de la dureté et de son altérabilité, le porphyre quartzifère offre des divergences assez grandes, qui dépendent surtout de la nature de sa pâte et de l'abondance plus ou moins grande de la pinite et du mica. En général, cependant, il se désagrége moins facilement que les granites ordinaires, le porphyre granitoïde et le grès à anthracite. Lorsque, au milieu d'un plateau largement arrondi de grès à anthracite, on aperçoit de loin une butte

Structure du porphyre en grand.

à pente plus roide, ou même un simple dôme très-peu saillant, on peut s'attendre d'une manière presque certaine à y rencontrer un filon porphyrique ; et, tandis que le grès est tendre et désagrégé jusqu'à la profondeur de un à deux mètres, le porphyre quartzifère intact perce le grès et le dépasse même habituellement sous forme de crête rocheuse plus ou moins saillante.

Le contraste entre les deux terrains se fait surtout remarquer dans le défilé que parcourt la Loire en amont de Roanne. La vallée est régulière et les berges sont sensiblement arrondies dans les parties où règne exclusivement le grès; tandis que les contours sont brusques, les rapides et les écueils fréquents, partout où paraît le terrain porphyrique (Saut du Perron, environs de Saint-Maurice et de Saint-Priest-la-Roche).

Le porphyre quartzifère se présente dans le département de la Loire sous deux formes différentes. Dans la partie nord, et spécialement sur la rive gauche de la Loire, il constitue de grandes masses fort étendues, de véritables chaînons à flancs souvent abrupts. De ce nombre sont les montagnes de la Madelaine et la côte d'Ambierle. Par contre, au sud de Roanne, sur le plateau de Neulize, on rencontre de simples filons ou dykes, plus ou moins proéminents, dont la puissance varie de 1 à 200 mètres et plus.

Manière d'être du porphyre.

D'après cela, on peut s'attendre à trouver le porphyre quartzifère à des hauteurs très-différentes, et souvent assez fortes. Dans le chaînon de la Madelaine, il atteint les niveaux de 1,123 et 1,163 mètres, et de nombreuses sommités voisines vont à 900 ou 1,000 mètres. Sur la rive droite de la Loire, il se rencontre au haut de la plupart des cimes par lesquelles passe la ligne de partage des bassins de la Loire et du Rhône : le signal de Saint-Rigaud, de 1,012 mètres; le Boussièvre, de 1,004 mètres, et diverses autres crêtes dont les cotes oscillent entre 800 et 1,000 mètres.

Altitudes extrêmes du porphyre quartzifère.

Sur le plateau de Neulize, les points culminants sont également porphyriques; ce sont les buttes de Cordelles, Neulize et Vendranges, au centre du plateau (561, 582 et 583 mètres), et, sur la rive gauche de la Loire, la butte de Chaume, près de Bully (616 mètres). Comme limite inférieure, on peut citer le bouton porphyrique de la vallée du Sornin, entre Charlieu et Pouilly, au niveau de 260 mètres.

En résumé, partout où se montre le porphyre quartzifère, le sol est très-accidenté, à pentes roides, et parsemé de roches dures.

Au point de vue du régime des eaux, le porphyre quartzifère se rapproche des granitos. Toutes les buttes porphyriques isolées sont nécessairement très-sèches, soit par l'imperméabilité de la roche, qui s'oppose à l'infiltration des eaux, soit par la roideur des pentes, qui favorise leur écoulement. Dans les localités où le porphyre occupe simultanément les hauteurs et les vallons, comme au bois de la Madelaine, les eaux s'échappent en filets minces du pied de tous les coteaux; et lorsqu'une forte pente ne favorise pas leur écoulement immédiat, elles engendrent des marais tourbeux qui rappellent ceux des plateaux granitiques.

Ce que nous venons de dire de l'inaltérabilité du porphyre et de la roideur de ses pentes doit faire pressentir l'influence qu'il exerce sur les produits agricoles. Il engendre un sol rocailleux très-peu profond, le plus mauvais de ceux qui appartiennent aux terrains anciens et de transition.

Très-souvent, on reconnaît de loin, à la simple végétation, un filon porphyrique dans le grès à anthracite du plateau de Neulize. La charrue ne pouvant entamer le sol dur porphyrique, on laisse inculte au milieu des champs les parties occupées par le porphyre. Le pin ou les genêts s'emparent de ces lambeaux, qui, d'ailleurs, comme on l'a dit, sont presque toujours en saillie sur le terrain environnant. Ainsi, d'après la simple étendue et la forme de ces *pinées*, on peut souvent apprécier la grandeur et la disposition des massifs porphyriques. Les environs de Bully, Amions, Dancé, Saint-Polgue, Cordelles, etc. sont, à ce point de vue, fort intéressants à visiter.

Néanmoins, on peut cultiver le terrain porphyrique lorsque, par l'abondance des nodules de pinite, la roche est devenue plus friable (Ambierle et Belmont). Dans ce cas, il produit à de longs intervalles, comme le porphyre granitoïde, une maigre récolte de seigle ou de blé sarrazin. Mais, en général, il serait certainement préférable de reboiser en pins tous les coteaux porphyriques, et de ne cultiver en céréales que les bas-fonds, où les débris accumulés ont augmenté la profondeur des terres.

A la rigueur, on pourrait bien aussi amender le sol porphyrique; mais, comme il faudrait y amener à la fois la chaux et l'argile, et cela presque toujours de distances considérables, les frais dépasseraient nécessairement les avantages qu'il serait permis d'en espérer.

§ 5.

LIGNES DE DIRECTION ET RAPPORTS DE STRATIFICATION DES TERRAINS DE TRANSITION.

Après avoir étudié nos terrains de transition au point de vue de la nature des roches, voyons maintenant quelle est l'orientation habituelle de chacune des parties et leurs rapports de stratification.

Dans la description orographique, nous avons signalé quatre alignements différents : le système N. 50° O. de la chaîne du Forez, la direction E. 25° N. de la vallée du Rhins, les chaînons N. 15° O. des montagnes de la Madelaine, enfin, plusieurs coteaux et vallons, entre Néronde et Tarare, dont l'orientation générale est E. 12° à 15° S. sur O. 12° à 15° N.

Au point de vue de la configuration extérieure, le système N. 15° O. est sans contredit le plus saillant, celui qui a engendré les crêtes les plus considérables; mais son influence a été presque nulle sur la stratification des terrains sédimentaires. C'est la direction des bouches de sortie du porphyre quartzifère.

Le soulèvement N. 5o° O. se reconnaît également d'une manière très-prononcée au relief du sol; il a d'ailleurs affecté, sur la rive gauche de la Loire, la stratification du grès à anthracite, et a produit en divers points plusieurs grandes failles, celles de Verpierre et Crocomby, près de Regny, celle du Gand, près de Saint-Symphorien, et surtout le grand rejettement de la vallée de Saint-Thurin, en amont de Boën. C'est à ce même système que se rapportent également la plupart des filons quartzeux et baryto-plombeux de nos terrains de transition.

Mais, plus généralement, le grès anthraxifère obéit à l'alignement E. 25° N., tandis que le porphyre granitoïde et le calcaire carbonifère appartiennent au système E. 12° à 15° S.

Différence de stratification entre les schistes du terrain de gneiss et ceux du terrain carbonifère.

Il n'est cependant pas facile de fixer rigoureusement la direction normale de chacun de ces terrains. Le plus ancien surtout, le calcaire carbonifère, est fortement brouillé, car il a subi l'influence de chacun des quatre soulèvements. Traversé par les porphyres granitoïde et quartzifère, il a de plus été disloqué par les deux systèmes N. 5o° O. et E. 25° N. Mais une circonstance qu'il importe de rappeler ici, c'est la différence profonde qui se fait partout sentir entre les accidents stratigraphiques des deux formations carbonifères et l'orientation ordinaire des schistes argilo-feldspathiques du terrain de gneiss. Ceux-ci obéissent au système N. N. E.-S. S. O., tandis que le calcaire carbonifère et le grès à anthracite ont l'un et l'autre une direction différente et une inclinaison beaucoup plus faible.

La stratification du calcaire carbonifère est confuse sur la rive gauche de la Loire.

Sur la rive gauche de la Loire, le calcaire carbonifère est surtout très-brouillé. Dans la vallée de Saint-Thurin, le long de la route de Lyon à Clermont, ce ne sont que lambeaux épars de calcaire et de schistes, sans allure fixe, au milieu du porphyre granitoïde. Dans le vallon parallèle de l'Aix, les roches carbonifères sont moins discontinues; cependant les filons porphyriques sont encore si nombreux et le relief du sol si fortement accidenté, parallèlement au système N. 50° O., que la marche des assises en est devenue très-incertaine. Ainsi, entre Saint-Polgue et Dancé, on observe la direction E. O., ou plutôt E. quelques degrés S.; dans les carrières de Saint-Germain-la-Val, le système E. N. E.-O. S. O.; dans le flanc droit de la vallée de l'Ysable, près de Souternon, l'alignement N. O.-S. E.; enfin, ailleurs, des directions intermédiaires plus ou moins variées.

Sur la rive droite de la Loire, le terrain est plus régulier. Les filons porphyriques sont plus rares et le soulèvement N. 50° O. s'y fait sentir d'une manière moins énergique. Par suite, si les assises carbonifères ont dans ce district une allure sensiblement constante, tout à fait différente de celle des terrains voisins, ce ne peut être que le résultat d'un soulèvement particulier qui caractérise d'une manière spéciale le calcaire carbonifère. Or, dans la zone qui va de Néronde sur Tarare, comme dans celle qui va de Montagny à Thizy, les bancs du terrain courent généralement de l'est à l'ouest, ou plus exactement sur E. 12° à 15° S. Le sens de la plongée est d'ailleurs inverse dans les deux bandes. Entre Néronde et Tarare, les assises inclinent au nord sous le grès à anthracite, tandis qu'elles se relèvent du sud au nord, de dessous ce même grès, entre Montagny et Thizy[1]. L'inclinaison moyenne est de 10° à 12°.

Rappelons ici que les coteaux calcaréo-schisteux de Montmain et Violay sont aussi orientés E. 12° à 15° S., et que, dans le district carbonifère du département du Rhône, les vallons du Soanen et de la Turdine, en aval de Tarare, sont encore alignés sensiblement de même (p. 25).

D'après cela, il nous semble permis de conclure que

La direction des couches carbonifères sur la rive droite de la Loire est E. 12° à 15° S. sur O. 12° à 15° N.

---

[1] Voyez les coupes, planche 2.

l'allure normale du calcaire carbonifère obéit en effet au système E. 12° à 15° S., et ce que nous allons dire du porphyre granitoïde viendra à l'appui des détails précédents.

Tout ce qui précède se rapporte indifféremment aux deux groupes calcaréo-schisteux et quartzo-schisteux du terrain carbonifère. Je n'ai pu constater nulle part entre eux une différence de stratification.

Direction du porphyre granitoïde.

Il n'est guère plus facile de bien déterminer la direction primitive du porphyre granitoïde que celle du calcaire carbonifère. Les anciennes protubérances sont, en grande partie, effacées par la sortie postérieure des porphyres quartzifères et par le soulèvement plus récent N. 50° O. [1].

La direction spéciale du calcaire carbonifère est due au porphyre granitoïde.

Cependant, le porphyre granitoïde a dû relever le calcaire carbonifère sans déranger le grès à anthracite, puisque son apparition marque la fin de la période du calcaire et ouvre celle du grès à anthracite. Ainsi, là où il y a discordance entre les deux terrains, on est presque assuré que le terrain inférieur affectera la direction qui lui a été imprimée par le porphyre granitoïde. Or, cette orientation spéciale du calcaire carbonifère est, comme nous venons de le voir, O. 12° à 15° N. sur E. 12° à 15° S. Ce serait donc là aussi l'alignement des bouches de sortie du porphyre granitoïde, et, à l'appui de cette conclusion, on peut citer les deux faits suivants :

1° La carte géologique [2] montre que la limite commune du porphyre granitoïde et des schistes carbonifères, entre Saint-Marcel-d'Urfé et Saint-Germain-la-Val, est, en effet, alignée suivant le système en question, et que les coteaux porphyriques allant d'Urfé à Nollieux sont aussi orientés à peu près de même.

---

[1] Dans le mémoire publié en 1841 dans les *Annales des mines*, je disais que les fentes d'éruption du porphyre granitoïde *paraissaient* orientées sur h. 11 de la boussole, soit N. 37° O. Je confondais alors sa véritable direction avec celle qui est le résultat du soulèvement postérieur N. 50° O.

[2] Voyez planche 1.

2° Le porphyre qui nous occupe correspond pour son âge au système des ballons de M. E. de Beaumont, car l'un et l'autre séparent le calcaire carbonifère du terrain houiller inférieur. Or, le système des ballons court, dans les Vosges, sur E. 16° S.; ou bien, dans le Forez, aux environs de Boën, à très-peu près sur E. 14° S.[1], direction qui s'accorde bien avec celle que nous venons de signaler.

Remarquons enfin que notre porphyre granitoïde a précisément aussi, comme nous le verrons bientôt, son analogue dans les Vosges.

Le grès à anthracite obéit spécialement à deux directions différentes, mais l'une d'elles seule semble lui être propre, tandis que l'autre résulte d'un soulèvement postérieur du système N. 50° O. de la chaîne du Forez. *Direction du grès à anthracite.*

La direction normale se manifeste particulièrement sur la rive droite de la Loire, où le terrain est en divers points assez bien stratifié, et dans tous les cas faiblement sillonné de filons porphyriques. La plupart des assises courent sur E. 25° N., ou au moins, en général, de l'O. S. O. sur l'E. N. E. Ainsi, dans la vallée de l'Écorron, tous les affleurements suivent cette direction, depuis Saint-Symphorien-de-Lay jusqu'à Viremoulin, sur un parcours de plus de 6,000 mètres; et les couches elles-mêmes inclinent au S. S. E. sous l'angle moyen de 15° à 20°[2]. *La direction normale du grès est E. 25° N.*

Au nord de cette ligne d'affleurements, la zone des poudingues située à la base du grès est aussi orientée sur E. 25° N.; elle longe le flanc gauche de la vallée du Rhins, depuis l'Hôpital jusqu'à la Trambouze, en amont de Regny.

Les couches anthraciteuses de Combres et Essertines vont également de l'O. S. O. à l'E. N. E., en inclinant vers le S. S. E. Enfin, entre Regny et Montagny, on retrouve encore la même allure.

[1] Le transport étant opéré par la méthode abrégée que M. E. de Beaumont a fait connaître dans le *Bulletin de la société géologique*, 2° série, t. IV, p. 881.

[2] Voyez planche 4.

Dans les autres districts anthraxifères de la rive droite de la Loire, la stratification est à peu près nulle. A l'exception de Saint-Priest-la-Roche, où le terrain est plus ou moins schisteux, le grès se présente en grandes masses compactes, sans lignes de division nettement accusées, ou bien il affecte exceptionnellement, comme on l'a vu, la structure prismatique pseudo-régulière. Cependant, vers la lisière sud du plateau de Neulize, à Sainte-Colombe, le long du Bernand, on voit reparaître sous le grès massif des bancs de poudingue régulièrement stratifiés, et, là aussi, ils sont alignés de l'O. S. O. sur l'E. N. E. avec inclinaison générale vers le N. N. O.

A la ligne de direction dont je viens de parler semblent se rattacher certains accidents qu'il importe de mentionner.

La vallée du Rhins, aux environs de Regny, a tous les caractères d'une vallée de fracture. L'apparition du calcaire carbonifère le long de la rivière, et celle du grès à anthracite dans les parties hautes, semblablement inclinées sur l'une et l'autre rive, indiquent clairement une puissante faille dont la direction est celle de la vallée, c'est-à-dire E. 25° N. De plus, on voit se dessiner suivant le même sens, au nord du Rhins, le coteau de Combres, et au sud celui de Recorbey [1].

Cette ligne de soulèvement semble même se prolonger fort au loin dans la direction de l'ouest-sud-ouest. On remarque en effet, dans le prolongement de la vallée du Rhins [2], au milieu du grès à anthracite, une étroite zone sensiblement continue du terrain inférieur, se dirigeant à peu près de Cordelles sur Luré. Le long de ses deux bords, on voit des poudingues broyés se relever vers les schistes et plonger en sens inverse sous les grès à anthracite. Parmi les débris de fracture, on rencontre même des fragments de ce grès. La brèche se montre spécialement entre Cordelles,

[1] Voyez planche 1.
[2] Voyez planche 1.

Dancé et Souternon, sur le bord méridional de la bande des schistes.

Un autre accident qui semble se lier également au système qui nous occupe est la configuration de la limite sud du bassin anthraxifère. Ce dépôt se termine par une ligne presque droite, allant de l'O. S. O. à l'E. N. E.[1], et tout auprès sont deux profondes gorges orientées de même, celle de l'Aix, près de son embouchure dans la Loire, et celle du Bernand, entre Saint-Marcel-de-Félines et Sainte-Colombe.

La limite sud du bassin anthraxifère court également sur E. 25° N.

Sur la rive gauche de la Loire prédomine le second système de direction, celui de la chaîne du Forez. On doit, en effet, se rappeler que les principaux mouvements du sol sont orientés dans ce district du S. E. au N. O.[2], et l'inspection de la planche n° 5 montre que les couches exploitées à la Bruère, dans la commune d'Amions, courent parallèlement à la vallée de l'Ysable, sur N. 58° O. A Bully et Jœuvres, les affleurements sont aussi en partie alignés du S. E. au N. O.; cependant, les filons porphyriques y sont tellement abondants, que le terrain affecte en réalité les directions les plus variées. A côté de l'alignement N. O.-S. E. on observe, entre Bully et Saint-Maurice, plusieurs couches qui sont redressées dans le sens des grandes masses porphyriques, c'est-à-dire à peu près orientées sur N. 15° O., et, dans la partie méridionale des travaux de Bully, au puits des Glandes, on peut constater l'influence bien évidente du soulèvement E. 25° N., qui a amené au jour l'étroite bande des schistes carbonifères ci-dessus signalée[3].

Sur la rive gauche de la Loire prédomine l'allure N.O.-S.E.

En résumé, je le répète, la direction caractéristique du grès à anthracite, celle qui prédomine dans les parties les moins bouleversées, est E. 25° N., tandis que, sur la rive gauche de la Loire, au pied des chaînes du Forez et de la

---

[1] Voyez planche 1.

[2] Voyez planche 1.

[3] Voyez planche 3.

Madelaine, se manifeste la double influence du porphyre quartzifère et du système N. 5o° O. Rappelons aussi que ce dernier système a produit au milieu du grès plusieurs failles et de nombreux filons.

Direction du porphyre quartzifère N. 15° O.; c'est le système du Forez.

Le porphyre quartzifère est, ou disposé, comme nous l'avons vu, par grandes masses d'une certaine élévation, ou bien dispersé dans les terrains plus anciens, sous forme de filons d'une puissance faible.

Les grandes masses, et même certaines buttes plus ou moins isolées, ont une direction constante facile à déterminer. Elles constituent un ensemble de chaînons ou bandes N. 15° O. qui sont nettement figurées, soit sur la carte géologique[1], soit sur la carte orographique annexée au présent volume. Ce sont les chaînons de la Madelaine, de Beaujeu, de Belleroche, de Sévelinges, de Saint-Victor, etc.

J'avais déjà indiqué cette direction en 1841[2], mais je me contentais alors de la désigner par les termes moins précis de *nord vrai un peu ouest*, et je faisais remarquer que cette direction se rapprochait beaucoup de celle du système N. 5° O., dit du *nord de l'Angleterre*. J'ajoutais cependant que l'identité des deux soulèvements devait laisser des doutes, puisque le système du nord de l'Angleterre est postérieur au terrain houiller, tandis que le porphyre quartzifère paraissait antérieur.

Depuis lors, de nouvelles observations m'ont en effet appris : 1° que le porphyre quartzifère a réellement paru avant le dépôt du terrain houiller, et qu'il est ainsi, à plus forte raison, antérieur au système du nord de l'Angleterre; 2° que la véritable direction des chaînons porphyriques est exactement N. 15° O. C'est le système que M. E. de Beaumont a depuis lors nommé *système du Forez*, du nom du lieu où je l'ai d'abord signalé.

Les dykes porphyriques

Pour ce qui concerne les simples filons, leur direction

[1] Voyez planche 1.
[2] *Annales des mines*, t. XIX, p. 145.

est des plus variées. Les uns s'échappent irrégulièrement des grandes masses porphyriques, comme autant de branches dont l'épaisseur va s'affaiblissant avec la distance au tronc commun. Les autres sont distribués sans ordre, ou semblent au moins, de prime abord, jetés çà et là sans aucune loi. isolés
suivent des di-
rections
très-variées.

J'ai déterminé avec soin la marche d'un grand nombre d'entre eux, et me suis servi à cet effet des plans du cadastre, dressés à l'échelle de 1 à 10,000[1]. On peut voir là les contours les plus bizarres. Tantôt, comme à Chévenet[2], une masse étoilée, à peine sensible à la surface par un léger bombement; tantôt, comme à Saint-Maurice-sur-Loire[3], une série de filons à peu près parallèles, se soudant et se séparant tour à tour; ailleurs, des buttes isolées, les unes presque circulaires, les autres ellipsoïdales, ou bien plus ou moins allongées et irrégulières[4]; puis encore, comme à Montceau, au nord de Saint-Symphorien[5], un gros filon en forme de faux, large de 100 mètres à l'un des bouts, et coupé là en quelque sorte brusquement, tandis qu'il s'effile en biseau tranchant, du côté opposé.

Mais, en comparant ces filons les uns aux autres[6], on remarque cependant que la plupart sont à peu près orientés du sud au nord, parallèlement aux grands chaînons principaux de la Madelaine et de Beaujeu. En général aussi, on rencontre dans chaque district un faisceau de filons rapprochés, sensiblement parallèles, ou bien, mais plus rarement, quelques buttes centrales d'où rayonnent des filons divergents. Un coup d'œil rapide, jeté sur les planches nos 1, 3, 4 et 5, nous dispensera de citer des exemples; chaque lecteur attentif les trouvera aisément. Les dykes
d'un
même district
sont, en général,
parallèles
entre eux.

[1] Voyez les planches 3, 4 et 5, qui représentent les dépôts anthraxifères de Bully, la Bruère et Saint-Symphorien, avec tous les filons porphyriques dont ils sont criblés.

[2] Voyez planche 3.

[3] Voyez planche 3.

[4] Voyez planches 4 et 5.

[5] Voyez planche 4.

[6] Voyez planche 1.

L'âge relatif de nos terrains de transition et leurs rapports de stratification découlent naturellement de tout ce qui précède.

Ainsi, nous savons déjà que le calcaire carbonifère et le grès à anthracite reposent, en stratification discordante, sur le terrain schisteux ancien, ou s'appuient directement sur le granite sans en être pénétrés.

De même aussi on connaît les rapports d'âge des porphyres et du granite. Le porphyre quartzifère traverse le granite et le terrain schisteux ancien de Violay, Panissières et Montrottier. Et si le porphyre granitoïde n'y pénètre nulle part, au moins d'une manière évidente, l'antériorité des éruptions granitiques n'en est pas moins certaine, puisqu'elles ont précédé la période carbonifère, tandis que le porphyre granitoïde a au contraire disloqué, dans la vallée de Saint-Thurin, le calcaire et les schistes de cette même époque.

Non loin de là, on peut, de plus, rigoureusement constater l'âge précis du porphyre granitoïde. Entre Sail et Leigneux, sur la rive droite du Lignon, on observe en effet, au milieu des schistes carbonifères, plusieurs gros dykes de porphyre granitoïde qui supportent, sans l'entamer, le grès anthraxifère, régulièrement stratifié, du haut de la côte.

Ainsi le porphyre granitoïde vient précisément se placer à la limite commune de nos deux étages de transition ; et puisque, selon toutes les apparences, il faut attribuer à son éruption la direction normale du calcaire carbonifère, on comprend par cela même que le grès à anthracite ne doit pas, en général, reposer sur le calcaire inférieur en stratification parallèle. C'est, en effet, ce que nous constaterons dans la description détaillée du plateau de Neulize.

Cependant, dans les régions où le calcaire carbonifère n'est pas directement traversé par le porphyre granitoïde, son allure spéciale est trop peu prononcée pour qu'en divers lieux les soulèvements postérieurs N. 15° O., E. 25° N. et N. 50° O. ne l'aient pas en grande partie effacée. Alors nécessairement, la discordance entre les deux étages est presque nulle.

Ce qui prouve d'ailleurs que la sortie du porphyre granitoïde ne correspond pas, au moins dans nos contrées, à un soulèvement considérable dont les effets soient très-saillants, c'est que le grès à anthracite recouvre presque partout le terrain carbonifère, à l'exception des points où le porphyre granitoïde a entièrement disloqué ce dépôt inférieur, comme dans les coteaux qui séparent la vallée de Saint-Thurin de celle de l'Aix. Ainsi les limites des mers où nos deux étages se sont successivement déposés n'ont pas été sensiblement modifiées par le porphyre granitoïde. Néanmoins ses premiers épanchements ont dû fortement agiter les eaux, puisque, à la base du grès à anthracite, on rencontre généralement un grossier poudingue.

Quant à la fin de la période anthraxifère, elle semble marquée par un mouvement d'une portée plus grande. Le grès n'est nulle part recouvert. Il y eut donc à ce moment retrait des eaux, c'est-à-dire relèvement général du fond du bassin. Une question importante se présente ici naturellement. Quelle est la cause de ce mouvement du sol? Nous aurons plus tard occasion de revenir sur ce point. Mais dès maintenant nous pouvons observer que deux soulèvements différents ont dû ébranler le sol pendant et peu après le dépôt du grès anthraxifère : le système E. 25° N., auquel se rapporte l'allure spéciale du grès, et le système N. 15° O., dû à l'apparition du porphyre quartzifère, qui perce le grès à anthracite sans disloquer le terrain houiller. En parcourant nos diverses cartes[1], on se convaincra en effet que le porphyre quartzifère forme de nombreux filons dans tous les terrains, soit anciens, soit de transition, depuis le gneiss jusqu'au grès à anthracite, tandis qu'il ne pénètre pas dans les bassins houillers de Saint-Étienne et de Sainte-Foy-l'Argentière. Les terrains houillers plus voisins de Bert et de la Chapelle-sous-Dun (Allier et Saône-et-Loire)

La fin de la période anthraxifère est marquée par un relèvement général du sol.

[1] Voyez planches 1 à 5.

reposent même directement sur le porphyre quartzifère, sans en être entamés, et leurs poudingues renferment, comme les conglomérats de Rive-de-Gier et de Saint-Étienne, des galets assez nombreux de porphyre quartzifère[1].

§ 6.

ROCHES ET MINÉRAUX SUBORDONNÉS DES TERRAINS DE TRANSITION.

Les roches et minéraux subordonnés des terrains de transition sont moins variés, mais peut-être plus abondants que ceux du granite et du terrain schisteux ancien.

On y rencontre spécialement des filons quartzeux et plombeux qui semblent avoir quelques rapports d'âge et de direction avec les masses analogues des terrains anciens.

Quartz. Le quartz se présente sous diverses formes : du *quartz blanc saccharoïde*, en filons, dans chacune des quatre roches de transition ; du *quartz-agate* diversement coloré, principalement dans le porphyre quartzifère ; du *quartz-calcédoine*, sous forme de grandes masses schisteuses, au milieu du grès anthraxifère.

Spath-fluor. Le quartz est d'ailleurs tantôt isolé, tantôt associé à de la baryte sulfatée laminaire, et parfois aussi, comme aux environs d'Ambierle, entremêlé de cristaux de spath-fluor.

Baryte sulfatée. Ailleurs, et principalement dans le voisinage des grandes masses porphyriques, on trouve aussi des filons de barytine pure.

Filons plombeux. Les filons plombeux sont surtout nombreux aux environs d'Urfé, Juré, Saint-Just-en-Chevalet et Saint-Martin-la-Sauveté, où des travaux étendus ont été entrepris par la famille de Blumenstein. Comme ceux de Saint-Julien-Molin-Molette, ils sont principalement à gangue de quartz et de baryte sulfatée, mais renferment aussi quelquefois, en proportions moindres, du spath-fluor, des pyrites de fer et de cuivre, de la blende et des pyrites arsenicales. Le spath cal-

---

[1] Les roches porphyriques des bassins d'Autun, de la Basse-Loire et de la Creuse sont des eurites et non de véritables porphyres quartzifères.

caire y est rare. On les rencontre indifféremment dans les schistes carbonifères, le grès à anthracite et le porphyre granitoïde. Plus rarement, ils coupent le porphyre quartzifère. Quelques autres filons renferment presque exclusivement des pyrites arsenicales et des pyrites de fer. Ils sont surtout fréquents, aux environs de Saint-Thurin, dans les schistes carbonifères. *Filons pyriteux.*

Non loin de là, dans la commune de Saint-Martin-la-Sauveté, on a aussi trouvé de l'arsenic natif au milieu du porphyre granitoïde. *Arsenic natif.*

De l'antimoine sulfuré a été exploité à Montmain, près de Sainte-Colombe, dans le calcaire carbonifère. *Antimoine sulfuré.*

Un amas irrégulier de fer hydraté a donné lieu à quelques travaux, aux environs de Saint-Thurin, dans le terrain carbonifère, et de minces veines de fer oxydé magnétique sillonnent le porphyre granitoïde auprès de Rochefort. *Minerai de fer.*

Outre les gîtes métallifères que je viens de signaler, il convient de citer encore la pyrite de fer, en mouches et cristaux épars, souvent assez abondants dans les schistes, les calcaires carbonifères et les anthracites du Roannais.

L'une des roches subordonnées les plus utiles du terrain de transition est le marbre blanc de Champoly, la Bombarde et Grézolles. Ce sont de grands filons de calcaire saccharoïde qui coupent à la fois la grauwacke, le grès à anthracite et le porphyre quartzifère. *Marbre blanc.*

On trouve enfin, dans nos terrains de transition, quelques filons peu nombreux de diorite compacte, de minette noire tendre et de wacke brune, dure, sorte de mélaphyre plus ou moins caverneux. *Diorite, minette et wacke.*

Nous devons également mentionner une amygdaloïde à noyaux calcaires, en culot ou amas, au milieu du grès anthraxifère du district de Combres, et les schistes à cristaux d'amphibole de Solombay, près Souternon. *Amygdaloïde.* *Amphibole noire.*

Nous reviendrons avec plus de détails sur chacune de ces roches dans le chapitre suivant, où nous décrirons particulièrement les carrières et mines des terrains de transition.

21.

§ 7.

DESCRIPTION SPÉCIALE DES PRINCIPAUX DISTRICTS QUE LES ROCHES
DE TRANSITION OCCUPENT DANS LE DÉPARTEMENT DE LA LOIRE.

Nous venons de faire connaître les roches et les caractères les plus importants de nos terrains de transition. Il
faut compléter maintenant ces notions générales par la description plus détaillée des principaux districts où se montrent
ces terrains. Nous les parcourrons dans l'ordre suivant : la
partie orientale du plateau de Neulize, sur la rive droite
de la Loire; le territoire de Saint-Martin et d'Urfé, entre
le Lignon et l'Aix; la vallée de l'Aix et la partie occidentale
du plateau de Neulize; les montagnes de la Madelaine, et,
en dernier lieu, les chaînons de Sévelinges et de la Rotecorde.

1° Partie orientale du plateau de Neulize.

Le plateau de Neulize est essentiellement formé de grès
à anthracite, entrecoupé de filons ou buttes de porphyre
quartzifère et supporté, à une certaine profondeur, par le
calcaire carbonifère. Ce dernier perce au jour sur les deux
lisières opposées du plateau : au sud, entre Néronde et Tarare; au nord, entre Montagny et Thizy. Suivons d'abord
la zone méridionale, en partant des bords de la Loire.

ZONE CARBONIFÈRE
ENTRE
LE PORT GAREL
ET
TARRARE.

Les schistes carbonifères se montrent à l'extrémité nord
de la plaine du Forez. On les voit, le long du chemin de
fer, dans la tranchée du pont du Bernand et vers la partie
inférieure du plan incliné de Biesse. Ils existent également
au port Garel et, au nord de Balbigny, sur les deux rives
du Bernand. Enfin, on les trouve d'une manière continue
au pied des coteaux qui bordent la plaine, depuis la Loire
jusqu'à Pouilly-lès-Feurs. A la vérité, ils sont assez souvent
cachés sous les sables tertiaires, mais on les découvre partout
en creusant les fossés qui bordent les champs.

Schistes.

Les schistes sont verdâtres ou gris bleuâtres, fragiles et

très-feuilletés ; ils courent sensiblement de l'ouest à l'est, en plongeant de 25 à 30° vers le nord, sous le grès an-thraxifère qui couronne les hauteurs. Au port Garel, sur la Loire, on voit, immédiatement au-dessus des schistes, un gros poudingue dans lequel les galets calcaires et les frag- *Poudingue anthraxifère.* ments peu roulés du porphyre granitoïde sont très-abon-dants ; c'est la base du terrain anthraxifère.

Au haut du plateau, dans les tranchées du chemin de *Grès porphyrique.* fer, près de Biesse, se montre le grès lui-même, composé de mica et d'éléments feldspathiques.

Le calcaire en place paraît sur les bords du Bernand, *Calcaire de Balbigny.* au hameau de Tardivon. On avait entrepris, en 1836, de l'exploiter comme marbre et castine ; mais, comme marbre, la roche est trop fissurée, et, comme castine ou pierre à chaux, beaucoup trop impure. Le calcaire est ici associé à une sorte de brèche calcaréo-porphyrique, diversement nuancée ; et c'est elle, en particulier, que l'on espérait pou-voir utiliser pour des objets d'art. On aurait, en effet, réussi sans les nombreuses fissures dont la pierre est sil-lonnée.

Le porphyre quartzifère rouge se présente, dans ce dis- *Porphyre quartzifère.* trict, en filons assez nombreux. On en voit dans la tran-chée du chemin de fer, au pont du Bernand, et le long de la route qui va de Néronde à Balbigny. La roche est à pâte rouge compacte, dans laquelle se dessinent des cristaux presque blancs de feldspath orthose et de nombreux grains bipyramidés de quartz hyalin. Le mica y est rare. Le plus considérable de ces filons, situé entre Néronde et la Noirie, est exploité pour moellons ; il court du S. E. au N. O. Aucun d'eux ne modifie les roches encaissantes. Au con-tact, il y a transition brusque sans indice de soudure. Celui du pont du Bernand coupe le schiste carbonifère ; les au-tres, voisins de la Noirie, le grès vert porphyrique du ter-rain à anthracite.

Entre Pouilly et Néronde, la zone carbonifère se déve- *Grès schisteux, couleur olive, à* loppe sur une largeur de 4 à 5 kilomètres. On observe à la base du terrain de grauwacke. la base, sur la ligne de Pouilly à Bussières, un grès fin schisteux, couleur olive, qui correspond par sa position au groupe quartzo-schisteux inférieur, tandis qu'entre Néronde et Montmain paraît le groupe supérieur, avec ses calcaires bleus bitumineux et ses schistes gris foncé feuilletés. Immédiàtement au-dessus, vient le poudingue antraxifère.

Direction des bancs de la zone carbonifère. La direction des bancs schisteux est ici encore généralement E. O., ou plutôt E. quelques degrés S. ; mais, autour de Néronde, elle est complétement troublée par de nombreux filons porphyriques, et probablement aussi par le soulèvement E. N. E. qui semble avoir engendré la profonde vallée du Bernand et la plongée anormale, vers le nord-ouest, dans les carrières de Néronde.

Calcaire de Néronde. En allant de Balbigny à Néronde, on rencontre les premières masses calcaires sous les murs mêmes de la ville; mais les carrières en exploitation sont situées plus à l'est, entre la chapelle qui domine la ville et le bois de la Chaux. Le calcaire est divisé en bancs d'une faible épaisseur. Il est criblé de tiges d'encrines, mais ne semble renfermer aucun autre fossile. La roche est bitumineuse, dure, grenue, compacte et d'une teinte grise assez foncée, tirant sur le bleu.

Les exploitations se suivent à peu près, du S. O. au N. E., parallèlement à la direction des bancs; et, d'après la similitude des roches, il est à présumer que l'on exploite dans les cinq carrières le même système de couches. Leur puissance totale m'a paru être d'environ 10 mètres; mais il est impossible de l'évaluer rigoureusement, car les assises les plus basses sont en partie cachées sous le sol des carrières.

Butte de porphyre granitoïde. Au-dessus de Néronde, au lieu dit la Chapelle, perce une butte de porphyre granitoïde, sur le bord de laquelle les schistes sont broyés et fracturés. Un filon de la même roche traverse la carrière la plus voisine de la ville. Le calcaire plonge sous la masse porphyrique, et entre les deux roches sont 3 à 4 mètres de schistes feuilletés, tendres, que le porphyre a également brisés; mais, ni en ce point, ni auprès de la butte principale, les schistes n'ont éprouvé la moindre altération chimique, ni même un simple endurcissement.

Par contre, dans la carrière du Fay, à quelques cents mètres vers le nord-est, où le porphyre ne paraît pas, le toit du calcaire est garni de schistes silicifiés; et la même roche se présente également au hameau de Bénichon, sur le chemin de Sainte-Colombe. Ce sont des schistes gris foncés, extrêmement durs, plus ou moins criblés de géodes quartzeuses; et sur ces schistes repose directement le poudingue du grès à anthracite. Il résulte clairement de là que l'imprégnation siliceuse n'est point un effet immédiat des éruptions porphyriques. D'ailleurs, aux environs de Boën, où de grandes masses schisteuses sont entièrement enveloppées par le porphyre granitoïde, il y a de même absence complète de silicification. Cependant les deux phénomènes sont contemporains, puisqu'ils appartiennent l'un et l'autre à la période peu étendue qui sépare le terrain carbonifère du grès à anthracite. Il doit donc y avoir entre eux corrélation intime, et il est probable que l'éruption du porphyre aura donné naissance à de puissantes sources siliceuses, comme aujourd'hui encore la plupart des sources minérales dépendent de phénomènes volcaniques, anciens ou modernes : en Islande, les sources siliceuses du Geyser; en Auvergne et ailleurs, les abondantes émissions d'acide carbonique.

La silicification est d'ailleurs un phénomène purement local, puisqu'en général, même dans nos contrées, les schistes supérieurs du terrain carbonifère ne sont nullement siliceux. A la vérité, on les retrouve pénétrés de silice aux environs de Regny, Urfé, Juré, etc., mais toujours dans un cercle d'action assez restreint. Ainsi, dans le district de Néronde, les schistes silicifiés ne se montrent réellement qu'à partir du Fay jusqu'aux environs du hameau de Bénichon. Au delà, ils disparaissent tout à fait. Déjà à Montmain et Montellier, près de Sainte-Colombe,

(marginalia :) Schistes siliceux entre Néronde et Sainte-Colombe.

(marginalia :) Mode et cause de la silicification.

où cependant on peut suivre très-facilement toute la série des assises carbonifères, on n'en rencontre plus la moindre trace, ni au delà dans cette direction, au moins jusqu'à Tarare.

Filons quartzeux des environs de Bussières.

La silice paraît encore sous une autre forme aux environs de Néronde. Entre Bussières et Sainte-Agathe, le groupe quartzo-schisteux inférieur, composé de grès fins couleur olive, est criblé de puissants filons de quartz saccharoïde du genre de ceux qui sillonnent le terrain de gneiss, et, comme eux, généralement dirigés du S. E. au N. O.

Une coupe très-nette de la zone carbonifère s'observe, dans le haut de la vallée du Bernand, entre Sainte-Agathe et Sainte-Colombe. On peut constater là, d'une manière très-nette, la position des schistes carbonifères entre le terrain ancien et le grès à anthracite.

Voici cette coupe :

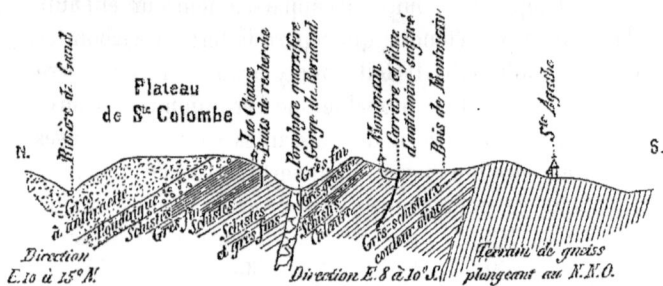

Suivons-la du sud au nord. A Montchal et Sainte-Agathe, et jusqu'aux environs de la route neuve qui va de Néronde à Violay, on marche sur le terrain ancien. Ce sont des schistes verdâtres, argilo-feldspathiques, comme ceux de la crête d'Affoux (pag. 130), et comme eux dirigés au N. N. E., avec forte plongée vers l'O. N. O.

Au nord de la route, dans le bois qui domine Montmain, se présentent les grès fins couleur olive que nous avons déjà mentionnés, à la base du terrain carbonifère entre Pouilly et Bussières. Ils inclinent presque directement au nord, mais sous un angle beaucoup plus faible que les schistes anciens de Sainte-Agathe.

Au toit des grès paraît le calcaire bleu, que l'on exploite comme pierre à chaux dans une carrière située à Montmain. La roche est divisée, comme celle de Néronde, en bancs d'une faible épaisseur, mais elle est moins pure et donne de la chaux plus maigre. Les travaux de la carrière ont mis à découvert un filon d'antimoine sulfuré qui a donné lieu à quelques travaux.

Les bancs calcaires sont directement couverts de schistes tendres argileux, sur une hauteur de quelques mètres; puis vient un grès poudingue, à petits galets de quartzite, de quartz blanc et de lydienne, réunis par un ciment gris verdâtre, qui paraît formé de débris de schistes anciens. Il passe insensiblement au grès carbonifère ordinaire, dont on peut suivre les assises jusqu'au fond de la vallée du Bernand, où perce le filon porphyrique de la butte de Montsellier.

Le calcaire, le poudingue et le grès sont régulièrement orientés sur h. 8 de la boussole, soit E. 8° à 9° S. du méridien vrai, et plongent d'environ 10° vers le nord.

Sur l'autre flanc de la vallée, en montant vers Sainte-Colombe, on trouve dans la partie inférieure des schistes feuilletés tendres, gris-verts ou gris-bleus, plus ou moins foncés, avec quelques bancs peu épais de grès à grains très-fins sans nulle assise calcaire. Vers le milieu du coteau paraît une roche très-dure, argilo-siliceuse, sorte de pétrosilex d'un blanc jaunâtre, entourée de schistes tendres, ordinaires, et stratifiée comme eux. Sa puissance est de deux à trois décimètres.

Un puits de 25 mètres, percé fort mal à propos dans ce terrain à la recherche de l'anthracite, a recoupé la roche pétro-siliceuse à une quinzaine de mètres du jour. Dans les schistes ordinaires, on trouva, au lieu d'anthracite, plusieurs petites veinules de pyrites de fer et de spath calcaire.

Au-dessus des schistes vient enfin le grossier poudingue,

qui passe graduellement au grès anthraxifère. Il se distingue du grès poudingue de Montmain par la grosseur de ses éléments, sa puissance plus grande, la rareté relative des noyaux quartzeux blancs, et surtout la présence de galets nombreux provenant du calcaire carbonifère et du porphyre granitoïde.

L'allure des bancs schisteux est la même sur les deux flancs de la vallée. Quant au poudingue, il repose sur les schistes en stratification presque concordante; cependant sa direction réelle est h. 6 1/2 à 7 de la boussole magnétique, soit E. 8 à 15° N. du méridien vrai.

Le calcaire de Montmain a la forme d'une masse cunéiforme.

La coupe dont nous venons de nous occuper nous montre le calcaire de Montmain à une distance assez grande du grès à anthracite; il doit passer à plus de 100 mètres au-dessous du poudingue de Sainte-Colombe. Par contre, à Regny, Thizy et Montagny, il est presque à la limite même du terrain supérieur. On est en droit, ce me semble, de conclure de là que le calcaire existe dans le groupe calcaréo-schisteux à plusieurs niveaux différents, et qu'il y forme plutôt une série de masses cunéiformes, limitées en direction et en profondeur, qu'un ensemble de bancs réguliers et continus.

Dans tous les cas, le calcaire de Montmain ne s'étend pas au loin. A 1 kilomètre de la carrière, au sud-est du hameau le Rey, il est déjà moins puissant et surtout moins pur; au delà, il disparaît tout à fait, ou se transforme en grès dont le ciment même est à peine effervescent. Ainsi à Violay, où la succession des roches s'observe pourtant bien, il n'y a plus aucune trace de calcaire.

Au sud de ce bourg perce le terrain ancien, qui plonge presque verticalement vers l'O. N. O.; au nord, le terrain carbonifère, dont les assises inclinent vers le N. N. O., sous un angle d'au plus 20°.

Coupes de la bande carbonifère au nord de Violay.

On peut étudier la bande, dans toute sa largeur, en se dirigeant, de Violay sur Saint-Cyr-de-Valorge, par la vallée du Gand; ou bien, sur Pin-Bouchain, par la ligne de faîte qui sert de limite au bassin de la Loire. On rencontre dans les deux directions, de bas en haut, les dépôts suivants : un grès fin schisteux gris bleuâtre, assez dur; un grès plus gossier, à ciment argileux gris foncé, passant au poudingue à galets quartzeux blancs de Montmain; puis un schiste jaune verdâtre, sur lequel repose directement le conglomérat du grès à anthracite. Ce dernier se voit au village d'Échaussieux, et, sur le haut de la crête, entre Joux et Saint-Cyr-de-Valorge. Il renferme des galets de la grosseur du poing, et on y distingue, comme à Sainte-Colombe, des débris, souvent peu roulés, de calcaire et de porphyre granitoïde. Dans certaines parties, il est caverneux, en conservant néanmoins une très-grande dureté.

A l'est de Violay, la zone carbonifère pénètre dans le département du Rhône et se dirige sur Tarare. Elle s'élargit beaucoup en ce point; car l'un de ses bords monte jusqu'à Joux et presque jusqu'au col des Sauvages, tandis que l'autre passe à plus d'un kilomètre au sud de Saint-Marcel-l'Éclairé. Tout ce district est sillonné d'accidents nombreux, et on doit, je crois, attribuer à cette circonstance l'épanouissement de la bande carbonifère. Ainsi, entre Affoux et Tarare, une crête schisteuse ancienne, la côte d'Affoux, coupe en deux la zone carbonifère, et ailleurs d'autres failles ou soulèvements analogues ont dû, de la même manière, ramener au jour les bancs carbonifères inférieurs.

Malgré ces dislocations, il y a toujours, dans ce district comme ailleurs, à la fois au point de vue de la stratification et sous le rapport des roches, une différence très-grande entre les schistes anciens et ceux du terrain carbonifère. On retrouve généralement parmi ces derniers la prédominance de l'alignement E. O., tandis que les premiers courent sur N. N. E. [1].

A Tarare et dans le bas de la montée de Pin-Bouchain,   Environs de Tarare

[1] Voyez en effet ce que nous avons dit de la côte d'Affoux, et surtout de la carrière du Gouget, p. 131.

et
de Pin-Bouchain.

sur la route de Paris, les schistes sont généralement modifiés, c'est-à-dire plissés, gaufrés et même amphibolisés ;
tandis que, vers le haut de la vallée, aux environs de Joux,
dans le voisinage du poudingue anthraxifère, ils sont tendres et feuilletés. Le calcaire est d'ailleurs, dans tout ce
district, extrêmement rare. Je ne le connais, entre Violay
et Tarare, qu'à la seule carrière du Gouget, où, de plus,
sa puissance est faible et la chaux d'une qualité très-inférieure.

ZONE CARBONIFÈRE
OPPOSÉE,
ALLANT DE MONTA-
GNY
À THIZY.

Sur la zone carbonifère dont nous venons de parler
s'appuie, au nord, le vaste dépôt anthraxifère du plateau
de Neulize. Mais, avant de nous en occuper, faisons d'abord
connaître la bande carbonifère opposée, qui se relève en
sens inverse de dessous le grès. Elle occupe spécialement
le coteau de Montagny, entre le Rhodon et le Trambouzan,
et s'étend, de l'ouest à l'est, sur une largeur de 4 à 6 kilomètres, depuis le bord du bassin tertiaire du Roannais
jusqu'à Thizy, dans le département du Rhône. La route de
Roanne à Thizy la parcourt dans toute sa longueur, et à
peu près dans le sens de son axe.

La roche dominante est le schiste tendre argilo-feuilleté,
d'une nuance grise passant au vert ou au bleu. Dans la
partie haute, paraît au milieu du schiste le calcaire bleu,
qui est ici fort abondant. Dans la partie inférieure, principalement un grès fin siliceux, dur et schisteux, d'un gris
pâle plus ou moins lustré. Ce sont, comme on voit, les deux
groupes calcaréo-schisteux et quartzo-schisteux de la description générale.

Poursuivons la zone de l'ouest à l'est.

En parcourant la route de Thizy, on voit les premiers
schistes de transition, sous le terrain tertiaire, aux environs
du château de Cerbué. Ils sont tendres et feuilletés, gris,
verts, bleus ou rouges. Sur eux repose, aux environs des
Mures, le poudingue anthraxifère, et si, de la route, on
descend dans la vallée du Rhodon, on retrouve au-dessous,
le long de la côte, les mêmes schistes diversement nuancés,

puis le calcaire en place, alternant plusieurs fois avec de la grauwacke fine, d'un gris très-foncé.

La stratification est ici assez variable, grâce aux filons porphyriques. Mais en approchant de Montagny, et déjà au hameau d'Avaize, le terrain devient plus régulier. Les assises plongent uniformément au sud, ou plutôt au sud quelques degrés ouest. Au lieu dit les Buis, on exploite le calcaire; et, en traversant là, du nord au sud, la vallée du Rhodon, on peut étudier toute la série des assises carbonifères.

Voici la coupe, telle que je l'ai relevée :

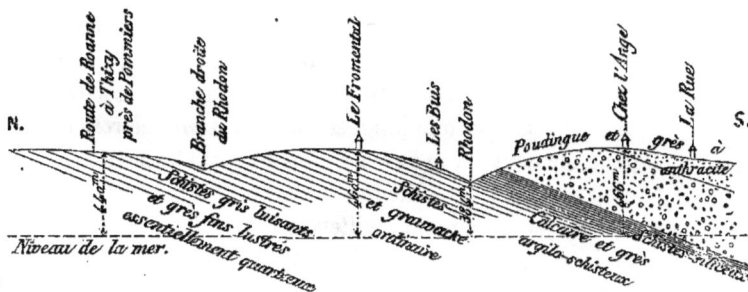

Sur la route de Thizy, près de Pommiers, le terrain est formé de grès fins lustrés, entremêlés de schistes luisants d'un gris très-pâle. Plus loin, tout le flanc droit de la vallée du Rhodon, depuis Avaize jusqu'à Montagny, est garni d'assises calcaires qui alternent avec de la grauwacke à ciment argilo-calcaire. Les mêmes roches continuent jusqu'au fond du vallon; puis, sur l'autre flanc, apparaissent des schistes siliceux, durs, presque noirs, comme ceux de Néronde, et directement au-dessus le poudingue anthraxifère, dont le ciment a aussi été durci et fortement silicifié.

D'une extrémité à l'autre de la coupe qui nous occupe, les assises inclinent d'environ 15° au sud, et on ne remarque entre les deux terrains aucune discordance bien sensible de stratification.

Porphyre quart-
zifère
à Montagny.
Le bourg de Montagny est bâti sur le porphyre quartzifère rouge à grands cristaux de feldspath blanc; et, dans
les environs, toutes les buttes quelque peu saillantes sont
également porphyriques. Malgré cela, le terrain n'est pas
aussi bouleversé qu'on serait tenté de le croire. La zone calcaire de la vallée du Rhodon se continue à l'est, sans
interruption, depuis Montagny jusqu'à Thizy. Elle passe à
Jandrasse, au nord de Combres, se développe largement
le long de la route de Thizy, sur le flanc droit de la vallée
de la Trambouze, traverse cette rivière entre Collin et le
bourg de Thizy, et s'élève au delà vers la ville de ce
nom.

Bancs calcaires
nombreux
dans la vallée
de
la Trambouze.
Les bancs calcaires sont même beaucoup plus abondants
dans la vallée de la Trambouze que partout ailleurs. La
route de Thizy les a nettement dépouillés, entre Jandrasse
et la Roche, sur une longueur de 2 à 3 kilomètres. Ils ont
généralement 0^m,20 à 0^m,40 d'épaisseur, alternent, comme
dans la vallée du Rhodon, avec de la grauwacke argilo-
calcaire et de minces feuillets d'argile. Leur direction est
toujours sensiblement E. O. et l'inclinaison de 4 à 5° vers
le S.

A Combres et Essertines, on peut constater, comme dans
la vallée du Rhodon, la superposition directe du terrain à
anthracite; mais les schistes, sur lesquels il s'appuie, ne
sont plus silicifiés. Le poudingue se voit surtout bien lorsqu'on monte de Combres vers Montagny, soit par le chemin
direct, soit en passant par le hameau d'Essertines[1].

A l'est de Combres, le poudingue anthraxifère traverse
la Trambouze, et se montre, au-dessous de Collin, sur
l'autre rive, dans l'ancien chemin de Thizy à Regny.

Environs
de
Thizy.
En approchant de Thizy, les filons porphyriques redeviennent plus fréquents et le terrain carbonifère est de nouveau très-brouillé. La direction habituelle est complète-
ment effacée; les assises semblent, dans ce district, obéir

[1] Voyez la carte n° 7 bis de la concession de Combres.

plutôt au porphyre quartzifère. Ainsi, entre le bourg et la ville de Thizy, où le porphyre quartzifère perce à chaque pas, et, dans le fond de la vallée, entre le pont de la Trambouze et la Roche, les calcaires et les schistes courent le plus souvent sur N. 15° à 30° O., avec plongée forte de l'ouest à l'est.

Dans la zone qui nous occupe, on exploite le calcaire d'une manière assez active. Il y a des carrières et des fours à chaux dans les communes de Thizy, Combres et Montagny. Celles de Thizy sont surtout intéressantes au point de vue de l'influence du porphyre quartzifère sur les roches encaissantes, et nous aurons plus tard occasion de les citer sous ce rapport.

Le calcaire est de même nature dans toutes ces carrières : gris bleuâtre foncé, plus ou moins bitumineux, compacte, dur et généralement peu argileux. Il renferme partout quelques madrépores et des tiges assez nombreuses d'encrines, mais je n'ai pu découvrir nulle part d'autres fossiles.

Nous venons de parcourir le bord méridional de la zone carbonifère de Montagny. Disons maintenant quelques mots de sa limite nord.

Lisière nord de la zone carbonifère de Montagny à Thizy.

Dans les vallées du Rhodon et de la Trambouze, les assises calcaréo-schisteuses plongent vers le sud ; par suite, on devrait trouver, plus au nord, la base de la formation et même le terrain qui lui sert de support, comme, sous la zone opposée, au sud de Néronde, on rencontre les schistes du terrain de gneiss ; cependant il n'en est rien. Sous le calcaire de la vallée du Rhodon, nous avons bien reconnu le groupe quartzo-schisteux, et nous l'avons signalé dans la coupe ci-dessus rapportée de Pommiers à la Rue ; mais en aucun point on ne voit percer le terrain inférieur. La vallée du Trambouzan, qui limite au nord le coteau de Montagny, doit donc correspondre à une puissante faille dont le côté nord fut beaucoup moins soulevé que le côté sud, entre Montagny et Thizy. En effet, au nord de ce

Faille le long du Trambouzan.

cours d'eau, on retrouve uniquement la partie la plus haute du terrain carbonifère, celle qui supporte le poudingue anthraxifère ; et cependant ce district, comme le montre la carte, est presque entièrement envahi par le porphyre quartzifère, qui aurait bien amené au jour quelques lambeaux du terrain inférieur, s'il s'était trouvé là à une faible profondeur.

Au nord du Trambouzan, le grès anthraxifère ne paraît plus qu'en lambeaux isolés d'une faible étendue. Nous devons également signaler un autre fait d'une certaine importance qui se lie au précédent : c'est la rareté, ou du moins la faible épaisseur du terrain anthraxifère au nord du Trambouzan. Malgré la fréquence des filons porphyriques, il est bien évident que si, dans ce canton, le grès à anthracite eût jamais existé en masses aussi considérables qu'au centre du plateau de Neulize, il en resterait certainement des lambeaux plus ou moins étendus. Or, nous avons bien signalé du poùdingue anthraxifère aux Mures et au château de Cerbué, sur le haut du plateau de Montagny, et nous allons le retrouver encore, au nord du Trambouzan, en quelques autres points; mais le plus souvent il se présente seul, ou du moins, si le grès le recouvre quelquefois, ce dernier est toujours sans importance, et semble appartenir exclusivement aux parties les plus basses de la formation, celles qui succèdent immédiatement au poudingue. Le grès à anthracite ne reparaît en masses d'une certaine étendue qu'aux environs de Belleroche, sur la lisière du département du Rhône [1].

Ainsi, à moins d'admettre que dans ce district le terrain à anthracite ait été balayé presque en masse à une époque plus ou moins reculée, ce qui serait au moins extraordinaire, on doit forcément supposer que ce terrain n'y a jamais acquis tout son développement, et qu'à l'origine même de la période anthraxifère, le sol fut ici émergé,

---

[1] Par ce motif, je n'ai pas cru devoir distinguer sur la carte ces lambeaux de poudingues des schistes immédiatement inférieurs. Le poudingue est, en quelque sorte, dans ce district, lié plus intimement au terrain carbonifère qu'au grès à anthracite proprement dit.

tandis que la sédimentation continuait ailleurs, et particulièrement aux environs de Neulize.

La cause de ce soulèvement est d'ailleurs bien évidente, Soulèvement de la zone carbonifère de Montagny à l'origine de la période anthraxifère, suivi d'un relèvement lent du sol pendant toute la durée de cette période même.
puisque, à cette même époque, a précisément surgi le
porphyre granitoïde. Du moins, il me paraît démontré que
le soulèvement général de la zone carbonifère de Montagny,
la faille de la vallée du Trambouzan et l'émergement du
sol, au nord de ce vallon, sont trois phénomènes rigoureusement contemporains, dus à l'apparition du porphyre
granitoïde. Et, à ce propos, il ne sera pas inutile de remarquer que le porphyre granitoïde existe, en effet, dans
la partie nord de ce district, aux environs de Belmont.
Plusieurs très-grands filons coupent la route de Charlieu à
Beaujeu, entre Belmont et Maizilly. Plus tard, nous mon-
trerons que l'émergement du sol a dû encore continuer,
d'une manière lente, pendant toute la durée de la formation du grès à anthracite; de plus, que ce mouvement s'est
fait suivant le sens de la ligne E. 25° N., et non, comme
à l'origine, sous l'influence directe du porphyre granitoïde.

Maintenant, indiquons les quelques lambeaux des chistes Lambeaux schisteux au nord du Trambouzan.
et de poudingue que le porphyre quartzifère a respectés au
nord du Trambouzan.

A l'est de Coutouvre, une étroite bande de schistes tendres longe le terrain jurassique et le sépare en ce point des
masses porphyriques.

Plus à l'est, au château de Morland, paraît le poudingue à anthracite; et si de là on se dirige vers le nord, sur
le domaine de la Montagne, on ne tarde pas à rencontrer,
géologiquement au-dessous, les schistes carbonifères. Ces
derniers occupent en grande partie le fond du vallon qui
va de ce point au bourg de Jarnosse. Jarnosse lui-même
est bâti, en partie, sur le porphyre rouge à grands cristaux,
en partie, sur des schistes gris feuilletés tendres. En divers
points de ce vallon, les schistes deviennent massifs et durs,
et passent peu à peu, en se chargeant de silice et de grains
feldspathiques, au poudingue et grès dur porphyrique :

22

entre autres, au domaine de Saive et dans le voisinage du village de Basjoli.

Aux environs de Sévelinges, où le porphyre à grands cristaux forme des crêtes de plus en plus élevées, on retrouve encore des lambeaux de schistes, et, quoique de toutes parts enveloppés de porphyre, comme ceux de Coutouvre et de Jarnosse, ils ne sont ni altérés ni durcis. Ce n'est donc pas le porphyre quartzifère qui a pu silicifier et feldspathiser les schistes de Basjoli et de Saive.

Auprès de la Gresle, on voit également des schistes et poudingues durcis. La crête qui domine le bourg au nord est formée à la fois de porphyre quartzifère, blanc rosé, à grands cristaux de feldspath, et d'une sorte de corne verte ou roche trappéenne, extrêmement dure, d'un gris-vert foncé. Au premier abord, en quelques points surtout, cette dernière roche semble presque homogène, mais en réalité c'est un véritable poudingue, dont les galets sont intimement soudés par un ciment argilo-siliceux, au milieu duquel on distingue de nombreux grains durs, irréguliers, plus ou moins arrondis, blancs laiteux: C'est du feldspath ou plutôt de l'albite. Parmi les galets, presque tous schisteux, j'ai trouvé des blocs provenant du terrain carbonifère dont le volume mesure un pied cube. Ces schistes sont eux-mêmes légèrement durcis et quelque peu imprégnés de matière siliceuse, mais on n'y voit jamais le plus léger grain feldspathique. Ceux-ci, en effet, se trouvent uniquement au milieu du ciment, et ils ont, je le répète, toutes leurs arêtes plus ou moins émoussées. N'est-il pas évident, d'après cela, comme je le disais dans la description générale, qu'il n'y a pas eu *feldspathisation*, ainsi que le suppose M. Virlet. Dans cette hypothèse, les galets aussi bien que le ciment auraient dû être criblés de cristaux feldspathiques. Or, non-seulement il n'y a pas de cristaux dans les galets, mais encore dans le ciment même; ce sont plutôt de simples fragments d'une substance cristalline. En un mot, le feldspath vient du porphyre granitoïde.

Le porphyre quartzifère n'a ni silicifié ni feldspathisé les schistes carbonifères.

Le ciment seul du poudingue de la Gresle est feldspathique, tandis que les fragments schisteux ne contiennent jamais aucune trace de feldspath; il n'y a donc pas eu, en cette circonstance, feldspathisation, ni même métamorphisme, tel qu'on l'entend habituellement.

comme les galets schisteux proviennent de la destruction du terrain carbonifère, et tous ces débris furent cimentés à la fois par les matières les plus finement triturées de ces mêmes terrains, et par le suc siliceux venant des sources auxquelles le porphyre granitoïde semble avoir donné naissance.

On est confirmé dans cette manière de voir lorsqu'on trouve ailleurs, comme nous le verrons bientôt, une foule de petits fragments de schistes, tout à fait intacts, au milieu du grès à anthracite le plus feldspathique, et lorsqu'on voit passer, à la Gresle même, le poudingue précédent à un grossier grès porphyrique, dur et gris-vert foncé, dans lequel on distingue nettement un nombre considérable de fragments de schistes, diversement nuancés, associés à de véritables galets porphyriques. Cette roche se montre en particulier, d'une manière fort nette, à 1,000 ou 1,200 ᵐ, au nord-ouest de la Gresle, au lieu dit vers le Mont.

A l'extrémité nord du département de la Loire, on a encore la preuve que le porphyre quartzifère n'a pas modifié, en les traversant, les roches carbonifères, et que les cornes vertes, plus ou moins feldspathiques, doivent leur origine à une autre cause. Dans les bois de la Rotecorde et au village de Montbernier, entre Écoche et Maizilly, diverses masses de schistes et de grauwacke ordinaire ne sont nullement altérées, quoique de toutes parts enveloppées de porphyre quartzifère.

Les filons porphyriques du bois de la Rotecorde traversent la grauwacke sans l'altérer.

A Saint-Germain-la-Montagne, le schiste argileux tendre occupe spécialement le bas du coteau, et le schiste siliceux les parties hautes. Le dernier passe au poudingue feldspathique, et celui-ci au grès vert porphyrique des environs de Belleroche. Toutes ces roches, les schistes les plus tendres comme les trapps les plus durs, sont sillonnés de porphyre rouge, et cependant les schistes argileux ne sont jamais, le long de ces filons, ni chargés de silice, ni imprégnés de particules feldspathiques. De même les cornes vertes les plus rapprochées des masses porphyriques quart-

Le schiste siliceux repose sur le schiste argileux ordinaire à Saint-Germain-la-Montagne.

22.

zifères ont, comme celles qui en sont le plus éloignées, partout exactement le même aspect.

Terrain carboni-
fère
de la vallée
du Rhins.

Outre les deux zones dont nous venons de parler, le terrain carbonifère occupe, aux environs de Regny, le fond de la vallée du Rhins. Il paraît là sous le grès à anthracite, grâce à la faille E. 25° N., précédemment signalée à l'occasion des systèmes de direction qui affectent spécialement le grès anthraxifère (pag. 316).

En parcourant les bords du Rhins, en amont de Regny, jusqu'au confluent de la Trambouze, et, en aval, jusqu'à Pradines, on observe constamment, dans le fond de la vallée, les calcaires, schistes et grauwackes de la partie la plus élevée du terrain carbonifère; à mi-côte, le poudingue, et, sur le plateau, le grès à anthracite. En divers points perce le porphyre granitoïde, et dans ce cas la discordance entre les deux terrains est toujours fortement prononcée; tandis que là où ce porphyre manque, on remarque ordinairement une succession régulière à peu près parallèle.

Suivons le cours du Rhins d'aval en amont, et signalons les points où l'on observe le mieux le terrain carbonifère et ses rapports avec le grès à anthracite.

Rive droite
du
Rhins,
calcaire de Na-
conne.

Sur la rive droite, on exploite le calcaire près de Naconne, au bord de la route qui mène à Roanne. En montant la vallée, on trouve la première carrière à environ 400 mètres, à l'ouest du bourg. La masse calcaire a 4^m de puissance; elle est divisée en bancs de 0^m,25 à 0^m,30, qui inclinent à l'ouest sous l'angle de 20° à 25°. La roche est d'un gris bleuâtre foncé, et ressemble presque à une sorte de grès, car elle est criblée de petits grains de feldspath blanc kaolinisé. Au toit du calcaire est un grès dur très-grossier, à petits galets de quartzite et de quartz ordinaire blanc et noir, semblable à la roche qui couvre le calcaire de la carrière de Montmain. Au mur se présente un grès fin, d'un bleu noirâtre, parsemé, comme le calcaire, de points blancs argilo-terreux. Il est lui-même encore calcaire, car les acides produisent une forte effervescence.

A 100 mètres à l'ouest de la carrière, on aperçoit le poudingue à anthracite, avec ses nombreux galets d'origine carbonifère. Entre deux passe un ravin couvert qui ne permet pas d'observer le contact immédiat, ni de constater si la superposition est réellement discordante, ainsi que la situation des lieux semble l'annoncer. On voit bien le calcaire plonger vers le poudingue et ce dernier ne pas incliner du même côté; le premier à l'ouest, le second plutôt vers le nord. Mais reste à savoir si une faille, dans le fond du ravin, n'aurait pas occasionné ce changement de direction.

Sur le poudingue repose ici un grès fin schisteux, dans lequel on trouve de nombreuses empreintes de calamites; et immédiatement au-dessus vient le grès porphyrique ordinaire, qui lui-même est recouvert, au haut du plateau, par les dépôts tertiaires du bassin de Roanne.

Grès anthraxifère à empreintes de calamites.

Une seconde carrière est située au centre du village; on y exploite des bancs inférieurs aux précédents. Ils sont minces et alternent avec de rares feuillets d'argile schisteuse; mais le calcaire lui-même est fort peu argileux.

Carrière de Naconne.

Entre Naconne et Regny, les tranchées de la nouvelle route départementale ont dépouillé le terrain sur presque toute son étendue. On observe plusieurs alternances de schistes, calcaires et grès (grauwackes), dont il serait impossible d'indiquer l'ordre de succession. A chaque instant, la direction et l'inclinaison changent, et de nombreux accidents semblent sans cesse ramener les mêmes séries de bancs. Ce qui est au moins certain, c'est qu'on est constamment dans la partie supérieure du groupe calcaréoschisteux, car partout on retrouve le grès à anthracite à un niveau peu élevé dans le flanc de la vallée. Observons pourtant que le calcaire domine à Naconne, que les schistes l'emportent ensuite, et qu'en approchant de Regny le calcaire redevient plus abondant. Les grès alternent d'ailleurs

indistinctement avec les schistes et avec le calcaire. Ils sont
à grains fins, d'un gris-vert foncé, divisés en bancs peu
épais. Les calcaires, et surtout les schistes, sont aussi
presque noirs.

Rive gauche
du Rhins.

Sur la rive gauche du Rhins, on commence à voir les
schistes et grès carbonifères entre l'Hôpital et Neaux, au
bas de la côte de Saint-Symphorien, sur la route de Paris à
Lyon. Des grès, plus ou moins compactes ou schisteux, inclinent en ce point, du nord au sud, sous l'angle de 40° à
50°. Ils sont les uns rougeâtres, les autres jaunes ou gris.
Sur eux repose le poudingue anthraxifère, et au poudingue
succède peu à peu le grès porphyrique du haut du plateau.

Porphyre grani-
toïde
couvrant
et traversant
les
schistes.

En suivant les bancs carbonifères dans le sens de leur
direction, on est de nouveau ramené sur les bords du Rhins.
En face du château de Bussière, dans une gorge qui descend vers le Rhins, on voit, comme à Néronde, le porphyre
granitoïde appuyé sur les schistes, et ceux-ci, au contact,
complétement brouillés, mais ni durcis ni chimiquement
altérés. Un petit escarpement, d'environ 50ᵐ de long sur
12 à 15 mètres de haut, montre clairement la position relative des roches. Voici la vue de cette paroi du ravin :

Dans la partie où le schiste a conservé sa régularité, il
court sur E. 8° à 10° S., et plonge sous la masse porphyrique.

Si maintenant, à partir de ce point, nous remontons le
Rhins, nous marcherons constamment sur les schistes et
grès carbonifères, et parmi eux nous trouverons le calcaire.

presque sans interruption, depuis le hameau de Pramondon jusqu'à Regny. Mais, dès que l'on quitte le fond de la vallée, on atteint, comme sur l'autre rive, la base du grès à an-thracite. La succession des roches et le passage graduel du poudingue au grès paraissent d'une manière fort nette dans le chemin creux qui monte des bords du Rhins, en face de Naconne, vers le village de Montceau.

Une ancienne carrière existe au-dessus de Pramondon, sur le bord d'un filon porphyrique précédemment cité pour sa disposition en forme de faux. Les assises calcaires sont ici orientées dans le sens du méridien magnétique, c'est-à-dire à peu près normales à la vallée du Rhins. Elles alternent avec des schistes bleus foncés qui descendent jusqu'à la rivière.

Carrière calcaire de Pramondon.

Des carrières plus importantes sont en activité sur le bord du chemin qui conduit de Regny à Saint-Symphorien, entre la Goyetière et la Marine. Elles sont figurées, ainsi que celle de Pramondon, sur la carte du district anthraxi-fère de Lay[1]. Ces exploitations offrent au géologue un in-térêt particulier, car c'est principalement là que le calcaire carbonifère du département de la Loire renferme des fos-siles bien conservés.

Les carrières sont au nombre de trois. L'une est à la porte même de Regny, au hameau de la Marine; les deux autres dans la gorge peu large le long de laquelle s'élève la route de Regny à Saint-Symphorien.

Carrières au sud de Regny.

Voici la coupe de ces dernières[2].

[1] Voyez planche 4.
[2] Voir la planche n° 4.

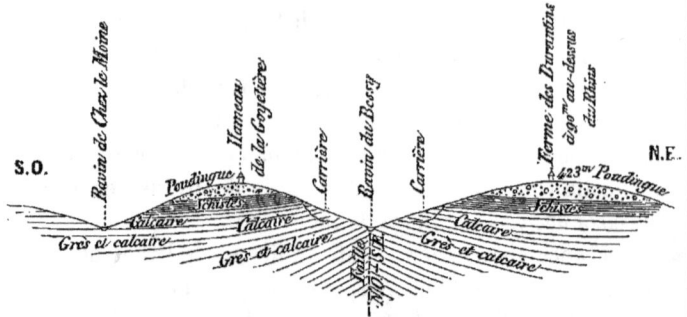

Dans l'une et l'autre, on exploite les mêmes bancs, car de chaque côté on trouve, au-dessus du calcaire, des schistes parfaitement identiques, puis le conglomérat du terrain anthraxifère. Les assises sont d'ailleurs orientées, comme celles de Pramondon, perpendiculairement à la vallée du Rhins; elles se relèvent dans les deux carrières, quoique très-faiblement, vers le fond du ravin. Celui-ci correspond ainsi à une sorte de faille ou de relèvement parallèle au système N. O.-S. E., dont on retrouve de nombreuses traces dans ces contrées [1].

Les bancs calcaires sont régulièrement stratifiés; les plus épais mesurent $0^m,60$: ils sont séparés les uns des autres par de minces lits d'argile schisteuse. Au mur du calcaire, on trouve avec ces mêmes schistes des grès argilo-quartzeux d'un gris foncé, disposés par bancs de $0^m,20$ à $0^m,40$. Quelques-uns sont assez grossiers et renferment des galets de quartz blanc, de lydienne et de quartzite lustré de la grosseur d'une noisette. Entre le calcaire et le poudingue anthraxifère se trouvent des schistes feuilletés tendres, les uns gris bleuâtres, les autres gris verdâtres foncés.

L'épaisseur réunie des bancs calcaires ne paraît pas dépasser 8 à 10 mètres; et la puissance totale des bancs carbonifères, visibles en ce point au-dessus du fond de la vallée, est de 70 à 75 mètres. Vers le haut du coteau, le poudingue anthraxifère occupe en outre 15 à 20 mètres.

[1] Voyez la carte de la concession de Combres.

Le calcaire est gris bleuâtre foncé, bitumineux, çà et là coupé de veines spathiques blanches. Les fossiles y sont assez nombreux, et nous avons précédemment donné leurs noms d'après M. le professeur Jourdan. Ils sont en général irrégulièrement disséminés, mais assez souvent on les trouve plutôt groupés à la séparation des bancs calcaires.

Les fossiles sont surtout abondants dans la carrière la plus rapprochée de la ville de Regny, celle qui est à la porte du faubourg de la Marine. On y exploite encore les mêmes bancs; leur direction est toujours N. S. magnétique, et la plongée très-faible de l'est à l'ouest. Au mur du calcaire, on retrouve ici également les grès argilo-quartzeux, souvent parsemés de très-petits galets de quartz ordinaire et de quartzite lustré.

En suivant toujours la rive gauche du Rhins, on rencontre les mêmes roches jusqu'à 3 kilomètres en amont de Regny. En ce point, au confluent de la Trambouze et du Rhins, le terrain anthraxifère descend jusqu'au fond de la vallée, et le district de Combres se rattache d'une manière plus directe au bassin de Lay. Le terrain carbonifère disparaît subitement le long de la faille N. O.-S. E. qui a occasionné en ce point le coude du Rhins, et dont le prolongement N. O. se trouve injecté, à Verpierre, de quartz blanc.

Au nord de Regny, sur la rive droite du Rhins, le calcaire fut également autrefois exploité. Plusieurs carrières étaient ouvertes au pied du coteau, entre le Rhins et la gorge qui monte vers Montagny. Des schistes tendres et argileux couvrent le calcaire ou alternent avec lui. Mais lorsqu'on monte, le long du coteau, au domaine de Verpierre, situé sur la crête, on ne tarde pas à rencontrer des schistes de plus en plus siliceux, puis, immédiatement audessus, en stratification qui paraît concordante, un poudingue très-dur et tenace, dont tous les galets ont été cimentés par la même matière siliceuse qui a durci les schistes. On distingue parmi les galets les schistes et

Carrières
au
nord de Regny.

grès du terrain inférieur et des fragments peu roulés de
porphyre granitoïde, mais aucun indice de galets calcaires,
ordinairement si nombreux dans les poudingues à ciment
non siliceux. Par contre, ce dépôt est criblé de cellules
que le calcaire devait sans doute occuper à l'origine, mais
d'où il aura disparu sous l'influence de l'agent qui a amené
la silice. Au poudingue succède enfin le grès porphyrique
ordinaire, dans lequel on a même ici exploité des couches
d'anthracite. Voici la coupe dont nous venons de parler :

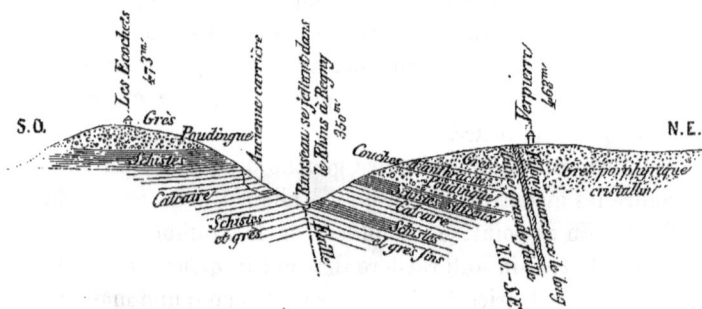

L'imprégnation siliceuse, quelle qu'en soit la cause, semble donc à Regny, comme à Néronde et dans la vallée du
Rhodon, correspondre à l'origine de la période anthraxifère,
c'est-à-dire aux premières éruptions du porphyre granitoïde. C'est d'ailleurs un phénomène purement local,
puisque dans les autres parties de la vallée du Rhins ni
les schistes ni le poudingue ne sont altérés.

Filons
de porphyre gra-
nitoïde
au voisinage
desquels
les schistes
sont silicifiés.

Nous avons indiqué dans les pages qui précèdent l'origine probable de la matière siliceuse ; nous allons trouver,
aux environs de Regny, quelques nouveaux faits à l'appui
de notre manière de voir.

A un kilomètre à l'ouest de Regny, dans les tranchées
de la route de Roanne, près de Billard, un filon peu puissant de porphyre granitoïde coupe et modifie les schistes
noirs carbonifères. Jusqu'à la distance de 5 à 8 mètres, et
des deux côtés du filon porphyrique, ils sont entièrement

durcis et imprégnés de silice, comme les roches dont je viens de parler. Les schistes sont en outre géodiques, et dans ces géodes paraissent des veinules et cristaux de quartz hyalin avec du spath calcaire blanc opaque. Le filon court sur N. 30° O. Il coupe le Rhins et produit, sur l'autre rive, à l'embouchure du ravin de la Goyetière, près du domaine des Places, les mêmes effets de silicification.

A deux kilomètres en amont de Regny, entre Vervaux et Forestier, un autre filon de porphyre gris rougeâtre traverse également le fond de la vallée du Rhins; et là, sur le bord de la rivière, le long de la masse éruptive, les schistes sont encore durcis, plus ou moins sillonnés de veines de quartz blanc ordinaire et de quartz-agathe, diversement nuancé.

Origine de la silicification des schistes.

Plusieurs géologues verront dans ces faits une preuve de métamorphisme, dû à l'influence immédiate de la roche ignée. Quant à moi, je ne puis le croire. On ne comprendrait pas pourquoi le porphyre n'a agi ainsi qu'aux environs de Regny, où il ne se présente qu'en filons de quelques mètres d'épaisseur, tandis que ni les grandes masses de Boën, ni les filons très-puissants de Néronde et de Bussière n'ont rien produit de pareil. Cette hypothèse n'expliquerait pas davantage la silicification des schistes de la vallée du Rhodon et de Verpierre, au nord de Regny, puisqu'en ces points le porphyre ne se montre nulle part. Enfin, sur la lisière des filons de Billard et de Vervaux, on ne voit pas la moindre trace de fusion ni de scorification, et cependant la matière siliceuse aurait certainement produit cet effet, surtout sur des schistes plus ou moins calcaires et ferrugineux, si elle avait été introduite après coup sous forme de pâte fondue. Il me paraît donc beaucoup plus probable qu'à la suite de la sortie du porphyre, et le plus souvent dans le voisinage immédiat de ces masses, de fortes sources thermales siliceuses se soient fait jour et aient pénétré les schistes les plus rapprochés, ainsi que le poudingue supérieur, alors en voie de formation.

Après avoir décrit les deux zones carbonifères dont les assises enveloppent comme d'une ceinture le plateau de Neulize, passons au terrain supérieur, qui en occupe le centre.

A la base, appuyé directement sur les schistes, nous trouvons d'abord le grossier poudingue, formé de galets de quartzite, de grauwacke, de calcaire, de schistes et de porphyre granitoïde. Dans la partie méridionale, nous l'avons signalé près du port Garrel et en général sur toute la ligne entre Néronde et Joux; dans la partie nord, sur les deux rives du Rhins et, le long du Rhodon, aux environs de Combres. Entre ces deux limites, tout le plateau est couvert de grès feldspathiques, au travers desquels perce le porphyre quartzifère, sous forme de buttes ou de filons plus ou moins allongés.

L'anthracite elle-même paraît spécialement dans le voisinage de la lisière nord, ou du moins, là seulement les couches combustibles arrivent jusqu'au jour. Les affleurements se développent entre Combres et Regny, sur une longueur de 4 à 5 kilomètres.

Grâce à la faille de direction de la vallée du Rhins, les mêmes couches affleurent une seconde fois le long de l'Écorron. Elles constituent, de Saint-Symphorien-de-Lay à Huissel, dans le département du Rhône, une nouvelle zone parallèle à la première, et beaucoup plus importante : sa longueur est de 7 à 8 kilomètres; les couches y sont plus nombreuses, le combustible d'une qualité moins inférieure.

Enfin, sur le prolongement de la zone de l'Écorron, quelques traces de couches affleurent près de Saint-Priest-la-Roche, sur les bords de la Loire.

Occupons-nous d'abord du district de Combres; puis de là nous parcourrons le plateau entier, du nord au sud.

Nous avons déjà signalé le poudingue à galets de grauwacke et de porphyre granitoïde au toit des calcaires de Montagny; c'est la base du terrain de Combres. On le rencontre dans les nombreux chemins qui descendent de Montagny vers le fond de la vallée de la Trambouze. Il y forme une bande de 4 à 500 mètres de largeur.

Au poudingue proprement dit succède d'abord un grès rougeâtre tendre, plus ou moins schisteux, puis graduellement un grès plus consistant, gris ou jaune, où le feldspath blanc laiteux (albite) est tout à fait dominant. Ces premières assises sont nettement stratifiées. Dans les chemins dont je viens de parler, on les voit plonger régulièrement au sud-sud-est et courir sur E. 20° à 25° N. C'est la direction normale du terrain à anthracite. Le grès affecte la même disposition jusqu'aux affleurements des couches d'anthracite, et même un peu au delà. Il se présente surtout bien stratifié le long du chemin qui conduit du bourg de Combres au hameau des Farges. Là encore, les assises plongent au S. S. E.; et les couches d'anthracite qui affleurent en ce point sont aussi orientées d'une manière générale de l'E. N. E. sur l'O. S. O., en inclinant du S. 20° à 25° E. Au toit des couches, les premiers grès porphyriques sont encore stratifiés; mais bientôt on arrive à des masses de plus en plus dures, cristallines et compactes, où toute trace de stratification a disparu. Ce sont des grès gris verdâtres, plus ou moins foncés, çà et là nuancés de rose, et quelquefois divisés, d'une manière très-nette, en longs prismes pseudo-réguliers. On l'observe en particulier, ainsi découpé en forme de colonnes, au village de Challand, dans la vallée de la Trambouze. Le grès cristallin d'apparence porphyrique constitue également, au toit des couches d'anthracite, toute la crête qui domine Saint-Victor, entre la Trambouze et le Rhins. A première vue, la roche en question pourrait être prise pour une sorte de porphyre vert; le mica s'y présente en tables hexagonales. Mais, lorsqu'on l'examine d'un peu près, on y constate aisément la forme toujours irrégulière et les arêtes parfois arrondies des particules feldspathiques, et, ce qui est plus concluant, la présence d'une multitude de petits fragments empâtés de

Consultez la carte n° 4 bis.

Grès porphyrique de Challand, divisé en colonnades pseudo-régulières et criblé de fragments de schistes.

schistes. La roche est donc bien un grès, ou plutôt une sorte de tuf du porphyre granitoïde, qui aura été durci sous l'influence même des coulées de ce porphyre.

Les couches d'anthracite affleurent dans le district de Combres, le long d'une ligne E. N. E. un peu sinueuse, allant du moulin de Farge, sur la Trambouze, au hameau de la Rue ; puis reparaissent au delà de la grande faille de Verpierre, sur le revers occidental du coteau de ce nom, au nord de Regny. D'anciens travaux les ont particulièrement dépouillées à 2 ou 3oo mètres au sud du hameau des Farges. En ce point, on connaît quatre couches ; mais l'une d'elles seule est exploitable : sa puissance varie de 1^m,3o à 1^m,6o ; elle est divisée par deux bancs de grès de o^m,15 chacun ; le combustible lui-même est tellement mêlé de schistes, qu'il laisse habituellement 5o o/o de cendres. La couche est du reste tantôt renflée, tantôt amincie ; quelquefois même elle se partage en deux couches distinctes, ayant chacune un mètre de puissance. On la voit s'enfoncer au sud-sud-est, sous l'angle d'environ 12°. Toutes les couches sont relevées à l'est par une grande faille N. O.-S. E. qui se manifeste à la surface, non-seulement par le contour anormal des affleurements, mais encore par deux profonds ravins, dont l'un descend de la Croix de Chopine, dans la direction des Farges, et l'autre du village même des Farges, au S. E., vers la Trambouze. Au delà de cette faille, on a retrouvé un mince affleurement de o^m,15, près du moulin de la Farge. Du côté opposé, à l'ouest, les couches reparaissent au-dessous d'Essertines et au sud du village de la Rue. Au toit et au mur de la couche principale de Combres se trouve un grès friable, très-feldspathique, au milieu duquel on distingue de nombreux nodules d'une substance tendre, couleur vert clair, qui ressemble beaucoup aux pinites altérés des porphyres quartzifères : c'est sans doute de l'hydrosilicate d'alumine légèrement ferrugineux.

Un grès d'une nature particulière, une sorte d'amygda-

Ligne des affleurements dans le district de Combres.

Amygdaloïde

loïde, est exploité pour moellons dans une petite carrière située au nord-ouest de Combres, à la partie supérieure de la zone des poudingues. La roche est essentiellement formée d'une pâte verte, grenue, compacte, au milieu de laquelle se sont développés des nodules sphériques de la grosseur d'un pois, composés de chaux carbonatée spathique plus ou moins rayonnée. Le calcaire est blanc maculé de rouge. La pâte y adhère peu et, outre les amygdales, elle renferme aussi des mouchetures pyriteuses.

à noyaux calcaires de Combres.

La situation des lieux ne permet pas de constater la véritable origine de la roche en question ; impossible de voir si elle alterne d'une manière régulière avec les bancs du grès à anthracite, ou si elle y est disposée en forme de culot éruptif. Les caractères semblent néanmoins plutôt annoncer un véritable grès, formé ou modifié sous l'influence de causes spéciales, telles qu'une source ou une émission gazeuse. Dans tous les cas, c'est dans nos contrées une roche tout à fait exceptionnelle, car je ne l'ai retrouvée nulle part ailleurs dans le département de la Loire.

Entre les affleurements des couches de charbon exploitées à Farges et la base du terrain à anthracite, il y a près d'un kilomètre. Des grès et des poudingues occupent cet intervalle; d'après l'inclinaison des bancs, leur puissance réelle est d'au moins 150 mètres.

A Regny, les grès inférieurs, et surtout les poudingues, sont beaucoup moins développés. Ces derniers n'ont pas 10 mètres, et leur épaisseur réunie ne dépasse pas 50m [1].

DISTRICT DE REGNY.

L'anthracite de Regny ressemble à celle de Combres ; on l'a exploitée, le long des affleurements, sur le revers occidental de la colline de Verpierre. Une seule couche paraît exploitable, et même sa puissance utile n'atteint pas, le plus souvent, un mètre. Au charbon succède d'abord un grès tendre, peu consistant, et plus haut, sur la crête du coteau, un grès cristallin extrêmement dur, sans la plus

[1] Voyez la coupe des lieux, p. 346.

légère trace de stratification. Ainsi, à Regny comme à Combres, ce sont les assises supérieures de la formation anthraxifère qui ont surtout l'apparence porphyrique. Les affleurements de Regny contournent la colline de Verpierre. On les aperçoit à mi-coteau, à l'ouest et au sud. Au-dessous vient la bande des poudingues, et, au pied de la colline, les schistes et calcaires carbonifères. Ces trois zones se prolongent, le long des deux versants opposés, jusqu'au grand filon quartzeux de Verpierre, qui correspond à une puissante faille N. O.-S. E[1]. Au delà, on arrive brusquement à la partie supérieure du terrain anthraxifère, au grès feldspathique cristallin. Cette circonstance explique l'interruption des affleurements de Regny et leur rejettement, vers le nord, jusqu'au village de la Rue.

A l'ouest de Regny, les schistes carbonifères occupent le pied des coteaux, le long du Rhins, tandis que le terrain anthraxifère reparaît sur les hauteurs de Bois-Dieu, et en général sur toute la lisière sud du plateau de Pradines. Il est même probable que l'on y verrait la suite des affleurements, si les sables tertiaires du bassin de Roanne ne couvraient entièrement tous les coteaux situés entre Regny et Pradines, sur la rive droite du Rhins.

Dans le sens de leur aval-pendage, les couches de Combres doivent traverser la vallée de la Trambouze, et on les retrouverait, à une certaine profondeur, sous les grès cristallins supérieurs de la commune de Saint-Victor.

DISTRICT
OU
SYSTÈME ANTHRAXI-
FÈRE
DE LAY.
Il est circonscrit
par
trois failles.

Le district de Lay est nettement limité au nord, à l'est et à l'ouest. Au nord, nous trouvons la grande faille de direction de la vallée du Rhins. On peut suivre ses traces depuis l'embouchure du Gand jusqu'à celle de la Trambouze. A ces deux points extrêmes, elle est coupée par deux failles plus modernes qui bornent les couches en travers de leur direction. A l'ouest, c'est la profonde gorge du Gand, puis le vallon du Rhins, depuis l'Hôpital jusqu'à

---

[1] Cette faille, aussi bien que celle qui passe à Farges, est tracée sur la carte de la concession de Combres, n° 4 *bis*.

Parigny; à l'est, le coude que forme le Rhins, en amont
du confluent de la Trambouze, et, au delà, sur son prolongement, la gorge de Crocomby, qui monte vers Huissel.
Les deux failles sont sensiblement parallèles; elles courent,
l'une et l'autre, sur N. 60° O. et inclinent au N. 30° E.
Celle de Crocomby est particulièrement forte; elle est sur
le prolongement du grand filon quartzeux de Verpierre,
et se rattache aussi à la longue ligne N. O.-S. E. qui va de
Saint-Victor sur Amplepuis, les Sauvages et Tarare.

Entre ces trois failles, le terrain de Lay a été particulièrement soulevé vers son angle nord. Grâce à ce mouvement, le calcaire carbonifère se trouve aujourd'hui dénudé dans le fond de la vallée du Rhins, et les couches de
Combres affleurent de nouveau sur les bords de l'Écorron.

Ainsi le système de Lay n'est, en réalité, que l'aval-
pendage relevé de celui de Combres, et ils ne diffèrent l'un
de l'autre que par le nombre et la qualité des couches. Le
premier est l'image du second, mais son image agrandie.
A Lay comme à Combres, on trouve à la base un grossier
poudingue; au-dessus, une série de grès porphyriques en
partie stratifiés; ensuite, la zone des affleurements; enfin,
à la partie supérieure, de grandes masses cristallines d'apparence porphyrique, sortes de grès durs feldspathiques,
sans traces de stratification, mais souvent criblés de débris
de schistes, et quelquefois divisés en prismes pseudo-réguliers.

Les couches de Lay représentent l'aval-pendage de celles de Combres ramenées au jour par les trois failles ci-dessus mentionnées.

Le poudingue anthraxifère constitue, à la base du terrain de Lay et au-dessus des schistes des environs de
Regny, une zone d'une largeur très-inégale [1], mais pourtant orientée, comme la faille du Rhins, sur E. 25° N.

Poudingue du district de Lay

Sur le chemin de Pramondon à Lay, on la traverse au
nord de Martorey. Son épaisseur y est à peine de dix mètres,
et la roche, composée de très-petits galets, passe rapidement au grès porphyrique ordinaire. A l'ouest de ce point,

[1] Voyez planche 4.

le conglomérat ne semble être nulle part beaucoup plus puissant et les galets conservent leurs faibles dimensions.

Il en est autrement du côté opposé, à l'est de Regny. Là, entre Foëve et Paillasson, le conglomérat couvre une zone de près d'un kilomètre, et cela, en un point où le plateau est presque de niveau et l'inclinaison des assises bien prononcée. Au toit immédiat des schistes carbonifères, à Foëve et au domaine des Durantins, les premiers galets sont de la grosseur du poing et presque exclusivement composés de grauwacke lustrée. En approchant de Paillasson, leurs dimensions diminuent, et aux grès lustrés se mêlent insensiblement de nombreux débris porphyriques. Enfin, en montant vers Recorbey, on arrive graduellement au grès porphyrique. Ainsi, à l'est de Regny, où le conglomérat est formé d'éléments volumineux, son épaisseur réelle est bien certainement d'au moins 50 mètres, tandis que du côté opposé, en face de Naconne et de Pradines, elle ne dépasse guère 10 mètres. La zone des poudingues est nettement coupée par la nouvelle route de Regny à Lay. La base se voit fort bien près du domaine le Bessy, dans les tranchées de la route. En ce point, les galets calcaires sont nombreux, et la puissance du poudingue semble presque atteindre 30 mètres.

La zone des poudingues de Lay est coupée d'une manière brusque par les deux failles transversales ci-dessus mentionnées; à l'ouest, par la gorge du Gand; à l'est, par le coude du Rhins, en amont du point où il reçoit la Trambouze. En remontant ce coude, on rencontre sur la rive gauche la série des bancs dont se compose le poudingue; tandis que l'autre rive est exclusivement garnie de grès cristallins supérieurs. C'est ce passage si soudain des assises les plus basses aux roches les plus élevées qui établit clairement l'existence d'une faille sur ce point. C'est aussi le long de cette même ligne, au domaine de Crocomby, que se terminent subitement les affleurements de la vallée de l'Écorron. En face se trouvent les grès durs cristallins de la commune de Saint-

Limite orientale du district de Lay.

Victor, et, pour y retrouver les couches d'anthracite, il faudrait percer là des puits d'une profondeur très-grande.

Limite
occidentale
du
district de Lay.

Dans la gorge du Gand, on observe les mêmes faits. Au
bas de la montée de Neaux, sur la route de Paris à Lyon,
j'ai cité les schistes carbonifères, fortement relevés par la
faille du Rhins, et immédiatement au-dessus, le poudingue
et les grès. Plus haut, en approchant de Saint-Symphorien,
on voit même, sur le bord de la route, près de la Pinée,
des traces d'affleurements. Ce sont les derniers indices des
couches de la vallée de l'Écorron, ou du moins, comme
nous le verrons bientôt, on ne connaît sur l'autre rive du
Gand que des lambeaux de couches sans aucune suite. La
faille du Gand est cependant beaucoup moins forte que
celle de Crocomby.

Zone des grès
au toit
des poudingues.

Sur la zone des poudingues de Lay s'appuie la zone
plus importante des grès. Elle occupe tout le flanc droit
de la vallée de l'Écorron, au sud de la limite des poudingues : sa largeur est de 1,000 à 1,500 mètres. La roche
s'y présente avec son apparence porphyrique habituelle,
due à l'extrême abondance des particules feldspathiques.
Son uniformité est remarquable. Non-seulement les éléments ne varient pas, mais leur grosseur même reste à peu
près constante : ce sont partout des grès sans poudingues
ni schistes. Leur couleur seule et la dureté changent; elles
dépendent, l'une et l'autre, du degré d'altération de la
roche et de la proportion relative de l'oxyde de fer dans
la pâte. Dans le chemin qui monte des Salles au domaine
de la Ronzière [1], c'est une masse grenue friable, couleur olive,
sillonnée de fissures où se montrent des dendrites d'un brunnoir à reflets bleus. Par contre, au-dessous du Martorey,
en se dirigeant vers Saint-Symphorien, le grès est dur, peu
altéré, gris verdâtre, et souvent nuancé de blanc et de rose.

En quelques points, la roche est stratifiée : alors les bancs
inclinent vers le S. S. E., sous des angles de 10° à 20°;

---

[1] Voir planche 4.

mais en général elle m'a paru plus massive que les grès correspondants des environs de Combres.

Porphyre
quartzifère
dans le
district de Lay.

Le porphyre quartzifère est relativement peu abondant dans le district de Lay. Cependant on y rencontre quelques grands filons, que j'ai tracés avec soin sur la carte du bassin de Lay[1] : ils courent généralement du sud au nord. Je citerai en particulier le signal de Ronzières, appelé aussi Crêt de Ruire, et les masses de Buttery et de Montceau. Le premier se fait remarquer de loin par sa saillie et l'âpreté de ses formes ; un petit bois de pin marque son emplacement. Le second, celui de Buttery, parcourt en ligne droite près de 5 kilomètres ; sa largeur varie de 20 à 100 mètres. Il coupe et rejette les couches d'anthracite entre Roussillon et les Salles, et les relève presque verticalement auprès de Chantelet. Le long du chemin qui descend de Buttery, on remarque, en outre, au contact du porphyre, un conglomérat de frottement formé de fragments de grès, soulevés et broyés par l'arrivée au jour de la roche éruptive. Le rejettement des couches C_1 et C_2 se reconnaît bien dans la coupe ci-jointe.

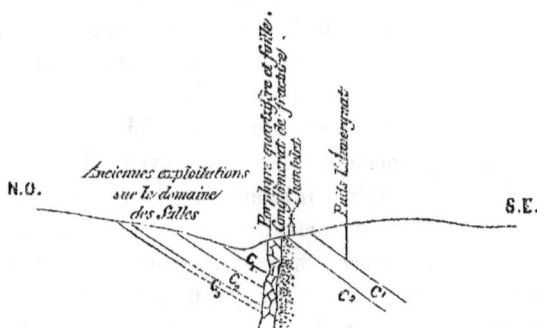

Le même fait se reproduit également à l'extrémité sud du filon de Montceau, déjà cité pour sa disposition en forme de faux. Il se termine en pointe dans le fond de la vallée, au-dessous de Saint-Symphorien ; et là, le long de son

[1] Voir planche 4.

bord occidental, existe une bande, d'une dizaine de mètres de largeur, composée de roches brisées que le porphyre a dû entraîner avec lui, d'une profondeur assez grande, puisqu'on y trouve, outre le grès à anthracite, des fragments nombreux de calcaire et de schistes carbonifères.

Le porphyre des trois filons est à pâte rouge et à grands cristaux de feldspath blanc; il contient aussi de nombreuses pinites amorphes.

Aux grès dont nous venons de parler succède la série des affleurements. Aux environs de Saint-Symphorien, ils occupent le flanc gauche de la vallée de l'Écorron. On les voit au nord du bourg, dans les domaines de Lafayette et de Charbonière. Plus à l'est, la couche la plus élevée traverse la ville de Lay, tandis que les veines inférieures coupent les prairies qui descendent des hauteurs de Lay vers le fond du vallon. Aux Abroux, ils passent la rivière et remontent de là les coteaux opposés. Ils sont particulièrement visibles aux Salles, à Buttery, à Roussillon, au village de Laye, au Désert et à Viremoulin. *(Zone des affleurements.)*

Vers la limite même du département, ou plutôt à 3 ou 400 mètres au delà, au domaine de Crocomby, dans le département du Rhône, les couches se terminent brusquement. Elles sont coupées par la gorge ou faille transversale ci-dessus mentionnée, qui descend de Huissel au point de jonction de la Trambouze et du Rhins. C'est la limite orientale du district de Lay. Au delà, les couches sont rejetées en profondeur et doivent se rattacher d'une manière plus directe à celles de Combres.

La zone des affleurements mesure en largeur 6 à 800^m, et en longueur 7 à 8,000 mètres. Elle court de l'O. S. O. à l'E. N. E., comme la vallée du Rhins et comme les conglomérats de la base du terrain anthraxifère.

Les couches d'anthracite sont au nombre de quatre ou cinq. Près de Saint-Symphorien, on en connaît positivement quatre; à Buttery et aux Salles, on en peut compter au moins cinq, mais quatre seulement paraissent exploitables. Au *(Nombre et importance des couches de charbon.)*

reste, le nombre réel des veines et leur importance relative ne pourront être bien appréciés que lorsque les travaux de mines auront acquis un plus grand développement. Les couches plongent en moyenne de 10° à 20° vers le S. S. E.; mais leur allure est peu suivie; elles présentent tour à tour des renflements et des amincissements, comme les mines du bassin de la basse Loire, entre Angers et Nantes : c'est le mode de gisement dit en *chapelets*. Leur épaisseur moyenne est cependant le plus souvent de 1 à 2 mètres. Aux Salles et à Roussillon, quelques poches ont 4 à 5, même 8 à 10 mètres; mais c'est plutôt l'exception, et à des parties aussi riches succèdent habituellement des étranglements tout à fait stériles. Au milieu des renflements, on rencontre d'ailleurs assez souvent de grandes masses de grès, en forme de lentilles ou d'amandes, qui réduisent d'autant la puissance utile.

L'anthracite des mines de Lay est moins terreuse que celle de Combres; cependant la proportion de cendres s'élève encore habituellement à 25 ou 30 o/o.

Entre les couches combustibles, on rencontre presque exclusivement le grès porphyrique ordinaire, plus ou moins stratifié. Les schistes feldspathiques proprement dits sont rares dans le district de Lay; ils ne sont même pas habituellement associés aux couches de charbon. Cependant, lorsque le combustible disparaît, on voit souvent le schiste charbonneux feldspathique prendre sa place : c'est la trace que le mineur poursuit pour retrouver un nouveau renflement.

Les principaux travaux d'exploitation sont situés au domaine de Lafayette, entre Saint-Symphorien et Lay, et à Roussillon, sur l'autre rive de l'Écorron. D'anciennes mines, aujourd'hui abandonnées, existent en outre au-dessous de Lay, aux Salles et à Viremoulin. Nous les ferons connaître dans le chapitre suivant, destiné à compléter, par la description spéciale des travaux de mines, les renseignements généraux que nous venons de donner.

A la couche de charbon la plus élevée succède presque immédiatement un grès porphyrique criblé de débris de schistes. Les premières assises sont rougeâtres et tendres, au moins près du jour; les autres, plutôt vertes, dures et cristallines. Le chemin des Salles à Lay coupe ce grès, sur la rive droite de l'Écorron, au bord même de la rivière. Le ciment est rouge et les fragments schisteux y sont à arêtes vives, de la grosseur d'une noisette.

Zone des grès supérieurs, criblés de débris de schistes.

La crête de Pesseley, au toit des couches du Désert, est formée de la même roche, et sa puissance est ici considérable; car on la poursuit sans interruption jusqu'au village de Monteizerand, dont la distance aux derniers affleurements est de plus d'un kilomètre[1]. Les masses inférieures sont en ce point également rouges ou roses, tandis que la nuance verte prédomine dans la partie haute, où la roche est aussi plus dure.

Dans le grès porphyrique parallèle du plateau de Lay, les fragments de schistes sont beaucoup plus rares; cependant, on exploite à Châtin, sur la route de Lyon, à 3 kilomètres à l'est de Saint-Symphorien, et à plus de 1,200 mètres de la ligne des affleurements, un grès dur, cristallin, verdâtre, à structure prismée, au milieu duquel on distingue très-nettement des débris schisteux, non arrondis, du terrain carbonifère; et si ailleurs ils passent souvent inaperçus, il faut surtout l'attribuer à l'altération de la roche près du jour.

Grès prismé de Châtin, à débris de schistes

À Amplepuis, dans le département du Rhône, à 4 kilomètres à l'est de Monteizerand, on retrouve encore, au milieu du grès dur porphyrique vert et rose, des fragments de roches de même nature.

La présence si générale de ces fragments doit lever tous les doutes sur la véritable nature des roches anthraxifères. C'est évidemment un grès ou tuf porphyrique, et non un porphyre proprement dit, comme on l'a cru pendant si

Les débris de schistes prouvent l'origine sédimentaire des roches anthraxifères.

[1] Voyez planche 4.

longtemps. Une roche éruptive n'aurait pu entraîner un aussi grand nombre de parcelles schisteuses sans fondre ou au moins arrondir leurs arêtes vives. Elle eût d'ailleurs emporté pêle-mêle des blocs de toute grandeur, et en proportion variable d'un point à un autre ; tandis que tout ici est uniforme, la distribution des fragments, aussi bien que leurs dimensions.

L'hypothèse d'une feldspathisation par métamorphisme est inadmissible.

On ne saurait admettre non plus, comme le suppose M. Virlet, que la roche a été feldspathisée après coup par voie d'imbition. Comment supposer, en effet, qu'une roche dont l'élément principal est précisément le feldspath, et dont la puissance est de quelques centaines de mètres, eût pu être modifiée à ce point, et d'une manière si uniforme, sur une étendue de plus de 10 lieues carrées, tandis que le terrain carbonifère qui lui sert de support serait resté intact? Pourquoi aussi, ainsi que j'ai eu occasion de le dire pour le poudingue de la Gresle (pages 293 et 338), l'imbition aurait-elle partout respecté les esquilles schisteuses et non le ciment qui les enveloppe? Pourquoi, en un mot, les schistes carbonifères auraient-ils seuls échappé à la feldspathisation ?

Les grès supérieurs, comme les poudingues et les affleurements, sont orientés sur E. 25° N. ; c'est donc bien la direction normale du terrain anthraxifère.

Les détails qui précèdent nous montrent les grès supérieurs à fragments de schistes disposés le long d'une zone, à peu près droite, allant d'Amplepuis à Saint-Symphorien, parallèlement à la faille du Rhins, comme les affleurements et les poudingues inférieurs du système de Lay. Nouvelle preuve que l'alignement E. 25° N. représente bien la véritable direction du terrain anthraxifère.

Grès durs cristallins de la partie centrale du plateau de Neulize.

Si maintenant nous continuons à marcher du nord au sud, nous trouverons, à la suite de la dernière zone, d'autres grès porphyriques qui ne diffèrent des précédents que par l'absence totale des fragments de schistes. Non altérés, ces grès feldspathiques sont gris clairs, presque blancs, ou gris verdâtres plus ou moins foncés, ou encore marbrés de vert et de rose ; d'ailleurs cristallins, durs, sans indices de stratification, mais parfois divisés en colonnes prismatiques.

Altérés, ils sont toujours friables et d'un jaune olive plus ou moins sombre. Ces roches occupent les communes de Fourneaux, Croizet, Saint-Just-la-Pendue, Chirassimont, Saint-Cyr-de-Valorges et Saint-Marcel-de-Félines.

Au delà de Saint-Just, c'est-à-dire à Sainte-Colombe, et en général entre Sainte-Colombe et Saint-Marcel, reparaissent les grès à fragments de schistes, de tous points semblables à ceux de Lay. Plus loin, en descendant vers la vallée du Bernand, on voit dans le chemin de Saint-Just à Néronde, au milieu du grès porphyrique ordinaire, un grès fin plus argileux, nettement stratifié, qui plonge vers le N. N. O., sous les roches dont nous venons de parler.

Zone méridionale du bassin anthraxifère.

Enfin, dans le fond de la gorge, on arrive au grossier poudingue qui sert de base au terrain anthraxifère. Ainsi donc, on voit ici remonter au jour, avec une plongée inverse, le long du flanc droit de la vallée du Bernand, les diverses zones du terrain de Lay. Leurs caractères sont les mêmes, leur puissance seule paraît un peu moindre. Les anthracites cependant ne se montrent pas; mais il est facile de fixer leur niveau géologique. Elles correspondent aux grès fins régulièrement stratifiés des bords du Bernand; car ces masses, comme les anthracites de Lay, supportent les roches à fragments de schistes.

Poudingue de la zone méridionale près de Sainte-Colombe.

Les couches combustibles s'évanouissent avant d'atteindre leur relèvement méridional, mais semblent au moins se prolonger jusque sous le centre du bassin.

Ceci nous conduit à une question fort importante, celle du prolongement du charbon lui-même sous le plateau que nous venons de parcourir. Toutes les couches de la vallée de l'Écorron inclinent vers le S. S. E., et aucune d'elles ne se termine en profondeur, au moins dans les parties déjà explorées. A la vérité, le puits le plus profond a 70 mètres à peine, et, suivant le sens de la pente, les couches n'ont encore été exploitées que sur 200 mètres. En réalité, on ne peut donc rien conclure des travaux existants. Mais rappelons ici que le système de Lay n'est que l'avalpendage, relevé au jour, de celui de Combres et Regny, et que les couches de charbon y sont tout à la fois plus nombreuses, plus puissantes et plus pures. Ainsi, non-seulement l'anthracite se poursuit, perpendiculairement à sa direction, sur une largeur d'au moins 4 kilomètres, mais encore il y a enrichissement notable dans ce trajet de Regny à Lay. D'après cela, il n'est guère à présumer que le combustible s'évanouira brusquement au sud de l'Écorron. Il s'est développé graduellement, il décroîtra de même. Or, la vallée de l'Écorron est encore fort éloignée du centre du bassin ; la distance de Lay aux affleurements stériles de la vallée du Bernand est de 10 kilomètres. Ainsi, il se pourrait même que les couches de charbon éprouvassent encore un nouvel accroissement, et que le terme de la progression ascendante se trouvât vers le centre du bassin, c'est-à-dire à 3 kilomètres au sud de l'Écorron. Quoi qu'il en soit, on peut au moins affirmer que l'anthracite dépasse certainement, dans le sens de la profondeur, les travaux aujourd'hui ouverts, et que, selon toutes les probabilités, elle se prolonge même sous une partie assez notable du territoire compris entre l'Écorron et le Bernand. Il reste donc, au sud de l'Écorron, un vaste territoire, non encore concédé, où l'anthracite existe certainement, quoique à des profondeurs de 2 à 300^m. Seulement il faut se rappeler que les couches doivent forcément s'amincir, puis s'évanouir avant d'atteindre le Bernand, puisque leurs affleurements le long de ce vallon sont tout à fait stériles. Ajoutons enfin que l'on doit aussi s'attendre à de fréquents rejettements et à des interruptions brusques, causés en partie par le porphyre quartzifère. Pourtant, les filons porphyriques ne sont pas très-nombreux dans le territoire qui vient de nous occuper. Ils ne deviennent abondants que sur la lisière orientale du département, le long de la côte de Violay à Saint-Victor, et sur les hauteurs de Neulize et Vendrange, dans la partie centrale du plateau. Le porphyre de ces filons est généralement rouge ou gris rosé, et à grands cristaux de feldspath blanc.

DISTRICT DE SAINT-PRIEST-LA-ROCHE.

Au district de Lay se rattache intimement celui de Saint-Priest-la-Roche. Nous appelons ainsi la partie du plateau de Neulize située entre le Gand et la Loire, et limitée au nord par le prolongement occidental de la grande faille du Rhins.

Le long de cette ligne, les schistes carbonifères sont relevés; on les voit apparaître dans le voisinage de Cordelles, au centre même du terrain à anthracite. A la tour du Verdier, entre Cordelles et la Loire, le schiste alterne même avec le calcaire bleu et la grauwacke grenue ordinaire [1].

Sur le terrain inférieur ainsi relevé repose, de chaque côté, le poudingue anthraxifère. On le rencontre spécialement, avec de nombreux filons porphyriques, au haut de la butte de Cordelles, entre le bourg de ce nom et le hameau de Cucurieux.

Au poudingue ordinaire sont quelquefois associés, vers le bord des lambeaux de schistes, des brèches ou conglomérats de fracture, au milieu desquels on distingue, outre les débris de grauwacke, des fragments plus ou moins broyés de grès à anthracite. C'est un produit de la faille dont nous venons de parler. On peut fort bien l'observer auprès du moulin de Presle, dans le chemin neuf qui descend de Cordelles vers la Loire [2]. On rencontre une roche analogue, mais plus friable, dans le chemin supérieur de Cordelles-la-Vieille, et un autre lambeau, à 500 mètres au nord-est de Cordelles, dans la direction de Saint-Cyr-de-Favières.

Brèches et poudingues de fracture le long de la grande ligne de relèvement qui fait suite à la faille du Rhins.

Sur les poudingues s'appuie directement, au sud de Cordelles, le grès porphyrique ordinaire, tel qu'il se présente, dans le district de Lay, au mur des couches de charbon. La ligne des affleurements, si le terrain n'est pas stérile, devrait, par suite, passer entre Cordelles et Saint-Priest-la-Roche. Effectivement, on voit des traces de charbon dans le fond du terrain qui descend vers la Loire, à un kilomètre au nord de Saint-Priest. Quelques fouilles y furent même entreprises, quoique sans succès, vers 1832, par M. Gros, alors maire de Saint-Symphorien-de-Lay. On ouvrit une galerie de niveau dans le pied du flanc gauche

La ligne des affleurements passe entre Cordelles et Saint-Priest-la-Roche.

[1] Voyez planches 1 et 3.
[2] Voyez planche 3.

du ravin, et une simple tranchée du côté opposé. Le lieu était mal choisi pour de pareilles recherches. Le terrain y est relevé presque verticalement entre deux filons porphyriques très-rapprochés. Ce sont des schistes et grès noirs charbonneux, plus ou moins broyés, avec quelques indices de véritable anthracite, très-probablement les débris d'une couche plus importante, qui aura été fracturée et en quelque sorte étirée par l'arrivée au jour du porphyre voisin.

Schistes feldspathiques de Saint-Priest, et grès à mica hexagonal.

En montant du fond du ravin vers Saint-Priest, on rencontre, au-dessus du grès vert porphyrique ordinaire, d'abord du grès schisteux, puis des schistes feldspathiques plus ou moins porcelanisés, zonés de blanc, de rouge et de noir; par-dessus, un grès porphyrique altéré, couleur jaune olive; enfin, sur le haut du plateau, un grès feldspathique rougeâtre, criblé de paillettes de mica brun hexagonal.

En se dirigeant de Saint-Priest sur Vendrange, on recoupe de nouveau, aux environs du domaine de Vérus, le grès olive et les schistes feldspathiques. Ceux-ci alternent même plusieurs fois avec le grès. On a trouvé là des empreintes végétales et des traces charbonneuses, sur lesquelles M. Coupat de Vérus fit ouvrir quelques tranchées, mais sans résultats. Les assises sont en ce point à peu près horizontales. Les couches inférieures ne peuvent donc affleurer; on est surtout fort au-dessus du banc qui a dû fournir les indices charbonneux du fond du ravin de Saint-Priest. Des puits ou sondages pourraient seuls faire connaître si le terrain à anthracite est réellement, dans ce district, stérile ou non.

Les zones de poudingues et de grès sont orientées, dans le district de Saint-Priest, comme à Lay, sur E. 25° N.

Quoi qu'il en soit, il est bien certain que les schistes et grès fins noirâtres du ravin de Saint-Priest et du domaine de Vérus correspondent aux affleurements du territoire de Lay. Comme eux, ils courent de l'O. S. O. sur l'E. N. E.; et le massif de grès qui sépare ces schistes des poudingues de Cordelles se retrouve à Lay, avec une puissance à peu près égale, entre la ligne des affleurements et le conglo-

mérat de la vallée du Rhins. Enfin, lorsqu'on compare la
succession des assises du ravin de Saint-Priest au district
anthraxifère plus voisin de Fragny, dont nous parlerons
bientôt, les derniers doutes se dissipent entièrement.

Mais, de ce que la zone des couches de Lay et de Fragny
reparaît auprès de Saint-Priest, il ne s'ensuit pas nécessairement que l'anthracite elle-même doive s'y rencontrer.
Comme aussi, d'autre part, l'absence des affleurements
n'est pas une preuve de la non-existence des couches. Celles-
ci peuvent devenir stériles avant de remonter au jour,
ainsi que cela se voit dans la vallée du Bernand; ou bien,
elles peuvent ne pas affleurer du tout, grâce à l'horizontalité des assises du terrain.

D'après ce qui précède, il ne serait donc pas impossible
que les couches d'anthracite se prolongeassent sous le territoire des communes de Saint-Priest, Saint-Jodard, Pinay et
Neulize. Toutefois, il ne faudrait pas les rechercher au nord
de la ligne droite tirée de Neaux au ravin de Saint-Priest. On
tomberait dans la zone des grès et poudingues inférieurs.

Quelques affleurements ont été rencontrés, m'a-t-on dit,
entre Saint-Priest-la-Roche et Neulize, et un autre plus
considérable dans la gorge du Gand, au point où l'ancien
chemin de Saint-Symphorien à Neulize coupe le chemin
de fer de Saint-Étienne à Roanne. Mais je n'ai pu les voir,
et, dans tous les cas, s'ils étaient importants, on n'aurait
pas manqué d'y entreprendre des fouilles.

Le sol des communes que je viens de nommer est partout formé de grès porphyriques plus ou moins cristallins.
Entre Saint-Priest et Saint-Jodard, il est tantôt rouge, tantôt
jaune olive, chargé de nombreuses paillettes hexagonales
de mica. Aux environs de Neulize, dans les tranchées du
chemin de fer (plan incliné, versant nord), on observe
de belles colonnades prismatiques, d'un grès cristallin,
vert clair nuancé de rose. Au hameau du Cré, commune de
Pinay, paraît un grès vert foncé, extrêmement dur, faisant
saillie sur le haut du plateau; et, aux environs de Saint-

Grès prismé
des
environs
de Neulize.

Jodard, un grès brun, fortement altéré, qui produit un sol profond et argileux.

Poudingue de la zone méridionale au port Garel. Les affleurements sont également stériles dans cette partie du bassin anthraxifère. Sur le bord de la plaine du Forez, au port Garel et au plan incliné de Biesse, on rencontre le poudingue à anthracite et les schistes carbonifères (page 325), mais nulle trace d'affleurements. Ainsi, en ce point, comme à Sainte-Colombe et à Saint-Marcel, dans la vallée du Bernand, le relèvement méridional des couches d'anthracite est décidément stérile. D'autre part, les filons porphyriques sont plus nombreux dans le district qui nous occupe que dans le territoire de Lay. Ils abondent surtout à Neulize et Cordelles. Par ces motifs, on ne peut s'attendre à trouver beaucoup d'anthracite dans le district de Saint-Priest; on devrait, dans tous les cas, borner les recherches aux communes de Pinay, Neulize et Saint-Jodard, et à la partie sud de la commune de Saint-Priest.

2° Territoire de Saint-Martin et d'Urfé.

Le porphyre granitoïde domine dans ce district, mais le terrain de grauwacke le couvrait autrefois. Le district de Saint-Martin, entre la vallée de Saint-Thurin et l'Aix, est principalement occupé par le porphyre granitoïde. Cependant le terrain de grauwacke devait primitivement couvrir ces lieux, car à chaque pas on rencontre, au milieu du porphyre, des masses plus ou moins grandes de schistes carbonifères. Dans la partie nord, à Urfé et Saint-Marcel, ces derniers sont même encore maintenant la roche prédominante.

Le grès à anthracite y est moins abondant. Il ne se montre guère qu'auprès de Marcoux, Sail et Leigneux, et sur le versant nord de la montagne d'Urfé.

Quant au porphyre quartzifère, il s'y présente en filons rares et isolés, dont le nombre s'accroît cependant vers le nord. Ce sont les derniers rejetons du massif de la Madelaine.

Suivons d'abord, d'aval en amont, la vallée de Saint-Thurin, ou plutôt le pied des montagnes du Forez.

Grande faille de la vallée de Saint-Thurin. Une ligne presque droite, allant du S. E. au N. O., du bourg de Marcilly au col de Saint-Priest-la-Prugne, sépare ici le granite des roches de transition. Le long de cette ligne, les surfaces de contact sont le plus souvent presque verticales, et l'espace qui les sépare est partout occupé par un poudingue de fracture. C'est une longue faille du système N. 50° O., dont le bord méridional, formé de granite, a été soulevé après le dépôt des roches de transition. Une partie de la faille est en outre remplie d'injections siliceuses, qui ont dû commencer à couler sous l'influence du soulèvement N. 50° O. Ces filons remarquables ont été déjà mentionnés dans le chapitre précédent.

Entre Marcilly et Sail-sous-Couzan, on observe, le long du granite, un tuf porphyrique très-tendre du terrain anthraxifère, couvrant une bande de près d'un kilomètre. C'est une masse feldspathique, kaolinisée, très-friable, entremêlée de grains quartzeux et sillonnée de veinules ou concrétions siliceuses, irrégulières, grises et brunes. Soumise au lavage, elle donnerait, je crois, d'assez bon *kaolin*.

Entre Cotteret, Marcoux et Jomard, le sol est profondément raviné et offre des coupes extrêmement nettes. Dans le voisinage du granite, le tuf porphyrique passe à une sorte de brèche, formée de fragments anguleux de granite, de porphyres et de schistes ou grès de transition : c'est évidemment un conglomérat de fracture dû à la faille dont nous venons de parler. On l'observe très-bien, et sur une longueur assez grande, au village de Prellion, et entre ce village et le hameau de Jomard.

Dans le chemin de Prellion à Sail, on voit le contact même du granite et de la brèche ; et, entre celle-ci et le tuf, un large filon quartzeux qui descend de là, du sud-est au nord-ouest, jusqu'au village du Pont, près de Sail[1]. On le retrouve aussi du côté opposé, dans la profonde gorge qui passe au pied du cône basaltique de Marcilly. Le filon est presque vertical, ou plutôt plonge un peu sous le granite ; ainsi ce dernier surplombe en réalité la brèche.

---

[1] Voyez la coupe du filon et de la faille, à la p. 179.

Porphyre grani-
toïde
de Trélin.

Le tuf tendre de la commune de Marcoux repose, au nord, sur le porphyre granitoïde et les schistes carbonifères. Le porphyre longe la plaine du Forez et se rattache aux grandes masses des environs de Boën. On l'observe surtout fort bien dans les escarpements qui bordent la route entre Trélin et Boën. La roche est un assemblage confus de lamelles feldspathiques blanches (albite), nuancées de rose, de jaune et de vert, avec mica brun verdâtre, terne, presque sans quartz. On y voit quelques fragments de schistes, peu arrondis, du terrain carbonifère, d'une nuance verte, qui ne sont ni modifiés, ni même endurcis.

Schistes
kaolinisés
du terrain
de grauwacke,
dans
le voisinage
de
la grande faille
de
la vallée
de Saint-Thurin.

Au village des Brus et dans les vignes, au nord du Pont, paraît le schiste lui-même en place. Il est blanc, plus ou moins altéré dans les parties voisines du tuf. La même cause qui a kaolinisé le feldspath du tuf aura aussi blanchi les schistes inférieurs; ce double phénomène se lie bien certainement à la formation du grand filon quartzeux qui longe la faille entre Preillon et le Pont. Le blanchiment et la kaolinisation de ces roches rappellent complétement le genre d'altération que semblent avoir éprouvé le gneiss et le granite dans le voisinage de beaucoup de filons plombo-quartzeux; entre autres, d'une manière très-frappante, aux mines de Pontgibaud.

Schiste
amphibolique
de
Leigneux,
soulevé
par le porphyre
granitoïde
et recouvert
à stratification
discordante
par le
grès à anthracite.

Au nord du Pont, dans la direction de Leigneux, le schiste reprend ses caractères ordinaires; il est d'autant moins altéré qu'il s'éloigne davantage de la zone des tufs. En suivant le chemin qui longe la rive droite du Lignon, entre Sail et Leigneux, on coupe tour à tour les schistes et le porphyre granitoïde. C'est là localité, déjà une fois mentionnée (page 320), où l'on observe le mieux la position respective du terrain carbonifère, du porphyre granitoïde et du grès à anthracite. La roche carbonifère se compose ici de grès fins schisteux, verdâtres, d'une dureté moyenne, criblés de très-petites fibres d'amphibole, et coupés de veinules de spath calcaire blanc. Elle est redressée à peu près verticalement par le porphyre granitoïde. Mais ni les schistes ni le porphyre n'atteignent le haut du plateau, qui est entièrement recouvert par les bancs peu inclinés du grès à anthracite. En prenant, sur le haut du plateau, le chemin qui conduit de Marcoux au bourg de Leigneux, on rencontre, au-dessus des schistes blancs du village des Brus, le grossier conglomérat qui sert de base au grès à anthracite, et, peu après, ce grès lui-même avec des empreintes charbonneuses. On a même creusé en ce point, vers 1830, un puits de recherches, mais il ne traversa que quelques minces filets d'anthracite. D'ailleurs, eût-on trouvé là une couche d'une certaine importance, la découverte n'en serait pas moins restée peu profitable, à cause de la minime étendue de ce lambeau de grès. Déjà, au bourg de Leigneux, le porphyre granitoïde ressort au jour.

À Sail-sous-Couzan, sur la rive gauche du Lignon, reparaît la suite du grès blanc à débris porphyriques kaolinisés. Il est moins friable que celui de l'autre rive, et on l'exploite même comme pierre de taille. Une carrière est ouverte dans le fond de la vallée, entre le bourg de Sail et le village de Bravard. Là encore, la roche est sillonnée de veinules quartzeuses plus ou moins colorées, et contient des débris assez nets du terrain carbonifère.

Le même tuf cotoie le pied du chaînon granitique jusqu'à l'Hôpital. Les masses grenues, kaoliniques, blanches, accompagnées de conglomérat de fracture, sont particulièrement visibles près du village de Lijay : plus loin reparaissent les lambeaux de schistes et le porphyre granitoïde.

Depuis Sail jusqu'à l'Hôpital, le granite lui-même, le long de la faille, semble plus ou moins altéré. Comme le tuf, il est sillonné de veines ou petits filons de quartz ; le feldspath est transformé en kaolin et le mica en paillettes argentines. Des faits d'un autre ordre rappellent également les anciennes émanations qui ont altéré le tuf et déposé le quartz. À Sail même, sort de la faille une abondante source minérale, chargée d'acide carbonique et de principes alkalins; très-près de là, perce un filon de galène et de quartz.

Le granite, le long de la grande faille, est également kaolinisé et sillonné de veinules quartzeuses.

24

Enfin, le granite de Couzan, proche de la limite, renferme de la pyrite de fer, et la même substance se retrouve à Praval, à 2 kilomètres à l'ouest de Sail.

Entre Marcilly et Sail, la limite des deux terrains, c'est-à-dire la faille, est nettement marquée par une série de ravins plus ou moins profonds. Au delà et jusqu'à l'Hôpital, elle se manifeste plutôt par une simple dépression dans le flanc de la montagne ou par des combes d'une faible profondeur. En montant vers Rochefort, la faille redevient plus apparente : le tuf porphyrique disparaît, à la vérité, mais on remarque à la limite du granite une étroite zone de roches brisées, ou même une fente remplie de débris et presque toujours aussi des veines de quartz. La faille passe sous les ruines mêmes du château de Rochefort, où des démolitions récentes m'ont permis de bien constater l'état des lieux.

Voici la coupe :

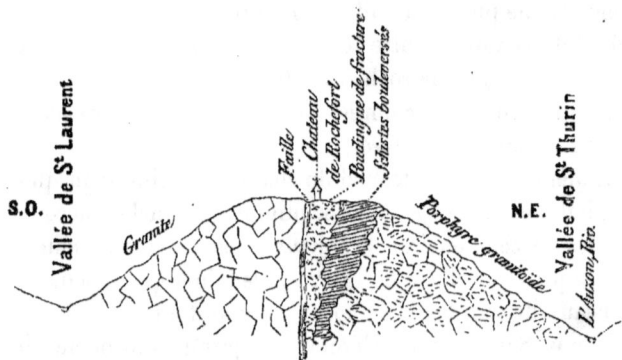

Le versant méridional de la côte de Rochefort est formé de granite. Dans le voisinage de la faille, ce granite devient très-quartzeux, et l'élément feldspath passe au kaolin. La faille est marquée par un filon presque droit, large de $0^m,15$ à $0^m,20$, rempli de débris de granite et de schistes finement triturés.

Immédiatement au mur est un amas confus de blocs de

granite et de porphyre granitoïde, avec des masses broyées,
plus ou moins altérées, de schistes, le tout dans un tuf porphyrique à pâte kaolinique blanche. A quelques mètres de
là, sous le village même de Rochefort, paraît enfin le porphyre granitoïde en place, et un lambeau assez grand,
nettement stratifié, de schistes gris carbonifères.

Les détails qui précèdent montrent clairement que le
mouvement du sol, qui a simultanément brisé le granite,
le porphyre et les schistes, est nécessairement postérieur à
la plus moderne de ces roches. Évidemment le granite a
été ici soulevé à l'état solide, et cela à une époque où le
porphyre granitoïde lui-même était également déjà solidifié.

La faille
est postérieure
à l'éruption
du porphyre
granitoïde.

Dans le granite de la côte de Saint-Georges-sous-Couzan,
entre Marcilly et Rochefort, au sud de la faille, je n'ai vu
nulle part des filons de porphyre granitoïde. La ressemblance des deux roches expose d'ailleurs aisément aux mé-
prises, à moins d'un examen tout à fait spécial et très-mi-
nutieux, auquel je n'ai pu me livrer. Mais ce que je puis
au moins affirmer, c'est que ce porphyre ne s'y montre nulle
part en masses importantes.

Le porphyre quartzifère n'y est guère plus abondant.
Cependant, je dois ici signaler un mince filon porphyrique,
gris-brun, compacte, au milieu du granite du village de
Praval, entre Sail et le bourg de Palogneux.

Poursuivons maintenant la faille au nord-ouest de Rochefort. Pendant l'espace de 1,500 à 2,000 mètres, elle
reste sur le haut de la crête. Entre deux murs parallèles,
l'un granitique, l'autre porphyrique, le dos de la crête est
légèrement excavé, sur une largeur d'environ 10 mètres :
c'est le lieu de la faille; celle-ci est remplie de débris de roches d'une faible consistance. Au delà, la limite des deux
terrains se rapproche peu à peu du fond de la vallée; elle y
descend par une série de ravins, tous exactement alignés
du S. E. au N. O. Dans l'un d'eux, entre le village du Collet
et le hameau du Pont, un filon de quartz et de baryte sulfatée indique la faille.

Aspect
de la faille
au delà
de Rochefort.

24.

Filon des Mays,
le long
de la faille,
et
schistes criblés
de veinules
quartzeuses
dans le voisinage.

A partir du Pont et jusqu'aux ruines, la limite longe, dans le fond de la vallée, la rive droite de l'Auzon. Elle y est indiquée par un puissant filon quartzeux, que l'on suit aisément sur une longueur de 2 à 3,000 mètres, et qui ressort en plusieurs points au pied de la montagne, sous forme de large muraille blanche : c'est le filon des Mays, dont j'ai déjà parlé (page 178). Entre le filon et la rivière, on trouve, au hameau des Mays, des schistes carbonifères, sillonnés de veines quartzeuses blanches, d'un aspect zoné, qui semblent devoir leur origine à la même cause que le quartz calcédonieux analogue du filon principal.

A 2 kilomètres en amont de Saint-Thurin, au lieu dit les Ruines, la vallée se divise en deux branches. L'Auzon parcourt jusque-là, dans sa partie haute, une vallée transversale purement granitique. Un affluent latéral vient des Salles par une étroite gorge, ouverte dans le prolongement

Défilé
de Corbillon.

de la vallée inférieure. Le défilé passe entre les villages d'Urval et de Corbillon. Au nord-est, il est bordé d'escarpements porphyriques, au sud-ouest, de granite ordinaire; la faille suit le fond de la gorge. Plus loin, la limite des deux terrains longe le pied occidental du mont calcaire de Champoly, où un filon de quartz, avec pyrites arsénicales, sépare les deux roches.

Depuis ce point, le porphyre granitoïde et les schistes carbonifères s'effacent peu à peu. Le grès dur porphyrique et le porphyre quartzifère prennent leur place. En même temps, la limite du granite se détourne au nord et ne semble plus suivre une faille aussi régulière; elle contourne le pied des hauteurs de Montoncelle. Cependant les surfaces de contact sont toujours à peu près verticales; et, comme le granite et le porphyre ne se pénètrent pas, il est encore évident que le massif granitique a été soulevé après la solidification de l'une et l'autre roche. De plus, ici aussi les

Filon quartzeux
de
Combanouze.

dépôts siliceux sont très-abondants. Au bois de Combanouze, entre Champoly et le village des Barges, à la limite même, paraît un beau filon de quartz blanc laiteux. Entre Clocheterre et Roure, près de la route de Roanne à Clermont, le granite est sillonné de veines siliceuses, jusqu'à la distance de 2 kilomètres de la limite. Plus au nord, le quartz passe à l'agate : il est surtout abondant à Saint-Priest-la-Prugne. Nous en avons parlé en décrivant les filons siliceux du terrain ancien. Le long de ces filons, le granite et le porphyre sont plus ou moins altérés et surtout silicifiés. L'injection siliceuse est certainement postérieure à l'apparition du porphyre quartzifère. Je rappellerai, comme preuve, la tranchée de la route de Roanne à Clermont, près de Clocheterre, qui met à nu les deux terrains à l'endroit même où la substance siliceuse les soude en quelque sorte l'un à l'autre, et rend le porphyre ordinaire très-calcédonieux.

Dans ce district, comme aux environs de Sail-sous-Couzan, la faille est d'ailleurs marquée par une série de ravins, de cols ou de vallons très-étroits, constamment bordés, d'un côté, par le granite, de l'autre, par le porphyre ou le grès dur porphyrique.

Ainsi, en résumé, entre Marcilly et Saint-Priest-la-Prugne, et même au delà, dans le département de l'Allier, dans un parcours de 36 à 40 kilomètres, la ligne de contact du granite et du terrain de transition offre partout les caractères d'une très-forte faille, due au soulèvement qui a aligné les chaînons du Forez parallèlement à l'axe N. 50° O. De plus, dans le voisinage de la faille en question, comme nous le verrons bientôt, le terrain de transition est coupé de nombreux filons métallifères, qui presque tous sont aussi dirigés du S. E. au N. O., et, par suite, très-probablement, ainsi que les injections siliceuses, de l'âge du soulèvement N. 50° O.

Revenons aux environs de Boën.

Abstraction faite de quelques lambeaux de schistes, le porphyre granitoïde occupe tout le plateau élevé des communes de Boën, Saint-Sixte, Sezay, les Allieux, Nollieux et Saint-Martin-la-Sauveté, au nord de la vallée de Saint-

Thurin. La roche est partout presque exclusivement composée de lamelles albitiques, blanches, jaunes ou roses, et de paillettes de mica d'un brun-vert terne. On peut très-bien observer ses principales variétés dans les tranchées de la route de Clermont, entre Boën et Saint-Thurin.

Porphyre de Boën.

Le porphyre des environs de Boën ressemble à celui de l'escarpement de Trélin. Comme lui, il est blanc jaunâtre, nuancé de vert et de rose, presque sans quartz.

Porphyre de l'Argentière.

A l'Argentière, il est blanc avec de très-petites paillettes, peu nettes, d'un vert-noir foncé, que l'on peut aussi bien prendre pour du talc ou de l'amphibole que pour du mica. Ce porphyre est en même temps plus riche en quartz que celui de Boën; cette substance s'y présente sous forme de grains hyalins irréguliers.

Filons de diorite dans le porphyre granitoïde.

La même roche s'étend le long de la route, jusqu'à la hauteur du bourg de Leigneux. Là, elle se couvre, sur ses faces de cassure, de parties stéatiteuses vertes qui semblent le résultat d'influences postérieures; et, en effet, on trouve en ce point quelques filons de diorite compacte, d'un gris-vert assez clair. Ils sont réguliers et coupent franchement le porphyre encaissant. Leur puissance varie de 0^m,50 à 1^m. Dans la masse grenue, un peu terreuse, on distingue à la loupe de petits cristaux de feldspath blanc et un peu de quartz : le mica manque, ou y paraît au moins fort rare. Ces roches, évidemment éruptives, ne ressemblent en rien ni aux cornes vertes d'Urfé, ni au grès porphyrique verdâtre du terrain anthraxifère.

Blocs de schistes englobés par le porphyre et en partie modifiés par lui.

Auprès de l'Hôpital et au village de Serre, le porphyre reprend les caractères de celui de Boën; il est seulement moins dur. On y voit apparaître d'abord de simples masses de quelques mètres cubes, puis des lambeaux de plus en plus étendus du terrain de grauwacke. Les schistes sont un peu modifiés : ceux que l'on rencontre en masses considérables sont d'un vert pâle, plus ou moins satinés et en général légèrement gaufrés. Les blocs tout à fait enclavés sont durs, rudes au toucher, d'un vert foncé, et présentent des traces de fibres amphiboliques, comme les schistes des bords du Lignon, entre Leigneux et Sail-sous-Couzan (page 368). Mais jamais on ne remarque ni silicification, ni feldspathisation ; et il importe de le bien constater, afin de ne pas attribuer au porphyre granitoïde un rôle exagéré dans le phénomène de la métamorphisation des roches de trasition.

Le calcaire se montre également au milieu du porphyre. Quelques veines spathiques blanches, associées aux schistes, paraissent dans les escarpements qui bordent la route au-dessous de l'Hôpital. Des masses plus grandes, régulière-ment stratifiées, sont exploitées à la Soulagette, sur la rive gauche, et au Collet, sur la rive droite de l'Auzon. Dans les deux localités, le calcaire bleu-noir charbonneux est associé aux schistes, et comme eux relevé et brouillé par le porphyre granitoïde ; on trouve même à la Soulagette un filon plus moderne de porphyre quartzifère. Le calcaire est un peu modifié ; il est veiné de filets spathiques blancs et criblé de mouchetures pyriteuses. On l'exploite comme pierre à chaux, et nous aurons occasion, dans le chapitre suivant, d'en parler plus amplement.

Masses calcaires enclavées au milieu du porphyre.

Près de Saint-Thurin, le porphyre redevient blanc et légèrement quartzeux, comme celui de l'Argentière ; le schiste s'y présente également en lambeaux nombreux et avec des caractères peu différents de ceux déjà indiqués. En même temps, les filons métallifères se multiplient en ce point. On en voit plusieurs, soit de galène, soit de misspikel, dans les escarpements qui environnent Saint-Thurin ; quelques-uns ont même été fouillés.

Environs de Saint-Thurin.

Au-dessus de Saint-Thurin, au hameau des Roches, les schistes renferment de nouveau quelques boutons et veines calcaires, d'une faible étendue, dont on a même tenté l'exploitation, mais sans succès. Les assises du terrain cou-rent de l'O. 10° N. sur E. 10° S., et la même direction s'observe également dans le chemin qui va de Saint-Thurin à Saint-Martin-la-Sauveté.

Coteaux
de Saint-Martin-
la-Sauveté.

Au nord de la route que nous venons de parcourir s'é-tend une ligne de coteaux élevés, presque exclusivement formés de porphyre granitoïde. Elle va depuis Saint-Sixte jusqu'à Urfé, parallèlement à la faille qui limite le granite.

Îlot granitique
de Sezay.

A Sezay, on rencontre, au milieu du porphyre, un îlot granitique à mica brun et feldspath blanc. Nous l'avons cité en parlant des carrières de granite. Il est allongé du S. E. au N. O., et semble devoir également au système N. 5o° O. de ne pas se trouver enseveli sous la grauwacke ou les coulées plus récentes du porphyre granitoïde.

En approchant de Nollieux, et surtout de Saint-Germain-la-Val, le porphyre quartzifère se présente en filons de plus en plus nombreux; en même temps paraît, dans la vallée de l'Aix, le schiste de transition.

Banc calcaire
de
Grézolettes.

A Grézolettes, commune de Saint-Martin, on exploite un banc calcaire, semi-cristallin, couleur bleu de ciel, au mur duquel se présentent, en descendant vers l'Aix, les schistes et grès ordinaires du terrain de grauwacke, régu-lièrement stratifiés. Le banc court de l'E. S. E. sur l'O. N. O., et plonge, quoique faiblement, au S. S. O., sous une puissante assise de corne verte, ou roche trappéenne schis-teuse, excessivement dure, tout à fait semblable à celle du sommet d'Urfé. C'est, comme en ce dernier point, l'assise la plus élevée du terrain carbonifère, celle qui passe peu à peu, en se chargeant de grains feldspathiques, au grès dur porphyrique du terrain à anthracite.

Schistes argilo-
feldspathiques
et
mâclifères
de la vallée
de l'Aix.

Les mêmes roches, tantôt tendres et peu altérées, tantôt siliceuses et quelque peu feldspathiques ou mâclifères, occupent, en amont de Grézolettes, les deux flancs et le fond de la vallée de l'Aix, jusqu'aux environs de Saint-Just-en-Chevalet. Mais on ne retrouve nulle part le prolonge-ment du massif calcaire, qui semble ici, comme ailleurs, une simple lentille ou masse cunéiforme d'une faible éten-due.

Lambeaux

A Saint-Martin, sur le haut du plateau, et au village

de la Sauveté, règne principalement le porphyre granitoïde blanc, criblé de mica. On y voit cependant des lambeaux de schistes siliceux et de grauwacke brune lustrée, à grains très-fins, parsemée de nombreuses paillettes micacées. Le porphyre de Saint-Martin ressemble parfois beaucoup au granite proprement dit, quoiqu'il soit toujours essentiellement feldspathique. Néanmoins, il pourrait y avoir en ce point, comme à Sezay, quelques véritables pointements granitiques. Dans l'incertitude, et comme ils sont d'ailleurs fort peu considérables, je ne les ai pas distingués, sur la carte, du porphyre granitoïde.

de grauwacke brune lustrée à Saint-Martin.

Le porphyre granitoïde, avec ses lambeaux épars de schistes et quelques filons de porphyre quartzifère, continue à occuper le dos des coteaux, à l'ouest de Saint-Martin; mais la largeur du massif porphyrique diminue progressivement. Les schistes de la vallée de l'Aix envahissent les hauteurs et viennent enfin recouvrir complétement le versant oriental du mont Urfé, depuis Saint-Marcel jusqu'à Urval.

Déjà, au village de la Sabonière, les lambeaux schisteux se multiplient. Le terrain est jonché d'énormes blocs argilo-siliceux verdâtres, dont les arêtes ne sont nullement arrondies, et qui reposent directement sur le sol porphyrique sans y être engagés. Ce simple appui sur la roche éruptive prouve que le porphyre était déjà solidifié lorsque le terrain schisteux fut ainsi brisé. Or, on sait que les coteaux porphyriques, entre Saint-Sixte et Urfé, et même en général la plupart des ondulations du plateau de Neulize, sur la rive gauche de la Loire, sont précisément alignés du S. E. au N. O. On peut donc attribuer, avec assez de raison, au système N. 50° O., la rupture des schistes du village de la Sabonière et la direction dominante du porphyre granitoïde.

Blocs épars de schistes siliceux sur le dos des coteaux porphyriques de la Sabonière.

Si maintenant nous poursuivons notre course le long de la crête, nous trouverons à un kilomètre au nord-ouest de la Sabonière, au hameau de Prolange, les mêmes schistes siliceux encore en place, et de là ils se développent sans interruption vers le nord, par les bois d'Urfé, jusqu'à Saint-Marcel.

Nous arrivons ainsi au point culminant du chaînon porphyrique du mont Urfé, qui mérite à tous égards que nous nous y arrêtions quelques instants.

Mont Urfé. C'est un sommet isolé de 943 mètres d'altitude. Ses flancs sont abruptes dans tous les sens, sauf au sud-est, le long de la crête que nous venons de parcourir. Au nord s'étend la profonde vallée de l'Aix, au sud, celle de Saint-Thurin, à l'ouest, le bassin des Salles. La vue y est magnifique. D'une part, elle embrasse les plaines de Feurs et de Roanne et le plateau de Neulize; au delà, dans la même direction, la chaîne du Pilat et le massif du Beaujolais; d'autre part, elle s'arrête aux montagnes plus rapprochées et plus sombres du Forez, aux hauteurs boisées de l'Hermitage, du Montoncelle et de la Madelaine.

Le sommet de la montagne est couronné d'imposantes ruines, le château d'Urfé, où l'auteur du célèbre roman d'Astrée a vu le jour.

Enfin, le géologue y trouve un intérêt spécial : c'est l'un des points où l'on peut le mieux étudier l'influence que le porphyre granitoïde a dû exercer sur la formation des schistes durs siliceux et des poudingues ou grès feldspathiques, immédiatement supérieurs, du terrain à anthracite.

Entrons, à ce sujet, dans quelques détails.

Si l'on part du fond de la vallée de Saint-Thurin pour se rendre par Urval aux ruines d'Urfé, on rencontre, jusqu'à mi-côte principalement, le porphyre granitoïde : les lambeaux schisteux y sont d'abord assez rares; au-dessus d'Urval, ils se multiplient et deviennent plus grands. Les premières masses, quoique entièrement enveloppées de porphyre, sont peu altérées et ne diffèrent guère de celles du fond de la vallée, à Saint-Thurin et la Soulagette; mais, en approchant du sommet de la montagne, les schistes deviennent plus durs et plus cristallins; les feuillets sont légèrement plissés ou même ondulés. La cime, autour du château en ruines, se compose de porphyre granitoïde; et dans le flanc occidental, le long de la descente vers Champoly, la même roche est sillonnée de plusieurs filons de porphyre quartzifère rouge. A l'est, au village d'Urfé, sur la lisière des bois, le sol est formé d'assises puissantes d'une roche schisteuse, à cassure esquilleuse, extrêmement dure, donnant un son très-clair sous le choc du marteau. Sa couleur est le vert foncé ou le vert passant au violet sombre. La stratification est presque horizontale, avec une légère plongée cependant vers l'est quelques degrés nord. Le long des plans de cassure se montre en général un enduit très-mince de fer pyriteux, et sur le bord de ces veinules la roche semble en quelque sorte décolorée; on y voit des lisérés d'un vert pomme assez pâle. Enfin, à la loupe, on aperçoit des pyrites éparses, même au centre des fragments, mais nulle trace de mica, d'amphibole, ni de feldspath. Ces roches sont la suite des schistes siliceux que nous venons de mentionner à Prolange et la Sabonière.

Porphyre du point culminant, et schistes siliceux du versant oriental.

Si l'on descend maintenant du sommet d'Urfé vers le nord, dans la direction de Saint-Just-en-Chevalet, on observe un changement graduel dans la nature des roches. Le schiste siliceux devient massif et se charge insensiblement de grains feldspathiques, puis de paillettes de mica. Enfin, sur les bords de l'Aix, au château de Contenson, et, sur l'autre rive, à Couavoux, entre Saint-Just et Juré, le terrain a tous les caractères du grès ou poudingue à anthracite. Il est extrêmement compacte, dur et tenace; sa cristallinité pourrait même le faire prendre pour une sorte de porphyre vert, ou plutôt de mélaphyre, si les nombreux galets schisteux dont il est criblé, et les roches tout à fait identiques, dans les autres parties mieux caractérisées de la formation anthraxifère, ne levaient tous les doutes.

Schistes silicéo-feldspathiques du versant nord.

Le passage dont je viens de parler, du schiste ordinaire au schiste siliceux, et de ce dernier au poudingue

Circonstances qui expliquent comment

anthraxifère, ne s'opère pas dans une même assise. Ce n'est pas le même banc qui, observé en divers lieux, est tour à tour argileux, siliceux ou feldspathique. La transformation graduelle se fait d'une assise à l'assise immédiatement supérieure ; et il importe de bien constater ce mode de succession, car il nous montre s'il y a *métamorphisme*, ou bien si le passage graduel des roches est plutôt un fait contemporain de leur dépôt.

A Urfé, où le terrain est brouillé par les porphyres, la question est difficile à décider ; cependant on comprend déjà qu'un schiste ordinaire ne saurait jamais se transformer, sous l'influence d'une roche éruptive quelconque, en un poudingue feldspathique à fragments de schistes. Ce sont bien réellement deux roches différentes dès leur origine. A Saint-Marcel, au pied du mont Urfé, on voit d'ailleurs positivement le schiste tendre ordinaire au-dessous du schiste siliceux ; et, dans une mine de plomb que j'ai vue en exploitation près de Saint-Marcel, de 1834 à 1836, les puits étaient ouverts à la surface dans le grès porphyrique, et arrivaient à une faible profondeur dans le schiste siliceux, où le filon de galène se perdait peu à peu.

Je dois rappeler aussi qu'à Grézolettes, dont je viens de parler il y a peu de pages, on voit, à la base du coteau qui descend vers l'Aix, et jusqu'au delà du milieu de la pente, des assises presque horizontales de schistes carbonifères ordinaires ; par-dessus, un banc calcaire semi-cristallin ; enfin, dans le haut, le schiste siliceux le mieux caractérisé.

La même succession se montre d'une manière encore plus nette, sur l'autre rive de l'Aix, dans le coteau qui renferme l'ancienne mine de plomb de Durel. Entre ce hameau et le bourg de Juré, les schistes et grès du terrain de grauwacke occupent le fond de la vallée et s'élèvent à peu près jusqu'à mi-côte. Viennent ensuite les schistes siliceux, puis, sur le haut du plateau, les grès porphyriques gris verdâtres.

On peut encore constater la superposition immédiate de la corne verte feldspathique sur les schistes et grès non modifiés du terrain de grauwacke, dans la partie supérieure de la vallée de l'Aix, en amont de Saint-Just, là où la rivière se divise en deux branches. Au hameau du Banchet, et au-dessous jusqu'au bord de la rivière, on observe, en bancs peu inclinés, des schistes légèrement ardoisiers, alternant avec du grès quartzite, gris bleuâtre, un peu micacé, tandis que la crête du même coteau, immédiatement au-dessus, est couronnée de corne verte siliceuse, déjà criblée de nombreux grains feldspathiques blancs, légèrement verdâtres.

En amont de Saint-Just, les schistes silicéo-feldspathiques reposent également sur les schistes et grès ordinaires du terrain de grauwacke.

Enfin, sur le revers occidental du mont Urfé, dans le chemin de Champoly à Saint-Just, on rencontre le long du vallon principalement des schistes et grès tendres, couleur olive, tandis que les coteaux de la Caure, de Contenson et d'Essartou, qui entourent la vallée, sont formés de poudingues anthraxifères durs, gris foncé, à galets de schistes et de porphyre granitoïde. Ainsi, ici encore, la roche silicéo-feldspathique repose sur les schistes tendres non modifiés.

Bref, le schiste siliceux passant au grès et au poudingue cristallin anthraxifère est partout placé *au-dessus* du schiste argileux ordinaire, et *non* dans une position *parallèle*[1]. On ne peut donc pas admettre, comme nous l'avons déjà fait voir, appuyé sur d'autres faits, que le schiste argileux ordinaire ait subi par imbibition une sorte de transformation radicale, qu'il ait été pénétré, lors de l'apparition du porphyre granitoïde, par une substance ignée, fluide.

Les grès feldspathiques d'Urfé n'ont pas reçu le feldspath par voie de métamorphisme.

---

[1] A la vérité, on peut citer des points où le schiste siliceux occupe le fond des vallons et le schiste argileux les hauteurs : ainsi, par exemple, le coteau de Terge, sur le bord de l'Aix, entre Juré et Grézolles. Mais c'est là, comme il est facile de s'en convaincre, le résultat d'un faille ; et toutes les fois que l'on rencontre réellement les deux roches *dans le flanc d'un même coteau*, on est assuré de voir les cornes vertes dans la partie supérieure.

Lorsqu'on voit, dans la vallée de Saint-Thurin et ailleurs, des blocs de schistes entièrement enveloppés de porphyre granitoïde, à peine plissés, gaufrés ou un peu endurcis; lorsque, à la Gresle et sur le plateau de Lay, la roche anthraxifère, composée de lamelles feldspathiques, est criblée de fragments de schistes non altérés; lorsqu'en général ce sont les assises supérieures que l'on trouve imprégnées de silice et de feldspath, et non celles qui reposent sur le porphyre ou en sont très-rapprochées; lorsqu'enfin les cornes vertes feldspathiques sont toujours liées à de véritables poudingues, on ne saurait admettre que la silice et les éléments feldspathiques y aient pénétré après coup, par une sorte de transsudation ignée.

Mode de formation des schistes et grès silicéo-feldspathiques.

Les poudingues prouvent que, dès les premières éruptions porphyriques, la sédimentation argileuse a été graduellement remplacée par des détritus porphyriques. Les roches siliceuses d'Urfé, et surtout celles de Néronde et de Régny, semblent montrer que l'apparition du porphyre a provoqué, du même coup, la sortie de puissantes sources siliceuses. Enfin, la forme souvent hexagonale du mica dans le grès anthraxifère semblerait établir que le porphyre a aussi déterminé le dégagement de gaz fluorés, qui auront produit le mica dans les grès, comme les émanations dues aux éruptions granitiques paraissent l'avoir développé au milieu du micaschiste.

Le porphyre du mont Urfé renferme de grands cristaux d'orthose.

Le porphyre granitoïde qui occupe le sommet du mont Urfé et la majeure partie de son versant occidental diffère, à quelques égards, de celui des environs de Boën. Il ressemble davantage au granite. Il est blanc grisâtre, quelquefois un peu rosé, à grains fins serrés. Sa dureté est grande. Le feldspath est toujours l'élément dominant; seulement, au milieu des lamelles albitiques commencent à paraître quelques cristaux plus réguliers d'orthose. Les grains quartzeux sont aussi plus fréquents qu'à Boën. Le mica est en paillettes d'un brun noir foncé.

Le porphyre granitoïde à grands cristaux d'orthose est

encore mieux développé près de Saint-Just-en-Chevalet,
dans le fond de la vallée de l'Aix. Aux hameaux de Chauchay et de la Rivière, entre le poudingue anthraxifère de
Contenson, au sud, et le porphyre quartzifère de la Madelaine, au nord, paraît une masse peu étendue d'un porphyre très-micacé, d'une nuance grise tirant sur le rouge
ou le brun. La roche, quoique à grands cristaux de feldspath blanc, ne constitue pas néanmoins un passage au porphyre quartzifère. Ce dernier n'est jamais aussi micacé, et
les grands cristaux, au lieu d'être enchâssés dans une masse
lamelleuse albitique, y sont enveloppés d'une véritable
pâte terreuse ou compacte, rarement cristalline. Enfin, le
quartz est de nouveau très-rare dans le porphyre de Chauchay, et non disposé en grains bipyramidés. Il renferme,
par exception, dans le voisinage de quelques filons de plomb,
de la pinite altérée, ou du moins de l'hydrosilicate d'alumine très-tendre, d'un jaune serin.

Nous avons poursuivi le district de Boën jusqu'au mont
Urfé. Il nous reste à dire quelques mots des territoires de
Champoly et de Saint-Romain, situés au delà d'Urfé,
entre cette montagne et la limite du granite. C'est l'une des
parties du département où l'enchevêtrement des porphyres
et des roches de transition est le plus confus. On rencontre
tour à tour des lambeaux schisteux, des filons porphyriques,
des trapps siliceux, des grès durs anthraxifères, et, outre tout
cela, de nombreux filons quartzeux et métallifères ; enfin
du marbre blanc, à la Bombarde et près de Champoly.
Aussi ne puis-je garantir l'exactitude rigoureuse de toutes
les limites. Plusieurs lambeaux, filons ou dykes sont trop
peu importants pour qu'il eût été possible de les figurer ;
d'ailleurs, la carte de Cassini, la seule disponible lors de
mes études sur le terrain, donne la position des lieux d'une
manière trop peu précise pour permettre une très-grande
rigueur dans le tracé des terrains. Enfin, une autre difficulté naît de la nature même des roches. On peut bien
distinguer les deux porphyres, mais on est exposé à con-

Environs de Champoly et de Saint-Romain-d'Urfé.

fondre, dans ce district, le porphyre granitoïde et le grès
à anthracite. On ne reconnaît réellement ce dernier que
parce qu'il renferme souvent de très-petits débris de schistes.
On conçoit d'ailleurs que si le grès n'est qu'un tuf formé
aux dépens du porphyre, à l'époque même de son arrivée
au jour, il doit y avoir souvent en quelque sorte passage
de l'une des roches à l'autre, et dans tous les cas une très-
grande ressemblance.

La roche dominante de la commune de Saint-Romain est
un grès porphyrique extrêmement micacé. Cette abondance
du mica donne à la roche une teinte très-sombre, souvent
presque noire. En même temps, sa dureté est faible, ou du
moins elle s'altère facilement au contact de l'air, et tombe
en sable micacé. Le quartz y est rare. En quelques points,
elle renferme des fragments de schistes; on en voit entre
Grandry et le Fot. On retrouve la même roche, sur la route
de Roanne à Clermont, entre Saint-Just et la Bombarde;
seulement, en approchant de Contenson, elle devient peu
à peu plus feldspathique et plus dure.

Le schiste carbonifère est surtout abondant à Champoly
et dans le vallon qui descend de ce bourg vers l'Aix.

Le porphyre granitoïde, semblable à celui du sommet
d'Urfé, se montre avec de grands lambeaux de schistes
siliceux dans le flanc occidental de la montagne, à le Fot,
Poyet et Boëssy; et c'est dans ce porphyre que l'on a longtemps exploité un filon de plomb assez important, connu
sous le nom de mine de Poyet ou de Champoly.

Le porphyre quartzifère se montre partout en filons assez
nombreux. Le bourg de Saint-Romain est en partie bâti sur
cette roche, et autour paraît le schiste carbonifère argileux.
On voit des blocs de schistes tout à fait empâtés qui ne sont
nullement altérés. On trouve également du porphyre quartzifère dans le voisinage des grands filons calcaires de
Champoly et la Bombarde. Nous en parlerons en décrivant
ces derniers. En général, les filons de ce porphyre se multiplient au nord, en approchant du pied de la Madelaine,

qui est en effet le puissant tronc d'où sortent ces nombreuses ramifications.

Nous venons de voir que la direction dominante des coteaux porphyriques de Boën à Urfé est N. O.-S. E. Mais ce n'est pas là la direction propre du porphyre granitoïde, celle de ses fentes d'éruption ; car on sait déjà que l'alignement N. O.-S. E. appartient également aux montagnes du Forez et aux ondulations du grès anthraxifère ; qu'elle résulte, en un mot, d'un soulèvement postérieur. La véritable direction du porphyre granitoïde doit plutôt se déduire, comme nous l'avons fait voir, de celle du terrain carbonifère soulevé par lui. Or, ce dernier est orienté sur E. 12° à 15° S., et on retrouve, jusqu'à un certain point, ce même alignement dans les coteaux de Saint-Martin et de Nollieux, et dans la droite qui va d'Urfé à Saint-Germain-la-Val, le long de la limite commune du porphyre et du schiste carbonifère.

Direction du porphyre granitoïde de Boën.

3° Partie occidentale du plateau de Neulize, au nord de l'Aix.

Sur la rive gauche de la Loire comme sur la rive droite, la roche dominante du plateau de Neulize est le grès à anthracite, plus ou moins sillonné de filons porphyriques.

Les schistes carbonifères des bords de l'Aix s'enfoncent vers le nord sous le grès du plateau. Cependant, aux environs de Grézolles, une étroite bande du terrain de grauwacke se dirige sur Cordelles et partage en deux le dépôt anthraxifère. C'est le prolongement de la faille du Rhins, dû au soulèvement E. 25° N. (pages 316 et 363, pl. 1).

Zone schisteuse de Souternon, Dancé et Cordelles.

Sur les deux lisières de la zone en question s'appuie la base du grès à anthracite, le poudingue ordinaire à galets de grauwacke et de porphyre granitoïde, et, presque toujours, le long de la ligne de contact, on observe une brèche peu consistante, composée de fragments divers, plus ou moins broyés par le relèvement de la bande carbonifère. On y voit en quelques points, surtout à Dancé, des débris d'une

25

roche compacte blanche, qui ressemble plutôt à certaines
eurites qu'au véritable porphyre quartzifère de la Loire, car
ce dernier est d'une date plus récente.

Le relèvement
de la zone
de Souternon,
dans le sens
de l'axe
E. 25° N.,
a
précédé la sortie
des porphyres
quartzifères.

Plusieurs filons porphyriques traversent la brèche et
pénètrent, sans aucune déviation, du milieu des schistes,
dans le grès à anthracite, continuité qui serait impossible
si les filons porphyriques avaient précédé le soulèvement du
terrain schisteux. Entre Souternon et Dancé, on voit sept
filons pareils, tous figurés très-exactement sur la planche
n° 5 (concession de la Bruère), et quelques autres sur la
planche n° 3 (concession de Bully). Ils ont 20, 30, 40,
même 80 mètres de puissance, et quelques-uns plus de
deux kilomètres de longueur.

Cependant la brèche renferme aussi, au contact des
filons, des fragments non roulés de véritable porphyre
quartzifère. On en voit surtout auprès de Dancé et autour
du grand culot porphyrique de Chaume et de Foëve,
commune de Bully[1]. La roche éruptive, en traversant
la brèche, a dû y laisser de ses propres débris, comme
cela se voit presque toujours sur le pourtour des cônes
basaltiques.

La zone carbonifère que nous venons de mentionner a,
dans le voisinage de Grézolles, entre l'Aix et l'Isable, une
largeur moyenne d'environ 5,000 mètres. Au delà, elle se
rétrécit notablement : dans les communes de Dancé, Bully
et Cordelles, elle est réduite à de simples lambeaux; au
nord de Cordelles, elle se perd même complétement sous
le poudingue à anthracite, et ne reparaît qu'auprès de
l'Hôpital, dans la vallée du Rhins.

La lisière nord de la zone en question va de Luré à
Saint-Polgue, celle du sud de Souternon à Dancé. Aux
environs de Luré, entre les Mures et Chassenay, les
schistes ordinaires, gris ou bleu verdâtre, alternent avec
des grès durs, argilo-quartzeux, plus ou moins micacés, de

[1] Voyez planche 3.

véritables grauwackes schisteuses, grises, vertes, brunes ou couleur lie de vin. En quelques points, elles sont très-compactes, à cassure unie et conchoïde, d'un éclat lustré très-prononcé.

Ailleurs, les schistes alternent avec le calcaire : la masse la plus importante se trouve au haut du plateau, entre Saint-Julien-d'Odde et Saint-Germain-Laval. Elle court de l'O. S. O sur l'E. N. E., et plonge au S. S. E. sous le grès à anthracite des bords de la plaine. Sa puissance est d'environ 5 mètres. Elle est divisée en plusieurs bancs d'une faible épaisseur, dont l'inclinaison dépasse 45°. La roche est grise tirant sur le bleu, d'une nuance moins foncée que les calcaires analogues de Regny et Néronde. Elle est compacte, à cassure esquilleuse, et peu riche en bitume. Les encrines y sont abondantes et apparaissent dans les cassures transversales sous forme d'écussons spathiques, d'une nuance plus claire que le reste de la roche. On y trouve aussi quelques térébratules. Le mur est formé de schistes, le toit de grauwackes fines. Les deux roches sont tendres et se désagrégent facilement. Dans le voisinage de la masse calcaire, elles sont elles-mêmes imprégnées de carbonate de chaux. Les schistes sont verts, gris, couleur lie de vin ou bleuâtres; ils renferment des encrines, lorsque le ciment est plus ou moins calcaire. Le grès du toit est gris tirant sur le bleu ou passant au vert : les fossiles semblent y manquer.

Lentille calcaire de Saint-Jullien-d'Oddes.

On exploite la pierre à chaux dans plusieurs carrières situées sur le bord de la route de Roanne à Montbrison [1].

Deux autres masses calcaires passant au marbre se montrent à Grézolles. L'une d'elles est située entre Fontferrière et le hameau de Chassagne, dans le flanc du coteau qui descend vers l'Aix; la seconde, à Grézolles même, sur la hauteur près du château. Nous y reviendrons en parlant des filons.

Filons calcaires de Grézolles.

[1] Voir, pour les détails, le chapitre IV.

Porphyre granitoïde de Chavagneux.

Entre Grézolles et Saint-Julien-d'Odde, le calcaire ne paraît plus; les roches y sont extrêmement variées. A Chavagneux et Fontferrière perce le porphyre granitoïde à beaux cristaux d'orthose blanc. Là, ainsi qu'à Marcilleux, existent plusieurs filons de plomb jadis exploités. Aux environs, dans le fond de la vallée, à Baffy, Moulin-Neuf et Platon, on rencontre spécialement des schistes et de la grauwacke à grains fins. Au-dessus, entre Badinat, Marcilleux et Chavagneux, ce sont des cornes vertes ou schistes siliceux, passant aux grès verts porphyriques du terrain anthraxifère : la même roche descend jusqu'au niveau de la vallée, au moulin Vireau, entre Platon et Fontferrière; puis tout cela est encore sillonné de dykes plus ou moins puissants de porphyre quartzifère diversement coloré.

Masse calcaire de Lucé.

Le calcaire reparaît dans la commune de Cremeaux, au village de Lucé. Le terrain y est bouleversé par le voisinage du porphyre; le calcaire est irrégulièrement associé aux schistes du terrain de grauwacke; mais la roche n'est pas cristalline comme à Grézolles. C'est bien le calcaire ordinaire, bleu, bitumineux, non modifié, avec ses nombreuses tiges de crinoïdes. Il est seulement criblé de mouchetures pyriteuses.

Schistes à cristaux d'amphibole de Souternon.

Entre la carrière de Lucé et le bourg de Souternon, les schistes carbonifères sont exceptionnellement chargés d'amphibole. Dans le fond du vallon et presque dans le lit du ruisseau de l'Écu, à un quart de lieue en amont de la route de Roanne à Montbrison, se montre un schiste grenu, à cassure terne, d'un vert noir foncé, au milieu duquel on distingue de nombreux cristaux d'amphibole noire, dont plusieurs ont jusqu'à 6 millimètres de largeur sur 1 centimètre de longueur. Non loin de là perce le porphyre, et, au contact, les deux roches sont intimement soudées; mais quoiqu'en ce point les schistes soient diversement bariolés, ils ne sont pourtant amphiboliques que sur un faible espace, et non au contact même du porphyre.

Les roches dont je viens de parler appartiennent à l'étage

le plus élevé du terrain carbonifère; car, immédiatement au-dessus, sur la hauteur, entre Goualle et Lucé, paraît le grès poudingue du terrain anthraxifère. En descendant vers l'Ysable, on recoupe le terrain carbonifère; c'est de la grauwacke fine passant aux schistes. Ses assises courent les unes sur N. 50° O., parallèlement à l'axe de la vallée; les autres, sur N. 25° E. suivant le sens de la zone carbonifère.

Le long de l'Ysable, dans le fond de la vallée, et sur la hauteur entre Saint-Polgue et Dancé, la largeur de la bande est encore de 4,000 mètres. La roche dominante est le schiste feuilleté tendre, gris verdâtre ou vert-olive. Ses bancs sont à peu près parallèles à la direction normale du terrain carbonifère; ils vont sur E. quelques degrés S.

À Saint-Polgue même perce le porphyre quartzifère. Une large protubérance porphyrique occupe la hauteur de Chaume, entre Saint-Polgue, Dancé et Bully, et une autre crête encore plus élevée relie ce massif à la montagne de la Madelaine : c'est le chaînon qui longe la rive gauche de l'Ysable depuis Saint-Polgue jusqu'à Chériez.

Butte porphyrique de Chaume.

De la butte de Chaume s'échappent, dans tous les sens, des filons de porphyre qui transforment le dépôt de schistes en lambeaux épars d'une faible étendue[1]. Quelques-uns ont même en largeur à peine 50 mètres. Un lambeau plus considérable est situé au bord de la Loire, entre Chantois et le Verdier. On y a exploité pendant quelque temps du calcaire. La carrière est située au Verdier même, à la limite du terrain anthraxifère. La masse calcaire s'enfonce presque verticalement sous le poudingue à anthracite, et repose sur les schistes et grès ordinaires du terrain de grauwacke. On voit ces derniers le long du ravin qui descend vers la Loire, au nord du Verdier. Le calcaire est comme celui de Lucé, gris bleuâtre foncé, parsemé de pyrites et sillonné de veines spathiques blanches.

Masse calcaire du Verdier.

Les derniers lambeaux de la zone carbonifère se montrent

[1] Voyez la carte de la concession de Bully, planche 3.

à Cordelles et Cordelles-la-Vieille. Là aussi on les voit flanqués de grossières brèches de soulèvement, modifiées après coup par l'apparition du porphyre quartzifère. Je les ai mentionnées lors de la description du district anthraxifère de Saint-Priest-la-Roche (page 363).

Sur la longue bande de schistes allant de Souternon à Cordelles repose directement le terrain à anthracite : au sud est le district d'Amions, au nord celui de Bully. Le premier comprend les communes d'Amions, de Saint-Paul-de-Vézelin et une partie de celles de Saint-Julien, Dancé et Souternon. C'est de lui que nous allons nous occuper d'abord.

DISTRICT ANTHRAXIFÈRE D'AMIONS.

Le district d'Amions s'étend de Saint-Germain-Laval à la Loire, bordé au nord-ouest par la zone carbonifère, au sud-est par les sables tertiaires de la plaine du Forez.

Les assises et les principaux accidents du sol sont orientés du S. E. au N. O., parallèlement à la direction dominante des montagnes du Forez (N. 50° O.). Tels sont les vallons de l'Écu et de l'Ysable, les coteaux de Champagny, Amions, Dancé et Saint-Paul-de-Vézelin, et surtout les affleurements du coteau de la Bruère.

Coupe des environs du Minet.

Les travaux d'exploitation sont encore très-peu développés; le seul point où des fouilles sérieuses aient été entreprises est le flanc gauche du vallon de l'Ysable à la Bruère, dans la commune d'Amions. L'anthracite caractérise, là comme à Lay, spécialement la partie basse du terrain, le grès porphyrique inférieur. On observe assez bien la succession des assises, lorsqu'on monte du village du Minet au hameau de la Bruère. Voici la coupe :

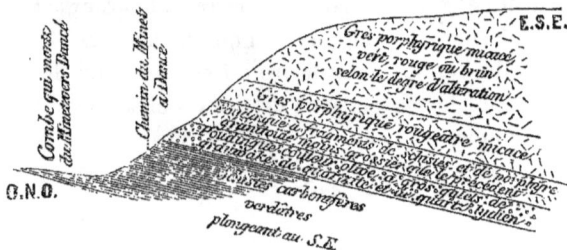

Au bas, les schistes; par-dessus, un grossier poudingue, dont les premiers fragments sont de la taille du poing, qui de là passe graduellement au grès porphyrique ordinaire.

Certains galets proviennent de la destruction du poudingue plus fin que l'on rencontre en place dans l'étage inférieur du terrain de grauwacke. Les affleurements ne s'étendent pas jusqu'à cette coupe. Ils s'évanouissent à mi-chemin, entre la Bruère et le Minet, comme le montre le plan de la concession d'Amions [1]; ils correspondent au grès micacé rougeâtre.

Dans le district d'Amions, à cause du poudingue de fracture, la stratification relative du terrain de grauwacke et du grès à anthracite est assez difficile à bien déterminer. Ici pourtant, au bas de la coupe du Minet, où ce poudingue manque, la concordance m'a paru complète.

Les couches d'anthracite du coteau de la Bruère sont au nombre de trois ou quatre. Trois sont positivement reconnues; la quatrième me paraît incertaine : ce n'est peut-être qu'une des précédentes, accidentellement déplacée par l'effet d'une faille. Elles sont disposées en chapelets comme à Lay; l'irrégularité du dépôt paraît même à la Bruère encore plus grande. : leur puissance ordinaire est de 1 à 2 mètres. Quelques renflements ont 3 à 5 mètres; mais les étranglements sont très-fréquents, soit par le rapprochement du toit et du mur, soit par le développement, au milieu du charbon, de grandes masses lenticulaires d'un grès compacte blanc feldspathique.

Couches de la Bruère.

Le charbon est de l'anthracite friable, impure, laissant en moyenne 25 à 30 % de cendres, et dégageant au feu 7 à 10 % de matières volatiles.

La couche la plus élevée affleure immédiatement au-dessous des maisons du hameau de la Bruère; elle est entremêlée de beaucoup de schistes qui la rendent presque

[1] Voyez planche 5.

inexploitable. Vers le milieu du flanc de la vallée, à environ 5o mètres verticalement au-dessous, est la deuxième
couche. Entre deux, on rencontre du schiste porcelanite
diversement coloré, et du grès porphyrique ordinaire. C'est
la veine principale du district d'Amions, la seule qui ait
été exploitée d'une manière un peu suivie. On la poursuit
au jour sur une longueur d'environ 5oo mètres.

A 15 mètres plus bas vient la troisième couche : elle a
été fouillée le long de son affleurement et diffère peu de la
précédente. Au-dessous et jusqu'au fond de la vallée, le
terrain paraît stérile, ou, du moins, s'il y a d'autres couches, elles n'affleurent pas.

Entre la première et la seconde couche, on voit sur la
carte un quatrième affleurement : c'est la veine dont l'existence me paraît incertaine, et qui, dans tous les cas, serait
peu régulière et complétement amincie sur de grandes
étendues.

Les couches de la Bruère courent du N. O. au S. E.
Elles inclinent au N. E., en sens inverse de la pente du
coteau ; la plongée est d'abord très-forte ; mais ensuite elle
diminue rapidement, et, sous le plateau, elle est presque
nulle. Cette disposition semble indiquer qu'une puissante
faille a relevé le terrain le long de l'Ysable, et que les veines
combustibles se prolongent sous le plateau d'une manière
assez régulière. Ce qui le prouve, c'est que, au delà d'A-
mions, au village de Buy, on voit reparaître deux ou
trois affleurements accompagnés de schistes dont la plongée est directement inverse[1]. On voit de même, à l'approche de la zone inférieure, où le relèvement des grès
porphyriques se fait d'une manière brusque, quelques
indices de filets charbonneux. En suivant le chemin d'A-
mions à Dancé, j'ai rencontré une pareille veine sur la
rive gauche du ruisseau du Sac, au bas de la montée qui
conduit à Dancé. On peut donc considérer comme ren-

---

[1] Voyez planche 5.

fermant de l'anthracite tout le plateau compris entre la
Bruère, Amions, le Buy, la ferme de Joux et le hameau de
Huime; mais, bien entendu, par suite du mode de gisement en chapelets, il y aura, çà et là, des lacunes et des
couches en partie étranglées. Les affleurements auprès du
village de Buy étant moins puissants que ceux de la Bruère,
on doit même s'attendre à un amincissement graduel des
couches dans la direction du N. E.

Au delà de Buy, on ne voit plus aucun vestige charbonneux. Le terrain ressemble à la partie méridionale du district de Lay. Cependant, on ne saurait affirmer d'une
manière positive que le grès ne recèle rien. Il se prolonge,
au sud, sous les sables tertiaires jusqu'à l'Aix, et dans cet
espace de quatre lieues carrées la roche anthraxifère peut
fort bien ne pas être entièrement stérile.

En face de la Bruère, sur l'autre rive de l'Ysable, on a
même fouillé un petit affleurement au lieu dit le Gouttel,
et entre ce hameau et le village de Farge on aperçoit des
schistes porcelanites, semblables à la roche qui accompagne
ordinairement les couches de charbon.

Passons à la dernière partie du plateau de Neulize, au
district anthraxifère de Bully et Jœuvres.

C'est un territoire de forme triangulaire, borné au sud-
est par la zone de grauwacke, au nord par la plaine de
Roanne, et à l'ouest par le chaînon porphyrique de Saint-
Polgue et Villemontais. Il embrasse spécialement les communes de Bully, Saint-Maurice-sur-Loire, Cordelles et
Saint-Cyr-de-Favières. Le terrain y est fortement tourmenté,
et surtout sillonné de nombreux filons porphyriques[1]. Les
directions des couches et des affleurements varient plus que
dans le district d'Amions. On y reconnaît pourtant l'influence des trois soulèvements qui affectent le terrain anthraxifère, mais je ne saurais dire lequel y a la plus grande
part.

DISTRICT
DE BULLY
ET JŒUVRES.

[1] Voyez la carte des concessions de Bully et Jœuvres, planche 3.

Un fait plus général est le relèvement des bancs du terrain vers l'axe de la Loire, au moins dans les parties voisines du fleuve, entre Fragny et Jœuvres, où se montrent les affleurements. Ce doit être le résultat d'une grande faille à peu près dirigée du S. E. au N. O., le long de la gorge que parcourt la Loire.

A la base du terrain, le poudingue anthraxifère se voit, au sud et à l'ouest de Bully, sur les chemins de Saint-Polgue et Dancé, et mieux encore, au bord de la Loire, à la Chapelle-de-Chantois. En se dirigeant de ce dernier point sur Fragny et Bully, on recoupe, du mur au toit, toute la série des bancs. Au-dessus du conglomérat, au lieu dit *le Penneron*, on rencontre le grès porphyrique gris, marbré de vert et de rouge. Sur lui reposent les couches exploitées à Fragny, et les grès feldspathiques plus ou moins schisteux qui les accompagnent.

Au toit de l'anthracite, à Fragny même, le grès porphyrique est couleur rouge de brique; en divers points, il se montre nettement stratifié et surtout remarquable par l'extrême abondance et la forme hexagonale régulière des paillettes de mica d'un brun-olive terne. Plus haut encore, entre Fragny et Bully, le grès est de nouveau gris verdâtre, cristallin et dur, semblable aux roches qui forment le haut du bassin de Lay.

Nombre des couches connues à Bully. — Les couches d'anthracite bien constatées sont au nombre de quatre. Les affleurements se voient au-dessous de Fragny, dans le flanc des coteaux qui bordent la Loire[1]. On peut les suivre sur environ 1,500 mètres. Deux grands filons porphyriques les arrêtent en direction: au sud, c'est un puissant dyke venant des hauteurs de Chaume; au delà perce le terrain inférieur. Il n'y a donc pas à rechercher dans ce sens la suite des couches. Cependant la grauwacke occupe ici peu de place, et déjà, entre le village de Foëve et le domaine des Goyons, on rencontre, au milieu du

[1] Voir planche 3.

grès ordinaire, le schiste feldspathique (*pierre carrée*) qui
accompagne l'anthracite : l'interruption pourrait donc bien
ne pas être absolue. Néanmoins, en suivant les coteaux en
amont de Chantois, on ne voit aucun affleurement, et le
terrain est partout brouillé par les coulées porphyriques.
Du côté opposé, les affleurements sont coupés par le filon
qui va du hameau d'Eire au domaine de la Sablonnière.
Dans les vignes au nord de Fragny, situées au haut du
promontoire porphyrique, on peut très-bien suivre le relèvement des couches.

Leur prolongement aminci reparaît au moulin Robert,
dans le fond du ravin de Montouse, et, mieux encore, à la
Cabane russe, sur la hauteur du plateau d'Odenet. Enfin,
le même système, relevé en sens inverse, se montre à Jœuvres et à Chervenay, sur l'autre rive de la Loire.

Les quatre couches de Fragny sont peu éloignées les unes
des autres; les deux extrêmes à moins de 80 mètres, et les
deux principales, la deuxième et la troisième, en divers
points, à peu près réunies. Les trois inférieures furent traversées au puits des Glandes, et la première affleure près de
son orifice. Leur puissance moyenne est au-dessous de 2^m;
quelques renflements atteignent pourtant 3 à 4 mètres; mais
en général les chapelets sont plus rares et, par suite, le charbon semble moins froissé qu'aux environs d'Amions. Certaines parties sont aussi plus pures. Ainsi l'anthracite de
la principale couche ne m'a donné que 15 à 20 o/o de
cendres; mais, en général, la teneur du résidu terreux va
également jusqu'à 30 p. o/o.

La direction des couches est assez variable. En moyenne,
elles courent du sud au nord et plongent, à l'ouest, sous le

plateau de Fragny et Bully. Près du jour, leur inclinaison est de 20° à 30°; dans la profondeur, à peine de 10° à 15°: au reste, comme à Amions, elles semblent, en s'enfonçant, devenir plus régulières. Malgré cela, on ne peut apprécier les richesses réelles que renferme ce district. Les couches s'amincissent au nord de Fragny, le long des affleurements, et cela déjà en deçà du filon de la Sablonnière. Or, si les couches s'évanouissent en direction, qui pourrait garantir qu'elles n'éprouvent pas un changement analogue dans le sens de la plongée?

Auprès du hameau d'Eire, on voit à l'est des maisons deux nouvelles couches, ou plutôt une seule, divisée en deux; elle fut exploitée, il y a trente ans environ, par le propriétaire du sol. Le banc principal a 1 mètre de puissance et donne un combustible assez pur. La couche est limitée et relevée par deux filons porphyriques, dont l'un est la suite de celui de la Sablonnière. La couche affleure de nouveau au nord du hameau d'Eire, sur les deux flancs de la gorge de Moutouse, et de là s'enfonce, au nord-ouest, sous le plateau du village de Quincé. Par sa position relative, elle semble géologiquement plus élevée que la veine de Fragny. Mais dans un terrain aussi fortement disloqué, toute affirmation serait hasardée. Deux profonds ravins coupent le plateau du sud au nord, entre Fragny et Eire. Or, presque toujours ces accidents de surface sont la conséquence de grandes failles intérieures; il se pourrait donc que les couches des environs d'Eire ne fussent que l'aval-pendage relevé de celles de Fragny. L'absence de tout affleurement entre Fragny et Bully s'accorde, en effet, peu avec l'hypothèse de couches supérieures.

Plus à l'ouest, en remontant le Moutouse, Passinges indique, entre Bully et Saint-Polgue, un dernier affleurement dont je n'ai pu retrouver les traces: ce sont probablement les couches de Fragny, ramenées au jour par la grauwacke de Saint-Polgue.

Entre la gorge de Moutouse et celle de Saint-Maurice, l'anthracite affleure aux environs d'Odenet. Une première veine peu importante se voit à l'entrée même du village, dans le chemin qui conduit à Saint-Maurice. A 400 mètres de là, une couche supérieure, entourée de schistes argilo-charbonneux, a été fouillée au lieu dit *la Cabane russe*. Elle plonge de 20° au N. O. Sa puissance est de 0^m,70 au maximum, et l'anthracite de fort mauvaise qualité. L'affleurement s'abaisse vers la Loire et paraît se rattacher, par son extrémité nord, à la couche qui se voit, sur l'autre rive, auprès de Chervenay, dans des conditions à peu près identiques.

Enfin, à Jœuvres, en face de Saint-Maurice, on a encore exploré deux faibles couches. La veine principale mesure 0^m,80; la seconde, placée au-dessus, 0^m,30 : l'une et l'autre plongent au N. E.; le terrain encaissant est un grès feldspathique compacte, extrêmement dur. Cette circonstance, jointe à l'irrégularité des veines, rend les travaux, au point de vue financier, à peu près impossibles.

Au delà de Jœuvres, le terrain à anthracite se poursuit au nord jusqu'à la plaine de Roanne, et s'enfonce là sous le terrain tertiaire. Il doit même se prolonger fort au loin dans cette direction et servir de base au terrain jurassique, puisqu'on le retrouve en lambeaux nombreux au bas des côtes de Saint-Haon et d'Ambierle, et surtout le long du bord opposé de la plaine de Roanne, dans les montagnes du Beaujolais. Mais de ce que le terrain à anthracite passe au loin sous les terrains plus modernes, il ne s'ensuit pas forcément que l'anthracite elle-même s'y trouve en couches exploitables. Dans tous les cas, avant d'entreprendre de coûteuses recherches sous la plaine, il sera convenable de poursuivre d'abord l'anthracite, de proche en proche, sous le plateau même, depuis Fragny ou Jœuvres jusqu'à la lisière du dépôt tertiaire.

Avant de quitter le plateau de Neulize, disons quelques mots de ses filons porphyriques.

Couches du plateau d'Odenet.

Couches de Jœuvres.

FILONS
PORPHYRIQUES
DU PLATEAU
DE
NEULIZE.

Dans les généralités sur le porphyre quartzifère, j'ai déjà annoncé que les dykes de porphyre sont presque toujours réunis par groupes, et que ceux d'un même faisceau sont, ou parallèles entre eux, ou disposés en forme de rayons autour d'un noyau central.

Groupes de filons
porphyriques
parallèles.

Citons d'abord quelques groupes à filons parallèles. En consultant la carte[1], on reconnaît de suite deux séries de filons, à peu près dirigés du sud au nord, aux environs de Cordelles, de Vendranges et de Lay.

D'autres filons, à Bully et Saint-Maurice, sont plutôt alignés de l'est à l'ouest, et surtout remarquables par l'influence qu'ils exercent sur la configuration du sol.

Dans tout son parcours, au travers du plateau de Neulize, la Loire est profondément encaissée; mais là où le grès à anthracite se montre seul, les flancs de la gorge sont mollement ondulés; le cours de l'eau n'y est troublé ni par des écueils, ni par des contours brusques. Par contre, dans les points où perce le porphyre, les rives sont coupées à pic et le lit du fleuve semé d'écueils ou de crêtes fortement dentelées : de là, ces rapides dangereux appelés *sauts* par les mariniers. Ainsi, au Perron, à Saint-Maurice-sur-Loire, au château de la Roche et au Pinay, l'influence du porphyre est sous ce rapport des plus remarquables. J'ai figuré les filons sur la carte des concessions de Bully et Jœuvres[2] : quatre coupent la Loire au saut du Perron, et deux la traversent trois fois.

Filons
du Perron.

Les filons du Perron courent sur h. 8 de la boussole magnétique, c'est-à-dire sur O. 8° à 10° N. du méridien vrai. Les plus minces mesurent, dans le lit de la Loire, 15 à 20 mètres, le plus large au moins 50 mètres. Les deux filons d'amont s'évanouissent sur la rive droite, au domaine Bernard, tandis qu'en ce même point les deux filons d'aval se renflent beaucoup, se soudent un moment, se séparent de nouveau et disparaissent enfin auprès de Saint-Cyr-de-

[1] Voyez planche 1.
[2] Voyez planche 3.

Favières. L'un d'eux, près de Chassignoles, atteint une puissance de près de 200 mètres. Malgré cela, ils ne se font remarquer, au haut du plateau, que par un léger bombement plus ou moins rocailleux, très-peu fertile, çà et là coupé de rochers saillants. Mais, dans le lit de la Loire, chacun des filons trace une crête dentelée qui barre les eaux, engendre des rapides et y rend la navigation fort difficile. Ces barrages réunis procurent à la papeterie du Perron une chute de dix mètres.

En direction, on poursuit ces filons sur plus de six kilomètres, et leur extrémité occidentale disparaît même sous les dépôts tertiaires, à la route de Montbrison, au lieu dit *la Bruyère*.

Dans le lit du fleuve et le long du chemin de halage, on peut observer, en une foule de points, la ligne de contact du porphyre et du grès. Il y a presque partout soudure intime, sans la plus légère altération. Le grès porphyrique micacé est à peine un peu durci, mais ni plus feldspathique ni plus micacé que dans les autres points. Dans le voisinage, le porphyre enveloppe quelques fragments de grès qui, eux aussi, n'ont point été altérés.

Phénomènes de contact entre le porphyre et le grès.

Le porphyre est d'une fort belle apparence, à pâte rose ou grise, à très-grands cristaux hémitropes d'orthose blanc et à grains bipyramidés de quartz gris translucide. On pourrait l'exploiter en très-gros blocs et l'employer pour ornements : poli, il serait d'un très-bel effet, et ressemblerait assez bien au granite rose du nord.

A deux kilomètres en amont de Perron viennent les six filons de Saint-Maurice et Jœuvres. Leur puissance dans le lit de la Loire varie de 15 à 30 mètres. Leur direction diffère peu de celle des filons du Perron; ils courent sur h. 7. La nature de la roche est tout à fait identique. Ils naissent sur le plateau de Jœuvres : deux y sont d'abord réunis en un massif unique, tandis que trois autres se soudent, au contraire, au delà de Saint-Maurice, en deux puissants culots de forme triangulaire. L'un d'eux a servi de

Filons de Saint-Maurice-sur-Loire.

point d'appui aux piles du pont que les Romains ont construit en ce point. La ligne de contact du grès et du porphyre
passe exactement sous le pilier moyen et s'observe bien lors
des basses eaux; mais la coupe la plus nette a été mise à
nu par le chemin de halage sous le promontoire même qui
supporte Saint-Maurice. Au point de contact, la soudure
est si intime, qu'à l'aide du marteau on ne parvient pas à
séparer le porphyre du grès; mais l'influence de l'une des
roches sur l'autre se réduit à peu de chose. Jusqu'à 10 centimètres des points de soudure, le porphyre est à grains
plus fins, les cristaux de feldspath un peu étirés, et le mica
strié parallèlement à la surface de contact. Le grès, de son
côté, est jusqu'à la même distance un peu plus homogène
et plus dur, mais ni plus feldspathique, ni plus cristallin
qu'à l'ordinaire. Il est tout au plus un peu rubéfié.

Le grès des bords de la Loire ne diffère d'ailleurs en rien
du grès anthraxifère ordinaire; partout, depuis le Perron
jusqu'à la plaine du Forez, c'est la même roche feldspathique et micacée, ordinairement grise ou verte, dure et
compacte.

Les principales variétés tiennent à la grosseur du grain.
Ainsi, au-dessous de Saint-Maurice, le grès, par un excès
de mica, devient schisteux; tandis qu'en amont de Chantois, et près d'Arpheuil, il devient massif et grenu. Ailleurs,
le même grès passe du vert au rouge de brique, et ressemble
alors à s'y méprendre au porphyre micacé rouge; c'est le
cas au bourg de Villerest, où cependant on observe aussi
un culot de véritable porphyre.

Filons
des environs
de
Cordelles.

Une nouvelle série de filons parallèles, courant sur h. 9,
se rencontrent entre Cordelles et le village du Verdier [1]. Les
uns traversent le grès anthraxifère, les autres, la grauwacke.
Leur puissance varie depuis 30 jusqu'à 100 mètres. Plusieurs se terminent assez brusquement au bord de la Loire.
L'un d'eux s'élargit même à son extrémité, au village de

[1] Voyez planche 3.

Presle, en forme de butte arrondie. Le porphyre de ce filon est blanc, très-peu cristallin, tandis que tous les autres sont à grands cristaux et ressemblent au porphyre du Perron. L'influence de ces filons sur la roche encaissante est à peu près nulle, comme à Saint-Maurice. L'un des principaux longe le chemin creux qui descend du Verdier vers le hameau de l'Ile. La roche éruptive s'insinue, en filets minces, entre les feuillets de schistes, sans les altérer. Voici, au reste, la vue de ce réseau, tel qu'il se montre sur une longueur de 20^m dans les balmes du chemin. C'est la paroi du filon projetant de nombreux rameaux dans le terrain de schistes.

Vue de la paroi nord de la tranchée du chemin.

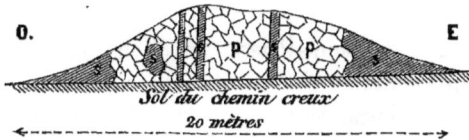

Les schistes ne sont ni gaufrés ni plissés, ni même durcis. Il n'y a pas soudure au contact et nulle trace de scorification ; cependant la masse éruptive devait affecter une grande plasticité, pour prendre des formes aussi ramifiées.

En remontant la Loire, on trouve encore un fort beau filon aux environs d'Arpheuil, à un kilomètre en aval de Saint-Priest, sur le prolongement de la côte de Saint-Polgue. Le filon a 100 mètres de puissance, court sur h. 7 à 8, se compose de porphyre à grands cristaux, et relève le grès anthraxifère sans le modifier : il coupe en ce point deux fois la Loire [1].

Filon d'Arpheuil.

Près de là, dans le profond ravin qui sillonne le plateau, au nord de Saint-Priest, on rencontre d'autres filons de moindre importance, courant aussi sur h. 8. Au bord du premier surgit une source minérale peu abondante. Elle est

[1] Voyez planche 1.

26

froide, dépose du fer et dégage quelques rares bulles d'acide carbonique.

Plus haut, entre deux filons très-rapprochés, on voit de l'anthracite et du grès feldspathique, presque relevés verticalement. Le grès est friable et en partie kaolinisé ; l'anthracite est mince et de mauvaise qualité : c'est l'affleurement déjà cité lors de la description du district de Saint-Priest (page 364).

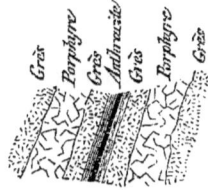

En amont de Saint-Priest, les filons deviennent plus rares ; cependant, au château de la Roche, où la Loire est profondément encaissée, on en voit deux d'une certaine importance.

Dômes et culots porphyriques avec filons divergents.

Les masses porphyriques à noyau central se rencontrent également aux environs de Bully[1]. Ainsi, le village de Changy est bâti sur une butte de porphyre légèrement bombée, d'où partent cinq branches : trois très-courtes, de 2 à 300 mètres, deux autres fort longues, dont l'une va au nord et se termine en pointe à la distance de 2,000 mètres, l'autre à l'est-sud-est, en passant par le milieu du bourg de Cordelles. Au village de Chervenay, même étoilement, à peine marqué par une faible saillie de la surface du sol.

Butte de Chaume.

Un culot central beaucoup plus important constitue, au-dessus de Bully, la hauteur de Chaume ; ses ramifications sont très-nombreuses. Les principales se dirigent, du N. O. au S. E., sur Dancé et Saint-Paul-de-Vézelin : l'une d'elles coupe deux fois la Loire, au village d'Arpheuil ; c'est le filon de 100 mètres déjà cité. Une autre descend de

[1] Voyez planche 3.

Chaume vers Chantois, relève l'extrémité sud des couches de Fragny, constitue à la surface du sol la crête de Penneron, et va se relier, sur les bords de la Loire, aux filons du Verdier. Ce dernier filon est surtout remarquable en ce qu'il est sillonné de veines de baryte sulfatée. De pareilles veines, entremêlées de concrétions siliceuses, se montrent également à la Loge, à l'est de Chaume, dans le porphyre du noyau central.

Le bassin d'Amions est coupé, comme celui de Bully, de masses porphyriques. Entre Minet et Dancé, on voit un faisceau de six filons parallèles, courant à peu près de l'est à l'ouest, et marqué à la surface par un égal nombre de bandes ou côtes légèrement proéminentes. Le filon qui passe au nord de Dancé a jusqu'à 80 mètres ; les autres 20, 30 et 40 mètres.

Filons de Dancé.

Dans le même district, le porphyre se présente aussi en buttes isolées plus ou moins larges. Ainsi le bourg d'Amions est bâti sur un dôme fortement surbaissé, un peu allongé du S. E. au N. O. Un dôme plus élevé et à pente plus roide occupe la rive droite de l'Ysable, entre Amions et Souternon. Il est couvert de pins et ne pourrait être cultivé, à raison de l'inaltérabilité de la roche. D'autres buttes moins étendues sont encore marquées sur notre carte [1], et se reconnaissent toujours de loin par les *pinées* qui s'y développpent faute de culture.

Dôme porphyrique d'Amions.

Cependant toutes les hauteurs ne sont pas porphyriques; on en trouve qui sont exclusivement formées de grès, mais de grès résistant, presque toujours prismé, qui ne s'égrène pas au contact de l'air. On peut citer un dôme de ce genre à l'est de Souternon [2]. Le grès ressemble alors beaucoup au porphyre granitoïde, qui peut-être même existe en ces points à une faible profondeur.

Dômes de grès prismé.

Un exemple plus frappant se voit dans la commune de Pinay, au Cré du Chatelard. Sur le haut du plateau s'élève

[1] Voyez planche 5.
[2] Voyez planche 5.

26.

un monticule très-régulier en forme de cône ellipsoïdal. Sa
largeur à la base est de 50 mètres, sa longueur de 100
à 150 mètres, sa hauteur d'environ 25 mètres. On le pren-
drait de loin pour un cône basaltique. Il est très-bien marqué sur la carte de Cassini n° 87; ses pentes sont roides
et sa largeur au sommet de 3 mètres seulement. Eh bien!
ce cône est exclusivement formé de grès feldspathique comme
le reste du plateau ; seulement, en ce point, il est prismé, et
par suite plus dur et moins sujet à s'égrener. Ici encore,
sans doute, cette modification est due à l'influence du porphyre granitoïde sur les coulées duquel le tuf ou grès s'est
déposé; car nulle part, les exemples précédents le prouvent,
les éruptions postérieures du porphyre quartzifère n'ont
produit sur le grès à anthracite un effet pareil.

Les schistes car-
bonifères
et le
grès à anthracite
ne sont pas
modifiés
par le porphyre
quartzifère.

Ceci nous amène à citer quelques nouveaux faits à l'appui
de cette dernière assertion.

Sur la route de Saint-Germain-Laval à Montbrison, dans
la descente vers le pont de l'Aix, on observe ces deux coupes :

Le porphyre quartzifère pénètre dans les schistes carbonifères ou les recouvre sur divers points; et, néanmoins,
ils sont à peine rubéfiés au contact de la roche éruptive.

De même, dans les tranchées de la route de Roanne à
Thizy, se montrent, près de Combres, les relations suivantes,
où les schistes sont plus ou moins fracturés, mais ni endurcis,
ni gaufrés, tandis qu'ils le sont presque toujours entre Boën
et Saint-Thurin, au contact du porphyre granitoïde.

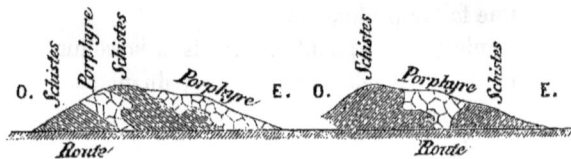

Sur le bord méridional du plateau de Neulize, dans le chemin creux qui monte de Néronde au château de Noël, le porphyre quartzifère soulève le grès à anthracite sans le modifier; c'est le pendant des filons de Saint-Priest-la-Roche, déjà mentionnés.

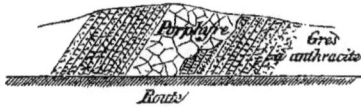

Enfin, je rappellerai la coupe d'une carrière de Thizy citée dans mon mémoire de 1841 [1].

Vue de la carrière :

Au contact du porphyre, le calcaire carbonifère est imprégné de petits cristaux rougeâtres peu nets de feldspath, mais jusqu'à la distance de $0^m,10$ à $0^m,15$ centimètres seulement. C'est, à ma connaissance, dans le département de la Loire, l'unique exemple de feldspathisation ou de métamorphisme dû au porphyre quartzifère, et l'on voit à quoi cela se réduit!

4° Chaîne de la Madelaine et ses dépendances.

A l'extrémité nord-ouest du plateau de Neulize se rattache le massif de la Madelaine. Dans ce district, le porphyre quartzifère se développe graduellement, se présente en crêtes de plus en plus élevées, et envahit à la fin, presque seul, toute la chaîne qui borde à l'ouest la plaine de

[1] *Annales des mines*, 3ᵉ série, t. XIX, p. 86.

Roanne. Des îlots de granite, de grauwacke et de grès à anthracite apparaissent néanmoins au milieu du porphyre, et même ils sont plus nombreux que ma carte ne les indique; car, au milieu des bois qui couvrent ces hauteurs, et avec des cartes comme celle de Cassini, je n'ai pu les tracer tous exactement. Mais le porphyre domine bien réellement, au moins dans la partie nord au delà de Saint-Haon. A l'extrémité sud, il se présente en masses moins continues.

Grauwacke siliceuse du plateau des Essards.

La grauwacke est encore abondante aux environs de Saint-Just-en-Chevalet. On voit là, d'une manière très-nette, les divers bancs du groupe quartzo-schisteux. Le lambeau principal occupe le plateau élevé qui traverse la route de Saint-Just à Roanne, entre l'Aix et l'Ysable. Il comprend le territoire de la Croze, de la Bourrée, de la Mellerie et des Essards, ayant en longueur 4 à 5,000 mètres et en largeur 2 à 3,000.

Les assises sont en général fortement relevées et brouillées. A la Bourrée, elles courent sensiblement du sud au nord, comme le porphyre qui les enveloppe.

La roche dominante est le schiste argileux faiblement satiné, qui se divise ou en feuillets unis et minces, d'une consistance moyenne, ou en plaques ondulées plus ou moins fragiles. Les derniers sont surtout vert clair, les premiers plutôt gris tirant sur le bleu. Les deux variétés passent au grès schisteux argilo-quartzeux.

Quartz lydien.

Au milieu des schistes, et dans ce district seul, perce en assises minces, très-régulières, le quartz lydien strié de blanc. Il se montre d'une manière très-nette dans les fossés de la route départementale de Roanne à Clermont, près du hameau de la Croze, et sur le chemin du village des Essards au bourg de Crémeaux.

Dans d'autres parties du district en question, entre les Essards et la Bourrée, on trouve spécialement la grauwacke grossière, sorte de poudingue quartzeux, à ciment siliceux, uniquement formé de débris anciens, sans aucune trace de fragments de quartzite ni de lydienne, ce qui le distingue à première vue des poudingues supérieurs du groupe calcaréo-schisteux. En devenant plus fin, il passe au grès quartzite lustré, compacte, jaune ou gris. Ainsi, dans ce groupe, toutes les assises, le poudingue, le quartzite et même les schistes à veines de lydienne sont caractérisés par la prédominance de l'élément siliceux.

Sur la grauwacke siliceuse dont nous venons de parler, et sur la grauwacke ordinaire des bords de l'Aix, reposent les grès porphyriques des environs de Cremeaux. Les porphyres de Saint-Polgue séparent ce district de celui de Bully, tandis que la zone carbonifère de Grézolles à Cordelles l'isole du bassin d'Amions.

Les grès de Cremeaux paraissent stériles. On n'y signale aucun affleurement; ils sont, comme ailleurs, feldspathiques et micacés, durs dans les cassures fraîches, friables dans les parties altérées. Leur couleur habituelle est le blanc jaunâtre tirant sur le gris, ou le vert plus ou moins foncé. Entre Cremeaux et le bois des Molières, le grès est souvent parsemé de fragments de schistes.

Les grès sont entrelardés de nombreux filons de porphyre quartzifère, que l'on rencontre surtout au haut des crêtes. En quelques points, on voit aussi percer le porphyre granitoïde; ce sont les derniers rameaux du massif de Saint-Martin. Plusieurs filons coupent la côte qui sépare le vallon de Juré de celui du Tranlon; leur direction est N. 36° O.

Au nord de Cremeaux, le grès anthraxifère couvre les deux flancs de la vallée de l'Ysable jusqu'à son origine, au pied de la Madelaine. La roche est partout extrêmement dure et feldspathique. La couleur ordinaire est le gris-vert sombre; mais au haut de la crête, à Chériez et Frédufont, sur la route de Roanne, la teinte passe soit au violet, soit au brun-rouge foncé. C'est un effet de simple oxydation, car, à quelques centimètres sous la surface, on retrouve partout la nuance verte. Le grès porphyrique ainsi rubéfié, mais non désagrégé, ressemble parfaitemeut au beau porphyre violet de Suède, et pourrait, comme lui, être poli et travaillé pour ornements. En certains points, il devient tout à fait noir. Ainsi, au lieu dit *Bois-le-Cutil*, sur le versant oriental de la côte de Saint-Polgue, c'est une masse noire presque scoriacée, criblée de nombreux grains d'albite blanche ou blonde.

En descendant de Chériez-sur-Saint-Alban ou Saint-André-d'Apchon, situés au bord de la plaine de Roanne, on marche constamment sur le grès porphyrique ordinaire, de plus en plus mêlé de porphyre quartzifère. Ainsi la source minérale de Saint-Alban sort du grès au contact du porphyre rouge.

Porphyre quartzifère entre Saint-Just et Saint-Priest-la-Prugne, et lambeaux de grauwacke.

Revenons à Saint-Just et suivons la vallée de l'Aix jusqu'à son origine, ou plutôt le flanc occidental du massif de la Madelaine entre Saint-Just et Saint-Priest-la-Prugne. Nous aurons ainsi occasion de passer en revue toutes les variétés de porphyre quartzifère et les derniers lambeaux du terrain de grauwacke.

Autour de Saint-Just, dans le fond de la vallée, à la Remise, à Tremble, à Chauchay et la Rivière, on rencontre presque exclusivement le porphyre granitoïde, rose ou gris, parsemé, comme à Urfé, de quelques cristaux d'orthose blanc. Plus haut, les deux rives de l'Aix sont coupées par le grès vert porphyrique, passant aux schistes durs siliceux. Sur la rive gauche, ils vont jusqu'à Ranvel et la Chambodut; sur la rive droite, jusqu'au haut du signal de Banchet (832 mètres). En ce dernier point, les cornes vertes siliceuses reposent sur la grauwacke ordinaire, car si l'on descend du sommet de Banchet, à l'est ou au sud, vers Tremble, Rotova, la Piloncherie ou la Roche, on trouve immédiatement les schistes et grès lustrés du terrain carbonifère.

Schiste ardoisier de Taboulet.

La grauwacke ordinaire reparaît aussi aux environs de Borjat et s'étend même jusqu'à Seignol, Brossart et Feugère. Entre Rimeau et Seignol, au hameau de Taboulet, affleure un schiste ardoisier, gris ou jaune, qui pourrait se débiter en plaques solides de grandes dimensions, comme les ardoises communes des environs d'Angers, pour l'établissement de haies et clôtures.

A Seignol, les schistes alternent avec la grauwacke grenue, et courent, comme le porphyre, sur nord quelques degrés ouest. Entre Roche et Borjat, la grauwacke ordinaire passe au grès lustré et ce dernier au poudingue siliceux. Ainsi on retrouve en ce point, sauf la lydienne, toutes les roches du groupe quartzo-schisteux. Par contre, le calcaire et les fossiles y manquent.

Au delà de Seignol, le porphyre quartzifère règne seul et forme le col de Saint-Priest-la-Prugne, entre la Madelaine et le Montoncelle. Mais plus au nord, dans la vallée de la Bèbre (Allier), Boulanger a de nouveau constaté plusieurs lambeaux du terrain carbonifère.

Les îlots de grauwacke dont je viens de parler sont, non-seulement entourés, mais encore sillonnés de porphyre quartzifère de toute nuance. Peu de localités offrent des variétés plus nombreuses dans un espace aussi restreint.

Entre Saint-Priest et le village de Coppère, le porphyre est surtout rouge, mais tantôt grenu, tantôt à grands cristaux, tantôt friable, tantôt dur.

Diverses variétés de porphyres quartzifères.

A Vergnassière, Lespinasse, Goutelle, la pâte du porphyre à cristaux blancs passe du rouge de chair au rose, au blanc, puis au gris clair, au gris verdâtre, enfin au vert sombre presque noir. En outre, on voit les transitions graduelles de la roche homogène, compacte, au porphyre cristallisé, où le feldspath orthose se présente en rectangles réguliers, toujours hémitropes, de 1 à 2 centimètres de largeur sur 5 à 6 centimètres de longueur. Ces diverses variétés renferment presque toutes un peu de mica brun, en tables hexagonales, et, le plus souvent aussi, des nodules tendres, jaunes, d'hydrosilicate d'alumine.

Les mêmes porphyres embrassent toute la vallée jusqu'au

pied de la chaîne du Montoncelle, où percent, le long du granite, les veines de quartz-agate précédemment décrites (page 181). Du côté opposé, ils forment presque seuls le massif entier de la Madelaine jusqu'au bord de la plaine de Roanne.

Si, en général, nos divers porphyres quartzifères passent graduellement les uns aux autres, ils offrent pourtant aussi quelques transitions brusques. Ils n'ont pas dû arriver au jour d'un seul coup, par une seule puissante éruption. Il y a eu nécessairement des coulées successives pendant un laps de temps assez long. Ainsi au hameau de la Roche, au nord de Borjat, on voit s'élever brusquement, au milieu d'un porphyre blanc à pâte terreuse tendre, un filon de porphyre rouge à cristaux moyens, d'une très-grande dureté. C'est une sorte de muraille saillante à parois presque verticales, de 5 à 6 mètres de haut, sur 12 à 15 mètres de large, et cela, sur une longueur de quelques cents mètres.

Porphyre vert noir quartzifère de Saint-Just.

En se rapprochant de Saint-Just, le porphyre prend en général une teinte plus sombre. A la Chambodut, il est à pâte tout à fait verte; et l'escarpement qui domine Saint-Just du côté nord, sur la route de Roanne, se compose de porphyre à grands cristaux blancs et pâte presque noire.

Certains porphyres des environs de Saint-Just, ceux de la Chambodut, de Rotava, de Maison-Seule et de la Ménardie, se font remarquer par de nombreuses veinules et concrétions siliceuses qui semblent se lier au grand filon quartzeux passant par le milieu du village de Chambodut. En divers points, la roche est comme imprégnée de silice, à la manière des arkoses. Mais nous aurons occasion de revenir sur ce point, en décrivant les filons quartzeux des terrains de transition.

MASSIF DE LA MADELAINE.

Parcourons maintenant le massif même de la Madelaine et les chaînons parallèles qui bordent la plaine de Roanne.

Les crêtes atteignent 1,000 à 1,100 mètres. Un pareil

soulèvement n'a pu se faire sans ramener au jour le sous-
sol granitique. On le rencontre, en effet, au sommet de la
Madelaine, au bourg des Noës et sur divers points du chaînon antérieur, entre Saint-Haon et la Pacaudière. C'est le
même granite que celui du Montoncelle, très-feldspathique
et à structure semi-porphyroïde. On l'exploite à Ambierle,
Changy et la Pacaudière. Là, il est blanc, tandis qu'il est
plutôt rouge au-dessus des Noës et près du sommet de la
Madelaine. Dans tous ces points, il est comme enchâssé,
en forme de coins, au milieu du porphyre.

Non loin du granite, dans le fond de la vallée du Renaison, entre la Madelaine et la côte Saint-André, on rencontre dans le même porphyre de nombreux lambeaux du
terrain de transition. Aux sources du Renaison, c'est le
grès porphyrique ordinaire du bassin de Cremeaux; aux
environs d'Arcon et dans le haut de la vallée, le poudingue anthraxifère. Ses nombreux débris, roulés par le
torrent, se retrouvent jusque dans les alluvions de la plaine
de Roanne. Aux Jouattons et à Marimbe, près des Noës,
perce la grauwacke ordinaire; puis, entre les Noës et la
plaine de Roanne, reparaît le granite dans l'axe de la
côte de Saint-Haon. Cependant le porphyre s'y est fait
jour; plusieurs filons coupent le granite. On les observe
au milieu du granite, sur la route de Cusset, entre Saint-
Haon et Saint-Riram. Ils courent parallèlement au chaînon,
sur N. 15° O.

Les îlots de grauwacke et de poudingue anthraxifère se
poursuivent également au delà des Noës, quoique moins
nombreux. On en trouve plusieurs à Maridel, sur le haut
du plateau, près de la route de Cusset, au nord de Saint-
Riram, et un autre dans les bois d'Ambierle.

Entre Crozet et la Roche, près de la Pacaudière, et à
deux kilomètres au nord de la ville, sur la route de Paris,
on rencontre un lambeau de grès anthraxifère verdâtre et
schisteux, en bancs fortement inclinés.

Enfin, en poursuivant notre course vers le nord, nous

verrons la chaîne s'abaisser insensiblement jusqu'à 400ᵐ; puis le terrain de grauwacke se présente de nouveau, en masses plus étendues et plus régulières, à Saint-Léon, Châtel-Perron et Sorbières, dans l'Allier, au nord du bassin houiller du Bert. Là aussi reparaît le porphyre granitoïde.

Le porphyre
quartzifère
se présente sous
deux formes.

Dans le massif de la Madelaine, que nous venons de parcourir, le porphyre quartzifère se présente sous deux formes assez différentes.

Dans la partie sud, jusqu'à Saint-Haon et Saint-Priest, il est généralement parsemé de grands cristaux d'orthose blanc, comme les porphyres de Saint-Just et de Saint-Maurice. Dans la partie nord, il est plutôt à grains fins et souvent celluleux ou, du moins, criblé de nodules tendres d'hydrosilicate d'alumine, qui se détachent de la roche là où elle est depuis longtemps exposée à l'air. Sa couleur et son apparence générale sont peu variables: le plus souvent, il est rouge ou couleur lie de vin. Il constitue spécialement la côte d'Ambierle et les environs de Saint-Bonnet-les-Quarts; mais cette roche pourrait bien, au moins dans certaines parties, appartenir plutôt au grès porphyrique anthraxifère.

Le même terrain, mais avec des caractères porphyriques un peu mieux prononcés, se prolonge vers le nord, jusqu'à Saint-Martin et Montaigut, et même jusqu'à Bert, où le poudingue houiller repose sur lui, en partie formé de ses débris.

5° Extrémité nord-est du département sur les confins du Rhône.

Nous venons de parcourir les hauteurs porphyriques qui bornent à l'ouest la plaine de Roanne. Sur la lisière opposée, du côté est, se dressent d'une manière symétrique les premiers chaînons du Beaujolais. Là encore, le porphyre quartzifère est la roche prédominante; mais il enveloppe, comme dans la Madelaine, des lambeaux de grauwacke et de grès anthraxifère. Ils y sont même plus nombreux, et surtout plus étendus; en outre, le porphyre granitoïde remplace le granite.

J'ai déjà mentionné les principaux lambeaux du terrain de grauwacke, en décrivant la lisière nord du plateau de Neulize. Nous avons vu les schistes et la grauwacke ordinaires à Jarnosse, Coutouvre, Sévelinges, Écoches et Arcinges; les schistes, surmontés de cornes vertes siliceuses, à Saint-Germain-la-Montagne et Basjoli; le poudingue anthraxifère, plus ou moins siliceux, passant au grès vert feldspathique à la Gresle, Basjoli et Belleroche (page 337 et 338). Il nous reste à dire quelques mots des porphyres et grès à anthracite.

Le grès est surtout abondant aux environs de Belleroche. Il est vert, ou vert passant au violet, très-feldspathique et micacé. Les hauteurs, au sud et à l'est du bourg, en sont formées, ainsi que les parties voisines du département du Rhône. Il s'appuie, au nord, sur les schistes de Saint-Germain, et, à l'ouest, sur le porphyre granitoïde de la montée des Quatre-Vents. Entre deux paraît, en ce point, le poudingue anthraxifère.

Grès porphyrique de Belleroche.

D'autres lambeaux de grès porphyrique vert se montrent entre Coutouvre et la Gresle, Villerds et Cuinzié, Jarnosse et Sévelinges. On a même recherché de l'anthracite près du domaine des Fêches, au nord-est de Coutouvre, et plus au nord dans la commune d'Écoches; mais ces entreprises ne pouvaient réussir. Le porphyre quartzifère reparaît à chaque instant, bouleversant et couvrant les terrains plus anciens. C'est à peine si, à Écoches, on a pu signaler des indices de charbon. Je n'ai même pas tenté de figurer tous ces restes du terrain de grès; la carte de Cassini ne me l'eût pas permis.

Le porphyre granitoïde joue dans ce district un rôle très-subordonné. Comme dans la vallée du Rhins, il se présente en masses peu importantes, assez mal définies, que l'on pourrait aisément confondre avec le granite du

Porphyre granitoïde.

Beaujolais, ou même, dans certains cas, avec le porphyre quartzifère et le grès porphyrique couleur lie de vin qui l'enveloppent de toutes parts.

Les lieux où il est le mieux caractérisé sont échelonnés le long de la route de Charlieu à Beaujeu, entre Maizilly et Belleroche. Ainsi, à Fargeot, près de la jonction de l'Aaron et du Botoret, au milieu du porphyre quartzifère, perce un porphyre cristallin granitoïde qui se rapproche beaucoup du granite de Sainte-Foy-l'Argentière. Plus haut, au village de Vollaille, commune de Belmont, nouvelle roche très-dure, à lamelles feldspathiques, plus voisine du granite que du porphyre ordinaire; enfin, au delà des Quatre-Vents, à la descente de la vallée du Botoret, le porphyre granitoïde déjà cité, sur lequel vient s'appuyer le grès anthraxifère des environs de Belleroche.

Le terrain porphyrique des environs de Belmont se présente sous deux formes très-différentes.

Le porphyre quartzifère se présente, comme dans la Madelaine, sous deux formes très-différentes; ou plutôt, l'une de ces formes n'est probablement qu'une variété spéciale du grès à anthracite, tandis que l'autre est le porphyre ordinaire à grands cristaux. La première roche est, en effet, grenue, feldspathique, peu quartzeuse, rude au toucher, rouge clair ou couleur lie de vin, souvent poreuse ou criblée de nodules tendres jaunes. Elle constitue principalement le massif de la Rotecorde et les environs de Belmont, Arcinges et Écoches. On ne la voit jamais passer au porphyre à grands cristaux. Bien plus, ce dernier la coupe franchement dans les bois de la Rotecorde, sous forme de puissants filons. A Écoches, on y a trouvé les indices charbonneux ci-dessus mentionnés; et dans une carrière proche de Belmont, sur le bord de la route de Charlieu, elle renferme des schistes comme le grès analogue, également rose, qui couvre, aux Salles, à Peycellay et à Monteizerand, les couches d'anthracite de la vallée de l'Écorron (p. 359). Enfin, des roches tout à fait semblables alternent à Regny, Combres et la Bruère, avec les grès porphyriques ordinaires.

Porphyre

Le porphyre à grands cristaux est, en général, d'un fort

bel aspect dans cette partie du département. La pâte est presque toujours rouge, compacte et dure; l'orthose blanc ou légèrement rose, très-éclatant et hémitrope; le quartz, gris, plus ou moins enfumé, en cristaux volumineux; le mica, brun et ordinairement assez abondant. La pâte elle-même devient souvent cristalline, et la roche passe alors presque au granite porphyroïde. On pourrait l'exploiter en très-gros blocs, l'utiliser pour monuments et l'employer surtout à l'état poli. On le trouve ainsi à Châteauneuf, la Clayette et Chauffailles, sur la lisière nord du département.

à grands cristaux.

Le porphyre à grands cristaux se distingue aussi du porphyre grenu par les caractères différents qu'il imprime à la configuration du sol. La roideur des pentes, la maigreur des terres, la fréquence des crêtes, les roches nues, les arêtes vives appartiennent au premier; les pentes plus douces, les ondulations plus molles, les terres plus fertiles, au second.

Le porphyre à grands cristaux constitue les principales cimes des côtes de Belleroche, la Rotecorde, Séve-linges, Thizy et Saint-Victor. Les premières buttes apparaissent à Villechenève et Violay, au milieu du granite et du terrain de gneiss; plus au nord, elles percent les schistes carbonifères entre Violay et Joux; puis au delà, le grès à anthracite à Pin-Bouchain, Amplepuis, Saint-Victor. Ce sont en général de grands filons dirigés sur N. quelques degrés O. A Amplepuis, il coupe le grès porphyrique vert et rose, à fragments de schistes. A Saint-Victor, dans la tranchée de la route, on voit le porphyre soudé au grès, comme dans le chemin de halage de Saint-Maurice-sur-Loire.

Entre Amplepuis et Regny, il forme de nombreuses buttes, plus ou moins coniques: ainsi la hauteur au-dessus de Saron, près de Monteizerand (577 mètres)[1], et celles de Foëve et de Recorbey, plus à l'ouest. Cette dernière a la forme d'un croissant allongé du sud au nord; il se compose de quatre cônes à pente roide, dont les deux plus élevés ont

[1] Voyez planche 4.

588 et 599 mètres (le signal de Rozières). Le porphyre est au milieu du grès, et contient en ce point beaucoup de nodules d'hydrosilicate d'alumine. Les quatre cônes sont d'ailleurs sur le prolongement du Crêt de Ruire, dont j'ai déjà parlé lors de la description du bassin de Lay (p. 356).

A Thizy, les filons porphyriques atteignent de nouveau le calcaire carbonifère. Nous avons vu, par un exemple pris sur ce point, combien est faible l'influence du porphyre sur le terrain encaissant.

A la Gresle, à Montagny, sur les bords du Trambouzan, partout, en un mot, les filons se multiplient à mesure que nous avançons vers le nord. Entre Sévelinges et Jarnosse, on les voit surgir à chaque pas. A Belmont et dans le bois de Rotecorde, les cimes les plus hautes (789 et 792 mètres) sont encore porphyriques. Enfin, au nord du Botoret, dans le département de Saône-et-Loire, à Châteauneuf et la Clayette, le porphyre à grands cristaux règne à peu près seul.

6° Terrains de transition et porphyriques, plus ou moins analogues dans les contrées voisines[1].

Après avoir passé en revue les principaux lambeaux de nos terrains de transition, disons quelques mots des terrains analogues dans les contrées voisines.

On sait déjà que les porphyres, la grauwacke et le grès anthraxifère passent sans changer d'aspect du département de la Loire dans celui du Rhône. Ils se prolongent de même, dans la direction du nord, de part et d'autre de la Loire.

Terrain carbonifère des environs de Vichy. Sur la rive gauche, les porphyres, les grès porphyriques et schistes carbonifères pénètrent, dans le département de l'Allier, par l'extrémité nord du chaînon de la Madelaine. On les rencontre près de Bert, Cusset et Vichy. Ils y ont été signalés par MM. Boulanger et R. Murchison[2].

[1] Si, dans ce paragraphe, je ne cite pas le récent travail de M. Fournet sur l'extension des terrains houillers, c'est qu'il a été écrit avant la publication de cet important mémoire.
[2] *Bulletin de la société géologique*, 2ᵉ série, t. VII, p. 774; *Statistique géologique et minéralogique de l'Allier*.

Plus au nord, ils se perdent sous les dépôts tertiaires de la plaine de Moulins, et ne reparaissent dans cette direction que sur les lisières sud et ouest de la Bretagne et de la Normandie. A Sablé (Mayenne), on exploite des anthracites entre les assises même du calcaire carbonifère. Aux environs d'Angers, les houilles de la basse Loire succèdent directement au terrain dévonien, et appartiennent de même à l'étage inférieur du système carbonifère [1]. Mais ces terrains ressemblent peu aux dépôts contemporains du département de la Loire. Les calcaires de Regny et Sablé seuls sont identiques; ce sont les mêmes fossiles et le même faciès; de plus, nos calcaires ont été affectés par le système des ballons, comme le terrain carbonifère des bords de la basse Loire. Mais à cela se bornent les rapprochements. Dans l'ouest de la France, on ne trouve ni le grès porphyrique, ni le porphyre granitoïde. Cependant les eurites compactes ou quartzifères de la Bretagne semblent, par leur âge et leur direction, se rapprocher davantage du porphyre granitoïde que de nos porphyres quartzifères. Ces eurites ont, en effet, comme nos porphyres granitoïdes, l'âge et la direction du système des ballons [2]. La pierre carrée de Maine-et-Loire ressemble minéralogiquement à nos schistes porcelanites du grès anthraxifère, et même les deux roches paraissent s'être formées dans des conditions à peu près identiques; mais nos grès anthraxifères sont postérieurs au système des ballons, tandis que la pierre carrée et la houille de la basse Loire appartiennent à l'étage proprement dit du calcaire carbonifère.

Le long de la lisière nord et ouest du plateau central, et sur le bord du bocage vendéen, le terrain carbonifère n'apparaît nulle part. Du moins les schistes paléozoïques (ou azoïques), plus ou moins carburés, d'Aigurande (Indre), de Gouzon, Évaux et le Chambon (Creuse), de Pont-au-Mur (Puy-de-Dôme) paraissent plus anciens, et

Terrain carbonifère de l'ouest de la France.

Schistes paléozoïques et azoïques de la lisière nord du plateau central.

[1] *Bulletin de la société géologique*, 2ᵉ série, t. IV, p. 916.
[2] *Explication de la carte géologique*, t. Iᵉʳ, p. 199.

appartiennent plutôt aux systèmes dévonien et silurien. Jusqu'à ce jour, on n'y a rencontré aucun fossile.

Dans le département de Saône-et-Loire, les terrains de transition se présentent, par contre, avec des caractères tout à fait semblables. L'étage des grauwackes et des calcaires reparaît sur les deux versants des granites du Morvan : à l'ouest, autour de Bourbon-Lancy; à l'est, sous forme de lisière peu large, entre le granite et les grès bigarrés et houillers de Montcenis et Gueugnon. Comme dans le département de la Loire, la roche dominante est le schiste argileux verdâtre, tantôt tendre, tantôt dur. Le plus souvent, les variétés dures *(trapps)* passent, selon M. Manès, aux conglomérats porphyriques à veinules d'anthracite; ou bien à des eurites grisâtres et verdâtres qui représentent, à n'en pas douter, nos porphyres granitoïdes, ou plutôt, les grès et tufs porphyriques formés à leurs dépens. Enfin, les schistes alternent aussi, comme dans le Forez et le Beaujolais, avec des poudingues, des grès et des calcaires à crinoïdes[1].

Au centre même du Morvan, entre Château-Chinon, Autun, Luzy et Saulieu, la roche dominante, celle qui forme les cimes les plus hautes, est de même l'analogue exact de notre grès à anthracite[2]. Ce sont des roches feldspathiques très-micacées, pauvres en quartz, d'une nuance grise ou verte plus ou moins foncée, que l'on a le plus souvent désignées, comme nos grès porphyriques du plateau de Neulize, sous les noms de trapp, d'eurite, de diorite, etc., et que M. de Charmasse appelle *porphyres noirs*, tout en reconnaissant qu'ils ne se présentent jamais sous forme de filons et qu'ils passent même à des schistes plus ou moins siliceux, ou aux poudingues à galets de grauwacke et de quartz. Ainsi, comme nos roches de la Loire, ce sont bien

[1] *Description du bassin houiller de Saône-et-Loire*, par M. Manès, p. 21.

[2] Notice de M. de Charmasse. *Bulletin de la société géologique*, 2ᵉ série, t. II, p. 750.

plutôt des grès ou tufs que des masses d'origine éruptive. Mais en même temps, puisqu'ils se composent surtout d'éléments porphyriques, on doit aussi retrouver dans le Morvan, comme dans le Forez, des îlots ou masses d'un porphyre plus ancien, le vrai représentant de notre porphyre granitoïde, à moins toutefois que ce porphyre ancien soit entièrement enseveli sous ses propres débris, ainsi que cela se voit au plateau de Neulize. Ajoutons encore que dans le Morvan, comme dans le Forez, les roches dont nous venons de parler sont fréquemment coupées par des filons de porphyre rouge quartzifère ordinaire, antérieurs au terrain houiller proprement dit.

On retrouve enfin les mêmes terrains, avec des caractères tout à fait identiques, à l'extrémité sud de la chaîne des Vosges, dans la région des ballons, et au delà vers le nord jusqu'à Schirmeck. On y rencontre toutes les parties, depuis la grauwacke et les schistes carbonifères jusqu'au porphyre quartzifère et au terrain houiller proprement dit.

Terrains analogues des Vosges.

M. É. de Beaumont, après avoir mentionné les principaux lambeaux de grauwacke, de schistes et de calcaire, termine ainsi sa description du terrain des Vosges[1] :

« Ces schistes rappellent également ceux qu'on observe « dans les montagnes entre la Saône et la Loire, et dans la « partie méridionale du Morvan, entre Autun et Decize, et « qui contiennent de même des amas stratifiés de calcaire « avec encrines et quelques autres fossiles en petit nombre. « Tous ces terrains schisteux font probablement partie d'un « même système, que les roches éruptives ont disloqué. »

Il est vrai qu'à cette époque on considérait la grauwacke et les schistes des Vosges comme dévoniens. Mais M. É. de Beaumont a depuis lors lui-même reconnu, d'après les travaux paléontologiques de MM. de Verneuil et Jourdan, que ces terrains schisteux font réellement partie, comme ceux du Forez, du système carbonifère[2].

[1] Explication de la carte géologique, t. Ier, p. 326.
[2] Notice sur les systèmes de montagnes, 1852, t. Ier, p. 225.

27.

A la suite du terrain de grauwacke, M. É. de Beaumont décrit longuement, sous le nom de *porphyre brun*, une roche dure pétrosiliceuse, grise, verte ou brune [1]. Et dès l'entrée de sa description, ce savant ajoute : « Je ne serais pas étonné « qu'un examen attentif conduisît à identifier les porphyres « bruns avec les porphyres granitoïdes du Forez décrits « par M. Gruner. » Mais, en parcourant la description même, il est aisé de voir que ces porphyres bruns correspondent bien plutôt au porphyre noir du Morvan, à notre grès ou tuf porphyrique anthraxifère du Forez. M. É. de Beaumont lui-même en désigne certaines parties sous les noms de tufs et de conglomérats porphyriques; et M. Daubrée, après avoir examiné ma collection géologique, a déclaré ne pouvoir distinguer mes grès porphyriques des porphyres bruns des Vosges. Mais pour que le lecteur lui-même puisse juger de l'identité complète des deux roches, je vais reproduire ici textuellement le résumé de la description de M. É. de Beaumont [2] : « Les nombreux détails « locaux dans lesquels je n'ai pas cru devoir craindre « d'entrer, sur ce terrain encore mal connu, indiquent « qu'il a pour base un porphyre à pâte pétrosiliceuse, « dont la couleur, naturellement d'un gris bleuâtre, passe « souvent au brun, probablement par l'effet d'un change-« ment moléculaire qui est déjà un commencement de « décomposition. Cette roche renferme de petits cristaux « feldspathiques blancs, et quelquefois d'un brun rougeâtre, « à contours souvent incertains, qui ont très-fréquemment « les caractères de l'albite. Très-fréquemment aussi, on y « distingue quelques grains amorphes de quartz qui, dans « quelques cas assez rares, sont même très-abondants. Plu-« sieurs fois on y remarque du mica en petites tables hexa-« gonales nettement terminées, et plus rarement, des grains « d'amphibole mal terminés.

« Quand les cristaux d'albite disparaissent, cette roche

[1] *Explication de la carte géologique*, t. Ier, p. 349 à 365.
[2] *Explication de la carte géologique*, t. Ier, p. 363.

« devient un véritable pétrosilex. Quelquefois le porphyre
« et le pétrosilex contiennent de petits noyaux calcaires et
« forment des amygdaloïdes.

« Souvent le porphyre et le pétrosilex offrent des taches
« anguleuses. Ces taches ne sont autre chose que des frag-
« ments d'une nature presque identique avec celle de la
« pâte, mais d'une nuance de couleur ou de texture dif-
« férente; ces fragments sont enveloppés et presque fondus
« dans la pâte.

« Ces porphyres et pétrosilex fragmentaires forment
« des masses considérables et jouent un rôle important
« dans la formation. Ils composent, comme les porphyres
« et les pétrosilex eux-mêmes, des amas assez informes.
« Quelquefois les fragments sont arrondis; il y en a de
« toute grosseur. Il y a aussi toutes sortes de nuances dans
« le degré de liaison qu'ils présentent entre eux et avec la
« pâte qui les enveloppe : de là, il résulte que ces roches
« passent, d'un côté, au porphyre et au pétrosilex purs et
« simples, et, de l'autre, à de simples conglomérats, tantôt
« grossiers, tantôt à grains plus ou moins fins. Quand le
« grain est fin, ils ressemblent au grès houiller. Quand il
« est très-fin, ils passent à une argilolithe qui, lorsqu'elle
« prend de la dureté, devient un véritable pétrosilex très-
« analogue à la pierre carrée des bords de la Loire-Infé-
« rieure. Dans les conglomérats, les grauwackes, les argi-
« lolithes et les pétrosilex, auxquelles celles-ci passent, on
« rencontre des débris végétaux et des gîtes d'anthracite. »

Cette description si nette pourrait s'appliquer mot pour
mot à nos grès. Les deux roches sont donc identiques et
doivent avoir été formées de la même manière. Il est également évident que les tufs et conglomérats porphyriques
supposent nécessairement dans les Vosges, comme dans le
Morvan, la *préexistence* ou *coexistence* d'un véritable porphyre albitique peu différent de notre porphyre granitoïde
du Forez. Or, ce porphyre, je crois pouvoir le retrouver,
non dans l'une des variétés du porphyre brun de M. Élie

de Beaumont, mais bien plutôt dans la roche du Champ-
du-Feu, que cet illustre géologue décrit comme granite
albitique à grains fins.

Ce granite, en effet, comme notre porphyre granitoïde,
contient deux feldspaths différents, dont l'un est opaque,
l'autre transparent, et du mica noir verdâtre en petites
tables hexagonales. Comme lui aussi, il est postérieur aux
schistes du calcaire carbonifère qu'il modifie, et au milieu
desquels il pousse des filons. La même roche paraît d'ailleurs exister également, dans la partie méridionale des Vosges, en filons dans le granit ordinaire; mais ses principales
masses sont sans doute ensevelies sous ses propres débris,
comme au plateau de Neulize, dans le Forez.[1]

Ajoutons, pour clore notre digression sur les Vosges,
que le terrain houiller de Ronchamps repose à stratification
discordante sur le porphyre brun, comme le terrain houiller de Saône-et-Loire sur le grès anthraxifère, et que là
aussi les porphyres quartzifères ont paru avant le dépôt du
terrain houiller.

Au delà des lieux que nous venons de citer, le système
carbonifère se montre encore, on le sait, en une foule de
points, mais non pas, que je sache, avec les caractères
spéciaux qu'il présente dans le Forez, les Vosges et le Morvan, au moins pour ce qui concerne son étage moyen.

Terrains ana-
logues
sur les bords
du Rhin,
en Angleterre
et
en Belgique.

Le calcaire carbonifère et le terrain houiller proprement
dit se rencontrent, en effet, avec leurs caractères habituels,
en Belgique, dans les provinces Rhénanes, en Angleterre,
etc. Mais dans ces contrées on ne retrouve, entre ces deux
étages, ni le porphyre granitoïde de la Loire, ni les grès
ou tufs porphyriques à veines d'anthracite. A ce niveau
vient se placer un système de grès plus ou moins grossiers,
appelé *millstone-grit* (grès meulier) en Angleterre. Ce dépôt
est ordinairement associé, d'une manière très-intime, tantôt
au grès houiller supérieur, tantôt au calcaire carbonifère,

---

[1] *Explication*, t. 1ᵉʳ, p. 338. Le porphyre granitoïde se retrouve aussi
dans le vallon de Lalaye et dans le val de Liepvre.

et renferme, ou un certain nombre de couches de houille, ou une série plus ou moins considérable de bancs calcaires (Derbyshire).

M. É. de Beaumont a, de plus, constaté que, dans certaines parties de l'Angleterre, des mouvements du sol ont dû se manifester entre les dépôts successifs des trois étages, et qu'ils se présentent alors avec tous les caractères propres d'un pareil nombre de formations indépendantes.

Le *système des ballons* aurait soulevé le calcaire carbonifère sans affecter le millstone-grit, et celui-ci aurait été redressé par le *système du Forez* avant le dépôt du terrain houiller proprement dit (coal measures) [1]. Dans tous les cas, et c'est là un point fort important pour la classification définitive de nos terrains du Forez, il demeure aujourd'hui bien établi qu'en Angleterre, comme dans nos contrées, le système carbonifère se compose de trois formations indépendantes, dont les deux extrêmes ont des caractères nettement tranchés généralement assez constants, tandis que la formation moyenne change de nature d'un pays à un autre, tout en conservant sa position fixe dans l'échelle des terrains.

Qu'il me soit maintenant permis d'ajouter encore quelques mots sur certains porphyres des contrées voisines.

Nous avons déjà retrouvé le porphyre granitoïde dans le Morvan et les Vosges; je l'ai rencontré également dans le district métallifère de l'Aveyron, entre Villefranche et Najac. Il coupe le gneiss et le granite ordinaire de la contrée. Plusieurs filons métallifères sont précisément enchâssés entre le porphyre et le gneiss. Ce porphyre, comme celui de Boën, contient très-peu de grains de quartz, et se compose essentiellement de lamelles albitiques blanches et de paillettes micacées brunes ou noires. C'est la roche que M. Boisse, dans son récent mémoire sur l'Aveyron, appelle porphyre feldspathique [2].

Porphyres granitoïdes dans l'Aveyron.

[1] *Notice sur les soulèvements*, t. Ier, p. 264 à 277.
[2] *Annales des mines*, 5° série, t. II, p. 467.

La même roche doit se trouver aussi ailleurs, mais le plus souvent on l'aura confondue avec le granite ordinaire. On est, je crois, en général, trop disposé à voir des passages du porphyre au granite, et au nombre de ces roches de passage viennent précisément se placer nos porphyres granitoïdes. Mais je suis persuadé qu'une étude très-attentive prouverait le plus souvent que ces roches sont d'âge très-différent, et que les passages sont plutôt des exceptions. Dans tous les cas, il importe de le répéter, nos trois roches éruptives anciennes du Forez, le granite, le porphyre granitoïde et le porphyre quartzifère, se distinguent positivement à la fois par leur âge, leur manière d'être et leur composition. On ne saurait citer un seul point, dans le département de la Loire, où le passage soit manifeste.

Il y a des porphyres quartzifères d'âges différents.

Les porphyres quartzifères sont beaucoup plus répandus que les porphyres granitoïdes, et se présentent en général sous forme de filons ou de dykes nettement dessinés. Mais en même temps on désigne sous ce nom des roches souvent très-diverses. Ces porphyres ont surgi à des époques variées, mais à chaque époque correspond, en général, un autre type; et l'analyse minéralogique et chimique pourrait bien assigner à chaque âge un porphyre différent.

1° Porphyres quartzifères à grands cristaux d'orthose, antérieurs au terrain houiller.

Dans le Forez, sauf les variétés de couleur et de grosseur de grains, nous n'avons qu'une seule espèce de porphyre quartzifère; c'est le porphyre à cristaux d'orthose et de quartz bipyramidé. Il est antérieur à la formation houillère proprement dite, mais traverse le grès à anthracite. Son âge est donc bien défini.

Le même porphyre pénètre à l'est dans le département du Rhône, au nord dans l'Allier, Saône-et-Loire et le Morvan. Là aussi, le porphyre quartzifère est compris entre le terrain houiller et le grès anthraxifère (porphyre noir de M. de Charmasse[1]). Mais il paraîtrait, d'après M. Dufrénoy, qu'un autre porphyre, le porphyre *euritique*, serait

---

[1] *Bulletin de la société géologique*, 2ᵉ série, t. II, p. 750.

postérieur au terrain houiller des environs d'Autun. Pourtant le fait a été récemment contesté par M. de Charmasse [1].

Dans tous les cas, on rencontre ailleurs des porphyres quartzifères de date plus récente. Ainsi, dans les Vosges, où l'on connaît bien le porphyre quartzifère ordinaire, à grands cristaux de feldspath, de l'âge de ceux du Forez, il en existe en même temps un autre qui passe au grès rouge [2]. Il diffère du précédent en ce qu'il ressemble plutôt à une sorte d'eurite quartzifère, où les cristaux feldspathiques sont assez rares. La même roche perce, vers la même époque, les terrains houillers de la Sarre, de la Saale et de la basse Silésie. Je l'ai retrouvé aussi, dans le département de la Creuse, au sud de Bourganeuf. Une série de filons et de buttes, formés d'eurite jaunâtre et terreuse, à grains de quartz, y soulèvent le terrain houiller. Ils sont généralement alignés du sud au nord [3].

2° Eurites quartzifères postérieurs au terrain houiller.

Ailleurs encore, comme dans les montagnes de l'Esterel (Var), une troisième variété semble contemporaine du grès bigarré [4]. En un mot, on a désigné sous le nom de porphyre un ensemble de roches analogues, à pâte feldspathique et à grains de quartz. Mais l'analyse chimique indiquerait probablement un certain rapport entre les porphyres du même âge, et des différences marquées entre ceux dont l'âge n'est point le même.

3° Porphyre quartzifère contemporain du grès bigarré.

Revenons maintenant à la question du véritable âge de nos roches de transition.

7° Age des terrains paléozoïques du département de la Loire et soulèvements qui leur correspondent.

Nos terrains se succèdent de haut en bas, comme on sait, dans l'ordre suivant :

[1] *Explication de la carte géologique*, t. Ier, p. 155 ; *Bulletin de la société géologique*, 2ᵉ série, . II, p. 747.

[2] *Explication de la carte géologique*, t. Ier, p. 338 et 388.

[3] *Essai sur la classification des filons*, Annales de la Société des sciences naturelles de Lyon, année 1855, par M. Gruner.

[4] *Explication de la carte géologique*, t. Ier, p. 480.

Terrain houiller proprement dit;

Porphyre quartzifère;

Grès à anthracite;

Porphyre granitoïde;

Terrain de grauwacke avec calcaire à encrines.

Le plus ancien, *le terrain de grauwacke*, repose à stratification tout à fait discordante sur les schistes du terrain de gneiss. Il renferme, d'après MM. de Verneuil et Jourdan, les fossiles les plus caractéristiques du calcaire carbonifère, et, dans les parties les plus régulières, sa direction s'accorde avec celle du système des ballons, qui a précisément soulevé ailleurs le calcaire carbonifère avant le dépôt de la formation du *millstone-grit*. Sa position géologique ne saurait donc être douteuse. Ce que j'ai appelé *grauwacke* représente donc bien le calcaire carbonifère, et s'il y avait doute, il ne pourrait exister que pour le groupe inférieur quartzo-schisteux, qui, par des motifs déjà exposés, appartient peut-être au système dévonien. Nous avons vu le même terrain, et avec des caractères semblables, remonter au jour dans les montagnes du Morvan et des Vosges.

Le *porphyre granitoïde* surgit à l'époque même où M. É. de Beaumont place son système des ballons. Et, d'après les détails précédemment donnés, ces fentes d'éruption seraient en effet alignées parallèlement au système en question. Le même porphyre, bouleversant aussi le calcaire carbonifère, se rencontre dans les Vosges et le Morvan.

Le *grès à anthracite*, ou grès porphyrique du Roannais, est séparé du calcaire carbonifère par les éruptions du porphyre précédent, et s'en distingue par sa direction propre, très-différente de celle du terrain de grauwacke. Un poudingue grossier est d'ailleurs à sa base. Ce dépôt constitue donc bien une formation à part, et non pas seulement l'étage supérieur du calcaire carbonifère, avec lequel il n'a rien de commun, ni au point de vue de la nature des roches, ni sous les rapports paléontologique et stratigraphique.

D'autre part, ce grès est encore mieux séparé du véritable terrain houiller. Dans le Forez, le Morvan et les Vosges, le grès à anthracite est à peine recouvert sur ses bords par le terrain houiller. Le porphyre quartzifère sillonne le premier et non le second; de plus, les roches sont tout à fait différentes. Or, nous venons de le rappeler, entre le calcaire carbonifère et le terrain houiller proprement dit, on ne connaît jusqu'à ce jour qu'une seule formation, celle que les Anglais appellent *millstone-grit* (grès meulier). Ainsi notre grès anthraxifère représente bien le dépôt en question; et les terrains du Forez prouvent, en outre, ce qui pouvait ailleurs paraître encore douteux, qu'une formation spéciale à caractères bien tranchés sépare réellement le calcaire carbonifère du terrain houiller proprement dit.

Le *porphyre quartzifère* succède au grès à anthracite et isole ce dernier du terrain houiller. Il correspond au soulèvement que M. É. de Beaumont propose d'appeler système du Forez. Mais outre ce système, dont la direction est N. 15° O., on observe vers la même époque un autre soulèvement auquel est plus spécialement due la direction générale E. 25° N. du grès anthraxifère. Ce soulèvement a-t-il précédé ou suivi l'apparition des porphyres quartzifères? Nous pensons, par divers motifs que nous allons énumérer, qu'il correspond précisément à la période qui sépare les deux classes de porphyres.

Ages et caractères du soulèvement E. 25° N. Il se manifeste par des oscillations plus ou moins graduelles pendant toute la durée du dépôt de nos anthracites et du terrain houiller proprement dit.

Si l'on a suivi avec quelque attention notre description du plateau de Neulize, on a dû être frappé du retrait successif des zones parallèles dont se compose le terrain anthraxifère. On voit se succéder, du mur au toit, la zone des poudingues, celle des grès inférieurs, la ligne des affleurements, enfin les grès ou conglomérats supérieurs, et chacune de ces zones couvre un espace notablement moins large que celle qui la précède immédiatement. Ce mode de succession indique, par suite, un relèvement lent et progressif des bords du bassin pendant toute la durée de notre période anthraxifère, ou bien un abaissement graduel de la partie centrale. Or, ce mouvement a précisément engendré la direction générale E. 25° N., puisque les zones concentriques dont nous venons de parler sont ainsi orientées. C'est aussi à la même cause qu'il faut attribuer la faille E. 25° N. de la vallée du Rhins, et au delà, sur son prolongement, l'apparition de la zone carbonifère entre Cordelles et Grézolles.

Mais nous savons déjà que le porphyre quartzifère coupe la faille du Rhins sans éprouver la moindre déviation. Ainsi l'éruption de ce porphyre est postérieure au système E. 25° N.; par suite, la première oscillation due à ce système correspond en réalité à la période qui sépare les deux classes de porphyre.

D'autre part, cependant, le même système, ou tout au moins un mouvement semblable et sensiblement parallèle, s'est encore propagé pendant toute la durée de la période houillère, c'est-à-dire après l'apparition des porphyres quartzifères. J'ai, en effet, montré déjà, dans une autre occasion [1], que le sol du bassin houiller de Saint-Étienne s'est lentement abaissé pendant la période même de sa formation, et cela à très-peu près suivant la direction identique E. 25° N. Pourtant, ce dernier mouvement a commencé par un grand éboulement du sous-sol ancien; ce qui dénote une modification brusque de l'ordre de choses existant. De plus, si le système E. 25° N. s'est encore fait sentir après la sortie des porphyres, ses effets sont néanmoins différents. Dans la région des porphyres quartzifères, le soulèvement lent semble avoir cessé d'agir lors de l'apparition de ces roches, ou, du moins, par le fait même de la sortie des porphyres, le grès anthraxifère du plateau de Neulize s'est trouvé émergé, et le soulèvement E. 25° N. n'y laisse plus aucune trace. Par contre, à ce moment même, l'affaissement commence entre Saint-Étienne et Rive-de-Gier, où le porphyre quartzifère est à peine représenté par de rares filons très-peu puissants.

Enfin, remarquons que d'autres bassins houillers voisins ont une direction à peu près identique; qu'ils durent se

---

[1] *Texte de la carte du bassin houiller de la Loire*, 1847, p. 6.

produire d'une façon analogue et sous l'influence de causes semblables. Nous pouvons citer ceux de Saône-et-Loire et de Sainte-Foy-l'Argentière (Rhône).

Ainsi donc, une série d'oscillations graduées, parallèlement à l'axe E. 25° N., ont produit tour à tour dans nos contrées des affaissements et des soulèvements; et cela, pendant toute la deuxième partie de la période carbonifère, c'est-à-dire depuis l'origine du grès anthraxifère jusqu'à la fin de la formation houillère.

En résumé, nous pouvons représenter le système carbonifère du département de la Loire de la manière suivante :

Résumé concernant l'âge et la direction des formations.

Dépôt du terrain houiller proprement dit.

Première éruption du porphyre quartzifère, contemporaine du *système du Forez*, N. 15° O.

Dépôt du grès à anthracite ou *millstone-grit.*

> A l'origine de cette triple période se manifestent les premières oscillations du système E. 25° N., et ces mouvements (soulèvements et affaissements) se continuent, tantôt lents, tantôt plus ou moins saccadés, pendant toute la durée de cette période.

Première éruption du porphyre granitoïde, contemporaine du *système des Ballons*, E. 15° S.

Dépôt de la grauwacke ou *calcaire carbonifère.*

Terminons la description de nos terrains de transition par quelques mots sur leur mode de formation, en résumant simplement ce que nous avons déjà dit, à diverses occasions, sur ce sujet dans le cours du chapitre même.

8° Mode de formation de nos terrains paléozoïques.

Le plus ancien des quatre terrains, la grauwacke, est un produit neptunien; les porphyres sont d'origine éruptive; le grès anthraxifère, un produit mixte où le feu et l'eau ont agi de concert.

Les porphyres sont des roches d'épanchement à la manière du granite; ils n'ont pas agi sur les terrains encaissants comme les laves ou les trachytes. Dans leur voisinage, les roches sédimentaires ne sont ni fondues ni scorifiées. Leur plasticité primitive et leur état cristallin semblent être dus moins à une température très-élevée qu'à l'influence spéciale d'agents énergiques, plus ou moins volatils, dont le départ a dû s'opérer lentement. Sous ce rapport, cependant, il y a une différence très-grande entre les deux classes de porphyres. Les schistes carbonifères sont toujours plus ou moins altérés dans le voisinage du porphyre granitoïde. Ils sont satinés et gaufrés, parfois durcis ou amphibolisés, ailleurs criblés de mâcles en germe, tandis que le porphyre quartzifère n'a jamais produit aucun effet pareil. Le cas de soudure intime est même assez rare : nous avons cité plusieurs exemples où les filons porphyriques sont bordés de fragments de roches plus ou moins broyés, nullement recimentés par le porphyre quartzifère voisin.

La silicification des roches encaissantes se manifeste çà et là dans le voisinage des porphyres; mais c'est l'exception plutôt que la règle, et cette circonstance seule établirait déjà, si le mode de gisement ne le prouvait de reste, que la silice est moins un produit *direct* émané des porphyres, qu'un dépôt de sources que les éruptions porphyriques auront fait naître.

Quant à la feldspathisation, je n'ai pu en découvrir la moindre trace. Nos roches feldspathiques du terrain anthraxifère sont de véritables tufs, composés de débris porphyriques, et non de simples dépôts argileux feldspathisés après coup.

D'après cela, on voit que, depuis le granite jusqu'au porphyre quartzifère, la puissance *métamorphosante* décroît rapidement. Déjà faible dans le porphyre granitoïde, elle est à peu près nulle dans le porphyre quartzifère, malgré sa cristallinité encore très-grande.

Le terrain de grauwacke est un dépôt sédimentaire passant graduellement au grès à anthracite. On y distingue sans peine le double élément chimique et mécanique. Les schistes et grès ordinaires sont le produit d'une simple sédimentation. Les grès quartzites lustrés, formés de débris analogues, sont de plus cimentés par un suc essentiellement siliceux, lequel a aussi produit le quartz lydien en veines, durant les périodes de complète tranquillité. Quant aux bancs calcaires, presque toujours disposés en forme de larges lentilles, ils semblent être principalement un dépôt chimique et corallien.

Au contact des porphyres granitoïdes, les schistes et grès sont, comme nous venons de le dire, légèrement modifiés, c'est-à-dire gaufrés, satinés et amphibolisés; et, cela à tous les niveaux du terrain carbonifère.

Ailleurs, les schistes sont silicifiés et fortement durcis; mais on les rencontre exclusivement dans la partie haute du terrain, là où ce dernier passe au poudingue à anthracite, et non spécialement au contact du porphyre qui surgit à ce moment (Néronde et Regny).

Enfin, sur d'autres points, à Urfé, la Gresle, Juré, etc., les mêmes schistes supérieurs deviennent non-seulement siliceux et durs, mais encore graduellement plus massifs, plus compactes, plus tenaces, puis finalement grenus, feldspathiques et micacés. Ce sont alors les grès ou tufs porphyriques du terrain anthraxifère. Et ces passages, comme nous l'avons dit, ne s'opèrent *pas horizontalement* dans une même assise, à l'approche d'un culot porphyrique, mais de *bas en haut*, en partant des dernières assises du calcaire carbonifère. En un mot, il n'y a là aucun des caractères d'un véritable métamorphisme, mais un simple passage d'une formation à l'autre, sous l'influence de circonstances qui se modifient plus ou moins graduellement. A mesure que les éruptions porphyriques se multiplient, les eaux sont moins calmes, les éléments déposés plus volumineux, les débris porphyriques plus abondants, les sources thermales siliceuses plus fréquentes. Les schistes sont d'abord durcis, puis recouverts par des poudingues et des grès porphyriques, dans lesquels on distingue clairement, à Regny surtout, des fragments de porphyre granitoïde.

S'il y avait eu *feldspathisation* ou imbibition, comme le suppose M. Virlet, ce phénomène serait surtout manifeste dans la vallée de Saint-Thurin, où de nombreuses masses carbonifères sont complétement englobées par le porphyre granitoïde; or, les schistes sont bien un peu satinés, gaufrés et même amphibolisés, mais nullement criblés de particules feldspathiques. On ne comprend pas davantage pourquoi, dans les poudingues anthraxifères de la Gresle, de Lay, de Regny, de Monteizerand, etc., les galets schisteux et calcaires ne sont jamais altérés, tandis que le ciment seul et d'autres galets (les débris porphyriques) sont criblés de feldspath.

Comment supposer encore qu'une formation aussi puissante et aussi étendue que le grès anthraxifère du plateau de Neulize ait reçu par imprégnation postérieure son élément principal, et cela, sans que les schistes et grès sous-jacents du terrain carbonifère aient éprouvé la moindre altération?

Revenons plutôt aux faits, et ne perdons pas de vue la concordance remarquable de l'apparition des porphyres et de celle des premiers poudingues du terrain anthraxifère. L'un des faits est une conséquence de l'autre : le porphyre, s'élevant du sein de la mer, devait immédiatement former des tufs, en abandonnant à l'action des eaux des débris et galets plus ou moins nombreux. C'est le phénomène des tufs trachytiques des environs de Naples et du Mont-Dore [1], celui des tufs basaltiques du Vicentin. C'est aussi le mode de formation que M. É. de Beaumont semble admettre pour les porphyres bruns des Vosges et les conglomérats du grès bigarré dans le département du Var [2].

Faut-il en conclure que ce terrain n'a éprouvé, lors de sa formation, aucune action ignée? Je ne le peuse pas : les tufs, en se déposant sur les récentes coulées porphyriques, ont dû être exposés à l'action calorifique de ces coulées mêmes et aux émanations gazeuses, boueuses et liquides des bouches volcaniques souterraines. De là : les combustibles transformés en anthracite, les schistes feldspathiques en porcelanites, les grès en colonnades prismatiques; enfin, la majeure partie du dépôt anthraxifère criblé de paillettes micacées, régulièrement hexagonales.

[1] *Annales des mines*, 3ᵉ série, t. XI, p. 430.
[2] *Explication de la carte géologique*, t. Iᵉʳ, p. 364 et 482.

CHAPITRE IV.

ROCHES ET MINÉRAUX DIVERS,
EN COUCHES, FILONS OU MASSES SUBORDONNÉES,
DANS LES TERRAINS DE TRANSITION.

Les roches et minéraux subordonnés de nos terrains de transition sont moins variés, mais d'un emploi plus fréquent dans les arts que les substances accessoires des terrains anciens.

Les trois roches principales sont le *calcaire* dans le terrain de grauwacke, l'*anthracite* dans le grès porphyrique, et la *galène*, avec ses congénères, indifféremment dans chacun des membres du groupe de transition.

En proportion moindre, on trouve le quartz, la baryte sulfatée, le spath-fluor, du minerai de fer, des pyrites arsénicales, ferrugineuses et cuivreuses, de la blende et de l'antimoine sulfuré; et, parmi les silicates et roches silicatées, du kaolin, de l'amphibole, de la pinite, des mâcles en germe, des filons de diorite et de minette, et deux roches plus ou moins modifiées que je désignerai, au moins provisoirement, sous les noms de *wacke* et d'*amygdaloïde* à noyau calcaire.

Passons en revue ces diverses substances, et suivons l'ordre adopté dans le chapitre II, en nous arrêtant surtout aux matières employées dans les arts.

Quartz.

Le quartz se rencontre en filons, veinules, amas et lits subordonnés, jamais sous forme de lentilles ou de nœuds, comme dans le micaschiste.

La variété la plus ancienne est le *quartz lydien*, réguliè-   Quartz lydien.

28

rement stratifié en lits subordonnés au milieu de la grauwacke. Il se rencontre au plateau des Essarts, près de
Saint-Just-en-Chevalet, où déjà nous l'avons mentionné. Il
faut donc que, dès cette époque, des sources siliceuses se
soient échappées du sein de la terre, déposant tour à tour
le quartz lydien et le ciment des grès quartzites lustrés.

Émanations sili-
ceuses
provoquées
par
l'arrivée au jour
des
porphyres gra-
nitoïdes.

Plus tard, lors de l'arrivée au jour des porphyres granitoïdes, les émanations siliceuses se sont développées avec
plus de force. C'est du moins ce qui ressort, comme on
l'a vu, de la position des schistes siliceux et des poudingues à ciment quartzeux de Regny, Néronde et Urfé, à la
limite commune de la grauwacke et du terrain anthraxifère (pages 292 et 327).

Nous avons cité aussi, dans la vallée du Rhins, aux environs de Regny, deux filons de porphyre granitoïde, aux
abords desquels les schistes carbonifères sont sillonnés de
veinules siliceuses, avec géodes de quartz hyalin et de calcaire spathique (page 346). Mais on ne voit nulle part,
dans nos contrées, de grands filons quartzeux dont la formation remonte à cette même époque. Bien plus, les sources
siliceuses provoquées par les premières éruptions porphyriques semblent s'être promptement arrêtées, puisque, dans
les parties moyennes et supérieures de l'étage anthraxifère,
on ne retrouve aucun dépôt siliceux qui fasse suite aux
poudingues de Néronde et de Regny.

Dépôts siliceux
dus
aux éruptions
du
porphyre quart-
zifère;
leur direction
est N. E.-S. O.

Mais avec les porphyres quartzifères les sources thermales siliceuses reparaissent de nouveau, et même plus in-
tenses et plus nombreuses que lors de la sortie des porphyres anciens. Il se forma alors plusieurs amas de quartz
concrétionné [1].

Filon
de
la Chambodut.

De ce nombre est l'important filon de la Chambodut,
près de Saint-Just-en-Chevalet. La roche encaissante est le
porphyre rouge à cristaux moyens, très-quartzifère et micacé. Le filon lui-même traverse le village et se prolonge,
de chaque côté, à plus de 100 mètres. Il est formé de

[1] Voyez l'*Essai sur la classification des filons*, déjà cité. Lyon, 1855.

quartz blanc laiteux pur. Sa puissance est de 5 à 6 mètres, et sa direction N. 40° E., c'est-à-dire, à angle droit sur celle des filons ordinaires baryto-quartzeux.

En le poursuivant au-dessous du village, le long de la pente qui descend vers l'Aix, on voit le quartz passer insensiblement au porphyre lui-même, ou plutôt il s'y perd en se ramifiant à l'infini. Plus bas, le porphyre et le quartz font place aux schistes et grès de transition. Mais, en avançant encore suivant la même direction, on retrouve de nouveau, sur un long parcours, un large faisceau de veinules siliceuses concrétionnées qui représentent bien certainement la suite du filon. Ainsi, entre les deux branches de l'Aix, à Tremble et Rotava, le porphyre rouge, en se chargeant de filets quartzeux, passe insensiblement au quartz presque pur. Sur la rive droite de l'Aix, entre Maison-Seule et la Ménardie, le porphyre est de même sillonné de quartz et même quelquefois remplacé par ce corps. Or, tous ces points se trouvent sur l'alignement du filon de la Chambodut jusqu'à la distance de près de 3,000 mètres.

Un filon semblable existe entre Combres et Regny, au centre même de la concession anthraxifère de Combres[1]. A 200 mètres à l'ouest du domaine d'Essertines, part, du sommet arrondi d'un coteau peu élevé, un filon porphyrique à deux branches. L'une d'elles se dirige au sud et se termine en pointe, un peu au delà de Maison-Neuve ; c'est du porphyre rouge quartzifère ordinaire.

L'autre branche court, comme celui de la Chambodut, du N. E. au S. O., passe sous la maison dite chez Guetton, et se termine entre la Grande-Grange et la Cavotière. Sa longueur est de 700 mètres, et sa puissance maximum de 8 à 9 mètres. Le filon est formé de porphyre rouge sur les bords, de quartz blanc concrétionné au centre. Le quartz s'insinue, en veinules minces, au milieu du porphyre même et le rend plus ou moins siliceux. Le quartz blanc pur, placé au centre, a jusqu'à 2 mètres de largeur.

Filon
d'Essertines.

[1] Voyez planche 4 *bis*.

Les détails dans lesquels je viens d'entrer montrent clairement que les dépôts siliceux sont réellement postérieurs au porphyre qui les renferme ; mais aussi le passage du porphyre au quartz et les ramifications si nombreuses de ce dernier semblent prouver que les sources siliceuses ont pris naissance au moment même de l'apparition des porphyres. Elles durent couler lorsque la roche éruptive était encore douée d'une température élevée et se fissurait sous l'influence du refroidissement.

Quartz agathe de Saint-Priest-la-Prugne. J'attribue à la même origine le quartz agate déjà signalé au pied du Montoncelle, à la limite même du porphyre et du granite. Là aussi on voit le quartz passer au porphyre et le sillonner de veinules minces. Je rappellerai en particulier la corne rouge de Clocheterre, sur la route de Roanne à Clermont (pages 182 et 373).

Quartz agathe de Monteneau, près d'Ambierle. Une roche analogue perce le porphyre rouge, non loin d'Ambierle. A une demi-lieue au nord de la ville, au pied du chaînon porphyrique, sur le bord du bassin tertiaire, se dresse un monticule isolé, à parois décharnées, le rocher dit *de Monteneau.* C'est du porphyre en partie silicifié, coupé par un puissant filon quartzeux, qui va du S. O. au N. E., comme celui de la Chambodut et d'Essertines. Le quartz est nuancé de rouge et de blanc, tantôt cloisonné ou haché, tantôt rubané comme l'agate, souvent translucide et de nuances claires comme la calcédoine. La roche a tous les caractères d'un dépôt formé par voie de concrétion. Au centre du quartz, on observe aussi quelques veinules minces de spath-fluor, rouge et violet.

Le quartz est exploité pour le service de la route et, selon Passinges, on employait autrefois la partie cloisonnée pour des meules de moulin [1].

Quartz concrétionnés de Bully et Cordelles. On trouve encore des quartz concrétionnés, associés au porphyre, à Bully et Cordelles. Ainsi le grand filon porphyrique du bourg de Cordelles est fortement veiné de quartz calcédonieux. Les porphyres rouges de la butte de

[1] *Journal des mines*, an vi, p. 130.

Cordelles en renferment aussi. Enfin, dans le grès à anthracite qui encaisse ces filons, les concrétions siliceuses
sont de même très-abondantes.

Le porphyre rouge offre des caractères identiques sur
l'autre rive de la Loire, au sud de Bully, entre Chaume et
Foëve, et le long du chemin qui descend de Chaume vers la
Chapelle de Chantois [1]. En ce point, le quartz est d'ailleurs
associé à des veinules de baryte sulfatée.

Un dernier dépôt calcédonieux, et le plus important de
tous, est situé entre Saint-Polgue et Saint-Maurice, au lieu dit
le Meynard, sur le bord de la route départementale de Roanne
à Montbrison. Passinges le décrit longuement. C'est un véritable amas de plus de 12 mètres de puissance, divisé en lits ou
zones minces parallèles, entre lesquelles il y a de nombreuses
cellules fortement aplaties. Les couleurs du quartz sont
très-variées; celle qui domine est le blanc bleuâtre, demi-
transparent, entremêlé de parties jaunes. Outre le quartz
calcédoine, tout à fait pur, on trouve des fragments de
grès, plus ou moins silicifié, provenant des parties où le
quartz repose sur le grès anthraxifère ordinaire. La
roche a tous les caractères d'un dépôt de source. Passinges
prétend même y avoir rencontré un fragment de tronc
et une coquille bivalve silicifiés. Le premier fait n'aurait
rien d'extraordinaire, mais la présence d'une coquille me
paraît moins certaine. Quoi qu'il en soit, l'amas du Meynard
est postérieur au grès anthraxifère, et son analogie avec les
masses siliceuses ci-dessus décrites semble bien indiquer
une origine commune. Des sources thermales, chargées de
silice, paraissent donc avoir coulé plus ou moins longtemps
après la sortie des porphyres quartzifères. Le seul point
qui reste douteux, c'est l'époque précise de l'origine des
sources. Ont-elles pris naissance à l'époque même de l'éruption des porphyres? ou bien à la suite d'un soulèvement
plus récent?

Aux raisons déjà indiquées, qui semblent appuyer la

Dépôt
calcédonieux
du
Meynard.

[1] Voyez planche 3.

première hypothèse, j'ajouterai maintenant une dernière considération. Le porphyre quartzifère a paru, comme on sait, entre le grès à anthracite et le terrain houiller proprement dit. Si donc les sources siliceuses sont le résultat des éruptions porphyriques, elles ont dû couler dans les premiers temps de la période houillère. Or, on trouve précisément dans la partie inférieure du terrain houiller de Saint-Étienne, au niveau des assises du système de Rive-de-Gier, plusieurs amas de quartz calcédoine qui ressemblent entièrement à ceux du Meynard. Ce sont, comme nous le verrons, les amas siliceux de Saint-Priest, du Mont-Reynaud et de Chana, au nord de Sorbiers [1].

Quartz blanc saccharoïde en filons N. O.-S. E.

Il nous reste à parler d'une dernière classe de dépôts siliceux, les plus récents de tous; ce sont les quartz blancs des filons plombeux qui traversent les terrains anciens et de transition. J'ai décrit longuement ceux des terrains anciens [2]. Or, tout ce que j'en ai dit s'applique également aux filons analogues des terrains de transition. Ils courent en général du S. E. au N. O., et se rattachent, d'une manière évidente, au soulèvement N. 50° O. des montagnes du Forez, le système du Morvan de M. É. de Beaumont. Les uns sont purement quartzeux, au moins près du jour, quelques autres quartzeux et barytiques, la plupart enfin renferment à la fois du quartz, du plomb, de la baryte et du spath-fluor.

Les filons purement quartzeux ne sont pas très-nombreux dans nos terrains de transition. Citons les principaux :

Filon de Verpierre (voir pl. 4 bis).

Le plus considérable perce le grès à anthracite à 2 kilomètres au nord de Regny. Il coupe la colline de Verpierre sur une longueur d'au moins 2,000 mètres. On peut le suivre depuis les bords du Rhins jusqu'au plateau tertiaire du hameau de Belair. Il correspond à une puissante faille qui incline au N. E. et rejette au loin les affleurements des couches d'anthracite connues au nord de Regny. La même

[1] Voy. l'*Essai sur la classification des filons.*
[2] Voyez chapitre II.

faille se prolonge au sud-est jusqu'à Huissel et limite à l'est
le district anthraxifère de Lay. La puissance du filon est de
10 à 12 mètres; sa direction N. 51° O. Le quartz est légèrement cristallin et d'un blanc de lait tout à fait pur. Le
grès encaissant semble, au contact, un peu durci et silicifié; sur le plateau de Belair, il est même sillonné de
concrétions siliceuses jusqu'à la distance de plusieurs centaines de mètres.

Le quartz de Regny m'a paru sans mélange à la surface
du sol, mais il pourrait bien renfermer de la galène et de
la baryte sulfatée à une profondeur plus grande.

Un filon de même espèce existe à Goutialon, entre Changy
et la Pacaudière, au milieu du porphyre rouge cristallin de
la côte d'Ambierle. Il est orienté sur N. 55° à 60° O.; sa
puissance est de 5 à 6 mètres. La roche est exploitée pour
ferrer la route.

Filon du Goutialon.

Non loin de là, dans la commune de Saint-Bonnet-les-
Quarts, plusieurs filons quartzeux coupent le porphyre rouge
sous la direction du méridien vrai. Leur puissance est de 1
à 2 mètres.

Filons de Saint-Bonnet-les-Quarts.

Enfin, près de Bussières, entre Néronde et Violay, on
trouve encore quelques filons analogues, au milieu du
grès couleur olive de la zone de grauwacke. Ils semblent
se rattacher aux masses plus importantes que nous avons
signalées dans le granite des environs de Villechenève
(page 180).

Filons de Bussières.

Silicates.

Nos roches de transition renferment peu de silicates subordonnés.

Dans les porphyres, on ne peut citer que la substance
déjà décrite sous le nom de *pinite amorphe* (page 288): sorte
de nodules irréguliers et tendres, ayant la couleur et l'aspect de la cire, et que l'on rencontre à peu près partout
dans les porphyres quartzifères de la Loire, mais surtout
abondamment aux environs de Saint-Victor et d'Amplepuis.

Pinites.

Pourtant, je n'affirmerai pas que ce minéral soit réellement de la pinite proprement dite : c'est un silicate hydraté, non cristallisé, se trouvant dans les conditions de gisement de la pinite ordinaire. Le nom de pinite amorphe ci-dessus adopté n'a pas, à mon sens, d'autre signification. J'ajouterai seulement que les pinites cristallisées sont très-abondantes dans certaines roches porphyriques d'Auvergne ; que la composition de ce minéral n'est pas constante dans les divers lieux où on l'a signalé ; que, par suite, les substances classées sous ce nom forment au moins deux espèces bien distinctes, comme le pensait M. Beudant ; que, cela étant, nos pinites amorphes pourraient à leur tour constituer une nouvelle espèce, voisine surtout de la pinite d'Auvergne. C'est un sujet de recherches pour les minéralogistes qui s'occupent d'analyse. Rappelons qu'une substance tout à fait analogue, sinon la même, est décrite par M. Dufrénoy comme silicate hydraté de magnésie, et a été appelé *villarsite* par ce savant[1].

Kaolin.

Dans le grès anthraxifère de Marcoux et Sail-sous-Couzan, au contact de l'énorme faille qui sépare le granite des roches de transition, j'ai signalé un tuf feldspathique altéré qui pourrait fournir, soumis au lavage, d'assez bon kaolin. La masse est fort abondante et s'exploiterait à peu de frais. On pourrait tout au moins l'utiliser pour la fabrication des grès et porcelaines opaques.

Feldspath compacte ou eurites.

Les porphyres quartzifères du département de la Loire sont habituellement à grands ou moyens cristaux ; ils passent très-rarement aux eurites proprement dites. Cependant on trouve des filons d'eurite compacte, d'un blanc pur, à Urval, au pied du mont Urfé ; une eurite terreuse, également blanche, au hameau de Vialat, entre Saint-Just-en-Chevalet et Juré ; enfin, des masses d'eurites jaunâtres quartzifères, près de Neulize. La première, au moins, pourrait servir comme vernis pour les poteries de grès.

Minette.

En suivant, sur le chemin de fer de Roanne, le plan in-

[1] *Traité de minéralogie*, t. III, p. 555.

cliné de Neulize, versant nord, on rencontre dans le grès à anthracite quelques filons peu puissants ($0^m,60$ à 1^m) d'une roche brune, presque noire, tendre et feuilletée, mais tenace, presque entièrement composée d'un assemblage confus de très-petites paillettes de mica. C'est de la minette, semblable à celle que l'on voit à Chessy, sous forme de filons croiseurs, dans le gîte de cuivre.

Une roche brune ou vert olive, plus dure que la précédente, mais un peu caverneuse, perce le grès anthraxifère, sur les bords de la Loire, entre Bully et Saint-Maurice, et la même roche se retrouve au sommet de la Madelaine. Je l'appellerai *wacke*, faute d'un nom plus significatif. Les circonstances de gisement sont trop peu nettes pour pouvoir préciser sa manière d'être. Je ne saurais affirmer si la roche est d'origine ignée ou simplement modifiée par une action postérieure, comme certaines spilittes. Sa faible puissance (un ou deux mètres à peine), le passage brusque au terrain encaissant, et l'analogie de cette roche avec les porphyres bruns-noirs des terrains houillers de la Creuse et de Rive-de-Gier, me font cependant supposer qu'elle est, comme ces derniers, d'origine éruptive.

Par contre, on doit considérer comme simple grès, plus ou moins modifié, *l'amygdaloïde* à noyaux calcaires et à mouchetures pyriteuses, que l'on exploite pour moellons au bourg de Combres, et que nous avons fait connaître dans le chapitre précédent (page 351).

J'ai signalé des filons de diorite dans le porphyre granitoïde des environs de Boën (page 374). On en trouve aussi à la Bombarde, près de Saint-Just-en-Chevalet.

Ceux de Boën se voient dans les tranchées de la route de Clermont, en amont de l'Argentière. C'est une roche grenue, verdâtre, un peu terreuse, formant dans le porphyre des dykes de $0^m,50$ à 1 mètre. La roche est surtout feldspathique. L'amphibole y est voilée, mais la couleur verte semble l'annoncer. D'ailleurs, la roche a bien tous les caractères des diorites-grenues ordinaires.

Wacke noire.

Amygdaloïde de Combres.

Diorites.

A la Bombarde, au bord de la route de Roanne à Clermont, dans un fort beau gîte de marbre blanc, perce un mince filon croiseur d'une roche vert foncé. Son épaisseur est de 0^m,20 à 0^m,25. Ici, on ne distingue, même à la loupe, ni feldspath, ni amphibole, mais son aspect général prouve aussi que la roche est de nature dioritique. Dans la même carrière, on voit un filon de galène et de pyrite cuivreuse, qui pourtant semble indépendant du précédent.

Stéatite verte.

Aux diorites de Boën se lie la stéatite verte. Elle remplit, en plaques minces savonneuses, les nombreux joints de cassures du porphyre granitoïde, à l'entour des filons de diorite (page 374).

Amphibole.

Si l'amphibole n'est pas visible dans les diorites, on la trouve par contre dans certains schistes du terrain carbonifère. Ainsi, je l'ai signalée, en filons minces, dans les schistes grenus modifiés de Leigneux, et dans ceux, moins altérés, qui bordent la route de Lyon à Clermont, entre Boën et Saint-Thurin (page 375). Ces schistes sont enveloppés de porphyre granitoïde, et semblent devoir à cette circonstance la présence de l'amphibole. La même cause paraît aussi avoir développé les cristaux plus nets du schiste de Solombay, près de Souternon (page 388). Mais rappelons ici que l'amphibole ne se montre nulle part dans le voisinage du porphyre quartzifère, et qu'en général le porphyre granitoïde et le granite, mais surtout ce dernier, ont eu seuls le privilége de modifier les terrains encaissants.

Macles.

Enfin, pour terminer l'énumération des silicates subordonnés, mentionnons les mâcles en germe de Juré et de Saint-Marcel-d'Urfé, dans les schistes supérieurs du terrain de grauwacke (page 277).

En face de la mine de Juré, sur les bords de l'Aix, le schiste gris ordinaire est maculé de petites taches d'un gris bleu foncé, provenant de nodules plus durs que le reste de la roche. Il a l'apparence des schistes maclifères de la

Bretagne, mais je n'ai pu y voir de macle bien développée.
L'assimilation laisse donc quelques doutes.

Minéraux terreux non silicatés.

Les minéraux terreux non silicatés les plus importants
sont le *calcaire* et l'*anthracite*; mais occupons-nous d'abord
de la barytine, du spath-fluor et du spath calcaréo-magnésien. Rarement ces trois substances se rencontrent isolées.
Associées à la galène et au quartz, elles constituent l'importante classe des filons N. O.-S. E., dont la formation se lie
au système du Morvan. Quelques-uns cependant sont essentiellement barytiques, au moins près du jour, et, au point   Filons
de vue pratique, il convient de les distinguer des filons   barytiques.
plombeux proprement dits, comme nous l'avons fait pour
le quartz.

L'un des plus importants est situé à la porte du fau-   Filon
bourg de Hauteville, à Ambierle. Il est dans le porphyre   d'Ambierle.
rouge compacte, en saillie au-dessus de la surface du sol.
Sa puissance est de 4 à 5 mètres; il plonge au sud et
court sur N. 68° O. On peut le poursuivre au jour sur plus
d'un quart de lieue, jusque sous les sables tertiaires de la
plaine de Roanne. Sa composition n'est pas uniforme. Le spath
pesant est l'élément dominant : celui-ci est blanc, à grandes
lames, un peu siliceux. Le spath-fluor est vert, violet ou
rougeâtre, divisé par zones, et tantôt abondant, tantôt assez rare. Le quartz est fréquent dans la partie sud-est et
au centre, rare vers l'extrémité nord-ouest. Outre le quartz
blanc ordinaire, on rencontre aussi, dans la partie sud-est,
du quartz résinite jaune, tirant sur le brun.

Autour du filon principal, on voit, dans le porphyre encaissant, plusieurs branches latérales, où la barytine est
au centre, le spath-fluor sur les bords.

Le filon d'Ambierle a été exploité, il y a quelques années,
à ciel ouvert. La baryte s'expédiait sur Paris. Rendue à
Roanne, elle se vendait 22 francs le mètre cube, pesant

2,500 kilogrammes. Les travaux étaient ouverts dans la partie centrale, près du faubourg de Hauteville.

Voici la coupe du filon en ce point, d'après une note de M. Janicot, l'un des exploitants :

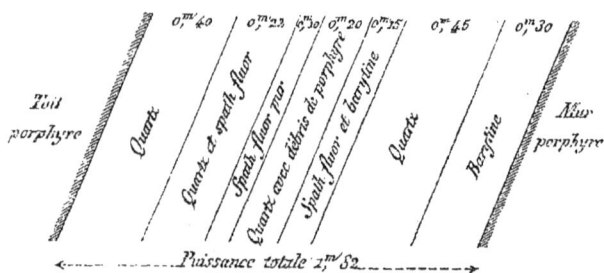

À 800 mètres plus au N. O., où le filon est vertical, on trouve la coupe suivante :

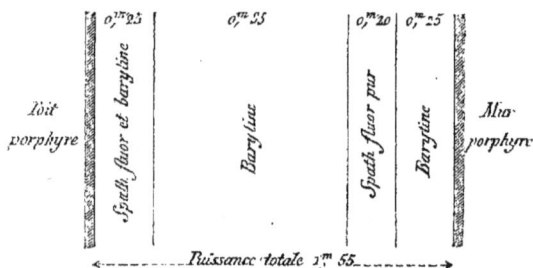

Enfin, à 200 mètres plus loin, le filon, réduit à 1 mètre, renferme exclusivement de la baryte sulfatée. Dans le fond des travaux, on trouve des mouches de galène, et même on peut affirmer, d'après la manière d'être des filons de Juré, que, dans la profondeur, la galène et le quartz remplaceront peu à peu la baryte sulfatée.

Filon de Nollieux. — Plusieurs filons barytiques percent le porphyre granitoïde dans la commune de Nollieux. L'un d'eux fut fouillé pour galène par MM. de Blumenstein. Il est situé à une faible distance au nord-est du bourg. Un autre filon, plus considérable, se voit entre Nollieux et Albieux, et j'en ai rencontré un troisième à 1 kilomètre à l'ouest de Nollieux, au village de Moran. Ils ont tous les trois de 0ᵐ,50 à 1 mètre de puissance, sont presque exclusivement formés de baryte sulfatée, plus ou moins quartzeuse, et ne renferment pas de spath-fluor. Les mouches de galène y sont rares, mais augmenteraient sans doute, ainsi que le quartz, avec la profondeur. Les filons de Nollieux paraissent moins réguliers que celui d'Ambierle. Au jour, on ne peut les suivre en direction au delà de 100 à 200 mètres.

Sur le bord du massif calcaire de Lucé perce à la fois le porphyre quartzifère et un beau filon de baryte sulfatée. Ce dernier court sur h. 8 de la boussole, soit N. 40° O. du méridien vrai. Sa puissance est de 1 à 2 mètres, la baryte est pure, et la crête du filon apparaît sur plus de 100 mètres. *Filon de Lucé.*

Dans le haut du vallon de Juré, près du village de Fontieure, de nombreux débris, épars dans les champs, indiquent aussi un puissant filon de baryte. Il est presque à la limite de la grauwacke et du grès à anthracite. *Filon de Fontieure.*

On trouve encore de la baryte sulfatée dans la grande faille N. O.-S. E. de la vallée de Saint-Thurin, entre le granite et les terrains de transition. Ainsi, à la Rivière, près de Rochefort, un filon barytique suit la faille et en désigne la position. On y voit, avec la baryte, du quartz et un peu de galène. *Filon de la Rivière.*

Des veines moins importantes sillonnent en quelques points le porphyre quartzifère.

Dans la tranchée du chemin de fer de Roanne, sur le plateau de Biesse, une masse de porphyre coupe le grès, et dans ce porphyre court un filon barytique de 5 centimètres. *Baryte sulfatée dans le porphyre quartzifère.*

Entre Saint-Polgue et Provenchère, dans le flanc gauche de la vallée de l'Isable, un filon analogue, bordé de salbandes argileuses, traverse le porphyre quartzifère et en a kaolinisé le feldspath.

A Bully, sur le chemin de Chaume à Chantois, le porphyre quartzifère est sillonné de veines à la fois barytiques et calcédonieuses (page 437).

Ces derniers faits prouvent que les sources ou émanations barytiques sont réellement postérieures aux éruptions porphyriques. Mais, de même que plusieurs amas siliceux furent en quelque sorte engendrés par les porphyres quartzifères (page 436), la baryte sulfatée a pu aussi arriver au jour dès la même époque, et sous l'influence de causes identiques. L'association des veines barytiques et de la calcédoine de Bully semble le prouver.

Spath-fluor. Le spath-fluor ne se montre nulle part d'une manière isolée. Il fait partie intégrante des filons quartzo-plombeux, où cependant il est assez rare et manque souvent complétement, au moins près du jour. Le quartz et la baryte sont toujours plus abondants.

Le filon qui en contient le plus est celui du faubourg de Hauteville, à Ambierle. Nous venons d'en parler comme filon barytique et nous pouvons nous dispenser d'y revenir. Le filon quartzeux de Monteneau, au nord d'Ambierle (page 436), en renferme également, mais en moindre proportion. Dans les deux localités, la nuance dominante est le violet, puis, en proportion moindre, le vert et le rouge.

Dans les filons plombeux de Juré, Grézolles et Saint-Martin-la-Sauveté, le spath-fluor se rencontre en cristaux d'assez belle apparence, de couleur jaune paille, ou vert clair, passant au blanc.

Dans le musée d'Allard, à Montbrison, se trouve un échantillon de spath-fluor de Regny, et un autre de Saint-Martin-d'Estreaux. J'ignore de quels filons ils peuvent venir.

Spath calcaire. Le spath calcaire, soit pur, soit magnésien ou ferrifère, est toujours rare dans nos filons plombeux. Les cristaux sont peu nets et petits.

Nous avons cité, en aval de Regny, sur les bords du Rhins, un dyke porphyro-granitoïde à l'entour duquel le schiste carbonifère est silicifié et criblé de géodes. On y trouve, outre le cristal de roche, du spath d'Islande semi-transparent et des cristaux de carbonate de chaux assez nets (page 436).

Non loin de là, l'amygdaloïde de Combres renferme des nodules sphériques, rayonnés de calcaire rose ou blanc (page 351). Aux environs de l'Argentière, près de Boën, le calcaire spathique blanc couvre, en plaques minces, tous les points de cassure du porphyre granitoïde (page 374).

Mais les points où le spath calcaire abonde le plus appartiennent aux beaux filons de Champolly et la Bombarde, entre Saint-Just-en-Chevalet et Noirétable. Je vais les décrire avec quelques détails.

Le filon de Champolly couronne la hauteur dite *les Cros*, à un quart de lieue au nord-ouest de Champolly. Il est à 300 mètres à peine du granite et court au N. 30° O., à peu près parallèlement à la lisière de ce terrain. Sa puissance est de 10 mètres, dans les parties les moins larges. Il incline au sud-est sous l'angle de 60°. Le terrain encaissant est le grès à anthracite, entremêlé de porphyre quartzifère. Ce dernier abonde surtout auprès du filon même, et le feldspath qu'il renferme est en partie kaolinisé. Entre le porphyre et le mur du filon calcaire se trouve une salbande de schiste argileux, durci, de couleur verte; au toit, une brèche calcaréo-porphyrique, dont la pâte est terreuse ou compacte, et de nuance vert clair, comme la salbande du mur. Les fragments porphyriques sont à feldspath rose, à angles vifs, et soudés intimement aux débris calcaires, dont les arêtes sont également vives. Au jour, le long de la crête, la brèche est celluleuse, le calcaire a disparu et a laissé des vides à facettes planes.

Le marbre du filon est généralement d'un blanc parfait, ou faiblement nuancé de bleu clair; sa structure est cristalline, mais à grains plus fins que le marbre de Carrare. Il s'égrène facilement. Ce défaut, joint aux fissures nombreuses dont il est sillonné, le rend impropre aux travaux de sculpture. Les essais faits à Paris et à Clermont n'ont

Marbre blanc de Champolly.

pas eu de succès. Aujourd'hui, on se borne à extraire le marbre comme pierre à chaux, et, à ce point de vue, son utilité sera grande. du jour où les propriétaires des environs voudront chauler leurs terres.

Au milieu du marbre se trouvent, çà et là, de grands blocs anguleux d'une roche argilo-schisteuse, compacte, vert sombre. Ce sont des débris du terrain de grauwacke, plus ou moins modifiés par une influence postérieure. Chaque fissure des blocs en question est tapissée d'un enduit stéatiteux, brillant, savonneux, vert clair, et de quelques lamelles de spath calcaire. Mais on ne remarque nulle part aucun passage du schiste au marbre, aucune scorification ni fusion de l'argile, sur le bord des fragments empâtés.

Dans certaines parties du filon, le marbre est géodique et passe au spath d'Islande, opaque, à très-grandes lames. Le filon est exploité à ciel ouvert, sur 4 à 500 mètres de longueur; mais il se prolonge, des deux côtés, bien au delà des carrières. Au sud, on le voit prendre naissance à Champolly même. En sortant du bourg par le chemin qui conduit aux carrières, on voit le grès porphyrique, dans le prolongement de l'axe du filon, sillonné de fortes veines calcaires, tout à fait identiques au marbre du filon exploité.

Du côté opposé, au nord, le filon se poursuit au loin, puis se perd dans les bas-fonds tourbeux des environs de Saint-Romain. Mais il reparaît à la Bombarde, sur la route de Roanne à Clermont, à quatre kilomètres au nord des carrières de Champolly. Du moins, on retrouve là un filon tout à fait semblable, situé sur le prolongement du premier. La direction seule est un peu différente. En ce point, elle va du S. au N.; mais on sait que peu de filons conservent une direction uniforme, sans varier jamais. Plus souvent, on les voit osciller autour d'une position moyenne.

Filon
de la Bombarde.

Le filon de la Bombarde a une puissance de 7 à 8 mètres. Il est également séparé du terrain encaissant par une brèche calcaréo-porphyrique. Le marbre blanc est. dans certaines parties, légèrement strié de bleu. Les fissures de la roche sont tapissées de stéatite verte, et la roche elle-même est coupée par un mince filon croiseur de diorite compacte, dont nous avons déjà parlé (page 441).

Presque à côté perce un filon plombeux; il coupe le marbre comme la diorite : sa puissance est de 15 à 16 centimètres. Il est formé de galène grenue, entremêlée de fer ocreux, avec des pyrites de fer et de cuivre. Une carrière est ouverte dans le marbre et alimente deux fours à chaux.

Passinges dit « qu'on en a fait des manteaux de cheminées et d'autres meubles assez jolis[1]; » mais, comme à Champoly, la roche s'égrène facilement et n'est plus exploitée que pour les fours à chaux.

Aux deux gîtes qui précèdent semble se rattacher, par son origine, le marbre de Grézolles. Entre Fontferrière et le village de Chassagne, au milieu des vignes qui descendent de Grézolles vers l'Aix, perce un calcaire cristallin, blanc, tirant sur le gris. Le filon court, comme le coteau, du S. E. au N. O., et se termine à l'ouest aux schistes du terrain carbonifère. Le marbre est moins pur et moins puissant que celui de Champoly. Non-seulement il est nuancé de gris, mais encore mêlé de débris de schistes : le long des épontes, il est même bréchiforme. Le calcaire cimente intimement de nombreux fragments du porphyre encaissant. *Marbre de Grézolles.*

Une seconde masse, encore moins pure, existe sur la hauteur, à Grézolles même, auprès du château. On l'exploite comme pierre à chaux.

Les trois gîtes dont je viens de parler ont bien certainement une origine commune. Ils ne sont pas formés de calcaire sédimentaire, comme ceux de Néronde, Regny et Saint-Julien. La roche est en filon : sa structure, sa manière d'être, et surtout la brèche qui entoure le marbre, le prouvent surabondamment. On pourrait croire que le calcaire doit sa cristallinité au porphyre quartzifère; que, *Origine des filons calcaires.*

[1] *Journal des mines*, t. VII, p. 197.

29

lors de son éruption, la roche ignée a fondu certaines couches du calcaire carbonifère. Mais les faits ne permettent pas une pareille hypothèse. Nous avons montré, par de nombreux exemples, combien a été faible l'influence calorifique du porphyre quartzifère; en particulier, combien peu le calcaire de Thizy a été altéré par ce porphyre. D'ailleurs, la brèche calcaréoporphyrique, où tous les fragments sont à arêtes vives, prouve que le porphyre n'était pas en fusion lors de la formation du filon calcaire, que les éruptions porphyriques ont précédé la formation du marbre. L'apparence des fragments de schistes au milieu du calcaire, et l'aspect de la brèche, prouvent aussi que le marbre lui-même n'a jamais été fondu. Les débris de schistes et les fragments porphyriques ne seraient pas aussi nettement tranchés du marbre encaissant.

Il ne reste donc, comme pour les filons métallifères, que l'hypothèse de sources aqueuses, d'où le carbonate de chaux se serait déposé sous forme cristalline. L'état kaolinique du porphyre encaissant, à Champoly, s'explique bien par ce mode de formation, et ne se conçoit pas si l'on admet la fusion ignée.

Enfin, rappelons que les filons de marbre, comme les filons quartzo-plombeux, sont postérieurs au porphyre quartzifère; que la direction des uns et des autres est la même; qu'ils courent du S. E. au N. O., parallèlement aux principaux chaînons du Forez (système du Morvan), système qui précéda immédiatement le dépôt des grandes masses calcaires de la période jurassique; que, par suite, ces filons calcaires pourraient bien correspondre à quelques-unes des nombreuses fentes d'où l'élément calcaire s'est dès lors répandu si abondamment, et pendant si long-temps, à la surface du globe.

Ajoutons, pour terminer, qu'au nord du département, près de Bert, dans l'Allier, on rencontre également un filon de marbre blanc, entièrement semblable aux précédents (le filon de Saint-Léon).

Minerais de fer.

Les minerais de fer sont extrêmement rares dans le terrain de transition du département de la Loire. On n'en rencontre que sous forme de veinules et d'amas irréguliers, mais nulle part à l'état de couche ni de filon proprement dit.

Dans la vallée de Saint-Thurin, j'ai trouvé du fer en deux points différents. Entre l'Hôpital et Rochefort, à un quart de lieue de ce dernier bourg, au bas du coteau, le porphyre granitoïde enveloppe des bancs de schistes du terrain carbonifère. Ils sont fortement imprégnés de fer oxydulé, ou plutôt sillonnés de veinules magnétiques. Mais ces faibles veines sont sans suite et fort irrégulières; en un seul point, le gîte se renfle jusqu'à $o^m,4o$. Le minerai est d'ailleurs assez pur et à gangue argilo-quartzeuse; quelques échantillons ont donné à l'essai au delà de 5o o/o de fonte truitée blanche. *Filon de l'Hôpital.*

Le second dépôt de la vallée de Saint-Thurin est situé à la Soulagette. On l'a exploité pendant quelque temps pour les hauts fourneaux de Terre-Noire. C'est un amas superficiel de fer hydroxydé. Une source ferrugineuse semble avoir coulé à la surface du grès carbonifère et l'avoir imprégné d'oxyde hydraté jusqu'à la profondeur de cinq ou six mètres. Un échantillon riche m'a donné 47,8 o/o de fonte truitée, un peu sulfureuse, cassante et tendre. La scorie était transparente, presque incolore. *Amas de la Soulagette.*

Outre le fer, le minerai renferme :

Eau.	16,0
Gangue essentiellement argileuse.	13,3
Oxygène.	22,9
Substances autres que le fer.	52,2 p. o/o.

Le minerai fond avec 15 o/o de castine.

29.

Sa teneur moyenne était de 35 à 40 o/o. On a cessé l'exploitation à cause du trop grand éloignement des hauts fourneaux. La quantité extraite et consommée ne dépasse pas 2,500 quintaux métriques.

Amas de Pinay. A Pinay, sur le plateau de Neulize, on a aussi rencontré du fer hydraté dans le grès à anthracite, ou plutôt du grès simplement ferrugineux, qui a donné à l'essai 29 o/o de fonte, et 50 o/o de gangue argilo-quarzeuse. Les fouilles faites en ce point sont restées sans résultat. Le dépôt n'a aucune suite.

Pyrites de fer, pyrites arsénicales, arsenic natif.

Les pyrites ferrugineuses et arsénicales se rencontrent dans les roches de transition, comme dans les terrains anciens, sous forme de mouches, de filons ou de veines; mais nulle part très-abondamment.

Nous avons cité des pyrites de fer en grains épars dans le calcaire bleu de la Soulagette et dans les schistes durs trappéens de la montagne d'Urfé. On en trouve également au milieu des anthracites et dans un filon porphyrique des environs de Couzan.

Les veines ou filons arsénio-sulfurés sont assez fréquents, auprès de Saint-Thurin, dans le schiste et le calcaire carbonifère, principalement aux abords de la route, entre la Soulagette et le pont des Ruines.

Filons arsénio-pyriteux de Saint-Thurin. Au Mas, l'un de ces filons a été attaqué vers le commencement de ce siècle. Un chercheur de mines fit croire à l'existence de minerais argentifères et aurifères. Des capitalistes lyonnais lui prêtèrent trente mille francs. Après avoir effleuré la crête du gîte, il se sauva en Amérique avec l'argent de ses dupes. La pyrite en question ne m'a donné à l'essai ni argent ni or. L'une des fouilles se voyait encore en 1837. C'était une galerie de niveau proche de la route, à l'entrée du ravin de la Soulagette. Le filon renferme de la pyrite arsénicale ordinaire, à gangue de quartz.

En amont de ce point, les tranchées de la route ont mis à nu quelques autres veines de même espèce. L'une d'elles a o^m,5o de puissance et court du S. O. au N. E. La gangue est quartzeuse et la pyrite arsénicale ne renferme également ni argent ni or. La roche encaissante est le schiste carbonifère durci.

Dans le bourg même de Saint-Thurin, plusieurs puits à eau ont aussi traversé des roches criblées de pyrites; et immédiatement en amont du bourg, dans une carrière de calcaire argileux, bleuâtre, le misspikel est assez abondant. Enfin, au hameau de la Roche, derrière la maison Dormant, on voit encore la crête d'un filon de fer arsénical compacte, coupant à la fois le schiste et le porphyre granitoïde.

C'est probablement au même système de filons qu'appartient l'arsenic natif trouvé en masses testacées près de Saint-Martin-la-Sauveté. Un échantillon de ce minerai m'a été remis par l'un des propriétaires de la commune de Saint-Martin, sans indication positive de la situation du gîte. Il vient, je pense, du filon de misspikel que l'ingénieur König indique, dans son procès-verbal de 1766, à une demi-lieue de Saint-Martin, près du village de Coran, filon qui court sur h. 12, et fut attaqué en divers points par de Blumenstein père, dans l'espoir d'y trouver du plomb et du cuivre. Tout récemment, les concessionnaires des mines de Juré ont aussi rencontré la même substance.

Arsenic natif.

Près de Champoly, au pied du Mont-Calvaire, une tranchée a mis à nu un dernier filon de même espèce, presque à la limite du granite et du terrain carbonifère. La gangue est un mélange de quartz et de schiste argileux verdâtre. Le misspikel ne contient, comme les précédents, ni argent ni or.

Aucun de ces filons n'est d'ailleurs assez riche pour être exploité avantageusement en vue de l'arsenic blanc.

Outre les gîtes dont nous venons de parler, on trouve enfin des pyrites de fer dans la plupart des filons plombeux.

Filons et mines de plomb des terrains de transition.

La matière métallique la plus abondante de nos terrains de transition est le plomb sulfuré. Ce minéral y forme, comme dans le granite du Pilat, un vaste système de filons nord-ouest sud-est, où tantôt la galène, tantôt le quartz, tantôt la baryte sulfatée est l'élément dominant. Aussi, tout ce que nous avons dit, dans le chapitre II, de l'ensemble des filons plombeux du terrain granitique, s'applique également aux gîtes plombeux de nos roches de transition.

Direction des filons.

Leur direction normale est presque toujours comprise entre les h. 6 et 12, et oscille même ordinairement autour de l'axe nord-ouest sud-est.

Gangues et matières métalliques des filons.

La gangue se compose de quartz blanc saccharoïde et de baryte sulfatée laminaire. Celle-ci abonde spécialement près du jour, le quartz et la galène dans la profondeur. En général, on y trouve aussi de nombreux fragments kaolinisés du terrain encaissant, au moins dans les parties où se rencontre le plomb. Le spath-fluor, et surtout le spath calcaréo-magnésien ou ferrugineux, sont l'un et l'autre assez rares.

Les substances métalliques associées à la galène sont la pyrite cuivreuse, la blende et la pyrite de fer. Si l'on compare à ce point de vue les filons des deux districts, on trouvera la blende plus abondante dans le granite, et la pyrite cuivreuse dans les terrains paléozoïques du Roannais. La teneur en argent est aussi plus forte dans les filons des environs de Roanne. D'après les essais de l'ingénieur König, elle varierait depuis 30 grammes jusqu'à 120 gr. aux 100 kilogrammes de plomb d'œuvre. Mais, je dois dire que ces chiffres sont plus élevés que ceux que j'ai trouvés en essayant les fragments de galène pris sur les haldes des puits.

Enfin, les filons de Roanne sont aussi plus riches en plomb, et ont donné à l'extraction des bénéfices plus importants. Malgré cela, je n'oserais leur appliquer, d'une manière générale, dans les circonstances présentes, le terme de *filons exploitables*. Ils pouvaient l'être lorsque le plomb et l'alquifoux se vendaient cher, et que le taux de la main-d'œuvre était bas. Aujourd'hui, le succès ne saurait être garanti.

La plupart des filons constituent, par leur groupement sur les deux rives de l'Aix, entre Saint-Germain-Laval et Saint-Just-en-Chevalet, une sorte de puissant faisceau, sensiblement orienté du N.-O. au S.-E., comme la vallée même. Sa longueur est de 18 kilomètres, sa largeur de 3 à 4.

Zone métallifère des bords de l'Aix.

Suivant l'axe de la zone métallifère court le filon principal, celui de Juré à Grézolles. Sur ses deux flancs, mais particulièrement au sud, percent les filons secondaires. Ceux-ci sont la plupart orientés, comme le filon principal, sur N. 55° à 60° O. (h. 9 à 10 magn.). Pourtant quelques-uns ont une direction différente, mais sans cesser d'appartenir au même système, quant à l'âge et la nature des filons. Il n'y a pas là de véritable croiseur.

En dehors de ce faisceau principal, on en connaît deux autres moins importants, encore orientés de même.

Au sud, ce sont les filons de la vallée de l'Auzon, le long de la grande faille de Saint-Thurin, qui borde à l'est le massif granitique de la chaîne du Forez. Au nord, ceux du bassin de la Loire, entre Bully, Villemontais et Ambierle.

Zone de la vallée de Saint-Thurin.

Zone du bassin de la Loire.

Voici au surplus le tableau de tous les filons des environs de Roanne :

TABLEAU DES FILONS DE LA CONCE

Noms des filons.	Situation.	Direction.	Incli-naison.	Puissance.	Nature.	D... à l'exp... ti...
		1° FILONS DE LA RIVE GAUCHE DE L'AIX.				
Juré ou Durel..	A l'est du bourg de Juré.	H. 9 à 10.	Au N. E.	1ᵐ à 1ᵐ,50 jusqu'à 2ᵐ.	Barytique dans le haut, quart-zeux dans le bas.	17 à 18
Bozon, filon se-condaire au toit du précédent.	Au village de Bozon, commune de Juré.	H. 7 à 8.	Idem.	0ᵐ,20 à 0ᵐ,25.	Très-barytique.	18 et 1
Écrat.........	A Écrat, entre Juré et Saint-Just-en-Chevalet.	H. 11 à 12.	?	0ᵐ,03 à 0ᵐ,04 de puissance utile.	Débris du grès porphyrique encaissant.	18 et 1
Remise........	Au pont de la Re-mise, à 1/4 de lieue au sud de Saint-Just.	H. 10.	?	?	Contient du plomb jaune et du plomb blanc.	17 e vers
Grézolles ou les Rivières.	A Fontferrière, com-mune de Grézolles.	H. 9 à 10.	78° au N. E.	1ᵐ ordinaire-ment, parfois 3ᵐ à 3ᵐ,50.	Gangᵉ de quartz et de baryte sulfatée. Epon-tes friables...	17 à 18
Petit filon de Gré-zolles.	A 80 mètres du pré-cédent.	Idem.	Idem.	0ᵐ,50.	Épontes solides.	
Chavagneux....	Près du moulin de Viraud.	H. 12.	?	?	Rejoint le filon de Grézolles.	Inexp
Marcilleux.....	Entre Grézolles et Saint-Germain-La-val.	Idem.	?	?	Baryto-quart-zeux avec py-rites et blen-de.	17 à 17
Baffy........	Près Saint-Germain.	Idem.	?	?	Filᵒⁿ peu connu	Inexp
		2° FILONS DE LA RIVE DROITE DE L'AIX.				
Lemoux ou la Bruère. (2 filons.)	En face de Baffy...	H. 10. H. 2 1/2.	?	Peu importants.	Gangᵉ de quartz et de baryte.	Pe exple
Nollieu........ (2 filons.)	A quelques 100 mè-tres au nord-est du bourg de Nollieu.	H. 4.	?	?	Très-barytiqᵘˢ; renferment peu de plomb.	Expl vers 1
	Au sud de Nollieu, sur le chemin du village d'Albieu.	H. 11.				
Saint-Sixte..... (2 filons voisins.)	A 1/4 de lieue au nord de Sᵗ-Sixte..	H. 7. H. 9 1/2.	?	?	Filons peu con-nus.	Expl vers 1

SAINT-MARTIN-LA-SAUVETÉ.

Noms des filons.	Situation.	Direction.	Inclinaison.	Puissance.	Nature.	Date de l'exploitation.
rézollette.... (3 filons voisins.)	Entre Grézollette et Argentière (commune de St-Martin-la-Sauveté)......	H. 9 1/2 à 10. H. 10 1/2. H. 4 1/2.	?	Le filon le plus puissant a 0m,50 à 0m,60.	Gangue surtout quartzeuse.	1728 à 1770, et 1806 à 1826.
aret........	A l'ouest de Saint-Marcel-d'Urfé.	H. 10 ?	?	Jusqu'à 1m,50.	S'est trouvé fort riche en un point.	1751 à 1764.
aint-Marcel...	A 500 mètres au sud de Saint-Marcel.	?	?	Très-faible...	Très-siliceux..	1834 à 1836.
lem.........	Autre filon dans le parc du château.	?	?	....	....	Non exploré.
Charmay ou Chaumay.	Sur le versant nord du mont d'Urfé.	H. 9 à 10.	78° au N. E.	Parfois jusqu'à 3m.	Baryto - quartzeux.	1760 à 1770.
sserlon ou Essarton.	A 1/4 de lieue au sud du précédent.	H.11 à 12.	?	?	Surtout barytique.	1764 à 1770.
oyet........	Au mont d'Urfé commune de Champoly.	H. 5 à 6.	80° à 85° au N.	Filon le plus important de la concession.	Gangue surtout quartzeuse; contient de la blende.	1799 à 1809.
ilons de la commune de Saint-Romain-d'Urfé.	Filon de Grandry, le Vernay, Génetines, la Bombarde, Chantelot et Contenson.	Six filons peu importants incomplétement explorés.				

3° FILONS DE LA VALLÉE DE SAINT-THURIN.

Jon de Sail-ous-Couzan.	Près de la source minérale de Sail.	H. 9.	Plonge à l'E.	?	Gangue très-siliceuse.	Exploré vers 1750.
lon de la Soulagette.	Entre la Soulagette et Saint-Thurin, près de la route.	?	?	0m,10 à 0m,15.	Gangue argilo-ocreuse.	Non exploré.

D'autres filons existent à la Rivière et à Saint-Thurin même.

4° FILONS DU BASSIN DE LA LOIRE.

int - Maurice-ur-Loire.	Sur les bords de la Loire, au pont Romain.	?	1/4	»	Baryto - fluorique.	Inexploré.
illy........	Au lieu dit le Penneron.	?	?	»	Veines baryto-quartzeuses, contenant de la galène.	Idem.
illemontais... (3 veines très-approchées.)	Sur le chemin du bourg, au village d'Ary..........	H. 8. H. 9. H. 10.	?	»	Surtout barytique.	Explorés de 1749 à 1755.

D'autres filons inexplorés existent à Chericz, Saint-Alban, Renaison, Saint-Haon et Ambierle.

Age
des filous plom-
beux.

Les filons plombeux du Forez percent indifféremment
chacune de nos roches de transition, les porphyres aussi
bien que la grauwacke et le grès à anthracite. Cependant,
les plus réguliers appartiennent aux terrains de sédiment[1].
Il suit de là que nos filons plombeux et baryto-quartzeux
sont plus récents que le porphyre quartzifère. Et si maintenant on se rappelle ce que nous avons dit précédemment
des filons quartzo-plombifères du terrain granitique, de la
direction si constante de tous ces gîtes, de leur accumula-
tion autour des points où se manifestent les principales
ondulations et failles du système du Morvan (N. 50° O),
de l'analogie de composition et de direction de ces filons
avec les masses quartzo-plombeuses et barytiques de l'arkose
du Morvan et des *spath-gänge* du district de Freyberg
(p. 181), etc., on devra conclure avec nous que les dépôts
métalliques dont nous nous occupons ont dû prendre
naissance sous l'influence du soulèvement N. 50° O. Et
comme des dépôts analogues sillonnent, sur la lisière entière
du plateau central de la France, les diverses assises du lias
et des marnes supraliasiques (Indre, Vienne, Charente,
Dordogne), on voit que le remplissage graduel de ces
filons a dû se poursuivre pendant toute la période du lias[2].

Date
des premiers
travaux
et
des ordonnances
de
concession.

Les filons des environs de Saint-Just, comme ceux du
district de Saint-Julien, furent presque exclusivement exploités par la famille de Blumenstein. Il faut en excepter
les travaux entrepris par les comtes du Forez avant le
xvie siècle, travaux dont l'existence a été constatée par

[1] Dans le mémoire publié en 1841 sur les porphyres et roches de
transition du département de la Loire, j'annonçai n'avoir jamais rencontré
de filons plombeux au milieu du porphyre quartzifère, et j'en concluai
qu'ils devaient être plus anciens que lui. Mais, depuis lors, j'ai eu occasion de constater la présence de la galène et de la baryte sulfatée au
centre de quelques dykes de porphyre quartzifère. Ces derniers sont donc
plus anciens, et si néanmoins le plomb s'y rencontre rarement, c'est qu'en
général les masses porphyriques sont bien moins étendues que le terrain
encaissant, et d'ailleurs aussi moins sujettes à se fendre.

[2] Voyez, sur ce sujet, l'*Essai d'une classification des principaux filons*,
publié, en 1855, dans les *Annales de la Société de Lyon*.

les fouilles de la famille de Blumenstein, et que Jars cadet mentionne dans son mémoire de 1781, d'après les archives des anciens seigneurs.

Le 10 août 1728, le roi accorda au sieur de Blumenstein, pour vingt ans, le privilége exclusif d'exploiter le plomb et toutes sortes de métaux en dedans de deux cercles, de deux lieues de rayon chacun, tracés l'un autour de Saint-Martin-la-Sauveté comme centre, l'autre autour de Sail-sous-Couzan. Cette concession, comme celle de Saint-Julien, fut renouvelée de vingt ans en vingt ans, puis prorogée le 18 août 1771 pour cinquante ans, à partir du 1er janvier 1777. Sous l'empire de la loi de 1791, un décret du 13 novembre 1805 le réduisit à 113 kilomètres carrés, et cette concession temporaire, ainsi restreinte, a été rendue perpétuelle par la loi du 21 avril 1810.

D'après le décret de 1805, ses limites sont :

Limites de la concession de Saint-Martin.

« Au nord, depuis le moulin Chazelles, en aval de Saint-« Just, le long de l'Aix jusqu'à Juré; de là, par une droite, « au ruisseau de Palouze, vis-à-vis Juré, puis le long « du ruisseau de Palouze jusqu'au chemin de Roanne à « Montbrison; à l'est, le long de ce chemin jusqu'au hameau « du Maunier, près de Verrière; puis au sud, une droite « allant du hameau du Maunier à l'Auzon, vis-à-vis Saint-« Thurin. Enfin, à l'ouest, l'Auzon, puis la rivière de « Champoly jusqu'à l'étang Rution (au nord-ouest de « Champoly); ensuite, une ligne droite de ce point au ha-« meau de Lampon, près la Bombarde; puis de Lampon « une droite jusqu'au pont de la Remise sur l'Aix; enfin, en « remontant l'Aix jusqu'au moulin Maillet, et delà une « droite au moulin Chazelles, point de départ. »

La concession de Saint-Martin a été maintenue en activité, par la famille de Blumenstein, jusqu'en 1844, quoique très-faiblement les derniers dix ans. A cette époque, elle passa aux mains de M. Giraud, exploitant de terres réfractaires à Courpière (Puy-de-Dôme). Il rouvrit les anciennes mines de Grézolles et de Juré, sans pourtant y entreprendre de véritables travaux d'exploitation. Enfin, tout récemment, une nouvelle compagnie vient de se constituer, qui paraît vouloir imprimer aux travaux souterrains une assez vive impulsion.

Les affleurements des filons de Saint-Martin sont mieux dessinés que ceux de Saint-Julien; l'étude de surface y est par suite plus facile, et fournit sur les gîtes des renseignements plus positifs. Néanmoins, la description qui va suivre a dû être surtout puisée dans les archives officielles de Paris et de Lyon. Outre les ouvrages et pièces déjà cités à l'occasion des mines de Saint-Julien (page 213), nous avons encore consulté sur les mines de Saint-Martin les documents suivants :

Documents
consultés.
Pièces trouvées à l'administration des mines à Paris :

1° Note de M. de Montagny sur le minerai de Saint-Just, trouvé par le sieur de Simiane en 1768, dans ses terres d'Urfé.

2° État des mines situées dans le district de Roanne, en nivôse an II.

3° Description d'une collection d'échantillons provenant des mines exploitées dans la concession de Saint-Martin, en frimaire an III. Ce mémoire renferme quelques détails sur les principaux filons.

4° État des produits des mines de Saint-Martin, an IV.

5° Tableau des mines exploitées ou suspendues autour de Saint-Martin, en frimaire de l'an IX.

6° Renseignements fournis, en 1807, par la famille de Blumenstein, sur les mines de Saint-Martin.

Pièces trouvées à Lyon :

1° État du 29 septembre 1739, signé de Blumenstein fils, donnant les produits des mines et usines de Saint-Martin pendant l'année 1738.

2° Lettre des sieurs Dubessey et Jaquesson demandant une concession de deux lieues à la ronde, autour de Saint Maurice-sur-Loire, où ils ont découvert une mine de plomb.

3° Réponse au sieur de Simiane, seigneur d'Urfé et de

Saint-Just, qui demande une concession dans l'étendue de
ses terres (10 août 1769). La demande est repoussée, parce
que ces terres sont comprises, dit-on, dans la concession
de Saint-Martin, ce qui n'est pas exact, au moins pour
Saint-Just.

Enfin, nous avons pu consulter aussi quelques documents
que la famille de Blumenstein remit, lors de la vente de
Saint-Ma in, au concessionnaire actuel, M. Giraud.

1° Filons de la rive gauche de l'Aix.

Passons à l'étude proprement dite des filons de Saint-
Martin, et commençons par le plus important de la concession, celui de Juré et Grézolles.

Le filon de Grézolles et Juré est situé sur la rive gauche
de l'Aix et paraît s'étendre parallèlement à la rivière, sur
une longueur d'environ trois lieues, depuis Écrat jusqu'à
Marcilleux: ou, du moins, les divers filons que l'on rencontre le long de cette ligne sont tous exactement dans
le prolongement l'un de l'autre, et offrent des caractères à
peu près identiques.

A Grézolles même le filon affleure à mi-coteau, entre la
rivière et le bourg, auprès du hameau de Fontferrière. La
roche encaissante est le schiste carbonifère, recouvert de grès
dur porphyrique, et entrecoupé de porphyre granitoïde à
grands cristaux de feldspath blanc.

Filon principal de Grézolles.

Le filon court sur h. 9 à 10 de la boussole magnétique,
et plonge de 78° au N. E., en sens inverse de la pente
du sol. Sa puissance est considérable. Jars dit qu'elle
varie depuis 3 à 4 pieds jusqu'à 10 ou 12. Ses épontes
sont en général friables et consomment beaucoup de
bois. Malgré cette grande puissance, le minerai ne s'y
présente qu'en veines et colonnes isolées *(boutonnées*, disent
les anciens rapports). La gangue se compose, outre les débris de la roche encaissante, de quartz et de baryte sulfatée,
en égales proportions. A la galène, on trouve partout mêlée

de la blende et du cuivre pyriteux. Deux échantillons ont donné à l'ingénieur König les teneurs suivantes :

Minerai en morceau... 73 p. o/o de plomb et 1 once 4 gros d'argent par quintal de plomb, soit 93 grammes aux 100 kilogrammes.

Schlich préparé....... 75 p. o/o de plomb et 1 once 6 gros d'argent par quintal de plomb, soit 109 grammes aux 100 kilogrammes.

Ces teneurs rendraient possible l'affinage du plomb d'œuvre, même sans appliquer le procédé de concentration dû à Patinson. Mais la famille de Blumenstein n'a jamais séparé l'argent contenu.

Filon latéral de Grézolles. A 4o toises au sud-ouest du filon principal, la galerie d'écoulement traverse un filon parallèle de moindre importance, mais qui néanmoins a pu être exploité avec avantage à cause de la solidité de ses épontes. Sa puissance varie de o^m,5o à o^m,65, sur lesquels le minerai pur occupe en certains points o^m,12 à o^m,15.

Origine des travaux de Grézolles. Quelques fouilles furent entreprises à Grézolles, dès les années 1734 à 1736. Mais les travaux d'exploitation proprement dits n'ont été ouverts qu'en 1763, par de Blumenstein fils.

Il attaqua le filon principal à mi-coteau, par une galerie à travers banc de 80 mètres, puis suivit le gîte lui-même, à droite et à gauche, dans le sens de la direction, en pratiquant d'ailleurs, depuis ce niveau, une série de puits inclinés à la recherche du minerai.

En 1766, lors de la visite de l'ingénieur König, la galerie de droite était arrêtée à la distance de 5o mètres, et communiquait au jour, à son extrémité sud-est, par un puits d'aérage. Elle ne devait être reprise que lorsqu'on aurait percé une galerie d'écoulement, alors en projet, au niveau de l'Aix.

Le percement de gauche, courant au nord-ouest, était déjà parvenu à la distance de 127 mètres, et donnait, par son avancement, «de fort bon minéral.» En divers points, on rencontra les travaux des anciens, qui dépassaient même le niveau de la galerie.

La mine occupait alors 19 ouvriers, savoir : 5 mineurs, 10 rouleurs et 4 casseurs ou trieurs. Le bocard ne fut installé qu'en 1770. On y établit 3 pilons, 3 tables à laver et un caisson allemand.

La galerie d'écoulement, au niveau de l'Aix, fut commencée un ou deux ans après la visite de l'ingénieur König. On l'ouvrit à 38 mètres au-dessous de la précédente. Elle rencontre le filon à 400 mètres environ de son embouchure et le poursuit ensuite en allongement sur près de 600^m (294 toises, dit Jars en 1781).

Percement de la galerie d'écoulement.

D'après le même auteur, ce filon aurait donné plus de minerai et plus de bénéfices que les autres mines du même district. Cependant la famille de Blumenstein, dans son mémoire de 1807, donne le premier rang à la mine de Poyet, près de Champoly. Celle-ci fut, en effet, exploitée pendant un laps de temps plus long, et a été surtout productive de 1730 à 1770 ; tandis que la mine de Grézolles, ouverte en 1763, ne donna réellement des produits importants que dans les dix ans qui précédèrent la visite de l'inspecteur Jars (1770 à 1780). Dans les années 1790 à 1792, l'extraction de Poyet fut de nouveau supérieure à celle de Grézolles. A cette époque, la mine de Grézolles fournissait à peine 500 quintaux anciens par an, tandis que, lors de la période la plus florissante, le produit annuel s'était parfois élevé jusqu'à 3,000 quintaux anciens.

Le grand filon fut abandonné vers la fin du siècle dernier, et dès lors on attaqua le filon latéral, que la galerie d'écoulement recoupe à 40 toises avant le grand. Ce dernier est épuisé au-dessus du niveau de la vallée, mais à peu près vierge dans les niveaux inférieurs. Les puits inclinés, foncés en reconnaissance au-dessous de la galerie, n'ont dépassé nulle part 15 à 16 mètres sur le grand filon. Les eaux gênaient des travaux simplement entrepris au treuil à bras.

D'après le mémoire de 1807, le filon latéral fut exploité
en allongement sur environ 400 mètres, et au-dessus de
la galerie d'écoulement, jusqu'au niveau de 50 à 60 mètres.
Quatre puits intérieurs étaient en outre foncés jusqu'à
30 mètres au-dessous du niveau de la galerie d'écoulement, et, à cette époque, on en commençait même un
cinquième. Le minerai se maintenait sur tous ces points,
et on se proposait même d'établir des pompes mues par un
manége. J'ignore si ce projet fut mis à exécution.

Production de la mine.

La mine et la laverie occupaient alors 40 ouvriers en
moyenne, et produisaient annuellement environ 700 quintaux anciens de minerai lavé. Les travaux furent à peu près
maintenus avec la même activité jusque vers 1825, puis
abandonnés en 1831.

Le concessionnaire actuel a fait rouvrir la galerie d'é-
coulement et un puits d'aérage qui y aboutit. Vers les derniers mois de l'année 1850, elle était relevée et pourvue
de rails sur environ 500 mètres. Mais quant au filon lui-
même, il n'est point encore repris. Il faudrait un moteur
hydraulique ou une machine à vapeur pour attaquer dans
la profondeur le filon vierge[1].

Filon de Juré ou de Durel.

Au nord-ouest de Grézolles, dans la commune de Juré,
on a longtemps exploité un filon de galène placé sur l'alignement de celui de Grézolles, et tout à fait semblable,
d'après l'ensemble de son allure et de ses caractères. Aussi,
malgré les trois mille mètres qui séparent les deux mines,
l'ingénieur König admettait, dès 1766, leur identité.

Le filon en question coupe transversalement, au nord
de Juré, le coteau situé entre le Tranlon et le ruisseau de
Giruzet. Il affleure au haut de la crête, et court parallèlement à l'Aix, du village de Durel vers celui de Bozon. De là
aussi le nom de mine ou filon de *Durel*.

Entre le filon et l'Aix, au mur du gîte, règnent principalement des schistes carbonifères fort durs et siliceux ; plus

---

[1] La nouvelle compagnie vient d'y installer une machine à vapeur
(1855).

au nord, et dans la partie supérieure, le grès porphyrique et le porphyre granitoïde. L'une et l'autre roche sont d'ailleurs traversées par des dykes de porphyre rouge quartzifère. La galerie d'écoulement, prise à travers banc au mur du filon, en recoupe plusieurs.

Le filon de Juré court sur h. 9 à 10 de la boussole magnétique, et incline, comme celui de Grézolles, du S. O. au N. E. Sa puissance varie depuis 1 mètre et 1ᵐ,50 jusqu'à 2 mètres. Il est régulier, mais ne renferme le minerai que par massifs ou colonnes isolées. Son extrémité orientale correspond à peu près au village de Durel. Les galeries d'allongement, ouvertes sur le filon, s'avancent d'autant plus dans la direction de l'est qu'elles sont plus basses. Les plus profondes se prolongent même jusque sous la vallée du Tranlon. En ce point, le filon se termine brusquement, ou plutôt est simplement rejeté par la faille à laquelle est due la vallée que parcourt le Tranlon. A son extrémité opposée, le filon disparaît aussi sur le flanc du vallon de Giruzet. Une faille analogue paraît avoir produit, en ce point, une vallée parallèle et un nouveau rejettement. Le filon renfermait, dans la partie haute, principalement de la baryte sulfatée; la galène y était rare. Plus bas, la baryte fait place au quartz et la galène y devient plus abondante. Elle est accompagnée d'un peu de blende, de pyrites cuivreuses et ferrugineuses, de spath-fluor en masses cristallines, de nuance jaune opaque, et de rares cristaux de spath calcaire ferro-magnésien.

Les épontes se composent, en grande partie, de schistes plus ou moins blanchis et ramollis, difficiles à maintenir sans une forte dépense en bois. Des débris de schistes composent aussi, en partie, le remplissage du filon.

Outre le filon principal, on a longtemps exploité une assez belle veine latérale qui tantôt se réunit au tronc, tantôt s'en détache jusqu'à la distance de plusieurs mètres.

Le filon de Juré est de tous les gîtes du Roannais celui qui a été le plus sérieusement exploité par les comtes du

Forez. Le long des affleurements, on observe une série de haldes, de puits et de profondes cavités qui datent de ce temps, et de Blumenstein fils trouva le grand filon à peu près épuisé, non-seulement dans les parties hautes au-dessus du niveau de l'Aix, mais encore à plus de trente mètres au-dessous. Les anciens l'avaient exploité sur une hauteur verticale d'au moins 110 mètres.

De Blumenstein père fouilla le filon en 1734, mais, trouvant partout les vieux travaux, il l'abandonna après deux ans de recherches infructueuses.

De Blumenstein fils reprit les fouilles en 1740, à peu près à mi-coteau; mais, rencontrant toujours les travaux des anciens, il y renonça à son tour dès l'année 1742.

Plus tard, vers 1770, espérant trouver le filon vierge à une profondeur plus grande, il commença une longue galerie d'écoulement à travers banc, au niveau de l'Aix. Mais la dureté des schistes siliceux, et bientôt aussi des difficultés financières, firent abandonner le travail commencé. L'inspecteur Jars la trouva suspendue en 1781. Peu après cependant elle a dû être achevée, car le filon était en exploitation en 1790; un état de 1792 indique même une production de 814 quintaux anciens, rendant 33 o/o de plomb. Vers la même époque, on établit près de l'embouchure de la galerie, sur les bords de l'Aix, une laverie que j'ai vue encore en activité en 1834.

La galerie a, depuis le jour jusqu'au filon, 173 toises de longueur, soit à peu près 340 mètres. Il a fallu sept années de travail effectif pour la percer. On n'avançait que d'un mètre par semaine.

La galerie rencontre le filon à 40 toises (80 mètres) verticalement au-dessous de son affleurement, près de Durel; et le gîte a été dès lors exploité jusqu'à 75 mètres au-dessous du niveau de l'Aix. Dans le sens de la direction, les travaux furent poussés jusqu'à 300 mètres.

En 1807, la mine occupait vingt-cinq ouvriers, dont neuf aux treuils intérieurs. A cette époque, on était parvenu à

3o mètres au-dessous de la galerie d'écoulement, sans avoir encore atteint la limite inférieure des vieux travaux. La production mensuelle était alors à peine de 25 quintaux anciens par mois, et le minerai provenait presque exclusivement de veinules latérales négligées par les anciens.

Quelques années après, on atteignit le massif vierge, et l'on installa, pour l'épuisement et l'extraction, une machine à vapeur intérieure au niveau de la galerie d'écoulement. C'est à l'aide de cette machine que l'on parvint, vers 1820 à 1825, au niveau de 75 mètres. Malheureusement, son installation était vicieuse et son entretien fort coûteux. Elle ne rendit pas les services que l'on en attendait. Il fallut y renoncer et la démonter. Une roue hydraulique, mue par l'Aix, ou une machine à colonne d'eau, desservie par les eaux de la vallée du Tranlon, aurait, sans aucun doute, rendu de meilleurs services. Aujourd'hui encore, il faudrait avoir recours à l'un ou l'autre de ces moyens pour exploiter sérieusement le filon de Juré.

La machine à vapeur étant démontée, on dut renoncer à la profondeur. Depuis ce moment, on se contenta de glaner dans les vieux travaux de la partie supérieure, ou de fouiller les veines secondaires situées au toit et au mur du filon principal. En 1834, je n'y trouvai plus que cinq ou six ouvriers, et dès la fin de la même année on abandonna la mine.

Le concessionnaire actuel y est rentré en 1850, mais sans entamer les niveaux inférieurs.

En résumé, les deux seules périodes pendant lesquelles le filon de Juré a été exploité un peu activement correspondent aux années 1790 à 1800, et 1815 à 1825; au reste, même alors, la production annuelle a rarement atteint le chiffre de 1,200 quintaux anciens. Pour 1792, nous avons cité 814 quintaux.

Dans le fond des travaux, à 75 mètres au-dessous de l'Aix, le filon conserve sa puissance normale de $1^m,50$, et s'y maintient métallifère. Quant à l'épaisseur réduite ou *utile* du filon, elle ne semble avoir dépassé nulle part 0^m,25, et en moyenne elle a dû être au-dessous de 0^m,20.

Les notes fournies par la famille de Blumenstein indiquent, pour Juré, une teneur en argent de 60 grammes aux 100 kilogrammes de plomb. Mais un échantillon pris sur les lieux en 1850 n'a donné à M. Janicot que 28 gr.; tandis que l'ingénieur König a trouvé, en 1766, en essayant le minerai des anciennes haldes, 60 o/o de plomb, et 125 grammes d'argent aux 100 kilogrammes de plomb d'œuvre.

Prolongement du filon de Juré et Grézolles au N. O. et au S. E. L'ingénieur König signale, comme prolongement probable du filon du Juré, celui de Charmay ou Chaumay, sur la rive droite de l'Aix. La position respective des deux gîtes autorise difficilement un pareil rapprochement. Par contre, on connaît, sur l'alignement du filon de Juré et Grézolles : au nord-ouest, les filons de Giruzet, d'Écrat et de Saint-Just-en-Chevalet; au sud-est, ceux de Chavagneux, Marcilleux et Lemoux.

Filon de Giruzet. Le filon de Giruzet est peu connu et ne fut jamais exploité d'une manière sérieuse. Quelques fouilles y furent cependant ouvertes vers 1810. Sa crête perce le flanc droit du vallon du Giruzet. Il est à gangue de quartz et de baryte sulfatée.

Filon d'Écrat. Le filon d'Écrat, situé sur le bord de la route entre Juré et Saint-Just, a été fouillé en 1835 et 1836, après l'abandon de la mine de Durel. Il est peu important et n'a d'autre gangue que les débris blanchis et kaolinisés du grès porphyrique encaissant, entremêlés de rares cristaux de spath-fluor violet. Sa direction est h. 11 à 12.

La galène tient, aux 100 kilogrammes de plomb, 26 gr. d'argent. Elle est éparpillée en grains peu volumineux au milieu de la gangue, et sa puissance utile est à peine de 0^m,03 à 0^m,04. Les travaux entrepris au treuil à bras furent abandonnés en 1836, après dix-huit mois de fouilles peu fructueuses.

Filons Auprès de Saint-Just même, on a exploré plusieurs filons, mais aucun ne paraît très-important. L'un d'eux est situé de Saint-Just. sur les bords de l'Aix, au pont de la Remise, près de la Filon
de la Remise. route de Saint-Just à Clermont. On y voit quelques haldes et les restes d'un ancien puits. La roche encaissante est le grès porphyrique kaolinisé; la gangue, surtout quartzeuse. On fouillait ce filon lors de la visite de l'ingénieur König; mais aucun des mémoires subséquents ne le cite. Cependant, les gens âgés du pays m'assuraient, en 1837, avoir vu travailler en ce point au commencement de ce siècle. Quoi qu'il en soit, ce qui distingue ce filon de tous les autres, c'est qu'on y a trouvé du plomb blanc et du plomb jaune. Sa direction, d'après König, serait h. 10. D'autres fouilles existent non loin de là, sur l'autre rive de l'Aix. Nous y reviendrons après avoir décrit les mines de Saint-Marcel et de Champoly.

A Juré même, ou plutôt au village de Bozon, on a ex- Filon
de Bozon. ploré en 1837 un filon de galène placé au toit de celui de Durel. Il court sur h. 7 à 8 et plonge au N. N. E. On l'a entamé par deux puits inclinés distants de 100 toises l'un de l'autre. La puissance du filon est de $0^m,20$ à $0^m,25$; il est presque exclusivement formé de baryte sulfatée et contient fort peu de galène pure. L'apparence du filon ne changeant pas au niveau de 15 à 20 mètres, on l'abandonna en 1838.

A un quart de lieue de la mine de Grézolles, en lon- Filon
de Chavagneux. geant d'amont en aval la rive gauche de l'Aix, on rencontre un premier filon sous le village de Chavagneux, près du moulin Viraud. Il part de la base du coteau et y pénètre dans la direction du N. 20° O. (h. 12). C'est une faible veine qui paraît se lier au grand filon de Grézolles : elle est inexploitée et tout à fait vierge. Mais l'ingénieur König conseillait de la suivre par une galerie de niveau prise en face du moulin Viraud.

Un échantillon de ce filon a donné 50 o/o de plomb et 1 once d'argent aux 100 livres de plomb (60 à 65 gram. aux 100 kilogrammes).

A deux mille mètres au sud de Chavagneux, on a exploité le filon de Marcilleux; il court sur h. 12, dit König. C'est le prolongement du filon de Grézolles, affirme Jars, en 1781. Dans tous les cas, il rejoint ce dernier et appartient, comme le précédent, au système des filons de Juré et Grézolles. On voit son affleurement au pied de la gorge qui limite à l'est le plateau de Marcilleux, et, en gravissant depuis ce point le coteau lui-même, dans la direction du village, on rencontre dans les champs les débris du filon, c'est-à-dire du quartz carié blanc, de la baryte sulfatée et de la galène. Le terrain encaissant se compose de grès porphyrique anthraxifère sur le haut du plateau, de schistes carbonifères dans la partie basse.

Une galerie d'écoulement et de roulage a été ouverte sur le filon, vers 1770, dans le fond de la gorge dont je viens de parler. A son embouchure, on voit encore aujourd'hui des fragments de quartz et de baryte sulfatée empâtant de la galène, de la blende, des pyrites de fer et de cuivre. On a exploité ce filon pendant vingt-cinq ans, mais d'une manière peu active, et sans jamais y faire de notables bénéfices.

Dans le mémoire du 3 brumaire an III, de Blumenstein assure «que le produit de cet ouvrage n'a jamais été bien fort.» La mine fut abandonnée en 1795.

Selon König, le minerai de Marcilleux rendait 70 o/o de plomb et 2 onces d'argent par 100 livres de plomb d'œuvre, soit 125 grammes aux 100 kilogrammes. Mais un échantillon pris sur les haldes ne m'a donné que 15 grammes. Y aurait-il en ce point deux filons différents?

Entre Marcilleux et Saint-Germain-Laval, on cite encore un filon dans une vigne au-dessus de Baffy : il court sur h. 12, traverse l'Aix et rejoint, sur l'autre rive, deux autres veines que l'ingénieur König mentionne près de Lemoux, entre Saint-Germain-Laval et Nollieux. L'un d'eux est orienté sur h. 10, l'autre sur h. 2 1/2. Aucun d'eux n'a été sérieusement fouillé.

Jars en parle sous le nom de filon de la Bruère, village très-voisin du hameau Lemoux. Il les dit pauvres, à gangue de quartz et de baryte sulfatée.

2° Filons de la rive droite de l'Aix.

Si maintenant, à partir de Saint-Germain, nous remontons la rive droite de l'Aix, nous trouverons successivement les filons suivants :

Dans la commune de Nollieux, j'ai cité trois filons barytiques. Deux d'entre eux furent fouillés pour plomb, mais sans beaucoup de succès. Le premier le fut, selon König, en 1741; il est situé à quelques cents mètres au nord-est du bourg. On y a trouvé peu de galène et des épontes très-friables : le filon paraît dirigé sur h. 4.

Filon de Nollieux.

Le second se voit au sud de Nollieux, sur le chemin du village d'Albieu. Voici ce qu'en dit Jars dans son mémoire de 1781 : « La direction du filon est S. S. E.-N. N. O. Il a « été attaqué au jour par un puits de 15 toises, dans lequel « on a trouvé à la troisième toise un très-beau rognon de « galène. On perça ensuite une galerie d'écoulement de « 140 toises au pied de la montagne, pour aller à la recherche du filon, qui, après avoir donné les plus belles « espérances, s'est appauvri dans la profondeur. Dans une « étendue de 80 toises, on n'a trouvé que très-rarement de « petits boutons de minerai. »

Entre Nollieux et Saint-Sixte, à un quart de lieue au nord de ce dernier bourg, l'ingénieur König mentionne deux filons très-voisins dont je n'ai pu retrouver les traces. L'un d'eux court sur h. 7; l'autre, placé à 60 toises à l'ouest, sur h. 9 1/2.

Filons de Saint-Sixte.

Le premier a été fouillé, il y a cent ans environ, en deux points différents, par les gens du pays. Quelques échantillons, trouvés sur les haldes, ont donné à König 63 o/o de plomb et 4 gros d'argent au quintal de plomb (32 grammes aux 100 kilogrammes). Cet ingénieur propose dans son procès-verbal un puits d'épreuve à l'intersection des deux filons, mais rien n'annonce que son conseil ait été suivi.

Aux environs de Saint-Martin-la-Sauveté, centre de l'ancienne concession, le nombre des filons est considérable, mais la plupart sont peu importants. König dit : « Il y a dans le canton une infinité de filons qui ne produisent du minéral qu'en boutons et rognons. »

Quelques-uns cependant ont été exploités fort anciennement, et de là vient sans doute le nom d'*Argentière*, donné à un petit village voisin de l'Aix, entre Saint-Martin et Grézolles. C'est aussi à Grézolette, dans la commune de Saint-Martin, que de Blumenstein père commença les premiers travaux dans les concessions de Couzan et de Saint-Martin-la-Sauveté.

L'exploitation avait même été entreprise avant cette époque par un nommé Figat, qui fut dépossédé par le sieur de Blumenstein en 1728.

Le principal filon court de Grézolette sur l'Argentière, parallèlement à celui de Grézolles, ou plus exactement sur h. 9 1/2 à h. 10. Il se compose de deux veines parallèles, dont la plus forte a de 0^m,50 à 0^m,60. Le terrain encaissant est le porphyre granitoïde, traversant des masses de schistes carbonifères. Les épontes sont friables et la gangue principalement quartzeuse.

Les travaux les plus importans sont situés au nord-ouest de Grézollette, entre les hameaux de Job et d'Argentière. De Blumenstein père attaqua la veine la plus forte, dans la partie haute, par des puits et une galerie de niveau. Il trouva un massif riche qui donna presque immédiatement beaucoup de minerai, mais qui bientôt se termina en direction d'une manière brusque. Abandonné en 1733, le filon fut repris en 1735 par une galerie basse : celle-ci est ouverte dans le fond du ravin qui sépare Grézolette du hameau de Job. Depuis cette époque, les travaux ont été poursuivis sans interruption jusque vers 1770.

En 1742, la mine occupait six mineurs et dix ouvriers divers. De Blumenstein ajoute que depuis sa reprise « cet ouvrage se paye. »

En 1766, la galerie basse longeait déjà le filon sur une étendue de 150 toises. Arrivée sous le plateau, elle fut mise en communication avec le sol par un puits dont la halde se voit encore aujourd'hui entre Job et les Forêts. « Ces travaux, dit König, ont fourni assez de minerai pour payer les frais et laisser même quelque bénéfice. » Mais dès lors les parties hautes se trouvèrent épuisées, et il ne paraît pas que l'on ait jamais sondé les niveaux inférieurs.

Un échantillon du minerai extrait a donné à König 73 o/o de plomb et 1 once 3 gros d'argent par 100 livres de plomb, soit 105 grammes aux 100 kilogrammes.

Peu de temps avant la visite de l'ingénieur König, on attaqua la seconde veine, en ouvrant une galerie presque en face de la précédente, sous le plateau même de Grézo-lette. Elle avait 60 toises en 1766, et « chemin faisant », dit König, « on a trouvé quelques morceaux de bon minéral. » A une quinzaine de mètres au delà, on rencontra un filon croiseur courant sur h. 4 1/2, que les anciens avaient déjà exploité le long de sa crête : au point de croisement, le gîte fut, dit-on, assez riche.

Enfin, plus tard, on poursuivit la même veine du côté opposé, sous le plateau du hameau de Job, parallèlement à la première veine; mais, peu d'années après, la mine de Grézollette fut abandonnée, car Jars la trouva fermée lors de sa tournée de 1781.

En 1766 comme en 1742, le nombre des ouvriers était de quinze à seize. La production annuelle n'a jamais été forte; en moyenne, peu supérieure à 200 ou 300 quintaux anciens. Un état authentique ne la fixe même, pour 1758, qu'à 114 quintaux.

Après un abandon de trente ans, la mine de Grézollette fut reprise en 1806 et maintenue en activité jusqu'en 1826, époque de la mort du nouveau chef de la famille de Blumenstein, chargé spécialement, par ses frères et sœurs, de la direction des mines. On exploitait alors, sous le plateau de Job principalement, la seconde des deux veines ci-dessus mentionnées.

Les travaux cependant ne furent jamais très-actifs; on ne les poussa pas au-dessous du niveau de la galerie d'écoulement, et la production annuelle fut encore moindre que dans la période antérieure.

Filon de Coran. — A l'époque où l'on entreprit les premiers travaux de Grézolette, de Blumenstein père attaqua aussi un autre filon orienté sur h. 12, situé près du village de Coran, à une demi-lieue au sud-est de Saint-Martin.

Il n'y trouva ni plomb, ni cuivre, mais des pyrites et de l'arsenic. C'est un filon de miss-pikel, se rattachant au groupe des environs de Saint-Thurin, dont nous avons déjà parlé (page 453).

Filons de la commune de Saint-Marcel-d'Urfé; filon du Garet. — On connaît plusieurs filons dans la commune de Saint-Marcel. L'un d'eux, celui du *Garet*, a produit beaucoup de minerai pendant quelques années. On y a rencontré une épaisse colonne de minerai massif dont la puissance s'est accrue, en quelques points, jusqu'à 1^m,50. C'est un renflement qui permit au sieur de Blumenstein de rembourser à ses créanciers, dans les années 1758 à 1763, une somme de 150,000 livres, et qui fournit, dans la seule année 1758, 5,600 quintaux anciens de minerai. Malheureusement, ce massif fut bientôt épuisé, et au delà, dans les parties voisines, le filon s'est montré partout stérile.

La mine est située en face de celle de Durel, à quelques cents mètres des bords de l'Aix, dans les schistes carbonifères. De Blumenstein fils découvrit ce filon en 1751 et l'exploita sans interruption jusqu'en 1764. Les anciens ne le connaissaient pas. Le minerai s'est bien soutenu jusqu'au niveau de la galerie d'écoulement, percée à 14 toises des affleurements. En ce point, on fonça un puits dans la colonne même, mais déjà, à 13 toises au-dessous de la galerie, le minerai se trouva réduit à de simples mouches. En même temps, les frais étaient devenus considérables, à cause des eaux et de la friabilité des parois du filon.

Cependant, des massifs analogues pourraient se retrouver sur d'autres points du même filon. On aurait dû le suivre avec une persistance plus grande, soit en direction, soit en profondeur.

Un autre filon fut exploité près de Saint-Marcel, de 1834 à 1836. Il est situé à 500 mètres au sud-est du bourg, dans la direction du village des Chaffréons. Le terrain encaissant est le schiste siliceux trappéen du mont Urfé, passant, dans les parties hautes, au grès ou poudingue porphyrique. La gangue se compose uniquement de débris altérés du même terrain. C'est une roche excessivement dure, dans laquelle les travaux de mines sont des plus coûteux. Le filon a d'ailleurs à peine quelques centimètres et semble même s'amincir en profondeur. Aussi fut-il abandonné après deux ans de travaux peu fructueux, entrepris à l'aide d'un simple puits à treuil de 10 à 12 mètres de profondeur.

Mine
de Saint-Marcel.

Un troisième filon, non encore exploité, a été reconnu dans le parc même du château de Saint-Marcel.

Deux filons plus considérables sont situés dans la partie occidentale de la commune de Saint-Marcel, sur la lisière est du bois d'Urfé; ce sont les anciennes mines de *Charmay* ou *Chaumay* et d'*Esserlon*.

La mine de Charmay est placée à mi-coteau, sur le versant nord du mont Urfé. C'est le filon que l'ingénieur König considère comme le prolongement de celui de Juré et Grézolles, à cause de leur identité de direction et d'aspect; mais, en consultant la carte, il est aisé de voir que le filon de Charmay est situé à 2,000 ou 2,500 mètres à l'ouest du second, qu'ils sont parallèles et non identiques.

Mines
de Charmay.

La gangue du filon de Charmay se compose de quartz et de baryte sulfatée, mêlés en proportions presque égales. Cependant le quartz domine dans les parties où se montre le minerai. Le filon est puissant, parfois il se renfle jusqu'à 3 mètres, mais alors il se divise en plusieurs veines, dont la principale a dû être assez riche, si l'on en juge par les travaux des anciens.

Le filon de Charmay, quoique repris dès 1735, ne fut sérieusement attaqué que vers 1760. De Blumenstein père fonça quelques puits qui ne purent dépasser, à cause des eaux, le niveau de 15 à 20 mètres. Son fils préféra percer, à travers banc, dans le grès dur siliceux, une galerie d'écoulement de 62 mètres, qui rencontra le filon au niveau de 24 mètres. Mais il trouva en ce point les anciens travaux des comtes du Forez. Cependant, les veines latérales, négligées par les anciens, fournirent un peu de minerai, et, en prolongeant la galerie sur le filon même, dans la direction du nord-ouest, on arriva au massif vierge, malheureusement aminci vers cette extrémité.

Du côté opposé, au S. E., de Blumenstein fils projetait, en 1766, une galerie inférieure, percée sur le filon même, à 17 mètres au-dessous de la précédente. A la même époque, il se proposait aussi de sonder, à l'aide d'un puits, la limite inférieure des vieux travaux. Mais ce double projet, pour lequel il aurait fallu une somme de 20,000 à 25,000 livres et dix ans de temps, ne semble avoir jamais reçu même un commencement d'exécution; car ni le rapport d'inspection de Jars en 1781, ni les mémoires plus récents, ne font aucune mention de la mine de Charmay. La nouvelle galerie aurait eu, jusqu'aux vieux travaux, au moins 400 mètres.

Lors de la visite de l'ingénieur König, la mine n'occupait que quatre mineurs et cinq manœuvres.

Le minerai de Charmay donne du plomb d'œuvre tenant 1 once 4 gros d'argent, soit 90 grammes aux 100 kilogrammes.

En résumé, la mine de Charmay n'a jamais fourni à la famille de Blumenstein beaucoup de minerai.

On l'abandonna, vers 1770, sans avoir fouillé le fond

des vieux travaux. Mais l'importance de ces derniers indique assez que le filon a dû renfermer des massifs riches,
et qu'il donnerait probablement encore des produits, si
l'on attaquait les niveaux inférieurs.

Le filon d'Esserlon ou d'Essarton fut peu exploité. Il est
situé à un quart de lieue au sud de Charmay et court sur
h. 11 à 12. La baryte sulfatée y domine en général, mais
le quartz accompagne le minerai. Les premiers travaux furent entrepris en 1764. Une galerie de traverse recoupe
le filon à 35 mètres du jour. A partir de ce point, on a suivi
le filon, dans les deux sens, suivant la direction. On trouva
d'abord assez de minerai, mais l'ingénieur König mentionne déjà en 1766 un appauvrissement notable, et peu
d'années après les travaux furent abandonnés.

Mine ou filon
d'Esserlon
ou d'Essarton.

Souterrainement, le filon a été exploré sur environ 200
mètres; mais à la surface, on le poursuit aisément sur une
longueur plus grande.

Le plomb extrait du minerai d'Esserlon a, selon König,
la même teneur que celui de Charmay.

En 1766, la mine occupait sept mineurs, trois rouleurs
et un laveur ou trieur de minerai.

Dans la commune de Champoly, sur le revers nord-
ouest du mont Urfé, on voit les haldes de l'une des mines
de plomb les plus importantes du Forez, celle de *Poyet*.
Elle a été exploitée par la famille de Blumenstein, de 1729
à 1809, et antérieurement par les comtes du Forez.

Filon
de Champoly
ou
mine du Poyet.

Le terrain encaissant est, dans certaines parties, le porphyre granitoïde, mais le plus souvent le schiste siliceux
vert, passant au grès dur porphyrique.

Le filon diffère des précédents par sa direction; il court
sur h. 5 à 6 (environ E. 25 N.) et plonge du S. au N.
sous l'angle de 80 à 85°. Il correspond sensiblement à la
ligne qui va du bourg de Champoly au château d'Urfé.

La gangue est surtout quartzeuse. En proportion moindre
se rencontrent la baryte sulfatée et la blende. Dans certaines parties, on cite aussi une terre jaunâtre, mêlée de

quartz, qui n'est sans doute autre chose que le schiste encaissant kaolinisé et broyé.

Le filon se compose de deux parties, la veine principale,
dit *grand filon*, et la veine *latérale*. Aucun des documents
n'indique leur puissance. Pourtant, la seconde est signalée
comme peu importante, tandis que l'autre a dû fournir à
diverses époques des quantités notables de minerai. La
galène s'y rencontre, au reste, comme dans les autres filons, sous forme de colonnes isolées. De plus, le gîte est
souvent croisé, ou plutôt rétréci, par des filons stériles,
courant sur h. 8 à 10.

Le minerai lavé a donné à l'ingénieur König 70 p. o/o
de plomb et 1 once d'argent aux 100 livres de plomb, soit
60 à 65 grammes dans les 100 kilogrammes.

Les travaux d'exploitation furent commencés à Poyet,
par de Blumenstein père, en 1729, peu de mois après l'ouverture de la mine de Grézolette. Il attaqua le filon par
une galerie d'écoulement, dite galerie *Saint-Antoine*, percée à mi-coteau, près du hameau le Poyet. Sa longueur
jusqu'au filon est d'environ 40 toises, et elle atteint ce dernier par les roches du toit. En 1742, on avait déjà parcouru
183 toises et abattu tout le minerai des massifs voisins. A
l'est, la galerie Saint-Antoine pénétra, dès cette époque,
jusqu'à 40 toises verticalement sous le sol; mais, en ce
point, on fut arrêté par un massif stérile que l'on ne cher-
cha pas à franchir. En 1766, les limites de la galerie sont
encore les mêmes.

Au-dessus de ce niveau, de Blumenstein père ouvrit deux
nouveaux percements, l'un à 8, l'autre à 16 toises; ce
sont les galeries *Vital* et *de Blumenstein*. La première atteint
le filon à la distance de 50 toises, après avoir longé, depuis
le jour, du N. E. au S. O., l'un des croiseurs ci-dessus mentionnés. Le filon lui-même a été poursuivi à ce niveau, du
côté ouest, au delà de 200 toises, et fut mis en communication avec la galerie inférieure, par une série de descentes.
On y trouva, dit l'ingénieur König, beaucoup de minerai.

A l'est du point où la galerie Vital atteint le filon, paraît la suite du massif stérile ci-dessus mentionné, et là aussi on ne tenta pas à le percer, pour rejoindre au delà le filon régulier.

La galerie de Blumenstein ne suit le filon que sur environ 50 toises, mais on y trouva de même beaucoup de minerai.

C'est dans ces parties hautes que l'on découvrit, en 1740, les anciens travaux des comtes du Forez.

A la même époque, de Blumenstein fils ouvrit, à 16 ou 17 toises au-dessous du niveau Saint-Antoine, une nouvelle galerie partant du jour, celle de *Saint-Étienne*. Sa longueur jusqu'au filon est de 125 toises. Elle traverse constamment des roches fort dures. A partir du point de rencontre, on a parcouru le filon, à droite et à gauche, sur une longueur totale d'au moins 260 toises, et partout où se montrait le minerai on a ouvert des gradins et des puits. En 1766, on était déjà descendu au niveau de 24 toises, et en 1794 de Blumenstein indique 32 toises comme profondeur extrême. Le minerai s'y montrait encore, mais la dureté du terrain encaissant et l'abondance des eaux rendaient l'approfondissement ultérieur à peu près impossible à l'aide de simples treuils à bras. Dès lors la profondeur fut abandonnée, et, à partir de 1795, on se retira graduellement, en abattant les massifs pauvres et les veines latérales autrefois dédaignés. Enfin, la mine fut complétement délaissée en 1809.

En résumé, le filon du Poyet a été exploité pendant quatre-vingts ans, et dans cet espace de temps on l'a suivi, en direction, sur plus de 500 mètres, et, en hauteur, sur environ 130 mètres, c'est-à-dire jusqu'à 64 mètres au-dessous du niveau de la galerie d'écoulement, ou 175 m. au-dessous du point le plus élevé de la crête du filon.

C'est de toutes les mines de la concession de Saint-Martin celle qui est demeurée le plus longtemps en activité, et dont la production a été la plus considérable et la plus constante; du moins, c'est celle qui a donné les plus forts produits jusqu'en 1770. A partir de cette époque, Grézolles, puis Juré, ont fourni davantage.

De 1730 à 1750, la mine de Poyet occupa cinquante à quatre-vingts ouvriers, produisant en moyenne par année 2,500 à 3,000 quintaux anciens, et, à certaines époques, jusqu'à 4,000 quintaux. Outre Poyet, on n'exploitait alors qu'à Grézolette, dont les produits ne furent jamais bien considérables.

En 1742, Blumenstein indique, pour Poyet seul :

Mineurs allemands.	12
Mineurs français	25
Brouetteurs.	30
Casseurs ou trieurs	6
Laveurs	6
Total	79 ouvriers.

A partir de 1750, les produits s'amoindrissent. En 1758, on indique à peine 900 quintaux.

Lors de la visite de l'ingénieur König, en 1764, la mine et la laverie n'occupent plus qu'une trentaine d'ouvriers, et dès lors ce chiffre est rarement dépassé.

De 1750 à 1790, l'extraction annuelle varie généralement entre 800 et 1,000 quintaux; elle s'élève rarement à 1,200. En 1792, elle descend à 500, puis bientôt à 300 ou 400, et demeure telle jusqu'à l'entier abandon de la mine.

L'atelier de Poyet fut de bonne heure muni d'un bocard à trois pilons et d'une table à laver les schistes; mais l'eau motrice manquait souvent; elle n'était fournie que par la galerie d'écoulement.

Filons dans la commune de Saint-Romain-sous-Urfé. — La commune de Saint-Romain-sous-Urfé renferme de nombreux gîtes de plomb, mais aucun d'eux n'a donné lieu à des travaux importants. Ce sont les filons de Grandry, du Vernay, de Génetines, de la Bombarde, de Combres et de Contenson.

Au-dessus du village de Grandry, on voit dans les champs les haldes de deux anciennes fouilles. L'une d'elles a été entreprise par de Blumenstein père, vers 1735. Après avoir reconnu le filon à la surface par de simples tranchées, il perça une galerie à travers banc de 80 toises, puis abandonna le travail commencé sans extraire du minerai. On ne sait même pas si le filon a été réellement recoupé, ou s'il est stérile en ce point. *Filons de Grandry.*

A 250 mètres de là, on explorait un second filon en 1807 : il avait été découvert par un paysan qui labourait. On l'a suivi en descente jusqu'à 15 ou 20 mètres; on y trouva un peu de minerai; mais l'irrégularité de la veine et l'affluence des eaux firent abandonner la fouille. Le terrain encaissant était également peu favorable. Le sol est formé de grès porphyrique extrêmement micacé qui, d'abord dur, se délite ensuite à l'air.

Dans le flanc occidental du coteau de Vernay, à peu de mètres au-dessus de la limite du granite, on a découvert, en 1836, un filon de galène à gangue argilo-ocreuse, dans la propriété de J.-B. Rivaux. La famille de Blumenstein y fit ouvrir quelques travaux, mais les abandonna peu après, à cause de la pauvreté du gîte. *Filon du Vernay.*

Le filon paraît orienté, comme la faille de Saint-Thurin, parallèlement à la limite du granite. La galène est peu argentifère.

Non loin du Vernay, au château de Génetines, on trouva vers la même époque, en creusant un puits à eau, un filon de galène à larges facettes, situé, comme le précédent, près de la lisière du terrain granitique. Il n'a pas été exploré, et rien ne dénote en ce point un filon riche. *Filon de Génetines.*

Rappelons en passant le filon plombo-cuivreux de la Bombarde (page 449). C'est une veine de galène grenue, entremêlée de pyrites de fer et de cuivre, dans le marbre blanc de la Bombarde. On n'y a jamais entrepris au- *Filon de la Bombarde.*

31

cune fouille. Le minerai renferme d'ailleurs fort peu d'argent.

Filons de Combres ou de Chautelot.

En suivant, depuis la Bombarde vers Saint-Just, la route de Thiers à Roanne, on rencontre à la descente du pont de la Remise deux anciennes fouilles, situées l'une à gauche, l'autre à droite de la route.

La plus rapprochée du pont est ouverte, à l'est de la route, sur un filon orienté h. 9. Il est à gangue de quartz et contient, outre la galène, des pyrites de cuivre et du carbonate vert. Sa puissance est de 0^m,30 à 0^m,35, mais il est pauvre en substances métalliques. Plus haut, le même filon se voit dans une carrière de pierre. Là, il se réduit à 0^m,06 et se compose de quartz blanc tout à fait stérile.

A l'ouest de la route, à 400 mètres de la précédente fouille, on a attaqué un deuxième filon, semblable au premier par les matières qu'il renferme.

L'une et l'autre fouille furent abandonnées à une faible profondeur, faute de minerai. Aucun des anciens rapports ne mentionne ces recherches.

Filon de Contenson.

A deux kilomètres à l'est de Combres, on rencontre un dernier filon au haut de la crête sur laquelle est bâti le château de Contenson. La roche encaissante est encore ici le grès dur porphyrique. Le filon, quoique très-apparent à la surface du sol par un puissant affleurement de 0^m,50, n'a cependant donné lieu à aucune fouille. Cela vient sans doute de l'extrême dureté de la gangue, qui se compose ici de quartz blanc saccharoïde, faiblement mêlé de baryte sulfatée, et de la manière d'être de la galène, qui se présente en mouchetures extrêmement fines, uniformément répandues dans toute la masse.

Demande en concession du sieur de Simiane.

Notons, en terminant cette énumération des filons de la vallée de l'Aix, qu'en 1768, M. de Simiane, devenu propriétaire des seigneuries de Saint-Just et d'Urfé, demanda la permission d'exploiter les mines de plomb dans l'étendue de ses terres de Saint-Just.

La demande fut repoussée par arrêt du 10 août 1769.

et le refus était basé sur les priviléges accordés au sieur de Blumenstein; mais on faisait erreur sur la limite de ces droits. Le cercle de deux lieues de rayon, tracé de Saint-Martin comme centre, comprend bien Urfé et la mine de Poyet, mais non Saint-Just et les filons de Saint-Romain. Ainsi, tandis qu'à Saint-Julien on autorisait en 1768 des exploitations étrangères, celle de Saint-Jeurre, presque au centre de la concession de Blumenstein (page 220), on empêchait à Saint-Just, en 1769, des travaux utiles, en exagérant sans motif valable le rayon de la concession légale!

3° Filons de la vallée de Saint-Thurin.

Les filons plombeux de la vallée de Saint-Thurin sont peu nombreux, et surtout moins importants que ceux des bords de l'Aix. La plupart appartiennent à l'ancienne concession circulaire de Sail-sous-Couzan, et presque tous aussi se rattachent à la grande faille de Saint-Thurin, qui a relevé le granite sur la rive droite de l'Auzon, parallèlement au système du Morvan (N. 50° O.).

Nous avons déjà cité, dans le plan de la faille même, les grands filons quartzeux de Saint-Thurin, Chorigneux et Prellion (page 178), et le filon baryto-plombeux de la Rivière, près Rochefort (page 445).

Nous devons y joindre le filon plombeux de Sail-sous-Couzan, qui a donné lieu à la concession de ce nom. Il a a été fouillé à diverses reprises, et en dernier lieu vers 1825, mais toujours sans succès. Son affleurement se voit dans une vigne, non loin de la source alkalino-gazeuse que l'on utilise à Sail. Sa puissance et sa teneur sont faibles, et son allure irrégulière. König en parle en ces termes : «La fouille a été commencée par de Blumenstein père, et «depuis elle fut reprise par le fils, qui l'a de nouveau abandonnée en 1756, lorsque les mines furent saisies par ses «créanciers. Nous n'avons pu visiter que l'entrée d'une «galerie qui paraît avoir été poussée assez loin sur le filon.

Filon de Sail-sous-Couzan.

31.

«Dans un roc extrêmement sauvage, on a trouvé par inter-
«valles quelque peu de minerai, mais il est en si petite
«quantité et le filon est tellement serré, que cette entreprise
«ne donne guère d'espérance d'amélioration pour l'avenir.
«La direction du filon est de h. 9, et son inclinaison peu
«sensible de l'ouest à l'est.»

Filon
de la Soulagette.

Aux environs de Saint-Thurin, où les veines de misspikel
sont si abondantes, on connaît également des filons de
galène. L'un d'eux est situé à cent pas environ de la route
de Clermont, sur les bords d'une vigne, dans le flanc
gauche de la vallée, à 200 mètres en amont de la maison
du chaufournier Berthier, de la Soulagette. Le minerai fut
trouvé vers 1838, en travaillant la terre. C'est une galène
compacte ou fibreuse, formant une veine de quelques centimètres entre deux salbandes argilo-ocreuses. La direction
est sensiblement nord-sud et son inclinaison à peu près
verticale. Une fouille serait nécessaire pour apprécier son
importance, et ce travail serait facile puisque la veine se
montre à nu au pied d'un coteau escarpé de plus de cent
mètres d'élévation. La galène est à peine argentifère.

Filons
de Saint-Thurin.

Dans le bourg même de Saint-Thurin, les habitants ont
plusieurs fois rencontré des fragments de galène en creusant
soit des puits à eau, soit les fondations de leurs maisons.
Il y a là comme un réseau de veines pyriteuses, arsénicales
et plombeuses, dont on ignore l'importance, car aucune
fouille sérieuse n'y a été entreprise.

4° Groupe des filons de la vallée de la Loire.

Les filons du bassin de la Loire ne sont guère plus nombreux que ceux de la vallée de Saint-Thurin, et les fouilles
également insignifiantes.

Filon
de
Saint-Maurice-
sur-Loire.

En juillet 1751, les sieurs Dubessey, écuyer, Benoît
Jaquesson, négociant, et Michel Bergier, bourgeois, deman-
dent à exploiter en commun une mine de plomb trouvée à
Saint-Maurice, sur les bords de la Loire; et, en outre, le

privilége exclusif de deux lieues à la ronde autour de ce bourg. La demande ne fut point accueillie, quoique Saint-Maurice soit de beaucoup en dehors des deux concessions circulaires du sieur de Blumenstein. Ni König, ni Jars ne parlent de ce gîte, et je n'y ai rencontré aucune trace de recherches ni d'exploitation.

Dans un mémoire de l'an vi, Passinges le cite en ces termes : « A douze ou quinze pas des piles du pont Romain, sur les « bords de la Loire, existe une ancienne fouille sur du « plomb, dans du spath pesant, et plus loin on trouve « des cristaux de spath-fluor. »

Des indices plus sérieux se rencontrent, à une lieue vers le sud, dans la commune de Bully. König les mentionne en passant, et Passinges indique en ce lieu des pyrites, de la galène et du spath pesant. J'ai vu, en effet, dans le voisinage du grand filon porphyrique qui descend de Chaume vers Chantois, une foule de veines quartzeuses, entremêlées de baryte sulfatée. Et au lieu dit le Penneron, à mi-chemin entre Foëve et Chantois, un paysan a même exploité pendant quelques mois un peu de galène, en 1837.

A Bully et Saint-Maurice, la roche encaissante est le grès porphyrique du terrain anthraxifère.

Filons de Bully.

Passinges dit encore : « On assure qu'une mine de plomb « existe à Vendranges, sur l'autre rive de la Loire. Il fau- « drait, dit-il, vérifier le fait. » J'ignore sa position et n'ai pu constater la vérité de l'assertion; mais il se pourrait bien que l'on eût rencontré des fragments de galène dans les filons quartzeux de la butte de Cordelles, au-dessus de Vendranges, qui ne diffèrent en rien des veines siliceuses de la commune de Bully, que je viens de rappeler.

Filon de Vendranges.

Un gîte plus important existe à Villemontais, au nord-ouest de Saint-Maurice. König, Jars et Passinges en parlent. De Blumenstein fils y fit travailler de 1749 à 1755, quoique ce point soit de beaucoup au delà des limites de l'ancienne concession.

La mine est située à un quart de lieue au sud-est de

Filons de Villemontais.

Villemontais, sur la lisière du bois Potereau, au bord du chemin qui va du bourg au village d'Ary.

On voit encore, parmi les débris extraits, des blocs de baryte sulfatée. Le filon exploré se compose de trois veines distinctes mais rapprochées, courant sur h. 8, 9 et 10. On les a poursuivies par puits et galeries jusqu'à la profondeur de 40 à 50 mètres, mais sans y découvrir beaucoup de minerai, et sans aller jusqu'au point de convergence et de croisement, où peut-être on les eût rencontrées plus riches.

Selon König, ces veines seraient peu régulières et d'une exploitation peu productive. Il approuve dans son procès-verbal leur abandon.

Filons des côtes d'Ambierle et de Renaison. Au nord et à l'ouest de Villemontais, on trouve en divers points des côtes de Renaison et d'Ambierle d'autres indices de galène, mais aucune trace d'exploitations sérieuses.

Ainsi, près de Chériez, en montant la route de Roanne à Clermont, Passinges cite des veines de baryte sulfatée avec du spath-fluor et des terres rougeâtres (sans doute des pyrites décomposées).

A Saint-Alban, König signale un mince filon de galène d'une faible importance.

Entre Renaison et Saint-Haon, il y a, selon Passinges, des filons de quartz et de baryte sulfatée, où la galène ne saurait manquer.

A une demi-lieue à l'ouest de Saint-Haon-le-Vieux, le même auteur signale encore une petite galerie fort ancienne, au fond de laquelle on voit des traces de plomb.

Enfin, nous devons rappeler le grand filon barytique exploité à Ambierle, où des mouches de galène paraissent au fond des travaux à ciel ouvert.

On ne connaît aucun filon de galène sur la rive droite de la Loire. Observons, enfin, que tous les filons plombeux dont je viens de parler, excepté le gîte problématique de Vendranges, appartiennent à la rive gauche de la Loire. Sur l'autre rive, je n'en connais aucun. Cependant, la galène ne saurait entièrement manquer dans les quelques rares filons baryto-quartzeux du plateau de Neulize.

5° Production totale des mines de Saint-Martin.

Résumons maintenant les principales données sur la production des mines de Saint-Martin pendant les diverses phases de leur exploitation.

Les premières fouilles datent de 1728 et 1729. On travaille à Grézollette et au Poyet, et jusqu'en 1751 ce sont les seules mines sérieusement exploitées dans le Roannais. Pendant cette période de vingt ans, le nombre des ouvriers varie en général entre 50 et 100, et le produit annuel en minerai préparé est de 3,000 à 3,500 quintaux anciens, rendant à la fonderie 48 à 50 p. o/o de plomb métallique. C'est l'une des périodes les plus florissantes de Saint-Martin.

Pour l'année 1738, les états accusent 1,900 quintaux de plomb métallique, valant 38,000 livres, à 20 livres le quintal. A la même époque, l'ensemble des frais ne s'élevait qu'à 23,000 livres, ce qui laissait un bénéfice net de 15,000 livres.

En 1739, on indique par semaine jusqu'à 100 quintaux de minerai préparé, soit 50 quintaux de plomb. Et pour l'année 1741, les rapports donnent 3,200 quintaux de minerai, ou 1,500 quintaux de plomb métallique.

Dans le courant de l'année 1751, le Garet s'ajoute aux deux mines précédentes, mais l'extraction n'y devient importante qu'en 1758, tandis que Poyet décline sensiblement dès 1750. Aussi, de 1750 à 1758, le produit moyen dépasse rarement le chiffre de 2,500 à 2,800 quintaux anciens : c'est, en effet, l'époque où de Blumenstein fils se vit forcé de recourir à la voie des emprunts. Il est vrai qu'alors aussi, en 1750, la crue de la Gère, à Vienne, lui fit éprouver une perte nette de 60,000 livres.

Grâces au Garet, le produit total des mines de Saint-Martin monte à 6,830 quintaux anciens pour la seule année 1758 : c'est le maximum du produit annuel de la concession. Malheureusement, l'année suivante, il redescend déjà à 4,000 quintaux, et dès 1761 au chiffre normal de 3,000 quintaux.

La mine de Charmay, ouverte en 1760, et celle d'Esserlon en 1764, ajoutent peu au produit moyen et ne compensent pas la perte provenant de l'abandon du Garet dans le courant de la même année 1764.

Cependant le concessionnaire multiplie les attaques. En 1763, il entame Grézolles, qui bientôt dépasse en importance toutes les autres mines. Et même, pour concentrer sur ce filon puissant toutes ses ressources, il ferme en 1770 les travaux de Grézollettes, Esserlon et Charmay, tandis qu'il construit un bocard à Grézolle et ouvre à Marcilleux une nouvelle mine sur le prolongement du filon de Grézolles.

Bref, de 1760 à 1770, le produit moyen des mines de Saint-Martin a rarement dépassé 3,000 quintaux anciens.

Une période plus prospère s'ouvre alors et se maintient jusqu'à l'année 1780. On exploite annuellement 3,500 à 4,000 quintaux, et le nombre total des ouvriers s'élève parfois jusqu'à 120.

Les mêmes filons de Grézolles, Marcilleux et le Poyet sont encore exploités de 1780 à 1790, et, vers 1785, Juré commence aussi à fournir du minerai. Malgré cela, la production moyenne descend de nouveau à 3,000 quintaux : c'est le chiffre que cite Jars dans son mémoire de 1790. «Mille quintaux, dit-il, sont vendus comme alquifoux et «deux mille sont grillés et fondus.» Il évalue à cent le nombre des hommes occupés aux mines.

Dès lors, l'exploitation baisse dans toutes les mines, sauf à Juré. On se plaint du manque de bras causé par les guerres de la révolution. D'ailleurs, au mois de pluviôse an II, le séquestre est mis sur les mines de Saint-Martin, à cause de l'émigration des quatre fils de Blumenstein, et n'est levé que deux ans après. Le concessionnaire lui-même reste en France et dirige ses mines de Vienne et Saint-Julien jusqu'à l'époque de sa propre détention, qui pourtant ne dura que quelques mois. Toutes ces circonstances devaient nuire à la prospérité des mines. On les maintint néanmoins en activité, à cause du haut prix du plomb et des fournitures que réclamaient les armées de la république.

Le 14 nivôse an III, de Blumenstein écrit aux commissaires du gouvernement qu'il peut remplir l'engagement pris par lui, de fournir dans l'année aux armées de la république, à l'aide de ses trois fonderies, 1,200 quintaux de plomb.

D'après les registres de la famille de Blumenstein, dont un extrait m'a été communiqué par M. Giraud, le concessionnaire actuel, l'extraction annuelle, de 1790 à 1793, a dû être, en moyenne, aux mines de Saint-Martin, de 2,500 quintaux anciens.

	Quint. anc.	
Pour l'an IV, de............	2,238	
V, de............	2,273	Marcilleux est abandonné, et les ouvriers manquent à cause des guerres.
VI, de............	1,101	
VII, de............	1,022	
VIII, de............	1,170	
IX, de............	1,518	
X, de............	1,413	
XI, de............	1,693	
XII, de............	1,985	
XIII, de............	1,745	
Total des 10 ans...	16,158	

Soit une moyenne de 1,616 quintaux anciens.

En 1806, on rouvrit Grézollette; ce qui fit remonter l'extraction totale à 1,879 quintaux anciens.

En 1807, elle fut de 1,787, dont la moitié environ de la mine de Grézolles.

En 1808, de 1,788.

En 1809, on abandonne Poyet, et la production descend à 1,442 quintaux anciens.

Mais, dès l'année suivante, l'installation de la machine à vapeur sur les travaux de Juré permet de l'élever de nouveau. Les registres de la famille de Blumenstein donnent en effet :

Pour 1810.........	925 quint. mét., soit 1,850 quint. anc.		
1811.........	908		
1812.........	873		
1813.........	795		
1814.........	755		
1815.........	986		
1816.........	787		
1817.........	625		
1818.........	674		
1819.........	730		
1820.........	856		
1821.........	906		
1822.........	780		
1823.........	648		
1824.........	704		
1825.........	410		

Total des 16 ans..... 12,362 quint. mét.

D'où, en moyenne annuelle, 773 quintaux métriques ou 1,550 quintaux anciens.

En 1826, on abandonna Grézolette et les partie basses de la mine de Juré. Dès lors, l'extraction annuelle fut à peine de 300 quintaux métriques, et les dernières années encore plus faible.

En résumé, l'extraction totale des mines de Saint-Martin, de 1729 à 1844, peut être fixée ainsi qu'il suit :

De 1729 à 1750....................	70,000 quint. anc.
1751 à 1760....................	33,000
1761 à 1770....................	30,000
1771 à 1780....................	37,500
1781 à 1790....................	30,000
1791 à 1805....................	24,000
1806 à 1825....................	31,620
1826 à 1844....................	6,000

Total approximatif.......... 262,120

Soit, en kilogrammes, 13 millions; c'est-à-dire près de
0,45 de la production totale des mines de la famille de
Blumenstein, tandis que Saint-Julien fournit à peu près
0,30 et Vienne 0,25 du produit total.

6° Fonderie de la Goutte.

Jusqu'en 1825, on traitait le minerai de Saint-Martin à
la fonderie de la Goutte, dans la commune des Salles, canton
de Noirétable. Depuis cette époque, toutes les parties
non directement vendues comme alquifoux furent trans-
portées à l'usine de Vienne.

On préparait le minerai dans les laveries établies sur
les mines ou à la fonderie même. Poyet avait, en effet, un
bocard à trois pilons et une table; la mine de Grézolles, un
bocard semblable, avec trois tables et un caisson allemand.
A Juré et à la Goutte se trouvaient également un bocard et
des appareils à laver les sables.

La fonderie était d'ailleurs organisée comme celle de
Saint-Julien, si ce n'est que le four de grillage marchait
au bois et non à la houille. Elle fut établie, en 1730, sous
la digue d'un étang recevant les eaux du ruisseau des
Salles. Elle comprenait un four à réverbère pour le grillage,
deux fours à manche pour la fusion, et le bocard à trois
pilons déjà mentionné.

Le four à réverbère ne fut toutefois construit que vers
1745, car le mémoire de 1742, signé de Blumenstein,
mentionne encore le *rôtissage* allemand en tas ou stalles.
On grillait alors à trois feux, en mêlant de la chaux au
minerai. L'usine occupait, à cette époque, un directeur,
un contrôleur, un maître fondeur, deux aides, six laveurs
ou rôtisseurs et un bocardeur.

En 1766, König indique un directeur, deux contrôleurs,
un maître et deux fondeurs, quatre rôtisseurs ou aides
pour le four à réverbère et un charpentier; et telle a dû être la
consistance de l'établissement et de son personnel jusqu'à
sa fermeture, en 1825. Mais le minerai fourni par les

mines devait être rarement en quantité suffisante pour maintenir l'usine en activité constante.

Les opérations étaient conduites comme à Saint-Julien ; mais le minerai, mieux préparé ou naturellement plus riche, rendait, au fourneau à manche, une proportion plus forte de plomb, avec une consommation moindre de charbon de bois.

Le rendement ordinaire était de 50 p. o/o.

En 1807, on adopta la nouvelle méthode, dite *de précipitation*, dans le fourneau viennois. Neuf cents à mille kilogr. de galène étaient décomposés par 250 à 300 kilogr. de ferraille, et donnaient, en quinze ou dix-huit heures, environ 500 kilogr. de plomb, avec une consommation de 550 kilogr. de houille.

7° Reprise des mines de Saint-Martin.

Examinons, pour terminer, quelles peuvent être les chances futures de la reprise projetée des mines de Saint-Martin, et comment on devrait diriger ces nouveaux travaux.

En résumant les résultats obtenus aux mines de Saint-Julien, nous avons exprimé l'opinion formelle que leur reprise était impossible ; que la faible puissance utile des filons et la teneur si basse du plomb d'œuvre enlevaient aux travaux futurs toute chance de succès ; que, seuls, un certain nombre de filons blendeux de la Combe de Broussin mériteraient d'être explorés au point de vue de l'alimentation, jusqu'à ce jour si incertaine, de l'usine à zinc de la Poëpe, près de Vienne.

Si, maintenant, nous nous posons la même question pour les filons du Roannais, notre réponse ne saurait être aussi formelle. La puissance des filons y est, en général, plus grande et leur teneur en argent plus élevée. Ce sont les mines de Saint-Martin qui ont fourni la quote-part la plus forte à l'extraction totale, et ce sont elles aussi qui ont mis le concessionnaire en état de rembourser, en trois ou quatre ans

(1758 à 1762), 150,000 livres à ses créanciers. La famille de Blumenstein paraît, d'ailleurs, avoir constamment attaché plus d'importance aux filons de Saint-Martin. Des trois concessions de Saint-Julien, Vienne et Saint-Martin, celle-ci seule n'a pas été abandonnée spontanément, et fut maintenue en activité jusqu'à l'année de la vente, en 1844.

La plupart des mines de Saint-Martin sont favorablement placées, au point de vue des travaux. Des galeries d'écoulement peuvent recueillir les eaux de surface, tandis que l'Aix peut être utilisée pour les laveries ou, comme moteur puissant, pour les machines d'extraction et d'épuisement.

Si la valeur du plomb est moins élevée aujourd'hui que dans le siècle dernier, on peut cependant attribuer au minerai presque la même valeur, à cause de l'argent contenu. Les 100 kilogr. de minerai se vendaient, terme moyen, dans le siècle dernier, environ 35 fr. Le même minerai ne vaudrait aujourd'hui que 20 fr., en négligeant comme autrefois l'argent contenu. Mais si nous admettons, d'après les essais de l'ingénieur König, une teneur moyenne de 80 à 90 grammes d'argent aux 100 kilogr. de plomb d'œuvre, la valeur du minerai serait d'environ 30 fr., déduction faite des frais de traitement.

Enfin, si la main-d'œuvre s'est accrue considérablement depuis cinquante ans, dans les travaux de mines surtout, il ne faut pas oublier non plus que les machines remplaceraient aujourd'hui une partie de la main-d'œuvre. Ainsi, on est frappé, en lisant les anciens documents, que le nombre des ouvriers occupés au transport intérieur dépassait très-souvent celui des mineurs. C'est qu'alors, au lieu de chemins de fer intérieurs et de bennes à roulettes, on avait des brouettes; et au lieu de machines d'épuisement et d'extraction, mues par l'eau ou la vapeur, de simples treuils à bras, qui rendaient les travaux au-dessous du niveau des galeries d'écoulement, sinon impossibles, au moins fort coûteux.

Par ces motifs, on peut, je crois, admettre que les conditions générales sont, pour le moins, aussi favorables dans le moment présent que dans le siècle dernier; et si les travaux de Saint-Martin ont donné réellement quelques bénéfices il y a cent ans, ils devraient pouvoir en donner encore aujourd'hui.

Mais y a-t-il eu réellement des bénéfices : là est la question. Or, il serait difficile de le dire d'une manière positive. König reconnaît que de Blumenstein père en a fait, mais en *écrémant les filons*, et il ajoute aussitôt : «Le fils s'y est «ruiné.» Il est vrai que cette observation s'applique à l'ensemble des mines, et que les pertes provenaient surtout des mines de Vienne et de Saint-Julien.

Dans tous les cas, les bénéfices, si bénéfices il y a eu, n'ont jamais été importants, et on les doit à l'organisation simple et économique de l'entreprise.

Il n'y eut là ni état-major superflu, ni fonds social exagéré ou fictif. On n'a jamais attribué à la concession d'autre valeur que celle due à l'argent réellement dépensé dans les travaux.

Pour espérer de nouveaux bénéfices, il faut donc, avant tout, suivre la même marche. Direction simple : c'est-à-dire un seul homme, à la fois ingénieur et directeur, et, comme fonds capital, uniquement l'argent consacré aux travaux. Tout autre système serait ruineux et conduirait rapidement à la liquidation de la compagnie. Évidemment, si Vialas et Pontgibaud, avec des plombs d'œuvre de 4 à 500 grammes, ont de la peine à se soutenir, les mines de Saint-Martin, avec des filons semblables, et une teneur en argent de 80 à 90 grammes seulement, ne pourront vivre qu'à la condition de la plus stricte économie.

En résumé, si le succès ne saurait être garanti à la compagnie qui veut aujourd'hui reprendre Saint-Martin, on doit cependant reconnaître que les résultats précédemment obtenus sont au moins de telle nature, qu'une nouvelle exploration des filons est désirable.

Mais, où et comment entreprendre ces nouveaux travaux ? Il faut d'abord s'attacher exclusivement aux principaux filons, au moins à l'origine : c'est-à-dire, aux gîtes de Juré, Grézolles, le Poyet et le Garet, peut-être encore Charmay. En second lieu, les explorer de suite dans la profondeur, c'est-à-dire à 100 mètres au moins au-dessous du point le plus bas des anciens travaux.

Ainsi, à Juré, on foncerait à l'aide d'une machine loco-mobile, un puits vertical de 200 mètres dans le fond de la vallée du Tranlon, puis on recouperait le filon lui-même, à ce niveau, par une galerie à travers banc.

On ne relèverait l'ancienne galerie d'écoulement le long du filon, pour empêcher l'infiltration des eaux de surface, et, surtout, on n'installerait des machines hydrau-liques pour l'épuisement et l'extraction, que dans le cas où ces premières recherches, entreprises à la vapeur, auraient donné des résultats satisfaisants.

Le même travail, mais en se bornant à 150 mètres, pourrait être entrepris à Grézolles.

Quant à Poyet, la reprise offrirait certainement un bien grand intérêt, puisque c'était la mine la plus importante et la plus riche de la concession de Saint-Martin. Malheureu-sement, son éloignement de l'Aix rendrait les travaux ulté-rieurs plus coûteux et la préparation mécanique plus difficile.

Filons cuivreux.

Les terrains de transition du département de la Loire ne renferment aucun filon exclusivement cuivreux. Mais, dans la plupart des gîtes plombeux, on rencontre du cuivre pyriteux en proportion plus ou moins forte. Nous devons surtout rap-peler les filons de Marcilleux, de la Bombarde et de Combres, où les pyrites cuivreuses semblent en proportion assez forte pour être triées avec avantage si l'on exploitait ces filons.

Filons d'antimoine sulfuré.

On connaît un seul filon antimonial dans le terrain de

transition de la Loire, celui de Montmin, commune de Sainte-Colombe.

Il a été exploité, au commencement de ce siècle, par la compagnie Oddoux, de Lyon. M. Guényveau le cite dans son mémoire sur les mines du Forez, publié en 1808[1]. « Le « filon paraît épuisé, après avoir donné, en peu de mois, « 30 à 40,000 kilogrammes de sulfure. » Pourtant, on ne doit entendre par ces termes que l'épuisement d'une première poche ou colonne de minerai. Aucune fouille sérieuse n'indique, en effet, l'état du filon dans la profondeur.

En 1838, le propriétaire du sol fit rouvrir les travaux. Lors d'une tournée que je fis sur les lieux, vers cette époque, j'y rencontrai deux ouvriers.

Le filon fut découvert dans une carrière où l'on exploite le calcaire carbonifère pour la fabrication de la chaux. Le filon traverse le schiste et le calcaire. Sa puissance est de 0^m,60 à 0^m,90, et sa direction semble parallèle à celle des bancs du terrain, c'est-à-dire de h. 8. Il n'y a pas de gangue proprement dite, ou, du moins, elle se compose uniquement de fragments broyés et partiellement altérés du terrain encaissant. Le sulfure d'antimoine est tout à fait pur, et se présente sous forme de veinules, plus ou moins fortes, au milieu de la masse argilo-calcaire du filon. Dans les anciens travaux, le sulfure est couvert d'efflorescences blanches et rouges (oxyde et oxysulfure d'antimoine).

Un puits à peu près vertical est ouvert sur le filon même, à quelques pas de la carrière qui fournit la chaux. J'ai visité la partie haute de la mine jusqu'à la profondeur de 10 ou 15 mètres. A ce niveau, le filon se poursuit aminci, dans le sens de la direction, au delà des limites des travaux actuels. Quant à la partie basse, elle était remplie d'eau, mais le fond de la mine ne paraît pas descendre à plus de 30 à 35 mètres sous la surface du sol.

L'exploitation est ouverte au haut d'un coteau, sur le

[1] *Journal des mines*, t. XXVIII, cahier 150.

bord du profond vallon du Bernand. Il serait donc facile
d'attaquer les parties inférieures, encore vierges, par une
galerie à travers banc percée à 60 ou 80 mètres au-dessous
de la crête du filon. Reste à savoir, ce que je ne saurais
garantir, vu le prix actuel de l'antimoine, si le minerai
serait assez abondant pour couvrir les frais d'une pareille
entreprise.

Mines d'anthracite du Roannais.

L'anthracite est connue, sinon exploitée, depuis cent ans
au moins dans l'arrondissement de Roanne.

Historique
des
anciens travaux.

Dans une lettre datée de Montigny le 22 novembre 1752
(archives de Lyon), M. de Trudaine annonce à M. Rossi-
gnol, alors intendant de Lyon, que le sieur de Blumenstein
demande à exploiter le charbon de terre découvert par lui
aux environs de Boët, près de Saint-Martin-la-Sauveté,
dans sa concession de mines de plomb, et l'invite à rendre
une ordonnance de permission, sous l'obligation de se
conformer au règlement sur les mines de 1744. L'ordonnance parut en effet le 18 décembre 1752; mais j'ignore
ce qui advint de la recherche et ne sais même pas où est
situé le lieu en question. Probablement y eut-il, dans la
transcription des pièces, confusion de nom. On a dû écrire
Boët pour Boën, et, dans ce cas, il serait ici question des
fouilles de Leigneux.

Quoi qu'il en soit, les travaux, s'il y en eut, semblent
être demeurés sans résultat, car, dans les documents rela-
tifs aux mines de la famille de Blumenstein, il n'est plus
question d'anthracite jusqu'à l'année 1784. A cette époque,
le sieur de Blumenstein demande à exploiter une mine de
charbon trouvée par Antoine Vernay dans sa propriété de
la Bruère, commune d'Amions.

Le propriétaire s'y oppose d'abord; mais l'année suivante
il vend sa terre au sieur Laforest, de Roanne. L'intendant
de Lyon fait alors signifier à ce dernier, par le subdélégué
de Villemontais (lettre du 15 septembre 1785), qu'il doit

32

laisser exploiter le sieur de Blumenstein, sinon exploiter lui-même, après en avoir demandé l'autorisation au contrôleur général des finances. De Blumenstein comptait utiliser le charbon de la Bruère pour le grillage de la galène dans sa fonderie de la Goutte; malheureusement les essais ne furent pas satisfaisants.

Auteurs qui citent les mines du Roannais.

Les mines de charbon des environs de Roanne sont aussi mentionnées par divers auteurs.

En 1770, Morand cite, mais sans aucun détail, des indices de charbon à Lay, Villemontais, Regny et Saint-Maurice-sur-Loire.

Date des premiers travaux de Bully.

Jars cadet, dans son mémoire de 1781, parle des mines de Bully et Lay. Selon cet auteur, les premiers travaux de Bully remontent à l'année 1762; et en 1770 le marquis de Foudras de Courcenay obtint la concession du district de Bully. Après cinq ou six ans de fouilles infructueuses, il abandonna les mines « à cause de l'irrégularité des veines « et de la mauvaise qualité du charbon, qui ne peut servir, « dit Jars, que pour la cuisson de la chaux. »

Cependant depuis cette époque, et jusqu'aux nouvelles ordonnances de concession (1843), les propriétaires du sol n'ont cessé d'exploiter pour leur propre usage et celui des villages environnants. Ainsi, en 1780, Jars vit extraire à Bully, sur deux points différents, et Passinges y trouva une fendue en activité vers 1798[1]. Ce dernier auteur parle aussi d'indices de houille connus à Jœuvres et à Saint-Maurice, mais il n'y mentionne aucuns travaux.

Premiers travaux de Lay.

Quant à Lay, la découverte du charbon y est fort ancienne, dit Jars, mais l'exploitation n'y fut entreprise qu'en 1763.

Les frères Jars eux-mêmes (propriétaires des mines de Chessy et Saint-Bel) ouvrirent les premiers travaux, mais les abandonnèrent dès l'année suivante, parce qu'ils n'y trouvèrent qu'un charbon propre à la cuisson de la chaux.

[1] *Journal des mines*, an vi, p. 181.

Quinze ans plus tard, en 1778, le sieur Durand, négociant à Lay, fit une seconde tentative, non loin de la première, mais sans plus de succès. Jars et Passinges ont visité la mine et en parlent dans les mêmes termes. Faujas de Saint-Fonds parcourut également les environs de Lay, guidé par Passinges.

Les travaux furent ouverts à cent cinquante pas à l'est de Lay, au haut de la côte qui descend vers l'Écorron. On y exploita, comme nous le verrons, la couche la plus élevée du district de Lay.

Enfin, le 7 juin 1788, le sieur Grumet-Montgalland obtint, par arrêt du conseil, la concession des mines de Saint-Symphorien-de-Lay et forma pour son exploitation une nouvelle société. La direction des travaux fut confiée à un ingénieur allemand, nommé Lenk. Ce dernier attaqua les veines de Lay en divers points, sur les deux rives de l'Écorron, et les exploita près de dix ans. Après leur abandon, un décret du 22 fructidor an XIII annula la concession pour cause de cessation de travaux pendant plus d'un an [1].

Depuis lors, l'exploitation a langui jusqu'à l'année 1839 ou 1840, époque à laquelle se formèrent les trois nouvelles sociétés auxquelles on concéda, en 1843, le district anthraxifère de Lay. Pourtant, comme à Bully, les propriétaires du sol ont à diverses reprises, pendant ces quarante ans, extrait un peu de charbon pour la consommation locale.

Dans la description géologique du plateau anthraxifère, nous avons fait connaître la composition générale de ce terrain, la succession de ses principales assises, le nombre et la puissance de ses veines de charbon, enfin leur groupement en cinq districts plus ou moins isolés, dont voici les noms :

1° District de Combres et Regny (une concession) ;

2° District de Lay et Viremoulin (trois concessions) ;

---

[1] *Journal des mines*, t. XXVIII, p. 260.

3° District de Neulize et Saint-Priest-la-Roche (une demande en concession);

4° District de Bully et Jœuvres (deux concessions);

5° District de la Bruère ou Amions (une concession).

Nous allons décrire successivement, dans l'ordre indiqué, les travaux exécutés et l'état actuel de ces mines. Mais rappelons d'abord que, dans tous ces districts, on exploite en réalité très-probablement le même système de couches, ou tout au moins des systèmes parallèles. Partout les couches de charbon correspondent à la partie inférieure du grès à anthracite.

1° District de Combres et Regny.

Le district anthraxifère de Combres et Regny est limité au nord et à l'ouest par la zone des calcaires de Regny, Thizy et Montagny, et se termine du côté sud-est à la grande faille de la vallée du Rhins et de la Trambouze.

Comme son nom l'indique, il se compose de deux parties, le territoire de Combres et celui de Regny. Le premier seul est concédé.

Concession de Combres (pl. n° 4 bis).

La concession de Combres a été accordée le 20 octobre 1848; c'est la plus récente des sept concessions du Roannais. Elle appartient aux sieurs Augustin Desvernay, François Chirat et Émile de l'Espine.

Sa contenance est de 751 hectares.

Redevances aux propriétaires de la surface.

Les droits attribués aux propriétaires de la surface ont été réglés, comme pour les autres concessions du terrain anthraxifère, 1° à une rente de 10 centimes par hectare de terrain compris dans la concession; 2° à une redevance, au profit des propriétaires dans le terrain desquels l'exploitation aura lieu, de $1/20^e$ du produit brut, tant que la profondeur n'excédera pas 100 mètres, de $1/40^e$ de ce même produit pour des profondeurs de 100 à 200 mètres, et de $1/60^e$ pour toute profondeur excédant 200 mètres, et cela, quelle que soit d'ailleurs l'épaisseur des couches exploitées.

La concession de Combres embrasse une partie des communes de Combres et de Montagny. Ses limites sont mal déterminées. En tirant une droite de Combres à la Rue, on divise la concession en deux parties à peu près égales. Dans la partie nord, on voit le terrain inférieur et les poudingues qui servent de base au grès à anthracite; au sud, les grès eux-mêmes et le charbon qu'ils renferment: ainsi la moitié au moins du terrain concédé est tout à fait stérile.

Les affleurements courent parallèlement à la zone des poudingues, depuis les Farges jusqu'à la Rue; leur direction moyenne est E., 20° à 25° N., avec une faible plongée de 10 à 15° vers le S. S. E. A l'est, les couches sont brusquement relevées par la grande faille N. O.-S. E. qui descend des Farges vers la Trambouze.

Les travaux entrepris dans la concession de Combres sont situés entre les Farges et Chalan, sur le bord du chemin qui descend de Combres vers Regny. On connaît, en ce point, une couche principale, quelquefois bifurquée; puis, au toit et au mur, deux autres veines très-peu importantes. La première est à 15 ou 20 mètres au-dessus de la grande; la seconde, à 30 ou 35 mètres au mur. Elles paraissent inexploitables l'une et l'autre à cause de leur faible épaisseur. A quelques mètres au-dessus de la première couche, on en rencontre même parfois une autre, encore plus faible, que nous ne citerons que pour mémoire.

Les propriétaires du sol ont fouillé à diverses reprises la couche principale, soit par des fendues, soit par des puits. On en voit plusieurs, situés à l'est du chemin de Regny, ayant 15 à 20 mètres de profondeur, la plupart creusés dans les trente ou quarante dernières années. J'en vis deux en activité en 1837 et 1838. Dix ou douze ouvriers y travaillaient dans les beaux jours et tiraient en moyenne 50 à 60 quintaux métriques, soit 3 à 4,000 quintaux métriques par an.

Plus tard, ces mines furent abandonnées; elles ne

pouvaient lutter avec les produits plus purs des concessions de Lay.

Cependant, en 1845, M. Chirat-Dumoulin entreprit de nouvelles fouilles à l'appui de sa demande en concession. Je le vis à l'œuvre en 1847. On venait de creuser deux nouveaux puits, marqués n° 1 et n° 2 sur notre carte [1].

Le n° 2 avait atteint la couche principale à 24 mètres du jour, tandis que le n° 1, placé sur l'aval pendage, n'était encore foncé que jusqu'à la veine la plus élevée.

En 1848, les travaux furent de nouveau abandonnés; mais on les reprit en 1850, et depuis lors on a exploité, chaque année, pendant quelques mois. Deux galeries d'allongement, perçant au jour, servent à la sortie des eaux et du combustible. L'une d'elles part du flanc gauche du vallon d'Alnazy, à 100 ou 150 mètres du puits n° 1; l'autre est ouverte sur la droite du profond ravin qui descend des Farges vers la Trambouze et sur le bord du chemin menant du village à la rivière. Au mois d'avril 1854, cette dernière était seule ouverte et munie d'un chemin de fer. Elle suit la couche principale de l'ouest à l'est, sur environ 300 mètres, et traverse en plusieurs points les vieux travaux. On enlève, en amont, les piliers qui restent, et on pousse des reconnaissances dans le sens de l'aval pendage. Depuis les affleurements jusqu'au fond, les travaux mesurent, suivant la ligne de plus grande pente, environ 150 mètres.

La couche est moins irrégulière que celle de Lay, mais néanmoins souvent bifurquée, amincie ou renflée, comme les autres gîtes du Roannais. Exceptionnellement elle présente des renflements de 2 à 3 mètres, mais ordinairement elle est divisée par un nerf, et chacune des parties ne fournit pas au delà de $0^m,50$ à $0^m,80$ de charbon.

L'anthracite est moins friable qu'à Lay, mais laisse par contre, en moyenne, jusqu'à 40 p. o/o de cendres.

L'exploitation pourra être poussée jusqu'à une profondeur assez grande, par une série de galeries inférieures

[1] Voir planche 4 *bis*.

semblables aux précédentes, partant comme elles des deux
vallons entre lesquels se trouve l'exploitation actuelle. On
vient même d'en commencer une dans la vallée d'Alnazy,
qui atteindra le niveau de 5o mètres, sous la partie culminante des affleurements, et passera ainsi bien au-dessous
du niveau des travaux actuels.

Depuis l'ordonnance de concession jusqu'à la fin de
l'année 1855, on a tiré à Combres 120 à 130,000 quintaux
métriques de charbon, ou environ 150,000 quint. métr.
depuis 1825. Le combustible est surtout vendu aux chaufourniers de Thizy, Montagny et Combres. Le prix du gros
a été en moyenne, ces dernières années, de 1 fr. 25, celui
du menu de 0 fr. 75; le nombre des ouvriers de 15 à 20.
Mais on suspend les travaux une partie de l'année. Au printemps de 1854, on travaillait, par exception, jour et nuit;
25 ouvriers fournissaient par mois 3 à 4,000 quintaux
métriques. C'est le moment de l'activité la plus grande, à
cause de la mise en feu des fours à chaux.

*Produit
des
mines
de Combres.*

La concession de Combres, pas plus que les autres mines
du district de Roanne, ne saurait être appelée à prendre
une bien grande importance. La consommation d'une anthracite aussi impure sera toujours limitée. Cependant l'extraction y semble plus facile et moins coûteuse qu'à Lay,
et le charbon n'y manque pas, car on peut considérer
comme réellement anthraxifère tout le district compris entre
la Trambouze et une ligne droite qui irait de Farges à la
ferme de Verpierre.

Les affleurements connus à Combres s'avancent au sud-
ouest jusqu'au territoire non concédé de Regny.

*Territoire
non concédé
de Regny.*

Au sud du hameau la Rue, on aperçoit en effet, dans les
champs, deux affleurements qui appartiennent bien au système de Combres[1]. Mais en approchant de la ferme de
Denoyelle ils disparaissent, étant rejetés par la puissante
faille de Verpierre, aujourd'hui transformée en filon quartzeux. Au sud de ce filon et sur le revers nord du coteau de

[1] Voir planche 4 *bis.*

Verpierre, les affleurements paraissent de nouveau; ils
semblent au nombre de deux, mais peu puissants, et, dans
tous les cas, l'un d'eux seul est exploitable. Au reste, nous
avons déjà donné sur ce gîte peu important les détails
nécessaires, dans la description géologique. Rappelons seulement que les propriétaires du sol y firent quelques travaux par galeries et fendues vers 1820, et que les résultats alors obtenus ne sont pas de nature à provoquer de
nouvelles fouilles [1].

2° District de Lay et Viremoulin.

Le district de Lay, c'est-à-dire le prolongement sud de
celui de Combres, ramené au jour par la faille du Rhins,
est limité au nord par cette vallée même, à l'ouest par le
ruisseau de Gand, à l'est par la gorge de Crocomby et au
sud par la rivière du Bernand. C'est le district le plus vaste
et le plus riche du plateau anthraxifère. Mais les travaux
de mines sont, quant à présent du moins, bornés à l'étroite
zone longeant les affleurements, dans la vallée de l'Écorron,
depuis Saint-Symphorien jusqu'à Viremoulin. Là sont con-
centrées les fouilles du siècle passé, et là aussi exploitent
depuis dix à quinze ans les concessionnaires actuels.

Le 26 mars 1843, on a divisé cette zone en trois concessions distinctes qui se succèdent, en remontant l'Écorron,

---

[1] M. Richarme, de Rive-de-Gier, a cependant entrepris quelques travaux en 1855. Près de la maison Rollin (voir planche 4 bis), on a creusé
les puits nos 1 et 2. Ce dernier a rencontré la couche à 6 mètres du jour;
le n° 1 à 38 mètres. Sur les deux points, on a trouvé de simples
chapelets, peu étendus et brusquement coupés, quoique ayant parfois
jusqu'à 5 ou 6 mètres de puissance. Une galerie horizontale partant du
pied de la montagne a traversé à 12 mètres une deuxième veine sans importance, de 0m,50 à 0m,60. Enfin, l'ancien puits n° 3 se trouve sensiblement dans les mêmes conditions que le n° 1. En résumé, les travaux sont
derechef suspendus, et la concession ne semble pas devoir être accordée.
Peut-être trouverait-on un gîte plus régulier en explorant les affleurements, situés dans les champs, entre Ruc et Verpierre.

dans l'ordre suivant : concessions de *Charbonnière*, de *Lay* et du *Désert* (Voy. pl. 4).

La concession de Charbonnière a été accordée à MM. J. C. Durozier, de Lay, et Ed. Adam, de Paris. Elle mesure 420 hectares et comprend spécialement l'angle nord-ouest de la commune de Saint-Symphorien. Les redevances ont été fixées d'après les principes ci-dessus indiqués pour la concession de Combres.

1. Concession de Charbonnière.

Le ruisseau de l'Écorron divise la concession de Charbonnière en deux parties à peu près égales. Dans la moitié nord ressortent les grès et poudingues inférieurs; le charbon y manque. Du côté opposé, dans la partie sud, on voit au contraire les quatre couches de Lay. Ainsi, comme à Combres, l'une des moitiés de la concession est stérile.

Les affleurements des trois couches inférieures paraissent dans le chemin de Lay à Neaux, et celui de la couche la plus élevée coupe la route de Lay à Saint-Symphorien. Ils courent du sud-ouest au nord-est, et plongent au sud-est, en sens inverse de la pente du terrain. Les derniers indices du côté de l'ouest se voient dans les tranchées de la route du Bourbonnais, entre Saint-Symphorien et la Pinée.

Allure des couches.

L'allure des couches est généralement irrégulière, et leur puissance moins forte que dans les concessions voisines.

La couche la plus élevée n'a pas été entamée dans la concession de Charbonnière; mais on la connaît dans la ville de Lay, où plusieurs puits à eau l'ont rencontrée à une faible profondeur. Sa puissance normale est de 1 à 2 mètres.

L'affleurement de la deuxième couche va de Charbonnière au domaine de Lafayette. Dans cet intervalle, on a exploité l'anthracite sur deux points différents. A l'est, ce sont d'anciens travaux sur lesquels on ne possède aucuns documents; on y voit les traces d'une simple galerie. A l'ouest, près de Saint-Symphorien, se trouvent le puits et la galerie Lafayette des concessionnaires actuels, l'un et l'autre abandonnés depuis dix ans.

En ce point, la couche est divisée en trois bancs; le plus

Puits Lafayette.

élevé seul est exploitable; il a 1ᵐ,50 de puissance nette, sans nerfs. Les deux bancs inférieurs sont irréguliers et entrelardés de nombreux lits de schistes. A 30 mètres de profondeur, le puits perce le premier banc; à 42 mètres, on a établi une galerie à travers banc qui rejoint la couche sur l'aval pendage. L'inclinaison est de 40° le long des affleurements, mais diminue dans la profondeur. Sur le puits, on avait monté un manége.

Ancienne galerie Lenk. La galerie d'écoulement des travaux Lafayette fut établie, à la fin du siècle dernier, par l'ancienne compagnie de Lay, sous la direction de Lenk. Elle a 70 mètres de longueur, à travers banc, et atteint la couche à 18 mètres de profondeur verticale.

On exploita, dès cette époque, non-seulement les massifs situés en amont, mais encore les parties hautes de l'aval pendage, en sorte que les nouveaux exploitants ont presque partout rencontré les vieux travaux. Ils furent d'ailleurs arrêtés à l'ouest par un étranglement et à l'est par une faille.

Le rétrécissement a été poursuivi sans succès sur une longueur de 70 mètres. Le mur et le toit étaient réguliers, mais le schiste avait pris la place du combustible. Ainsi la couche anthraxifère est non-seulement disloquée par des soulèvements, mais fut encore déposée inégalement. De là des frais d'extraction fort élevés, sans aucun rapport avec l'importance des produits. En trois ans, le puits Lafayette fournit à peine 12,000 quintaux métriques d'anthracite, vendue au prix de 0 fr. 75. Le puits fut commencé en septembre 1840 et abandonné en août 1843. Le nombre des ouvriers était, en moyenne, de 10 à 15.

L'essai du combustible m'a donné :

Matières volatiles.	8,33	Carbone................ 63,67
Coke.........	91,67	Cendres un peu ferrugineuses.. 28,00
	100,00	

Fendue Sainte-Barbe. Peu après l'abandon du puits Lafayette, en janvier 1844, on entreprit une galerie inclinée, la fendue Sainte-Barbe, pour explorer la troisième couche, dont l'affleurement passe auprès de la ferme de Charbonnière, à 80 ou 100 mètres au nord de la deuxième. Un puits devait être foncé sur le plateau de Lay pour l'exploitation des massifs inférieurs; mais comme la couche fut trouvée peu régulière, on y renonça, et la fendue elle-même fut abandonnée au mois de juin 1845. Depuis lors on ne fit plus aucuns travaux dans la concession de Charbonnière, sauf une fouille sans importance en 1848.

La fendue a été poussée, suivant le sens de la pente, jusqu'à la distance de 35 à 40 mètres. En direction, on a poursuivi la couche par plusieurs galeries. Au nord-est, on a perdu le combustible à la distance de 100 mèt., et, à sa place, on a suivi sur 40 mèt. un schiste noir inexploitable. Au sud-ouest, les travaux aboutissent au rejet qui correspond au ravin situé entre Charbonnière et Lafayette. On n'a pas cherché à le franchir, mais la couche doit se prolonger au delà, et le puits Lafayette, suffisamment approfondi, la rencontrerait sans doute. Son épaisseur normale est de 2 mètres, dont il faut néanmoins déduire quelques lits de schistes et de nombreux étranglements. L'inclinaison est de 40° et semble même augmenter avec la profondeur.

La fendue Sainte-Barbe occupait en 1844 dix à douze ouvriers, qui ont amené au jour en quinze ou seize mois :

1,192 quint. mét.	de gros, vendus à........	1f 50c
967	de grêle (demi-gros), à....	1 10
12,669	de menu, à............	0 50
Total.. 14,828		

L'essai du combustible a donné :

Matières volatiles.	8,87	Carbone................	66,46
Coke.........	91,13	Cendres rougeâtres........	24,67
	100,00		

La quatrième couche affleure à 250 mètres au nord de

la troisième. On ne la connaît que par une recherche faite, en 1836 ou 1837, par l'un des propriétaires de la surface, au-dessous de la fendue Sainte-Barbe. Son épaisseur varie de 1 mètre à 1^m,50; le combustible est tendre, argileux, laissant 41 p. o/o de cendres blanches.

Prolongement des couches dans le sens de leur aval pendage.

Les quatre veines dont nous venons de parler ne semblent pas devoir dépasser à l'ouest la route de Paris. Dans cette direction, elles sont fortement rejetées par la faille de la vallée du Gand; mais, sur l'aval pendage, tout fait espérer le prolongement des couches, comme nous l'avons dit dans la description géologique. Aussi, lorsque les combustibles auront augmenté de valeur, nul doute qu'on ne puisse extraire un jour l'anthracite avec avantage sous le plateau même de Saint-Symphorien-de-Lay.

2. Concession de Lay.

La concession de Lay appartient au sieur Augustin Desvernay, de Lay. Sa contenance est de 460 hectares. Elle embrasse les deux rives de l'Écorron, depuis Lay jusqu'au filon porphyrique de Butery. La zone des affleurements la divise en deux parties à peu près égales. Ainsi, comme à Charbonnière et à Combres, la moitié nord du terrain concédé est tout à fait stérile.

La première couche traverse la ville de Lay, puis s'abaisse vers l'Écorron. Au domaine des Abroux, elle franchit le ruisseau et remonte de là le versant opposé, en se dirigeant sur Chantelet.

Les couches inférieures passent au nord de Lay : on les voit affleurer dans les divers chemins qui sillonnent le flanc gauche de la vallée au-dessous de Lay. Plus loin, elles se développent sur l'autre rive, entre les fermes des Salles et des Arbres.

La concession de Lay renferme de nombreuses traces d'anciens travaux; des couches s'y renflent parfois en amas puissants. Malgré cela, aucune exploitation régulière n'y a été entreprise depuis l'ordonnance de concession; car on ne saurait donner ce nom à une simple fouille ouverte par le concessionnaire en juillet 1852[1].

[1] On a cependant exploité 14,314 quintaux métriques en 1855.

Les travaux des frères Jars, en 1763, et ceux du sieur Durand, en 1778, furent ouverts sur la première couche. Ce dernier fit percer un puits vertical à cent cinquante pas à l'est de la ville, au haut des prés qui descendent vers l'Écorron. Anciens travaux Jars et Durand.

Ce puits a été visité en 1780 par Passinges et Jars cadet. L'un et l'autre en parlent dans les mêmes termes. Jusqu'au charbon, sa profondeur est de 53 pieds. Voici la coupe qu'en donne Passinges [1] :

	Pieds.	
Terre végétale..............	2	
Roche pierreuse dite *gore*......	28	C'est du grès porphyrique altéré.
Grès graniteux.............	20	C'est le grès porphyrique dur.
Molasse (terme de Rive-de-Gier).	3	Ce sont des schistes feldspathiques porcelanisés.
	53	

Couche de charbon (d'après Jars) 5 à 8 pieds.

Mur, grès graniteux.   C'est le grès porphyrique non altéré.

Deux autres puits avaient été commencés à la même époque non loin de là, mais ne furent pas foncés jusqu'au charbon. La nature du combustible et l'irrégularité de la veine firent d'ailleurs abandonner bientôt les travaux commencés.

De 1790 à 1800, l'ancienne compagnie de Lay exploita la troisième couche. On voit encore les haldes, au nord de Lay, vers la partie inférieure du flanc gauche de la vallée, là où se réunissent les anciens chemins qui conduisent de Lay et de Saint-Symphorien à Regny. L'ingénieur Lenk y avait établi une fendue à chariot desservi par un manége. La couche paraît avoir fourni beaucoup de charbon, mais presque uniquement du menu. On y voyait des renflements de 3 à 5 mètres, à la vérité, presque toujours suivis d'étranglements. Du reste, on ignore l'étendue des anciens travaux . Anciens travaux de la Cⁱᵉ Lenk.

[1] *Journal des mines*, t. VII, p. 187.

[2] L'académicien Sage a essayé le charbon de l'ancienne mine de Lay.

La deuxième couche semble avoir été peu fouillée dans
le voisinage de Lay. Mais plus à l'est, non loin de l'Écorron, le propriétaire des Abroux y fit quelques travaux vers
1830 et en tira du charbon pendant cinq ou six ans.
Cette couche est moins forte que les autres; sa puissance
ne dépasse pas 1^m,30. Son inclinaison est de 30 à 40°;
le combustible dur, laissant 20 p. o/o de cendres roses.

Quant à la quatrième couche, elle n'est pas visible sur
la rive gauche de l'Écorron. Les alluvions de la vallée cachent son affleurement, mais on la retrouve, comme les
couches supérieures, sur l'autre rive.

En ce point, c'est-à-dire au domaine des Salles, les
propriétaires du sol ont à diverses reprises, depuis l'annu-
lation de l'ancienne concession, extrait du charbon, soit
directement pour leur propre compte, soit le plus souvent
par des entrepreneurs chargés de leur payer une certaine
redevance.

En 1842, un sieur Delorme ouvrit une fendue près de
chez Lapoire, sur la deuxième couche. Il la trouva de
1 mètre à peine, et, par ce motif, renonça bientôt à la
poursuite des travaux.

En 1843, un autre extracteur, le sieur Pontil, fouilla
pendant quelques mois la couche la plus élevée, dans un
petit taillis situé sur la droite du chemin qui monte de
Lay au domaine des Salles. Il y trouva peu de charbon.

C'est sur la même couche et près de là que le concessionnaire actuel fit commencer, en 1852, l'unique recherche
entreprise à Lay depuis l'ordonnance de concession. Une
fendue inclinée a été poussée jusqu'à 28 mètres de profondeur verticale. La veine varie en ce point depuis 0^m,70
jusqu'à 3^m,40. Son inclinaison est de 45°.

L'anthracite y est souvent entrecoupée de lentilles de
grès. Un puits vertical, commencé ensuite, devait recouper

Travaux des Salles.

Fouille récente du concessionnaire.

Il conclut de son analyse que ce combustible a peut-être éprouvé, dans
le sein de la terre, une chaleur propre à en dégager le bitume. *Journal
des mines*, t. VII, p. 189.

l'aval pendage; mais, ouvert dans un bas-fond de la vallée, il y rencontra les sables de l'Écorron et par suite les eaux de la surface. Il fallut l'abandonner au niveau de 12 mètres. Vers la même époque, en octobre 1853, on quitta la fendue.

Une exploitation plus importante a été entreprise vers 1825, sur les terres du domaine des Salles, par Répillon père. Un puits vertical, foncé sur la troisième couche, a fourni en peu de temps jusqu'à 40,000 quintaux métriques de charbon. De grands affaissements et plusieurs haldes dénotent, en effet, des travaux importants et de nombreux renflements, dont quelques-uns mesuraient, dit-on, 8 à 10 mètres. Il paraît, au reste, qu'en ce même lieu on avait déjà attaqué antérieurement la même couche. Rappelons aussi que le nombre des veines est, dans ce district, de cinq ou six, grâce à une sorte de bifurcation que l'une au moins des couches, la troisième probablement, semble avoir éprouvée dans son trajet de Lay aux Salles.

Exploitation du sieur Répillon.

Dans le voisinage des travaux précédents, on explora, en 1837, la deuxième couche. Elle renferme deux lits de schistes; le combustible est de qualité médiocre.

Enfin la couche la plus basse affleure au nord de la ferme des Arbres, mais elle est peu connue et en réalité peu importante.

En résumé, deux couches surtout, la première et la troisième, doivent être signalées et devront surtout être exploitées. On pourrait d'ailleurs établir aisément deux centres d'exploitation, l'un à la limite ouest de la concession, au-dessous de Lay, l'autre à son extrémité est, entre les Salles et le domaine des Arbres.

Organisation des travaux futurs.

A Lay, on ouvrirait au nord de la ville, sur le bord de l'Écorron, une galerie de roulage et d'écoulement à travers banc qui irait recouper les couches sous le plateau même de la ville de Lay.

Aux Salles, où la pente du terrain est peu considérable, un grand puits, avec une galerie à travers banc partant du fond, traverserait de même toutes les couches.

Entre deux, le terrain est peu exploré et doit plutôt être réservé pour les travaux d'avenir.

Pour terminer, disons que la concession de Lay est plus riche que celle de Charbonnière; elle pourra être exploitée plus facilement avec quelques chances de succès.

3. Concession du Désert. La concession du Désert s'étend à l'est de celle de Lay, jusqu'à la limite du département du Rhône. Sa superficie est de 767 hectares. La route de Lay à Amplepuis la divise, dans le sens de sa longueur, en deux parts à peu près égales. Elle fut donnée à la compagnie Jules de Berchoux et consorts. Les obligations à l'égard des propriétaires du sol sont les mêmes que pour les précédentes concessions.

La limite commune des deux concessions de Lay et du Désert coïncide presque avec le grand filon porphyrique de Butery, qui relève les couches du côté est [1]. Depuis ce point jusqu'au crêt de Ruire (autre filon porphyrique parallèle au précédent), les affleurements courent à peu près de l'ouest à l'est. Là, nouveau rejettement avec changement de direction; car depuis ce point les affleurements remontent au nord-est, en suivant le fond du petit vallon qui, de l'Écorron, se dirige sur Viremoulin et Huissel (Rhône).

On a ouvert des travaux à diverses époques sur trois points différents : au *Roussillon*, entre les filons de Butery et de Ruire; au *Désert*, sur le versant occidental du crêt de Peycellay; et au village de *Viremoulin*, à l'extrémité orientale de la concession. Suivons ces travaux dans l'ordre où je viens de les mentionner.

Travaux du Roussillon; 1re couche. Au Roussillon, comme aux Salles, on compte quatre couches dont une ou deux également bifurquées; les deux plus importantes sont ici aussi la première et la troisième.

La première, qui paraît fournir le meilleur combustible, fut d'abord attaquée en 1834, sur le bord du filon porphyrique de Butery, qui la redresse très-brusquement auprès de Chantelet. On voit encore le puits incliné qui fut creusé dans le charbon même, sur le bord du chemin qui monte

[1] Voir la coupe de la page 356.

des bords de l'Écorron vers le domaine des Arbres. Cependant l'exploitation fut bientôt abandonnée à cause de l'irrégularité du gîte, due à l'influence de la masse porphyrique.

Vers 1837, le sieur Mayet, dit l'Auvergnat, ouvrit un puits et une fendue à 300 mètres plus à l'est, sur le bord de la route d'Amplepuis. En 1838, je vis ces travaux momentanément suspendus. Ils furent repris vers 1841, et le sieur Mayet exploita dès lors jusqu'au printemps de 1843, époque à laquelle il fut dépossédé par les concessionnaires actuels : ceux-ci rouvrirent la mine l'année suivante, mais le puits l'Auvergnat étant fort étroit et peu solide, ils en foncèrent un autre à une quarantaine de mètres de distance. Le premier n'a que 16 mètres, le second 41 mètres. Celui-ci traverse la couche au niveau de 30 mètres; l'autre en atteint à peine le mur.

La puissance de la veine est très-inégale : on y voit des amas de 2 à 10 mètres, complétement entourés d'étranglements. Près du jour, la couche est bifurquée; dans la profondeur les branches se réunissent, ou plutôt le nerf qui les sépare au haut est remplacé ailleurs par une série de grandes masses lenticulaires de grès. Dans le sens de la direction, la couche a été exploitée sur environ 100 mètres, et, en profondeur verticale, jusqu'à 30 mètres. L'inclinaison est forte, 30 à 40° près du jour, mais paraît diminuer avec la profondeur.

Cerné par les étranglements, on a passé au dépilage des amas reconnus. Ce travail achevé, on abandonna la première couche en 1847, et depuis lors on n'y est pas revenu. De grands affaissements à la surface du sol témoignent de la puissance de l'amas exploité. Le charbon extrait de cette couche de 1837 à 1847 s'élève au total à environ 50 à 60,000 quintaux métriques.

La deuxième couche est peu importante au Roussillon. Le puits Edmond, dont nous parlerons ci-après, la traverse à une faible profondeur. Sa puissance y est de $0^m,50$ seulement.

Travaux
du Roussillon ;
2ᵉ couche.

33

La troisième couche est exploitée au Roussillon depuis dix à douze ans. Le premier puits, dit du Roussillon, a été creusé en 1840 et fournit du charbon depuis 1843.

Vers le haut, la couche plonge d'environ 30°; dans le fond, de 10 à 15°. Une faille la relève à l'est presque verticalement, de telle sorte que l'affleurement enveloppe le puits tout à la fois au nord et à l'est. Une fendue d'aérage et de descente est percée, non loin du puits, dans ce relèvement. Le puits a 24 mètres jusqu'au mur de la couche. A 6 mètres au-dessous, une galerie à travers banc rejoint le gîte, et des descentes d'exploration vont encore au delà. A l'ouest, les travaux s'étendent, en direction, jusqu'à la distance de 210 à 220 mètres. Là on a rencontré un brouillage, ou large étranglement, que l'on a renoncé à franchir. On s'est retiré en dépilant jusqu'au niveau de la galerie à travers banc.

La puissance de la couche varie en général de 1 à 2 mèt. avec des intercalations stériles de 0ᵐ,10 à 0ᵐ,40. Parfois cependant on rencontre des renflements de 5 à 6 mètres, ou des bifurcations, comme dans la première couche. Pour continuer les travaux en profondeur, on entreprit en 1844 le foncement d'un nouveau puits (le puits Edmond) à 240 mètres au sud-ouest du puits du Roussillon. On l'arrêta à 68 mètres avant d'avoir atteint la troisième couche. On préféra la rechercher à travers banc au niveau de 30 mètres. On l'y trouva en effet, mais étranglée, en sorte que ce puits n'a guère servi jusqu'à ce jour pour l'extraction même.

La galerie à travers banc a recoupé au reste, à une distance peu considérable du puits, une faible veine, dont l'affleurement est encore inconnu, mais qui partage à peu près en parties égales l'intervalle compris entre la deuxième et la troisième couche.

Au delà du brouillage ci-dessus mentionné on ouvrit, en 1846, deux nouvelles fendues sur le double affleurement de la troisième couche. Elles devaient, à l'origine, servir à l'aérage des travaux du puits Edmond. Mais lorsque ce dernier dut être abandonné, au moins provisoirement, on creusa en 1848 un troisième puits, moins distant des affleurements, le *puits Curieux*. Sa profondeur, jusqu'à la couche, est de 25 mètres. Dès lors l'extraction s'est faite alternativement par ce puits et par l'ancien puits du Roussillon. Enfin, vers 1849, on perça une galerie d'écoulement, à travers banc, au niveau de l'Écorron ; elle a 300 mètres de longueur et dessèche la mine jusqu'au niveau de 33 mètres.

Quant aux travaux proprement dits, on suit le système dit par piliers et galeries, avec dépilage ultérieur ; mais, grâce aux failles et barrages nombreux, les galeries sont toutes d'une extrême irrégularité.

Le dépilage est aujourd'hui fort avancé, et si les concessionnaires veulent continuer l'exploitation, ils devront foncer de nouveaux puits ou approfondir le puits Edmond.

A 50 ou 60 mètres au nord des travaux précédents affleure la quatrième couche, dont la puissance va jusqu'à 2 mètres et $2^m,5o$. On l'a reconnue telle, il y a quelques années, au fond d'une fendue peu longue.

Plus haut encore, à l'ouest de Butery, un double affleurement a donné lieu à quelques travaux vers 1835. Sa puissance moyenne paraît de 2 mètres.

Couches rejetées voisines de Butery.

Enfin, une dernière veine affleure au domaine des Arbres.

Les exploitants du Roussillon considèrent ces deux dernières couches comme inférieures aux quatre précédentes. Mais il est aisé de voir, en consultant la carte (pl. 4), que leurs affleurements sont séparés des précédents par le filon de Butery. Celui-ci relève toutes les couches à l'est, et, en réalité, ces derniers affleurements sont tout simplement la reproduction, du côté des Salles, des troisième et quatrième couches du Roussillon.

Pour compléter l'énumération des fouilles de ce district, il faut encore citer le puits Durozier, foncé à la distance de 160 mètres au sud-est du puits du Roussillon. Il est peu

33.

profond, rencontre la troisième couche dans un étranglement, et fut, par ce motif, bientôt abandonné.

Projet de travaux pour l'avenir.

En résumé, on voit que les environs du Roussillon offrent les mêmes ressources que le district des Salles. Les quatre couches inclinent vers l'Écorron et doivent nécessairement se prolonger au delà. Elles sont d'ailleurs assez voisines pour qu'un seul puits, avec galerie à travers banc, puisse sans peine les repercer toutes.

Ces travaux, ainsi organisés, pourraient fournir beaucoup de charbon; mais, faute de débouchés, on ne pourra de longtemps dépasser le chiffre de 100,000 quintaux métriques.

Produit de la mine du Roussillon.

Le produit total des douze dernières années n'atteint même pas 500,000 quintaux métriques, et cependant le Roussillon seul a extrait presque autant que les six autres concessions réunies du bassin anthraxifère.

Cette faible extraction rend les bénéfices impossibles : les frais généraux absorbent tout. Le prix de revient moyen, abstraction faite des frais généraux, a été, ces derniers dix ans, aux mines du Roussillon, d'environ 0 fr. 55 le quintal métrique, tandis que le prix de vente moyen, sur les lieux mêmes, n'a pas dépassé 0 fr. 65, savoir 1 fr. 10 à 1 fr. 50 pour le gros et le mi-gros et 0 fr. 50 pour le menu. La proportion du gros et du grêle est au-dessous de 20 pour o/o.

L'essai du combustible de la troisième couche m'a donné :

Matières volatiles. 8,93

Coke......... 91,07 { Carbone............... 62,77

Cendres ferrugineuses...... 28,33

100,00

Le nombre des ouvriers occupés a été, en moyenne, de 20 à 25. Trois chevaux desservaient, à tour de rôle, les manéges établis sur les puits.

Les machines à vapeur sont encore inconnues dans le

bassin Roannais, et pour en tirer un profit réel, il faudrait des débouchés plus importants.

Jusqu'à présent l'anthracite du Roussillon a été surtout consommée par les chaufourniers de Regny, Naconne et Roanne. Mais à Roanne on rencontre les charbons de Saint-Étienne, Bully et Bert, et les frais de transport jusqu'à Roanne sont, pour la mine du Roussillon, de o fr. 5o le quintal métrique. Aussi le plus souvent les ventes se faisaient à perte, puisque le menu se payait à Roanne, jusque dans ces derniers temps, au plus o fr. 90 à 1 franc les 100 kilogrammes.

Maintenant poursuivons les couches au delà du crêt de Ruire. La veine n° 1 coupe le fond du vallon non loin du Roussillon, puis reparaît, du côté opposé, sous la tuilerie de Peycellay.

D'anciens travaux se voient sur la deuxième ou troisième couche au nord de la route d'Amplepuis; ils datent de 1790 et furent exécutés par Lenk pour le compte de la compagnie de Lay. L'anthracite est réputée bonne.

Anciens travaux Lenk.

Au delà elles passent, comme la première couche, sur l'autre bord de la vallée. Dans le taillis du Désert plusieurs haldes dénotent d'anciennes fouilles. Lenk y fit travailler et après lui les propriétaires du sol, vers le commencement de ce siècle.

Mine du Désert.

La quatrième couche n'abandonne nulle part le côté droit de la vallée. Elle affleure au hameau de Laye[1], où l'on voit également des traces de fendues.

Enfin à Viremoulin, en haut du col qui sépare l'Écorron du Rhins, on a encore exploré plusieurs couches. On en connaît au moins trois, dont la plus élevée a une épaisseur moyenne de 1^m,5o. Le charbon y est en général un peu pierreux comme à Combres. Les derniers travaux datent de 1839 et furent exécutés par la compagnie concessionnaire à l'appui de sa demande en concession.

Mine de Viremoulin.

L'une des couches a été poursuivie en descente jusqu'à

[1] Qu'il ne faut pas confondre avec la ville de Lay.

5o mètres, puis explorée à ce niveau par des galeries d'allongement. On l'a trouvée peu régulière et d'une puissance faible, de moins de un mètre.

Couches
de Crocomby. Au nord du col, en descendant vers Crocomby (Rhône), on retrouve une dernière fois les divers affleurements. Ils paraissent séparés de ceux de Viremoulin par une faille qui a dû les rejeter vers le nord. C'est un premier gradin de la grande faille de Crocomby qui borne à l'est le district de Lay. Rappelons, en effet, qu'en ce point on passe brusquement de la zone des affleurements aux grès feldspathiques supérieurs, et que pour retrouver l'anthracite, à l'est de la gorge de Crocomby, il faudrait descendre verticalement au moins à 200 mètres.

3° District de Saint-Priest-la-Roche.

Il n'y a à Saint-Priest-la-Roche ni concession ni travaux d'exploitation. Dans la description géologique, nous avons indiqué les anciennes recherches et l'avenir probable de ce district.

Ajoutons ici que M. Coupat de Véreux vient de renouveler sa demande en concession (mars 1854), sans avoir pourtant découvert aucun nouveau gîte [1].

4° District de Bully et Jœuvres.

Le district de Bully et Jœuvres, tel que nous l'avons défini dans la description géologique du terrain anthraxifère, est borné au nord par la plaine de Roanne, à l'ouest par le porphyre quartzifère de Saint-Polgue et Villemontais, au sud et à l'est par la grauwacke de Souternon, Dancé et Cordelles.

Le 11 juillet 1843 on l'a divisé en deux concessions, celle de *Bully* et *Fragny*, aux sieurs de la Pagerie, Bellanger, Adam et consorts, mesurant 999 hectares 93 ares, et

[1] On a rencontré une faible veine d'anthracite en perçant, en 1855, pour le nouveau chemin de fer de Roanne à Saint-Étienne, le puits n° 2 du tunnel de Saint-Cyr.

celle d'*Odenet* et *Jœuvres*, aux sieurs Anglès et consorts, de la contenance de 969 hectares 25 ares.

Les redevances dues aux propriétaires du sol ont été fixées conformément aux bases adoptées à Lay.

La concession de Bully comprend la partie orientale de la commune de ce nom, celle qui longe les bords de la Loire.

1. Concession de Bully et Fragny.

Les anciens travaux datent, selon Jars, de l'année 1762. Une première concession fut même instituée en 1770, mais abandonnée six ans après. Dès lors les propriétaires de la surface exploitèrent eux-mêmes, d'une manière plus ou moins continue, par galeries ou fendues, jusqu'à l'année 1843, tandis que les travaux d'exploration, pour l'obtention de la nouvelle concession, furent commencés par diverses compagnies en 1835 et 1836.

Anciens travaux à Bully, concession de 1770.

Comme les concessions des districts de Lay et de Combres, celle de Bully est de même assez mal limitée. Si l'on consulte en effet la carte de la concession (pl. 5) et les détails donnés dans la description géologique, on reconnaît immédiatement que la moitié au moins du terrain concédé est au mur des couches. Ainsi, la partie située sur la rive droite de la Loire, entre Presle et le Verdier, est occupée par les schistes du terrain inférieur et la base du grès à anthracite; l'extrémité sud, entre Bully et Dancé, par le large dôme porphyrique de Chaume; enfin la rive gauche de la Loire, en amont et en aval de la Chapelle-Chantois, par le poudingue inférieur du terrain anthraxifère. Il ne reste donc de véritablement houiller que le lambeau compris entre Fragny et Bully, bordé au sud par le filon de Penneron et au nord par celui de la Sablonnière. On peut y ajouter, mais comme fort douteux, les coteaux situés entre Foëve et le Penneron, et les bords si bouleversés du torrent de Moutouse, au nord du filon de la Sablonnière.

La nouvelle concession est en partie stérile.

On distingue à Bully quatre couches, dont les affleurements courent du sud au nord, le long des berges de la Loire, au-dessous de Fragny. Les deux principales sont la

Nombre des couches d'anthracite.

deuxième et la troisième, que l'on voit çà et là presque confondues sous forme de puissant amas.

En partant du sud, les premiers indices se montrent sur
le bord du filon du Penneron, qui a ici relevé et, par cela
même, dévié la zone des affleurements.

Travaux
du
puits
des Glandes.

D'anciennes fendues indiquent sur ce point la position
des couches, mais l'exploitation proprement dite ne remonte guère au delà du creusement du puits des Glandes.
L'un des demandeurs de la concession de Bully fonça ce
puits en 1835. Il est placé sur le plateau de Fragny, à
400 mètres au sud du village et à plus de 100 mètres verticalement au-dessus du niveau de la Loire. Sa profondeur
est de 77 mètres.

On le croirait ouvert dans le porphyre rouge, mais c'est
bien le grès porphyrique ordinaire, à paillettes hexagonales de mica bronzé, et même en ce point on ne saurait
méconnaître des traces évidentes de stratifications. Sous le
grès rouge, le puits a traversé un grès grisâtre, composé
de lamelles feldspathiques d'un blanc opaque, entremêlées
de mica brun foncé.

Au sud-est du puits, ces assises percent au jour et sont
devenues jaunes et friables, sous l'influence de l'air. Viennent ensuite des schistes plus ou moins charbonneux, sur
5 à 6 mètres de hauteur, puis les couches n°s 2 et 3,
séparées l'une de l'autre par un banc de schistes porcelanites dont l'épaisseur varie, dans les travaux, de 1 à 6 mèt.

La couche n° 3 est, dans le puits, à 38 mètres du jour;
c'est la première recette d'accrochage. Au-dessous et jusqu'au fond du puits on n'a rencontré qu'une série de grès
feldspathiques et micacés à ciment argilo-charbonneux.

Une faille coupe le puits et lui a fait manquer la couche
n° 4. Mais on l'a reconnue à 20 mètres environ sous la
troisième, dans la grande galerie à travers banc, ouverte
au niveau de 66 mètres.

Voici en plan la disposition de la faille et des premiers
travaux.

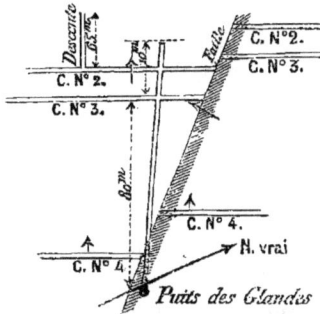

La galerie à travers banc atteint le rejet à 25 mètres du puits et le longe sur une certaine étendue, car leurs directions se confondent presque. On a ainsi recoupé la couche n° 4 des deux côtés de l'accident.

Quant aux veines n°s 2 et 3, la galerie les rencontre à la distance de 80 à 90 mètres, et plus tard en suivant la faille on les a aussi retrouvées au delà du rejet. Le déplacement vertical est, d'ailleurs, à peine de 4 à 5 mètres. Néanmoins ce saut a une certaine importance, car c'est le premier gradin d'une faille plus considérable qui produit, plus à l'est, dans le voisinage du puits Chabry, un changement notable dans la direction des veines, ainsi que le montre la marche des affleurements sur notre carte[1].

Pour faciliter l'aérage et l'exploitation, on a percé une fendue ou galerie inclinée dans la veine.n° 3.

Les travaux d'extraction furent poussés activement, dans les parties hautes, pendant les années 1836 à 1838.

En 1839, la mine fut mise sous séquestre et l'exploitation ne put recommencer qu'en mai 1843. Alors seulement on acheva la galerie à travers banc qui permit d'attaquer les parties inférieures.

Le long des affleurements de la mine des Glandes, la couche (n° 2) est partout entremêlée de nombreux lits de

Travaux sur la couche n° 2.

[1] Voir planche 3.

schistes : aussi n'y a-t-on entrepris aucuns travaux. Dans la profondeur, ces parties schisteuses diminuent et, au niveau de la galerie à travers banc, on a pu l'exploiter avec avantage. Son épaisseur ordinaire est de 1ᵐ,5o à 2 mètres.

Au sud-ouest, les galeries d'allongement vont à 1 o o mètres. Là on a été arrêté par un étranglement qui paraît large, ou du moins on le suppose tel, car les travaux entrepris pour le franchir sont peu étendus. Du côté opposé on a traversé la faille, déjà mentionnée, qui coupe le puits; puis, à 4o mètres, un gradin parallèle qui relève les couches dans le même sens. Enfin, au delà, on arrive au rejet principal qui sépare les travaux des Glandes de ceux du puits Chabry.

A partir de la galerie d'allongement, ouverte au niveau de 66 mètres, on a percé une descente sur l'aval pendage de la même couche. En juin 1844, elle était arrivée à la distance de 65 à 7o mètres, soit au niveau de 9o mètres au-dessous de l'orifice du puits. On n'a pu aller au delà à cause des eaux, et même ces travaux inférieurs sont inondés depuis lors.

Je visitai la mine à cette époque. Au fond de la descente, la couche se montre bien réglée et le combustible assez pur. Sa puissance y est de 2 à 2ᵐ,5o, dont il faut toutefois déduire un ou deux nerfs mesurant 1o à 4o centimètres, en sorte que son épaisseur utile y oscille entre 1ᵐ,5o et 2 mètres. Dans cette partie basse l'inclinaison des bancs dépasse rarement 1o à 15°, tandis qu'aux affleurements elle atteint 25 à 3o°.

Travaux sur la couche nᵒ 3.

Au mur de la couche nᵒ 2 et au toit de la veine qui suit, on observe, dans la galerie à travers banc, un grès schisteux feldspathique à fond blanc, sillonné de stries jaunes, roses, grises et bleues. C'est une sorte de porcelanite, l'analogue de la *pierre carrée* des mines de la basse Loire, mais plus schisteuse que celle-ci. Cette assise, habituellement forte de 4 à 6 mètres, est réduite à quelques décimètres à l'extrémité sud-ouest du niveau de 66 mètres. Aussi, sur ce point, les couches nᵒˢ 2 et 3 sont à peu près confondues. De plus, la veine n° 3 se modifie elle-même. Le long des affleurements et jusqu'au niveau de 38 mètres elle est bien réglée, et a fourni de meilleure anthracite que les autres mines du Roannais. Sa puissance est de 1ᵐ,30 à 1ᵐ,50. Par contre, au-dessous de 38 mètres, et spéciale- ment au niveau de 66 mètres, son épaisseur diminue et le charbon est en grande partie remplacé par des schistes noirs charbonneux ou par des lentilles de grès dur feldspathique. Ainsi, elle se modifie en sens inverse de sa voisine, la couche n° 2. Pourtant rien ne prouve encore qu'elle se perde en profondeur. Ce qui se passe dans le sens de la direction semble plutôt montrer que les barrages stériles ne s'étendent jamais très-loin.

Les travaux sont aujourd'hui fort avancés dans l'une et l'autre couche. On a d'abord exploité par piliers et galeries, puis dépilé tout ce qui est en amont du niveau de 66 mètres. En direction, le champ d'exploitation se développe sur en- viron 200 mètres, et dans le sens de la pente sur 140 mètres. Pour continuer l'exploitation, il faudrait percer un nou- veau puits d'au moins 150 mètres sur le plateau même du village de Fraguy, ou bien une galerie basse au niveau de la Loire.

Dans la couche n° 4, la troisième du puits des Glandes, on n'a tracé qu'un petit nombre de chantiers. L'anthracite en est terreuse et entremêlée de schistes. Sa puissance os- cille entre 1 mètre et 1ᵐ,50. *Travaux sur la 4ᵉ couche.*

Au nord-est du puits des Glandes, le sieur Rajot ouvrit une fendue, en 1838, sur les affleurements des couches n°ˢ 2 et 3. Il les rencontra à 2 mètres l'une de l'autre : la première pierreuse comme au puits des Glandes, la seconde assez belle. Les travaux sont peu étendus et furent même suspendus avant l'ordonnance de concession. *Travaux Rajot.*

Plus au nord, et à une époque antérieure, le sieur Chabry ouvrit également plusieurs galeries, la plupart sur les af- fleurements n°ˢ 2 et 3 ; une autre, dans le voisinage de son habitation, sur la couche la plus élevée du district de Bully,

celle que nous désignons par le n° 1. Sa puissance est de
1 mètre à 1ᵐ,30; le charbon de qualité ordinaire. Elle traverse la cave de la maison Chabry, puis longe, au nord-
ouest, le flanc droit du ravin qui sépare Fragny du puits
des Glandes. Vers 1834 on l'a même exploitée à l'aide d'une
fendue à travers banc, dont l'orifice pouvait encore se voir
en 1847 au bord du chemin qui conduit de la maison
Rajot au village de Fragny.

C'est dans ce même district, entre les maisons Chabry
et Rajot, que les concessionnaires actuels ouvrirent, en 1850,
le puits Chabry, dont la profondeur est de 27 mètres. On
y exploita les deux couches principales de la mine des
Glandes; mais, placé sur le bord de la grande faille ci-
dessus mentionnée, on s'est trouvé arrêté de tous côtés par
des sauts et de nombreux étranglements. Il fallut l'abandonner dès le mois de juin 1851.

Un travail plus important, aujourd'hui repris, fut exécuté,
à l'est de Fragny, en 1836 et 1837, par le sieur Couchoud,
l'un des demandeurs de la concession. Une galerie d'écoulement et de roulage est ouverte, au mur des couches, sur
le bord du chemin qui descend de Fragny au port de Presle.
A 88 mètres du jour, elle coupe la quatrième couche et
plus loin les deuxième et troisième, toutes trois à peu près
disposées comme au puits des Glandes, c'est-à-dire la
quatrième de qualité inférieure et peu puissante, la troisième divisée par deux nerfs de grès ou de schistes, par-
dessus des porcelanites, puis la deuxième fortement entre-
lardée de nerfs et moins bonne que la couche n° 3. Au mur
de celle-ci on trouve cependant une faible ramification qui
semble manquer au puits des Glandes. Voici, au reste, la
coupe de la galerie, où les couches n°ˢ 2 et 3 atteignent ensemble, en moyenne, 5 à 6 mètres, en y comprenant les
intercalations stériles :

Couche N° 3,   Couche N° 2,
2^m,40   1^m,20

[Coupe géologique — labels : Couche N° 4, Grès, Entrée de la Galerie, 124^m, 88^m, 36^m, 1^m à 1^m 30, Grès, Charbon, Grès et schiste porcelanite, Charbon, Schiste argilo-charbonneux, Charbon, Grès, Charbon, Grès, Charbon, Ramification inconnue au puits des Glandes.]

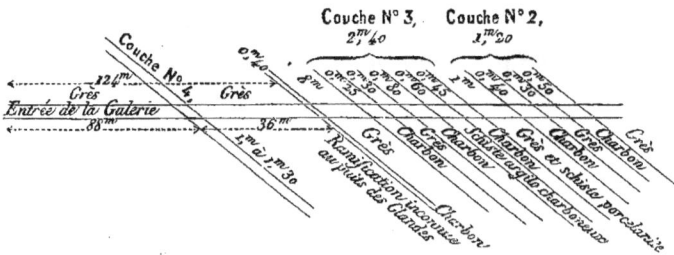

L'inclinaison des couches est forte. Elles ressortent au jour dans les vignes qui bordent le chemin du village de Fragny. D'anciennes fendues existent en ce point, et en les suivant on atteint les chantiers établis au niveau de la galerie Couchoud. C'est là que les concessionnaires concentrent actuellement leurs travaux. Ils suivent, dans le sens de l'allongement, les principaux bancs des deuxième et troisième couches, et recoupent par des traverses, de distance en distance, les autres veines de ces mêmes couches qui parfois se renflent d'une manière exceptionnelle en forme de chapelets. Ainsi, à 20 mètres au nord de la galerie Couchoud, on a rencontré, en 1852, un amas, peu mêlé de schistes, de 10 à 12 mètres de hauteur. Mais là, comme au puits des Glandes, si on ne perce un puits sur l'aval pendage au haut du plateau de Fragny ou bien une galerie profonde au niveau de la Loire, l'exploitation n'a aucun avenir.

Au nord de la galerie Couchoud on peut encore suivre, au travers des vignes qui bordent ici la Loire, une série d'anciennes fendues, ouvertes sur les affleurements des deux couches moyennes, jusqu'au grand promontoire porphyrique de la Sablonnière, qui les interrompt et les relève brusquement, comme on l'a vu dans la description géologique (page 395).

En 1835 et 1836 on entreprit quelques recherches dans les assises inférieures de la concession, au mur des affleurements précédents. A 200 mètres de la Loire, vers la partie inférieure du coteau des Glandes, on a foncé le puits dit

Puits
du Cerisier.

du Cerisier. Il a constamment traversé le grès feldspathique ordinaire jusqu'à la profondeur de 25 à 30 mètres, où l'on a atteint un filet charbonneux sans aucune importance.

Recherche
au
bord de la Loire,
en face
de Presle.

A la même époque, on a ouvert presque au bord de la Loire, et sans le moindre succès, une fendue presque droite sur une autre veine encore moins apparente, verticalement relevée par le filon porphyrique qui traverse la Loire au moulin de Presle.

Il semble donc bien établi que le terrain anthraxifère est tout à fait stérile dans sa partie inférieure, au-dessous de la couche n° 4.

Ainsi, les travaux devront être bornés au plateau de Fragny, sous lequel s'enfoncent les quatre couches ci-dessus décrites.

Sauf l'interruption causée par le filon qui descend de Chaume vers Fragny, ces couches me paraissent devoir se prolonger jusqu'au profond ravin qui sépare le bourg de Bully du village de Fragny.

Là, comme on l'a vu dans la description géologique, pourrait bien se rencontrer une puissante faille qui aurait soulevé les diverses couches, de façon à les ramener au jour près du hameau d'Eyre.

Partie nord
de
la concession
le long
du Moutouse.

Dans la partie nord de la concession, au delà du filon de la Sablonnière, le terrain est fortement bouleversé dans les profondes gorges du torrent de Moutouse. Il ne faut pas songer d'y ouvrir des travaux. L'un des demandeurs de la concession, le duc de Bassano, y fit néanmoins entamer des fouilles en 1836. Au moulin Robert, on a poussé une galerie horizontale d'environ 100 mètres dans le flanc gauche du ravin, en suivant un lit de schistes très-incliné, çà et là noirci par un peu d'anthracite.

Plus haut, entre Plaigne et Bully, à la limite même de la concession, on tira un peu de charbon vers 1820. On retrouve en ce point la couche du village d'Eyre, brisée et relevée par le filon porphyrique de la Sablonnière.

Production

L'anthracite de Bully est plus dure et donne à l'extraction plus de gros que celle des autres concessions. Dans certains chantiers on atteint la proportion de 5o à 6o p. o/o; la moyenne est d'environ 4o p. o/o. Jusqu'à l'année 1849, l'extraction annuelle était au-dessous de 10,000 quintaux métriques. Depuis lors, elle s'est élevée à plus de 3o,ooo et même, depuis 1853, à plus de 5o,ooo quintaux métriques. Ce nombre pourra même s'accroître beaucoup si, comme on l'espère, on parvient à appliquer l'anthracite au traitement des minerais de fer. La mine de Bully semble donc appelée à prendre une certaine importance; mais jamais cependant elle ne sera à la hauteur du bruit que souleva cette affaire vers 1836 et 1838, ni au niveau des espérances folles des nombreux demandeurs de la concession.

L'anthracite extraite des mines de Bully depuis 1830 forme un total d'environ 380,000 quintaux métriques. Le prix de vente moyen correspond, depuis dix ans, au chiffre de 80 à 9o centimes, savoir : 1 fr. 5o cent. à 1 fr. 70 cent. le gros, 1 fr. 25 cent. à 1 fr. 4o cent. les grelassons, et 6o à 8o centimes le menu [1]. La majeure partie du charbon est aujourd'hui transportée à Roanne, où les chaufourniers le mêlent à la houille de Saint-Étienne. Le reste sert également à la cuisson de la chaux et des briques, dans les communes de Saint-Germain-Laval, Grézolles, Crémaux, etc.

Le nombre des ouvriers occupés à la mine fut de 15 à 2o jusqu'en 1849, et de 4o à 5o ces dernières années. Un simple manége à un ou deux chevaux dessert les puits des Glandes et de Chabry.

L'essai des combustibles a donné pour le charbon de la couche n° 2 :

Matières volatiles. 8,47
Coke......... 91,53   { Carbone................ 6o,2o
                         Cendres rouges.......... 31,33
        ――――――――――
        100,00

――――――――――

[1] En 1856, on espère atteindre le chiffre de 100,000 quintaux métriques. L'anthracite menue se vend aujourd'hui à Roanne 1 fr. 35 cent. les 100 kilogrammes, soit o fr. 85 cent. sur la mine (fin 1856).

et pour celui de la couche n° 3 :

Matières volatiles. 8,37
Coke......... 91,63

{ Carbone............... 75,96
{ Cendres blondes.......... 15,67

100,00

2. Concession de Jœuvres et Odenet.

La concession de Jœuvres et Odenet est divisée par la Loire en deux parties à peu près égales : le plateau d'O-denet, sur la rive gauche; celui de Jœuvres et Chervenay, sur la rive droite.

Travaux de la Cabane russe.

A Odenet, nous avons signalé deux affleurements au nord du village. En 1840, le plus important des deux a été entamé par deux fendues, au lieu dit *la Cabane russe.* L'une d'elles a été poussée jusqu'à 50 mètres; mais on n'y trouva qu'une mauvaise anthracite, très-pierreuse et d'une faible puissance.

Travaux de Jœuvres.

Sur l'autre rive, on a exploité, vers 1825, le faible affleurement qui se voit, dans une vigne, au-dessous du chemin de Jœuvres à Cordelles. En 1839, on ouvrit sur la même veine une deuxième fendue, non loin de la première. Elle fut poussée jusqu'à 100 mètres, et par plusieurs galeries de niveau on suivit la couche en direction. Sa puissance ordinaire est de 80 centimètres; mais elle offre de nombreux resserrements que ne compensent pas à beaucoup près les quelques renflements de $1^m,25$. On se décida néanmoins à foncer un puits sur le plateau même, pour rejoindre la couche en son aval pendage.

D'après l'inclinaison des bancs, on devait atteindre l'anthracite vers 80 mètres. Cependant le puits fut foncé jusqu'à 98 mètres, sans recouper d'autre veine qu'une première couche de 30 à 35 centimètres, à 40 mètres du jour. Craignant d'être tombé sur une faille ou sur un étranglement, on poussa, depuis le fond du puits, une galerie à travers banc, perpendiculairement à la direction de la veine; mais là encore on ne découvrit rien, quoique la galerie ait dépassé la verticale du bout de la fendue.

Découragé par ce résultat et par l'extrême dureté de la roche feldspathique, on abandonna les travaux en 1845. Cependant la couche n'a pu disparaître entièrement; une faille ou un simple étranglement doit traverser le puits, et la galerie à travers banc pourrait bien avoir été ouverte au mur de la couche, comme le montre le croquis ci-joint :

Dans tous les cas, lorsqu'on considère la faible puissance et la qualité médiocre du combustible, on ne saurait engager les concessionnaires à rouvrir leurs fouilles. A moins de couches inférieures plus importantes, que rien ne dénote, la concession de Jœuvres ne me paraît pas appelée à un brillant avenir.

5° District d'Amions [1].

Le district d'Amions comprend, sur la rive gauche de la Loire, la partie sud du plateau anthraxifère, celle qui est limitée dans l'un des sens par la plaine tertiaire du Forez et dans l'autre par les schistes inférieurs de Souternon, Dancé et Cordelles.

Une seule concession embrasse la majeure partie de ce territoire, celle de *la Bruère*, instituée le 11 juillet 1843, au profit de Mlle Perrin, le comte de Vougy et consorts. Sa contenance est de 1,219 hectares, et les redevances dues aux propriétaires du sol ont été fixées comme à Bully et Lay.

Concession de la Bruère.

Trois ou quatre couches affleurent, sous la Bruère, dans

[1] Voyez planche V.

Travaux
de
la Bruère.

le flanc gauche du vallon de l'Ysable. On les connaît depuis
cent ans, et quelques travaux y furent même entrepris
dans le siècle dernier, comme nous l'avons dit; mais elles
n'ont été explorées sérieusement que pour la demande en concession. Ces derniers travaux datent de 1839. Nous allons
les énumérer, en commençant par la couche la plus élevée.

Fendue et puits
Perrin
sur la 1ʳᵉ couche.

La première affleure au haut du coteau de la Bruère,
près de la maison Perrin, et plonge vers le N. N. E. sous
le plateau d'Amions. Un puits et une fendue furent ouverts sur ce point. La fendue, percée en 1839 et 1840,
a 85 mètres de longueur; et le puits, foncé en 1842,
a 34 mètres jusqu'au mur de la couche. L'anthracite est
très-impure et partout entremêlée de schistes. On en trouve
à peine 50 centimètres, éparpillée au milieu de 2 mètres
de schistes noirs feldspathiques. La plongée, assez forte le
long de l'affleurement, est presque nulle au fond du puits.

Voici la coupe des roches traversées :

A partir de l'orifice du puits, 32 mètres de grès très-
micacé, à pâte rougeâtre et grains feldspathiques blanc
laiteux. Le mica est bronzé, sous forme de paillettes régulièrement hexagonales.

Au-dessous, 2 mètres de schistes charbonneux avec 50
centimètres d'anthracite.

Puis 2 mètres de grès noir charbonneux, à grains feldspathiques d'un blanc rosé.

Viennent ensuite, au mur des assises précédentes, traversées par le puits, une série de schistes porcelanites,
diversement colorés, puis de nouveau le grès porphyrique
ordinaire, très-micacé.

Travaux
sur
la 2ᵉ couche.

Vers le milieu du flanc de la vallée, à 50 mètres environ
verticalement au-dessous de la première couche, affleure
la seconde. C'est la plus importante du district d'Amions,
celle sur laquelle on a entrepris les travaux les plus étendus.
On y voit plusieurs fendues, creusées par les anciens propriétaires du sol, et trois puits avec une galerie inclinée,
ouverts de 1839 à 1842 par les demandeurs de la con-

cession. Le puits principal, dit *Saint-Charles*, a servi à l'extraction jusqu'à l'abandon des mines de la Bruère, en 1848.

Le puits le plus oriental a traversé le charbon à la profondeur de 25 mètres, et une galerie parvint, dans la couche même, jusqu'au niveau de 35 mètres. Ces travaux furent bientôt abandonnés, à cause de l'extrême inclinaison de la couche sur ce point.

Le second puits, par ordre de date, et le plus occidental des trois, avait atteint le charbon à 50 mètres; mais, à peine achevé en 1840, il s'écroula par suite de l'insuffisance du cuvelage. On fonça alors le puits Saint-Charles, un peu à l'est du précédent; au printemps 1842 on y entreprit les premières galeries, à 60 mètres du sol. Une fendue communique avec les travaux pour l'aérage et la circulation des ouvriers. Voici la coupe du puits :

	14^m,60	Grès porphyrique à mica bronzé et feldspath rose.
	5 ,40	Grès dur à pâte noire et feldspath blanc.
	7 ,75	Schistes et grès charbonneux.
	4 ,00	Grès noir avec feldspath blanc.
	0 ,50	Schistes charbonneux.
60^m,30	8 ,45	Grès gris micacé et feldspathique.
	1 ,90	Grès à pâte rosée et mica bronzé.
	2 ,50	Grès schisteux verdâtre dur.
	1 ,90	Grès vert avec lamelles de feldspath rose.
	11 ,00	Grès dur foncé micacé et feldspathique.
	2 ,30	Couche de charbon dont le mur est à 60^m,30 du sol.
	3 ,00	Grès rougeâtre micacé.
	4 ,90	Grès rougeâtre foncé très-dur.

34.

L'allure de la couche est peu régulière. A l'affleurement, l'inclinaison est de 40°. Un peu au-dessous, une faille de direction abaisse le charbon de 7 mètres vers le nord. A partir de là, l'inclinaison diminue en descendant; elle est presque nulle auprès du puits, et même légèrement inverse dans la partie basse. A l'est du puits, les galeries s'arrêtent à une faille transversale que l'on n'a pas essayé de franchir. Du côté opposé, on s'est avancé jusqu'à 100 mèt.; là on a rencontré un resserrement qui semblait devoir se prolonger assez loin. Au nord, dans le fond des travaux, la couche est de même un peu disloquée.

La puissance moyenne du charbon est de 1 à 2 mètres; mais les inégalités y sont fréquentes. On a des renflements de 3 à 4 mètres, suivis de resserrements de quelques centimètres; de plus, au milieu même du combustible, se développent bien souvent de grandes masses de grès, et, dans ce cas, l'une des moitiés de la couche est presque toujours amincie.

Nature du charbon.

Le charbon du toit diffère de celui du mur. Le premier est divisé en strates régulières, à surfaces planes, semblable à l'anthracite des autres mines du Roannais; tandis que les deux tiers inférieurs se composent d'anthracite feuilletée, à cassure conchoïde et lisse, très-friable et plus inflammable que l'anthracite commune. Les mineurs la désignent sous le nom très-caractéristique de *charbon tortillard.* En général, c'est du charbon plus pur que l'anthracite ordinaire; parfois cependant elle devient, comme celle-ci, argileuse et terne, en restant néanmoins toujours friable et feuilletée.

On exploitait à la Bruère par piliers et galeries, avec remblayage immédiat. Mais les resserrements et lentilles de grès sont si nombreux, que presque toujours il fallait extraire avec le charbon une partie des roches abattues. De là un prix de revient fort élevé, le plus souvent supérieur aux prix de vente.

A 12 ou 15 mètres sous la deuxième couche, affleure

la troisième. D'anciennes haldes indiquent sa position. Son allure et ses caractères la rapprochent de la précédente, à part toutefois l'aspect du combustible, qui n'a pas la structure du charbon *tortillard*. Les travaux se bornent à de simples fouilles. Travaux
dans
la 3ᵉ couche.

Depuis le milieu de la côte de la Bruère jusqu'au fond du vallon de l'Ysable, le terrain paraît stérile, ou, du moins, les affleurements manquent. Par contre, vers la partie haute, quelques indices sembleraient annoncer une quatrième veine. A l'ouest du puits Saint-Charles, on voit une ancienne fendue entre les affleurements des deux premières couches. Il serait toutefois difficile de dire si elle appartient à une nouvelle couche ou si une faille a ramené au jour l'une des autres veines. Dans tous les cas, cette couche intermédiaire, si elle existe, aurait dû être percée par le puits Saint-Charles, et il se pourrait, en effet, que les schistes charbonneux traversés au niveau de 25 mètres[1] correspondissent à une partie stérile ou étranglée de ladite couche. Mais alors le même fait se serait aussi reproduit au puits éboulé, et on pourrait en conclure que, dans tous les cas, cette nouvelle veine serait peu régulière et même stérile sur de grandes étendues.

L'extraction totale des mines de la Bruère, de 1839 à 1848, n'atteint pas le chiffre de 50,000 quintaux métriques. La production la plus forte correspond à l'année 1843 : elle fut de 11,760 quintaux métriques, dont environ 30 p. o/o de gros ou grêle. Le nombre des ouvriers était alors de 12 à 15, et 2 chevaux desservaient le manége du puits.

Le prix de vente moyen, pendant la période de plus grande activité, en 1843 et 1844, était sur le carreau de la mine :

De 1ᶠ 60ᶜ les 100 kilogrammes de gros,
   1 20 ——————————— de grêle
Et 0 80 ——————————— de menu.

[1] Voir la coupe ci-dessus.

Ce dernier cependant, rendu à la Loire, se vendait au maximum o fr. 6o cent.

Avenir réservé
aux travaux
de la Bruère.
La mine fut abandonnée en 1848, à la suite du dépilage des massifs découverts; et, si l'on a égard aux résultats obtenus, la reprise prochaine paraîtra douteuse. Non-seulement le prix de revient a toujours été élevé, mais encore les transports aux lieux de consommation furent très-coûteux. Les concessionnaires avaient ouvert, à la vérité, un chemin de charroi jusqu'à la Loire, d'où les charbons étaient amenés à Roanne; mais là ils rencontraient, outre les houilles de Saint-Étienne, les produits de la mine de Bully, dont la position est, sous tous les rapports, bien plus favorable.

La concession de la Bruère se trouve donc réduite à la consommation locale, qui est insignifiante. L'emploi plus général de la chaux en agriculture pourrait seul lui donner un peu de vie, et, sans aucun doute, on en viendra là dans un avenir plus ou moins éloigné. Alors il sera bon de se rappeler ce que nous avons dit, dans la description géologique, de l'existence probable de l'anthracite, en couches plus régulières, sous le vaste plateau compris entre Amions et Dancé, et du prolongement possible de ces veines, sous une partie du plateau inférieur, jusqu'aux bords de l'Aix.

Importance et nature des produits des mines du Roannais.

Terminons la description des mines d'anthracite du Roannais par deux tableaux d'ensemble, donnant les quantités extraites et la composition de l'anthracite.

COMPOSITION DES ANTHRACITES DU ROANNAIS.

NOMS DES LOCALITÉS et désignation des couches.	DENSITÉS des anthra-cites.	SUR 100 PARTIES d'anthracite :		CENDRES dans 100 par-ties d'an-thracite.	COULEUR des cendres.
		coke.	matières vo-latiles.		
1° CONCESSION DE CHARBONNIÈRE.					
2ᵉ couche.					
Puits Lafayette. — Anthracite schisteuse.............	1,55	91,67	8,33	28,0	Gris clair, un peu rosé.
3ᵉ couche.					
Fendue Sainte-Barbe. — An-thracite schisteuse.......	1,48	91,13	8,87	24,67	Gris blond rou-geâtre.
4ᵉ couche.					
Anthracite feuilletée tendre..	1,59	92,10	7,90	41,44	Blanche.
2ᵉ CONCESSION DU DÉSERT.					
3ᵉ couche.					
Puits du Roussillon. — Au-thracite schisteuse.......	1,48	91,07	8,93	28,33	Gris blond rou-geâtre.
2° *bis*. CONCESSION DE LAY.					
2ᵉ couche.					
Anthracite très-dure........	1,51	92,50	7,50	20,35	Rose foncé
3° CONCESSION DE BULLY ET FRAGNY.					
2ᵉ couche.					
Puits des Glandes. — Anthra-cite schisteuse..........	1,53	91,53	8,47	31,33	Rouge.
3ᵉ couche.					
Puits des Glandes. — Anthra-cite schisteuse..........	1,46	91,63	8,37	15,67	Blond clair.
4° CONCESSION DE COMBRES.					
Anthracite schisteuse dure...	1,50	88,70	11,30	19,50	Gris clair.
4° *bis*. DISTRICT DE REGNY.					
Couche supérieure de Rollin. Charbon dur............	1,46	91,30	8,70	9,13	Rose foncé.
Couche supérieure de Denoyelle. Charbon dur............	1,58	93,50	6,50	17,18	Gris rougeâtre.
5° CONCESSION DE LA BRUÈRE.					
1ʳᵉ couche.					
Fendue Perrin. — Anthracite très-mêlée de schistes.....	1,76	91,47	8,53	34,0	Blonde.
2ᵉ couche, partie supérieure.					
Puits Saint-Charles. — An-thracite schisteuse........	1,51	90,27	9,73	24,17	Brun rougeâtre
2ᵉ couche, partie inférieure.					
Puits Saint-Charles. — Char-bon tortillard..........	1,52	92,33	7,67	19,67	Blond clair.
Puits Saint-Charles. — Char-bon terreux............	1,67	93,10	7,00	55,0	Blanche.

DESCRIPTION GÉOLOGIQUE

QUANTITÉS D'ANTHRACITE EXT

D'APRÈS LES ÉTATS OFFICIELS DES REDEVANCES DES

	CONC						
ANNÉES.	DE LAY.		DE CHARBONNIÈRE.		DU DÉSERT.		DE LA BRU...
	Char-bon.	Prix moyen.	Char-bon.	Prix moyen.	Char-bon.	Prix moyen.	Char-bon.
	q. m.	fr.	q. m.	fr.	q. m.	fr.	q. m.
1843.........	"	"	2,940	0 753	24,734	0 692	11,760
1844.........	"	"	12,478	0 639	27,423	0 619	10,789
1845.........	"	*	2,350	0 470	54,241	0 575	35,225
1846.........	"	"	"	"	59,259	0 573	5,872
1847.........	"	"	"	"	*102,462	0 588	"
1848.........	"	"	1,698	0 425	25,554	0 719	1,816
1849.........	"	"	"	"	31,462	0 730	"
1850.........	*	"	"	"	35,102	0 756	"
1851.........	"	"	"	"	36,743	0 766	"
1852.........	1,480	0 491	"	"	25,459	0 682	"
1853.........	"	"	"	"	24,562	0 63	"
1854.........	"	"	"	"	24,604	0 89	"
1855.........	14,314	1 08	"	"	9,262	1 00	"
Totaux....	15,794	....	19,466	....	480,867	......	35,462
Quantités approximatives extraites depuis 1825 jusqu'aux ordonnances de concession.........	50,000 à 60,000	....	12,000 à 15,000	....	25,000 à 30,000	......	15,000 à 20,000
Total approximatif depuis 1825 jusqu'à 1855.....	65,000 à 70,000	....	30,000 à 35,000	....	510,000	......	50,000

Ainsi, en résumé, depuis le commencement de ce siècle, les mines du Ro...

IS LES ORDONNANCES DE CONCESSION,

ANTITÉS APPROXIMATIVES EXTRAITES ANTÉRIEUREMENT.

de LLY ET FRAGNY.		de JŒUVRES ET ODENET.		DE COMBRES.		TOTAUX.		OBSERVATIONS.
har-on.	Prix moyen.	Char-bon.	Prix moyen.	Char-bon.	Prix moyen.	Char-bon.	Prix moyen.	
ǫ. m.	fr.	q. m.	fr.	q. m.	fr.	q. m.	fr.	
ɔ,209	0 893	"	"	"	"	48,643	0 803	Toutes les conces-
7,258	0 896	"	"	"	"	57,948	0 724	sions, sauf celle de
7,958	0 720	"	"	"	"	69,774	0 611	Combres, ont été accordées en 1843 ;
"	"	"	"	"	"	65,131	0 601	celle de Combres en 1848.
"	"	"	"	"	"	102,462	0 588	* Cette quantité
7,554	1 219	"	"	"	"	36,622	0 802	provient de la 1re et de la 3e couche du
2,854	0 887	"	"	"	"	44,316	0 776	Désert.
0,259	0 778	"	"	12,909	0 870	78,270	0 784	
2,489	1 165	"	"	17,148	0 874	86,380	0 874	
9,243	** 0 537	"	"	23,332	0 787	89,514	0 642	** Ce prix si bas
0,200	1 14	"	"	26,517	0 822	91,219	1 03	est la conséquence d'une proportion
1,245	0 98	"	"	26,048	0 97	111,897	0 96	très-forte de menu.
6,234 ***	1 34	"	"	17,450	1 10	107,260	1 15	
4,503	....	"	....	123,404	....	989,496	....	*** On pense extraire à Bully, en 1856, jusqu'à cent mille quintaux métriques. Rendue à Roanne, l'anthracite menue se vend aux
0,000	....	5,000	....	15,000 à 20,000	....	180,000 à 200,000		chaufourniers, en 1856, 1 fr. 35 cent. le quintal métrique. Le transport de Bully à Roanne par la
ɔ0,000 à ɔ5,000	....	5,000	....	140,000	....	1,170,000 à 1,200,000		voie de terre coûte 50 centimes par quintal métrique.

dû fournir à peu près 1,200,000 quintaux métriques d'anthracite.

Carrières de marbre et de pierres à chaux du terrain carbonifère.

Dans la description géologique nous avons déjà fait connaître les localités où l'on exploite le calcaire carbonifère et la manière d'être de la roche en ces divers points. Indiquons maintenant l'importance réelle des carrières, la nature et l'emploi de leurs produits.

Le calcaire carbonifère est surtout exploité comme pierre à chaux. Les carrières, quoique assez nombreuses, sont encore peu étendues; mais leur importance grandira le jour où la chaux sera largement appliquée à l'amendement des terres, à l'imitation de ce qui se pratique, avec des avantages si marqués, dans l'ouest de la France. Jusqu'à présent on ne voit nulle part, dans le département de la Loire, ces fours gigantesques de 12 à 15 mètres de hauteur, comme il en existe un très-grand nombre aux environs d'Angers et dans la Vendée, produisant par 24 heures 150 à 200 hectolitres de chaux. Ceux de notre département n'ont pas au delà de 3 mètres et ne fournissent guère plus de 25 ou 30 hectolitres en moyenne, ou 40 hectolitres au maximum par 24 heures. Pour 100 hectolitres de chaux on brûle 40 à 45 hectolitres de houille ou d'anthracite, tandis que les grands fours de l'Ouest ne consomment, pour le même volume, que 25 à 30 hectolitres de houille anthraciteuse des mines de l'Anjou.

1° Carrières de la rive droite de la Loire.

A. Zone du port Garret à Tarare.

Les carrières de la zone méridionale du terrain carbonifère se succèdent, en allant de l'ouest à l'est, dans l'ordre suivant : ancienne carrière de Tardivon, près Balbigny; exploitations de Néronde, Montmin, Rey et le Gouget.

Carrière de Balbigny.

La première est depuis longtemps abandonnée, et ne fut même ouverte qu'à titre de fouille. Aussi je renvoie, pour ce qui la concerne, aux détails géologiques du chapitre précédent.

Les carrières de Néronde sont au nombre de cinq, pourvues chacune d'un four à chaux : ce sont les plus importantes de la zone qui nous occupe. Elles sont situées au-dessus de la ville, entre la chapelle et le bois de la Chaux, placées toutes, très-probablement, sur le même système de bancs.

Fissuré en divers sens et divisé en assises d'une faible épaisseur, le calcaire de Néronde ne peut être exploité ni pour marbre ni pour pierre de taille; on l'utilise exclusivement comme pierre à chaux. Quoique fortement coloré, il n'en donne pas moins une chaux parfaitement blanche et grasse, preuve que le bitume seul est cause de sa teinte d'un gris-bleu foncé.

L'analyse confirme d'ailleurs ces résultats.

J'ai trouvé dans le calcaire de Néronde :

Carbonate de chaux.	0,948
———— de magnésie.	0,004
———— de manganèse.	0,003
———— de fer.	0,010
Alumine.	0,009
Résidu argileux.	0,024
Eau et bitume.	0,002
Traces de phosphate de chaux.	//
	1,000

La chaux est consommée sur les lieux et dans les environs, jusqu'à la distance de sept à huit lieues. Les agriculteurs n'en usent guère, et cependant les terres si froides de la plaine du Forez pourraient presque toutes être transformées par le chaulage et le drainage en terres à froment.

L'exploitation se fait à ciel ouvert; il suffit de déblayer quelques mètres de schistes pour atteindre la pierre à chaux. L'épaisseur abattue m'a paru, en moyenne, de 6 à 7 mètres, et, comme les bancs s'étendent en direction à 12 ou 1,500 mètres, on pourrait aisément porter l'extraction à un chiffre fort élevé. On y arrivera dès que les cultiva-teurs de la plaine du Forez sauront comprendre leurs véri-tables intérêts.

Jusqu'à présent la production des carrières est insigni-fiante. Chacune d'elles n'occupe, y compris le service du four, que quatre à cinq ouvriers pendant huit mois de l'année, depuis le 1er mars jusqu'au 1er novembre.

Par 24 heures, on peut compter, en moyenne, sur 20 à 25 hectolitres de chaux, consommant 8 à 10 hectolitres de houille : ce qui donne, pour les cinq fours et l'année en-tière, 20 à 25,000 hectolitres de chaux.

Peu après l'ouverture du chemin de fer de Roanne, on expédia pendant quelques mois de la pierre calcaire de Néronde à Saint-Étienne, pour les hauts fourneaux de Terre-Noire et les fours à chaux des environs. On ne put soutenir longtemps la concurrence de Sury et Villebois.

Carrière de Montmin. Sur le prolongement des bancs de Néronde, on exploite à Montmin, commune de Sainte-Colombe, un amas ana-logue, d'une puissance moindre, et dont la chaux est d'ailleurs peu grasse. On y voit une seule carrière et un seul four, dont la production est faible : 3 à 4,000 hecto-litres au maximum par année.

Carrière du Rey. Plus loin, au sud-est du hameau du Rey, on avait ou-vert une autre carrière, dont les produits sont encore moins purs. On l'a abandonnée par ce motif.

Carrière du Gouget. Enfin, à la limite de ce département, ou plutôt à quel-ques cents mètres au delà, on trouve la carrière du Gou-get, commune d'Affoux, dont nous avons donné la coupe dans le chapitre Ier, pour montrer la superposition discor-dante du calcaire sur les schistes cristallins antésiluriens. Le banc exploité n'a que 2 à 3 mètres de puissance; il est très-micacé, enveloppé de schistes et de grès argilo-quar-tzeux. La chaux est maigre et même hydraulique. La carrière alimente un four placé à quelques centaines de mètres à l'ouest, sur le bord de la route départementale de Tarare à Feurs. Le débit de la chaux est assez difficile et, par ce motif, une ancienne carrière et un second four à chaux, près du hameau du Thomas, ne sont plus exploités depuis longtemps.

La zone carbonifère que suit la route de Roanne à Thizy est richement pourvue de calcaire bitumineux. On l'exploite dans les communes de Montagny, Combres et Thizy. Dix fours y sont en activité pendant la belle saison. L'emploi de la chaux pour l'amendement des terres commence à prendre faveur dans cette partie du département, et c'est là surtout que l'on pourrait établir des fours à chaux sur une vaste échelle.

B. Zone de Montigny à Thizy.

Le calcaire occupe le flanc droit de la vallée du Rhodon, au sud de Montagny, passe au nord du bourg de Combres et se dirige de là sur Thizy, dans le département du Rhône. Les bancs calcaires y sont nombreux et faciles à exploiter.

Carrières de Montagny et Combres.

Une première carrière a été ouverte à la ferme des Buis, au sud-est de Montagny. Les voies de communication étant difficiles pour y aborder, le four qui en dépend chôme souvent et fournit peu de chaux.

Les autres carrières sont mieux placées : on les a établies au nord de Combres, sur le bord de la route qui va de Roanne à Thizy : deux près de Lapra, sur la commune de Montagny, et deux entre Jandrasse et Lachal, sur la commune de Combres. La chaux est grasse et blanche comme celle de Néronde. Pour sa fabrication on emploie exclusivement l'anthracite de Combres ou de Lay : aussi les frais y sont moindres qu'à Néronde, et le prix de vente est parfois descendu jusqu'à 1 franc l'hectolitre; le plus souvent, cependant, il se maintient entre 1 franc et 1 fr. 20 cent.

La production annuelle des cinq fours peut être estimée à environ 30,000 hectolitres.

Citons, pour mémoire, les cinq ou six carrières et fours de Thizy. Ils sont situés dans le département du Rhône, mais leurs produits sont aussi en partie consommés dans notre département, qui leur fournit d'ailleurs tout le combustible. La chaux est encore de même nature, le produit annuel de 25 à 30,000 hectolitres, et le prix de vente 1 fr. 20 cent. à 1 fr. 25 cent.

Le nombre des ouvriers est en moyenne de quatre par carrière, soit deux pour l'abatage et deux pour le cassage et la cuisson.

C. Zone de la vallée du Rhins. Dans la profonde vallée du Rhins on exploite le calcaire à Regny et à Naconne.

Carrières de Naconne. Les carrières de Naconne sont situées sur le bord de la nouvelle route de Roanne à Regny : nous en avons parlé dans la description géologique. Comme les précédentes, elles ne fournissent que de la pierre à chaux. Deux fours y sont en activité et deux autres chôment ordinairement. La chaux de la première carrière, située à l'ouest du bourg, est un peu maigre; la roche est parsemée de grains feldspathiques kaolinisés. L'analyse m'a donné :

$$
\begin{array}{lr}
\text{Carbonate de chaux}\dotfill & 0,784 \\
\text{———— de magnésie}\dotfill & \text{Traces.} \\
\text{———— de fer, de manganèse et alumine.} & 0,036 \\
\text{Résidu insoluble argilo-feldspathique}\dotfill & 0,160 \\
\text{Eau et un peu de bitume}\dotfill & 0,020 \\
\hline
& 1,000
\end{array}
$$

Le calcaire de la seconde carrière, située au centre même du bourg, est plus pur et donne de la chaux plus grasse. On consomme à Naconne l'anthracite de Lay. La chaux s'y vend 1 fr. 10 cent. à 1 fr. 25 cent.; le produit annuel est de 6 à 8,000 hectolitres.

Carrières de Regny. Les carrières de Regny sont les plus importantes du calcaire carbonifère de notre département. La roche s'y présente en bancs réguliers, assez épais pour fournir quelques pierres de taille, et même des blocs que les marbriers scient et polissent à Roanne et à Lyon : c'est un marbre gris bleuâtre, coupé de veines spathiques blanches. Les pierres de taille servent à Regny et dans les bourgs des environs. Déjà Passinges cite le marbre et le calcaire à fossiles de

Regny[1]. Cependant, comme à Néronde et à Naconne, on l'exploite plutôt pour l'alimentation des fours à chaux.

Au reste, le calcaire affleure partout dans les environs de Regny, et, outre les carrières en exploitation, on en voit plusieurs autres, moins bien situées au point de vue des voies de transport, et par ce motif abandonnées : ainsi, à Pramandon et, au bord de la rivière, au-dessous du hameau Legay, sur la rive gauche du Rhins; puis, sur l'autre rive, en divers points, cités dans la description géologique, au pied du coteau de Verpierre. Quant aux carrières aujourd'hui exploitées, elles sont situées au sud de Regny, au bord de la route qui mène à Lay, l'une d'elles non loin du faubourg dit la Marine, les autres sous le hameau de la Goyetière.

Le calcaire alterne avec de l'argile schisteuse et un grès argilo-quartzeux; lui-même aussi contient un peu d'argile, et la chaux, moins grasse que celle de Néronde, est faiblement hydraulique. D'après le travail de M. Vicat sur les pierres à chaux du département, le calcaire de Regny renfermerait 8,33 p. o/o d'argile et des traces de carbonate de magnésie. Un échantillon plus pur m'a donné :

Carbonate de chaux.	0,927
———— de magnésie.	Traces.
———— de manganèse.	0,004
———— de fer.	0,016
Alumine.	0,001
Résidu argileux.	0,042
Eau et bitume.	0,010
Traces de phosphate de chaux.	//
	1,000

Les carrières de Regny alimentent cinq fours, dont quatre en activité constante dans la belle saison; trois se trouvent à la Goyetière, un à la Marine, et le cinquième sur le ter-

[1] *Journal des mines*, t. VII, p. 141.

ritoire de la commune de Neaux. On y consomme maintenant presque exclusivement l'anthracite de Lay et de
Combres. Chaque four produit 6,000 hectolitres de chaux
par an, vendus selon les saisons au prix de 1 franc à 1 fr.
20 cent.

Pour les quatre fours, c'est un produit annuel de 24,000
hectolitres.

La pierre de taille se vend sur les lieux 1 fr. 30 cent. le
pied courant, taillé et dressé, ou 2 francs le pied cube brut
pour les blocs de grandes dimensions, soit 40 à 50 francs
le mètre cube.

Le nombre des ouvriers, occupés aux carrières et aux
fours, est généralement de 20 à 25.

D. Zone des bords de la Loire. Dans la vallée de la Loire, le calcaire est connu en un
seul point, au *Verdier*, commune de Cordelles. Nous en avons
parlé dans la description géologique; nous ajouterons seulement que la carrière est abandonnée depuis quinze ans,
et pourrait difficilement être reprise à cause de l'épaisseur
considérable du banc de poudingue qui recouvre le calcaire
en ce point.

2° Carrières de la rive gauche de la Loire.

A. Vallée de Saint-Thurin. Dans la vallée de Saint-Thurin, sur le bord de la route
de Clermont, on a élevé quatre fours à chaux, dont un seul
marche ordinairement.

Carrière du Collet. Le premier, en montant la vallée, avait été établi en 1835,
sur la rive droite de l'Auzon, près du hameau du Collet.
Mais la roche que l'on devait exploiter était plutôt du
schiste argilo-calcaire qu'une véritable pierre à chaux; on
dut abandonner les travaux commencés.

Carrières de la Soulagette. Plus haut, sur l'autre rive, on rencontre le calcaire, à
l'est et au sud du village de la Soulagette. Dans la carrière
orientale, la plus importante des deux, on exploite un banc
de 3 à 4 mètres fortement redressé et comme enclavé par le
porphyre granitoïde. Il est accompagné de schistes argi-

leux verdâtres, criblés de mouches pyriteuses et traversés par un grand nombre de veines spathiques blanches. Il est plus charbonneux et d'une nuance plus foncée que les calcaires de Regny et de Néronde, plutôt compacte ou grenu que cristallin. L'acide muriatique dégage, avec l'acide carbonique, de l'hydrogène sulfuré.

M. Vicat y a trouvé 12 p. o/o d'argile siliceuse et déclare la chaux moyennement hydraulique.

Dans l'autre carrière, située au sud du village, la roche est un peu moins noire et plus cristalline, mais les bancs ne sont ni plus puissants ni plus réguliers. Elle ne renferme, dit M. Vicat, que 1,33 p. o/o d'argile; ce qui dénote une chaux grasse et pure.

Les deux fours, dont un seul marche ordinairement, sont situés sous la Soulagette, au bord de la route, à 2 kilomètres de Saint-Thurin. Le produit annuel n'excède guère 5,000 hectolitres. La houille de Saint-Étienne sert de combustible.

Le quatrième four avait été construit, en 1836, immédiatement en amont de Saint-Thurin. On exploitait dans les schistes les plus proches un rognon calcaire argilosableux; mais sa faible étendue et la maigreur de la chaux firent bientôt cesser les travaux commencés. Comme au Collet, la roche conviendrait mieux pour la fabrication du ciment hydraulique.

Dans le bassin de l'Aix, on exploite le calcaire à Grézollettes, la Bombarde et Champoly, sur la rive droite; à Saint-Germain-Laval, Grézolles et Lucé, sur la rive gauche de l'Aix. *B. Vallée ou bassin de l'Aix.*

Les carrières principales sont celles de Saint-Germain-Laval, situées sur le plateau de Saint-Julien, entre l'Ysable et l'Aix. On les connaît depuis fort longtemps; Passinges en parle dans sa description minéralogique du Forez. Déjà alors on brûlait l'anthracite de Bully dans les fours à chaux de Saint-Germain-Laval [1]. *Carrières de Saint-Germain-Laval.*

[1] *Journal des mines*, t. VII. p. 196.

La masse calcaire exploitée traverse la route de Roanne à Montbrison, entre Saint-Germain et Saint-Julien. Sa puissance est de 5 mètres, son inclinaison dépasse 30°. Elle est divisée en lits trop minces pour être utilisée comme pierre de taille. La roche est compacte, à cassure esquilleuse, d'une nuance moins foncée que celle de Regny ou de Néronde. Elle fournit de la chaux grasse, comme le prouve l'analyse suivante :

Carbonate de chaux..................	0,938
——— de magnésie..............	Traces.
——— de fer et peroxyde..........	0,022
Alumine......................	0,001
Résidu argileux...................	0,034
Eau et bitume...................	0,003
Traces très-notables de phosphate de chaux.	″
	1,000

Les carrières bordent la route. Il en existe quatre ou cinq et autant de fours. Deux appartiennent à la compagnie des mines d'Amions; mais rarement il y en a plus de trois en activité.

Depuis quelques années on applique la chaux de Saint-Germain à l'amendement des terres du canton et des parties les plus voisines de la plaine du Forez. La cuisson se fait à l'anthracite de Bully. La production annuelle est d'environ 15,000 hectolitres. L'extraction de la pierre est payée aux ouvriers à raison de 3 fr. à 3 fr. 50 cent. le mètre cube, et le prix de la chaux varie entre 1 fr. 30 cent. et 1 fr. 50 cent. l'hectolitre.

Carrières de Grézolles.

Nous avons fait connaître (page 449) deux filons de marbre blanc dans la commune de Grézolles. L'un d'eux est exploité pour chaux. La carrière et le four sont situés sur la hauteur, près du château; ils chôment souvent et leur production est faible. La chaux est blanche et grasse.

Carrière de Lucé.

La roche exploitée à Lucé, commune de Cremeaux, est

en couches comme celle de Saint-Germain; c'est le calcaire
bleu bitumineux à tiges de crinoïdes. Mais il est bouleversé
par le porphyre et presque toujours caché sous 5 à 6 mètres
de grès porphyrique anthraxifère. Aussi les frais de dé-
blayement et d'extraction y sont-ils plus élevés qu'ailleurs.
Cependant les travaux sont bien organisés; une galerie
basse écoule les eaux et un chemin de fer facilite les transports. La mine de Bully fournit le combustible. Mais la
consommation de la chaux est encore faible dans les environs; et la production annuelle ne dépasse guère 2,000
hectolitres, vendus à raison de 1 fr. 75 cent.

A Grézollettes, sur la rive droite de l'Aix, nous avons   *Carrière de Grézollettes.*
mentionné au-dessous d'un banc de corne verte, dure, une
grosse lentille de calcaire semi-cristallin. La compagnie
d'Amions y fit élever un four à chaux; mais l'exploitation n'y
fut jamais très-active : à diverses reprises, le four a chômé
des années entières. L'extraction elle-même y est cependant
peu coûteuse, et la fabrication de la chaux s'y ferait avec
avantage si les voies de communication ne manquaient pas.

Le calcaire exploité à Champoly est un beau marbre   *Carrières de Champoly.*
cristallin, d'une blancheur éclatante et d'une pureté par-
faite, qui renferme à peine un peu de magnésie sans aucune
trace de silice ni d'argile. Il constitue un puissant filon de
10 mètres dans le grès anthraxifère. On l'a entamé, à ciel
ouvert, sur une longueur d'environ 400 mètres; mais, en
réalité, on ne l'exploite aujourd'hui que sur trois ou quatre
points. La roche est transformée en chaux à Couavoux, où
il y a trois fours, et à Champoly, où il y en a un; on les
chauffe au bois et leur production est faible : 7,000 hectolitres par an, vendus à raison de 2 fr. à 2 fr. 25 cent.

Le filon de Champoly se prolonge, au nord, jusqu'à la   *Carrière de la Bombarde.*
Bombarde, où il est exploité, sur le bord de la route de
Roanne à Thiers. Sa puissance est de 7 à 8 mètres. Le
marbre est pur, comme à Champoly, et donne de la chaux
blanche et grasse. Le four, placé dans la carrière même,
en fournit par an 4 à 5,000 hectolitres. On le vend 2 francs

à 2 fr. 25 cent. La cuisson se faisait jadis au bois, maintenant à l'anthracite.

Nous avons déjà dit, dans la description géologique, que
le marbre de Champoly et de la Bombarbe est trop fissuré,
et s'égrène trop facilement pour convenir aux travaux de
sculpture.

Terminons ce paragraphe par le tableau résumé de la
production approximative des carrières du terrain carbonifère dans le département de la Loire :

NOM DES LOCALITÉS.	NOMBRE des carrières en exploitation.	NOMBRE des fours à chaux en activité.	NOMBRE des ouvriers.	PRODUCTION en hectolitres.	PRIX de l'hecto-litre.	VALEUR du produit.
Néronde............	5	5	20	20,000 à 25,000	1f 20c à 1f 30c	25,000f à 30,000f
Montmin (commune de Sainte-Colombe).....	1	»	4	3,000 à 4,000	1 20 à 1 30	4,000 à 5,000
Montagny............	3	3	10	18,000	1 00 à 1 20	18,000 à 20,000
Combres............	2	2	9	12,000	1 00 à 1 20	12,000 à 14,000
Naconne............	2	2	8	6,000 à 8,000	1 10 à 1 25	8,000 à 10,000
Regny..............	3	4	20 à 25	24,000	1 00 à 1 20	25,000 à 28,000
Soulagette (commune de Saint-Thurin).......	2	»	4	5,000	1 75	8,000 à 9,000
Saint-Germain-Laval et Saint-Julien-d'Oddes..	4	4	15	15,000	1 30 à 1 50	20,000 à 22,000
Grézolles............	1	1	3	2,000	1 75	3,500
Lucé (commune de Cremeaux)............	»	1	3	2,000	1 75	3,500
Grézollettes (commune de St-Martin-la-Sauveté)..	1	1	2	1,000	1 75	1,750
Champoly............	3 ou 4	4	8 à 10	6,000 à 7,000	2 00 à 2 75	14,000 à 15,000
La Bombarde.........	1	1	4	4,000 à 5,000	2 00 à 2 75	9,000 à 10,000
TOTAUX.........	29 à 30	30	110 à 120	environ 125,000	pr. moy. 1f 25c	155,000

Pour produire ces 125,000 hectolitres de chaux, on consomme environ 50,000 hectolitres d'anthracite et de houille.

Rappelons encore dans un tableau unique, pour faciliter les comparaisons, la composition de nos divers calcaires :

ÉLÉMENTS dont se composent les calcaires.	CALCAIRE			
	de Néronde.	de Saint-Germain-Laval.	de Regny.	de Naconne.
Carbonates { de chaux.........	0,948	0,938	0,927	0,784
de magnésie......	0,004	Traces.	Traces.	Traces.
de manganèse....	0,003	"	0,004	"
de fer...........	0,010	0,022	0,016	0,036
Alumine.................	0,009	0,001	0,001	"
Résidu argileux..............	0,024	0,034	0,042	0,160
Eau et bitume...............	0,002	0,003	0,010	0,020
Phosphate de chaux.........	Traces.	Traces notables.	Traces.	N'a pas été cherché.
	1,000	1,000	1,000	1,000

Carrières de porphyres et de grès porphyriques.

Les porphyres et grès porphyriques ne sont nulle part régulièrement exploités, comme pierres de taille, dans le département de la Loire. Les uns sont trop durs ou bien éclatent sous le marteau, d'autres ne peuvent être obtenus en blocs de fortes dimensions; et quant aux grès, ils s'altèrent à l'air. Aussi, le plus souvent, dans les districts porphyriques, on bâtit en moellons que l'on rencontre partout, à la surface du sol ou à une faible profondeur sous la terre végétale.

Cependant certains porphyres et grès porphyriques font exception à la règle générale. On pourrait les tailler comme le granite, ou même les utiliser pour ornements en les polissant, comme cela se fait dans les Vosges, en Suède et ailleurs.

Porphyre granitoïde. Lorsque le porphyre granitoïde se rapproche du granite proprement dit, ainsi que cela se voit à l'Argentière, dans la vallée de Saint-Thurin, et aux environs de Cezay, au-dessus de Boën, on peut le tailler pour pierre à bâtir, comme ce dernier. Les carrières de Cezay sont, en effet, ouvertes dans une roche qui a toutes les apparences du granite véritable, mais qui par sa situation et ses passages graduels appartient plutôt, comme nous l'avons dit (page 265), au porphyre granitoïde.

Porphyre quartzifère. Le porphyre quartzifère pourrait être exploité et poli en divers points. Je citerai surtout, comme remarquables par la beauté des nuances et la grosseur des blocs, les grands filons des bords de la Loire entre Saint-Maurice et la papeterie du Perron.

Les uns sont à pâte grise, les autres à pâte rose; tous à très-grands cristaux hémitropes d'orthose blanc et à grains de quartz bipyramidés, gris, translucides. Ce porphyre poli ressemblerait beaucoup au granite rose de Suède. On pourrait d'ailleurs l'exploiter avec la plus grande facilité. Les escarpements bordent le fleuve, et ce dernier servirait au transport des blocs, soit par ses bateaux, soit par son chemin de halage jusqu'au canal si voisin de Roanne. Les sauts de la Loire fourniraient d'ailleurs l'eau motrice pour le sciage et polissage des blocs.

Nous citerons encore, comme porphyres propres aux arts, ceux que l'on trouve en filons au haut de la crête de Saint-Polgue, et les masses vertes, presque noires, puis roses, rouges ou blanches, qui constituent le versant occidental de la Madeleine, entre Saint-Just-en-Chevalet et Saint-Priest-la-Prugne.

Grès porphyrique. Le grès porphyrique prend très-souvent, on le sait, les caractères d'un véritable porphyre à cristallisation confuse; et lorsqu'il est nuancé de vert, de rose ou de rouge tirant sur le brun, il ressemble tout à fait à certains porphyres verts ou rouge violet que l'on rencontre, sous forme de vases ou d'ornements polis, dans le commerce. Ainsi, à Chériez, au-dessous de Villemontais, sur la route de Roanne à Clermont, on trouve un très-beau grès porphyrique vert violet, passant au rouge-brun, qui est compacte, inaltérable et dur, et pourrait aisément s'exploiter en blocs de très-grandes dimensions; le feldspath y est blanc rosé. Déjà Passinges mentionne la roche des environs de Chériez comme un porphyre « dont on pourrait faire de jolis ouvrages. »

Plus au sud, sur la même crête, en se rapprochant de Saint-Polgue, on rencontre à Faillebois et à Bois–Cuttil un grès porphyrique, à pâte presque noire et petits cristaux de feldspath blanc, que l'on pourrait également utiliser dans les arts.

NOTA. Ce serait ici le lieu de parler du terrain houiller proprement dit; mais, par les motifs déjà énoncés (p. 269), nous consacrerons à sa description un volume spécial.

CHAPITRE V.

PÉRIODE SECONDAIRE.

(Terrain jurassique.)

Les terrains secondaires du département de la Loire appartiennent tous à la période jurassique.

La période secondaire est représentée, dans le département de la Loire, par le seul terrain jurassique, et même uniquement par deux étages de ce terrain, le *lias* et l'*oolithe inférieure*.

La superficie totale de ce terrain est de 4,350 hectares, soit les 0,009 de celle du département. Il couvre, à l'ouest et à l'est, le pied des montagnes du Beaujolais, reposant directement sur le porphyre quartzifère, le terrain carbonifère ou le granite.

Le terrain jurassique est presque entièrement caché sous des dépôts tertiaires.

Dans le département de la Loire, le terrain jurassique est presque complétement enseveli sous un manteau plus ou moins épais de sables et argiles tertiaires. Aussi ne paraît-il, sous forme de ceinture étroite, que sur la lisière du bassin tertiaire et dans le fond de quelques vallées.

La ceinture dont nous venons de parler part des environs de Pradines, au nord du Rhins, et suit du S. S. O. au N. N. E. le pied des montagnes porphyriques, en passant par Coutouvre, Boyé, Villerds et Maizilly. De là elle remonte la vallée du Sornin, pénètre dans le Charollais par Châteauneuf et la Claytte, et se termine au nord à la vallée de l'Arroux, où apparaissent le grès bigarré et la formation houillère de Saône-et-Loire.

Les vallées dans lesquelles des failles ont en outre mis à nu les dépôts jurassiques sont la vallée de la Loire, au nord de Vougy et de Briennon, celle du Sornin en aval de Saint-Denis et le vallon du Jarnossin aux environs de Vougy.

Lorsque les bancs du terrain jurassique reposent sur le terrain carbonifère, comme à la Chapelle-sous-Dun, il y a entre eux discordance complète de stratification.

A partir des montagnes porphyriques, les assises du terrain secondaire inclinent, sous un angle de 10 à 12°, vers l'O. ou l'O. N. O., puis se relèvent très-légèrement en sens inverse vers la Loire. Par-dessus s'étendent horizontalement les sables et argiles tertiaires, qui débordent même entièrement le terrain secondaire dans la direction de l'ouest.

Le terrain jurassique se compose, dans le département de la Loire, comme partout ailleurs, d'une succession de grès, de marnes ou d'argiles et de calcaires. On y distingue les deux étages inférieurs de ce terrain, le lias et la partie basse de l'oolithe inférieure. La puissance du premier est d'environ 120 mètres, celle du second d'une quarantaine de mètres.

Le lias se divise tout naturellement en trois groupes : le *grès infraliasique*, le *lias proprement dit* et les *marnes supraliasiques*. De plus, les deux derniers se partagent encore en divers sous-groupes, savoir :

Le lias proprement dit, en... { (A) Calcaire à gryphées arquées .... } Lias inférieur.
{ (B) Marnes grises inférieures....... }

Les marnes supraliasiques ou calcaire à bélemnites, en... { (C) Calcaire à gryphées cymbium.... } Lias moyen.
{ (D) Marnes bitumineuses à plicatules. }
{ (E) Marnes et grès ferrugineux..... } Lias supérieur.
{ (F) Calcaire argilo-ocreux........ }

Quant à l'oolithe inférieure, elle est représentée par deux sous-groupes, savoir :

(G) les argiles à jaspes;
(H) le calcaire à entroques.

Chacun de ces sous-groupes est caractérisé par des fossiles spéciaux et, dans nos contrées surtout, les marnes

Marginal notes:

Les assises jurassiques reposent à stratification discordante sur le terrain carbonifère.

Composition du terrain jurassique dans le département de la Loire.

supraliasiques sont remarquables par l'extrême abondance des débris organiques.

Masses subordonnées dans le terrain jurassique. Les substances accidentelles ou subordonnées du terrain jurassique sont peu nombreuses. On ne peut guère citer que le minerai de fer oolithique du lias supérieur (Saint-Nizier et Maizilly); le minerai de fer hydraté en lits minces dans le calcaire à entroques (carrières de la Tessonne); l'oxyde noir de manganèse, en nids et amas irréguliers, dans le calcaire liasique (moulin de la Roche); la galène, en petites mouches au milieu des grès et calcaires silicifiés (*arkose* de Maizilly); quelques veines et rognons pyriteux, dans le calcaire à gryphées cymbium (carrière de la Rivoire); enfin, dans ce même calcaire, des géodes de spath d'Islande parfaitement limpide, ou bien des cristaux brun violet de carbonate de chaux ferro-manganésifère (carrières du moulin de la Roche, de Vougy et de la Réjasse).

Aucun filon ni dyke ne traverse les bancs du terrain jurassique.

Terrain jurassique au point de vue agricole. Au point de vue agricole, la zone jurassique diffère entièrement des terrains qui lui servent de base et de ceux qui se sont déposés par-dessus.

La différence est cependant peu sensible dans le département de la Loire à cause de la faible étendue du territoire jurassique, et surtout parce que ce terrain ne se montre, en général, que le long du flanc des vallées, où la déclivité du sol ne permet pas le développement complet de toutes les cultures. Mais on est frappé de la grande supériorité de ce sol argilo-calcaire lorsqu'on compare les pâturages et les champs du Charollais au sol porphyrique de la rive gauche du Sornin. D'un côté, l'inclinaison peu considérable des assises et la faible consistance des roches a produit de larges plateaux, mollement ondulés, et un sol toujours très-profond, tandis que, de l'autre, l'origine plutonique du porphyre et la nature peu altérable de ses éléments se manifestent par des crêtes à pentes roides et par un sol pierreux et aride.

Les terres si fertiles du lias sont connues, dans l'arron- Terres
dites
fromentales.
dissement de Roanne, sous le nom de *fromentales.*

Toutes les parties du sol jurassique ne sont cependant pas également fertiles; les riches pâturages correspondent au lias et aux marnes du lias, qui renferment habituelle- ment le mélange le plus convenable de calcaire et d'argile, mélange assez gras pour retenir dans le sol une certaine humidité et pourtant assez léger pour permettre l'infiltra- tion de l'eau surabondante.

Le calcaire à entroques, lorsqu'il est isolé, produit des champs pierreux et secs, par la facilité avec laquelle l'eau se perd dans les nombreuses fissures et cavernes de la roche.

Les argiles à jaspes se signalent par des terres argilo- Terres
dites *beluzes*
et
pierrés.
ferrugineuses très-compactes, mais entremêlées de gros cail- loux siliceux qui rendent la culture assez difficile. Lorsque les cailloux sont rares, le sol retient l'eau en hiver et se sillonne de fentes pendant les chaleurs de l'été (plateaux de Villerds et de Coutouvre) : ce sont les terres appelées *beluzes* dans l'arrondissement de Roanne. Lorsque les ro- gnons siliceux sont plus nombreux, ce terrain pierreux est plutôt sec et brûlant dans la saison chaude (plateau au nord de Saint-Nizier et au nord de Pradines) : ce sont les *pierrés* des environs de Roanne.

Les terres des formations jurassiques se rapprochent, sous le rapport agricole, plus des sols d'origine tertiaire que de ceux des terrains plus anciens. Cependant, dans le département de la Loire, le sol tertiaire n'est jamais très-fertile; l'élément calcaire y fait généralement défaut. Tantôt il est trop sablonneux, et alors très-maigre (*les varennes*); tantôt trop argileux, ou pourvu d'un sous-sol argileux qui empêche, dans la saison pluvieuse, l'infiltra- tion des eaux.

Les terres jurassiques ne sont jamais aussi maigres ni aussi froides; d'ailleurs la chaux sature les acides qui pro- viennent de la putréfaction des matières végétales, tandis

556 DESCRIPTION GÉOLOGIQUE

que la végétation tertiaire indique généralement un sol plus ou moins acide et souvent marécageux.

Passons à la description spéciale des divers groupes, en indiquant d'abord, comme dans les chapitres précédents, les caractères particuliers de chacun des dépôts; après quoi nous ferons connaître les points où ces dépôts s'observent le mieux et sont le plus faciles à étudier.

LIAS.

I. GRÈS INFRALIASIQUE.

Distribution du grès infraliasique.

Le grès infraliasique est fort peu développé dans le département de la Loire; on ne le rencontre même bien caractérisé que plus au nord, dans le Charollais. Il forme, aux environs de la Claytte, une lisière étroite, entre le porphyre et le lias proprement dit, tandis que vers le midi, dans le département de la Loire, il disparaît sous les assises du lias moyen et supérieur, et ne se montre qu'aux environs de Coutouvre, en lambeaux d'une faible étendue.

Nature du grès.

Le grès du lias se compose de petits grains de quartz blanc ou hyalin, le plus souvent faiblement agglutinés par un ciment argileux, très-peu abondant, qui est tantôt blanc ou gris, tantôt légèrement ocreux.

Le grès est séparé en bancs d'une assez forte épaisseur par de très-minces lits d'argile grise ou verte.

La roche est généralement friable, tombant en sable sous le plus léger choc. Cependant, dans la partie supérieure, le ciment devient calcaire et le grès passe au lias à gryphées arquées. Alors la roche est beaucoup plus résistante. Sa dureté s'accroît de même lorsqu'elle prend les caractères de l'arkose siliceuse. Mais il faut ici remarquer que l'arkose n'appartient pas toujours au grès infraliasique:

ainsi, à Maizilly, nous trouvons un grès quartzeux, à ciment calcaréo-siliceux et à mouches de galène, qui semble plutôt appartenir au lias moyen.

La bande du grès infraliasique atteint au maximum, entre la Claytte et Châteauneuf, une largeur d'environ 5oo mètres, et sa puissance, assez difficile à bien déterminer, ne me paraît nulle part dépasser 20 à 25 mètres.

II. LIAS PROPREMENT DIT OU LIAS INFÉRIEUR.

Le lias inférieur se compose de deux sous-groupes, celui du calcaire à gryphées arquées et celui des marnes grises inférieures.

A. Calcaire à gryphées arquées.

Le calcaire à gryphées arquées est encore moins développé que le grès infraliasique; la zone qu'il occupe dans la vallée du Sornin, entre la Claytte et Châteauneuf, est plus étroite que celle du grès. Dans le département de la Loire, il ne perce nulle part positivement au jour; mais on le trouverait, sans nul doute, en entamant le pied de la côte de Saint-Nizier.

Distribution du calcaire à gryphées arquées.

Ce sous-groupe se compose de calcaire gris bleuâtre, plus ou moins marneux, divisé en bancs, dont la puissance varie de 0^m,20 à 0^m,5o, et qui sont séparés l'un de l'autre par de minces lits d'argile ou de marne bitumineuse.

Composition et nature du calcaire à gryphées arquées.

Le calcaire est pétri de gryphées arquées et, par ce motif, on le désigne aussi sous le nom de *calcaire à gryphites.* Outre ces fossiles, on y rencontre le *belemnites acutus*, le *plagiostoma giganteum*, des ammonites de la section des *arietes*, entre autres l'*ammonites Bucklandi*, etc.

Le calcaire du lias repose en général sur le grès du lias; cependant, entre Châteauneuf et la Claytte, on le voit dépasser le grès et s'appuyer directement sur le porphyre ou le terrain houiller de la Chapelle-sous-Dun.

La puissance du calcaire à gryphites me paraît tout au plus atteindre 12 à 15 mètres.

Il est exploité pour chaux dans plusieurs carrières qui sont voisines de la limite nord du département de la Loire : ainsi à la tuilerie de Curbigny, au lieu dit les Beluzes, près de la Clayte; aux mines de la Chapelle-sous-Dun, où les couches de houille se prolongent sous le calcaire du lias; et à Versau, près de Châteauneuf.

Dans toutes ces localités les caractères du calcaire sont les mêmes et la chaux partout plus ou moins hydraulique, tandis que celle du calcaire à gryphées cymbium (lias moyen) est généralement très-grasse.

B. Marnes grises inférieures.

Au calcaire à gryphites succède, en montant l'échelle des terrains, une série assez étendue de marnes grises tendres, contenant des rognons aplatis de calcaire gris marneux. Les marnes elles-mêmes sont généralement très-friables et produisent un sol gras et profond d'une grande fertilité.

Les fossiles y sont rares ou manquent complétement.

Distribution des marnes inférieures. Ces marnes paraissent au bas de la côte de Saint-Nizier et dans le fond de la vallée du Sornin, entre Châteauneuf et la Clayte. Partout ailleurs elles sont couvertes par le lias moyen, qui a ici complétement débordé le lias inférieur.

La puissance des marnes est difficile à fixer, car on ne voit nulle part simultanément les deux limites. A Saint-Nizier on ne sait précisément où commence le sous-groupe inférieur, et d'ailleurs le calcaire à gryphites passe graduellement aux marnes, en devenant lui-même insensiblement plus marneux. On peut cependant admettre, sans crainte de se tromper beaucoup, environ 30 mètres.

III. MARNES SUPRALIASIQUES OU CALCAIRE À BÉLEMNITES.

Le groupe des marnes supraliasiques, aussi appelé

calcaire à bélemnites, à cause de l'abondance extrême de cette classe de fossiles, comprend ce que plusieurs géologues ont appelé *lias moyen* et *lias supérieur*. Il se divise dans nos contrées, comme dans le Charollais, en quatre sous-groupes, que nous avons déjà nommés.

Le calcaire à bélemnites est la seule des trois divisions du lias qui soit complétement développée dans le département de la Loire. Il s'est déposé en recouvrement sur le lias inférieur, et s'étend partout, au sud de Châteauneuf, jusque sur le porphyre et le terrain de transition.

Le calcaire
à bélemnites
se divise
en lias moyen
et
lias supérieur.

1° Lias moyen.

—

C. Calcaire à gryphées cymbium.

Le calcaire à gryphées cymbium est un sous-groupe fort peu puissant : il n'a guère plus de 7 à 8 mètres; mais il est important dans le Charollais comme horizon géologique, et, en effet, on le retrouve partout avec des caractères identiques. Par la nature des roches, comme par les fossiles, il est aussi caractéristique et aussi facile à reconnaître que le calcaire à gryphées arquées du lias proprement dit.

Le sous-groupe qui nous occupe se compose essentiellement de calcaire dur, grenu ou sublamellaire, d'une nuance blonde, passant au blanc sale ou gris très-pâle. Il se divise en bancs peu réguliers de 0^m,15 à 0^m,30 de puissance, avec plans de séparation légèrement ondulés. Entre les bancs calcaires on remarque des lits très-minces d'argile jaunâtre.

Nature
du
calcaire
à gryphées
cymbium.

Dans les carrières où ce calcaire est exploité on ne voit pas en général la superposition immédiate du calcaire sur les marnes de l'étage précédent. Cependant, à Vougy et à Saint-Nizier, un grès fin, ocreux, dur, sert de base au calcaire en question, et le sépare des marnes proprement dites. L'épaisseur de ce banc est de 0^m,30 à 0^m,40. A Vougy on voit de plus entre ce grès ferrugineux et le calcaire exploité une sorte de poudingue, dont la puissance est d'environ 0^m,10 et qui est formé de galets quartzeux gris, de la grosseur d'une noisette, cimentés entre eux par une pâte marneuse dure.

Fossiles
caractéristiques
du
calcaire
à gryphées
cymbium.

Le calcaire contient quelques débris d'encrines et ressemble par là et par sa structure sublamellaire au calcaire à entroques de l'oolithe inférieure. Mais ce qui caractérise le calcaire du lias moyen d'une manière complète, ce sont ses fossiles et avant tout la *gryphée cymbium*. Cette coquille n'y est pourtant pas aussi abondante que son analogue, la gryphée arquée, dans le calcaire du lias inférieur. Néanmoins elle est très-répandue, et elle se présente avec toutes ses variétés habituelles de formes et de grandeur, depuis la gryphée à valve très-élargie et à crochet droit jusqu'à celle qui est étroite, petite et à crochet obliquement recourbé.

A côté de ce fossile dominant on rencontre habituellement l'*unio (cardinia) concinna*, la *pholadomya ambigua*, des moules de pleurotomaires, diverses térébratules lisses et plissées, surtout les *terebratula numismalis, ornithocephala* et *variabilis (triplicata)*, puis des *lima*, des *pinna*; enfin, dans quelques localités, le *plagiostoma giganteum*, le *pecten æquivalvis*, le *spirifer Walcotii* et quelques grandes ammonites de la section des *arietes*, entre autres l'*ammonites Brookii*.

Les marnes
qui succèdent
aux
bancs calcaires
sont criblées
de bélemnites.

Au-dessus des bancs calcaires proprement dits, dont l'épaisseur totale est au maximum de 4 mètres, on rencontre, en bancs peu épais, des marnes ou calcaires marneux plus ou moins ferrugineux alternant avec des argiles grises ou roses, finement feuilletées. Ces assises sont criblées de bélemnites, tandis que les autres fossiles y sont relativement rares. On y trouve cependant aussi quelques ammonites de la section des *falciferi*, des plicatules et diverses térébratules, la plupart différentes des précédentes.

Quelques bélemnites paraissent déjà dans le calcaire

proprement dit, mais seulement dans les bancs les plus élevés, et leur nombre est encore très-restreint, tandis que les marnes en sont littéralement jonchées.

Les espèces les plus abondantes sont le *belemnites paxillosus* (*Bruguierianus*) et le *belemnites clavatus;* on trouve aussi plus rarement les espèces *umbilicatus* et *trisulcatus* (*elongatus*).

L'épaisseur réunie de ces bancs marno-ferrugineux paraît assez variable : en moyenne on peut admettre 3 mètres à 3^m,5o, en sorte que la puissance entière du sous-groupe en question est, comme nous l'avons dit, de 7 à 8 mètres.

Le calcaire à gryphées cymbium se montre, plus ou moins bien marqué, sur toute la ligne de Maizilly à Coutouvre, en superposition directe sur le porphyre quartzifère. On l'exploite, comme pierre à chaux, à Trembly (commune de Coutouvre), à Ressins (commune de Nandax), aux Combes (commune de Mars), à la Raterie et à Maizilly (commune de Maizilly.) Il perce également au jour dans le flanc des vallées de la Loire et du Sornin, aux environs de Pouilly-lez-Charlieu. Des carrières sont ouvertes au château de Vougy (commune de Vougy), à la Rajasse et au moulin de la Roche (commune de Pouilly), à la Noaille, sur le bord de la Loire (commune de Saint-Pierre-de-Noaille).

Distribution du calcaire à gryphées cymbium.

Le calcaire de ces divers gîtes est généralement pur et donne de la chaux très-grasse. M. Vicat, qui l'a examiné, n'y a trouvé, en fait de substances étrangères, que 5 à 6 p. o/o d'argile un peu ferrugineuse.

Le calcaire le plus pur, celui des Combes, n'a même laissé qu'un résidu argileux pesant 2 p. o/o, tandis que la pierre la moins pure, celle de la Noaille, contient 9 à 1o p. o/o de substance argileuse.

D. Marnes bitumineuses à plicatules.

Au calcaire à gryphées cymbium, ou plutôt au calcaire marno-ferrugineux, criblé de bélemnites, dont je viens de parler, succède un étage marneux, de 2o à 25 mètres

36

de puissance, qui ressemble sous quelques rapports aux marnes du lias proprement dit.

Les premières assises se composent de calcaires tendres, marno-schisteux, à cassure grenue, terreuse. Ils sont bitumineux, d'un gris foncé, mais jaunissent à l'air. A mesure que l'on monte la série des bancs, l'argile prédomine davantage, le sol devient plus gras, et finalement on ne rencontre plus qu'une marne argileuse avec quelques rognons isolés de calcaire marneux.

Dans cet ensemble de bancs marneux, les fossiles sont relativement rares, surtout ceux de grandes dimensions. On y voit seulement de petites bélemnites assez clair-semées, des térébratules plissées également petites (la *terebratula rimosa*) et des plicatules. Les ammonites y sont rares.

Dans quelques localités, les rognons calcaires de la partie supérieure se développent en bancs noduleux plus ou moins continus, et dans ces bancs on rencontre de très-larges gryphées cymbium (*gigantea*), avec quelques ammonites, et surtout des plicatules [1].

L'étage des marnes supérieures est aussi fertile que celui des marnes inférieures. On observe ce sous-groupe : sur la rive droite du Sornin, à mi-côte au-dessus de Saint-Nizier; dans la vallée même du Sornin, sur la route de la Claytte, à environ 1,500 mètres en aval de Châteauneuf; vers le milieu de la ceinture jurassique entre Boyé et Maizilly; enfin, sur la route de la Claytte à Marcigny, non loin du village des Thévenins, dans le département de Saône-et-Loire.

2° Lias supérieur.
—

E. Marnes et grès ferrugineux.

Les marnes précédentes se lient intimement aux marnes

---

[1] Voyez sur ces grandes gryphées, dans le *Bulletin de la Société géologique*, une notice de M. V. Thiollière.

du lias supérieur, et les premiers bancs de ce nouveau des marnes du lias supérieur. groupe diffèrent beaucoup plus des marnes du lias moyen par leurs caractères paléontologiques que par la nature même des roches.

Tandis que les ammonites sont en-général rares dans les marnes à plicatules, elles deviennent tout à coup extrêmement abondantes à la base du lias supérieur. Les espèces sont variées, mais le plus souvent de petite taille. L'une des plus fréquentes, celle qui semble le mieux caractériser ce sous-groupe, est l'*ammonites Walcotii*. Les bélemnites continuent d'abord à ne pas être très-nombreuses, mais augmentent bientôt dans les assises moyennes. Un autre fossile qui semble aussi spécialement appartenir aux marnes du lias supérieur est la *posidonia Bronnii*.

En général ces premières marnes, sur une hauteur d'en Grès ferrugineux. viron dix mètres, ne sont point encore ferrugineuses; mais alors, à partir de là, la roche se colore graduellement en rose ou rouge plus ou moins foncé et passe à un calcaire ferrugineux, passablement dur, qui alterne avec des argiles ferrugineuses plus tendres. Le terrain tout entier prend alors une teinte sanguine assez prononcée. Plusieurs grès m'ont donné à l'essai jusqu'à 10 p. o/o de fer, et même des bancs peu rosés sont encore ferrugineux; seulement, dans ce cas, le fer s'y trouve sous forme de carbonate. Quelques bancs supérieurs présentent enfin la structure oolithique, ou du moins, au milieu d'un grès marno-ferrugineux, on remarque une foule de petits grains miliaires plus riches en fer. Cependant, dans aucun des bancs, la teneur moyenne n'atteint 20 p. o/o. La puissance entière de ce sous-groupe marno-ferrugineux est de 16 à 18 mètres.

A mesure que la roche se colore davantage, les ammo Les fossiles sont nombreux dans les grès ferrugineux. nites augmentent en nombre et en grosseur; quelques exemplaires ont jusqu'à 25 centimètres de diamètre. La plupart appartiennent à la famille des *falciferi*. Les bélemnites aussi redeviennent très-abondantes dans les assises ferrugineuses, mais ce ne sont plus les espèces qui vivaient

36.

lors du dépôt de la partie haute du calcaire à gryphées cymbium. Les bélemnites *paxillosus* et *clavatus* ont presque entièrement disparu, et, à leur place, se montre spécialement le *belemnites digitalis*, accompagné des *belemnites abbreviatus*, *trisulcatus*, etc. Enfin dans ces bancs, si riches en ammonites et en bélemnites, on trouve aussi des coraux, de grands plagiostomes, des nautiles, de petits peignes, etc.

Distribution des marnes et grès ferrugineux.

Les marnes et grès ferrugineux se rencontrent dans les mêmes lieux que les marnes bitumineuses du sous-étage précédent, et de plus ils se montrent parfaitement caractérisés à Briennon le long du canal, et sur le flanc droit de la vallée du Jarnossin, entre la Rajasse et Montrenard.

F. Calcaire argilo-ocreux du lias supérieur.

Au-dessus du grès ferrugineux paraît une série de bancs légèrement ferrugineux, moitié roses, moitié ocreux. Ce sont principalement des calcaires grenus, durs, en bancs ou grands rognons irréguliers, au milieu d'une argile grasse plus ou moins rosée. Les ammonites s'y montrent encore, mais moins nombreuses que dans l'étage précédent, et diminuent surtout dans la partie haute.

Les bélemnites sont de nouveau moins abondantes, mais celles qui restent sont fort grandes : c'est particulièrement l'espèce dite *belemnites compressus* ou *tripartitus*.

La puissance de ce dernier sous-groupe est de 8 à 10 mètres. On le rencontre partout entre le grès ferrugineux et la base de l'oolithe inférieure, les argiles à jaspes.

OOLITHE INFÉRIEURE.

Fixation de la limite inférieure de l'oolithe.

Tous les géologues ne placent pas au même niveau la limite inférieure de la formation oolithique : les uns considèrent déjà comme oolithe les marnes supraliasiques, ou tout au moins les deux derniers sous-groupes, depuis les marnes et grès ferrugineux; les autres placent le calcaire à entroques à la base de l'oolithe inférieure et réunissent les argiles à jaspes aux marnes du lias supérieur; enfin d'autres, et je suis de ce nombre, considèrent comme base de l'oolithe proprement dite les argiles et calcaires à jaspes.

Voici mes motifs :

On ne peut d'abord nier que les divers sous-groupes des marnes supraliasiques ne constituent une série continue que l'on ne saurait scinder en deux. Il y a passage graduel d'un sous-groupe à l'autre, tant sous le rapport des roches qu'au point de vue des fossiles, et aucun d'eux ne déborde les sous-groupes inférieurs.

Une division plus tranchée se manifeste à la base du calcaire à gryphées cymbium. Les marnes supraliasiques reposent souvent directement sur des terrains beaucoup plus anciens, en sorte que nécessairement, à la suite du dépôt du lias proprement dit, il y a eu abaissement plus ou moins général des côtes, et, par suite, changement dans les conditions du dépôt; et je ne parle pas ici seulement du Beaujolais, mais en général de toute la lisière nord et ouest du plateau central.

On conçoit donc, jusqu'à un certain point, que l'on puisse isoler les marnes supraliasiques du lias proprement dit et les réunir au groupe supérieur. Mais la fin de la période supraliasique correspond de même à un nouvel abaissement, et les argiles à jaspes, plus encore que les marnes, débordent, en général, d'une manière très-notable le dépôt immédiatement inférieur. Ainsi, à ce point de vue, il n'y a aucun motif pour relier plutôt les marnes supraliasiques à l'oolithe inférieure qu'au lias proprement dit. Mais si l'on envisage l'ensemble des fossiles, et même la nature des roches, la question ne saurait être douteuse. Il y a évidemment une analogie beaucoup plus grande entre les fossiles du lias et ceux des marnes supraliasiques qu'entre ces derniers et ceux de l'oolithe inférieure; et quant aux roches, on vient de voir que les marnes sont l'élément dominant de la période liasique, tandis que l'oolithe inférieure, dans le

Charollais comme sur toute la lisière du Limousin, est plutôt une formation silicéo-calcaire. Il y a donc certainement, quant aux conditions générales qui ont présidé à la formation des roches, une différence plus grande entre la période oolithique et celle des marnes supraliasiques qu'entre cette dernière et celle du lias proprement dit.

Enfin, on ne saurait scinder les argiles à jaspes du calcaire à entroques. En divers points ils passent l'un à l'autre, et souvent même, comme au mont d'Or lyonnais et dans l'ouest de la France, dans le Poitou, le sous-groupe jaspeux est lui-même, sauf les rognons siliceux, entièrement calcaire. On ne peut alors le distinguer du calcaire à entroques proprement dit. Ensemble, ils forment un groupe unique, contenant les mêmes fossiles dans toutes les parties.

Depuis la période oolithique les continents se relèvent en France, tandis qu'ils se sont abaissés pendant la période du lias. Il est une dernière remarque qu'il importe de faire au sujet de cette liaison intime des argiles à jaspes et du calcaire à entroques. Tandis que l'argile à jaspes déborde généralement les dépôts inférieurs, on observe, au contraire, à partir de ce moment un mouvement inverse. Le sous-sol semble s'être relevé graduellement pendant le dépôt même du système oolithique, car chaque étage ne couvre plus qu'en partie l'étage immédiatement inférieur. On les voit se superposer en retrait les uns à la suite des autres, comme les tuiles d'un toit.

Ce qui précède était écrit lorsque M. Thiollière, à l'amitié duquel je dois la liste des fossiles de nos terrains jurassiques, me fit parvenir la note qu'il a lue sur ce même sujet à la Société d'histoire naturelle de Lyon dans sa séance du 8 août 1849. En voici le résumé :

Les fossiles que l'on rencontre au mont d'Or lyonnais à la base du calcaire blanc marneux, c'est-à-dire immédiatement au-dessus du calcaire à entroques, sont identiques avec les fossiles de l'oolithe inférieure ferrugineuse de la Normandie : d'où il faut conclure que la véritable oolithe est placée beaucoup plus haut que le minerai de fer oolithique du mont d'Or, de la Verpillière et de Villebois. Ce dernier ne peut donc appartenir à l'oolithe inférieure, telle qu'on l'a définie en Angleterre et en Normandie.

G. Argiles à jaspes.

A la base de la formation oolithique on trouve, dans le département de la Loire, un étage argileux richement parsemé de concrétions siliceuses. L'argile est compacte, grasse, généralement jaune, ou d'un rouge plus ou moins sanguin. Celle de la partie supérieure, au contact du calcaire à entroques, est parfois grise et plus ou moins charbonneuse. Quant à la roche dure, c'est le plus souvent une sorte de silex grenu, jaune, plus ou moins poreux et blanchi à la surface ; ou, en d'autres termes, un grès compacte silicéo-calcaire dans lequel la silice prédomine toujours, mais où le calcaire ne manque aussi presque jamais, sauf dans la croûte blanchie extérieure, d'où sans doute il a été enlevé par l'acide carbonique des eaux pluviales. Ailleurs, la structure grenue s'efface, la cassure devient lisse et conchoïde, et la roche passe au quartz-jaspe proprement dit, dont la nuance est également jaune, ou d'un brun jaunâtre clair, avec apparence résinoïde. Dans certaines localités, une partie du dépôt est, au reste, purement argileuse, sans mélange de jaspes.

Composition du terrain à jaspes.

Les concrétions siliceuses constituent tantôt des bancs puissants, plus ou moins continus, tantôt une série de rognons isolés, de forme anguleuse, très-irrégulière, mais disposés toujours par lits convenablement stratifiés ; circonstance qui, à mon avis, prouve clairement que les masses siliceuses ne sont pas le résultat d'infiltrations postérieures, mais bien un produit contemporain du dépôt des argiles.

Partout où cette formation constitue la surface du sol, les champs sont pierreux, et pourtant d'une consistance forte et argileuse. En voyant ces amas de jaspes à arêtes émoussées, on se croirait au milieu d'un dépôt diluvien et non au sein d'une assise jurassique. A vrai dire, les bancs supérieurs de l'étage à jaspes ont été, dans nos contrées, presque partout légèrement remaniés, soit par les eaux tertiaires, soit par les courants de l'époque diluvienne, et il n'est pas toujours facile de faire la part de chacun de ces terrains.

Différence
entre les argiles
à jaspes
et les argiles
tertiaires.

A l'époque où le terrain tertiaire s'est déposé dans la plaine de Roanne, ces argiles à jaspes formaient, en divers points, le rivage et le fond du bassin. Les jaspes furent alors roulés et remaniés, les argiles en partie entraînées et le terrain jurassique couvert de dépôts nouveaux, argilo-caillouteux, plus maigres et plus sablonneux que ceux qui leur servent de base.

Le terrain tertiaire se distingue, par suite, des argiles à jaspes par les dimensions moindres et la forme plus arrondie des cailloux siliceux, par un certain mélange de débris d'origine granito-porphyrique, et surtout par les dépôts sablonneux qui ont pris la place des argiles pures. Mais si les dépôts tertiaires, à une certaine distance de la lisière du bassin, offrent des caractères assez tranchés pour qu'un observateur attentif ne soit point exposé à les confondre avec le groupe proprement dit des argiles à jaspes, il n'en est pas moins vrai qu'au contact des deux terrains la limite réelle est tout à fait incertaine et ne peut pas être déterminée rigoureusement. C'est ce dont il est facile de se convaincre en parcourant les plateaux élevés de la rive droite de la Loire, entre le Rhins et le Sornin, dans les communes de Pradines, Naconne, Coutouvre, Villerds, Saint-Hilaire, Chandon et Saint-Denis. Dans tous ces champs, formés d'argiles jaunes ou rouges, tout couverts de cailloux jaspeux (les terres dites *pierrés* dans le Roannais), il serait impossible de dire où finit positivement le dépôt tertiaire, où commencent les assises non remaniées des argiles à jaspes. Cependant je suis porté à croire, d'après l'examen des lieux, que nulle part, entre le Rhins et le Sornin, les argiles à jaspes n'apparaissent à la surface du sol sur une largeur de plus de mille mètres. Il en est autrement au nord du Sornin, dans le département de Saône-et-Loire : là le plateau est plus élevé, les points culminants dépassent 5oo mètres et le bassin tertiaire n'a pas complétement envahi le terrain jurassique.

Les fossiles sont rares dans les argiles à jaspes; je n'en ai vu aucun dans l'argile proprement dite, mais on en trouve çà et là en cassant les rognons siliceux.

Fossiles de l'argile à jaspes.

Les bélemnites et les ammonites semblent manquer; je n'ai rencontré qu'un fragment de peigne et des cidarites. On voit que les débris organiques diffèrent complétement de ceux du lias et y sont infiniment plus rares.

Nous avons déjà vu qu'en certains lieux l'argile est remplacée par un calcaire jaune sublamellaire, au milieu duquel on retrouve les mêmes jaspes (carrières de Couzon du mont d'Or lyonnais, calcaire de Poitiers, etc.). Les fossiles y sont alors plus fréquents, mais pourtant infiniment plus rares que dans les marnes supraliasiques : ce sont principalement des térébratules lisses et des débris de crinoïdes.

L'argile à jaspes passe quelquefois au calcaire à jaspes.

Dans le département de la Loire, cette substitution du calcaire à l'argile ne se manifeste au reste nulle part; elle n'a généralement lieu qu'à une certaine distance des terrains anciens, tandis que les mêmes argiles à jaspes se montrent, tout autour du plateau ancien du Limousin, dans le Cher, l'Indre, la Vienne, la Charente et la Dordogne [1].

Enfin dans d'autres contrées le terrain prend des caractères intermédiaires : c'est un calcaire marneux contenant toujours les mêmes silex ou jaspes. Dans le département du

---

[1] M. Dufrénoy donne une coupe du territoire du bois de Meillant, où l'on observe très-bien l'intercalation des argiles à jaspes entre les marnes supraliasiques et le calcaire à entroques. Dans les concrétions siliceuses, ce savant a trouvé des fossiles de l'oolithe inférieure, principalement des peignes, des térébratules, des cidarites, et surtout de nombreux polypiers. Là, aussi, on ne voit ni ammonites ni bélemnites. *Explication de la carte géologique*, t. II, p. 2/42.

Jura, M. Charbaut a cité, il y a longtemps déjà, un pareil dépôt entre les marnes supraliasiques et le calcaire à entroques [1].

La puissance des argiles à jaspes dans le département de la Loire est d'environ 25 mètres. Ce groupe couronne tous les plateaux, le long du terrain porphyrique, depuis Naconne jusqu'à Saint-Denis, et se perd sous le terrain tertiaire, en inclinant vers la vallée de la Loire; il constitue de même la partie haute de la côte de Saint-Nizier, sur les rives droites du Sornin et de la Loire, à l'ouest et au nord de Charlieu.

Les argiles à jaspes succèdent régulièrement aux marnes supraliasiques, mais en les débordant généralement. Ainsi, elles reposent directement sur le porphyre quartzifère à Naconne et à Coutouvre, et surtout à la Rivière et à la Raterie, entre Chandon et Mars, comme aussi à Tancon, au sud de Châteauneuf (Saône-et-Loire). Dans l'ouest de la France, autour du plateau limousin, cette stratification transgressive des argiles à jaspes sur les marnes du lias est également très-prononcée. Je l'ai signalée déjà dans un mémoire sur les dépôts métallifères [2]. On voit donc que l'origine de la période oolithique s'annonce, en France, par un affaissement à peu près général du plateau central.

Observons encore que si les jaspes, comme je crois l'avoir montré, sont un produit contemporain des argiles au milieu desquelles elles gisent, de nombreuses sources siliceuses ont dû être actives pendant les premiers temps de la période oolithique; et l'on conçoit alors que ces sources aient pu, en beaucoup de lieux, silicifier les grès, marnes et calcaires du lias, au travers desquels elles avaient à se frayer un passage.

H. Calcaire à entroques.

Aux argiles à jaspes succède le calcaire à entroques, bien

[1] *Annales des mines*, 1ʳᵉ série, t. II.
[2] *Annales des mines*, année 1850.

connu en Bourgogne depuis la description qu'en a donnée
M. de Bonnard. C'est une roche grenue ou sublamellaire,
d'une nuance jaune, principalement composée, comme son
nom l'indique, de débris de crinoïdes; on y voit aussi de
nombreux fragments menus de quelques autres coquillages,
mais rarement un fossile intact. Ce calcaire, sans être dur,
offre à la pression une assez grande résistance. Son grain
est habituellement uniforme, et comme il se présente d'ailleurs presque toujours en assises puissantes, il est recherché comme pierre de taille. Il est exploité comme tel
dans presque tous les pays où on le rencontre à la surface
du sol.

Le calcaire à entroques est généralement sillonné de
cavernes, ou tout au moins de cavités étroites, irrégulières
et tortueuses, toujours allongées dans le sens vertical ou
reliées l'une à l'autre par des fentes plus ou moins verticales. Les parois de ces fentes, ou *puits perdus*, sont comme
corrodées par un acide, ainsi que M. Brongniart l'a remarqué depuis longtemps. C'est le carbonate de chaux qui a
été principalement enlevé, tandis que les parties siliceuses,
ferrugineuses ou argileuses paraissent, le long des parois,
en saillie sur la masse de la roche. Les cavités sont, au reste,
rarement vides : on y trouve une argile fortement ocreuse,
entremêlée de cailloux siliceux; ce sont les débris des
argiles à jaspes, charriés dans ces sillons par les eaux des
périodes tertiaires et diluviennes.

Le calcaire à entroques est exploité : entre Chandon et
Mars, dans le flanc droit de la vallée du Chandonnet; à
Saint-Denis-de-Cabane, près du confluent du Botoret et
du Sornin; enfin sur les bords du canal de Digoin, un peu
en aval de l'embouchure de la Tessonne. D'autres carrières
sont ouvertes dans les communes limitrophes de Saône-et-
Loire : ainsi à Saint-Maurice, le long de la route de Charlieu à Châteauneuf; à Saint-Martin et à Châteauneuf, dans
la vallée du Sornin; à Marcigny et à Semur, sur la rive droite
de la Loire, etc. Dans toutes ces localités on voit le càlcaire

reposer sur les argiles à jaspes. Je citerai encore, comme appartenant au même dépôt, le calcaire des carrières d'Oncins, près de Chessy (Rhône), où la superposition sur les argiles à jaspes est également manifeste.

Le calcaire à entroques renferme çà et là, en couches minces, du minerai de fer : c'est de l'hydroxyde en roche. Nous en verrons un exemple dans les carrières de la Tessonne.

Puissance du calcaire à entroques. La puissance du calcaire à entroques me paraît assez variable et ne saurait d'ailleurs être déterminée rigoureusement dans le département de la Loire, où il ne se montre que d'une manière très-incomplète.

Dans les carrières de Couzon, près de Lyon, le sous-groupe jaspeux et le calcaire proprement dit ont ensemble 40 à 45 mètres. En comptant 25 mètres pour le dépôt inférieur, il resterait 15 à 20 mètres pour le calcaire, et en effet, dans le Charollais, la puissance du calcaire à entroques ne m'a paru nulle part dépasser 20 mètres.

Le calcaire à entroques termine, dans le département de la Loire, les dépôts secondaires. Au-dessus du calcaire à entroques, nous ne trouvons dans le département de la Loire, ou dans les parties les plus voisines du Charollais, aucun autre dépôt secondaire; on arrive sans intermédiaire au terrain tertiaire. Ainsi le calcaire blanc marneux (*ciret*), que l'on observe au mont d'Or lyonnais au-dessus du calcaire à entroques, manque ici complétement, sauf peut-être en un seul point, à Chandon, dont il sera question dans la description des localités. Mais plus au nord paraissent, d'après MM. Manès et Thiollière, des dépôts supérieurs qui correspondent précisément au calcaire blanc marneux que je viens de nommer.

Fossiles des terrains jurassiques du département de la Loire. Après avoir décrit les dépôts jurassiques du département de la Loire, je vais donner, d'après M. Victor Thiollière, la liste des fossiles des environs de Charlieu, en rappelant que j'ai déjà indiqué pour chacun des groupes les débris organiques les plus abondants et les plus caractéristiques.

M. le vicomte d'Archiac a eu aussi la bonté de déterminer une partie des fossiles que j'ai recueillis dans nos terrains jurassiques. Les deux listes s'accordent presque sur tous les points.

1° Fossiles du lias inférieur.

Ammonites Bucklandi (Sowerby). — A. bisulcatus (d'Orbigny).
——————— Turneri (Sowerby).
Unio concinna [1] (Vid. Ziethen). — Cardinia concinna.
Pholadomya ambigua (Vid. Ziethen).
Plagiostoma [2] (lima) giganteum (Goldfuss et Ziethen).
Lima duplicata (Goldfuss).
Gryphæa arcuata (Lamark).
Pentacrinites basaltiformis (Miller).

2° Fossiles du lias moyen.

Belemnites paxillosus (Schloth.). — B. Bruguierianus.
——————— clavatus (Blainv.).
——————— compressus (Stahl, non Voltz). — B. Fournelianus (d'Orbigny) :
        est rare.
——————— breviformis (Voltz), seu abbreviatus.
Nautilus intermedius ? (Sowerby).
Ammonites fimbriatus, variété aplatie (Sowerby).
——————————— variété à tours non comprimés. — A. cornucopia
        (d'Orbigny).
——————— amaltheus. — A. margaritatus (d'Orbigny).
——————— capricornus (Schloth.). — A. Dudressieri (d'Orbigny).
Pleurotomaria tuberculosa ? (Ziethen).
Pholadomya ambigua (Sowerby).
Mactromya liasica (Agassiz).
Pecten glaber ? (Ziethen).
——— corneus (Goldfuss).
——— æquivalvis (Goldfuss).
——— textorius (Goldfuss).
Avicula inæquivalvis (Sowerby).
Modiola scalprum (grande variété).
Lima duplicata (Goldfuss).
——— antiquata (Goldfuss).

[1] J'ai trouvé plus souvent la *cardinia concinna* dans les bancs de la gryphée cymbium que dans le lias inférieur.

[2] La *lima gigantea* se trouve aussi dans le lias moyen.

Plicatula spinosa (petite variété).
———————————— (grande variété). — P. lævigata (d'Orbigny).
Gryphæa cymbium (Lamark); petite espèce ou variété.
———————————— grande variété ou espèce [1].
Terebratula numismalis (Lamark).
———————— lagenalis (Munster).
———————— ornithocephala (Sowerby).
———————— rimosa (de Buch.).
———————— articulus (Lamark); grosse variété de la T. rimosa?
———————— tetraedra (Sowerby), seu variabilis.
Spirifer verrucosus (Ziethen).
————————— octoplicatus (Ziethen. — Sp. Walcotii (Sowerby).

3° Fossiles du lias supérieur.

Belemnites digitalis. —→ B. irregularis (d'Orbigny).
———————— tripartitus (variété conique. — B. compressus Voltz).
———————————— (variété conique sans sillon ventral).
———————————— (variété effilée avec sillon ventral).
———————————— (variété effilée sans sillon ventral).
———————— paxillosus (rare).
———————— breviformis (rare), seu abbreviatus (Miller).
Nautilus striatus (Sowerby).
———————— latidorsatus (d'Orbigny).
———————— truncatus (Sowerby).
Ammonites elegans (Sowerby). — A. complanatus (d'Orbigny).
———————— serpentinus? (Reinecke).
———————— Walcotii. — A. bifrons (d'Orbigny).
———————— radians, avec ses variétés. — A. Levesquei et A. Thouarsensis
          (d'Orbigny).
———————— Murchisonæ (Sowerby).
———————— opalinus (Reinecke). — A. primordialis (d'Orbigny).
———————— insignis (Schubler), avec nombreuses variétés passant de la
          forme du variabilis (d'Orbigny) à celle du coronatus, mais
          ayant toujours un cordon dorsal en saillie.
———————— sternalis (de Buch).
———————— fimbriatus (variété cornucopia d'Orbigny).
———————— heterophyllus (Sowerby).
———————— communis (Sowerby) et variétés Raquinianus, mucronatus
          (d'Orbigny).
Trochus flexuosus? (Goldfuss).

[1] Voir la notice de M. V. Thiollière, déjà citée, dans le *Bulletin de la
Société géologique*.

Trochus duplicatus (Goldfuss).
Pholadomya; plusieurs espèces peu déterminables.
Cardium truncatum (Goldfuss).
Nucula ovalis (Goldfuss).
——— complanata (Goldfuss).
Mytilus plicatus? (Goldfuss).
Plagiostoma (lima) giganteum (Goldfuss).
Inoceramus gryphoïdes (Goldfuss).
Posidonia Bronnii (Goldfuss).
Spongiaires longs et cylindracés, striés sur la longueur (non décrits ni figurés).
Ossements de sauriens.

4° Fossiles du calcaire à entroques, partie exploitée.
(Étage oolithique inférieur.)

Pecten personatus (Goldfuss); existe aussi dans le lias supérieur.
Avicula inæquivalvis (Goldfuss).
Lima tenuistriata (Goldfuss).
——— proboscidea (Goldfuss).
Ostrea Marshii (Sowerby).
Terebratula perovalis (Sowerby).
——— ornithocephala (Sowerby).
——— tetraedra (Sowerby).
——— spinosa (Ziethen).
Pentacrinites briareus (Miller).
——— cingulatus (Münster).
——— subsulcatus (Münster).
Serpula; plusieurs espèces.

5° Fossiles du calcaire blanc marneux (*ciret* du mont d'Or).
(Étage oolithique inférieur.)

Ce groupe n'existe pas dans le département de la Loire.
Ammonites Parkinsoni (Sowerby).
——— coronatus (Schloth).
Belemnites canaliculatus. — B. unicanaliculatus de d'Orbigny (1849).
Pecten personatus (Goldfuss).
Ostrea Marshii? (Sowerby).
Terebratula concinna (Sowerby).
Cidaris glandifera (baguettes) (Goldfuss).
——— repidifer (Thioll.); très-grosses baguettes plates et en éventail (non décrites ni figurées).

DESCRIPTION SPÉCIALE DES DISTRICTS JURASSIQUES.

Je viens de caractériser d'une manière générale le terrain jurassique du département de la Loire ; il est nécessaire de faire connaître maintenant les principaux points où ses assises se montrent à découvert.

Citons, en premier lieu, les environs de Charlieu.

Vallée du Sornin, en aval de Charlieu. Le terrain jurassique paraît, au-dessous de Charlieu, sur les deux rives du Sornin. Sur la rive gauche, le plateau s'élève peu : aussi n'y voit-on que le seul calcaire à gryphées cymbium ; tandis que, du côté opposé, la côte de Saint-Nizier monte jusqu'à 120 mètres au-dessus du fond de la vallée et renferme toute la suite des divers groupes, depuis le calcaire à gryphites du lias inférieur jusqu'aux argiles à jaspes du système oolithique. C'est même l'un des points du département où les marnes du lias s'observent le mieux : aussi la description générale que je viens d'en donner s'applique plus spécialement à cette localité.

Côte de Saint-Nizier. On peut facilement observer la succession des assises en suivant le chemin qui monte de Saint-Nizier au domaine de la Cour, et de là à la croix de la Tombe ; seulement il convient de pénétrer souvent à droite et à gauche dans les vignes pour saisir tous les détails.

Le bourg de Saint-Nizier est situé au pied du coteau, à 10 mètres environ au-dessus du Sornin. Le diluvium et le tertiaire remanié couvrent le sol. Le calcaire à gryphites n'apparaît nulle part ; mais lorsqu'on compare la puissance ordinaire des marnes au niveau qu'elles atteignent ici sur le flanc du coteau, il me paraît évident qu'on tomberait infailliblement sur le calcaire du lias inférieur en fouillant le pied de la côte.

Marnes inférieures. Quoi qu'il en soit, dès les premiers pas de la montée, on observe des deux côtés du chemin une série de marnes contenant des rognons calcaires gris marneux, sans fossiles.

Les marnes sont exploitées pour l'amendement des terres fortes argilo-tertiaires.

A 25 ou 30 mètres verticalement au-dessus du bourg, on arrive à quelques bancs calcaires gris jaunâtre, subla-mellaires, séparés les uns des autres par de minces lits d'argile tendre, et entremêlés de quelques concrétions de fer oxydé hydraté : c'est le calcaire à gryphées cymbium. En effet, cette coquille y est abondamment répandue et avec elle le *plagiostoma giganteum*, le *pecten æquivalvis*, diverses térébratules et des plicatules; puis, dans la partie supérieure, quelques bélemnites. L'ensemble des bancs a, en ce point, environ 4 mètres.

Calcaire
à gryphées
cymbium.

On voit, par la position du calcaire à gryphées cymbium, que les assises du terrain plongent, à la côte de Saint-Nizier, vers le N. E. Ce calcaire atteint en effet le pied du coteau, dans la direction de Charlieu, près du hameau de Rouge-Fer. Là, à une faible distance du fond de la vallée, on rencontre d'anciennes carrières ouvertes sur ces bancs. De même, à la Noaille, sur le bord de la Loire, à côté du moulin Cucherat, on a exploité comme pierre à chaux les mêmes assises à gryphées cymbium. Voici la coupe de la carrière en 1838 :

Terrain tertiaire remanié........ $4^m,00$
Calcaire avec bélemnites....... 0 ,25
Marnes tendres............. 0 ,50 } Partie haute du calcaire
Calcaire jaune sublamellaire.... 1 ,00 } à gryphées cymbium.

——————— Niveau des eaux de la Loire. ———————

M. Vicat a trouvé dans le calcaire 9,66 p. o/o d'argile très-ferrugineuse.

Revenons à la côte de Saint-Nizier.

Au groupe à gryphées cymbium succède un calcaire tendre, schisteux, gris bleuâtre, marno-bitumineux, qui fournirait par la cuisson un ciment du genre de ceux de Pouilly ou de Vassy. Ces bancs se montrent sur une hauteur de 6 à 7 mètres; puis on arrive à une sorte de ban-

Marnes
bitumineuses
à
plicatules.

37

quette ou terrasse, sur laquelle est bâti le hameau de la Cour. Au-dessus, les mêmes marnes se prolongent encore sur 13 à 14 mètres, mais plus tendres et plus argileuses.

Ce sous-groupe ne contient aucune ammonite; même les bélemnites y sont clair-semées et généralement petites. Par contre on y trouve de petites térébratules, des plicatules et encore quelques larges gryphées.

Marnes à ammonites. En montant toujours le long de la côte, on voit tout à coup les marnes se peupler d'une foule d'ammonites d'un faible diamètre, et parmi elles surtout l'*ammonites Walcotii*, tandis que les bélemnites continuent plutôt à être relativement peu nombreuses. Dans ces marnes paraît aussi la *posidonia Bronnii*.

Grès ferrugineux à bélemnites digitalis. A environ 10 mètres au-dessus des premières marnes à ammonites la roche devient graduellement ferrugineuse : ce sont des argiles, des marnes, des grès, plus ou moins rosés ou rouges, dont la partie haute renferme des oolithes miliaires riches en fer. Ici apparaît à profusion le *belemnites digitalis*, et avec lui de grandes ammonites appartenant surtout à la section des *falciferi*; on y trouve aussi des madrépores et de nouveau le *plagiostoma giganteum*.

Remarquons ici que l'*ammonites Walcotii*, qui caractérise généralement la couche ferrugineuse de la Verpillière et de Villebois, appartient à Saint-Nizier aux marnes immédiatement inférieures.

Calcaire ocreux à bélemnites compressus (Voltz). La série des bancs ferrugineux a une épaisseur d'environ 8 mètres. Elle passe graduellement au dernier sous-groupe, celui du calcaire ocreux à *belemnites compressus* (*tripartitus* de d'Orb.). Il se montre sous le hameau des Mignonettes, où la côte de Saint-Nizier offre une seconde terrasse, semblable à celle de la Cour. Depuis ce point jusqu'au sommet de la côte on est constamment dans les jaspes, plus ou moins grenus, enveloppés d'argiles ocreuses ou sanguines. Enfin le haut du plateau est en grande partie couvert de cailloux jaspeux remaniés, et, sur le versant de la Loire, ces galets jaspeux cachent même presque complétement les assises jurassiques.

En résumé, la côte de Saint-Nizier offre la série suivante :

Coupe de la côte de Saint-Nizier.

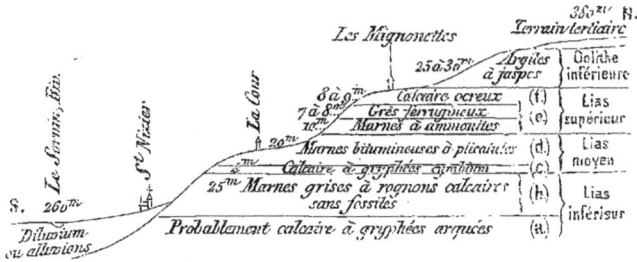

Passons maintenant sur l'autre rive du Sornin. Là nous ne trouverons, en face de Saint-Nizier, qu'un seul sous-groupe, celui du calcaire à gryphées cymbium, et cela à un niveau beaucoup moins élevé. A la côte de Saint-Nizier, nous venons de le voir entre 35 et 40 mètres au-dessus du Sornin, tandis que sur la rive opposée, au moulin de la Roche, la base du calcaire paraît au niveau même de la rivière. Et comme, d'après la plongée des assises sur les deux rives, la différence de niveau devrait plutôt être inverse, on en doit conclure naturellement qu'il y a ici, le long du Sornin, une grande faille qui a fait remonter le terrain du côté nord; au reste, ce rejet se lie à une autre faille qui longe le cours de la Loire du sud au nord.

Entre Pouilly et Charlieu, le calcaire à gryphées cymbium est exploité dans deux carrières voisines du moulin de la Roche : l'une est sur le bord méridional de la route ; l'autre au nord, à côté même du moulin, à 350 mètres de la première. J'appellerai celle-ci carrière *supérieure* et celle du bord de la rivière carrière *inférieure*.

Le calcaire de la carrière supérieure est caché sous

37.

Carrièr·
supérieure
du
moulin
de la Roche.

6 mètres de terrain tertiaire remanié. Ce sont des sables
jaunâtres, plus ou moins caillouteux, avec quelques parties
légèrement argileuses. Les cailloux proviennent presque tous
du terrain à jaspes.

Les bancs calcaires, sensiblement horizontaux, plongent
cependant un peu dans la direction de l'O. N. O., vers le
fond de la vallée de la Loire. Chaque assise a de 20 à
30 centimètres, et la puissance réunie des bancs exploités
est d'environ 3 mètres.

La roche, comme nous l'avons dit dans l'exposé général,
est un calcaire sublamellaire, jaune pâle, principalement
formé de débris d'encrines, et ressemble à ce point de vue
au calcaire à entroques. Il est traversé par des filets de
manganèse oxydé noir et par des veines de chaux carbonatée
violette (manganésée), cristallisée en rhomboèdres aplatis.

Les fossiles les plus abondants de cette carrière sont la
gryphée cymbium (variété large), des moules de pleurotomaires, l'*unio* ou *cardinia concinna* et des térébratules lisses;
dans les assises supérieures, quelques bélemnites et de
grandes ammonites de la section des *arietes*.

Carrière
inférieure
de la Roche.

La carrière inférieure offre un intérêt plus grand, parce
qu'on voit au-dessus du calcaire à gryphées cymbium les
assises marno-ferrugineuses riches en bélemnites.

Voici la coupe de la carrière :

Sable caillouteux du terrain tertiaire remanié, 4 à 5 mètres.

(d) Base des marnes à plicatules.	3^m,20	2^m,10 — Alternances de marnes argileuses grises ou roses avec plaquettes dures.	Assises marno-ferrugineuses, criblées de bélemnites de diverses espèces.
		0^m,20 — Argile rose ferrugineuse.	
		0^m,20 — Grès marno-ferrugineux rose.	
		0^m,70 — Calcaire ferrugineux rose, divisé en deux sections.	
(c) Partie haute du calcaire à gryphées cymbium.	1^m,50	0^m,50 — Banc calcaire avec bélemnites et larges gryphées cymbium.	Calcaire exploité pour pierre à chaux.
		Calcaire gris jaunâtre sublamellaire, divisé en cinq bancs irréguliers, avec gryphées cymbium, petites térébratules plissées, pleurotomaires, unio, etc.	

Fond de la carrière :
les bancs calcaires se prolongent encore en descendant.

Les bélemnites des assises marno-ferrugineuses sont
surtout l'espèce *paxillosus* ou *Bruguierianus* (d'Orbigny) et
le *belemnites clavatus;* on y trouve aussi abondamment la
terebratula numismalis, de 15 à 20 centimètres de diamètre,
tout à fait mince et plate, sauf un très-léger renflement
des deux valves dans le voisinage du crochet. Enfin, on y
voit quelques plicatules, la *lima punctata* et de nombreux
échantillons d'une fort petite ammonite, souvent déformée
(l'*ammonites margaritatus?*). Les ammonites plus grandes
sont rares.

Le calcaire exploité est de même nature que celui de la
carrière supérieure : ce sont évidemment les mêmes bancs,
malgré une différence de niveau de 8 à 10 mètres. Mais la
carrière n'est ouverte que sur les bancs les plus élevés. Les

assises inférieures peuvent se voir au-dessous de la carrière, sur le bord du Sornin.

Le calcaire à gryphées cym- bium repose à la Roche sur le terrain por- phyrique.

Dans le district qui nous occupe, le terrain porphyrique existe partout à une faible profondeur; il perce sous le calcaire, à peu de distance de la carrière supérieure, sur le bord de la route de Charlieu. Il a été aussi rencontré, il y a quelques années, à l'est de la carrière inférieure, en exploitant des moellons pour la construction du pont de Pouilly. Au contact du porphyre et du calcaire on a trouvé une sorte de conglomérat dur, calcaréo-porphyrique, et dans le haut de la fouille un assez bel amas de minerai de manganèse. Nous décrirons ce gîte dans le paragraphe réservé aux roches subordonnées.

Enfin, à la Rajasse, dont nous parlerons bientôt, le porphyre paraît de même sous le calcaire à gryphées cymbium. Ainsi on peut constater partout, dans ce district, la superposition immédiate des marnes supraliasiques sur le porphyre, en même temps que l'absence du lias inférieur.

En poursuivant la grande route vers Charlieu on rencontre sur son bord oriental, avant de descendre dans le vallon du Chandonnet, à 3 kilomètres du moulin de la Roche, une ancienne carrière où l'on a pris des remblais pour la construction de la route. On y voit, comme au moulin de la Roche, les bancs supérieurs du sous-groupe à gryphées cymbium : c'est un grès calcaire ocreux, pétri de bélemnites; et au-dessous des marnes bleues, feuilletées, également riches en fossiles. Le grès calcaire est sillonné de veines pyriteuses.

Les fossiles de cette localité, déterminées par M. d'Archiac, sont, outre la gryphée cymbium et le *pecten œqui-valvis*, qui prédominent, la *plicatula spinosa*, le *spirifer Walcotii*, l'*unio liasina* (ou plutôt *concinna*), une pholadomye voisine de la *pholadomya decemcostata*, la *terebratula intermedia*, une autre voisine de la *terebratula indentata*, l'*ammonites Brookii*, et parmi les bélemnites surtout le *belemnites paxillosus*.

Les assises plongent légèrement vers l'est, dans la direction de Charlieu : aussi trouverait-on auprès de cette ville, sous le terrain tertiaire, toute la série des marnes supra-liasiques. J'ai déjà mentionné une inclinaison pareille au nord du Sornin, et on la retrouve de même plus au midi, aux environs de la Rajasse. Cette plongée vers l'est se continue à peu près jusque sous le méridien de Saint-Denis, Chandon et Villerds, où se montre l'oolithe inférieure ; puis les assises se relèvent en sens inverse, et là, sous les marnes du lias, reparaît le porphyre.

Le terrain jurassique s'est donc ici, en quelque sorte, moulé sur le fond d'une combe qui va des montagnes beaujolaises aux rives de la Loire ; ou plutôt la combe devait primitivement dépasser le fleuve, car on retrouve encore le terrain jurassique sur la rive gauche. Néanmoins, la combe dont je parle est aujourd'hui limitée, à l'ouest, par la faille qui a engendré la vallée de la Loire[1].

Le calcaire exploité dans les carrières de la Roche doit se prolonger régulièrement depuis le Sornin jusqu'au Jarnossin, et même jusqu'à Vougy ; mais il est caché sous un épais manteau de sables et cailloux tertiaires. On ne l'aperçoit que là où la déclivité du sol est grande et où par ce fait les dépôts meubles n'ont pu se maintenir, c'est-à-dire, sur la lisière du plateau, entre Pouilly et Vougy, et dans le vallon du Jarnossin, entre le Haut-de-Pouilly et Montrenard.

Prolongement des bancs de la Roche.

Il est exploité à la Rajasse et au château de Vougy, ou plutôt maintenant en ce dernier lieu seulement, car on a abandonné depuis quelques années la carrière de la Rajasse, à cause des sables tertiaires qui recouvrent le calcaire sur une hauteur d'environ 7 mètres. Une troisième carrière a été ouverte au domaine de Montrenard.

Le calcaire de la Rajasse ressemble complétement à celui des carrières de la Roche. Sa puissance est de 3 à 4 mètres.

Carrière de la Rajasse

---

[1] Voyez le n° 1 des coupes géologiques de l'atlas.

Les fossiles y sont nombreux : on trouve spécialement les gryphées cymbium larges et étroites, les *terebratula numismalis* et *ornithocephala*, la *pholadomya ambigua*, l'*unio concinna*, des peignes et des nautiles ; puis, dans l'assise la plus élevée, de grandes ammonites du groupe des *arietes*. Le calcaire est, au reste, géodique et renferme de fort beaux cristaux blancs de chaux carbonatée prismatique.

Comme au moulin de la Roche, le calcaire à gryphées cymbium repose sur le porphyre ; ou, si le contact n'est pas direct, les deux roches ne sont au moins séparées que par un dépôt marneux d'une faible épaisseur. On trouve le pointement porphyrique sur la rive gauche du Jarnossin, le long du chemin qui va du four à chaux au village des Cours.

En remontant la vallée du Jarnossin, de la Rajasse à Montrenard, on rencontre dans les vignes les marnes supraliasiques. Ce sont, de bas en haut, des marnes grises avec quelques bélemnites, puis des marnes semblables avec de nombreuses petites ammonites (parmi elles, l'*ammonites Walcotii*) ; plus haut, les marnes et grès ferrugineux, avec de grandes et nombreuses bélemnites (les *belemnites digitalis* et *compressus*) et beaucoup d'ammonites du groupe des *falciferi*. En un mot, c'est la répétition de ce qu'on voit à la côte de Saint-Nizier ; seulement, on trouve là des spongiaires que je n'ai pas aperçus dans les marnes de Saint-Nizier.

Carrière de Vougy.

La carrière de Vougy est située à l'entrée de l'allée du château, au niveau et sur le bord même de la route de Roanne à Charlieu. Le calcaire exploité est couvert par 3 à 4 mètres de débris remaniés, peu solides, provenant des étages supérieurs.

Les bancs calcaires eux-mêmes mesurent 4 mètres et ne sont séparés les uns des autres que par des feuillets d'argile presque imperceptibles. Ils plongent vers l'ouest, du côté de la Loire. C'est un effet sans doute de la grande faille qui a ouvert la vallée ; car plus à l'est, dans la vallée du Jarnossin, la plongée est précisément inverse.

Au sol de la carrière on voit le grès ferrugineux et le banc à galets quartzeux gris, dont il fut question dans l'exposé général (p. 560).

Le calcaire est criblé de géodes contenant, comme à la Rajasse, du spath calcaire prismatique parfaitement hyalin. Dans la même roche on voit des puits perdus, remplis d'argile et de cailloux jaspeux. Les fossiles, sauf les gryphées cymbium, sont plus rares que dans les carrières précédentes; on y trouve cependant quelques bélemnites et des exemplaires assez nombreux de la *terebratula ornithocephala*.

Au sud de Vougy, le calcaire jurassique ne paraît plus. Dans cette direction il est caché sous l'argile à jaspes et le terrain tertiaire, qui tous deux s'étendent jusqu'à la vallée du Rhins.

Sur la rive gauche de la Loire, le terrain jurassique ne se montre qu'à l'extrémité nord de la basse plaine de Roanne, entre Briennon et la Tessonne.

Calcaire de la rive gauche de la Loire, entre Briennon et la Tessonne. Faille le long de la Loire.

Dans cette partie de la vallée, le plateau de la rive gauche est beaucoup moins élevé que celui de la rive droite : la différence est de plus de 60 mètres, et on arrive à un chiffre encore plus grand lorsqu'on consulte la position respective des assises parallèles. Les bancs les plus inférieurs du plateau de Briennon, le long du canal, appartiennent à la base des marnes ferrugineuses, et ils sont à la cote de 260 mètres, tandis qu'à Saint-Nizier ils se trouvent approximativement au niveau de 340 mètres, c'est-à-dire à 80 mètres plus haut. Or, d'après la position respective des deux localités et l'inclinaison très-faible des assises du sud au nord, cette grande différence de niveau ne peut s'expliquer que par une puissante faille qui aura relevé toute la rive droite de la Loire depuis l'origine de la plaine de Roanne jusqu'à Marcigny et au delà.

Ainsi la grande saillie de la côte de Saint-Nizier est due à l'effet combiné de deux failles, sans doute contemporaines, qui se rencontrent auprès de Briennon ; la plus considérable longe la Loire, l'autre la vallée du Sornin. Toutes deux ont précédé le dépôt du terrain tertiaire moyen, qui ne se rencontre pas au haut du plateau.

Lias supérieur
de
Briennon.
Les marnes supraliasiques ont été mises à nu, auprès de Briennon, par les travaux du canal de Digoin. On trouve à l'origine de la tranchée, en partant du bourg, une alternance de bancs marneux gris et de grès ferrugineux calcaires, les uns rosés, les autres gris bleuâtre. Ces derniers renferment du carbonate de fer, et quelques-uns donnent à l'essai jusqu'à 10 p. o/o de fonte. On trouve dans ces grès, comme à Saint-Nizier, beaucoup de grandes ammonites *falciferi* et les *belemnites digitalis*, *abbreviatus*, *unisulcatus*, etc. Au-dessus viennent des marnes argileuses avec le calcaire ocreux, en rognons ou bancs irréguliers (notre dernier sous-groupe du lias). Les ammonites deviennent plus rares, et à la place des bélemnites précédentes on trouve surtout le *belemnites compressus (tripartitus)*.

En longeant toujours le canal d'amont en aval, on arrive aux argiles à jaspes, et ce premier sous-groupe de l'oolithe inférieure vous accompagne jusqu'à l'embouchure de la Tessonne, où les alluvions et le terrain tertiaire remanié cachent la suite des bancs.

Carrières
de la Tessonne.
Au nord de la Tessonne on rencontre le calcaire à entroques, qui est exploité sur les bords du canal, soit comme pierre à bâtir, soit comme pierre à chaux. Dans la première carrière j'ai vu de haut en bas les assises suivantes : d'abord, sur 5 à 6 mètres, des marnes et grès calcaréo-sableux, jaunâtres, en bancs de $0^m,15$ à $0^m,20$, que l'on jette aux déblais ; au-dessous, plusieurs bancs de 1 mètre, exploités pour pierres de taille ; puis quelques bancs plus minces que l'on extrait comme pierre à chaux. Le calcaire est jaune, lamellaire, rempli de débris de coquilles ; mais les fossiles entiers y sont rares. Les assises plongent d'environ un degré vers l'ouest.

Dans une autre carrière, à quelques pas plus au nord, on

trouve au milieu des marnes et grès jaunes supérieurs un banc calcaire de 2 mètres à 2^m,5o, exploité pour moellons, et au-dessus un lit de fer hydraté oolithique de o^m,2o ; il m'a donné à l'essai 49 p. o/o de fonte. Au banc ferrugineux succède le calcaire pour pierres de taille, qui ne diffère en rien de celui de la carrière précédente. Plus loin d'autres carrières sont encore exploitées sur les bords du canal, dans le département de Saône-et-Loire.

Sur l'autre rive de la Loire et sur le bord même du fleuve, le calcaire à entroques ne se montre pas dans notre département, par suite de la grande faille ci-dessus mentionnée. Pour le rencontrer, il faut descendre la vallée jusqu'aux environs de Marcigny et de Semur ; là il reparaît avec ses caractères ordinaires, et au-dessous on trouve l'argile à jaspes.

Calcaire à entroques de Marcigny et Semur.

Nous venons de suivre le terrain jurassique sur les bords de la Loire ; voyons maintenant quelle est sa disposition au pied des montagnes beaujolaises, entre Naconne et la Clayte.

Commençons au sud, aux environs de Naconne.

En se dirigeant de Roanne ou de Perreux, en ligne droite, sur Pradines, on s'élève insensiblement sur le sol tertiaire depuis le niveau de la Loire (27o mètres) jusqu'à la hauteur de 42o mètres ; et, dans tout ce trajet, on rencontre dans les champs, au milieu de sables plus ou moins argileux, des cailloux jaspeux, lisses ou grenus, entremêlés de débris porphyriques. A mesure que l'on approche de la lisière du dépôt tertiaire, les galets porphyriques deviennent plus rares, et, par contre, les cailloux jaspeux plus gros et plus anguleux.

Extrémité sud de la lisière jurassique

Enfin, auprès de Pradines, les masses siliceuses sont tout à fait anguleuses, et en moyenne grosses comme la tête d'un homme. En outre, le sol lui-même n'est plus sableux, mais se compose d'argiles grasses, rouges ou jaunes, traversées par des veines irrégulières d'argile blanche : c'est évidemment le sous-groupe jaspeux du terrain oolithique, dont la surface seule a été un peu remaniée. On observe ce dépôt sur toute la lisière des terrains de transition et porphyrique, en particulier dans les bois du Tremblay et sur le plateau du village de Garin (472 mètres), au nord de Regny.

Mais s'il est facile de constater la présence des argiles à jaspes, on ne peut fixer rigoureusement, comme je l'ai déjà remarqué, la ligne à partir de laquelle elles furent postérieurement remaniées ou recouvertes par les eaux de la période tertiaire. Le passage se fait presque toujours d'une manière graduelle, et dans les champs cultivés surtout on l'aperçoit difficilement. Cependant la zone jurassique m'a paru ne pas avoir ici plus de 1,000 mètres de largeur.

Environs de Coutouvre.

Entre Naconne et Coutouvre, les argiles à jaspes recouvrent directement le terrain carbonifère ou porphyrique. Sur le plateau tout entier (entre les cotes de 430 et 450ᵐ) on observe une argile rouge très-grasse, entremêlée de concrétions siliceuses. Les terres sont fortes et les chemins de traverse presque impraticables au moment des pluies. Au nord du bourg, le système liasique commence à percer.

Le coteau qui s'abaisse depuis Coutouvre vers le village du Bost est couvert d'un grès friable, jaunâtre, formé de sable quartzo-ferrugineux, mal aggluliné, entremêlé de petits noyaux quartzeux blancs de la grosseur d'une noisette. Les fossiles y manquent. Le grès repose sur le porphyre rouge et disparaît sous les assises calcaires à gryphées cymbium, exploitées comme pierre à chaux, sur le flanc droit de la combe qui descend, entre le Bost et Trembly, vers la vallée du Jarnossin.

Le calcaire est jaune, subcristallin, divisé en bancs peu réguliers par de minces lits d'argile jaunâtre. Les assises plongent directement vers l'ouest sous un angle d'environ 10°; leur puissance réunie est de 3 à 4 mètres. Les fossiles y abondent, surtout la gryphée cymbium et l'*unio concinna*. Outre cela, on y trouve quelques bélemnites assez

rares, des peignes, des térébratules, des moules de pleurotomaires et de grandes ammonites.

Sur le flanc opposé de la même combe on exploite,
pour le service d'une tuilerie, une argile grasse qui m'a
paru appartenir plutôt au sous-groupe à jaspes qu'au terrain tertiaire; car ce dernier est toujours, sur le bord du
bassin, très-sableux et caillouteux. Voici, au reste, la coupe
de la combe en question :

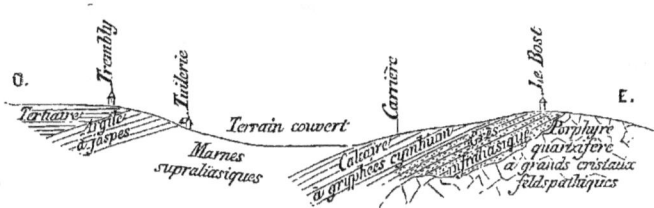

Au nord du Bost, au-dessus de l'Espinasse, reparaît
sur la hauteur le grès friable infraliasique, quartzeux et
jaunâtre, tandis que sur l'autre rive du Jarnossin, à la
côte de Boyé, on voit percer le lias moyen et supérieur.

Le château de Boyé est encore bâti sur le porphyre; mais
à une faible distance en amont le calcaire à gryphées cymbium repose presque horizontalement sur le porphyre.
Plus haut, à mi-côte, on trouve les grès et calcaires marno-
ferrugineux, avec leurs nombreuses ammonites et bélemnites; puis, au haut du plateau, l'argile à jaspes, qui se perd
sous le terrain tertiaire. C'est, comme on le voit, la répétition de la côte de Saint-Nizier, sauf les marnes inférieures,
qui manquent dans la commune de Boyé. La même zone
supraliasique se poursuit vers le nord jusqu'au bourg de
Mars, dans la vallée du Chandonnet; elle est marquée par
une série de combes ou de dépressions, à l'est desquelles
on voit se dresser les pentes roides des coteaux porphyriques, et à l'ouest la haute plaine de Roanne, qui de là
s'abaisse en pente douce vers la Loire.

Là aussi l'oolithe inférieure paraît avoir débordé le sys-

Environs
de
Boyé et de Mars.

tème du lias, car partout où le plateau jurassique n'est pas
entamé par une vallée, les marnes supraliasiques ne se
montrent pas; les argiles à jaspes reposent directement sur
le porphyre quartzifère. C'est en particulier le cas au village des Hayes, près de Villerds, entre le vallon du Jarnossin
et celui du Chandonnet.

Entre Villerds et Mars, au lieu dit les Combes, on exploite
de nouveau le calcaire à gryphées cymbium, qui ici aussi,
comme à Boyé, s'appuie sur le porphyre et non sur les
marnes du lias proprement dit. Voici, au reste, la coupe des
Combes; elle donne une idée très-nette de la succession
des bancs dont se compose la zone jurassique entre Boyé
et Maizilly :

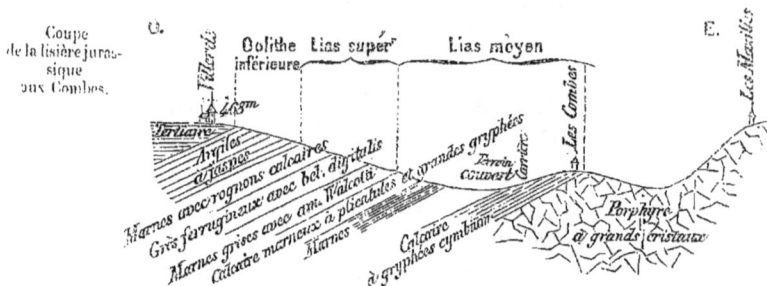

Coupe
de la lisière juras-
sique
aux Combes.

Aux Mazilles, et jusqu'aux Combes, règne un beau porphyre quartzifère rouge à grands cristaux de feldspath [1].

À l'ouest du hameau des Combes paraît le calcaire.
Comme à Coutouvre, les bancs plongent à l'ouest sous un
angle d'environ 10°. Leur puissance est de 0^m,15 à 0^m,20.
La roche est sublamellaire, d'un gris violacé tirant sur le
jaune. Je n'y ai trouvé que des gryphées cymbium, des
unio concinna et quelques bélemnites. En descendant de
la carrière vers le fond de la combe, on arrive à un terrain
couvert, argilo-marneux, très-fertile, où les fossiles sont peu

---

[1] Les localités par lesquelles passe la coupe se voient sur la carte de
Cassini; elles sont aussi indiquées, mais non nommées, sur celle du dépôt
de la guerre. La coupe passe à 2 kilomètres au sud du bourg de Mars.

abondants. Au-dessus viennent des calcaires marno-sableux, jaunâtres, où l'on trouve de très-grandes gryphées, des ammonites et des plicatules : c'est la limite supérieure du lias moyen.

On rencontre ensuite quelques marnes grises, où abondent les petites ammonites (l'*amm. Walcotii* entre autres), puis le grès rosé ferrugineux, pétri de bélemnites (*digitalis*, etc.), de grandes ammonites *falciferi*, de nautiles, de pholadomyes, de plagiostomes, etc.

Au grès ferrugineux succèdent des marnes avec rognons ellipsoïdaux de calcaire marneux gris bleuâtre : c'est le dernier groupe du lias supérieur, caractérisé par le *belemnites compressus*. Enfin, vers le haut de la côte, paraissent les argiles à jaspes. Les masses siliceuses sont ici énormes : on voit des bancs irréguliers, presque continus, ayant jusqu'à 0^m,80 et même 1 mètre d'épaisseur.

Enfin, au haut du plateau, on ne tarde pas à voir les mêmes rognons siliceux, plus ou moins roulés, au milieu des sables argileux tertiaires.

Une autre coupe, un peu différente, se voit sur la rive droite du Chandonnet, lorsqu'on monte des carrières de Chandon, dans la direction du nord-est, vers la carrière du hameau de la Raterie, commune de Maizilly. A Chandon, on exploite pour pierres de taille le calcaire à entroques proprement dit. Il est, comme partout, subcristallin ou grossièrement grenu, mais, par exception, assez tendre, un peu marneux et légèrement schisteux. Les assises plongent à l'ouest, quelques degrés sud, sous un angle de 8 à 10°; elles sont sillonnées de fentes et de cavités irrégulières, remplies d'argile ocreuse. Au-dessus du calcaire à entroques, on remarque vers le haut du coteau, sur le chemin de Charlieu, un calcaire blanc cristallin qui correspond sans doute au *ciret* ou calcaire blanc marneux du mont d'Or lyonnais. C'est, au reste, le seul point du département où se montrent des assises du terrain jurassique qui soient supérieures au calcaire à entroques. Je n'y ai vu aucun fossile.

Coupe des carrières de Chandon.

Immédiatement au-dessous du calcaire à entroques, et par suite à la limite supérieure du groupe argilo-jaspeux, on exploite, pour le service d'une tuilerie, une argile grise un peu charbonneuse. Son épaisseur n'est que de quelques mètres, et bientôt on est en plein dans les argiles à concrétions siliceuses, qui reposent directement sur le porphyre quartzifère des environs de Mars.

Mais si l'on monte dans la direction du nord-est, le long de la lisière du dépôt argilo-jaspeux, on voit de nouveau les marnes supraliasiques, et au-dessous, en approchant du village de la Raterie, le calcaire à gryphées cymbium.

Carrière de la Raterie.

La carrière est à 3 ou 400 mètres à l'ouest du village, qui lui-même est bâti sur le porphyre rouge. Le calcaire est en partie caché sous les débris remaniés du groupe argilo-jaspeux, preuve qu'en ce point encore l'étage oolithique débordait les marnes du lias.

Le calcaire ne diffère en rien de celui des carrières des Combes et de Coutouvre ; seulement les fossiles sont ici plus variés et beaucoup plus abondants. On y trouve, outre les gryphées cymbium grandes et petites, les *terebratula numismalis, ornithocephala, rimosa,* etc.; l'*unio concinna,* le *plagiostoma giganteum,* la *pholadomya ambigua,* le *spirifer Walcotii,* la *lima duplicata,* des pleurotomaires, des bélemnites, des *pinna,* des *pecten,* etc.

Sur le haut du plateau, le terrain tertiaire empêche de voir les marnes du lias supérieur; mais, en descendant vers Maizilly, on rencontre auprès de Fayard les marnes et grès ferrugineux, et même du minerai de fer assez riche, criblé de bélemnites et d'ammonites.

Arkose de Maizilly.

A Maizilly, toutes les roches ont été modifiées et transformées en arkose. On y voit des grès silicéo-calcaires, avec mouches de plomb sulfuré; des grès uniquement quartzeux, les uns friables et jaunâtres, les autres durs, presque blancs et à ciment siliceux; puis des calcaires gris bleuâtre, cristallins, contenant des gryphées, des ammonites, des térébratules, difficiles à bien déterminer, et des

unio; enfin, à la base de tout ce système, au pied du coteau, le porphyre quartzifère.

Malheureusement, le terrain étant très-couvert et un
peu brouillé, on ne voit pas clairement la succession des
assises. Cependant le grès m'a paru au-dessous du calcaire et ce dernier semble appartenir, par ses fossiles,
plutôt au lias moyen qu'au lias inférieur.

En face de Maizilly, sur l'autre rive du Botoret, on voit
des carrières dans le calcaire à entroques. Elles sont situées
vers le haut du coteau, tandis que dans la partie moyenne
on rencontre le groupe argilo-jaspeux, et au bas les marnes
du lias supérieur. En comparant les deux rives, on voit
que le flanc gauche de la vallée a dû être soulevé, et que
la vallée du Botoret est le résultat d'une faille, comme
celles du Sornin et de la Loire, auprès de Pouilly. Sur les
deux rives, les assises ont une faible inclinaison vers l'ouest.

En suivant depuis Maizilly la vallée du Botoret, d'a- *Carrières de Saint-Denis-de-Cabane.*
mont en aval, on arrive graduellement à des bancs de plus
en plus élevés. A Saint-Denis-de-Cabane, au confluent du
Botoret et du Sornin, on trouve enfin, sur le bord de la
route, deux carrières ouvertes dans le calcaire à entroques.
La même roche se montre par intervalles, le long du flanc
gauche de la vallée, jusqu'aux environs de Charlieu; mais,
en général, elle demeure enfouie sous le sable ou cailloutis tertiaire de l'étage supérieur, qui couvre ici plus ou
moins toute la contrée.

Pour achever l'étude du terrain jurassique, remontons *Vallée du Sornin entre Saint-Denis et la Clayette.*
encore la vallée du Sornin, depuis l'embouchure du Botoret
jusqu'à la Clayette.

L'une et l'autre rive sont d'abord occupées par le calcaire à entroques, qui est toujours en partie caché sous les
débris du terrain tertiaire. A Baligand, commune de Saint-
Maurice, le premier village de Saône-et-Loire, on exploite
ce calcaire dans de nombreuses carrières. Elles sont toutes
situées sur le bord de la route, dans le flanc droit de la
vallée.

Le calcaire est d'une nuance jaune assez foncée, entièrement composé de débris de coquilles, et surtout de lamelles d'encrines brillantes et cristallines. Les assises plongent de 8 à 10° vers l'ouest. Le calcaire est extrait pour pierres de taille sur une hauteur de 6 à 8 mètres; il est traversé par un grand nombre de cavités irrégulières, toutes allongées dans le sens vertical, et remplies de sables et de cailloux jaspeux. Je n'ai vu dans le calcaire aucun fossile entier.

La même roche constitue tout le flanc droit de la vallée jusqu'à Châteauneuf, tandis que le flanc gauche et le fond sont occupés par les marnes supraliasiques. Ainsi, à 2 kilomètres au-dessous de Châteauneuf, la route traverse le Sornin, et dans une tranchée de 5 mètres de profondeur, on observe la coupe que voici :

Dans le haut, des sables tertiaires; au-dessous, un grès sablo-calcaire très-ferrugineux; puis un banc argilo-calcaire, d'une nuance jaune, criblé de bélemnites, de plicatules et de petites térébratules plissées (*rimosa*); plus bas, des marnes bleues, verdâtres, contenant des rognons calcaires de forme ellipsoïdale : ce sont les bancs les plus élevés du lias moyen. Et en effet, au mur de cette coupe, à la distance d'environ 50 mètres, j'ai vu une carrière ouverte dans le calcaire à gryphées cymbium. La roche est ici cristalline et dure : aussi l'exploite-t-on pour l'empierrement de la route. Elle contient des bélemnites, des térébratules (la *terebratula numismalis*) et d'autres fossiles moins abondants.

Plus à l'est, sur la hauteur de Tancon, les argiles à jaspes reposent de nouveau directement sur le porphyre quartzifère. Ainsi on voit que la base de l'oolithe inférieure s'est partout étendue, dans ces contrées, au delà des limites des marnes du lias; et si le groupe argilo-jaspeux n'existe plus maintenant partout intact dans cette position, c'est qu'il a été remanié pendant la période tertiaire et surtout balayé par les courants, qui caractérisent dans nos contrées la fin de la période tertiaire moyenne.

Nous avons dit que le lias inférieur n'était bien développé que dans le Charollais, au nord des limites du département de la Loire. En suivant la route de Roanne à la Claytte on voit, en effet, le calcaire à gryphées arquées, pour la première fois, au village de Versaux, à 3 kilomètres en amont de Châteauneuf. Le long de la route se montre une étroite bande de grès blanc infraliasique; au-dessous de lui, du porphyre quartzifère à grands cristaux de feldspath, et par-dessus, à quelques mètres à l'ouest de la route, une carrière dans le calcaire à gryphites.

Le même calcaire gris, criblé de gryphées arquées, est exploité sur le bord du bassin houiller de la Chapelle-sous-Dun, et les travaux de mines se prolongeaient déjà en 1840 sous la verticale du calcaire.

Enfin on recoupe encore le même terrain aux portes mêmes de la Claytte, sur la route qui mène à Marcigny. Le grès est dans le fond du vallon, à moins d'un kilomètre à l'ouest de la ville, et sur lui repose le calcaire à gryphites, que l'on exploite pour chaux au hameau des Beluzes. Au-dessus, on retrouve toute la série des marnes supraliasiques, puis l'argile à jaspes et le calcaire à entroques.

CHAPITRE VI.

ROCHES ET MINÉRAUX UTILES DES TERRAINS JURASSIQUES.

***

CARRIÈRES, MARNIÈRES, ETC.

Les deux roches les plus utiles des terrains jurassiques sont le calcaire, comme pierre de taille ou pierre à chaux, et les marnes, pour l'amendement des terres. Ces formations renferment, en outre, des argiles, dont on fait des tuiles et des poteries grossières, et des jaspes pour l'empierrement des routes. Nous avons aussi constaté, dans ce terrain, des minerais de fer et de manganèse, que leur faible abondance rend inexploitables. Enfin, au nombre des minéraux tout à fait accidentels, nous rangerons la galène, la pyrite de fer, la silice et le spath calcaire, plus ou moins manganésifère. D'après cela, il est aisé de voir que les terrains jurassiques du département de la Loire ne peuvent renfermer ni mines ni minières, mais seulement des carrières et des marnières.

Carrières.

Carrières pour pierres de taille dans le calcaire à entroques. Les pierres de taille calcaires n'abondent pas dans le département de la Loire. Le calcaire à entroques est seul stratifié en bancs assez homogènes et puissants pour en fournir; et précisément cette partie des terrains jurassiques est, dans le département de la Loire, la moins développée de toutes.

Nous avons cité les carrières peu étendues de Chandon et de Saint-Denis-de-Cabane et les exploitations plus grandes de la Tessonne : ce sont, en effet, les seules ouvertes dans ce terrain. Des carrières plus considérables sont en activité sur l'extrême limite du département de Saône-et-Loire, à Saint-Martin et à Saint-Maurice, dans la vallée du Sornin. Celles de Saint-Maurice ont fourni les matériaux du beau pont de Roanne, et alimentaient autrefois presque toutes les constructions de cette ville; mais, depuis l'ouverture du canal de Digoin, les carrières de la Tessonne livrent à Roanne des pierres, peu différentes, à des prix bien inférieurs.

Dans la description géologique nous avons fait connaître la nature et la disposition des carrières que nous venons de nommer; nous pourrons donc nous contenter maintenant de quelques détails concernant leur importance, au point de vue technique.

Les carrières de Chandon sont ouvertes dans le flanc droit du vallon du Chandonnet, un peu en amont du bourg de Chandon. La pierre est grossièrement schisteuse et, par ce motif surtout, exploitée pour dalles. On les vend 25 centimes le pied carré, soit 2 francs à 2 fr. 50 cent. le mètre carré; la pierre de taille, 50 à 55 centimes le pied courant, soit environ 15 à 16 francs le mètre cube. Ce prix est peu élevé; mais aussi la pierre est tendre, un peu marneuse et, par suite, de qualité médiocre. La carrière n'occupe en moyenne que quatre à cinq ouvriers. *Carrières de Chandon.*

Un four à chaux avait été établi pour la cuisson des débris de carrière, mais il est abandonné et en partie détruit.

La pierre exploitée à Saint-Denis-de-Cabane est plus dure que celle de Chandon : M. Vicat a trouvé dans la pierre de l'une des carrières 6,66 p. o/o d'argile ocreuse, et dans celle d'une autre 7 p. o/o. Les deux carrières sont situées sur le bord de la route de Roanne à Beaujeu, en amont du bourg. On pourrait en ouvrir d'autres entre Saint-Denis et Charlieu; mais les plus importantes, celles qui fournissent les pierres les plus estimées, sont échelonnées le long de la route de Roanne à Charolles, sur la rive droite du Sornin. A la suite viennent les carrières de Saint-Maurice, dans le département de Saône-et-Loire. Ensemble on compte en ce point une douzaine de car- *Carrières de Saint-Denis et de Saint-Maurice.*

rières, occupant en moyenne cinquante ouvriers, tant carriers que tailleurs de pierres. On vend les dalles de six pouces d'épaisseur 30 centimes le pied carré, soit 2 fr. 50 cent. à 3 francs le mètre carré, et le pied cube de pierre de taille 55 à 60 centimes, soit 16 à 18 francs le mètre cube.

Carrières
de la Tessonne.

Les carrières des bords de la Loire sont ouvertes le long des berges du canal de Digoin, immédiatement au nord de l'embouchure de la Tessonne. Les unes appartiennent au département de la Loire, les autres à celui de Saône-et-Loire.

En 1838, époque à laquelle je visitai les lieux, trois carrières étaient en activité dans notre département; vingt-cinq ouvriers y étaient occupés. Outre la pierre de taille, on exploitait de la pierre à chaux que l'on cuisait dans sept fours, dont quatre sur les lieux mêmes ou à Briennon, deux à Roanne et un à Mably. Aujourd'hui il y a à Roanne trois nouveaux fours, qui tirent également la pierre à chaux des carrières de la Tessonne.

Ces carrières sont maintenant les plus importantes de l'arrondissement de Roanne et alimentent presque seules toutes les constructions de cette ville. Le pied courant se paye sur les lieux 75 centimes, ou le mètre cube 18 à 20 francs. La pierre est grenue, subcristalline, se taille bien et résiste à la gelée.

La chaux que l'on fabrique avec le calcaire à entroques des carrières de la Tessonne est grasse, mais un peu ferrugineuse. M. Vicat a trouvé 4 p. o/o d'argile ocreuse dans la pierre de la carrière méridionale et 6,33 p. o/o dans celle qui est le plus au nord; dans les calcaires marneux qui recouvrent la pierre à chaux, il a trouvé, selon les bancs, un résidu argileux pesant 17, 23 et même 46 p. o/o. On vend la chaux 1 fr. 10 cent. l'hectolitre, rendu à Roanne, et chaque four fabrique en moyenne, par an, environ 6,000 hectolitres : c'est, pour les dix fours de Roanne, Mably et Briennon, dont huit généralement en activité, environ 45 à 50,000 hectolitres. La cuisson se fait maintenant exclusivement à l'anthracite de Bully ou de Lay. On consomme 1 hectolitre de combustible par 2 1/2 hectolitres de chaux produite, c'est-à-dire un peu moins que pour la cuisson du calcaire gris du terrain carbonifère.

Outre les carrières précédentes, plusieurs autres sont uniquement exploitées en vue de la fabrication de la chaux, pour les constructions ou l'amendement des terres; elles appartiennent toutes au calcaire à gryphées cymbium. Nous en avons signalé une douzaine dans la description géologique. *Carrières pour pierres à chaux dans le calcaire à gryphées cymbium.*

Les plus importantes sont celles de Vougy, Pouilly et Maizilly, placées sur le bord des routes qui mènent de Roanne à Charolles et à Beaujeu.

Dans la commune de Pouilly il y a quatre carrières et quatre fours à chaux; les deux plus considérables sont situées au moulin de la Roche, entre Pouilly et Charlieu. Chacune occupe cinq à six ouvriers. Dans le calcaire de la carrière supérieure M. Vicat a trouvé : *Carrières du moulin de la Roche.*

Pour le premier banc. . . . . 3,33 p. o/o d'argile.
Pour le second. 8,66
Dans celui de la carrière inférieure. . 5,00

La chaux est, par suite, assez grasse.

Chaque four fabrique, en moyenne, 25 à 30 hectolitres de chaux par jour, mais la fabrication est suspendue en hiver.

Les deux autres carrières de la commune de Pouilly sont maintenant peu importantes. Celle de Montrenard n'est exploitée que pour les besoins du domaine, et celle de la Rajasse est abandonnée à cause de la trop grande épaisseur des sables tertiaires que l'on avait à déblayer. Les analyses de M. Vicat constatent : *Carrières de Montrenard et de la Rajasse.*

Dans le premier banc. . . . . 6,66 p. o/o d'argile ocreuse.
Dans le second. 3,33
Et dans le troisième 3,33

Carrière
de Vougy.

La carrière de Vougy alimente deux fours et occupe une dizaine d'ouvriers. La chaux est pure et très-grasse; l'analyse ne donne qu'un faible résidu argileux de 3,33 p. o/o.

Le prix de la chaux à Vougy et à Pouilly est de 1 fr. 10 cent. à 1 fr. 20 cent. l'hectolitre. On consomme indifféremment de la houille ou de l'anthracite, et dans la même proportion que pour la cuisson du calcaire à entroques, c'est-à-dire 1 hectolitre de charbon pour 2 1/2 de chaux produite.

Carrières
de Maizilly.

Dans la commune de Maizilly, les carrières sont au bourg de Maizilly même, à Chervier et à la Raterie. Elles alimentent trois fours à chaux et occupent une douzaine d'ouvriers. Leur production n'est pas aussi forte que celle des fours de la Roche et de Vougy : par jour et par four elle ne dépasse guère 15 à 20 hectolitres. Le prix de vente est de 1 fr. 20 cent. à 1 fr. 25 cent.

Carrière
des Combes.

Dans la commune de Mars, au hameau des Combes, il y a une carrière de pierre à chaux grasse et un four de faible dimension. Située au fond d'une gorge, dans un pays très-accidenté, loin de toute bonne route, elle est exploitée peu activement. La carrière et le four n'occupent ordinairement que trois ouvriers, et par an on fabrique à peine 2,500 à 3,000 hectolitres, qui se vendent sur les lieux, en moyenne, 1 fr. 40 cent. à 1 fr. 50 cent.

D'après les analyses de M. Vicat, la chaux des Combes est plus pure que celle des autres carrières du terrain jurassique. Le calcaire du premier banc ne lui a donné que 2 p. o/o d'argile, et celui du second 2,66 p. o/o.

Carrière
de Ressins.

Le propriétaire du château de Ressins, commune de Nandax, exploite et cuit le calcaire pour l'amendement de ses terres. La carrière est ouverte dans le domaine même, sur le prolongement des bancs qui affleurent à Boyé (page 589). La roche ressemble au calcaire des Combes, mais n'est pas aussi pure.

M. Vicat a trouvé :

Dans le premier banc. . . . . 5,33 p. o/o d'argile.

Dans le second. 7

Et dans le troisième également. 7

A Trembly, commune de Coutouvre, il y a côte à côte plusieurs carrières et plusieurs fours à chaux; mais en général un seul est en activité, celui de M. Mussin, qui possède au même lieu une grande tuilerie.

Carrières de Coutouvre.

Le calcaire du premier banc renferme 2,33 p. o/o d'argile ocreuse, et celui du second 7 p. o/o.

La carrière et le four occupent cinq ou six ouvriers. La chaux se vend 1 fr. 25 cent. l'hectolitre, et la production est, année moyenne, de 5 à 6,000 hectolitres.

En résumé, les carrières dans le calcaire à gryphées cymbium sont au nombre de douze. Elles alimentent onze fours à chaux, occupent, y compris le service des fours, quarante-deux à quarante-cinq ouvriers, et produisent annuellement environ 40,000 hectolitres de chaux.

Résumé concernant les carrières de pierres à chaux.

Une grande partie de cette chaux est appliquée aux travaux agricoles; mais, lorsqu'on considère l'étendue des terres qu'il faudrait marner ou chauler, on reconnaît aisément que la fabrication de la chaux devra se faire un jour sur une échelle beaucoup plus vaste et dans des fours de dimensions plus considérables. Non-seulement, en effet, on devrait chauler toutes les terres argilo-sableuses de la plaine de Roanne et toutes celles où affleurent les argiles à jaspes, mais encore, dans les montagnes du Beaujolais, une grande partie des sols composés de roches porphyriques ou de transition.

Marnières.

Si le chaulage des terres est encore peu répandu dans le département de la Loire, le marnage y est presque inconnu; et cependant l'effet des marnes supraliasiques est, en général, des plus énergiques, parce qu'elles renferment

habituellement, outre le carbonate de chaux, des sels alcalins, des pyrites de fer et du sulfate de chaux. Il est vrai
que pour les terres exclusivement argileuses les marnes
conviennent moins que la chaux; mais elles réagissent d'une
manière très-utile sur les terres argilo-sablonneuses d'origine tertiaire, et particulièrement sur les sols maigres des
terrains porphyriques.

Sur la lisière nord du plateau limousin, l'emploi des
marnes du lias a quadruplé, en peu d'années, la valeur
des terres froides du voisinage. En carrière, le mètre cube
de marne coûte o^f,6o; mais les cultivateurs ont encore
avantage à marner, même lorsque ce mètre cube, par suite
du transport, revient à 5 ou 6 francs. Les terres ainsi
amendées appartiennent, les unes à un dépôt tertiaire qui
est le pendant de celui de la plaine de Roanne, les autres
au terrain granito-gneissique, qui ressemble beaucoup,
sous le rapport agricole, aux terres d'origine porphyrique.

On ne saurait donc assez encourager les cultivateurs du
Roannais dont les terres sont dans le voisinage de la ceinture jurassique à profiter d'un amendement aussi précieux.
Jusqu'à présent, autant que je sache, on n'a exploité les
marnes du lias qu'au bas de la côte de Saint-Nizier, et cela
d'une manière fort peu active, tandis qu'elles existent
non-seulement dans toute la côte de Saint-Nizier, depuis
Charlieu jusqu'à Saint-Pierre-de-Noaille, mais entre la Rajasse et Montrenard (commune de Pouilly), sur toute la
ligne de Coutouvre à Maizilly, dans les communes de Boyé,
Nandax, Villerds, Mars, Chandon et Maizilly, puis encore,
au nord de Maizilly, tout le long de la vallée du Sornin
jusqu'à la Claytte. Et sans doute là, comme dans l'exemple
cité, il serait possible d'avoir les marnes à raison de o^f,6o
le mètre cube, pris en carrière.

Argiles, jaspes et minerais divers.

Argiles   L'argile de l'étage à jaspes peut être utilisée avec avantage pour la fabrication des tuiles et des briques, et même, quand elle n'est pas trop ferrugineuse, pour la confection de la poterie grossière.

J'ai cité auprès de Chandon une argile grise placée, vers la partie supérieure de l'étage à jaspes, immédiatement au-dessous du calcaire à entroques. On l'exploite pour une tuilerie voisine.

A Trembly, commune de Coutouvre, la grande tuilerie de M. Mussin est alimentée par une argile grise et jaune qui provient également de l'étage à jaspes. Des essais faits en grand ont d'ailleurs montré qu'elle convenait parfaitement pour la poterie ordinaire à vernis d'alquifoux.

Enfin les potiers établis dans la commune de Pradines, au hameau des *Potiers*, se servent d'une argile qui provient, au moins originairement, de l'étage à jaspes : je dis *originairement*, car il serait possible qu'elle eût été, en ce point, légèrement remaniée pendant la période tertiaire.

Bref, on trouverait presque partout, dans l'étage à jaspes, des argiles grasses propres à la confection des tuiles et des poteries ordinaires. Il faudrait les chercher au-dessus de la zone des marnes supraliasiques, dans le haut de la côte de Saint-Nizier et sur la ligne de Pradines à Saint-Denis.

L'étage à jaspes donne de fort bons matériaux pour l'empierrement des routes. Les concrétions silicéo-calcaires unissent la ténacité à une très-grande dureté; elles sont pourtant moins dures que les silex et les quartz, mais résistent mieux à la pression des roues. Sur la rive droite de la Loire, au nord de Roanne, on les emploie presque exclusivement sur toutes les routes. Mais, en général, on les prend moins dans leur gîte originel qu'au milieu des sables caillouteux, tertiaires ou diluviens, dans lesquels les débris des terrains jaspeux ont été réduits par le mouvement des eaux en galets d'un faible volume et surtout dépouillés des parties les moins résistantes. Ces galets jaspeux sont, au reste, fort abondants et se rencontrent dans

tous les champs tertiaires de la rive droite de la Loire, au
nord de la vallée du Rhins.

Minerais de fer. Le minerai de fer existe dans nos terrains jurassiques;
malheureusement sa faible puissance le rend inexploitable.
Tandis que les marnes supraliasiques des départements de
l'Ain, de l'Isère et de l'Ardèche renferment de nombreuses
et vastes lentilles de fer oolithique, on ne trouve dans la
Loire, comme au mont d'Or lyonnais, que les rudiments de
ce précieux dépôt. Nous avons cité, à Briennon, des grains
marno-ferrugineux tenant 10 p. o/o de fer à l'état d'oxyde
rouge ou de carbonate gris; à la côte de Saint-Nizier, des
marnes plus ou moins rosées, criblées de grains ferrugineux miliaires, dont la teneur est d'environ 20 p. o/o; à la
côte des Combes, à Boyé, etc., des marnes à bélemnites
qui sont également ferrugineuses.

Au hameau de Fayard, au-dessus de Maizilly, la matière
ferrugineuse paraît s'être concentrée davantage. J'ai trouvé
là, presque au contact du porphyre, un dépôt de fer oxydé
en roche, partiellement hydraté, qui passe graduellement
au grès ordinaire marno-ferrugineux, criblé de bélemnites
et d'ammonites (*belemnites digitalis*, etc.). Quelques échantillons m'ont donné plus de 40 p. o/o de fer, mais l'épaisseur du banc n'est pas d'un décimètre.

Le calcaire à entroques renferme également du minerai
de fer. Dans l'une des carrières de la Tessonne nous avons
mentionné, au milieu des calcaires jaunes marneux supérieurs, un banc très-régulier de fer hydraté, en roche,
à structure oolithique. L'essai m'a donné 49 p. o/o. Malheureusement, la puissance de la couche est seulement de
0^m,20 à 0^m,24.

Minerais
de manganèse. Le manganèse oxydé noir existe dans les fissures et les
géodes du calcaire à gryphées cymbium. Nous l'avons mentionné dans les carrières du moulin de la Roche; de Bournon le cite dans les calcaires de Vougy et de Montrenard.
Il est également connu à Tancon, près de Châteauneuf,
sur la lisière de notre département, dans les argiles à

iaspes. Un dépôt plus abondant a été mis à nu par les illes faites sur les bords du Sornin lors de la construcn du pont de Pouilly. Des moellons furent extraits, pour s piles de ce pont, immédiatement en amont de la carrière inférieure du moulin de la Roche (page 582).

En 1838, en visitant la fouille, j'y reconnus un amas de manganèse qui fut plus tard exploité par quelques propriétaires du voisinage. Voici la coupe telle que je l'ai observée :

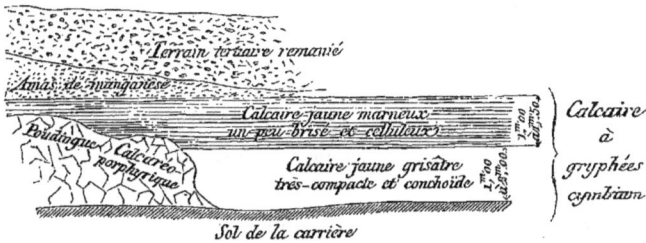

Terrain tertiaire remanié
Amas de manganèse
Calcaire jaune marneux un peu brisé et cellulaire
Poudingue Calcaréo porphyrique
Calcaire jaune grisâtre très-compacte et conchoïde
Calcaire à gryphées cymbium
Sol de la carrière

A la base, dans le fond de la carrière, une brèche dure, formée de fragments de porphyre solidement soudés par un ciment calcaire jaunâtre très-compacte; par-dessus, un calcaire très-dur, jaunâtre ou gris, à cassure conchoïde, de $1^m,50$ à 2 mètres d'épaisseur. Viennent ensuite des bancs calcaires et marneux, avec les fossiles du calcaire à gryphées cymbium, mais un peu brisés et celluleux (1 mèt. à $1^m,50$). A la partie supérieure, entre ce calcaire marneux et le sable et cailloutis tertiaire remanié, se présente enfin un amas irrégulier d'oxyde noir de manganèse concrétionné et scoriforme. Il était étendu horizontalement à la surface du calcaire; sa puissance variait entre les limites de $0^m,30$ à $0^m,60$; vers l'extrémité est de la carrière, il se terminait en biseau et semble avoir été là en partie balayé par les courants, qui ont remanié les sables tertiaires et même entamé le terrain jurassique.

Le minerai était, au reste, du peroxyde, un peu hydraté, presque pur, sans baryte.

La disposition du minerai de manganèse indique assez clairement qu'il a dû être déposé postérieurement à la période liasique.

Les fissures et géodes, au milieu du calcaire des carrières voisines, en partie noircies par l'oxyde de manganèse, annoncent de même une injection postérieure. Quant à l'époque précise, on ne saurait la fixer directement d'une manière positive.

Cependant il faut ici rappeler que des minerais tout à fait identiques ont été déposés avec les argiles à jaspes, à l'origine de la période oolithique, tout le long du pourtour du plateau limousin, dans les départements de la Dordogne, de la Vienne, de l'Indre et du Cher[1]. Or les manganèses des environs de Charlieu remontent à Tancon jusque dans ces mêmes argiles à jaspes; ces minerais paraissent donc aussi appartenir à l'origine du système oolithique.

Dans le mémoire ci-dessus cité, nous avons fait voir que les minerais de manganèse paraissent le produit de sources thermales, et probablement de sources bicarbonatées.

La manière d'être des dépôts manganésifères de la Loire vient à l'appui de cette manière de voir. Une injection ignée, fluide ou gazeuse, eût nécessairement altéré la roche calcaire le long des amas de manganèse, altération qui ne se manifeste nulle part. Les veines spathiques violettes qui sillonnent les bancs des carrières de la Roche montrent que le manganèse a pénétré le terrain sous forme de carbonate. Enfin les nombreuses géodes dont est criblé le calcaire manganésifère (carrières de Vougy, Montrenard, etc.) ne semblent-elles pas indiquer l'action prolongée d'un liquide dissolvant, tel qu'une eau chargée d'acide carbonique?

On peut donc, je crois, supposer avec quelque raison que, à l'origine de la période oolithique, des sources de bicarbonate de manganèse se sont échappées du sous-sol

[1] Voyez mon Mémoire sur les minerais de manganèse. *Annales des mines*, 4ᵉ série, t. VIII, p. 78.

porphyrique aux environs de Charlieu, et que ces sources furent contemporaines de celles qui ont déposé le manganèse le long de la ceinture du plateau limousin. Dans les deux localités, les sources semblent avoir pris naissance lors de l'affaissement général, à la suite duquel les argiles à jaspes ont pu déborder les marnes supraliasiques.

Les géodes des carrières de Vougy, de Montrenard et de la Rajasse renferment, outre la pellicule de manganèse, de fort beaux cristaux de spath calcaire : ce sont, en général, des prismes à six pans, surmontés de rhomboïdes obtus. Dans la carrière de Vougy, les prismes sont transparents mais petits; ils ont 3 à 4 millimètres de diamètre sur 1 à 2 centimètres de longueur. A la Rajasse, ils sont blancs opaques et beaucoup plus gros : 1 centimètre de diamètre sur 3 à 4 centimètres de longueur. *Spath calcaire.*

Les géodes ne renferment pas toutes un enduit de manganèse, et là où il existe, les cristaux se sont déposés par-dessus. La formation des spaths blancs paraît donc indépendante de celle des manganèses et d'une date plus récente.

Le lias et les marnes du lias, au contact des roches granito-porphyriques, ont fréquemment subi une altération profonde. Les calcaires, grès et marnes sont imprégnés de substances diverses qui ont entièrement modifié leur faciès primitif : ce sont la silice, la baryte sulfatée, le spath fluor, le plomb et le zinc; ou bien encore la magnésie, le fer et le manganèse. Nous venons de citer le manganèse; il nous reste à mentionner les autres substances. *Arkose. Dépôts de silice, de galène, etc.*

Je n'ai rencontré dans le département de la Loire que la silice et le sulfure de plomb (galène); on les trouve au bourg de Maizilly, et j'en ai parlé dans le chapitre précédent (page 592). Ce sont des grès et calcaires silicifiés qui semblent appartenir au lias moyen. Ils renferment des grains de galène peu argentifères, en proportion trop minime pour être utilisés.

D'après le mémoire ci-dessus cité, ces diverses substances

paraissent aussi, comme le manganèse, avoir été amenées par des sources thermales qui coulaient à l'origine de la période oolithique.

Pyrite de fer.
Peut-être faut-il encore rapporter à la même cause et à la même époque les minces veines pyriteuses qui sillonnent le calcaire grenu jaune de la Rivoire, près de Charlieu (page 582). Dans tous les cas, le sulfure de fer a été ici également amené après coup.

Les fossiles du lias sont, dans certaines contrées, entièrement pyritisés. Il n'en est point ainsi dans la Loire. La carrière de la Rivoire est réellement le seul point où la pyrite de fer semble un peu abondante dans le terrain jurassique.

CHAPITRE VII.

PÉRIODE TERTIAIRE.

§ 1er.

DESCRIPTION GÉNÉRALE DU TERRAIN TERTIAIRE.

Nous avons montré, dans le chapitre V, que la lisière nord du plateau central a dû s'affaisser lentement, depuis l'origine de la période jurassique jusqu'à la fin du dépôt des argiles à jaspes.

Oscillations du plateau central pendant les périodes secondaire et tertiaire.

A partir de ce moment, un mouvement inverse se manifeste. Le sous-sol ancien se relève graduellement pendant tout le reste de la période secondaire. Par le fait de ce mouvement, le lias seul et une partie de l'oolithe inférieure ont pu se déposer dans nos contrées; les étages jurassiques supérieurs s'éloignent de plus en plus, et le terrain crétacé n'apparaît, au nord, qu'à partir de Bourges, et au sud, pas avant Valence et Privas. Enfin, lorsque le terrain à nummulites commence à se former, la mer s'arrête à Paris, aux Alpes et aux Pyrénées; et à cette même époque le Limousin communique par la Vendée avec la Bretagne.

Dès ce moment le plateau central s'abaisse de nouveau, au moins sur certains points. Il se produit divers lacs, d'abord isolés et d'une faible étendue, où se déposent des arkoses avec des débris organiques de l'âge de la période tertiaire inférieure, puis des argiles bigarrées avec de très-rares coquilles lacustres [1].

---

[1] Au-dessous du calcaire tertiaire moyen de la Limagne et du Puy-en-Velay, on cite, en effet, des arkoses ou grès silicéo-ferrugineux avec empreintes de plantes et moules de cyrènes, que MM. Pomel et d'Archiac croient devoir classer dans la formation *éocène. Bulletin de la Société géologique,* 2ᵉ série, p. 595, et t. III, p. 357. *Histoire des progrès de la géologie,* t. II, p. 656, 658, 666 et 668.

Telle est l'origine des premiers bassins tertiaires de la Haute-Loire et de la Limagne, et probablement aussi celle de nos bassins de Feurs et de Roanne.

Plus tard ces lacs augmentent d'étendue et couvrent, à l'origine de la période *miocène*, une partie notable du bassin actuel de la Loire. Alors se formèrent surtout des argiles et des marnes, avec des calcaires lacustres plus ou moins siliceux. Enfin, vers la fin de la même période, les eaux montent encore plus haut, et relient entre eux la plupart des bassins jusque-là isolés.

Par le fait de cet abaissement progressif du sol, la mer elle-même fait invasion. Les *faluns* de l'Orléanais se forment, et peu après, sous l'influence d'eaux plus agitées, un dépôt graveleux et caillouteux vint partout recouvrir les argiles et calcaires silicéo-marneux du bassin de la Loire. Ce sont les sables graveleux et supérieurs de la Sologne, du Bourbonnais, de l'Auvergne et du Forez qui correspondent ainsi probablement à la base des molasses marines de la Suisse et des Alpes. Ils débordent partout les marnes et calcaires lacustres et reposent, en beaucoup de lieux, directement sur les terrains anciens du plateau central. Alors survient un nouveau relèvement, contemporain de l'apparition des trachytes. Les eaux se retirent, et, dans la Haute-Loire comme en Auvergne, la période tertiaire supérieure (*subapennine*) n'est plus signalée que par des lacs d'une faible étendue, où se produisent des atterrissements ponceux, au milieu desquels on rencontre les débris de la faune des cerfs.

Mais, à la même époque, le Forez, le Roannais et même la majeure partie du bassin de la Loire étaient déjà émergés, car on n'y rencontre nulle part des dépôts pliocènes.

Division du terrain tertiaire du Forez en trois étages. D'après cela, le terrain tertiaire du Forez se compose de trois étages, dont l'étendue superficielle s'accroît de bas en haut, tandis que leur puissance varie en sens inverse. De ces trois étages, le plus ancien correspond probablement à la partie la plus haute du terrain tertiaire inférieur (*éocène*) ou à la base de la formation *miocène;* le moyen, par ses fossiles et sa liaison avec les terrains analogues de la Limagne et de l'Orléanais, d'une manière positive, au premier groupe du terrain tertiaire moyen (le *tongrien* de d'Orbigny), et le plus récent, à la partie supérieure de ce même terrain (le *falunien* de d'Orbigny).

Observons encore que, grâce à l'horizontalité des assises tertiaires et l'extension relative plus grande des parties élevées, l'étage inférieur n'est visible nulle part. Son existence n'a pu être constatée que par le sondage de Roanne.

Les étages moyen et supérieur figurent donc seuls sur la carte. On les y a distingués avec soin; mais comme ils passent sur certains points d'une manière graduelle l'un à l'autre, on a dû parfois se contenter de tracer d'une manière approximative leur limite commune. C'est particulièrement le cas dans les parties où le terrain s'élève en pente douce, sans ressaut marqué, depuis la Loire jusqu'aux bords du bassin.

L'étendue totale du terrain tertiaire visible à la surface est de 96,580 hectares, soit les 0,202 de celle du département. Sur ce chiffre, 49,850 appartiennent à la plaine de Feurs et 46,730 à celle de Roanne. De plus, 33,900 hectares sont cachés sous les alluvions, dont l'épaisseur maximum, au-dessus du tertiaire, ne dépasse jamais 10 à 12 mètres. *Étendue du terrain tertiaire.*

Les bassins de Feurs et de Roanne sont aujourd'hui isolés, et ils l'étaient également, comme nous le verrons, lors du dépôt des deux premiers étages; mais un chenal assez large devait les unir pendant la période de l'étage supérieur. Le bassin de Roanne communiquait aussi, dès le deuxième étage, avec celui de la Limagne entre Digoin et Moulins, tandis que la plaine de Feurs ne fut, à aucune époque, en relation directe avec les bassins d'Aurec et du Puy, dans la Haute-Loire; quelques lambeaux de l'étage sablonneux supérieur remontent cependant le long de la Loire jusqu'à Firminy et Unieux.

Puissance totale. La puissance du terrain tertiaire est impossible à fixer exactement. Le sondage de Roanne l'a traversé sur 201 mèt. sans avoir atteint sa limite inférieure. D'autre part, au-dessus de l'orifice du trou de sonde, existent tout l'étage supérieur et environ 20 mètres de l'étage moyen. On trouve ainsi un minimum de 250 mètres, et pour certaines parties une puissance probable d'environ 300 mètres, chiffre fort élevé et qui cependant est encore surpassé par la puissance du terrain de la Limagne.

§ 2.

ÉTAGE INFÉRIEUR.

L'étage inférieur du terrain tertiaire a été reconnu par le trou de sonde foré à Roanne pendant les années 1845 et 1846. Aucun soulèvement, aucune érosion, ne l'a mis à nu. Aussi sa séparation d'avec l'étage moyen pourra-t-elle paraître peu motivée. Pourtant l'absence de tout calcaire dans les assises inférieures et leur analogie frappante avec les argiles bigarrées de la Limagne me semblent justifier la division admise.

Dans tous les cas, voici la coupe du trou de sonde de Roanne, telle qu'elle m'a été communiquée par M. Degousée :

Sables et gravier (alluvions de la Loire).......	7^m,50
Sable jaunâtre.........................	4 ,54
Argiles vertes plus ou moins sableuses.........	49 ,00
Argiles plus fines de différentes nuances........	140 ,00
Profondeur totale...........	201 ,04

Le calcaire y manque absolument. Dans la plaine de Roanne, cette roche caractérise la partie haute de l'étage moyen, qui fut enlevée, puis remplacée par l'alluvion, au point où le trou de sonde est établi.

Les sables jaunâtres, situés sous l'alluvion, et les argiles sableuses vertes, d'une puissance de 49 mètres, me paraissent devoir être rangés dans l'étage moyen, tandis que les 140 mètres d'argiles bigarrées appartiendraient, dans tous les cas, à l'étage inférieur. Mais, je le répète, cette division est nécessairement un peu arbitraire, et je ne l'adopte que par comparaison avec le dépôt analogue de la Limagne [1].

Aucun travail n'a fait connaître la puissance et la nature des parties inférieures du bassin de Feurs : le trou foré de Sury n'a que 44 à 45 mètres, et ne paraît pas dépasser l'étage moyen. Mais il est probable que les dépôts inférieurs du Forez ne diffèrent pas sensiblement de ceux du Roannais.

Puissance de l'étage inférieur.

Le sondage de Roanne n'a fourni aucun fossile. Par contre, les argiles bigarrées inférieures de la Limagne renferment quelques *cyrènes*, et sont ainsi positivement d'origine lacustre. C'est d'ailleurs le cas aussi des étages moyens de la Limagne et du Forez. On peut donc supposer avec assez de raison, en considérant les rapports intimes et la situation respective de ces divers dépôts, que l'étage tertiaire inférieur du département de la Loire doit être également un produit d'eau douce.

Fossiles de l'étage inférieur.

§ 3.

ÉTAGE MOYEN.

L'étage moyen occupe le fond et, jusqu'à mi-coteau, le flanc de la plupart des vallées transversales des bassins de

[1] Les terrains inférieurs du Forez et de la Limagne ressemblent aussi aux dépôts tertiaires du bassin de Brioude, dans la haute vallée de l'Allier. Le sondage de Lempdes, entre Brioude et Brassac, n'a rencontré, sur une hauteur totale de 223 mètres, que des argiles plus ou moins sableuses, généralement rouges, avec prédominance d'argiles proprement dites vers le bas. (*Description du bassin houiller de Brassac*, par M. Baudin, p. 74.)

Roanne et de Feurs. En approchant de la Loire il se perd sous les alluvions, tandis que dans le voisinage des bords on le voit se continuer sous le cailloutis tertiaire supérieur, qui couronne spécialement toutes les hauteurs de la plaine.

Les assises les plus élevées de l'étage en question sont, en moyenne, à la cote de 360 mètres dans la plaine de Feurs et à 320 mètres dans celle de Roanne. La différence de 40 mètres équivaut exactement à la pente de la Loire, dans le défilé des Roches, entre les deux plaines. Dans chacun des bassins on remarque également un abaissement graduel de l'étage moyen, parallèlement à la pente du fleuve, de telle sorte que le niveau relatif est à peu près constant et représenté, pour les parties culminantes de cet étage, par 30 à 40 mètres au-dessus des eaux de la Loire. A part cela, toutes les assises sont encore à peu près horizontales, et dans leur position première.

A Roanne et à Feurs, l'étage moyen est surtout développé sur la rive gauche de la Loire.

Dans le bassin de Roanne, à cause du niveau élevé du sous-sol secondaire, la plaine haute de la rive droite n'a même été envahie par les eaux tertiaires que pendant la période, relativement courte, de l'étage supérieur.

Composition de l'étage moyen. L'étage moyen se compose principalement d'argiles blanches ou vertes, entremêlées de quelques bancs plus ou moins sableux, dont la teinte varie du blanc au rouge; mais les sables proprement dits y sont rares et n'y prédominent jamais. A ce point de vue, il relie en quelque sorte, d'une manière graduelle, les argiles bigarrées inférieures aux sables graveleux supérieurs.

Du reste, à tous les niveaux, nos dépôts tertiaires sont plus fins vers le centre du bassin que sur les bords. Cela est vrai en particulier pour l'étage supérieur, mais se vérifie aussi dans l'étage moyen, où les argiles sont d'autant plus fréquentes et moins sableuses que l'on s'éloigne davantage de la lisière du bassin.

Ces argiles ne sont jamais dures et les sables argileux presque toujours sans consistance. Cependant, vers le milieu du bassin de Feurs, à Saint-Cyprien, Montrond, Chalain-le-Comtal, etc., on rencontre du grès fin, dur, divisé en assises ou plaquettes minces. Le ciment qui lie les grains siliceux est une sorte d'argile kaolinique blanche, presque toujours associée à une faible proportion de suc calcaire. Les argiles voisines sont alors aussi légèrement marneuses. Enfin, sur certains points, la matière calcaire devient plus abondante; elle sillonne les argiles vertes sous forme de rognons plus ou moins friables ou concrétionnés, et se concentre même ailleurs en bancs continus, que l'on exploite avec avantage comme pierre à chaux.

Ces dépôts calcaires caractérisent spécialement la partie haute de l'étage moyen, mais n'y occupent nulle part, d'une manière uniforme, toute l'étendue des deux plaines. Il semble qu'au milieu d'une sédimentation presque exclusivement argilo-sableuse, quelques sources aient fourni du carbonate de chaux qui, selon son abondance, aura produit des bancs ou de simples rognons. Ces derniers diminuent graduellement, dans certaines directions, sans doute en proportion de l'éloignement des points d'émergence des anciennes sources. Calcaire.

Le calcaire est blanc, quelquefois marneux (Batailloux, Urbize, les Athiauds); ailleurs siliceux, dur et concrétionné, ou sillonné de fissures et de cavités irrégulières plus ou moins tapissées de cristaux de quartz (les Ouches, etc.); bien souvent siliceux et marneux tout à la fois (Sury).

Enfin, la silice s'isole çà et là sous forme de rognons, qui diffèrent peu des silex bruns de la craie du nord (Sury).

On n'observe en général aucune succession régulière dans ces diverses assises; cependant, là où se rencontrent plusieurs bancs calcaires, la silice abonde, surtout dans le plus élevé. Au reste, je n'ai vu nulle part plus de deux ou trois bancs, et l'épaisseur de chacun d'eux ne dépasse guère 1^m,5o.

Sur deux points seulement le calcaire renferme des fossiles : à Montrond (plaine du Forez), les feuillets d'une
marne blanche, moyennement dure, sont couverts de très-
petites *cypris faba*; et le calcaire des Athiauds, près d'Ambierle (plaine de Roanne), contient d'assez nombreux
moules d'hélices, que M. d'Archiac rapproche du *helix Mo-
roguesi* de Pithiviers.

D'après la position des lieux, l'assise à *cypris faba* se
trouverait à peu près vers le milieu de notre étage moyen,
tandis que le calcaire à hélices correspond positivement
aux assises les plus élevées. Cette disposition s'accorde avec
la succession observée dans la Limagne et le département
de l'Allier, si ce n'est que dans nos contrées les fossiles
sont beaucoup plus rares; en outre, les *phriganes* et ossements de vertébrés, si fréquents dans le département de
l'Allier vers le haut de l'étage moyen, manquent absolument dans nos calcaires. On ne trouve d'ailleurs jamais
aucun débris organique, ni dans les argiles ni dans les
sables; mais les fossiles cités dans le calcaire prouvent,
malgré leur rareté, que le dépôt est lacustre et appartient
à la base du terrain *miocène*, le *tongrien* de d'Orbigny[1].

La puissance de l'étage moyen est difficile à déterminer,
puisqu'on ne peut fixer exactement sa limite inférieure.
Cependant elle est de 50 mètres au minimum, puisque le
trou de sonde de Sury a encore rencontré du calcaire à la
profondeur de 44 mètres; et elle serait de 70 mètres environ, si on plaçait sa base à l'origine des argiles sableuses
du trou de sonde de Roanne, comme je l'ai admis ci-
dessus.

Le calcaire est exploité, dans la plaine de Feurs, sur la
ligne de Saint-Marcellin à Sury. Plus au nord, on le rencontre aussi entre Montbrison et Chalain-le-Comtal, ainsi

[1] Seulement il semble que nos bassins n'offraient pas, au moment du
dépôt des parties hautes de l'étage moyen, autant de bas-fonds que celui
de l'Allier, et avaient à un moindre degré le caractère de *marécages*, si
favorable à la vie des pachydermes.

que dans les communes de Grézieux et de Prétieux; mais les bancs y sont peu puissants. Au delà du Lignon, l'étage supérieur envahit presque en entier toute la plaine, et si dans les bas-fonds on découvre encore les argiles de l'étage moyen, le calcaire ne s'y montre nulle part, si ce n'est en lambeaux irréguliers, peu étendus, au voisinage de la butte basaltique de Marcoux. Mais cela même prouve qu'à une certaine profondeur le calcaire existe aussi sous cette partie de la plaine.

Dans le bassin de Roanne, le calcaire se présente le long d'une zone à peu près continue depuis les Ouches jusqu'à Urbize. Il occupe les bas-fonds et la moitié inférieure du flanc des coteaux, tandis que les parties hautes sont partout couronnées par l'étage supérieur. On l'exploite spécialement aux Athiauds, près d'Ambierle, et à Urbize, au nord de la Pacaudière. Sur tous ces points, le calcaire est argilo-siliceux et ne donne qu'une chaux maigre, moyennement hydraulique, convenant peu pour l'amendement des terres.

§ 4.

ÉTAGE SUPÉRIEUR.

L'étage supérieur occupe les parties culminantes des deux plaines et n'a été recouvert par les alluvions que sur un petit nombre de points. Au centre de nos plaines il repose sur l'étage moyen, tandis que le long de la lisière des deux bassins il déborde les argiles tertiaires moyennes et s'appuie partout directement sur des terrains plus anciens. Ainsi, après le dépôt de l'étage moyen, et probablement aussi en partie, comme nous le verrons, pendant la période même de l'étage supérieur, le sous-sol ancien et secondaire dut s'affaisser, et les eaux tertiaires envahirent successivement des surfaces plus vastes. Dans le Forez, la différence des cotes auxquelles montent les deux étages est de 90 à 100 mètres. C'est la mesure de l'affaissement de nos contrées ; mais il diminue vers le nord-ouest.

Dans le département du Cher, d'après les cotes de niveaux citées par MM. Boulanger et Bertera, la différence des deux étages serait à peu près de 5o mètres; dans l'Indre, la Vienne et la Charente, où j'eus occasion de comparer moi-même les deux terrains, l'intervalle est également au maximum de 5o mètres.

Dans le Forez on observe en outre, pour l'étage supérieur comme pour l'étage moyen, un abaissement général du sud au nord, parallèlement au cours de la Loire. A l'extrémité sud de la plaine du Forez, les sables tertiaires supérieurs s'élèvent, dans les bois de la Fouillouse, au domaine de Marnat, jusqu'à 517 mètres de hauteur absolue, ou 150 mètres au-dessus de la Loire, tandis qu'au nord de la plaine de Roanne leur limite supérieure se trouve à peu près à la cote de 400 mètres. Or, pour le même intervalle, la chute de la Loire (entre Andrézieux et Briennon) est de 108 mètres.

Dans le Cher, MM. Boulanger et Bertera indiquent 300 m. comme altitude extrême des parties les plus élevées de l'étage supérieur. Sur la lisière commune de la Vienne et de la Haute-Vienne, entre Lussac et l'Ile-Jourdain, j'ai trouvé, en me servant des cartes du dépôt de la guerre, des cotes limites généralement comprises entre 180 ou 200 mètres, ou des altitudes relatives de 130 à 150 mètres au-dessus de la Loire, à Tours. Ainsi, non-seulement nos terrains tertiaires furent soulevés après le dépôt de l'étage supérieur, mais cette nouvelle oscillation, inverse de la précédente, s'est fait sentir comme celle-ci d'une manière plus intense dans la partie sud-est du plateau central qu'au nord et à l'ouest. Nos observations le long de la Loire viennent donc confirmer pleinement les idées émises depuis longtemps par M. E. de Beaumont et les recherches plus récentes de M. Raulin dans la vallée de l'Allier[1].

[1] *Histoire des progrès de la géologie*, t. II, p. 659.

L'étage supérieur se compose presque exclusivement de sables plus ou moins grossiers et caillouteux, blancs, jaunes ou rougeâtres. Si les argiles s'y rencontrent encore çà et là, elles sont relativement rares et, en général, ferrugineuses et grossières.

Composition de l'étage supérieur.

Les sables et dépôts caillouteux sont d'autant plus mêlés de gros galets qu'ils sont plus voisins des bords du bassin. Mais ce qui frappe par-dessus tout, c'est le rapport intime, en chaque point du bassin, entre la nature des galets et celle des roches les plus voisines, formant les anciennes rives du lac tertiaire.

Dans la partie sud de la plaine du Forez, jusqu'à la hauteur de Montbrison et de Feurs, les galets de l'étage supérieur sont presque uniquement granitiques et quartzeux; on n'y voit aucune roche des terrains secondaires et de transition. Les gneiss et le micaschiste y sont même rares, sauf là où le granite voisin en renferme de grands lambeaux, comme entre Saint-Galmier et Saint-Rambert.

A partir de Boën et de Pouilly-lez-Feurs, le nombre des cailloux granitiques diminue rapidement, et à leur place se présentent des galets porphyriques et des débris roulés du système carbonifère (surtout des schistes siliceux, grauwackes lustrées et grès porphyriques). Là où dominent les porphyres et les grès feldspathiques, les argiles elles-mêmes changent de nature; elles deviennent blanches, sont souvent réfractaires, et alternent avec des sables blancs quartzo-feldspathiques (Amions et Saint-Paul-de-Vézelin).

Dans la plaine de Roanne, l'influence des anciens rivages est encore plus sensible.

Sur la rive gauche de la Loire, au pied de la chaîne porphyrique de la Madeleine, entre Villemontais et la Pacaudière, les galets tertiaires sont surtout quartzeux et porphyriques, sauf à Saint-André et aux Ouches, où l'on voit, en outre, des fragments roulés du terrain carbonifère venant de la vallée supérieure du Renaison.

Du côté opposé, sur la haute plaine de la rive droite,

entre Pradines, Coutouvre et Charlieu, le sol est exclusivement criblé de jaspes grenus, jurassiques, appartenant
aux argiles à jaspes de l'oolithe inférieure, qui supportent
précisément, dans ce district, le terrain tertiaire. Il y a
même passage graduel du cailloutis tertiaire au terrain jurassique, et leur limite commune ne peut être tracée rigoureusement. En divers points, les rognons jaspeux furent
simplement remaniés et arrondis sur place. En effet, lorsqu'on approche de l'ancien rivage, on les voit grandir et
perdre peu à peu les caractères propres aux galets roulés.
En même temps, l'argile sableuse qui les empâte devient plus
grasse, et; à la limite, se trouve finalement privée de tout
élément sableux : c'est l'argile pure de la formation jaspeuse.

Enfin, à l'extrémité sud de la plaine, le plateau de Parigny et de Commelle, situé à égale distance des coteaux
secondaires et porphyriques, est couvert d'un mélange de
galets quartzo-porphyriques, du terrain anthraxifère, et de
jaspes grenus, jaunes ou bruns, du terrain jurassique.

Il suit de là, comme au reste on pouvait s'y attendre,
à priori, que le dépôt sédimentaire des plaines de Feurs et
de Roanne, et spécialement son étage le plus élevé, n'a pas
été amené par un cours d'eau unique, mais par une série d'affluents d'une faible étendue, entraînant chacun dans le bassin
commun les débris des roches de son district hydrographique.
La Loire alors n'existait pas encore comme artère principale.

Une circonstance qu'il importe de mentionner également,
c'est que l'assise la plus élevée de l'étage supérieur est spécialement caillouteuse. Toutes les parties culminantes des
deux plaines sont couvertes de galets, dont la grosseur et
le nombre augmentent aussi à mesure que leur distance à
l'ancien rivage diminue. On peut spécialement constater
ce fait aux environs de Roanne, en parcourant la haute
plaine de la rive droite, dans la direction de Perreux à
Pradines ou à Coutouvre. A Perreux, le banc caillouteux
supérieur couronne les falaises argilo-sableuses de l'étage
supérieur, tandis qu'à Pradines et à Coutouvre il repose

L'assise
la plus élevée
est
spécialement
caillouteuse.

directement sur le sous-sol jurassique. Ainsi non-seulement l'étage supérieur déborde d'une manière générale l'étage moyen, mais encore l'assise culminante dépasse, à son tour, les bancs immédiatement inférieurs : d'où il résulte nécessairement que le niveau des eaux fut surtout élevé vers la fin de cette époque, ou, en d'autres termes, que le sous-sol n'a pas cessé de s'abaisser pendant toute la période de l'étage supérieur.

Il est bien évident d'ailleurs que cette assise caillouteuse des parties hautes ne saurait être attribuée à une sorte de courant diluvien qui aurait en même temps creusé les vallées actuelles. Car, s'il en était ainsi, les galets ne caractériseraient pas uniquement les hauteurs et surtout leur nature ne varierait pas avec la position qu'ils occupent ; on ne verrait pas au centre de nos plaines presque exclusivement des galets quartzeux blancs, et sur la lisière des bassins, d'autres galets plus gros, provenant des roches en place du voisinage.

La nature graveleuse de l'étage supérieur indique néanmoins des eaux fortement agitées, et cette agitation s'explique par les oscillations qu'éprouve le sous-sol vers cette époque. L'abaissement général du plateau central, qui fut dans nos contrées, pendant la période de l'étage supérieur, de 90 à 100 mètres, n'a certainement pas eu lieu d'une manière tout à fait insensible sans contre-coups opposés. Puis le mouvement, décidément inverse, qui clôt nos dépôts tertiaires a pu aussi présenter des retours contraires et engendrer ainsi, à diverses reprises, des courants locaux plus ou moins violents [1]. Au reste, quel qu'ait été, dans ses moindres détails, le mode d'action des deux grandes oscillations opposées dont je viens de parler, il est au moins évident que le dernier relèvement mit les deux bassins tertiaires du Forez entièrement à sec, car on n'y rencontre aucun dépôt de l'époque *pliocène*.

---

[1] Des oscillations de ce genre se sont fait sentir, comme on sait, sur les côtes du Chili et en Italie dans les temps modernes

Les eaux s'écoulèrent au nord-ouest, et, en se retirant, dûrent sillonner les dépôts meubles de nombreux vallons qui, dès lors élargis et plus ou moins modifiés, affectent néanmoins encore les caractères dus à l'érosion primitive.

L'étage
supérieur
ne
renferme aucun
fossile.
Age de cet étage.
Les dépôts sablonneux de l'étage supérieur ne renferment aucun fossile; on n'y trouve ni plantes, ni mollusques, ni vertébrés. On ne peut donc fixer par les moyens paléontologiques ni l'âge ni la nature propre de ce terrain. Mais nous verrons bientôt qu'il se lie directement aux argiles et sables supérieurs de l'Allier, du Cher et de la Sologne. Or, aucun de ces dépôts ne renferme des galets de basalte et de trachyte, et comme ces deux roches ouvrent précisément dans nos contrées la période pliocène, on peut en conclure assez sûrement que l'étage argilo-caillouteux du bassin de la Loire appartient, comme les faluns de la Touraine ou le *falunien* de d'Orbigny, à la dernière moitié de la période miocène.

Nous arrivons ainsi pour le terrain de la Sologne, quoique d'une manière indirecte, à la même conclusion que M. d'Archiac, dans son *Histoire des progrès de la géologie* [1]. Dans tous les cas, il est évident que vers les premiers temps de l'étage supérieur les bassins tertiaires du Forez devaient avoir conservé les caractères lacustres de la période précédente. Mais plus tard, par l'abaissement général du plateau central, les eaux salées firent irruption, et les faluns se déposèrent aux environs de Tours.

Plus tard encore, la mer semble avoir pénétré, sinon jusque dans le Forez, au moins bien avant dans la vallée de la Loire et de l'Allier, comme l'ont prouvé MM. Pomel et Lecoq [2]. Enfin, peu après, le plateau central se releva

---

[1] T. II, p. 517.

[2] MM. Pomel et Lecoq citent dans la vallée de l'Allier, au milieu du terrain dont nous nous occupons, des fossiles plus ou moins roulés appartenant aux faluns. Pomel, *Catalogue des vertébrés fossiles*, 1853, p. 173. *Bulletin de la Société géologique*, 2ᵉ série, t. I, p. 595, et t. III, p. 364.

de nouveau, et les eaux, en se retirant, ont dû ravager les dépôts faluniens, ce qui explique leur faible étendue et l'état d'isolement où nous les voyons aujourd'hui dans l'ouest de la France.

La puissance de l'étage supérieur est, au maximum, de 20 à 25 mètres, et, en moyenne, de 10 à 15 mètres. Sur la lisière du bassin, où l'assise caillouteuse culminante s'appuie directement sur des formations plus anciennes, son épaisseur totale est même souvent réduite à 2 ou 3 mètres : c'est, en particulier, le cas sur la haute plaine de la rive droite, dans le Roannais.

Puissance de l'étage supérieur.

Les assises de l'étage supérieur sont partout encore sensiblement horizontales, comme celles des étages inférieurs; même dans le voisinage des cônes de basalte, le terrain tertiaire est fort peu dérangé.

Au contact immédiat de la roche volcanique, les argiles sont cuites et plus ou moins altérées; mais, à peu de mètres de là, la stratification ne paraît nullement troublée.

§ 5.

ROCHES UTILES DU TERRAIN TERTIAIRE.

Outre le calcaire plus ou moins siliceux qui caractérise l'étage moyen, le terrain tertiaire du Forez ne renferme que deux substances spéciales dont les arts ou l'industrie puissent tirer parti : les *argiles* ordinaires ou *réfractaires* et le *minerai de fer*.

L'argile ordinaire, verte ou rouge, est l'élément dominant du terrain tertiaire. On l'exploite sur une foule de points pour l'industrie des tuiliers; et, lorsqu'elle est plus pure ou plus fine, on l'emploie avec avantage pour la faïence grossière à vernis d'alquifoux (Saint-Georges-de-Baroilles, Marcilly, Perreux, etc.).

Argiles ordinaires et réfractaires.

L'argile réfractaire, blanche ou rose, se rencontre spécialement là où l'étage tertiaire repose sur les grès et porphyres feldspathiques. On l'exploite à Amions et à Saint-

Paul-de-Vézelin, dans l'angle nord-ouest de la plaine du Forez; elle y alterne avec des sables blancs quartzeux mêlés de grains feldspathiques kaolinisés. L'argile d'Amions est de qualité moyenne; elle résiste à la chaleur rouge des fours à coke, mais non pas constamment à celle des feux de forge.

Minerai de fer. Le minerai de fer est une sorte de poudingue ou brèche, à grains siliceux fortement agglutinés par un ciment de fer oxydé hydraté. Il se montre à la base de l'étage supérieur, dans les régions où ce dépôt graveleux repose directement sur le sous-sol ancien ou secondaire (Saint-Galmier, Pommiers, Ambierle, les Ouches, Charlieu, etc.); il s'y présente sous forme de banc dur, plus ou moins continu, au milieu des sables. Les cultivateurs l'appellent *mâchefer*, à cause de sa dureté, et peut-être aussi parce que ses fragments épars ressemblent, à s'y méprendre, à une vieille scorie de forge depuis longtemps exposée à l'air. Son épaisseur varie de $0^m,20$ à $0^m,50$, et sa teneur en fer s'élève dans certaines parties, à Charlieu par exemple, jusqu'à 35 p. o/o. Mais, même alors, ce serait un minerai difficile à traiter, à cause de l'abondance des grains siliceux, qui varient d'aspect avec celle du sous-sol : ils sont quartzeux, ou quartzo-feldspathiques, dans le voisinage du granite de Saint-Galmier; exclusivement jaspeux sur le plateau jurassique de Charlieu. Ainsi les fragments, agglutinés par le ciment ferrugineux, proviennent, comme les autres parties du dépôt tertiaire, à peu près exclusivement du sous-sol le plus voisin.

Le poudingue ferrugineux du bassin de la Loire ne doit, au reste, pas être confondu avec le minerai *pisiforme* du Poitou et du Berry, qui se rencontre à la base de l'étage moyen, sous le calcaire à eau douce de nos contrées.

Dans le département de l'Allier, l'ingénieur Boulanger cite les deux minerais, et là aussi le supérieur est appelé *mâchefer* par les gens du pays. Comme dans le Forez, il se trouve à la base de l'étage argilo-caillouteux, tandis que l'inférieur est sous l'étage moyen argilo-calcaire.

§ 6.

INFLUENCE DU TERRAIN TERTIAIRE SUR L'OROGRAPHIE,

L'HYDROGRAPHIE ET LES RESSOURCESS AGRICOLES DU SOL.

Après avoir décrit d'une manière générale les diverses parties du terrain tertiaire, constatons son influence sur la nature du sol, au triple point de vue de l'orographie, de l'hydrographie et de ses produits agricoles.

Influence du terrain tertiaire sur la constitution orographique du sol.

On sait déjà que le terrain tertiaire constitue essentiellement notre pays de plaine. Grâce à l'horizontalité de ses assises et à la faible consistance de ses roches, on n'y rencontre sur aucun point ni escarpement ni crête rocheuse. Les seules inégalités qu'offre ce terrain proviennent de l'action érosive des eaux.

De larges coteaux, à surface plane, s'abaissent en pente douce vers les vallées d'érosion qui sillonnent transversalement les deux plaines du Forez et de Roanne. Rarement la différence de niveau entre les points culminants et le fond des vallées atteint 5o mètres. Pourtant les pentes deviennent plus roides et les hauteurs plus grandes là où les assises tertiaires supérieures débordent l'étage moyen et s'appuient directement sur le sous-sol plus ancien (bois de la Fouillouse; plateaux de Saint-Georges-de-Baroilles, de Saint-Hilaire et de Charlieu). Il en est de même dans la région peu étendue où les cônes basaltiques ont exceptionnellement surélevé les argiles traversées.

Ainsi, dans la plaine du Forez, le basalte a porté les sables tertiaires à plus de 5oo mètres au mont Uzore et pour le moins à 55o mètres au puy de Curcieux, près de Montbrison, où la roche ignée s'élève elle-même jusqu'à 6oo mètres.

Influence du terrain tertiaire sur la constitution hydrographique du sol.

Au point de vue hydrographique, le terrain tertiaire offre des caractères spéciaux fortement prononcés. La prédominance de l'élément argileux, dans les trois étages, s'oppose à l'infiltration des eaux pluviales, et la faible

4o

pente du sol empêche leur écoulement naturel. Aux moindres pluies des flaques d'eau se forment sur tous les points, et ces eaux disparaissent à la longue, dans les parties basses, moins par absorption que par évaporation lente. Une conséquence naturelle de cet état de choses est l'absence de véritables sources. A leur place on observe, au pied de beaucoup de coteaux, de simples suintements d'un régime fort inconstant. Les eaux de pluie, reçues par les dépôts graveleux du haut des plateaux, s'infiltrent jusqu'à la rencontre d'une assise argileuse qui les ramène au jour au moindre pli du sol. De là des écoulements abondants, et souvent troubles, à la suite de plusieurs jours de pluie, mais qui tarissent dès que le temps se remet au beau. Par le même motif, les puits de nos plaines donnent presque partout de l'eau à une faible profondeur; mais son abondance varie avec la saison, et en général on la voit aussi blanchir au moment des pluies.

Puits artésiens. L'alternance, plusieurs fois répétée, d'assises sableuses et argileuses assure en général le succès des puits artésiens. On pouvait donc espérer de réussir dans nos contrées. Cependant, ce que je viens de dire de l'imperméabilité générale du sol tertiaire prouve qu'il ne faudrait pas compter sur un volume d'eau considérable. La presque horizontalité des assises du terrain, jointe à celle de la surface du sol, montre aussi que l'eau ne s'élèvera nulle part à une grande hauteur. Pour avoir une source jaillissante, c'est-à-dire un puits artésien proprement dit, il faudrait s'installer aux points les plus bas de nos plaines, aux environs de Balbigny ou de Saint-Paul-l'Épercieux pour celle du Forez, auprès de Briennon ou de Pouilly-sous-Charlieu pour le bassin de Roanne. Partout ailleurs on rencontrera bien de l'eau, s'élevant à un certain niveau, mais elle n'atteindra pas la surface du sol. Au lieu de sources jaillissantes, on aura des puits *absorbants*. C'est ce qui arriva à Roanne et à Sury, où des puits ont été creusés par forage : l'eau rencontrée n'atteignit pas le niveau du sol. Au reste, ces puits absor-

bants rendraient de grands services là où la faiblesse de la
pente du sol s'oppose à l'écoulement naturel des eaux, provenant d'un étang que l'on voudrait dessécher, ou d'une
maîtresse-branche d'un système de *drains*. D'ailleurs, comme
l'eau se maintient dans ces puits absorbants à un niveau peu
variable, on pourra toujours l'utiliser à l'aide d'un système
de pompes, et cette eau, venant d'une certaine profondeur,
sera toujours préférable aux eaux, souvent troubles, des
puits ordinaires.

L'imperméabilité du sol tertiaire, déjà fâcheuse lorsqu'on
considère ses effets sur la marche des eaux, l'est bien plus
encore quand on envisage son influence sur la fertilité des
terres et la salubrité de la contrée. Les terres argileuses
sont toujours froides, et d'autant moins fertiles que l'élément calcaire y manque habituellement; baignées d'eau
pendant la saison des pluies, elles durcissent et se gercent
au moment des chaleurs. Dans les parties hautes, où l'é-
tage supérieur n'a point été enlevé, le sol est plutôt sableux; en été, il se dessèche rapidement, perd sa cohérence
et devient poudreux, tandis qu'en hiver le sous-sol argileux
empêche également l'infiltration des eaux et rend les terres
aussi froides que si elles se composaient uniquement d'argile. On appelle les premières *varennes fortes*, les dernières
varennes légères.

La végétation naturelle de ces terres, comme celle des
landes (ou *brandes*) du Berry et du haut Poitou, comprend surtout les bruyères; en proportion moindre, l'ajonc
épineux et les fougères; enfin, plus rarement et seulement
dans les parties sablonneuses, le genêt. Ce dernier caractérise plutôt, avec l'ajonc épineux, les terrains granitiques
du plateau central. Parmi les arbres, le chêne est l'essence
dominante des bas-fonds; le pin ordinaire, dit *pinastre*,
celle des plateaux sablonneux. Quant aux céréales, le seigle
et l'avoine peuvent seuls y être cultivés, et même, pour
ces cultures, les terres sont souvent trop froides. On re-
médie par le *drainage* à ce grave inconvénient, et déjà,

*Influence
du
sol tertiaire
sur les produits
agricoles.*

40.

grâce à l'impulsion vive de M. Ponsard, alors préfet de la
Loire, des parties notables de plusieurs domaines ont été
drainées avec un plein succès, sous l'habile direction de
M. l'ingénieur Mille. Partout les produits se sont sensiblement accrus. Mais le drainage seul ne suffit pas; le sol
est rendu perméable, l'air y circule, l'eau s'écoule, mais
la nature chimique reste la même. Pour rendre les terres
propres à la culture du froment, il faut encore les chauler
ou y mêler des marnes. L'effet du calcaire est d'ailleurs
frappant, dans nos contrées même. Partout où l'étage
moyen argilo-calcaire est mis à découvert, la terre végétale prend un aspect tout autre : elle est noire et légère
au lieu d'être compacte et blanche; dans les terres en
friche, les chardons remplacent les bruyères, et, par la
culture, on obtient du froment. Telles sont les terres que
les cultivateurs désignent sous le nom de *chaninat*, dans la
plaine du Forez.

Dans la plaine de Roanne, les terres sont généralement
moins froides, parce que le calcaire y est plus abondant et
l'écoulement des eaux rendu plus facile par les accidents
du sol. On y désigne sous le nom de *fromentales* les terres
fortes, calcaires, propres à la culture du blé. La plupart appartiennent à la formation du lias (page 555), mais on en
trouve aussi quelques exemples dans les districts calcaires
de la plaine tertiaire.

Vers les parties culminantes, et spécialement là où les
bassins tertiaires sont bordés par l'oolithe inférieure, le sol
est, comme on l'a vu, essentiellement graveleux, jonché
de galets quartzeux ou jaspeux. Ce sont les terres appelées
perrés dans l'arrondissement de Roanne : elles sont froides,
dans la saison des pluies, à cause du sous-sol argileux;
sèches et brûlantes, comme les varennes légères, au milieu
de l'été. On les cultive rarement, ou plutôt on les réserve
pour la culture forestière; le chêne surtout y prospère bien;
les pins viennent dans les parties sablonneuses (les bois de
Mably, de l'Abbaye et de l'Espinasse, dans le bassin Roan-

nais de la rive gauche de la Loire; les bois de Féché, des
Trembles, du Poyet, etc., sur la haute plaine de la rive
droite; la forêt de Bas, les bois des Ardilliers, de Clu-
rieux, etc., dans la plaine du Forez).

§ 7.

INFLUENCE DU TERRAIN TERTIAIRE SUR L'ÉTAT SANITAIRE DES HABITANTS.

L'imperméabilité du sol argilo-tertiaire réagit aussi sur
l'état sanitaire des habitants. Pendant la saison chaude, les
matières végétales se décomposent rapidement au milieu
des flaques d'eau sans écoulement; des miasmes s'en déga-
gent, et bientôt se développent parmi les habitants, sinon,
comme dans les maremmes de la Toscane, une sorte de
malaria, au moins des fièvres plus ou moins persistantes.
Malheureusement les propriétaires ont eux-mêmes contri-
bué au progrès du mal. Au lieu de sillonner la plaine de
canaux d'asséchement, ils ont établi des digues au travers
de tous les bas-fonds et couvert ces derniers de nombreux
étangs, régulièrement étagés les uns au-dessous des autres.
D'après le rapport de M. l'ingénieur Lagrange, on en
comptait 573 en 1851, et leur étendue était de 3,010 hect.
89 ares, c'est-à-dire au delà du vingt-cinquième de la superficie entière de la plaine du Forez[1].

On y élève des poissons, et, à de certains intervalles,
le fond de l'étang, mis à sec, est ensemencé pour avoine
ou seigle, puis derechef couvert d'eau. Heureusement cet
état de choses est sur le point de se modifier, grâce à la
vigoureuse initiative de M. le préfet Ponsard. Beaucoup
d'étangs vont être desséchés, et ceux dont la conservation
est autorisée devront, dans tous les cas, être mieux limités,

---

[1] Le nombre total des étangs dans le département est de 754, et leur
superficie de 3,572 hectares 8,296 mètres carrés, ce qui correspond à la
cent trentième partie du département. (*Annuaires du département de la
Loire*, de 1845 et 1851.)

afin de faire disparaître les *queues* d'étang, dont l'influence délétère est surtout grande à l'époque des basses eaux. Le drainage aussi, en desséchant les terres, contribuera à l'assainissement de la plaine du Forez, et certes elle en a grand besoin, car le rapport de M. Lagrange prouve malheureusement d'une manière péremptoire ce que l'on savait au reste depuis longtemps, que son insalubrité est excessive sur certains points.

Duplessis fixe, dans sa statistique du département de la Loire, la mortalité annuelle de la plaine du Forez à 1/25 ou 4 p. o/o du chiffre de la population, tandis que dans les montagnes voisines elle n'est que de 1/42 ou 2,38 p. o/o.

La longévité aussi y est fort différente. D'après le même auteur, sur le nombre total des décès, les vieillards âgés de plus de soixante et dix ans ne comptent que pour 1/23 dans la plaine, lorsque ce rapport est de 1/7 dans les contrées plus élevées qui entourent le bassin du Forez à l'est et à l'ouest.

Mais voici des données plus précises, extraites du rapport déjà cité de M. l'ingénieur Lagrange. En dépouillant les registres de l'état civil pendant les dix années 1835 à 1844, on a trouvé les chiffres suivants, pour le nombre annuel des décès par 100 habitants, dans les principales communes de la plaine du Forez :

COMMUNES.	CANTONS.	MORTALITÉ pour 100.	OBSERVATIONS.
Ste-Foy-St-Sulpice...	Boën.............	4, 97	Communes situées dans l'angle nord-ouest de la plaine du Forez [1].
Montverdun........	Idem.............	4, 03	
Pommiers.........	St-Germain-Laval....	3, 70	
Arthun..........	Boën.............	3, 63	
St-Étienne-le-Molard..	Idem.............	3, 49	
Bussy-Albieux,......	Idem.............	3, 37	
Mornand..........	Montbrison........	3, 28	
Poncins..........	Boën.............	3, 24	
S^{te}-Ag^{the}-la-Bouteresse	Idem.............	3, 18	
Valeilles.........	Feurs.............	3, 18	Portion de la plaine de la rive droite couverte d'é- tangs.
Feurs............	Idem.............	3, 13	
Magneux-H^{te}-Rive....	Montbrison........	2, 95	
Sail-en-Donzy......	Feurs.............	2, 89	
Meylieu-Montrond...	Saint-Galmier......	2, 85	Sur le bord du bassin.
Saint-Rambert......	Saint-Rambert......	2, 83	
Chalain-d'Uzore.....	Montbrison........	2, 82	
Boisset-lez-Montrond..	Saint-Rambert.....	2, 81	
St-Romain-le-Puy....	Idem.............	2, 74	Située en partie sur une hauteur.
Sury............	Idem.............	2, 66	Sur une partie relative- ment élevée de la plaine.
Chalain-le-Comtal....	Montbrison........	2, 65	
Mizérieux.........	Boën.............	2, 64	
Balbigny.........	Néronde..........	2, 57	Sur le bord de la plaine, et déjà en grande partie en dehors du terrain ter- tiaire.
Boën............	Boën.............	2, 51	

[1] Dans presque toutes les communes de ce district la population, au lieu d'augmenter, tend à diminuer d'une manière très-notable. D'après les recensements comparés de 1846 et de 1851, il y a eu décroissement dans

Pour bien apprécier la signification de ces chiffres, ajoutons que la mortalité moyenne de la France est de 2,5
p. o/o, et que cette proportion est nécessairement plus forte
que la moyenne générale d'un pays dont toutes les parties
seraient également salubres. Et en effet, si dans l'annuaire
de 1845 nous prenons les cantons du département de la
Loire situés en majeure partie en pays de montagnes,

26 communes, sur les 48 de la plaine du Forez, et le décroissement frappe
principalement celles de l'angle nord-ouest. Voici quelques chiffres :

NOMS DES COMMUNES.	NOMBRE DES HABITANTS		DÉCROISSEMENT en cinq ans.
	en 1846.	en 1851.	
Ste-Foix-St-Sulpice......	430	408	22
Montverdun..........	518	456	62
Pommiers............	625	567	58
Bussy-Albieux........	670	645	25
St-Étienne-le-Molard....	622	574	48
Mornand.............	461	449	12
Poncins.............	704	675	29
Magneux-Haute-Rive....	521	444	77
	4,551	4,218	333

Ainsi, sur 4,551 habitants, comprenant 8 communes, le décroissement
a été de 333 en cinq ans, ou de 66 2/3 par année, nombre qui correspond à 0,015 du chiffre de la population primitive en 1846.

Je sais bien que l'insalubrité seule n'aurait pu produire ce résultat,
et qu'il faut plutôt y voir un effet de l'émigration générale vers les centres
industriels. Ce qui le prouve, c'est que, d'après les recensements de 1846
à 1851, le décroissement porte sur plus d'un tiers des communes du département (148 sur 416), et qu'il frappe même des cantons fort salubres, comme ceux de Noirétable, Saint-Bonnet-le-Château, Saint-Just-en-
Chevalet et Saint-Haon-le-Châtel. Mais cependant la dépopulation est plus
considérable dans la partie nord-ouest de la plaine du Forez que partout
ailleurs. Les mêmes faits ressortent du recensement de 1856 comparé à
celui de 1851.

nous trouverons, pour la même période de 1835 à 1844, les nombres suivants :

CANTONS.	MORTALITÉ pour 100.	OBSERVATIONS.
Pélussin.............	2, 52	Vallée du Rhône et versant méridional du Pilat.
Saint-Just-en-Chevalet...	2, 49	Extrémité sud du chaînon de la Madeleine.
Néronde.............	2, 3o	Partie méridionale du plateau de Neulize.
Saint-Jean-Soleymieux...	2, 28	Montagnes du Forez.
Saint-Galmier.........	2, 22	Partie haute de la plaine du Forez, à son extrémité sud-est, et massif du Beaujolais.
Saint-Bonnet-le-Château..	2, 21	Extrémité sud des montagnes du Forez.
Belmont.............	2, 21	Massif du Beaujolais.
Saint-Genest-Malifaux...	2, 13	Dos de la chaîne du Pilat.
Saint-Héand..........	2, 04	Chaîne de Riverie (ouest).
Noirétable...........	1, 97	Extrémité nord des montagnes du Forez.

Ainsi, tandis que dans les districts montagneux du département de la Loire la mortalité annuelle est de 2 à 2,25 p. o/o, elle atteint le chiffre énorme de 4 à 5 p. o/o à l'extrémité sud-ouest de la plaine du Forez! Et cette différence est certainement due en majeure partie à la présence des étangs.

Cependant leur suppression, même totale, ne saurait remédier complétement au mal, car l'imperméabilité du sol, l'absence de véritables sources et la situation relativement basse du terrain tertiaire laisseront toujours, quoi qu'on fasse, cette partie du département moins salubre que les districts montagneux du voisinage. Ce sont ces circonstances, et non les étangs, qui portent dans le canton de Roanne la mortalité annuelle jusqu'à 3,o5 p. o/o, et dans celui de Saint-Haon, à 2,76[1].

Mais puisque, d'autre part, dans certaines communes de la plaine du Forez où les eaux stagnantes sont également rares, telles que Sury, Chalain-le-Comtal, Mizérieux

---

[1] *Annuaire du département de la Loire*, année 1845, p. 370.

et Balbigny, le rapport des décès est au-dessous de 2,70 p. o/o, on peut espérer que la suppression ou limitation partielle des étangs, l'établissement de canaux d'assèchement et la généralisation du drainage abaisseront ce chiffre, dans les districts les plus malsains de la plaine du Forez, au moins à 3 p. o/o, et dans la plupart des autres, jusqu'à 2,6 ou même 2,5 p. o/o.

Population spécifique du terrain tertiaire.

Un dernier élément à constater, et même le plus important de tous, lorsqu'on veut étudier l'influence des formations géologiques sur le développement de la société, c'est, pour chaque terrain en particulier, le rapport de la population à l'étendue habitée, c'est-à-dire la *population spécifique* ou le nombre moyen des habitants par kilomètre carré.

Dans un pays purement agricole, ces chiffres représentent jusqu'à un certain point la fertilité relative des diverses formations; mais dans une contrée comme la nôtre, où l'industrie des mines, des forges et des soieries exerce sur la concentration des hommes une influence prédominante, la population spécifique n'a plus aucune signification géologique. C'est le motif pour lequel je me suis abstenu de la calculer pour chacune des formations.

Dans notre département, l'influence de l'industrie est telle que l'arrondissement de Saint-Étienne, le moins fertile des trois, est cependant de beaucoup le plus peuplé.

D'après le recensement de 1851, on trouve les rapports suivants :

Pour l'arrond^t de Saint-Étienne. . 198 habitants par kilom. carré.
——————— de Montbrison. . . . 68
——————— de Roanne. 76
Pour la France entière. 69

L'influence du sol se fait pourtant sentir lorsqu'on compare la population spécifique de la plaine du Forez à celle du plateau de Neulize et des communes du Beaujolais qui s'étendent, entre Saint-Galmier et Néronde, depuis les

bords de la plaine jusqu'à la limite du département du
Rhône.

En partant du recensement de 1851, on arrive, pour
ces trois districts, aux résultats suivants :

NOMS DES DISTRICTS.	NOMBRE des communes.	ÉTENDUE en hectares.	NOMBRE des habitants en 1851.	POPULATION spécifique en 1851.	OBSERVATIONS.
Plaine du Forez. — Terrains tertiaire et alluvial............	48	63,246	35,443	56	On a fait abstraction de la commune de Montbrison pour ne tenir compte que de l'élément agricole. La population a diminué dans vingt-six communes pendant l'intervalle 1846-1851.
Plateau de Neulize, sur la rive droite de la Loire. — Terrain anthraxifère..........	21	32,680	29,405	90	Décroissement du nombre des habitants dans sept communes.
Coteaux qui bordent la plaine à l'est, entre Saint-Galmier et Néronde, jusqu'à la limite du département. — Terrains ancien et de transition........	28	31,275	31,551	101	La population a diminué dans quinze communes.

On voit par ces chiffres que si la population aban-
donne également le plateau de Neulize et les communes du
Beaujolais pour affluer vers les centres industriels de Lyon,
Saint-Étienne et Tarare, le nombre des habitants y est
cependant beaucoup plus grand que dans la plaine du
Forez.

L'influence du terrain tertiaire est encore plus sensible
lorsqu'on compare, dans le Roannais, la plaine basse de
la rive gauche de la Loire aux coteaux compris entre la
rive droite et le département du Rhône (cantons de Charlieu et de Belmont).

Le recensement de 1851 conduit aux chiffres suivants :

NOMS DES DISTRICTS.	NOMBRE des communes.	ÉTENDUE en hectares.	NOMBRE des habitants en 1851.	POPULATION spécifique en 1851.	OBSERVATIONS.
Plaine du Roannais, rive gauche de la Loire. — Terrain tertiaire...	20	38,417	20,056	52	On a fait abstraction de la commune de Roanne pour ne tenir compte que de l'élément agricole. La population a décru dans neuf communes.
Cantons de Charlieu et de Belmont. — Terrains de transition et jurassique.........	29	24,456	28,846	118	La population a diminué dans sept communes.

Ces nombres prouvent, de plus, que la plaine de Roanne est encore moins peuplée que celle du Forez. Il faut attribuer ce résultat à l'étendue relative plus grande de l'étage tertiaire supérieur, qui est généralement couvert de forêts dans le Roannais. On ne pourrait, d'ailleurs, défricher ces bois avec avantage qu'en soumettant le sol à la fois au drainage et à un chaulage très-énergique.

La population spécifique du terrain tertiaire est même plus faible que celle des montagnes granitiques purement agricoles de la chaîne du Forez. Les 51 communes de ce dernier district renfermaient, en 1851, 48,361 habitants, sur 79,914 hectares, ce qui donne une population spécifique de 60. Au reste, là aussi, plus de la moitié des communes, 27 sur 51, avaient une population moindre en 1851 qu'en 1846.

Enfin, en faisant un relevé semblable pour les 18 communes de la chaîne du Pilat, on trouve, en 1851, sur 39,164 hectares 25,111 habitants, ce qui donne une population spécifique de 64. Mais ici l'élément industriel tend déjà à exercer une certaine influence; et pourtant là encore la population a diminué dans 10 communes pendant la période quinquennale de 1846 à 1851. La vallée houillère semble attirer de plus en plus les populations des contrées voisines.

Si le granite l'emporte pour sa population sur le terrain tertiaire, il n'en est pas de même du district porphyrique : c'est le moins peuplé du département, et ici l'influence du sol est visible. Le porphyre, toujours fort dur, peu altérable et cependant fissuré, produit des terres à la fois plus rocailleuses, plus sèches et moins profondes que le granite. Ainsi, les deux cantons de Saint-Germain-Laval et de Saint-Just-en-Chevalet, où le porphyre domine, ne renfermaient en 1851 que 21,228 habitants sur 43,556[h] ou 49 par kilomètre carré. Là encore la population tend à décroître, quoiqu'à un degré moindre que dans la partie nord-ouest de la plaine du Forez : sur 23 communes, 17 avaient en 1851 une population plus faible qu'en 1846. Le décroissement annuel moyen, de la période 1846 à 1851, est de 0,002 pour les deux cantons réunis, tandis qu'elle est de 0,015 dans la partie la plus malsaine de la plaine du Forez.

§ 8.

DESCRIPTION SPÉCIALE DES DISTRICTS TERTIAIRES.

Après avoir fait connaître d'une manière générale la nature et la composition du terrain tertiaire, parcourons successivement les divers districts qu'il occupe dans nos contrées. Nous suivrons la Loire, du sud au nord, dans le sens de sa pente, en commençant par sa rive gauche.

Au point où ce fleuve sort du défilé granitique de Saint-Victor, ses bords immédiats, jusqu'à 25 mètres environ au-dessus de l'étiage, sont couverts d'alluvions. Saint-Rambert, avec ses jardins et ses vignes, est bâti sur ce terrain ; mais, à de faibles profondeurs, on rencontre le granite ou les sables tertiaires. On découvre ces derniers sous

PLAINE DU FOREZ, RIVE GAUCHE.
—
Saint-Rambert et Saint-Marcellin.

le dépôt alluvial, en longeant le chemin creux qui monte de Saint-Rambert vers Chambles. Les deux formations se composent, en ce point, de cailloux roulés ; mais les galets tertiaires, enveloppés de sables, sont exclusivement quar-tzeux et granitiques, tandis que l'alluvion renferme en outre des basaltes et des phonolithes, dont la nuance sombre est si caractéristique.

A l'ouest de Saint-Rambert, la limite du terrain tertiaire suit le pied des coteaux granitiques ; elle passe à quelques cents mètres au sud de Saint-Marcellin, puis par le milieu du village de Boisset-Saint-Priest. C'est l'étage supérieur argilo-sableux.

Coteau de Bataillou.

Non loin de la lisière du bassin, entre la rivière du Bonson et Saint-Marcellin, s'élève le coteau de Bataillou. Là, sur le versant occidental, quelque peu abrupte, de la colline, on voit paraître sous l'étage supérieur les bancs les plus élevés de l'étage moyen. Voici la coupe, telle qu'elle se présente dans l'ancien chemin creux qui monte de Saint-Marcellin au château de Bataillou :

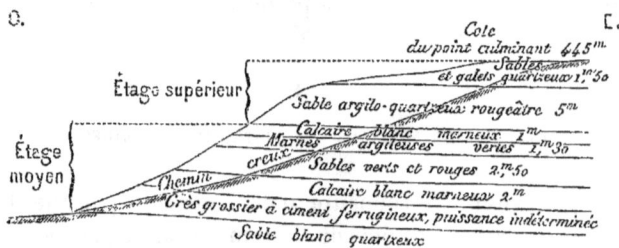

Ce coteau se prolonge au nord, entre la Loire et la Mare, jusqu'à 3 ou 4 kilomètres au delà de Sury. Dans toute son étendue il reste le même, sauf l'épaisseur rela-tive des diverses parties : vers le haut ce sont des assises argilo-sableuses, rougeâtres, entremêlées de parties grave-leuses ; au-dessous, des argiles vertes, des calcaires blancs, plus ou moins marneux, et des sables diversement nuancés. Les bancs sont horizontaux, sauf une faible plongée de l'ouest à l'est vers la Loire et un relèvement local du sud au nord près de Sury. Deux routes coupent ce coteau transversalement de l'est à l'ouest. En suivant la première, la route départementale n° 6, entre Andrezieux et Saint-Marcellin, on parcourt d'abord la plaine basse de la Loire, couverte d'alluvions à galets de basalte; puis, au premier ressaut de la plaine, au ruisseau de Malbief, on entre en plein dans l'étage tertiaire moyen. On est alors à 20 mètres au-dessus de l'étiage de la Loire, pris à Andrezieux, ou à 385 mètres d'altitude absolue. Dans les fossés de la route, à mesure que l'on monte, on distingue la succession des argiles, sables et calcaires moyens; puis on passe par une sorte de dépression, d'où les sables rouges supérieurs ont été balayés. Mais on les retrouve plus au nord; on les voit spécialement dans la tranchée creusée, pour la route de Saint-Étienne à Montbrison, au haut de la montée de Sury.

Au pied du coteau, au sud de Sury, on exploite le calcaire sur les deux rives de la Mare; on le retrouve également sur le versant de la Loire. Ainsi, à l'est, entre les fermes de la *Grande-Plaine* et de la *Petite-Plaine*, des fouilles d'une faible profondeur ont mis à découvert un calcaire blanc, très-siliceux, donnant une chaux très-maigre. Au-dessous viennent des argiles vertes, puis un deuxième banc calcaire, plus pur que le premier, reposant lui-même sur un sable siliceux verdâtre. Cette deuxième couche est exploitée à ciel ouvert, sur la rive droite de la Mare, non loin de la ferme dite *des Chaux*. Voici la coupe des lieux :

Calcaire de Sury.

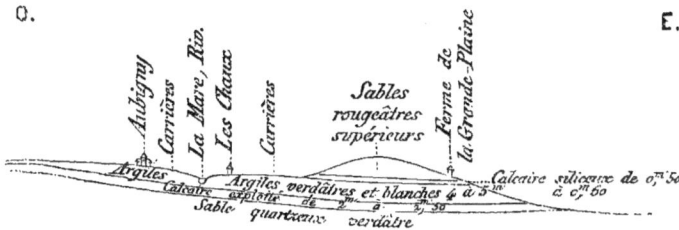

O.

E.

Aubigny — Carrières — La Mare, Riu. — Les Chaux — Carrières — Sables rougeâtres supérieurs — Ferme de la Grande-Plaine

Argiles — Calcaire siliceux de 0m,50 à 0m,60 — Calcaire — Argiles verdâtres et blanches 4 à 5m — Sable quartzeux verdâtre

Une autre exploitation existe sur la rive gauche, en face des Chaux, dans le voisinage du château d'Aubigny : ce sont ces deux groupes d'exploitations que l'on désigne sous le nom de carrières de Sury. Un troisième groupe, moins important, est au nord de Sury, sur le haut du plateau de Fontalun. Le calcaire exploité est divisé en deux ou trois bancs, dont l'épaisseur totale varie de 0^m,80 à 2^m,50. Il alterne avec des argiles sablonneuses vertes.

Le calcaire de Sury est blanc ou blanc jaunâtre, tantôt caverneux et concrétionné, tantôt tendre et marneux. Il renferme çà et là des veinules et rognons de silex et même de très-petits cristaux de quartz; ce mélange rend la chaux maigre. Pourtant certaines parties sont aussi argileuses, et la chaux de Sury est réputée hydraulique. Je donnerai quelques détails sur sa composition dans le chapitre suivant.

Coupe du puits foré de Sury.

La ville de Sury est bâtie sur le sous-sol immédiat du calcaire exploité, car le puits artésien foré vers 1830 dans la ville même ne le traverse pas. Il a 44 mètres de profondeur et a été arrêté au milieu d'un banc calcaire inférieur, un peu caverneux, contenant de l'eau. Malheureusement, celle-ci ne remonte pas jusqu'à l'orifice du puits.

Voici la coupe du puits :

Terre végétale	1^m,15
Cailloutis tertiaire remanié	1 ,15
Argile verte	2 ,50
Argile grise	1 ,00
Argile rouge	1 ,55
Argile sableuse	1 ,35
Argiles de diverses couleurs	4 ,70
Sable bleu verdâtre	1 ,00
Argile bleu verdâtre	2 ,00
Argile rouge	1 ,00
Argile sableuse	0 ,50
Argiles variées, rouges, bleu verdâtre et blanches	10 ,20
Argile sableuse vert pâle	1 ,00
Argiles diversement nuancées	3 ,00
Galet granitique tendre, kaolinisé	0 ,15
Argiles vertes, grises et blanches	3 ,20
Grès fin, dur, blanc	0 ,15
Argiles variées	6 ,30
Calcaire marneux blanc	1 ,00
Calcaire siliceux dur	0 ,33
Cavité intérieure	0 ,27
Calcaire	0 ,65
PROFONDEUR TOTALE	44 ,15

A 3 ou 4 kilomètres au nord de Sury, le coteau tertiaire s'abaisse et se perd, sous les alluvions, vers Sansieu et les Massards. Tout le reste de la plaine basse comprise entre la Mare et la Loire, dans les communes de Saint-Cyprien, Veauchette, l'Hôpital, Craintillieux et Unias, est couvert par ces alluvions; mais leur épaisseur n'est jamais forte. Partout où le sol est légèrement raviné ou offre un léger pli, le sous-sol tertiaire se montre à nu.

Ainsi, dans le chemin creux que l'on parcourt à l'entrée de Saint-Cyprien, en venant d'Andrezieux, les sables tertiaires sont entièrement dépouillés, et plus haut, les parties intactes sont à peine recouvertes par 2 à 3 mètres de cailloutis alluvial. Plus au nord, aux environs d'Azieu et de l'Hôpital-le-Grand, le soc de la charrue soulève même souvent les sables tertiaires.

Depuis Craintillieux jusqu'à Unias, Boisset-lez-Montrond, Sourcieux, etc. un pli du terrain, de 8 à 9 mètres, indique,

Extrémité nord du coteau de Sury.

Plaine basse de Craintillieux, Unias et Boisset.

41

au milieu de la plaine alluviale, l'ancienne rive de la Loire, directement bordée par les assises tertiaires. A Craintillieux, celles-ci se composent d'argiles blanchâtres, s'effeuillant à l'air, et de grès fins poreux, silicéo-calcaires, divisés en bancs de 0^m,15 à 0^m,20. Une source s'échappe en ce point de l'un des bancs de grès, qui semble ainsi correspondre à un véritable niveau d'eau. Mais ce niveau est peu élevé au-dessus de la Loire, et la source est d'ailleurs peu abondante à cause de la discontinuité ordinaire des assises du bassin tertiaire.

Entre Craintillieux et Unias, le fleuve suit de nouveau l'ancienne rive, et, à chaque crue, le sol est plus ou moins entamé. L'escarpement vertical s'élève à 8 ou 10 mètres au-dessus de l'étiage. Les premiers quatre mètres se composent d'alluvions grossières; au-dessous vient un grès poreux, dur, analogue à celui de Craintillieux; puis, jusqu'au niveau de l'eau, des argiles fines, schisteuses, d'un blanc verdâtre pâle.

Rive gauche de la Mare. Au delà d'Unias et vers les bords de la Mare, le dépôt alluvial n'a guère plus de 0^m,30 à 0^m,50 d'épaisseur, et à Boisset-lès-Montrond, sur la rive gauche de la Mare, il disparaît entièrement. De là jusqu'à Montbrison, le sol est partout exclusivement tertiaire. Sur plusieurs points, il s'élève à de grandes hauteurs : dans les communes de Boisset-Saint-Priest et de Saint-Georges-Hauteville, il atteint les cotes de 450 à 500 mètres. Le sol y est couvert de sables graveleux de l'étage supérieur, donnant des varennes fort maigres.

Entre la Mare et la Curaize, au nord du cône basaltique de Saint-Romain-le-Puy, la route de Montbrison coupe une seconde fois, comme à Sury, les argiles sableuses, rouges et vertes, de l'étage supérieur. Le calcaire de l'étage moyen existe sans doute aussi sur ce point, à une certaine profondeur, et on le trouverait probablement en attaquant les flancs du coteau; mais on ne le voit nulle part percer au jour : les sables supérieurs, plus ou moins éboulés, cachent ses affleurements. Pourtant son existence y est à peu près

certaine, car il se montre à découvert sur l'autre rive de la
Mare, dans les communes de Prélieux, Grézieux et Chalain-le-Comtal.

Sur la lisière du bassin, à Moingt, Montbrison, Champdieu et Marcilly, on rencontre partout, aux environs de
400 à 450 mètres, les sables argilo-graveleux, rougeâtres,
de l'étage supérieur, reposant sur les argiles rouges, vertes
et jaunes de l'étage moyen, que l'on exploite à Montbrison
et à Marcilly pour la fabrication des tuiles et des poteries
ordinaires. Les nombreux galets des sables graveleux se
composent exclusivement de quartz agate et de granite
ordinaire. Les débris porphyriques ne se présentent qu'au
nord de Marcilly, où le sous-sol ancien fait place au porphyre granitoïde. Cette circonstance prouve, comme je l'ai
fait remarquer dans l'exposé général, que le terrain tertiaire
a reçu en chaque point ses principaux éléments des parties les plus voisines du bord du bassin.

Environs
de Marcilly.

Dans ces mêmes contrées, les sables tertiaires sont en
général profondément ravinés; des parties fort étendues
ont dû être entraînées postérieurement à leur dépôt. Ainsi,
à la côte de la Barin, entre Marcilly et Champdieu, on voit,
le long des parois presque verticales d'une foule de ravins
profonds, les assises tertiaires argilo-sableuses, sensiblement horizontales, coupées en biseau par la surface du
sol :

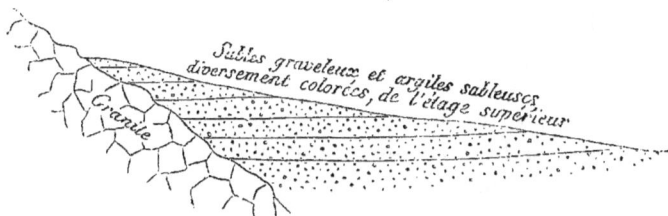

Les sables fins, entraînés par les eaux, ont laissé en
place les parties plus grossières : aussi toute la plaine comprise entre Marcilly et le mont Uzore est couverte de gros

41.

galets quartzeux, blancs ou jaunes, primitivement enveloppés d'éléments plus fins. Ces galets ne dépassent pas le
mont Uzore; au delà, et jusqu'au Vizezy, la plaine basse
des communes de Champs, Saint-Paul-d'Uzore et Mornand
est formée d'argiles et de sables fins de l'étage moyen.
Plus à l'est, la région basse qui longe la rive droite du
Vizezy se compose encore des mêmes bancs argilo-sableux;
puis vient le prolongement du coteau de Saint-Romain-
les-Tourettes, passant par Grézieux, Chalain-le-Comtal,
Magnieux et Chambéon jusqu'à Poncins. On y rencontre à
mi-coteau le calcaire, et sur les points culminants les assises
graveleuses de l'étage supérieur.

Route
de Montbrison
à
Montrond.

On traverse encore les deux étages en allant de Montbrison à Montrond. On parcourt d'abord, entre le Vizezy
et le ruisseau de Moingt, la plaine basse argilo-sableuse.
Vers Merlieu, au delà du ruisseau de Moingt, le sol s'élève
assez brusquement d'une quinzaine de mètres, et dans ce
coteau plusieurs carrières calcaires sont ouvertes entre
Meissilieux et Vergnon. Le haut du plateau se compose de
sable quartzeux blanc, sous lequel vient immédiatement
un banc de calcaire siliceux, fragmentaire et concrétionné;
il repose sur des argiles vertes qui, à leur tour, couvrent
le calcaire marneux exploité. Enfin, au bas du coteau,
on retrouve des argiles vertes plus ou moins sableuses.
La succession est la même, soit que l'on descende de Meissilieux vers la Curaize ou vers le ruisseau de Moingt. Le
calcaire est moins pur que celui de Sury et donne une
chaux plus maigre.

Environs
de Boisset.

Entre Prétieux et Grézieux, sur la rive nord de l'étang
du Comte, dans le domaine de Pomière, on retrouve la
suite du banc calcaire supérieur ; seulement il est, en
ce point, plus marneux que siliceux. Les argiles blanches
ou vertes qui alternent avec ces calcaires passent elles-
mêmes parfois aux marnes ou se durcissent sous l'influence
d'un ciment siliceux. On rencontre ces variétés en parcourant les champs entre Grézieux et Boisset : comme exemple,

voici une coupe relevée dans un ravin des environs de Boisset :

	Surface du sol.
Grès fin siliceux, très-dur, en plaquettes.	
Argile blanche durcie.	
Sable argileux vert.	
Argile blanche durcie.	
Sable vert argilo-calcaire.	
Argile blanche marneuse.	
	Fond du ravin.

Puissance totale : 2^m,60.

C'est dans cette partie de la plaine que l'on rencontre surtout les terres appelées *chaninats* par les cultivateurs du Forez. Dans les bas-fonds, ou sur les plateaux sans écoulement, les terres deviennent noires, sous l'influence du calcaire, et sont moins compactes, moins imperméables, que les parties voisines purement argileuses. Elles se gonflent néanmoins par l'eau, puis se dessèchent de nouveau assez promptement. Le froment y réussit bien.

A Chalain-le-Comtal, le calcaire est derechef siliceux, comme à Meissilieux; mais en ce point son épaisseur est déjà réduite à 0^m,30 ou 0^m,40. Plus au nord, vers Magnieux, Chambéon, Poncins, il semble même se perdre entièrement; du moins, je ne l'ai aperçu nulle part, et s'il existe encore, ses affleurements sont, dans tous les cas, couverts par les sables des assises supérieures.

Coteau de Chalain-le-Comtal à Poncins.

Au-dessous du calcaire viennent les sables argileux ordinaires. On les rencontre sur les deux versants du coteau : à l'est, où la pente du sol est assez roide, jusqu'à la basse plaine alluviale de la Loire; à l'ouest, jusqu'au Vizezy et au delà, dans les communes déjà citées de Champs, Mornand et Saint-Paul-d'Uzore.

Le profil suivant fait connaître à peu près la disposition des lieux et celle des bancs du terrain :

O.

E.

Mont Uzore, 540ᵐ

St Paul-d'Uzore

Champs
Vizezy, Riᵘ. 360ᵐ

Calcaire siliceux

Sables fins
Chalain-le-Comtal, 380ᵐ

Loire, Fl. 345ᵐ

Plaine entre Marcilly
et le mont Uzore
400ᵐ

Sable caillouteux
Sable argileux

Basalte

Sables fins et argiles

Argiles et sables
blancs et verts

Alluvions

Niveau tracé à 300ᵐ au-dessus de la mer

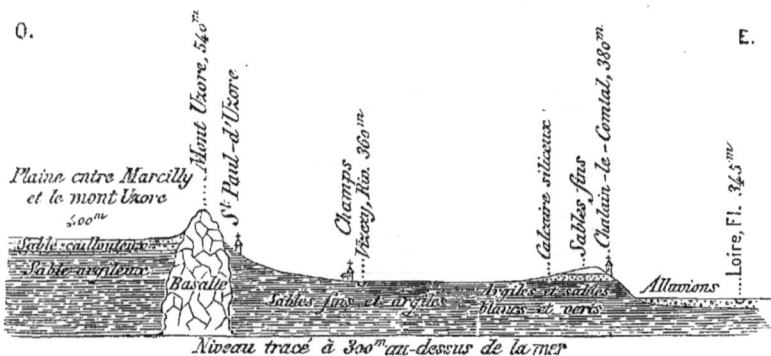

Au nord de Chalain le coteau s'élève encore, et alors se montrent les sables graveleux de l'étage supérieur; ils couronnent les hauteurs depuis Magnieux jusqu'à Poncins. Ce sont des galets quartzeux blancs, veinés de jaune, irrégulièrement dispersés au milieu d'un sable siliceux, d'une blancheur éblouissante. Nulle part le contraste entre les *varennes* tertiaires et les *chambons* du terrain alluvial n'apparaît d'une manière aussi frappante que lorsqu'on descend des hauteurs de Chambéon dans la basse plaine de la Loire. Les parties graveleuses sont même, à cause de leur infertilité, généralement abandonnées à la culture forestière.

Au-dessous de l'étage caillouteux supérieur, on voit sur les deux versants, du côté de la Loire et du côté du Vizezy, des argiles vertes, reposant elles-mêmes sur d'autres sables. A Chambéon, ces sables sont blancs et généralement fins; à Poncins, plutôt grossiers et légèrement ocreux. Quelques grains ont même la taille d'une noix; on y distingue du granite, du quartz, des schistes siliceux, du porphyre et de la grauwacke.

Environs de Poncins. A un kilomètre au sud de Poncins, une tuilerie et fabrique de carreaux exploite les argiles vertes affleurant à mi-coteau. Au-dessous, sur les bords du Vizezy, au milieu des sables grossiers inférieurs, s'élève une petite butte qui contraste par sa forme conique, la dureté de la roche et

sa teinte sombre, avec les sables peu consistants, blancs
ou jaune clair du voisinage. Tout indique la présence du
basalte, et cependant nulle part il ne perce au jour;
pourtant j'en ai trouvé quelques gros blocs non roulés au
pied oriental de la butte, et on le rencontrerait évidemment
à peu de mètres du jour. A la surface, le cône se compose
uniquement de grès et d'argiles durcies.

L'argile, en particulier, est transformée en une masse
dure, rougeâtre, ayant exactement l'aspect d'une brique à
gros grains, imparfaitement cuite. Le grès est aussi plus ou
moins altéré, tantôt gris ou vert, tantôt brun ou rouge,
avec des marbrures vertes. Ces grès durcis sont exploités
dans plusieurs petites carrières ouvertes au milieu du flanc
de la colline, et tout Poncins en est bâti. Au pied de la
butte, les grès sont en général encore tendres et verdâtres,
tachant les doigts, tandis qu'en approchant du centre la
roche se rubéfie et devient plus dure; le ciment argileux
surtout est comme cuit au feu. Toute stratification a disparu en ce point; souvent les grès et les argiles sont confusément mélangés en masses irrégulières. Ainsi le basalte
a bien réellement bouleversé et modifié les assises tertiaires.
Sa postériorité est évidente, comme au reste on peut s'en
assurer également autour des cônes basaltiques de Montbrison, Marcilly, Champdieu, etc.

La coupe suivante pourra donner une idée de la situation respective du basalte et des assises tertiaires en ces
lieux :

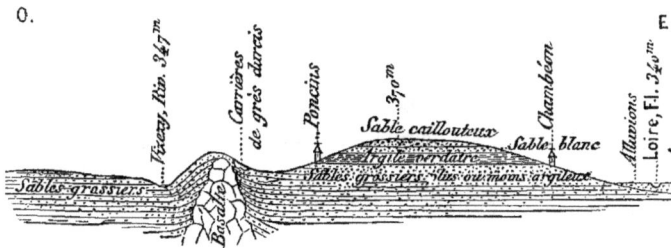

Sur la rive gauche du Vizezy, la plaine argilo-sablon-neuse de Mornand s'étend au nord jusqu'au Lignon. En approchant de Saint-Clément, ou de l'extrémité nord du mont Uzore, on voit peu à peu reparaître les galets quartzeux qui couvrent la plaine plus haute située entre Marcilly et Mont-Verdun.

Environs
de Marcoux. Dans l'angle nord-ouest de ce district, entre Marcoux et Trélin, reparaît le calcaire au pied d'un culot basaltique ; on l'avait même exploité pour chaux il y a vingt-cinq ou trente ans. Dans la carrière abandonnée, on voit l'enchevêtrement du basalte et du calcaire. Ce dernier est blanc marneux, plus ou moins siliceux, comme celui de Sury ; ses bancs sont fortement redressés et traversés, en plusieurs sens, par des veinules de basalte. Ainsi, comme à Poncins, la roche ignée est de date plus récente ; seulement on n'observe pas ici des effets calorifiques aussi prononcés. Dans tous les cas, on peut conclure de ce fait que le calcaire existe sous cette partie de la plaine comme à Sury, Précieux et Chalain-le-Comtal ; l'épaisseur seule des assises supérieures argilo-sableuses y est plus forte.

Route
de Feurs à Boën. Traversons maintenant le Lignon et parcourons la partie nord de la plaine jusqu'à Saint-Georges-de-Baroilles et Amions. En suivant la route de Lyon à Clermont, entre Feurs et Boën, on quitte la plaine basse alluviale dès que l'on a franchi le pont du Lignon. Le sol se compose de sables grossiers verdâtres, légèrement cailouteux : c'est le prolongement des assises de Poncins. Les galets, mêlés aux sables, ont au maximum la grosseur d'une noix. On y distingue toutes les roches des environs de Boën : granites, porphyres, schistes et grès du calcaire carbonifère, quartz calcédonieux, blancs, rouges et jaunes.

En approchant du bord de la plaine, les galets deviennent à la fois plus nombreux et plus gros. A la surface du sol, ce sont presque exclusivement des cailloux quartzeux ; mais lorsqu'on examine le terrain dans ses coupures fraîches, là où les pierres n'ont pu subir l'action destructive des agents de l'atmosphère, on voit qu'en réalité les galets siliceux ne prédominent pas dans le dépôt caillouteux. La puissance de ce dernier est d'ailleurs assez faible, trois mètres au maximum; au-dessous viennent les argiles et sables ordinaires de l'étage supérieur. Sur ce point, le niveau général de la rive gauche du Lignon est notablement plus élevé que celui de la rive droite. A Saint-Étienne-le-Molard, Sainte-Agathe et la Bouteresse, dont les cotes sont à 400 mètres, une falaise sablonneuse de 30 à 35 mètres borde le Lignon sur sa gauche, tandis que la rive opposée est entièrement plate.

A la Bouteresse, dans un chemin creux, le banc caillouteux a 2^m,50. A Saint-Étienne-le-Molard, son épaisseur n'atteint pas 2 mètres, et au-dessous, sur toute la hauteur jusqu'à la rivière, viennent alternativement des sables jaunes ou verts, plus ou moins grossiers, et des argiles sablonneuses, blanches ou vertes.

Depuis la Bouteresse et Sainte-Agathe, la plaine s'abaisse insensiblement au nord vers Arthun, Saint-Sulpice et Bussy. L'assise caillouteuse supérieure se trouve par ce fait coupée en biseau et finit par disparaître dans cette direction : les galets s'évanouissent et tous les champs sont exclusivement argilo-sableux.

Le diagramme ci-joint permet de saisir d'un seul coup d'œil la disposition des lieux :

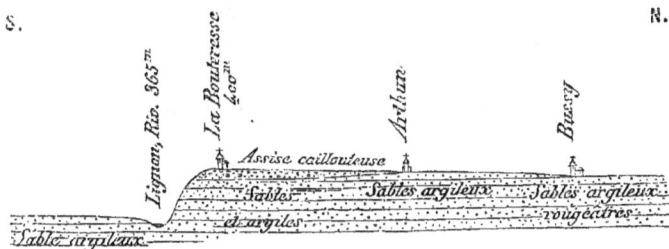

S.   N.

Les sables argileux supérieurs des bords du bassin sont

souvent colorés par de l'ocre rouge. Le fait est surtout frappant au nord de Boën, dans les communes d'Arthun, Bussy et Verrières, tandis qu'au centre de la plaine, à Saint-Sulpice et à Sainte-Foy, les sables argileux sont tout à fait blancs ou d'une nuance blanc verdâtre pâle.

Tout ce district réclame des travaux d'asséchement et de drainage sur une vaste échelle, car là surtout la mortalité est excessive et la population spécifique très-faible.

Bords de la Loire au nord du Lignon.

Le climat et le sol s'améliorent sensiblement dans le voisinage de la Loire. Là le plateau tertiaire éprouve un ressaut brusque ; une pente assez roide sépare les *varennes* tertiaires des *chambons* de la basse plaine alluviale. Clépé, Mizerieux, Nervieux et Gregnieux sont bâtis sur le haut de la falaise sablonneuse et jouissent d'un air relativement salubre.

Les eaux s'écoulent avec facilité, et dans les ravins qui sillonnent la falaise on rencontre des sources fournies par des assises tour à tour sableuses et argileuses.

Quant au calcaire, si toutefois il existe sur ce point, il faut le chercher à un niveau plus bas.

En approchant de l'Aix, on voit les galets reparaître au milieu des champs et se mêler insensiblement à ceux que la rivière a charriés ou remaniés pendant la période alluviale.

Plateau de la rive gauche de l'Aix.

Comme le Lignon, l'Aix traverse la plaine de l'ouest à l'est, ayant sur sa gauche une falaise assez haute, produite par le relèvement du sous-sol porphyrique.

En amont de la falaise, à Saint-Georges, Amions et la forêt de Bas, l'étage supérieur s'est déposé seul. La coupe du terrain s'observe bien aux environs de Pommiers : ce sont des alternances variées de sables rouges et verts et d'argiles plus ou moins sanguines que l'on exploite pour plusieurs tuileries ; puis, sur le haut du plateau, un banc caillouteux d'environ 2 mètres. Les galets sont surtout abondants et presque exclusivement calcédonieux, à la limite du bassin, entre Collonges et Saint-Georges-de-Baroilles.

Le terrain tertiaire y est, au reste, fort peu puissant. Au fond de toutes les dépressions et dans les moindres ravins perce le grès porphyrique du plateau de Neulize; au sud-ouest de Saint-Georges, à mi-coteau de la vallée de l'Aix, on rencontre cependant, sur le prolongement des assises argilo-sableuses de Pommiers, de l'argile fine, verte et rouge, qu'utilisent pour faïence grossière les nombreux potiers de la commune de Saint-Georges.

Sur la lisière des forêts de Bas et des Ardilliers, et dans tous les champs en amont de Pommiers, on rencontre le *mâchefer* des cultivateurs, le grès dur quartzo-ferrugineux qui caractérise sur beaucoup de points l'étage supérieur, lorsqu'il s'appuie directement sur le sous-sol secondaire ou granitique.

Enfin, au nord de la forêt de Bas, sur le bord du dépôt tertiaire, on exploite, entre Amions et Saint-Paul-de-Vézelins, des argiles et sables réfractaires. Dans plusieurs carrières à ciel ouvert, on voit des argiles blanches ou rosées, plus ou moins sableuses, alternant avec des sables blancs quartzo-kaoliniques. C'est le pendant exact des argiles réfractaires de Courpierre (Puy-de-Dôme) et de Bollène ou du Theil, dans la vallée du Rhône; elles résistent cependant moins au feu et ne servent guère à Saint-Étienne que pour les briques des fours à coke. Les bancs exploités sont horizontaux, ont 2 à 3 mètres de puissance totale et se rencontrent presque immédiatement sous la terre végétale. *Argiles réfractaires d'Amions.*

Les argiles d'Amions s'emploient surtout dans les briqueteries réfractaires des environs de Saint-Étienne et dans une fabrique de carriches et cruchons de bière de la commune de Saint-Paul-de-Vézelins.

Revenons maintenant sur nos pas et parcourons également du sud au nord la partie de la plaine du Forez située sur la rive droite de la Loire. *PLAINE DU FOREZ, RIVE DROITE.*

Le terrain tertiaire monte à l'origine de la plaine du Forez, dans les bois de la Fouillouse, jusqu'au niveau de 500 à 520 mètres. On y trouve des sables blancs, plus ou *Bois de la Fouillouse.*

moins argileux, entremêlés de cailloux roulés, quartzeux, jaunes. A 100 mètres au-dessous, vers la cote de 395 à 400 mètres, un peu au nord de la Gouyonière, les galets de basalte et de phonolithe annoncent l'alluvion à la hauteur de 30 mètres au-dessus du niveau actuel de la Loire. Son épaisseur est faible : en général 0^m,50 à 1 mètre, au maximum 2 mètres; aussi les ravins ou fossés profonds atteignent-ils tous le terrain tertiaire.

Veauche et Bouthéon. A Veauche et Bouthéon, le long de la Loire, des falaises d'une trentaine de mètres font connaître parfaitement la nature du terrain. Ce sont des sables argileux, jaunes ou verts, entremêlés de bancs plus durs, formés, comme ceux de Craintillieux sur l'autre rive de la Loire, de particules arénacées fortement cimentées par du calcaire; le tout est stratifié horizontalement.

Sur la rive droite de la Loire, les limites de l'alluvion ne sont pas indiquées, comme sur l'autre rive, par un ressaut du sol. En s'éloignant du fleuve, ce dépôt se termine en biseau, et passe, en quelque sorte, d'une manière graduelle aux sables tertiaires.

Environs de Saint-Galmier. Au pied des coteaux granitiques de Chambœuf et Saint-Bonnet-les-Oules, les sables argileux sont surtout verts, jaunes ou rouges, entremêlés de lits plus graveleux, à galets de granite et de quartz : c'est l'étage tertiaire supérieur. Les mêmes sables se voient dans plusieurs tranchées du chemin de fer de Roanne, et reparaissent aussi entre Jourcey et Cuzieu, sous forme de falaises, le long de la Coize; seulement les argiles vertes, douces au toucher, de l'étage moyen deviennent d'autant plus abondantes que l'on s'éloigne davantage des bords du bassin. C'est surtout le cas au nord de la Coize, où la bande tertiaire augmente de largeur. Avec les argiles fines apparaissent aussi les particules calcaires.

Bords de la Loire, à Montrond. Ainsi, à Montrond, la falaise des bords de la Loire est principalement formée d'assises argileuses vertes, entremêlées de marnes schisteuses blanches, au milieu desquelles on distingue de très-petites *cypris faba*, le seul fossile trouvé jusqu'à présent dans la plaine du Forez.

Cette découverte est due à l'ingénieur Lacretelle, alors élève à l'école des mines de Saint-Étienne.

Au nord de Saint-Galmier, on rencontre souvent dans les champs le grès dur à ciment ferrugineux de l'étage supérieur, le *mâchefer* des cultivateurs. Ceux-ci l'enlèvent, en minant leurs terres, et utilisent les gros fragments pour enclore leurs champs. On en voit de nombreux blocs dans les murs qui bordent le chemin de Saint-Galmier à Bellegarde; quelques-uns donneraient au haut fourneau jusqu'à 25 p. o/o de fonte. Environs de Bellegarde.

Auprès de Bellegarde, où le sous-sol ancien se compose de gneiss, les galets tertiaires deviennent par cela même immédiatement gneissiques, circonstance qui prouve bien, comme je l'ai déjà fait remarquer à diverses reprises, que les éléments du dépôt tertiaire proviennent en chaque point de l'ancien rivage le plus rapproché, et que le lac tertiaire était plutôt alimenté par une série d'affluents peu considérables que par un seul grand cours d'eau comparable à la Loire des temps actuels.

Au delà de Bellegarde, la bande tertiaire se poursuit, avec les mêmes caractères et une largeur constante de 2 kilomètres, jusqu'à Balbigny, à l'extrémité nord de la plaine du Forez. Nulle part les sables tertiaires ne dépassent de beaucoup le pied des coteaux anciens; l'étage caillouteux supérieur s'élève seul jusqu'au niveau des premiers contre-forts. Environs de Balbigny.

Entre Valeilles et Civen le granite reparaît, et presque aussitôt les galets tertiaires sont de nouveau exclusivement quartzeux et granitiques; puis, au nord de Pouilly, où surgissent les porphyres et le calcaire carbonifère, les éléments de l'étage tertiaire supérieur proviennent surtout du terrain de transition.

A Feurs, comme à Montrond, on voit le long des bords de la Loire des falaises argileuses. C'est la partie haute de l'étage moyen ; car immédiatement au-dessus, sur les bords de la Loyse, au pont du chemin de fer, on voit les argiles sablonneuses jaunes et rouges de l'étage supérieur.

Aux environs de Balbigny, ce dernier étage se montre seul ; il déborde les autres et le grossier cailloutis couvre entièrement le plateau anthraxifère de Biesse, jusqu'au niveau de 80 à 100 mètres au-dessus de la Loire, ou 400 à 420 mètres au-dessus de la mer. C'est le pendant du plateau de Saint-Georges, sur l'autre rive, où parfois les galets vont jusqu'aux dimensions de la tête d'un enfant. Des courants d'eau d'une violence extrême ont ici marqué la fin de la période tertiaire. C'est du reste par le défilé actuel de la Loire, situé entre les plateaux de Biesse et de Saint-Georges, qu'ont dû s'écouler toutes les eaux du bassin de Feurs, lors du dernier relèvement général du plateau central.

PLAINE DE ROANNE,
RIVE GAUCHE. Nous arrivons ainsi au bassin de Roanne, dont nous allons d'abord suivre du sud au nord la plaine de la rive gauche.

Le terrain tertiaire commence à paraître sur le versant nord des coteaux anthraxifères de Cordelles, dans les communes de Villerest, Lentigny et Villemontais, au niveau de 350 à 400 mètres. A partir de ce dernier bourg, la lisière occidentale longe les côtes de Renaison, Saint-Haon et Ambierle, où elle s'élève parfois jusqu'à des altitudes qui dépassent 400 mètres. On voit là exclusivement les assises de l'étage supérieur : ce sont des sables argileux tendres, plus ou moins grossiers et caillouteux, d'un rouge sanguin, entremêlés çà et là de parties jaunes ou vertes. Les galets proviennent surtout du terrain porphyrique et anthraxifère ; ils augmentent en nombre et en volume à mesure que l'on approche du pied des coteaux. Entre Villerest et Saint-Sulpice et non loin d'Ouches, dans la direction de Saint-Alban, ces assises supérieures sont en outre caractérisées, comme celles de la plaine du Forez, par le minerai *mâchefer* des cultivateurs.

A 2,000 mètres de la base du chaînon porphyrique, le sol devient plus argileux et dans les bas-fonds on rencontre en effet l'étage moyen. A Lentigny, au château d'Origny, au bois de la Fouillouse et ailleurs, entre Villerest et le Renaison, on voit toujours le haut des coteaux couvert de sables siliceux à galets de quartz et de porphyre; puis au-dessous du niveau de 310 mètres, à mi-coteau et dans le fond des vallons, de l'argile verte avec des rognons cal-caires blancs, plus ou moins siliceux.

En approchant de Roanne, la plaine s'abaisse, et dès que l'on arrive à la cote de 300 mètres (25 à 30 mètres au-dessus de la Loire), on rencontre le cailloutis alluvial de la Loire, avec ses basaltes et ses trachytes. Sa limite est même assez souvent indiquée par un pli du terrain tertiaire servant de berge à l'ancien cours d'eau. Le puits foré de Roanne, dont j'ai donné la coupe dans les généralités, a rencontré l'étage tertiaire moyen immédiatement au-dessous du gravier alluvial.

Environs de Roanne.

L'alluvion couvre aussi les bords du Renaison jusqu'à la hauteur de Pouilly; mais ce sont uniquement des cailloux charriés par le Renaison même, et non des trachytes et des basaltes. Son épaisseur n'est, d'ailleurs, pas forte; sur plusieurs points, dans les bas-fonds, le dépôt tertiaire est même complétement dénudé : c'est le cas près du moulin de la Farge, où l'on exploite les argiles vertes de l'étage moyen pour l'alimentation d'une tuilerie.

La rive gauche du Renaison est plus haute que celle de la droite, comme les rives correspondantes du Lignon et de l'Aix, dans la plaine du Forez; elle surgit brus-quement de 25 à 30 mètres, sous forme de falaise argilo-sableuse.

Plaine haute de la rive gauche du Renaison.

A Beaulieu, sur le bord de la basse plaine alluviale de la Loire, le haut de la falaise se compose de sables argi-leux, rouges et verts, contenant des cailloux quartzeux blancs, avec des galets de porphyre et de grès porphyrique. Au-dessous viennent les argiles fines et vertes de l'étage moyen. Entre Saint-Léger et Pouilly, ces argiles renferment du calcaire blanc marneux, d'abord sous forme de rognons épars, puis en amont de Pouilly, à l'état de banc continu, imprégné de silice, de 0ᵐ,40 à 0ᵐ,50 d'épaisseur. Au-dessus apparaissent partout les sables argileux supérieurs qui sont constamment d'autant plus rouges et plus graveleux que l'on approche davantage du pied de la montagne, des bourgs de Saint-Alban, de Saint-André et de Renaison.

Au nord de Riorges, la limite commune du terrain tertiaire et du dépôt alluvial est indiquée par l'ancienne berge de la Loire. Le long de cette ligne, au niveau de 315 à 320 mètres, on exploite sur divers points des argiles tertiaires pour briques et tuiles : je citerai spécialement les tuileries des Poupées, sur le chemin de Saint-Haon, celles de Fourchambeuf, sur la route de Paris, et quelques autres sur la lisière orientale de la forêt de Mably.

Toutes ces argiles sont jaunes ou rouges et plus ou moins sableuses ; elles sont à la base de l'étage supérieur. Au-dessus, le haut des plateaux est couvert de sables caillouteux peu fertiles, comme à Saint-Martin-de-Boisy[1], au bois Combré et dans les forêts de Mably et de l'Espinasse. Par contre, lorsqu'on descend, en se dirigeant à l'ouest, vers les affluents de la Tessonne, on retrouve toujours dans la partie inférieure du flanc des vallons les argiles vertes avec les rognons ou lits calcaires de l'étage moyen : ainsi, à Saint-Romain-la-Motte, sur les deux rives du Fillerin ; à Saint-Germain et à Noailly, sur les bords de la Tessonne ; au pied du plateau de Saint-Forgeux, sur la route de Roanne à Paris, etc., etc.

Dans cette région, comme dans la plaine du Forez, le calcaire s'annonce par une terre végétale à la fois plus noire, plus légère et plus fertile.

---

[1] Dans la partie orographique, j'avais indiqué comme points culminants de la plaine de la rive gauche les forêts de Mably et de l'Espinasse, dont les cotes vont à 357 et 358 mètres. Il faut y substituer la hauteur qui domine Ouches, car elle monte à 372 mètres.

Le calcaire est exploité depuis longtemps aux Athiaux, entre Saint-Germain et Ambierle, et pourrait l'être pour le chaulage des terres sur plusieurs autres points, comme à Saint-Romain-la-Motte, où son épaisseur dépasse assez souvent $0^m,5o$.

Enfin, au pied des coteaux porphyriques de Saint-Haon, Ambierle et Changy, on retrouve la suite des sables argilo-caillouteux rouges de Villemontais et de Renaison, et dans certaines parties, à la base de ces sables, le *minerai mâchefer* des cultivateurs foréziens.

Le calcaire des Athiaux peut être suivi sans interruption depuis ce village jusqu'aux Bournats, au-dessous de Saint-Forgeux. Dans l'une des carrières, ouverte près du premier de ces deux points extrêmes, j'ai relevé la coupe suivante :

Carrière des Athiaux.

		Surface du sol.
Argile marneuse blanche		$0^m,6o$
Argile verte		$0,3o$
Marne blanche un peu durcie		$1,2o$
Argile verte		$2,oo$
Calcaire compacte, blanc, exploité		$1,5o$

Sable quartzeux.

Les assises sont à peu près horizontales, mais inclinent pourtant légèrement du côté de la Loire. Le calcaire fournit une chaux moyennement hydraulique; il contient de nombreux moules d'hélice (voisins de l'*helix Mauroguesi* de Pithiviers, d'après M. d'Archiac).

Les assises supérieures de la carrière en question sont toutes plus ou moins calcaires et pourraient, à ce titre, servir au marnage des parties argileuses de la plaine.

Au nord de Changy, le pied du chaînon porphyrique continue à être masqué par la zone des sables argileux supérieurs. Ils sont toujours rouges et verts, et d'autant plus caillouteux qu'ils sont plus voisins du pied de la montagne.

42

Entre la Pacaudière et Vivant, dans le voisinage des nombreux étangs établis sur les affluents de l'Arçon, on voit reparaître au milieu des argiles vertes, à la cote de 3oo à 31o mètres, la suite du calcaire de Saint-Forgeux. On le rencontre d'abord épars, sous forme de rognons, au milieu des champs; plus loin, aux environs d'Urbize, on l'exploite comme pierre à chaux. Dans cette commune, la terre est éminemment forte; l'argile compacte verte en est l'élément principal et alimente à Urbize même six ou sept tuileries.

Environs d'Urbize.

Au milieu de l'argile, vers la cote de 31o mètres, perce le calcaire, tandis que le haut des plateaux, au niveau de 34o mètres, est partout couvert par l'étage sablonneux supérieur à galets quartzeux blancs. Voici la coupe du coteau de Ragache, au sud-ouest d'Urbize, où se trouvent les carrières principales :

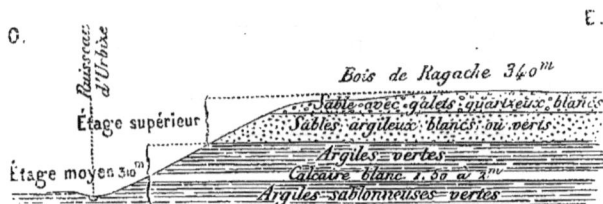

Le calcaire ressemble à celui de Sury; il est argilo-siliceux et ne contient pas de fossiles. L'argile et le calcaire sont exploités dans les mêmes carrières, et les mêmes fours servent également à la cuisson de la chaux et des briques.

Les environs d'Urbize et les communes voisines jusqu'à la Loire sont en grande partie couverts de bois. Les plateaux argilo-caillouteux se prêtent peu à la culture des céréales; ils n'en produisent que lorsqu'on les soumet simultanément aux opérations du chaulage et du drainage, ces deux grandes conquêtes agricoles des temps modernes.

Le cailloutis supérieur du terrain tertiaire atteint au nord de la Pacaudière, entre Sail et Saint-Martin-d'Estreaux, la cote de 400 mètres. En général, tout le territoire situé à l'est de la droite menée de Saint-Martin à Montaigut a dû être autrefois enseveli sous l'étage supérieur. Ce qui le prouve, ce sont les lambeaux isolés qui couvrent encore maintenant les parties les moins exposées de ce district montagneux. Le vaste manteau caillouteux fut déchiré lors du dernier soulèvement général du plateau central. Les eaux du grand lac miocène ont, en se retirant, balayé les parties les plus meubles de ce dépôt, et l'effet de ces courants se voit aujourd'hui partout, aussi bien dans la Creuse, la Haute-Vienne, l'Indre et la Charente que dans le département de la Loire.

Environs de Sail et de Saint-Martin-d'Estreaux.

La plaine de la rive droite diffère à quelques égards de celle de la rive gauche, et cette différence tient surtout à la nature du sous-sol, qui appartient ici au terrain jurassique.

PLAINE DE ROANNE, RIVE DROITE.

Le bassin tertiaire de Roanne commence sur la rive droite de la Loire, à une lieue environ au sud de la ville, dans les communes de Parigny et de Commelle. On voit là, entre la Loire et le Rhins, les derniers gradins du plateau de Neulize, couverts par les sables caillouteux supérieurs jusqu'aux niveaux de 370 à 400 mètres. Entre Vernay et Commelle, et en amont de Parigny, tous les champs sont jonchés de galets quartzeux de la grosseur du poing (les *perrés* du Roannais). C'est un mélange de quartz hyalin du terrain porphyrique et de jaspes grenus, jaunes et bruns, de l'oolithe inférieure. Parmi ces derniers un assez grand nombre sont plus ou moins anguleux, ce qui prouve un transport peu lointain, et semblerait indiquer que l'argile à jaspes s'étendait elle-même jadis sur ces coteaux, et qu'elle fut simplement remaniée sur place vers la fin de la période miocène.

Plateau de Parigny et de Commelle.

Au-dessous du niveau de 300 mètres, les sables caillouteux se cachent sous l'alluvion.

42.

Plateau
de Notre-Dame-
de-Boisset.

Sur la rive droite du Rhins, l'étage supérieur couvre également la haute plaine du Roannais, et passe insensiblement à l'assise sous-jacente des argiles à jaspes, vers la cote, déjà plusieurs fois mentionnée, d'environ 400 mètres. Par ce motif, la limite des deux terrains est difficile à bien préciser, et sur la carte j'aurais dû peut-être prolonger la zone jurassique, entre le dépôt tertiaire et le massif de transition, depuis Coutouvre jusqu'à Naconne. Mais ce qui prouve que les argiles tertiaires atteignent pour le moins sur ce point la cote de 400 mètres, c'est qu'on rencontre au bois de Féché, au nord-est de Notre-Dame-de-Boisset et jusqu'au village de Béjure, le minerai *mâchefer* si caractéristique de l'étage tertiaire supérieur. A part les blocs ferrugineux du mâchefer, tout le plateau compris entre Naconne, Perreux et Coutouvre est criblé de galets jaspeux, dont la grosseur augmente à mesure que l'on approche de la lisière du bassin. On voit aussi l'argile sableuse, jaune ou rouge, qui renferme ces galets passer peu à peu à l'argile onctueuse et bariolée du terrain jurassique.

Plateau
de Perreux.

Parfois les jaspes remaniés deviennent si nombreux que la terre végétale disparaît presque entièrement, comme aux environs du bois de Féché. Ce sont là les véritables *perrés* du Roannais, si fréquents surtout dans la commune de Perreux, qui en a sans doute tiré son nom.

On peut constater sur ce point, comme j'en ai déjà fait la remarque dans la description générale de l'étage supérieur, que non-seulement ce dépôt déborde l'étage moyen, mais encore que son assise la plus élevée, essentiellement caillouteuse, dépasse celles qui la précèdent immédiatement.

Au hameau des Mures, sur les bords du Rhodon, près de Perreux, on exploite l'argile tertiaire de l'étage moyen pour les potiers de Roanne. Sur elle reposent les sables argileux, plus grossiers, rouges et jaunes, de l'étage supérieur; on les voit, sous forme de hautes falaises ébouleuses, au-dessous du bourg même de Perreux. Quelques lits graveleux, contenant des galets de la grosseur d'un œuf, alternent avec les sables ; puis, au sommet, vient l'assise culminante, presque uniquement formée de galets jaspeux, beaucoup plus gros : c'est ce dernier banc qui s'étend bien au delà des sables inférieurs, et qui repose, tout le long de la lisière du bassin, directement sur les argiles à jaspes du terrain jurassique.

Plusieurs des bancs sablonneux des falaises de Perreux présentent une sorte de fausse stratification fortement inclinée, due, comme on sait, à l'agitation des eaux pendant la période même de la sédimentation.

Au nord de Perreux, et jusqu'à la vallée du Sornin, la plaine haute de la rive droite, dans les communes de Coutouvre, Nandax, Saint-Hilaire, Villerds, Chandon et Saint-Denis, offre partout les mêmes sables argileux, rouges ou jaunes, pétris de galets jaspeux ; et partout aussi ils passent vers la cote de 4oo mètres à l'assise non remaniée des argiles bariolées jaspeuses du sous-sol jurassique. Dans tout ce district, les terres sont à la fois caillouteuses et fortes. A la moindre pluie, les chemins deviennent impraticables, et la surface entière du sol prend une teinte sanguine fortement prononcée. Pourtant l'élément sableux y augmente lorsqu'on s'éloigne du sous-sol jaspeux, comme aux environs de Vougy et de Pouilly.

> Plateaux de Coutouvre, Nandax, Saint-Hilaire, etc.

Sur la haute plaine de la rive droite, la puissance de l'étage tertiaire supérieur ne dépasse guère 15 à 2o mètres et même, le plus souvent, à peine 1o mètres. Dans tous les bas-fonds, on voit percer le sous-sol secondaire ou porphyrique. Les argiles moyennes n'existent, entre les sables supérieurs et le terrain secondaire, que dans le voisinage du val de la Loire, au bord de la plaine basse. J'ai mentionné le hameau des Mures, près de Perreux, et il faut citer aussi le flanc droit de la vallée du Sornin, près de Charlieu. Là on aperçoit le calcaire tertiaire blanc marneux, au-dessous des domaines du Buisson et de Malfarat.

Au nord de Charlieu, les sables de l'étage supérieur

> Platrat

sont, en général, réduits à l'assise caillouteuse la plus élevée. L'absence des parties basses provient des deux grandes failles déjà mentionnées (p. 579 et 585), le long desquelles le terrain jurassique fut relevé au nord du Sornin. Ces failles ont précédé le terrain tertiaire, puisque la partie la plus récente de ce dépôt existe seule au haut du plateau; mais aussi, comme les dépressions de Roanne et de Feurs ont dû prendre naissance à l'origine même de nos terrains tertiaires, il ne serait pas impossible que les failles en question fussent précisément contemporaines de ce premier affaissement.

A 3 kilomètres au nord de Charlieu, entre Versbot et Champagny, sous les sables ordinaires à galets de jaspes, on rencontre beaucoup d'ocre rouge, chargée de pisolithes, et, sur plusieurs points, le *mâchefer* tertiaire à ciment ferrugineux. Il forme sur ce point un banc de 0^m,30, et la teneur du minerai s'élève en moyenne à 25 ou 30 p. o/o[1]. Enfin, si de là on monte au bois de la Garde et au château de Marchangy (387 mètres) on arrive au cailloutis jaspeux, très-peu remanié, puis au sous-sol secondaire argilo-jaspeux. Du côté opposé, dans le bois d'Avaize, où le rivage du bassin était porphyrique, on voit, au contraire, le dépôt caillouteux se charger insensiblement de galets porphyriques.

Vers le nord, le même terrain se prolonge au loin, le long de la Loire, dans les départements voisins.

Lambeaux ter-
tiaires,
le
long du passage
des Roches,
entre les bassins
de Feurs
et de Roanne.

Revenons maintenant sur nos pas et jetons un coup d'œil sur le profond chenal que parcourt la Loire entre les bassins du Forez et de Roanne. A son extrémité supérieure, au port Garrel, les eaux de la Loire sont au niveau de 318 mètres, et à leur entrée dans la plaine de Roanne, auprès de Villerest, à 276 mètres. Or, comme les sables supérieurs montent aux environs de Roanne à environ 400 mètres, et à l'extrémité inférieure de la plaine du Forez, à 420 mètres, il devait y avoir communication entre les deux bassins vers la fin de la période tertiaire.

---

[1] On exploite depuis peu ce minerai à 6 kilomètres plus au nord, dans la commune de Ligny (Saône-et-Loire).

Et, en effet, on trouve sur divers points du passage des Roches des lambeaux tertiaires jusqu'à 100 mètres au-dessus du niveau actuel de la Loire. Ainsi, en particulier, entre Fragny et Bully, on voit sur le terrain à anthracite divers amas de sables argileux, rouges et verts, régulièrement stratifiés; et si ces lambeaux sont relativement rares et peu étendus, cela s'explique aisément par la roideur des berges, qui n'ont pu fournir au sable tertiaire des points d'appui durables et solides. La stratification régulière du lambeau de Fragny prouve, au reste, que ce dépôt correspond en réalité à une période de repos d'une certaine durée et n'est pas simplement un produit de charriage, dû au dernier soulèvement qui a mis à sec le bassin du Forez.

Mais ce qu'il importe de remarquer surtout, c'est que ces lambeaux ne renferment nulle part des argiles et calcaires de l'étage moyen; et, en effet, il eût été difficile qu'ils s'y déposassent, puisque ces assises vont à peine à 300 mètres aux environs de Roanne et à 320 mètres à l'extrémité inférieure de la plaine de Feurs.

Les bassins de Roanne et de Feurs ne communiquaient entre eux que lors du dépôt de l'étage supérieur.

De là on peut conclure avec certitude que les bassins de Feurs et de Roanne ne constituaient pas un bassin unique à l'époque où se déposaient les étages inférieur et moyen; par contre, un chenal sinueux, large d'un millier de mètres, a dû les unir lorsque, par l'abaissement général du plateau central, les eaux tertiaires de la période supérieure eurent débordé les étroites limites de l'étage moyen.

§ 9.

ÂGE GÉOLOGIQUE DES TROIS ÉTAGES TERTIAIRES.

Dans tout ce qui précède, nous avons en quelque sorte admis, comme fixé *à priori*, l'âge des trois étages tertiaires de nos contrées. Il nous reste à justifier notre hypothèse, ou plutôt à résumer et compléter les preuves çà et là citées dans le cours des descriptions précédentes.

Depuis longtemps MM. É. de Beaumont et Dufrénoy

Étage moyen.

ont placé les dépôts lacustres du grand bassin de la Loire
dans la classe des terrains tertiaires moyens (miocènes.);
et l'on sait que le bassin de Roanne se rattache sans nulle
interruption, dans son prolongement nord, aux terrains
argilo-calcaires de ce vaste dépôt. Partout dans l'Allier, le
Cher, le Puy-de-Dôme, l'Indre, la Vienne, etc., ce terrain
se compose, dans sa partie moyenne, spécialement de calcaires lacustres, dont les fossiles mollusques et les ossements de vertébrés correspondent à la partie inférieure
ou moyenne de l'étage miocène, c'est-à-dire au calcaire
à *hélices* de la Beauce (le *tongrien* de d'Orbigny). A cet
égard, tous les géologues sont d'accord[1].

Or ces mêmes calcaires se retrouvent aussi dans le
département de la Loire; on peut les suivre depuis le département de l'Allier jusqu'à Roanne et à Montbrison,
et s'ils ne renferment dans le Forez aucun reste de vertébrés comme aux environs de Bert, on y retrouve au
moins les *helix* et *cypris faba* des calcaires de l'Allier et de
la Beauce.

L'âge de notre étage moyen me paraît donc fixé d'une
manière positive.

*Étage
inférieur.*

Mais au-dessous de ce calcaire lacustre, nous avons signalé dans les bassins de Feurs et de Roanne, comme
dans ceux du Puy, de la Limagne et de l'Allier, un puissant
dépôt d'argiles bariolées qui ne se rencontrent nulle part

---

[1] Dans tout le bassin de la Loire au nord de l'embouchure de l'Allier,
le calcaire lacustre siliceux repose directement sur le minerai pisolithique
et les argiles et sables qui l'accompagnent. M. Pomel a constaté l'identité
des restes de vertébrés de ce dépôt calcaire avec ceux du dépôt tertiaire
de Mayence. Or, ce dernier est à son tour identique avec l'étage tertiaire
inférieur de la partie nord du Jura, qui, lui aussi, repose directement sur
le minerai pisolithique. Ces deux dépôts de Mayence et du Jura de Bâle
sont marins à la base, et deviennent peu à peu lacustres vers le haut.

On les assimile l'un et l'autre au tongrien de d'Orbigny, et ils sont
tous deux inférieurs à la molasse marine coquillière et subalpine de la
Suisse. (Pomel, *Catalogue des vertébrés fossiles du bassin supérieur de la
Loire*, 1853, p. 160; et Studer, *Géologie de la Suisse*, t. II, p. 399,
404, 409, 432 et 457.)

dans le bassin inférieur de la Loire au nord de Nevers, et
que MM. Pomel et d'Archiac croient devoir classer parmi
les terrains de la période *éocène*[1]. Par contre, MM. É. de
Beaumont et Dufrénoy n'admettent pas que les dépôts
tertiaires des vallées nord-sud du Rhône, de l'Allier et de
la Loire puissent être antérieurs au système N. S. des îles
de Corse et de Sardaigne.

Mais en supposant même, ce qui n'est pas évident *à
priori*, que ces vallées aient été engendrées par le soulèvement en question, il n'en résulte pas que certaines dépressions moins étendues n'aient pu être produites, et même
partiellement comblées, au sein du plateau central, antérieurement au système des îles de Corse et de Sardaigne,
c'est-à-dire avant le commencement de la période tertiaire
moyenne.

Dans tous les cas, le bassin supérieur de la Loire et la
vallée entière de l'Allier renferment, au-dessous de notre
étage moyen, un dépôt puissant qui n'a pas son analogue
dans les autres parties du bassin de la Loire. A leur place
on ne trouve que les argiles à minerais de fer du Berry,
dont la puissance est partout faible. Et, à cette occasion,
je ne puis m'empêcher de remarquer que les minerais piso-
lithiques manquent précisément toujours, en France au
moins, là où le terrain tertiaire inférieur a pu se déposer,
tandis qu'il existe sur les points où la formation miocène
repose directement sur les terrains secondaires (crayeux
ou jurassiques). Ainsi, dans le bassin parisien, le minerai
en grains est inconnu, et il paraît dès que l'on dépasse la limite de ce bassin à l'est, au sud ou à l'ouest;
de même, dans le sud-ouest de la France, les minerais en
grains de la Charente, de la Charente-Inférieure et du
Périgord s'évanouissent là où les terrains secondaires disparaissent sous les dépôts éocènes des environs de Blaye.
Par contre, dans le Jura, le tertiaire inférieur est inconnu:

[1] Voyez la note au bas de la première page du chapitre VII (p. 609).

aussi y trouve-t-on généralement le minerai pisolithique
entre les étages portlandien ou néocomien et le terrain
tertiaire moyen.

Le minerai pisolithique semble donc prendre la place
des dépôts tertiaires inférieurs, et on sait, en effet, que
sur divers points de l'Allemagne et du Jura suisse ce minerai renferme des restes de la faune paléothérienne[1].
Ainsi, par une autre voie et d'une manière fort indirecte,
nous arrivons, comme MM. Pomel et d'Archiac, à cette conclusion, que les puissants dépôts argilo-sableux inférieurs
des bassins de l'Allier et de la Loire, en amont de Nevers,
correspondent probablement à la période éocène.

Voyons maintenant à quelle époque et à quel terrain
appartient notre étage supérieur. Rappelons d'abord qu'il
a précédé l'apparition des basaltes et des trachytes[2], dont
les éruptions variées eurent lieu, comme on sait, à l'origine et durant tout le cours de la période pliocène. Aussi
ce seul fait doit faire rejeter la classification généralement
adoptée par la plupart des géologues, à la suite des savants
auteurs de la carte géologique de la France, qui rangent
notre terrain caillouteux parmi les dépôts *pliocènes*. Cette
période n'est représentée dans le centre de la France que
par les tufs trachytiques à ossements de la montagne du
Perrier, près d'Issoire.

La formation sablo-caillouteuse qui nous occupe en ce
moment couvre non-seulement en entier, comme on l'a
vu, nos deux bassins de Feurs et de Roanne, mais se prolonge, au nord et à l'ouest, au travers de tout le Bourbonnais, le Berry et le Poitou, débordant partout transgressi-
vement le calcaire lacustre à hélices. Ce sont toujours et

*Étage
supérieur.*

[1] Au Mormont, près la Sarraz, en Suisse; à Egerkinden et à Frohn-
stetten, sur la Rauhe-Alp, près de Sigmaringen, etc.

[2] Boulanger cite, à la vérité, des galets basaltiques dans certains dépôts
caillouteux de l'Allier; mais cet ingénieur a confondu plusieurs dépôts
d'âges différents, ainsi que l'a prouvé M. Rozet. (*Histoire de la géologie*,
t. II, p. 192.)

partout les mêmes caractères, c'est-à-dire des sables argileux plus ou moins graveleux, de 10 à 25 mètres de puissance, terminés par une assise caillouteuse de 1 à 2 mètres,
qui déborde à son tour les sables. Partout aussi les éléments
de cette assise supérieure dépendent de la nature du sous-sol
remanié : ils sont granitiques, porphyriques et quartzeux
sur les terrains anciens et de transition; jaspeux sur le
terrain jurassique; à débris de silex sur les couches du
terrain crétacé[1].

Ce terrain reçoit son développement le plus large dans
la Sologne, où il semble se lier aux faluns de la Touraine; mais lui-même ne renferme aucun fossile, et *à
priori* on croira difficilement que deux formations aussi
différentes de composition soient rigoureusement contemporaines. Ou plutôt, le fait, précédemment cité (p. 622),
de fossiles roulés de l'âge des faluns, rencontrés sur les
bords de l'Allier, au milieu de ce dépôt, tendrait à prouver
que tout au moins l'assise caillouteuse la plus élevée est
plutôt postérieure aux faluns. D'autre part, on voit dans
nos contrées l'étage moyen passer insensiblement à l'étage
supérieur. Il semble donc que, malgré l'affaissement graduel du plateau central, les lacs d'eau douce qui couvraient alors le bassin de la Loire n'ont pas dû être envahis
immédiatement par les eaux de la mer. La sédimentation
argilo-sableuse s'y poursuivait plus ou moins agitée, tandis
que les faluns se formaient sur les bords de la mer, aux
environs de Tours. Mais lorsque l'affaissement général
atteignit 50 mètres dans la Creuse et la Haute-Vienne et

---

[1] Les sables à silex du Sancerrois correspondraient, d'après MM. Raulin
et d'Archiac, au grès de Fontainebleau et non aux argiles de la Sologne;
par contre, M. Bertera assure qu'ils reposent plutôt sur le calcaire à hélices et les argiles à minerai de fer. (*Histoire de la géologie*, t. II, p. 549.
Carte géologique du Cher, 1850, p. 169.) Les deux assertions peuvent être
également vraies. Les sables à silex furent sans doute remaniés, comme
les argiles à jaspes du terrain jurassique, lors du dépôt de l'étage en
question.

100 mètres dans le département de la Loire, les eaux salées dûrent faire invasion, et amenèrent ainsi jusque dans la vallée de l'Allier les fossiles des faluns dont nous venons de parler. Pourtant cet état de choses n'a pu durer longtemps, puisque l'assise caillouteuse, qui déborde les autres, n'atteint nulle part une bien grande épaisseur et que nul dépôt plus moderne ne la recouvre d'une manière générale dans nos contrées. L'oscillation inverse et avec elle, très-probablement, les premières éruptions trachytiques commencèrent peu après. Ainsi donc notre étage supérieur semble bien devoir être placé au niveau des faluns de la Touraine.

Il doit correspondre aussi à la molasse coquillière du Jura, qui est un peu plus ancienne que la molasse proprement dite des Alpes[1].

Rappelons d'ailleurs que le calcaire à hélices est représenté par le terrain lacustre de Mayence, sur les bords du Rhin, et par la molasse d'eau douce inférieure dans le Jura. Or, là aussi, l'affaissement du sol y amena la mer et avec elle la molasse coquillière, çà et là composée de parties graveleuses à galets vosgiens.

Résumé concernant l'âge des divers étages tertiaires. — En résumé, nous pouvons affirmer que l'étage moyen du terrain tertiaire de la Loire correspond à la partie inférieure du terrain miocène (le *tongrien*), l'étage le plus récent au miocène supérieur (*falunien*) et l'étage inférieur très-probablement à la période *éocène*.

---

[1] *Géologie de la Suisse*, t. II, p. 458.

CHAPITRE VIII.

ROCHES ET MINÉRAUX EXPLOITÉS DU TERRAIN TERTIAIRE.

L'étage moyen du terrain tertiaire fournit à l'industrie, dans nos contrées, du calcaire et des argiles; l'étage supérieur, du minerai de fer et des galets quartzeux.

On exploite le calcaire comme pierre à chaux, l'argile réfractaire comme élément principal des briques de fours à coke, l'argile ordinaire pour les potiers et tuiliers, les galets quartzeux pour l'empierrement des routes. Quant au minerai de fer, on l'a négligé jusqu'à ce jour, et, par le fait, il est trop pauvre ou trop peu abondant pour subir utilement la fusion dans les hauts fourneaux. Nous n'avons donc, en réalité, à nous occuper ici que de l'exploitation du calcaire et des argiles.

1° Calcaire.

Le calcaire tertiaire du département de la Loire appartient exclusivement à l'étage lacustre moyen. On ne le rencontre jamais en bancs massifs et puissants : aussi ne peut-il servir comme pierre à bâtir; on l'exploite uniquement pour la fabrication de la chaux. Les principales carrières sont celles de Sury, dans la plaine du Forez, et celles des Athiaux et d'Urbize, dans le bassin de Roanne. Le calcaire est partout argilo-siliceux; par suite, la chaux plus ou moins hydraulique.

Les carrières de Sury comprennent trois groupes : au sud de la ville, se trouvent les exploitations d'*Aubigny*, sur la rive gauche de la Mare, et celle des *Chaux*, sur la rive droite; au nord, les carrières de *Fontalun*, ouvertes dans le coteau qui sépare la Mare du val de la Loire.

Le calcaire y est exploité depuis longtemps, et la fabri-

CARRIÈRES DE SURY.

cation de la chaux est l'industrie spéciale des habitants de Sury. Outre la pierre à chaux, que l'on soumet à la cuisson à Sury même dans une vingtaine de fours, on en expédie presque autant, à l'état brut, dans les bourgs et villes des environs : à Saint-Marcellin, Saint-Just, Andrézieux, Saint-Étienne, Firminy, etc. La chaux elle-même se débite dans un rayon de dix à douze lieues : la majeure partie aux environs de Saint-Étienne, le reste dans la plaine et les montagnes du Forez, jusqu'à Saint-Anthème, en Auvergne. L'exploitation a pris surtout un très-grand développement lors de la récente reconstruction des chemins de fer entre Roanne, Saint-Étienne et Lyon. La chaux est recherchée pour le muraillement des tunnels, à cause de son hydraulicité.

Les terres qui renferment de la pierre à chaux ont plus que décuplé de valeur depuis vingt-cinq ans. Au lieu dit *les Chaux*, les propriétés comprenant les carrières se vendent jusqu'à 15,000 francs l'hectare; et le droit seul d'en extraire la pierre dans un temps donné, avec obligation de reniveler le sol, se paye 10,000 francs par hectare dans les deux groupes d'Aubigny et des Chaux. Par contre, à Fontalun, dont les produits sont moins estimés et les abords moins faciles, le même droit n'atteint encore que 1,000 à 2,000 francs, mais s'accroît aussi d'année en année.

Carrières du groupe d'Aubigny.

Le premier groupe de carrières est situé à 2 kilomètres au sud de Sury, sur la rive droite de la Mare, dans les terres du château d'Aubigny. Le sol est à peu près plat, sauf une faible pente, de l'ouest à l'est, vers la Mare. Cette disposition peu favorable occasionne des épuisements assez coûteux. Les travaux sont à ciel ouvert et descendent, pour la plupart, jusqu'à 2 ou 3 mètres au-dessous du niveau de la rivière, soit 6 ou 8 mètres sous la surface du sol. On y voit cependant aussi des restes de travaux souterrains, mais on préfère aujourd'hui le système plus simple des fouilles à découvert.

La roche exploitable a 2 à 3 mètres de puissance ; elle est divisée en plusieurs bancs qui varient souvent d'aspect et d'épaisseur à de courts intervalles. Dans les parties les plus occidentales, situées à 6 ou 700 mètres de la rivière, le calcaire se rencontre presque immédiatement sous la terre végétale, tandis que dans les carrières voisines de la Mare il est couvert par 2 à 3 mètres d'argiles sableuses. On voit, d'après cela, que les assises, quoiqu'à peu près horizontales, plongent néanmoins légèrement de l'ouest à l'est, c'est-à-dire des bords du bassin tertiaire vers son centre. Dans la carrière la plus éloignée de la rivière on observe la coupe suivante :

	Surface du sol.
Terre végétale et argile sableuse.........	0ᵐ.80
Calcaire exploité, blanc marneux........	0 ,60
Grès tendre argilo-sableux verdâtre......	2 ,00
Calcaire, couleur café au lait, faiblement marneux...................	1ᵐ.30 à 1 ,50

Fond de la carrière : argile sableuse.

Dans la carrière située entre la rivière et l'avenue du château d'Aubigny, à 4 ou 500 mètres à l'est de la précédente, j'ai trouvé, à partir de la surface :

		Surface du sol.
	Argiles verdâtres.............	1ᵐ,00 à 2ᵐ,00
1ᵉʳ banc.	Calcaire marneux blanc, entremêlé de calcaire esquilleux, pur, concrétionné, couleur café au lait, et de parties argileuses blanches.................	1ᵐ,00 à 1 ,50
	Argile et marne verdâtre..............	0 ,40
2ᵉ banc.	Calcaire blanc jaunâtre marneux.........	0 ,60
	Marne argileuse, jaunâtre, tendre........	0 ,60
3ᵉ banc.	Calcaire blanc jaunâtre, plus dur et moins marneux que celui du 2ᵉ banc..	1ᵐ,00 à 1 ,50

Fond de la carrière : argile sableuse.

Ainsi, dans cette deuxième carrière, la hauteur totale à

déblayer est de 5 à 6 mètres, sur lesquels 2 à 3 mètres se composent de pierre à chaux propre à la cuisson. Le calcaire esquilleux dur du premier banc donne de la chaux grasse et blanche, car il ne laisse que 1 p. o/o de résidu argileux; le calcaire marneux du troisième banc contient o, o25 d'eau et o, 235 d'argile, un peu sableuse, grise. La chaux est blanche et durcit sous l'eau.

On exploite à Aubigny par tranchées ouvertes, en coupant à pic le terrain à déblayer. Les remblais sont rejetés en arrière, dans les parties déjà exploitées; et là, au-dessous des remblais, sur le sol de la carrière, on prolonge, à mesure d'avancement, un conduit muraillé destiné à conduire les eaux à un puits commun. Un chapelet vertical en tôle et fer, de 6 mètres de hauteur, mû par un cheval, soulève enfin les eaux au niveau de la rivière. Un appareil de ce genre est estimé 600 francs.

Les carrières d'Aubigny sont exploitées, pour le compte d'un seul entrepreneur, par 15 à 20 ouvriers en été et 5 à 6 en hiver[1]. Ils reçoivent, selon la saison, 2 francs à 2 fr. 5o cent. par mètre cube de calcaire exploité, les déblais et les outils étant à leur charge, tandis que l'entrepreneur supporte les frais d'épuisement et fournit la moitié de la poudre servant à l'abatage.

On exploite actuellement à Aubigny environ 5,000 mètres cubes de calcaire par an. On le divise en deux classes, le *gros* et le *menu*. Ce dernier est exclusivement amené à Sury, tandis que le gros, qui éprouve moins de déchet par le transport, à cause de sa dureté, est conduit en majeure partie à Saint-Étienne et à Andrézieux. Les deux catégories diffèrent, au reste, fort peu l'une de l'autre, si ce n'est que le menu est un peu plus marneux. On vend le

---

[1] L'entrepreneur actuel (1856) doit exploiter en six ans une superficie de 15,000 mètres carrés. Il s'engage à remettre la surface en état et à payer 15,000 francs au propriétaire du sol, même si les circonstances ne lui permettaient pas d'exploiter ou de vendre, dans le délai fixé, tout le calcaire existant sous cette étendue.

gros, pris en carrière; 4 francs les 800 kilogrammes, ou
demi-mètre cube comble, et le menu 3 francs. Il y a
vingt ans, la même mesure se vendait 2 fr. 50 cent. le gros
et 1 fr. 25 cent. à 1 fr. 50 cent. le menu.

Le transport depuis les carrières jusqu'à Saint-Étienne
coûte en moyenne 50 centimes les 100 kilogrammes, ou
4 francs les 800 kilogrammes. Jusqu'aux fours de Sury, on
paye, selon les saisons et l'état des routes, 75 centimes
à 1 franc le char de 800 kilogrammes.

Le deuxième groupe de carrières est situé sur la rive opposée de la Mare, à 3 kilomètres de Sury, au lieu dit *les
Chaux*. Elles bordent la route de Sury à Saint-Marcellin :
les unes, situées à l'est, vont jusqu'au pied du coteau de la
Grande-Plaine; les autres, à l'ouest de la route, atteignent les
bords de la Mare. Mais ces dernières sont presque épuisées; on y travaille peu. Sous 2 à 3 mètres d'argile sableuse
verte, contenant de nombreux petits nodules crayeux, on
rencontre un banc calcaire, blanc marneux, d'une puissance
de 2 mètres, entremêlé de minces veinules de la même
argile. D'après les essais de M. Vicat, ce calcaire renferme
0,09 à 0,10 d'argile sableuse et donne une chaux moyennement hydraulique, tandis que les argiles supérieures à nodules calcaires laissent un résidu terreux de 0,60 à 0,70 et
contiennent à peine 0,25 à 0,30 de calcaire proprement dit.

Sur le côté oriental de la route, les premières carrières
sont également épuisées et offrent la même succession de
bancs. Aujourd'hui on s'est avancé vers l'est jusqu'à 3 ou
400 mètres de la route et déjà on atteint le pied du coteau
de la Grande-Plaine, dont j'ai donné la coupe générale
dans le chapitre précédent (p. 639). L'exploitation y devient plus coûteuse; car, par le fait de la pente des bancs
vers l'est et de l'inclinaison opposée du sol aux approches
du coteau, le terrain argilo-sableux à déblayer s'accroît
rapidement. Il est de 6 à 7 mètres dans la carrière la plus
méridionale, celle qu'exploite actuellement (1856) le sieur
Mathevet fils.

Carrières du groupe des Chaux.

43

On y rencontre, à partir de la surface :

Sable caillouteux de l'étage supérieur...... $1^{m},50$ à $2^{m}.00$
Argile verte plus ou moins sableuse et calcaire. $2,00$ à $2,50$
Marne blanche sableuse................ $2,00$
Calcaire exploité, blanc jaunâtre........ $2,50$
　　　　　　　　　　TOTAL............. $8,00$

La marne sableuse blanche renferme, dans sa partie
haute, jusqu'à $0,60$ de carbonate de chaux ; vers sa base,
seulement $0,20$. Quant au calcaire lui-même, les assises
supérieures contiennent $0,18$ à $0,23$ d'argile ; les inférieures, plus compactes et dures, $0,11$. Les premières
donnent, d'après cela, une bonne chaux hydraulique ; les
dernières, une chaux blanche, de qualité moyenne au point
de vue de son hydraulicité.

Les assises calcaires se relèvent, sur ce point, très-légèrement du sud au nord : aussi, dans la carrière voisine
plus rapprochée de Sury, celle du sieur Menu, le terrain
argileux, couvrant le calcaire, ne dépasse guère 3 à 4 mètres. Plus loin encore, le calcaire lui-même atteint la surface, et la ville de Sury se trouve, par le fait de ce même
relèvement, bâti au mur des bancs calcaires. Pourtant, au
nord de Sury, ceux-ci reparaissent de nouveau, mais sur
le haut du plateau de Fontalun, au niveau du faîte des
maisons de Sury, et non plus, comme aux Chaux, dans le
fond du vallon de la Mare. Le diagramme ci-joint fait bien
comprendre la disposition des lieux :

S.　　　　　　　　　　　　　　　　　　　　　　　N.

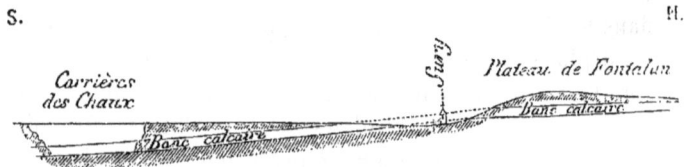

Carrières
des Chaux
Sury
Plateau de Fontalun
Banc calcaire
Banc calcaire

En approchant de Sury, le banc calcaire devient moins

puissant : ainsi, dans la carrière du sieur Menu, il n'a pas en moyenne au delà de $1^m,5o$ à 2 mètres. D'après les essais de M. Vicat, la roche exploitée y est assez variable de qualité : elle renferme depuis 0,13 jusqu'à 0,33 de substances étrangères, et celles-ci se composent, tantôt d'argile pure, tantôt d'argile mêlée de sable, ce qui rend la chaux parfois très-maigre.

Le mode et les conditions de l'exploitation sont les mêmes dans les carrières des Chaux qu'à Aubigny; chacune des fosses, au nombre de trois ou quatre, est pourvue d'un chapelet à un cheval pour l'épuisement des eaux. Les ouvriers reçoivent aussi, selon les saisons, 2 francs à 2 fr. 50 cent. par mètre cube du calcaire extrait; leur nombre est de 15 à 20 en hiver, et de 30 à 35 en été. Depuis les récents travaux de nos chemins de fer, les carrières des Chaux ont fourni environ 12 à 15,000 mètres cubes de pierres par an.

Le gros se vend en carrière, comme à Aubigny, 4 francs les 800 kilogrammes, et le menu, 3 francs à 3 fr. 50 cent. Les frais de transport pour Sury et Saint-Étienne ne diffèrent pas du prix que l'on paye depuis Aubigny.

A mesure que les travaux s'avancent vers l'est, les terres à déblayer augmentent de puissance, et bientôt on devra préférer le système des carrières souterraines. Ce sera le cas sous tout le coteau de la Grande-Plaine, situé entre la Mare et le val de la Loire. Le calcaire n'y manque pas; mais les frais d'extraction seront alors nécessairement un peu plus élevés que dans les carrières actuelles.

Le troisième groupe de carrières occupe le haut du plateau de Fontalun (l'extrémité nord du coteau de la Grande-Plaine), à 1,000 ou 1,500 mètres au nord de Sury. Les bancs calcaires, comme le montre le diagramme de la page précédente, y atteignent la surface du sol et dépassent de 25 à 30 mètres le niveau de la Mare. Leur inclinaison générale, de l'ouest à l'est, est d'ailleurs, sur ce point, fortement prononcée. Ils s'enfoncent visiblement sous la plaine

Carrières du groupe de Fontalun.

43.

de Saint-Cyprien, Veauchette et Craintillieux, du val de la
Loire. Les carrières de Fontalun sont plus nombreuses,
quoique moins importantes, que celles des Chaux. Tout
le coteau est couvert de vignes et presque partout, sur
plus d'un kilomètre de longueur, on a plus ou moins entamé le sol. Dans la carrière du sieur Rousseau, située
vers le milieu du plateau, on observe la série suivante :

		Surface du sol.
Grès blanc calcaire, tendre, plus ou moins sableux..	$2^m,00$	
Argile rouge...............................	o ,4o	
Calcaire marneux blanc......................	o ,4o	Banc exploité.
Calcaire blanc, compacte et dur..............	o ,8o	

Fond de la carrière : argile et sable.

Plus près de Sury, on trouve jusqu'à $2^m,5$o de calcaire
exploitable, tandis qu'à l'extrémité opposée, vers le nord,
le banc se réduit à 1 mètre et s'y compose d'une série de
plaquettes minces, donnant peu ou point de gros.

Les frais d'exploitation sont moindres à Fontalun que
dans les carrières de la vallée de la Mare ; la valeur fon-
cière y est surtout peu élevée, parce que la pierre à chaux
y est moins estimée. On lui reproche de ne pas donner de
la chaux blanche et d'exiger pour la cuisson une proportion plus forte de houille. Effectivement le résidu terreux
du calcaire de Fontalun est beaucoup plus chargé en fer
que celui des pierres à chaux provenant des autres groupes.
Mais pour une chaux destinée aux constructions hydrauliques, la couleur importe peu. Quant à la manière dont
elle résiste au feu, il peut y avoir une légère différence en
faveur des autres pierres, parce que celle de Fontalun est
plus compacte, plus dense et plus dure. Du reste, au point
de vue de son hydraulicité, on observe les mêmes variations
à Fontalun qu'aux Chaux. M. Vicat indique des teneurs en
argile de 0,015 et 0,035, tandis qu'un échantillon représentant la moyenne des pierres de la carrière Rousseau n'a
donné 0,255 de résidu insoluble, argilo-sableux, brun

rougeâtre, et 0,02 d'eau. Le gros se vend à Fontalun 3 francs les 800 kilogrammes; le menu, de 1 fr. 50 cent. à 2 francs.

Le nombre des ouvriers occupés aux carrières y est de 12 à 15 en été, et le volume de la pierre exploitée de 3 à 4,000 mètres cubes au maximum.

En résumé, on voit que l'exploitation de la pierre à chaux occupe à Sury environ 60 ouvriers, sans compter le personnel employé au transport, et que le volume exploité s'élève annuellement à environ 20,000 mètres cubes, dont les deux tiers à peu près se composent de menu. Le chiffre de 20,000 est même dépassé en ce moment (1856), à cause de la reconstruction de nos divers chemins de fer. D'après les prix précédemment donnés, la valeur totale de la pierre, prise en carrière, serait d'environ 100 à 120,000 francs, dont 45 à 50,000 francs sont payés aux ouvriers carriers.

Production totale des carrières de Sury.

La majeure partie de la pierre exploitée, c'est-à-dire tout le menu et une faible partie du gros, soit 12 à 15,000 mètres cubes, est transformée en chaux à Sury même, où l'on compte 26 fours à chaux, dont 15 à 20 habituellement en activité 250 jours par an.

Fabrication de la chaux à Sury.

Il y a vingt ans, tous ces fours étaient coniques, comme ils le sont en général partout ailleurs; aujourd'hui, on leur donne la forme d'un tronc de pyramide renversé, à base rectangulaire, de 2m,20 à 2m,50 de hauteur. Le gueulard du four a 3m,20 sur 1 mètre, le fond environ 2m,80 sur 0m,70. Les embrasures de sortie sont au nombre de trois et occupent entièrement l'un des longs côtés de la base inférieure, ou plutôt c'est une embrasure unique, simplement divisée en trois par deux étroits massifs sur lesquels repose, soutenue par des arceaux, la paroi antérieure du four. Cette disposition facilite le défournement, ou plutôt le chargement de la chaux tirée. Le tombereau qui la reçoit et les ouvriers chargeurs n'ont pas à se transporter successivement à l'entrée de trois embrasures diffé-

rentes, comme pour les fours coniques. C'est ce motif surtout qui a fait donner la préférence aux premiers. Quelques
chaufourniers prétendent aussi que la cuisson se fait mieux
et que la descente des charges a lieu plus uniformément
dans les fours rectangulaires : dans un four conique, la
colonne centrale n'est pas, en effet, dans les mêmes conditions que les parties voisines des parois. Cependant la
consommation est sensiblement la même dans les deux
cas.

Un ouvrier, aidé d'une femme ou d'un gamin, suffit
pour le service d'un four. Le calcaire est peu dur, facile à
concasser et déjà en grande partie à l'état menu. Chaque
four peut fournir par 24 heures, lorsqu'on en presse la
marche, 40 hectolitres de chaux (200 petites bennes d'un
double décalitre), et consomme alors 1,000 à 1,200 kilogrammes de houille de qualité médiocre, ce qui fait
30 à 35 p. o/o du volume de la chaux produite. Cette
consommation est un peu moindre que celle des fours à
calcaires jurassiques ou carbonifères, différence qui s'explique aisément par la nature plus argileuse de la pierre
de Sury.

Les grands fours rectangulaires, de 4^m,30 à 4^m,50 de
longueur intérieure, avec quatre embrasures de sortie,
peuvent produire par jour jusqu'à 60 hectolitres de chaux :
tels sont ceux récemment établis à Andrézieux par le
sieur Menu pour la fourniture des travaux du chemin de
fer [1].

La chaux se vend au détail, à Sury, à raison de 30 centimes le double décalitre, ou 1 fr. 50 cent. l'hectolitre;
mais en général, pour des fournitures un peu fortes, on
la cède au prix de 12 francs le mètre cube.

En admettant pour chaque four de Sury une production
moyenne de 30 hectolitres par jour, à 250 jours par année,

[1] Les fours coniques employés à Saint-Étienne, dont la hauteur est de
3^m,50 à 4 mètres, peuvent produire par vingt-quatre heures jusqu'à
100 hectolitres de chaux.

on trouve 750 mètres cubes pour sa production annuelle, ce qui correspond précisément, pour les 12 à 15,000 mètres cubes de calcaire consommé, au chiffre de 15 à 20 fours ci-dessus indiqué.

D'après cela, la valeur de la chaux fabriquée à Sury s'élève annuellement, en moyenne, à 160,000 francs, et le bénéfice dû à chaque four peut être calculé de la manière suivante :

750 mètres cubes de pierre menue, rendus au four,
à raison de 6 fr. 50 cent. . . . . 4,875[1]
Houille consommée [1], 280 kilogrammes par mètre
cube, à 1 franc les 100 kilogrammes, soit 2 fr.
80 cent. par mètre cube de pierre. 2,100
250 journées d'un homme aidé d'un gamin, à 3 fr.   750
Intérêt, amortissement et réparations. 400

Total des dépenses. 8,125
Bénéfice approximatif par four. 875

Valeur des 750 mètres cubes de chaux, à 12 francs. 9,000

La chaux de Sury est à peu près exclusivement appliquée aux constructions, et en majeure partie dans l'arrondissement de Saint-Étienne [2]. Elle ne convient guère pour le chaulage, à cause de son hydraulicité.

[1] Le prix de la houille est peu élevé, parce que la chaux produite est en grande partie transportée à Saint-Étienne, ce qui permet de profiter du retour pour amener la houille. On emploie d'ailleurs le charbon le plus ordinaire.

[2] D'après les registres de l'octroi de la ville de Saint-Étienne, la consommation de la chaux, pendant chacune des années 1854 et 1855, s'est élevée à 5,000 mètres cubes, et en 1856, à 7,000 mètres cubes. Or, ces chiffres ne comprennent pas celle qui fut employée dans les communes suburbaines, récemment réunies à la ville. En prenant le district entier de Saint-Étienne, on aurait certainement une consommation double, puisque la population industrielle y est plus que deux fois aussi grande que dans la ville seule. Ajoutons que le volume total des matériaux consommés avec la chaux (pierres et briques) fut, à Saint-Étienne, de 30,000 mètres cubes en 1855 et de 37,000 en 1856.

La pierre calcaire qui n'est pas cuite à Sury même se répartit entre les lieux suivants : Saint-Marcellin, comprenant 5 fours; Saint-Just-sur-Loire, 2; Andrézieux, 2[1]; Saint-Étienne, 3 à 4[2]; Firminy, 1.

Ces divers fours consomment annuellement 4 à 5,000 mètres cubes de pierre à chaux; et, exceptionnellement, 10 à 12,000 depuis la reconstruction de nos chemins de fer.

CARRIÈRES DES ENVIRONS DE MONTBRISON.

Dans le reste de la plaine du Forez, on n'exploite nulle part la pierre à chaux d'une manière régulière. On la connaît cependant dans les communes de Prétieux, de Grézieux, de Chalain-le-Comtal, etc.; mais sa puissance y est moindre qu'à Sury.

Un calcaire dur, esquilleux, jaunâtre, semblable aux rognons compactes du banc supérieur d'Aubigny, a été fouillé à Rufieux, commune de Prétieux : c'est une pierre à chaux grasse, contenant à peine 0,02 à 0,03 d'argile et de silice.

Un calcaire plus argileux, provenant du domaine de M. de Meaux, situé aux environs de Montbrison, a donné les résultats suivants :

Carbonate de chaux...................	0,79
Argile (insoluble dans l'acide)...........	0,16
Alumine et oxyde de fer...............	0,04
Eau...........................	0,01
	1,00

chiffres qui dénotent une chaux moyennement hydraulique.

CARRIÈRES DE LA PLAINE DE ROANNE.

Dans la plaine tertiaire de Roanne, on exploite le calcaire aux Athiauds, près d'Ambierle, et à Urbize, au nord de la Pacaudière; mais la fabrication de la chaux y est fort

---

[1] En 1855, on y a même temporairement établi sept grands fours, à cause des travaux du chemin de fer.

[2] Le nombre des fours à chaux de Saint-Étienne est plus que double : mais dans la majeure partie on cuit de la pierre de Villebois.

peu active, à cause des conditions plus favorables des chaufourneries à calcaires jurassiques établies sur les deux rives de la Loire entre Roanne et Marcigny.

Aux Athiauds il y a un seul four à chaux de faibles dimensions, et à Urbize on ne cuit même la chaux qu'accessoirement dans les fours à tuiles. Dans les deux localités, pour atteindre le banc calcaire, on a à déblayer 4 à 5 mètres de sables et argiles. La roche est plus ou moins marneuse, comme à Sury, et la chaux moyennement hydraulique[1]. La cuisson se fait au bois, et l'hectolitre de chaux s'y vend 1 fr. 50 cent. à 2 francs, même parfois, à Urbize, jusqu'à 2 fr. 50 cent.

La quantité de chaux annuellement produite sur ces deux points atteint à peine 4,000 hectolitres, valant à peu près 7 à 8,000 francs.

Carrières
des Athiauds
et
d'Urbize.

2° Argiles réfractaires.

Le terrain tertiaire du Forez, et spécialement l'étage supérieur, renferme des argiles plus ou moins réfractaires, ainsi qu'on l'a vu dans le chapitre précédent. A diverses époques on a essayé, dans le laboratoire de l'école des mines de Saint-Étienne, des argiles venant de la plaine du Forez[2]; en général, on les a trouvées moins réfractaires que celles de Courpières et du Theil, et, en effet, elles retiennent presque toujours un peu de potasse et de soude : aussi, soumises au feu de forge, elles se porcelanisent et se couvrent d'un vernis brillant, dû à un commencement de vitrification. Elles sont ordinairement grasses, liantes, alumineuses; mais, pour en faire de bonnes briques, il ne suffit pas d'y mêler du quartz, il faudrait plutôt ajouter de l'argile cuite, ou des débris de briques, à cause des 0,02 à 0,03 d'oxyde de fer qu'elles renferment.

---

[1] D'après M. Vicat, le calcaire d'Urbize contient 0,13 d'argile.
[2] *Annales des mines*, 4° série, t. I", p. 720, et t. X, p. 669.

L'argile de Saint-Paul-de-Vézelin m'a donné, après calcination complète :

Silice.............................	65
Alumine............................	33
Oxyde de fer.......................	2
Traces d'alcali....................	*ll*
	100

J'ai essayé trois argiles analogues des environs de Balbigny, une argile de Colombard, commune de Sury, et
quelques autres provenant de Saint-Marcellin et d'Amions.
Leur exploitation est très-peu active, malgré le nombre
toujours croissant des fours à coke et des usines à fer
de l'arrondissement de Saint-Étienne. On préfère en général, dans nos briqueteries réfractaires, les argiles tertiaires du département de Saône-et-Loire (Montet), ou
celle récemment découverte à Cizeron, commune de Saint-
Genest-Lerpt, sur la lisière du terrain houiller.

Toutes les exploitations sont à ciel ouvert, et le nombre
des ouvriers est, au maximum, de 10, travaillant à peine
trois à quatre mois de l'année.

Les argiles de Saint-Paul-de-Vézelin sont consommées
en grande partie sur les lieux mêmes, où M. Genot, ban-
quier à Roanne, a établi, il y a vingt ans, une fabrique de
briques réfractaires et de poterie. Outre les briques, on y
confectionne surtout des carreaux et carriches, des cruchons
de bière et divers autres objets qui ont plutôt les caractères
du grès que de la faïence commune. Les ouvriers y sont
au nombre de 10 à 12. Depuis deux ans, M. Genot y a
aussi installé deux machines pour tuyaux de drainage. Les
produits obtenus se distinguent avantageusement de la plupart des tuyaux fabriqués ailleurs avec des argiles moins
pures. L'importance de la fabrication s'est élevée en
moyenne, dans ces dernières années, à la somme de
22,000 francs.

3° Argiles ordinaires.

Le terrain tertiaire de nos deux plaines renferme, sur une foule de points, des argiles ordinaires, plus ou moins sableuses et ferrugineuses, que l'on utilise pour la poterie commune à vernis d'alquifoux et pour la fabrication des tuiles et des briques.

Les principales poteries sont situées à Saint-Georges-de-Barroilles, Marcilly-les-Pavés, Roanne, Pradines, etc. Poteries.

A Saint-Georges, la plupart des habitants sont potiers; cependant, depuis quelques années, cette industrie perd de son importance : à la poterie ordinaire se substituent peu à peu, dans la consommation générale de la classe ouvrière, les faïences, grès et porcelaines opaques. Néanmoins le nombre des fours en activité y est encore de 15 à 20, et chacun d'eux occupe 2 ou 3 mouleurs. Dans le courant d'une année, on fait par four 8 ou 10 cuissons, et la valeur d'une fournée est, en moyenne, de 150 francs.

Ainsi le produit de chaque four est de 12 à 1,500 francs, et le village entier livre annuellement à la consommation pour environ 25,000 francs de marchandises.

Dans les autres lieux, à Pradines, Marcilly, Feurs, Roanne, Balbigny, Saint-Bonnet-les-Oules, etc. on fabrique, avec des argiles analogues, des poteries identiques ou des tuyaux de conduite pour les eaux. Le nombre total des fours y est de 12 à 15 : ce qui correspond à une production annuelle d'environ 20,000 francs.

Il existe, de plus, à Roanne un établissement plus vaste dans lequel on fabrique de la faïence à couverte blanche. Les argiles viennent surtout de Perreux et de la commune de Riorges, sur les bords du Renaison. L'établissement comprend deux fours à cuire, deux manéges à sept meules et des ateliers pour 15 ouvriers. On y fait une fournée tous les 12 jours, soit 30 par an, d'une valeur moyenne de 1,200 francs, ce qui porte le chiffre de la fabrication annuelle à environ 36,000 francs.

D'après cela, la production totale du département de la
Loire en faïence et poterie commune peut être estimée,
approximativement, à 125,000 francs, si l'on y comprend
la fabrique de Saint-Paul-de-Vézelin.

Fabriques
de
tuyaux de drai-
nage.
Outre les ateliers dont nous venons de parler, il existe
depuis peu dans le département de la Loire dix fabriques
pour tuyaux de drainage, et une onzième est en construction.

D'après le dernier rapport (août 1856) de M. Mille,
ingénieur draineur, huit de ces fabriques sont établies dans
les plaines de Roanne et de Feurs, où l'on emploie exclusivement des argiles tertiaires, et deux dans l'arrondissement de Saint-Étienne; ce sont :

Dans le Roannais, les deux fabriques de Mably et celle
de Pradines; dans la plaine du Forez, les fabriques de Saint-
Paul-de-Vézelin, Champdieu (ferme-école de la Corée), Marcilly, Saint-Marcellin et Bellegarde; dans l'arrondissement
de Saint-Étienne, les fabriques de Saint-Genest-Lerpt, près
de Saint-Étienne, et de Chavanay, sur les bords du Rhône.

Dans ces dix fabriques se trouvent 15 machines, capables de fabriquer par jour 75,000 tuyaux, c'est-à-dire
la quantité nécessaire pour drainer 25 hectares. Mais la
consommation, ou production réelle, est infiniment moindre :
en 1855, les fabriques n'ont pu placer dans le département
de la Loire que 621,147 tuyaux, et en 1856, malgré le
succès réel du drainage, la consommation fut encore
moindre, à cause du prix élevé de la main-d'œuvre pour
le creusement des drains.

D'après M. Mille (rapport de 1855), les frais de fabrication se composent des éléments suivants :

Main-d'œuvre...............	12^f 50^c par 1,000 tuyaux.
Combustible...............	2 75
Total...........	15 25

Chiffre auquel il faut ajouter les frais généraux, ainsi

que l'intérêt et les frais d'amortissement des sommes dépensées. Or, ces frais d'établissement sont évaluées par
M. Mille pour les neuf premières fabriques, comprenant
13 machines, à 84,800 francs. Le prix de vente des
tuyaux est de 24 à 25 francs par mille sur les lieux de
fabrication, ou 27 francs en y comprenant les man-
chons et les raccords; ce qui porte leur prix, sur les lieux
de consommation, au taux de 30 à 35 francs selon les distances.

A part le bassin houiller de Saint-Étienne et de Rive-de-
Gier, où de nombreuses briqueteries sont alimentées par
des argiles quaternaires, la plupart des tuileries du départe-
tement se servent d'argiles tertiaires et sont presque toutes
exclusivement établies dans les plaines de Feurs et de
Roanne. Les plus considérables sont à Marcilly, au nombre
de 4; Marcoux, 4; Pommiers, 3; Mably, 9; Perreux, 6;
Urbize, 6; Noally, 4; Vivans, 4, etc. En les comptant
toutes, on arrive au chiffre de 45 à 50 pour la plaine du
Forez et à celui de 40 à 45 pour le Roannais.

Plusieurs d'entre elles occupent un seul mouleur et un
aide, et ne font souvent pas au delà de 2 ou 3 fournées
par campagne, soit 40 à 50,000 briques et tuiles[1]; mais
la plupart sont desservies par 3 ou 4 hommes, et les plus
considérables, comme celles de Pommiers, Marcilly, Mably,
par 5 ou 6, qui fabriquent par an 9 à 10 fournées, soit
pour le moins 250,000 briques. En moyenne, on peut admettre 3 hommes par tuilerie, ce qui fait, pour l'ensemble
des ateliers à argiles tertiaires, 140 à 150 ouvriers tuiliers
dans la plaine du Forez et 120 à 130 dans celle de
Roanne.

D'après les chiffres ci-dessus mentionnés, la production

Tuileries.

[1] Un mouleur, assisté d'un garçon porteur, peut faire par jour 12 à
1,500, ou même, s'il est actif, 1,800 briques; mais il est évident que, dans
les briqueteries ordinaires, l'ouvrier tuilier n'est pas occupé constamment
au moulage proprement dit. Un mouleur belge, aidé de deux garçons por-
teurs, fabrique par heure jusqu'à 600 briques, soit 6 à 7,000 par jour.

annuelle de chaque tuilerie peut être estimée, en moyenne, au taux de 80 à 100,000 briques et tuiles; ce qui donne, pour les ateliers réunis de nos deux plaines, un total d'environ 8 millions, dont la valeur est de 240,000 francs au prix actuel de 30 francs le mille[1].

La cuisson s'opère dans la plaine du Forez principalement à la houille, tandis que dans plusieurs des ateliers du Roannais on fait encore usage de fagots. On compte alors, par fournée de 23,000 briques, sur une consommation de 800 fagots; soit 34, valant 10 à 12 francs, par millier de briques. Dans ce chiffre n'est pas compris le combustible brûlé pour le séchage, lorsque le temps est humide ou froid.

Dans les tuileries chauffées à la houille on consomme, par millier de grosses briques, 6 hectolitres ou 480 kilogrammes de houille menue de médiocre qualité; à quoi il faut ajouter, dans la saison pluvieuse, 3 hectolitres, ou 240 kilogrammes, pour leur dessiccation[2].

D'après cela, le prix de revient des briques se compose, en moyenne :

Pour frais de combustibles, de............ 10 à 12[f]
Frais divers de main-d'œuvre............. 6 à 8
Loyer de la tuilerie et entretien............ 4 à 5
(le fermage d'une tuilerie à 3 hommes étant
en général, dans nos plaines, de 300 francs).
_____
Total................. 20 à 25
Tandis que le prix de vente est de......... 30[f]

[1] La ville de Saint-Étienne seule en consomme annuellement, d'après les relevés de l'octroi, 9 à 10,000 mètres cubes, ce qui correspond à 4 millions de briques et tuiles; mais celles-ci proviennent des nombreuses tuileries à glaises quaternaires qui entourent la ville.

[2] L'ingénieur Petot, dans son Traité de la chaufournerie, indique une consommation de 1,000 kilogrammes de bois, sous forme de fagots, pour la cuisson d'un millier de briques plates, mesurant chacune 1 décimètre cube 375. D'après l'ingénieur Clère, on brûle, en se servant de la méthode flamande, 160 à 180 kilogrammes de houille anthraciteuse pour la cuisson proprement dite d'un millier de petites briques, dont le volume est précisément le tiers de celui des grosses briques de la Loire.

CHAPITRE IX.

CÔNES BASALTIQUES DU FOREZ.

Le basalte du Forez ne diffère en rien de celui des autres lieux, si ce n'est qu'il n'a formé nulle part ni nappes ni grandes colonnades. Dans le département de la Loire, il a simplement engendré des filons peu importants ou des cônes plus ou moins élevés.

Le basalte est une roche d'origine volcanique, composée de trois silicates distincts, qui parfois sont pourtant mêlés d'une façon très-intime, mais plus souvent associés en particules cristallines, visibles à l'œil nu : ce sont le *labrador*, le *pyroxène augite* et le *péridot*.

Le labrador est un feldspath à base de soude et de chaux, moins chargé de silice que les feldspaths ordinaires et, par ce motif, soluble dans l'acide muriatique. Il existe dans le basalte sous forme de lamelles cristallines vitreuses, d'un gris cendré, et y entre en général dans la proportion de 0,45 à 0,70.

Au labrador est presque toujours associé un élément zéolithique (silicate *hydraté* d'alumine, chaux et soude), car la plupart des basaltes renferment 0,02 et 0,04 d'eau de combinaison. Dans certains cas, ce silicate hydraté semble même remplacer presque entièrement le labrador proprement dit.

Le pyroxène augite est le deuxième élément du basalte, celui qui lui donne, avec le fer oxydulé, sa nuance foncée. Certains basaltes exceptionnels en renferment jusqu'à 0,50 ou 0,55 ; mais, en général, ils ne semblent pas en contenir au delà de 0,25 à 0,35. Le pyroxène est un bisilicate de chaux, de fer et de magnésie, le plus souvent inattaquable par les acides. Il est noir ou vert foncé, presque toujours visible au moins à la loupe, et même ordinairement isolé en grands cristaux d'un beau noir, très-brillants, avec des sommets nettement terminés.

Lorsque le mélange du labrador et du pyroxène est intime au point de donner au basalte une fausse apparence homogène, on y découvre difficilement le troisième élément. Mais en général le péridot est visible, même à l'œil nu, sous forme de grains ronds cristallins, transparents, d'un jaune verdâtre; et, dans certains cas, il est assez abondant pour s'isoler en paquets granulaires de plusieurs centimètres cubes.

Le péridot est un protosilicate de magnésie ferrifère, formé de 0,49 à 0,50 de magnésie, 0,40 à 0,42 de silice et 0,08 à 0,10 de protoxyde de fer. Quoiqu'à peu près inattaquable par les acides, il semble cependant s'altérer plus promptement, sous l'influence des agents atmosphériques, que les deux autres éléments du basalte; et si la surface nue des roches basaltiques depuis longtemps exposées à l'air est toujours rude et comme criblée d'une multitude de très-petites cavités, cela est précisément dû à la disparition des grains de péridot.

La proportion de cet élément est assez variable : d'après une analyse d'Ebelmen, il paraît, dans certains cas, s'élever jusqu'à 10 p. o/o. Parmi les basaltes de nos contrées qui en renferment le plus, je citerai spécialement celui du pic de Bard, où les noyaux jaunes granulaires sont volumineux et nettement circonscrits; ce même basalte contient également de beaux cristaux de pyroxène.

Outre les trois éléments dont je viens de parler, le basalte contient presque toujours aussi du fer oxydulé titané magnétique, uniformément disséminé dans la roche, sous forme de très-petits cristaux noirs. On reconnaît leur présence par l'action des basaltes sur l'aiguille aimantée. Il en est fort peu qui ne soient fortement magnétiques, et dans plusieurs la proportion du fer oxydulé va de 0,05 à 0,10.

Enfin, lorsque la roche est criblée de géodes ou pleine de soufflures, l'élément zéolithique s'isole également sous

forme de cristaux : telle est l'origine des prismes ou paquets de mésotype fibreuse qui font rarement défaut lorsque le basalte est celluleux. Dans le Forez, je citerai spécialement le mont Simiouse, au-dessus de Montbrison,
déjà signalé sous ce rapport par le comte de Bournon. Le
basalte y est criblé de géodes dans lesquelles on rencontre
la mésotype, cristallisée en prismes quadrangulaires avec ses
troncatures caractéristiques sur les angles; on y voit aussi
des nodules de spath calcaire, des grains de péridot et des
cristaux bien formés de pyroxène. Ces basaltes à soufflures
sont cependant rares dans le département de la Loire. En
général, ils sont durs, compactes, sans cristaux isolés,
affectant rarement d'une manière bien nette la structure
colonnaire.

Dans le Forez, les cônes basaltiques se rencontrent ex- *Situation des cônes basal- tiques.*
clusivement sur la rive gauche de la Loire, le long d'une
zone N. S., de quatre à cinq lieues de largeur sur dix à
douze de longueur, bornée au nord par la rivière de l'Aix
et au sud par celle du Bonson. Dans cet espace, dont le
centre correspond exactement à la ville de Montbrison, on
compte quarante-cinq à cinquante protubérances basaltiques perçant, les unes, le terrain de la plaine, les autres,
le pied et le flanc oriental de la chaîne du Forez. On les
reconnaît de loin à leurs formes élancées, presque toujours
coniques, et à l'extrême roideur de leurs pentes. D'un seul
coup d'œil on embrasse l'ensemble de ces buttes lorsque,
placé aux environs de Montrond ou de Feurs, on tourne
ses regards par un temps clair du côté de l'ouest, surtout
quand le soleil du matin est encore peu élevé au-dessus
de l'horizon. Alors chacune de ces sommités, aux formes
hardies, contraste avec la complète uniformité du dépôt
tertiaire et les contours mollement ondulés des massifs granitiques; puis, au sommet de la plupart de ces cônes, on
aperçoit les restes des châteaux féodaux de l'ancien Forez.

Les principales buttes, en les suivant du sud au nord,
sont le puy Saint-Romain, le mont Uzore et le mont

44

Verdun, au centre de la plaine; le mont Claret, le mont Brison et les pics de Curzieux, Champdieu, Marcilly et Marcoux, au pied de la chaîne; les cônes d'Appagneux, Lavieu, mont Supt, pic de Bard, Chaudabry, mont Simiouse, Châtelneuf, Sauvain, Cezay, la Sauveté, etc., dans le flanc des montagnes du Forez.

L'étendue horizontale de la plupart de ces buttes est peu considérable : leur superficie réunie n'excède pas 400 hectares; leur élévation au-dessus du sol environnant est par contre assez grande; plusieurs dépassent leur base de 120 à 150 mètres : ce sont le mont Uzore, le mont Simiouse, le mont Supt, le pic de Marcilly, etc. Elle est d'ailleurs en rapport avec le diamètre de la base et d'autant plus grande que la butte est plus voisine du pied de la chaîne. Nulle part dans le Forez le basalte n'a pu percer la crête des monts, et en approchant de la ligne de faîte on ne rencontre souvent, au lieu de véritables buttes, qu'un assemblage de blocs plus ou moins arrondis, soulevant le granite des environs sous forme de dôme très-peu bombé, de 50 à 100 mètres carrés d'étendue : tels sont les deux amas que l'on voit à une faible distance de la route de Verrières à Saint-Anthème, l'un au peu au sud du hameau de Robert, l'autre à l'ouest du hameau de la Bruyère, et tels aussi les deux culots basaltiques de Gumières, l'un au N. O. du bourg, le second aux environs du hameau du Montel.

Comme extrêmes opposés, quant à l'étendue et au volume de la masse, on peut citer le mont Uzore, dans la plaine; le mont Claret et le pic de Curzieux, au pied de la chaîne; le mont Simiouse et la butte de Sauvain, dans le flanc de la chaîne.

Le mont Uzore est la masse basaltique principale du Forez et, à part quelques dykes peu importants, à peu près la seule qui n'ait pas la forme régulièrement conique. C'est une crête boisée N. S. s'élevant, du milieu de la plaine à l'est de Marcilly, au niveau relatif de 150 mètres ou à la hauteur absolue de 540 mètres; elle affecte la forme d'un toit à deux pans opposés, fortement inclinés, dont le faîte s'abaisserait insensiblement du nord au sud. Sa longueur est de 4 à 5,000 mètres, sa largeur moyenne de 5 à 600. Le basalte est compacte, en fragments irréguliers, affectant rarement et d'une façon très-incomplète la structure colonnaire. Le sable tertiaire a été entraîné jusqu'à une grande hauteur le long des flancs de la crête.

Le mont Claret se compose de quatre buttes coniques juxtaposées, formant réunies un petit chaînon N. N. O., situé au pied des montagnes du Forez, entre Montbrison et Saint-Marcellin. Sa longueur atteint 1,500 à 2,000 mètres et sa hauteur relative au-dessus des coteaux granitiques voisins est, comme pour le mont Uzore, d'environ 150 mètres. Très-près de là, à l'ouest, se trouvent les deux cônes isolés, très-réguliers, du mont Supt et de Lavieu. *Mont Claret.*

Le pic de Curzieux, près de Montbrison, est également l'une des buttes les plus élevées et les plus régulières du Forez; quoiqu'au pied de la chaîne, il est complétement entouré de sables tertiaires et atteint la cote de 600 mètres. *Pic de Curzieux.*

A un niveau plus élevé, dans le flanc des montagnes du Forez, se trouvent les deux grands cônes de Sauvain et du mont Simiouse. Le premier se compose de basalte compacte noir; le second, plus celluleux, renferme beaucoup de péridot, des cristaux de pyroxène et des nodules de spath calcaire avec de la mésotype. *Butte de Sauvain et mont Simiouse.*

Les prismes basaltiques alignés sous forme de colonnades régulières sont partout rares dans le Forez; on en voit cependant à la butte de Cezay, entre Boën et Saint-Germain-Laval. Ce cône se termine par une sorte de cirque ou cratère circulaire, de 30 à 40 mètres de rayon, dont l'arête supérieure se compose, sur les deux tiers de sa circonférence, d'une rangée continue de très-petits prismes verticaux de basalte compacte. La dépression centrale semble provenir ici de l'effondrement d'une cavité intérieure et ne paraît pas avoir jamais joué le rôle de cratère *Colonnade de la butte de Cezay.*

44.

à éruption : on ne rencontre, en effet, au pied du cône ni lapilli, ni cendres, ni coulées de lave.

Donnons, pour terminer cette revue des principales buttes, le tableau de leurs cotes de hauteur au-dessus de la mer :

CÔNES					
de la plaine.		du pied de la chaîne.		du flanc de la chaîne.	
Mont Verdun.....	443m	Marcoux.........	597m	La Sauveté......	735m
Mont Uzore.......	540	Marcilly..........	585	Cezay...........	661
Puy Saint-Romain..	488	Pic de la Corée....	453	Moran..........	613
		Champdieu.......	540	Palogneux.......	932
		Puy Grillot.......	673	Montaubroux.....	757
		Pic de Curzieux...	600	Butte de Sauvain..	994
		Mont Brison......	435	Mont Simiouse....	1,012
				Chaudabry.......	1,036
				Pic de Bard......	836
				Mont Supt.......	646
				Lavieu..........	776
				Appagneux.......	709

État du basalte au moment de son apparition.

L'absence de véritables coulées et la forme élancée des buttes basaltiques prouvent évidemment que ces cônes sont, en réalité, de simples boursouflures ; que la matière basaltique, à son arrivée au jour, ne fut plus assez fluide pour s'étaler en nappes, qu'elle avait alors déjà une consistance pâteuse ou visqueuse, tout en conservant une certaine plasticité, puisqu'on rencontre des dykes, très-peu puissants, qui sillonnent le granite sur une longueur assez grande. Ainsi, dans la commune de Bard, on voit, entre Contéol et Jeambin, un filon basaltique de 3 mètres de largeur, coupant la roche ancienne, sur 50 à 60 mètres, dans le sens du méridien magnétique.

D'autre part, cependant, il ne faudrait pas croire non plus que tous ces cônes fussent, dès l'origine, relativement aussi saillants. Le basalte est plus dur et surtout moins altérable que le granite et les sables tertiaires. La roche encaissante a dû être enlevée, par ablation lente, d'une façon plus énergique que le basalte lui-même, comme cela se voit d'une manière bien nette pour certains filons quartzeux et porphyriques (Chavanolle, Saint-Thurin, la Roche, etc., pages 173, 177, 410). Cette circonstance peut seule expliquer comment une masse ignée, encore plastique, a pu prendre, lors de son arrivée au jour, la forme d'un cône à parois roides. Le terrain encaissant enveloppait alors certainement la masse pâteuse jusqu'à une faible distance de son extrémité supérieure. Il devait d'ailleurs être entraîné et soulevé, comme une sorte de rempart ou de bourrelet, tout autour de la masse ignée ; et c'est ce manteau surtout qui a disparu depuis. Cependant il en reste des vestiges, et ces débris sont la meilleure preuve de son étendue plus grande et de l'état visqueux de la pâte basaltique au moment de son éruption. Sur le pourtour et à la base de la plupart des cônes on rencontre une sorte de brèche ou tuf, composé de fragments émoussés de basalte et de débris broyés, plus ou moins altérés, de la roche encaissante. Ce dépôt n'est nullement stratifié ; il affecte partout les caractères spéciaux, si saillants, des brèches éruptives, ce qui prouve, soit dit en passant, que lors de la sortie des basaltes toute la contrée, y compris la plaine du Forez, était alors déjà complétement émergée.

Brèches
éruptives
à fragments
de basalte.

L'un des points où la brèche s'observe le mieux est le mont Calvaire de la ville de Montbrison. Autour du dôme igné proprement dit on voit les sables et argiles tertiaires plus ou moins frittés et souvent agglomérés; puis, au milieu de ces débris altérés, de nombreuses boules de basalte.

Les mêmes effets s'observent aux buttes de Champdieu et de Marcilly, au mont Uzore, au puy Saint-Romain, etc. Dans le chapitre VII nous en avons d'ailleurs cité déjà deux exemples remarquables au pied des buttes de Marcoux et de Poncins (pages 647 et 648). Enfin on peut encore l'observer à Bossieu, commune de Chalain-d'Uzore, où l'on exploite du basalte pour l'entretien de la route de Montbrison à Boën.

C'est une protubérance basaltique très-surbaissée, située au milieu du terrain tertiaire, entre Pralong et le mont Uzore. Le basalte proprement dit est enveloppé de débris de la roche ignée, cimentés par du sable argileux plus ou moins cuit, comme celui de la butte de Poncins.

Âge du basalte.

La brèche éruptive en question nous conduit naturellement à fixer l'âge du basalte. Nous venons de montrer qu'il perce à la fois le granite et le terrain tertiaire; ce dernier après l'asséchement du bassin du Forez, par suite, après la clôture de la période tertiaire moyenne. Nous savons d'autre part, d'après les observations faites par divers géologues dans le Velay, le Vivarais et l'Auvergne, que les premières éruptions trachytiques correspondent à l'origine de la période tertiaire supérieure, c'est-à-dire au soulèvement général du plateau central qui a précisément mis fin, dans nos contrées, au dépôt de l'étage le plus élevé du terrain tertiaire moyen (page 667); on sait aussi que dans ces mêmes lieux les premiers basaltes ont surgi après les trachytes, mais avant la période des volcans à cratère. D'après cela, les éruptions basaltiques correspondent en réalité aux derniers temps de la période tertiaire supérieure et ont dû se continuer pendant une partie au moins de la période quaternaire. Dans tous les cas, les coulées basaltiques n'ont cessé qu'après la première apparition des volcans à cratère [1].

Direction des éruptions basaltiques.

Il serait difficile d'assigner aux éruptions basaltiques une direction déterminée. A la vérité, quelques-unes des buttes sont allongées du sud au nord (le mont Uzore, le mont Claret, etc.), et dans leur ensemble elles constituent une zone dont le grand axe court également du sud au nord. Mais cette zone est relativement très-large; de plus, les assises tertiaires percées par ces buttes ne sont nullement dérangées de leur position primitive : jusqu'au pied des cônes elles conservent leur horizontalité.

[1] *Histoire de la géologie*, t. II, p. 194. *Annales de la société académique du Puy*, t. XIX. *Description du volcan du Coupet.*

Le basalte ne renferme, en dehors des minéraux déjà nommés, aucune substance spéciale qui mérite d'être signalée. Il nous suffira donc de rappeler ici le pyroxène augite, le péridot, la mésotype, le fer oxydulé titané, le spath calcaire, etc. que l'on rencontre spécialement dans le basalte du mont Uzore, du mont Simiouse, des pics de Curzieux et de Champdieu.

Substances subordonnées.

Le basalte altéré a été confondu, à diverses reprises, avec du minerai de fer; plusieurs fois on en a apporté au laboratoire de l'école des mines, spécialement du mont Claret. Sa teneur en fer ne dépasse jamais 20 p. o/o; dans les hauts fourneaux, il se comporterait d'ailleurs comme une scorie de forge, dont la réduction est toujours difficile.

Emploi du basalte dans les arts.

On a aussi proposé de refondre le basalte pour en faire, par moulage, des tuyaux de conduite pour les eaux. On aurait, je crois, par ce procédé, des produits à la fois fort coûteux et peu solides. Le seul usage auquel le basalte est partout appliqué avec beaucoup de succès est l'entretien des routes et le pavage des rues. Par le fait de sa ténacité, unie à une très-grande dureté, cette roche résiste fort longtemps à la pression et aux chocs des roues.

Le basalte n'offre rien de spécial au point de vue de la marche des eaux. Comme la plupart des roches volcaniques, il est fissuré dans tous les sens et absorbe ainsi rapidement les eaux de pluie, sans que celles-ci puissent engendrer de véritables sources, soit à cause de ces fissures mêmes, soit surtout à raison de la faible étendue des masses basaltiques. Comme fait exceptionnel, je citerai la source du mont Supt, mentionnée par Passinges dans sa description des volcans du Forez [1]. Le sommet du cône est couronné d'une vieille tour, tandis que les maisons du bourg entourent sa base. A 4 mètres environ au-dessous de la tour se trouve une citerne qui conserve habituellement ses eaux presque au même niveau, tandis qu'elles disparaissent dans

Le basalte considéré au point de vue du régime des eaux.

[1] *Journal des mines*, 5ᵉ année, p. 843.

le village même, situé au-dessous, dès que survient une période de sécheresse.

Influence
du basalte
sur les produits
agricoles.

Le basalte, quoique fort compacte et dur, se décompose pourtant à la longue et produit un terreau noir et léger, rendu très-fertile par l'abondance de ses éléments alcalins et calcaires.

La silice gélatineuse des silicates décomposés et l'acide phosphorique rehaussent également sa fertilité. Ebelmen mentionne ce dernier produit dans les basaltes d'Auvergne, et le docteur Fownes a rencontré la même substance dans toutes les roches volcaniques sans aucune exception qu'il a examinées [1].

Malgré cela, par suite de la roideur des pentes, la plupart des cônes basaltiques n'en sont pas moins arides et nus. Les pluies entraînent constamment les menus débris au pied des buttes, et c'est là seulement que se manifeste la fertilité propre aux terrains basaltiques. Passinges en fut frappé et cite sous ce rapport les terres situées à la base des buttes de Saint-Romain-le-Puy et de Marcilly, du mont Uzore, etc.

Décomposition
lente
des basaltes.

La décomposition lente des basaltes a été étudiée, d'une manière spéciale, par Ebelmen [2].

En général, la roche se divise d'abord en boules; puis, à la surface de ces fragments arrondis, se produit peu à peu une écaille tendre et terreuse, d'une nuance claire, qui se détache par fragments et laisse ainsi à nu une surface fraîche, où les mêmes effets se produisent de nouveau.

Des trois éléments du basalte, le péridot s'altère le premier; puis, en général, l'élément feldspathique ou zéolithique. Dans tous les cas, l'altération débute par la suroxydation du fer; après cela, l'eau et l'acide carbonique enlèvent successivement les alcalis, la magnésie, la chaux

---

[1] *Annales des mines*, 4ᵉ série, t. VII, p. 52. *Annales de chimie*, 3ᵉ série, t. XIII, p. 377.

[2] *Annales des mines*, 4ᵉ série, t. VII et XII.

et une partie du fer, en les transformant en carbonates.
En même temps la silice des silicates est aussi dissoute
partiellement. Une autre partie du fer est en outre enlevée
par les acides végétaux qui se forment, dans les terrains
meubles, par la putréfaction lente des racines. Ce sont les
sels ferrugineux ainsi produits que l'on voit apparaître,
dans les lieux marécageux, sous forme de pellicules irisées
et de dépôts ocreux.

L'alumine seule, parmi les éléments du basalte, n'est
pas entraînée; elle reste unie à la silice non dissoute, et
forme avec elle et avec 0,15 à 0,20 d'eau la croûte argileuse, tendre, ci-dessus mentionnée. Cette argile est d'ailleurs presque toujours faiblement colorée par une certaine
proportion de fer suroxydé.

Les éléments entraînés se divisent en deux parts : les
uns sont finalement conduits jusqu'à la mer; les autres se
mêlent au sol ou sont absorbés par les végétaux, dont ils
favorisent le développement : de là la fertilité si grande du
terrain volcanique, et spécialement du sol de la Limagne,
dont toutes les parties sont généralement parsemées de
débris volcaniques.

CHAPITRE X.

PÉRIODE QUATERNAIRE.

DILUVIUM. — ALLUVIONS ANCIENNES ET MODERNES [1].

On comprend généralement sous le nom de *période quaternaire* l'époque géologique, plus ou moins agitée, qui s'est écoulée entre les derniers temps de la période subapennine (*pliocène*) et l'ère actuelle ou historique, marquée par l'apparition de l'homme sur la terre.

Elle est caractérisée par des dépôts meubles, extrêmement variables au point de vue de leur composition et de leur manière d'être, mais assez uniformes lorsqu'on compare les faunes qui leur correspondent. On y trouve de nombreux restes de mammifères, surtout de carnassiers et de grands pachydermes, appartenant la plupart à des espèces éteintes, mais pourtant peu différents de leurs congénères vivants : ce sont des ossements d'éléphant, de rhinocéros, de cerf, de bœuf, d'aurochs, de cheval, de tigre, de chien, etc. parmi lesquels ne se rencontrent jamais ni restes humains ni débris d'industrie. On donne souvent à ces dépôts les noms impropres de *diluvium* et de terrain *diluvien*, ou bien, avec plus de raison, ceux de formation *erratique*, *alluvions anciennes*, etc.

Terrain quaternaire des bassins du Rhône, du Rhin et de la Seine. Dans les bassins du Rhône, du Rhin et de la Seine, le terrain quaternaire se compose de deux étages, dont la partie inférieure est plus particulièrement désignée sous le nom de *diluvium;* c'est un dépôt torrentiel, caillouteux ou

[1] En réalité, les alluvions modernes appartiennent à l'ère historique et non à la période quaternaire; mais on verra par les détails dans lesquels nous allons entrer que, dans nos contrées, les alluvions anciennes et modernes se confondent, et qu'il est impossible de séparer ces dernières des produits analogues de l'époque quaternaire.

sablonneux, couvrant le fond et le flanc des grandes vallées sur une hauteur qui varie de quelques mètres à 100 mètres et plus. Dans chacun des bassins, et même le long de chacun de leurs affluents, les galets proviennent exclusivement des terrains que traversent ces cours d'eau. Dans la partie haute du dépôt, on rencontre souvent, outre les galets proprement dits, de grands blocs, plus ou moins anguleux, irrégulièrement dispersés au milieu du cailloutis sablonneux; ailleurs même des traces de *moraines* provenant d'anciens glaciers : de là les noms de formation *erratique*, blocs *erratiques*, terrain *glaciaire*.

L'étage supérieur recèle aussi sur quelques points de grands fragments de roche peu arrondis, mais se compose surtout d'éléments fins, de glaises, de marnes ou de terres sableuses, irrégulièrement stratifiées, colorées en jaune par de l'hydroxyde de fer. C'est un dépôt moins tourmenté que le diluvium inférieur. On l'appelle vulgairement *lehm* ou *loess* dans la vallée du Rhin, *terre à pisé* dans celle du Rhône. Il occupe spécialement le haut des plateaux, et s'élève ainsi jusqu'à 200 ou 250 mètres au-dessus du niveau actuel du fond des vallées. Sa puissance est au maximum de 15 mètres, et en général au-dessous de 10 mètres. Il renferme bien souvent des concrétions calcaires, qui semblent provenir d'infiltrations postérieures, et presque toujours des coquilles terrestres ou fluviatiles, dont la plupart diffèrent peu ou point de celles qui vivent encore aujourd'hui sur les lieux. Enfin, dans les deux étages indistinctement, on rencontre enfouis les ossements ci-dessus mentionnés [1].

Dans les bassins de la Loire et de l'Allier, le terrain quaternaire affecte des caractères très-différents, ainsi que

[1] Quelques géologues, M. Sauvaneau entre autres, considèrent comme *diluvium proprement dit*, c'est-à-dire comme dépôt de la dernière vaste inondation qui aurait temporairement couvert nos continents, un dépôt terreux, rougeâtre, peu épais, le *lehm rouge*, supérieur à la terre à pisé (le *lehm jaune*), et dont on rencontrerait les traces jusque sur les points

Terrain
quaternaire
des
bassins
de l'Allier
et de la Loire.

l'ont déjà constaté MM. Pomel et Rozet pour la vallée de l'Allier. On n'y trouve ni véritable lehm, ni blocs erratiques, ni moraines, ni aucun indice d'anciens glaciers. A leur place il s'est produit en Auvergne deux classes de dépôts : d'une part, des gîtes éparpillés, peu étendus, renfermant des ossements de la faune quaternaire; d'autre part, des amas caillouteux, plus continus, à galets basaltiques, couvrant le fond des vallées actuelles. M. Rozet cite de plus une assise meuble, très-fertile et presque noire, composée en grande partie de cendres et de lapilli volcaniques. Elle paraît supérieure au dépôt caillouteux, et renferme aussi des ossements de mammifères de la période quaternaire. Ce serait en quelque sorte l'équivalent du lehm, tandis que le banc caillouteux sous-jacent correspondrait au diluvium inférieur des bassins du Rhône et du Rhin. Dans le département de la Loire, les dépôts quaternaires sont également de deux sortes : 1° le long de la Loire, un dépôt caillouteux, à galets de basalte et de phonolithe, passant insensiblement aux alluvions actuelles, et auquel convient, par ce motif, le nom d'*alluvions anciennes*; 2° des dépôts *glaiseux* ou terres à briques, qui proviennent, sur chaque point, de la décomposition lente du terrain sous-jacent et s'accumulent dans les bas-fonds voisins sous l'action continue des eaux pluviales.

Outre ces deux dépôts spéciaux du bassin de la Loire, nous avons à citer sur les bords du Rhône, à Chavanay et à Saint-Pierre-de-Bœuf, les deux étages quaternaires ordinaires de la vallée du Rhône, le diluvium alpin et le lehm. Mais, vu leur faible étendue en dedans des limites de notre département, et d'après ce que je viens d'en dire d'une manière générale, il m'a semblé inutile de les décrire d'une

les plus élevés du Bugey, du Jura et du mont d'Or lyonnais (*Annales des sciences naturelles*, etc. *de Lyon*, t. VIII, année 1845). Je dois ajouter que ce dépôt spécial manque dans le bassin de la Loire, aussi bien que le lehm ordinaire, à moins de considérer comme tel nos terres à briques, dont il sera question dans ce chapitre même.

façon plus spéciale. J'ajouterai seulement que le lehm a été exploité comme falunière, à Saint-Pierre-de-Bœuf, pour l'amendement des terres d'origine ancienne, et que l'on y a trouvé, comme partout ailleurs, des coquilles terrestres et fluviatiles. Enfin rappelons que M. Graff cite Saint-Pierre-de-Bœuf comme l'un des points des bords du Rhône où les orpailleurs lavaient avec succès le sable du fleuve [1].

Nous pouvons donc nous borner à passer en revue successivement les dépôts glaiseux de nos plateaux, puis les alluvions anciennes des bords de la Loire et de quelques-uns de ses affluents.

1° Dépôts glaiseux ou terres à briques.

Les dépôts glaiseux se trouvent éparpillés sur la surface entière du département, et caractérisent surtout les bas-fonds de tous les plateaux. Ils ne paraissent avoir jamais séjourné sous une véritable nappe d'eau, et ne renferment en général des fossiles d'aucun genre, si ce n'est quelques rares coquilles terrestres. Leur nature propre dépend uniquement de celle du terrain sous-jacent; il n'y a là jamais trace de transport lointain. C'est, par suite, une formation purement terrestre, qui pourrait même correspondre à plus d'une période géologique. Ce sont, au reste, partout de simples lambeaux isolés, fort peu étendus et très-peu puissants (5 à 8 mètres au maximum), que, par ce motif, je n'ai pas cru devoir figurer sur la carte.

Les dépôts glaiseux les plus importants, ou du moins ceux que l'on connaît le mieux, parce qu'on les exploite depuis longtemps avec grande activité, appartiennent au terrain houiller de Saint-Étienne. Ils occupent spécialement le pied des coteaux et les bas-fonds non ravinés par des cours d'eau, surtout lorsque ces points correspondent aux grandes failles du terrain houiller. Ainsi on peut citer, aux

Dépôts glaiseux du bassin houiller.

---

[1] *Annales de la société des sciences naturelles*, etc. *de Lyon.*

environs de Saint-Étienne, le pied nord du coteau de Saint-Roch, qui s'étend, parallèlement à l'axe du bassin houiller, depuis le jardin des plantes de Saint-Étienne jusqu'à la forge de Terre-Noire. Le long de cette zone, marquée par une puissante faille, il existe en ce moment, sur moins de trois kilomètres, jusqu'à dix tuileries distinctes. Des dépôts analogues couvrent, sur l'autre revers du même coteau, les bas-fonds du plateau de la Pouilleuse et les diverses combes qui aboutissent au vallon du Chevanelet. Ce sont précisément ces atterrissements qui masquent sur ce point les affleurements houillers, et y ont empêché jusqu'à ce jour tout travail sérieux à la recherche du charbon.

Dans la vallée de l'Ondène, de pareilles glaises se montrent sur la lisière sud du bassin houiller, le long du pied de la chaîne du Pilat. La même zone se prolonge aussi à l'est, et se trouve exploitée par les briquetiers d'Izieux, de Saint-Chamond, de la Grand'Croix, de Lorette, de Rive-de-Gier, etc. [1]

Les grandes failles transversales du terrain houiller sont également accompagnées d'atterrissements identiques. Nous citerons celles du Cluzel, du Furens, de Monthieux, et surtout la faille du Furens, le long de laquelle sont ouvertes les nombreuses tuileries de Bellevue, Tardy, Beaubrun et Montaud.

Tous ces dépôts se ressemblent parfaitement et proviennent exclusivement de la destruction lente du terrain houiller. Ce sont des glaises argilo-sableuses, jaunes, plus ou moins micacées, faisant faible effervescence avec les acides, et renfermant en général, irrégulièrement éparpillés, de nombreux fragments anguleux de grès et de poudingues houillers,

---

[1] A cette même zone appartient le dépôt glaiseux actuellement exploité le long de la route du Puy, près de Saint-Étienne, pour la confection des briques destinées au grand tunnel de la Croix-de-l'Horme, et c'est également la zone de la faille de Monthieux qui a fourni les terres pour les briques du tunnel de Terre-Noire. Les unes et les autres ont été fabriquées par la méthode flamande.

mais aucun véritable galet roulé ni aucune roche étrangère, à moins que le dépôt ne soit situé au pied immédiat de l'une des deux chaînes anciennes qui embrassent la vallée houillère; alors on y trouve quelques rares fragments de gneiss ou de micaschiste. Quant aux cailloux quartzeux, qui y sont assez fréquents, ils proviennent des poudingues houillers, et furent ainsi arrondis bien avant la formation même de ces atterrissements.

Les glaises du bassin houiller se présentent sous forme d'amas peu larges, ayant deux à trois, jusqu'à six ou huit mètres de puissance. Leur manière d'être ordinaire est celle du diagramme ci-joint :

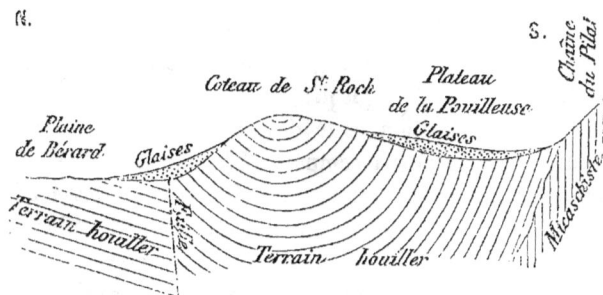

qui représente la coupe idéale du coteau de Saint-Roch et du plateau de la Pouilleuse, entre Saint-Étienne et le vallon du Janon. Ces atterrissements ne sont jamais stratifiés, et ne renferment ni fossiles, ni empreintes, ni aucun reste organique quelconque. Tout concourt à montrer qu'ils proviennent de l'altération lente des roches houillères et de l'action continue des eaux pluviales. Ces dépôts peuvent donc encore se former ou s'accroître aujourd'hui; et d'autre part, comme le terrain houiller de la Loire n'a jamais séjourné depuis sa formation d'une façon permanente sous une véritable nappe d'eau, il se pourrait que ces atterrissements glaiseux eussent commencé à se former dès cette époque reculée. Mais en même temps il est bien évident également que les premiers débris ainsi accumulés ont dû être, à diverses reprises, de nouveau entraînés plus ou moins complétement lors des cataclysmes successifs dont la surface de la terre a été le théâtre. Remarquons cependant que ces grandes débâcles ne furent ni aussi fréquentes ni surtout aussi violentes qu'on le suppose communément; car on ne rencontre à la surface du terrain houiller aucun fragment de roche étrangère, si ce n'est les alluvions proprement dites du Gier, du Furens et de l'Ondène. Nos terres à briques pourraient donc correspondre en réalité à plusieurs périodes géologiques fort longues.

Glaises du terrain anthraxifère. Le terrain houiller n'est pas le seul dont la décomposition lente ait donné lieu à des dépôts glaiseux : à la surface des autres formations on en rencontre de semblables. Nous avons déjà fait remarquer que le grès anthraxifère du Roannais est généralement altéré jusqu'à la profondeur de 2 mètres, et que la kaolinisation lente des éléments feldspathiques produit un sol argileux compacte. Là aussi les roches décomposées furent en partie entraînées dans les bas-fonds et y ont formé des atterrissements argilo-sableux, plus ou moins épais, que l'on utilise également comme terres à briques. On peut citer les tuileries de Dancé, Bully, Cordelles, Neulize, Saint-Symphorien, Sainte-Colombe, Saint-Martin-de-Félines, etc. Ces terres sont jaunâtres, comme celles du terrain houiller, mais en général plus micacées et plus douces au toucher. C'est aussi avec ces glaises que l'on vient de fabriquer dans les communes de Saint-Cyr-de-Favières, Cordelles, Neulize, Saint-Jodard, etc., par la méthode flamande, les briques nécessaires au muraillement des nombreux tunnels du chemin de fer de Roanne à Saint-Étienne, dans la traversée du plateau de Neulize.

Glaises des schistes anciens et carbonifères. Les schistes du calcaire carbonifère et même les schistes du terrain ancien s'altèrent en général avec beaucoup de facilité. Il en résulte des terres fortes, également propres à la confection des briques. On les exploite, dans ce but, à

Saint-Romain et Saint-Marcel-d'Urphé, à Champoly, Luré, Regny, Bussières, Chevrières, Saint-Médard, etc.

Enfin le granite lui-même produit des atterrissements argilo-sableux, propres à la confection des briques : tels sont les dépôts exploités pour le service des tuileries de Panissières, Roziers, Essertines, Périgneux, etc. Ces glaises sont cependant maigres et sablonneuses; elles passent habituellement aux arènes granitiques. C'est à ces mêmes débris, lentement accumulés, qu'il faut attribuer en grande partie la fraîche verdure et la fertilité réelle de certains bas-fonds des terrains anciens. Argiles à briques du terrain granitique.

2° Alluvions anciennes du val de la Loire.

Le dépôt caillouteux quaternaire du val de la Loire est essentiellement caractérisé par de nombreux galets de basalte et de phonolithe venant des environs du Puy, ou en général du Velay, comme ceux que charrie encore journellement la Loire à chacune de ses crues. Différences entre les alluvions et le cailloutis tertiaire.

A ces roches, d'origine volcanique, sont mêlés des galets granitiques, surtout les débris du granite à feldspath rose qui borde la Loire entre Saint-Just et Aurec. Les fragments purement quartzeux y sont relativement rares, tandis que le dépôt tertiaire, sur lequel reposent les alluvions, renferme toujours, comme on l'a vu, principalement du quartz (ou des jaspes dans le Roannais), mais jamais la moindre trace de débris volcaniques.

Le sable aussi qui enveloppe les galets est totalement différent dans les deux terrains. Le sable tertiaire est blanc ou blanc jaunâtre; il se compose presque uniquement de grains quartzeux et feldspathiques, mêlés de paillettes de mica, et à ces sables sont presque toujours associées des parties argileuses, fréquemment colorées par l'oxyde de fer. Le sable du terrain alluvial est, par contre, rarement argileux et contient toujours de nombreux grains noirs d'origine volcanique.

45

A mesure que l'on descend le val de la Loire, les galets basaltiques deviennent moins gros et plus rares, conséquence naturelle de l'éloignement progressif du point où ces roches se trouvent en place. Leur rareté relative est surtout sensible à partir de Roanne, où abondent plutôt les débris du terrain de transition et surtout les galets porphyriques et anthraxifères arrachés au défilé des Roches. Cependant, sauf le changement graduel dont je viens de parler, les alluvions offrent une grande uniformité dans toute leur étendue. Elles proviennent évidemment d'un cours d'eau unique, la Loire; tandis qu'antérieurement, pendant la période tertiaire, les bassins du Forez et du Roannais furent au contraire comblés, ainsi que j'ai eu occasion de le prouver dans le chapitre VII, par un très-grand nombre d'affluents divers de moindre importance. La Loire alors, comme artère générale, n'existait point encore dans nos contrées.

Grosseur des galets. Dans les deux plaines les galets de l'alluvion sont de toute grosseur, depuis celle du poing jusqu'au grain de sable le plus fin, mais en général d'autant plus volumineux que le dépôt est plus rapproché des défilés par lesquels la Loire débouche dans nos plaines. On remarque également que les galets diminuent de grosseur à mesure que l'on s'éloigne des bords actuels du fleuve. Cependant, à cet égard, on observe de nombreuses exceptions, qui semblent provenir, comme nous le verrons, de ce que la Loire a plusieurs fois changé de cours depuis l'origine de la période alluviale. C'est le long de ces *thalwegs* successifs que l'on rencontre en général les galets les plus gros. Sur quelques autres points le dépôt alluvial consiste plutôt en un terreau noir, léger et fertile, entièrement dépourvu de fragments graveleux : tels sont les *chambons* de nos plaines, que l'on consacre spécialement à la culture du chanvre. La zone la plus importante borde la rive gauche du fleuve depuis Boisset, en face de Montrond, jusqu'à l'entrée du défilé des Roches, au port Garelle. Sa largeur varie de 1,000 à

2,000 mètres, et son élévation au-dessus des basses eaux de la Loire atteint au maximum 10 à 12 mètres.

Les alluvions de la Loire ne sont nulle part très-puis-santes. Sur aucun point je n'ai pu en constater plus de 10 mètres; le plus souvent, même sur les bords immé-diats du fleuve, comme à Montrond, Feurs, Unias, etc., on en trouve à peine 2 à 3 mètres; et dès que l'on s'éloigne du thalweg actuel, son épaisseur descend rapidement à 1 mètre, puis 0^m,50, ou moins encore. Du reste, le dépôt alluvial se termine, tantôt brusquement le long d'une an-cienne berge du sous-sol tertiaire, tantôt graduellement en forme de biseau; de sorte qu'à la limite il y a alors, sur une certaine étendue, mélange intime des éléments gra-veleux d'origine tertiaire et quaternaire. Comme exemples du premier mode, on peut citer les bords du dépôt allu-vial, sur la rive gauche de la Loire, entre Saint-Rambert et l'Hôpital, Riorges et Briennon; comme exemple du deuxième mode, la limite opposée, entre Montrond et Balbigny.

Puissance des alluvions.

L'étendue du terrain alluvial de la Loire équivaut aux 0,071 de la superficie entière du département; elle est de 33,900 hectares, dont 23,900 appartiennent à la plaine du Forez et 10,000 à celle du Roannais.

Étendue du terrain alluvial.

L'altitude extrême de nos alluvions est de 405 mètres à l'origine de la plaine du Forez, sur la rive droite de la Loire, entre Andrézieux et Saint-Bonnet-les-Oules; cote qui correspond, sur ce point, au niveau relatif de 40 mètres au-dessus de l'étiage. De là, en suivant le cours du fleuve, on voit le dépôt alluvial s'abaisser graduellement jusqu'à l'extrémité nord de la plaine du Forez : ainsi, à Cuzieux, il s'arrête à 30 mètres au-dessus du cours de la Loire (soit à la cote de 382 mètres); près de Montrond, au domaine de la Vaure, à 25 mètres (cote de 276 mètres); enfin, à Balbigny, au niveau relatif de 10 à 12 mètres. Mais ce qui peut paraître étrange au premier abord, c'est que les allu-vions ne montent pas au même niveau à l'est et à l'ouest du

Altitudes du dépôt alluvial.

45.

fleuve. Sur la rive gauche, en face d'Andrézieux, sur les routes de Saint-Marcellin et de Montbrison, elles atteignent au maximum la cote de 384 mètres. Il y a donc, sur ce point, entre les deux rives une différence de 20 mètres, dénivellation qui va s'affaiblissant du sud au nord, mais ne disparaît complétement qu'auprès de Balbigny. On serait tenté d'expliquer cet état de choses par une faille N. S. qui aurait affecté le sol vers les premiers temps de l'époque actuelle; mais alors le sous-sol tertiaire en porterait les traces, ce que rien ne semble annoncer, et d'ailleurs d'autres faits, comme nous le verrons bientôt, conduisent sans peine à une explication plus naturelle.

Dans la plaine de Roanne, il y a entre les deux rives une différence inverse : sur la gauche, l'alluvion atteint partout, entre Roanne et Briennon, le niveau constant de 30 mètres, tandis que sur la droite, à Vougy, Pouilly, etc. elle ne dépasse guère 10 à 12 mètres.

Alluvions au point de vue des eaux.

Au point de vue hydrographique, le terrain alluvial n'offre rien de spécial, ou plutôt il diffère du terrain tertiaire, sur lequel il repose, par la facilité avec laquelle les eaux pluviales le traversent. Aussi remarque-t-on en général quelques faibles sources à la surface de contact des deux dépôts. On peut citer les berges de la Loire auprès du pont d'Aiguilly, où une même falaise coupe verticalement les argiles tertiaires et le cailloutis quaternaire.

Cependant, lorsque l'épaisseur de l'alluvion est faible, l'imperméabilité du sous-sol tertiaire fait sentir son influence : les eaux y séjournent, sans pouvoir s'écouler; et, dans ce cas, il convient d'avoir recours au drainage, comme dans le cas des terres argilo-tertiaires.

Alluvions au point de vue agricole.

Sous le rapport agricole, les terres alluviales sont de beaucoup supérieures aux terres d'origine tertiaire. Leur supériorité tient à la fois à la perméabilité naturelle dont je viens de parler et aux éléments volcaniques qu'elles renferment. Elles sont plus légères et plus chaudes. Leur fertilité est surtout remarquable lorsque les parties graveleuses y deviennent

plus rares, ce qui est spécialement le cas des *chambons* de
la plaine du Forez ci-dessus mentionnés.

Si maintenant nous examinons plus en détail la disposition spéciale du dépôt alluvial, il nous sera facile de
constater que la Loire a dû successivement couler, dans la
plaine du Forez, à trois niveaux différents.

La Loire
a
changé de cours
et
creusé son lit
depuis l'origine
de la
période alluviale.

Et d'abord représentons-nous l'état de cette plaine à
l'origine de la période alluviale.

On sait qu'à l'extrémité sud de ce bassin, aux environs
d'Andrézieux, l'étage supérieur du terrain tertiaire dépasse
la cote de 500 mètres, et se retrouve à la même hauteur, sous forme de lambeaux démantelés, jusque dans les
vallons du bassin houiller, en amont d'Unieux. Or, si aujourd'hui cet étage a disparu presque en entier sur les bords
immédiats de la Loire et de ses principaux affluents, c'est
qu'il a été balayé, postérieurement à son dépôt, sous l'influence de courants plus ou moins puissants. La dénuda-
tion dut commencer au moment même où, par le relèvement du plateau central, vers la fin de la période miocène,
nos bassins tertiaires furent mis à sec. Mais il est facile de
montrer que les eaux qui amenèrent les alluvions anciennes
furent surtout la cause de cette œuvre de destruction. Les
torrents sont de deux sortes : ils *creusent* leur lit, ou l'*exhaus-
sent*, en y déposant des alluvions. Cette différence d'action
tient uniquement à la grandeur de la pente. Or, les pentes
moyennes des plaines de Feurs et de Roanne (page 37)
sont de 0^m,00125 et 0^m,001 par mètre, d'où résultent des
vitesses capables d'entraîner, à chaque crue, de fort gros
galets, et, par suite, de creuser un sol principalement
formé de sables meubles argilo-graveleux. Ainsi, *à priori*,
il est déjà évident que la Loire a dû, *surtout à son origine*,
plutôt *creuser* qu'exhausser son lit dans nos deux plaines, et
cela malgré la diminution assez brusque que l'on observe
dans les pentes à Saint-Just, au débouché du défilé de Saint-
Victor, et à l'extrémité inférieure du passage des Roches, en
amont de Roanne. Au reste, les faits eux-mêmes montrent

clairement que les eaux de la Loire ont agi de la sorte. Elles ont creusé leur lit dans les assises tertiaires; sinon on ne verrait pas aujourd'hui, sur beaucoup de points, ces sables mis à nu dans le lit même du fleuve, et, en général, les alluvions d'une puissance très-faible.

L'origine de la période alluviale n'est point marquée par une véritable débâcle.

Si donc les alluvions montent, à l'entrée de la plaine du Forez, jusqu'à 4o mètres au-dessus du cours actuel et, à Roanne, à environ 3o mètres, on doit en conclure que le lit du fleuve s'est graduellement abaissé, depuis l'origine de la période alluviale, de 4o mètres sur le premier point et de 3o au second. A la vérité, quelques personnes pourraient penser que, si les alluvions anciennes montent aussi haut, cela vient de ce que le courant diluvien avait, à l'origine, une profondeur totale de 3o à 4o mètres. C'est supposer une grande débâcle, une sorte de cataclysme, un courant capable d'entraîner non plus simplement des galets de la grosseur du poing, mais d'énormes blocs. Or, précisément, ces blocs n'existent nulle part; bien plus, les galets, déposés au niveau de 3o à 4o mètres, sont moins gros que ceux que charrie la Loire actuelle. Le volume des eaux du fleuve était donc, à l'origine de la période alluviale, plutôt moins fort qu'aujourd'hui. Enfin remarquons encore qu'à moins d'admettre une faille de date très-récente, dont l'existence est assez improbable, comme on l'a déjà vu, un courant de 3o à 4o mètres de profondeur ne saurait se concilier avec la différence de 2o mètres dans les niveaux auxquels monte l'alluvion sur les deux rives opposées de la Loire. Il n'y a donc pas eu *débâcle*, comme on l'admet souvent, ni rupture brusque de quelque lac imaginaire situé en amont. Le phénomène du creusement s'est opéré d'une façon plus graduelle et plus conforme aux causes encore agissantes sous nos yeux. On peut en effet positivement constater l'abaissement *successif* du lit du fleuve par l'existence de plusieurs séries de berges, à trois niveaux différents [1].

[1] J'ai indiqué sur la carte, planche 1, ces lits successifs de la Loire.

Ainsi, en examinant avec attention sur la carte géolo- Premier chenal de la Loire.
gique le tracé des limites et les cotes de niveau du terrain
alluvial, on voit que la Loire a dû couler d'abord, à son
entrée dans le bassin du Forez, à l'est de sa direction
actuelle, là où les alluvions montent à 40 mètres. Les
sables tertiaires devaient alors barrer le passage par Saint-
Rambert, et s'y élever, comme sur les autres points de la
lisière du bassin, à près de 450 mètres au-dessus de la
mer. A partir de Saint-Just, les eaux se dirigeaient sur
Andrézieux par un couloir étroit, couvert d'alluvions, compris aujourd'hui encore entre deux falaises peu élevées de
granite. Au delà elles ont dû suivre le vallon du Voulvon, que
longe le chemin de fer de Roanne, laissant à l'ouest, comme
rive gauche, le plateau tertiaire de Bouthéon et Veauche
et à l'est la bordure tertiaire de Saint-Bonnet-les-Oules,
Chambœuf et Saint-Galmier. L'épaisseur du dépôt alluvial,
sur ce point, ne dépasse nulle part 1^m,50; il est mis à nu,
sur toute la hauteur, par les tranchées du chemin de fer
et se compose de galets moins volumineux que ceux que
roule aujourd'hui la Loire, preuve évidente que, dans ces
premiers temps de la période alluviale, le volume des eaux
était plutôt moins considérable qu'aujourd'hui. On n'y rencontre aucun bloc qui puisse rappeler, même de loin, la
formation erratique du massif des Alpes.

A partir de Veauche, la pente du Voulvon devient plus
forte; il descend rapidement vers la Coize, qui a profondément entamé et creuse encore aujourd'hui le plateau plus
élevé de Jourcey et Cuzieux. Mais tel n'était point l'état des
lieux à l'époque dont nous nous occupons. Le plateau de
Cuzieux étant lui-même couvert d'alluvions, la Loire devait
d'abord couler à ce niveau plus élevé, situé à 30 mètres
au-dessus de l'étiage. La rive gauche du fleuve était alors
formée par le prolongement nord du plateau de Veauche,
prolongement qui plus tard, comme nous le verrons, fut
totalement démantelé lorsque la Loire changea de cours.
Du côté opposé, à l'est, le plateau de Cuzieux se prolongeait

sans interruption jusqu'aux limites du dépôt alluvial, situées exactement au même niveau, et se raccordait ainsi par-dessus la dépression de la Coize, qui n'existait point encore, avec le rivage tertiaire de droite allant de Saint-Galmier à Saint-André-le-Puy.

Au nord de Cuzieux, on descend brusquement dans la plaine de Meylieu et Montrond, où l'alluvion s'arrête à la cote de 365 mètres, placée à 15 mètres au-dessus de l'étiage; en même temps les galets y sont plus gros. Cette double circonstance semble prouver que, sur ce point, le lit primitif du fleuve a complétement disparu et coïncide plus ou moins, sauf son abaissement progressif, avec le *thalweg* de la période suivante. Mais, pour établir ce fait d'une manière positive, suivons les traces de cette deuxième direction, en repartant du point où la Loire sort du défilé de Saint-Victor.

Deuxième chenal de la Loire.
Le coteau entier sur lequel est bâtie la ville de Saint-Rambert est couvert d'alluvions; mais elles ne dépassent pas, relativement à l'étiage, le niveau de 25 à 30 mètres. Par suite, lorsque les eaux de la Loire ont passé par là, leur niveau s'était déjà abaissé de 10 à 15 mètres. Elles avaient enlevé graduellement par érosion une partie des sables qui comblaient alors le défilé de Saint-Victor, et dont on retrouve encore quelques restes le long du chemin creux qui monte de Saint-Rambert vers Chambles. A l'ouest et au nord de Saint-Rambert, la limite du dépôt alluvial est marquée par le pied du coteau qui sépare la Mare du val de la Loire, depuis le château de Batailloux jusqu'à Fontalun, au nord de Sury. On y distingue clairement une ancienne berge que les eaux de la Loire ont dû côtoyer jadis, lorsque son lit était à 20 mètres au-dessus du cours d'eau actuel. Elle passe au pied et à l'est des domaines de la petite et grande Plaine, du petit et grand Mont, d'Épel-luy, Sanzieu et les Massards, puis se détourne au N. N. E., vers Boisset et Montrond, le long du cours même de la Mare, dont la rive gauche tertiaire domine de 10 à 12 mètres

la plaine alluviale de sa rive droite. Toute cette plaine,
comprise entre la berge dont je viens de parler et le plateau plus élevé de Veauche et Cuzieux, est couverte d'alluvions; mais elle se divise elle-même en deux parties : la
plaine basse, que les eaux de la Loire envahissent encore,
au moins partiellement, lors des fortes crues, et la terrasse
supérieure, dont le niveau dépasse de 12 à 20 mètres celui
de l'étiage. Celle-ci est séparée de la plaine inférieure par
une dernière berge, plus récente, qui longe le pied des
villages de Saint-Cyprien, Craintillieux, Unias, Boisset,
Magnieux, etc. La Loire, pendant sa deuxième phase, cou-
lait, par suite, à la hauteur de cette terrasse supérieure,
qui, en se relevant graduellement vers l'est, devait se rac-
corder, dans cette direction, avec le plateau, alors plus
large, de Bouthéon, Veauche et Cuzieux, formant dès cette
époque la rive opposée du fleuve. Le dépôt alluvial de cette
deuxième période n'est guère plus épais que celui de la
première. Immédiatement au-dessus de la berge inférieure,
vers Craintillieux et Unias, son épaisseur est de 4 mètres, et
à Saint-Cyprien de 2^m,50 à 3 mètres; mais en approchant
du coteau de Fontalun, d'Épelluy, Sanzieu et les Massards,
ou bien de la Mare, entre l'Hôpital et Boisset, on la voit
descendre rapidement à 0^m,50 et moins encore; car déjà,
à Anzieu, le soc de la charrue ramène à la surface le sous-
sol tertiaire.

Nous venons de voir qu'au nord de Sury la Loire cou-
lait, pendant sa deuxième période, du S. S. O. au N. N. E.,
le long de la rive gauche de la Mare. Cette direction devait
se continuer au delà, passer sur Montrond, où l'alluvion
couvre les falaises tertiaires des bords du fleuve sur 2 mètres
à 2^m,50, et aboutir à Valeilles, en coupant en écharpe le
chenal primitif creusé à la surface du plateau de Cuzieux.
Et en effet, à partir de la Thoranche, le dépôt alluvial
s'élargit brusquement, en empiétant fort avant sur le sous-
sol tertiaire; et cette saillie, si marquée entre Saint-Cyr-
les-Vignes et Valeilles, correspond précisément à l'axe pro-

longé du cours de la Mare. Arrivées là, les eaux ont dû s'infléchir au N. N. O. et couler de ce point, à peu près en ligne droite, sur Feurs et Balbigny. Sur tout ce trajet les alluvions sont peu épaisses. Sur les bords de la Thoranche elles ont à peine 0m,5o à 1 mètre; autour de Feurs et vers Balbigny, guère plus de 0m,3o à 0m,5o, puis 1 mètre au maximum sur les bords du fleuve.

Troisième chenal de la Loire. La Loire, continuant à creuser son lit, changea une troisième fois de direction, en se rapprochant davantage du thalweg actuel. Ce troisième lit est bordé sur la gauche, vers l'origine de la plaine, par la falaise, déjà mentionnée, qui sépare la basse plaine des bords de la Loire de la terrasse alluviale moyenne. C'est sur le haut de cette berge de 8 à 1o mètres que sont bâtis Saint-Cyprien, Craintillieux et Unias. Les assises tertiaires y furent mises à nu, et au-dessous de Craintillieux la Loire en est même derechef bordée. Sur la droite, les eaux étaient alors limitées par les coteaux de Bouthéon, Veauche et Cuzieux; celles-ci, en se portant tantôt à droite, tantôt à gauche, couvrirent tour à tour toute la plaine basse de Veauchette et Rivas. De Cuzieux, elles ont dû se détourner au N. O., laissant à droite la falaise tertiaire actuelle de Meylieu, Montrond, Marclop, Saint-Laurent, Feurs, et à gauche, celle qui va de Boisset, par Sourcieux, à Magnieux-Haute-Rive. Enfin, au delà, la Loire coule de nouveau vers le nord, et cela en grande partie sur la gauche du cours d'eau actuel, dont la rive orientale, entre Feurs et Balbigny, est généralement un peu plus élevée que le bord opposé. Au reste, depuis Feurs, les trois *thalwegs* successifs se confondent presque entièrement, parce que le sous-sol tertiaire n'a pu être creusé dans cette partie de la plaine autant qu'en amont, à cause du défilé des Roches, dont le niveau dut rester constant dès qu'il fut déblayé des sables de l'étage tertiaire supérieur.

Les chambons des bords de la Loire. Le sol dont se compose le troisième lit est relativement peu caillouteux. Il est surtout formé d'éléments très-fins dans la plaine basse des communes de Magnieux, Chambéon, Clépé, Mizérieux et Nervieux. C'est là que sont situés principalement les *chambons* de la plaine du Forez, qui semblent provenir de l'ensablement graduel de l'ancien lit de la Loire. Cependant même là l'épaisseur du dépôt alluvial n'atteint point 10 mètres et ne dépasse le plus souvent pas 2 à 3 mètres.

Enfin, à l'origine de la période actuelle, la Loire s'est creusé son dernier lit dans la plaine basse dont nous venons de parler, et ce *thalweg* semble s'être peu modifié depuis les temps historiques; car d'anciens villages sont bâtis, en divers points, aux bords mêmes du fleuve.

Chenal actuel de la Loire.

Ce que nous venons de dire pour la plaine du Forez s'applique également à la plaine de Roanne. Là aussi la Loire a creusé le sous-sol tertiaire jusqu'au moment où un approfondissement plus grand a été rendu impossible par le défilé que parcourt le fleuve, au travers des calcaires jurassiques, entre Briennon et Iguerande.

Thalwegs successifs de la Loire dans la plaine de Roanne.

Dans le bassin Roannais on peut aisément constater deux anciens *thalwegs*, c'est-à-dire deux séries de berges étagées l'une au-dessus de l'autre. La Loire s'est d'abord dirigée, presque en ligne droite, de Villerest à Briennon, ou plutôt en décrivant dans ce trajet une légère courbe dont la concavité est tournée vers l'est. Elle côtoyait alors les hauteurs de Riorges, Fourchambœuf et Mably, en coulant à 30 mètres au-dessus de l'étiage actuel. Ce n'est qu'aux approches de Briennon que la berge s'abaisse peu à peu à 25, 20, puis 15 mètres.

Sur la rive opposée, à Perreux, Vougy, Pouilly, les alluvions ne montent guère au delà de 10 mètres; preuve évidente que la Loire ne s'y étendait pas lors de cette première période, et que la profondeur de ses eaux ne fut jamais de 30 mètres, comme on pourrait être tenté de le croire, d'après le niveau élevé de la berge de Riorges à Mably. Au reste, à Roanne comme dans le Forez, la petitesse des galets ne saurait se concilier avec l'hypothèse d'une véritable débâcle.

Sous l'influence du promontoire porphyrique qui borde la Loire entre Villerest et Commières, en amont de Roanne, le fleuve dut se rejeter à l'est, à mesure qu'il creusait son lit dans les sables tertiaires. La deuxième berge est celle que longe le canal de Digoin entre Roanne et Briennon; elle s'éloigne peu du *thalweg* actuel, et domine au maximum de 6 à 7 mètres la plaine basse des bords de la Loire. A ce pli du sol correspond, sur l'autre rive, la lisière même du dépôt alluvial, qui se termine au pied des coteaux de Perreux, Vougy, Pouilly et Saint-Nizier, à la hauteur moyenne de 10 à 12 mètres au-dessus de l'étiage de la Loire. Entre ces deux lisières, distantes l'une de l'autre d'environ 2,000 mètres, le fleuve a dû souvent changer de cours, avant d'y creuser le chenal qu'il suit maintenant, et qui se modifie plus ou moins encore aujourd'hui sur certains points. Ainsi, au pont d'Aiguilly, la Loire vient de nouveau battre l'ancienne berge de la rive gauche et y entame graduellement la falaise tertiaire.

Le long de cette plaine basse du Roannais, l'épaisseur des alluvions est partout faible, comme dans le Forez. A Roanne, le trou de sonde a donné 7 mètres; au pont d'Aiguilly, sur les bords de la Loire, on constate 3 à 4 mètres; auprès de Vougy, les argiles tertiaires apparaissent au fond de presque tous les fossés. On en peut conclure que, dans le bassin de Roanne aussi, la Loire a toujours eu plus de tendance à creuser qu'à exhausser son lit; ce qui d'ailleurs est une conséquence directe de la forte pente générale de la plaine, qui atteint encore $0^m,001$ entre Roanne et Marcigny.

En aval de Briennon, dans le défilé d'Iguerande, les alluvions ne dépassent plus la basse plaine des bords de la Loire; et dans les fortes crues, comme celle de 1846, où le fleuve s'éleva à $7^m,50$, les eaux couvrent encore aujourd'hui ces dépôts graveleux[1].

[1] Le long de l'Indre, de la Vienne et de la Creuse, se présentent des circonstances tout à fait identiques. Là aussi j'ai pu distinguer le dépôt

3° Alluvions des principaux affluents de la Loire et du Rhône.

La plupart des affluents de la Loire, dans nos deux plaines, sont dépourvus d'alluvions, ou du moins là surtout on peut constater l'absence de toute violente débâcle depuis l'origine de la période quaternaire. Cependant, à mesure que la Loire creusait son lit, la pente aussi de ces rivières devenait plus forte et leur niveau s'abaissait graduellement. Il en résulte que là encore on doit trouver une succession de berges et de dépôts graveleux étagés les uns au-dessus des autres. Effectivement, quant aux berges, on peut les suivre sans difficulté; mais les alluvions ne sont pas faciles à distinguer du cailloutis tertiaire, parce qu'on n'a pas ici, comme pour la Loire, le secours des galets volcaniques. L'étendue de ces dépôts et surtout leur épaisseur sont d'ailleurs presque toujours insignifiants, sauf pour le Sornin, le Rhins, le Renaison, le Lignon et l'Aix, les seuls dont j'ai cru devoir figurer les alluvions sur la carte.

Dans la plaine du Forez, les galets des affluents de la Loire se composent des mêmes éléments que le cailloutis tertiaire : ce sont des quartz et des roches anciennes. Dans le Roannais, la différence est plus grande, à cause des fragments d'origine porphyrique et secondaire. Cependant, là encore, il n'est pas toujours facile de distinguer les alluvions proprement dites des dépôts graveleux, simplement remaniés par le retrait plus ou moins graduel des eaux tertiaires.

alluvial du cailloutis tertiaire, quoiqu'on n'ait plus à sa disposition, pour les différencier, le secours des galets volcaniques. L'assise graveleuse tertiaire couvre tous les plateaux, comme dans le département de la Loire, jusqu'au niveau de 140 à 150 mètres au-dessus du thalweg des rivières voisines, tandis que le dépôt quaternaire longe uniquement les cours d'eau actuels et ne s'élève qu'à 35 ou 40 mètres au-dessus de leur niveau présent. Ce dernier est, d'ailleurs, plus sablonneux, et se compose d'éléments plus variés, généralement colorés par l'oxyde rouge de fer (sablières du Porteau, près de Poitiers).

Quelques affluents de la Loire et du Rhône ont déposé
des alluvions en traversant le plateau houiller de Saint-
Étienne : ce sont le Furens et les diverses branches de l'Ondène, pour la Loire; le Gier et ses ramifications, pour le
Rhône. Tous ces torrents diminuent brusquement de pente
au débouché de la chaîne du Pilat, et y ont laissé, par
suite, de nombreux galets : ainsi le Furens dans la vallée
de Saint-Étienne, l'Ondenon et le Cotatay dans la vallée
du Chambon, l'Échappre et la Gampille dans le bassin de
Firminy, le Janon et le Gier à Saint-Chamond, le Dorlay
aux environs de la Grand'Croix, etc. Pourtant, ailleurs,
même dans le terrain houiller, la pente de ces torrents est
trop forte pour y laisser un dépôt. Les galets sont constamment entraînés et les eaux coulent directement sur les assises
houillères; celles-ci, quoique beaucoup plus dures que les
sables tertiaires, se délitent cependant, à la longue, au
contact de l'air et des eaux. Ces rivières ont donc aussi, en
général, une certaine tendance à creuser le sol; ce qui
explique comment, dans le bassin houiller, les bancs caillouteux du terrain alluvial dépassent, sur certains points,
de 10 à 15 mètres le niveau actuel des eaux, ainsi que cela
se voit à Saint-Étienne, la Grand'Croix, Firminy, etc.; et
cela sans que les galets y soient plus gros que ceux que
ces torrents charrient encore aujourd'hui. Ils ne renferment
d'ailleurs aucune roche étrangère au bassin même de ces
rivières, et, dans tous les cas, aucun élément d'origine
alpine. Ainsi, les alluvions de nos rivières, pas plus que
celles de la Loire, ne sauraient être le résultat d'un violent
cataclysme du genre de celui auquel on attribue généralement les dépôts diluviens. Elles se forment encore aujour-
d'hui; mais leur dépôt a dû commencer vraisemblablement
dès l'époque quaternaire, sous l'influence de circonstances
peu différentes de celles qui caractérisent l'époque actuelle.

CHAPITRE XI.

PRODUITS ET DÉPÔTS DE L'ÉPOQUE ACTUELLE.

Les produits et dépôts de l'époque actuelle ou moderne comprennent, dans le département de la Loire, les *terres végétales*, les *alluvions proprement dites*, les *tourbes* et les *eaux minérales*. Les travertins et les tufs, si fréquents dans les contrées volcaniques et calcaires (l'Auvergne, le Dauphiné, la Suisse), manquent totalement dans nos contrées.

1° Terres végétales.

Les terres végétales résultent de l'altération lente des roches dont se compose le sol, et du mélange de ces produits de décomposition chimique et mécanique avec les détritus végétaux et animaux, qui s'accumulent graduellement là où les agents de l'atmosphère ne les enlèvent, ni ne les détruisent, au fur et à mesure de leur formation. La nature de ces terres varie, par suite, avec celle des roches qui les supportent directement, et les décrire ici ne serait que reproduire d'une manière générale ce que nous avons dit, à l'occasion de chaque terrain en particulier, de l'influence que les roches exercent sur les produits agricoles du sol.

2° Alluvions modernes.

Les alluvions modernes de la Loire et de ses nombreux affluents ne diffèrent, sous aucun rapport, des alluvions anciennes. Elles se composent d'éléments identiques, et on ne saurait dire où finissent les unes, où commencent les autres. Il n'y a donc rien à ajouter aux détails que renferme sur ce sujet le chapitre précédent, ou plutôt, rappelons que les alluvions de la Loire appartiennent très-probablement presqu'en entier à l'époque actuelle.

3° Tourbes.

Les tourbes couvrent, dans nos contrées, les hauts plateaux granitiques et porphyriques. Ces deux roches, mais plus particulièrement le granite, laissent difficilement passer les eaux : aussi, lorsque, de plus, la pente du sol est faible, la végétation tourbière s'y développe sûrement. Je citerai, en particulier, le vaste plateau granitique de Saint-Genest-Malifaux, Tarentaise, Marlhes, etc., au haut de la chaîne du Pilat; les hautes combes de Noirétable, de Saint-Julien et des Salles, vers l'extrémité nord des montagnes du Forez; la crête porphyrique, largement évasée, de la Madeleine, au-dessus des Noës et de Saint-Just-en-Chevalet, etc. Cependant nulle part ces amas tourbeux n'acquièrent une grande épaisseur, et soit par ce motif, soit à cause des forêts et des mines de houille du voisinage, on n'en tire jusqu'à ce jour aucun parti.

Leur puissance habituelle est au-dessous de 1 mètre, et la proportion des matières terreuses toujours forte. M. Colomb de Gasc, propriétaire d'un vaste domaine à Saint-Sauveur, sur le plateau de Saint-Genest-Malifaux, a constaté que dans ces marais du Pilat, connus sous les noms de *chaumasses* ou *sagnes*, l'amas tourbeux n'avait, en général, pas au delà de $0^m,60$ à $0^m,80$ d'épaisseur.

Le combustible provenant de là, essayé au laboratoire de l'école des mines de Saint-Étienne, a donné les résultats suivants :

Eau et matières volatiles.	60,31		
Résidu charbonneux.....	39,69	Carbone.........	22,03
		Cendres.........	17,66
	100		39,69

Les cendres renferment d'ailleurs :

Argile et sable. 96,2
Matières solubles, principalement composées de
    sulfate de chaux   3,8
                                              ─────
                                              100,0

Ces tourbes sont donc fort impures, et on pourrait tout
au plus en tirer parti pour le chauffage domestique dans
les lieux les plus voisins des marais tourbeux. Par contre,
la présence du sulfate de chaux doit faire rechercher les
cendres de tourbes pour l'amendement des terres. M. Colomb de Gasc a constaté, sous ce rapport, leur efficacité.
Après avoir asséché les *sagnes* par des fossés profonds, cet
agriculteur distingué a brûlé complétement les briquettes
exploitées et répandu les cendres sur le terrain défriché ;
en y mêlant de la suie, le succès fut encore plus complet[1].
On peut ainsi non-seulement rendre à la culture les marais eux-mêmes, mais encore utiliser, pour la fertilisation
des terres voisines, soit les cendres proprement dites, soit
les tourbes elles-mêmes, simplement séchées et broyées.

Nous recommandons vivement aux cultivateurs de nos
contrées tourbeuses l'exemple donné par M. Colomb de
Gasc, et nous voudrions les engager à ne pas négliger les
ressources précieuses que peuvent leur offrir, à plus d'un
égard, les sagnes des montagnes granitiques.

4° Eaux minérales.

Les sources minérales sont nombreuses dans le département de la Loire, mais toutes, sauf quatre ou cinq, peu
importantes, ou même inexploitées. Aucune d'elles ne mérite d'être comptée parmi les eaux de premier ordre. En
les décrivant je n'ai pas la prétention de les envisager au

[1] *Bulletin de la société industrielle et agricole de Saint-Étienne*, années
1835, p. 165, et 1837, p. 139.

point de vue thérapeutique; je confesse, à cet égard, mon entière incompétence. Je désire indiquer seulement les rapports intimes qui lient la position et la nature des sources minérales aux formations géologiques que parcourent ces eaux avant d'atteindre la surface du sol.

Tandis que les sources ordinaires, au moins dans les pays de plaine, correspondent le plus souvent à certains niveaux, et sont en général déterminées par l'alternance régulière d'assises sédimentaires tour à tour perméables et non perméables, les sources minérales se rattachent plutôt aux roches ignées ou aux grandes fractures des terrains de sédiment[1].

Les eaux minérales du département de la Loire, ou même en général du plateau central, peuvent être divisées en deux classes : celles qui sortent des terrains anciens et de transition, et celles qui proviennent du terrain tertiaire. Ces dernières sont froides, peu volumineuses, non gazeuses, faiblement chargées de principes salins, et si elles ne renfermaient un peu de fer et d'hydrogène sulfuré (provenant de la réduction d'un sulfate), elles mériteraient à peine le nom d'eaux minérales.

Les eaux de la première classe sont, par contre, toutes plus ou moins chargées d'acide carbonique, et la proportion des éléments salins varie généralement entre 0,001 et 0,005. Les unes sont alcalines (tenant surtout du carbonate de soude), les autres plutôt salines ou alcalino-salines. Deux sont thermales, celles de Sail-lez-Château-Morand et de Salt-en-Donzy; le plus grand nombre tout à fait froides.

1re CLASSE. — Eaux minérales des terrains anciens et de transition.

On admet généralement que les eaux minérales propre-

[1] Il convient cependant de remarquer que plusieurs fortes sources ordinaires des pays de montagnes sortent également de grandes failles ou fractures des terrains secondaires : ainsi la fontaine de Vaucluse dans les Alpes, les sources du Doubs et de l'Orbe dans le Jura.

ment dites, et spécialement les eaux thermales, sont en relation avec des roches d'origine ignée, visibles ou non à la surface du sol. Il est certain que beaucoup d'entre elles sont dans ce cas; mais je crois néanmoins qu'il serait plus exact de dire qu'elles s'échappent le plus souvent de profondes failles ou fentes, et sont ainsi les derniers témoins de l'ancienne formation des filons; seulement, ainsi que je l'ai montré dans un travail spécial, ces fentes elles-mêmes sont ordinairement la conséquence directe, sinon l'accompagnement forcé, de l'apparition d'une roche éruptive[1]. Dans le département de la Loire en particulier, les eaux minérales appartiennent la plupart, comme les filons quartzeux et baryto-quartzeux, soit aux failles N. O.-S. E. du système du Morvan, soit aux lignes éruptives N. 15° O. du porphyre quartzifère, ou bien encore à diverses fentes qui semblent provenir de l'action combinée des porphyres quartzifères et du système de soulèvement N. O.-S. E.

Aux failles N. O.-S. E. correspondent les sources de Sail-sous-Couzan, Montbrison et Moingt; aux lignes éruptives du porphyre, les eaux de Sail-lez-Château-Morand, Saint-Alban et Salt-en-Donzy; à l'action combinée des porphyres et du système N. O.-S. E., les sources de Saint-Priest-la-Roche, Duivon, Verrières et Juré.

Enfin une dernière source, et la plus importante de toutes, celle de Saint-Galmier, sort de la faille qui borne du côté du Forez le massif granitique du Beaujolais.

Passons en revue ces diverses sources, en commençant par celles qui sont d'origine porphyrique.

Les eaux de Sail-lez-Château-Morand sont les seules du département de la Loire qui soient véritablement thermales, car celles de Salt-en-Donzy sont à peine tièdes. Elles sont situées au fond du petit vallon de Sail, à cinq kilomètres au N. E. de Saint-Martin-d'Estreaux et au pied des

1° Sources
DU
SYSTÈME
PORPHYRIQUE,
N. 15° O.

_____

[1] Essai d'une classification des principaux filons du plateau central. (*Annales de la société impériale d'agriculture, d'histoire naturelle et des arts utiles de Lyon*, 1855.)

derniers contre-forts du chaînon porphyrique de Saint-Haon et Ambierle. C'est, en quelque sorte, le pendant de Vichy, situé au pied du revers opposé du même chaînon.

Les eaux de Sail sourdent directement du porphyre quartzifère, là où cette roche s'enfonce sous les sables et argiles tertiaires de la plaine de Roanne. Leur niveau ne dépasse guère celui du petit ruisseau qui arrose le fond du vallon de Sail.

Le nom de Sail, de *salio* (je jaillis), ainsi que les constructions et monnaies romaines découvertes en curant les sources, prouve que ces eaux furent utilisées dès la domination romaine. On les visitait encore au moyen âge et jusque vers le xvi⁣e ou xvii⁣e siècle; mais depuis lors elles furent peu à peu négligées, sauf par quelques habitants du voisinage[2]. En 1838, lorsque pour la première fois je visitai les lieux, je ne trouvai que trois vieux puits, peu profonds, obstrués de limon et de pierres, dans la basse-cour et la prairie du sieur Garne, alors propriétaire de l'unique maison située sur l'emplacement des anciens bains, dont quelques pans de murs attestaient encore l'existence.

En 1845, sur l'avis motivé de l'Académie de médecine, la reconstruction des bains fut officiellement autorisée et le nouvel établissement placé sous la surveillance de deux médecins inspecteurs. Depuis lors quelques bâtiments y ont été élevés, et les eaux de Sail sont de nouveau visitées par les malades des environs.

Les sources sont au nombre de cinq, et quoique trois

[1] Sur la carte de Cassini le lieu est appelé *Sail-les-Bains*.

[2] Il en est question dans quelques anciens ouvrages. Planque, dans sa *Bibliothèque choisie de médecine*, 1753, t. IV, la mentionne en ces termes: «L'eau de Sail est limpide et agréable à boire, n'ayant aucune saveur; elle avait été prise au printemps. Étant évaporée, elle a laissé peu de résidu grisâtre, feuilleté, de saveur nitreuse et lixiable. Ce peu de sel avait du rapport avec le vrai nitre.

«Une portion de cette substance non dessalée, ayant été mise au feu dans un creuset, s'est fondue et est devenue bleue, comme fait le sel de tartre longtemps tenu en fusion.»

d'entre elles soient désignées comme *sulfureuses* et les deux autres comme *salines*, elles diffèrent cependant fort peu les unes des autres et leur température est sensiblement la même : 32 à 34° c. Elles sont toutes d'une saveur un peu fade et alcalescente, douces et onctueuses au toucher. On y trouve principalement des chlorures alcalins et du silicate de soude, mêlés à une certaine dose de bicarbonates et sulfates de soude et de chaux, mais à peine des traces de fer. Il s'en dégage de temps à autre, surtout de la source dite d'Urfé, quelques rares bulles d'acide carbonique. Quant à la faible odeur d'hydrogène sulfuré que répandent trois des sources, elle provient de la réduction des sulfates par les matières organiques des terrains parcourus.

En résumé, les eaux de Sail sont thermales et salines, mais la proportion des matières salines est faible, car elle n'atteint pas un millième : aussi, avant la construction du nouvel établissement, on voyait des poissons et des grenouilles en parfaite santé dans le bassin commun où se rendaient les eaux des anciens puits; la végétation est d'ailleurs partout très-vigoureuse sur le parcours des eaux. Toutes les sources déposent un limon onctueux, blanc ou vert, principalement formé de silice gélatineuse. Les trois principales sources sont comprises dans un espace de moins de 50 mètres de rayon. Cette circonstance, jointe à l'uniformité de leur température et de leur composition, établit clairement une origine commune. Les faibles différences tiennent à la diversité des canaux par lesquels les eaux arrivent à la surface du sol.

La source d'Urfé a donné, en 1845, à M. O. Henry, par litre ou 1,000 grammes d'eau, un résidu salin, grisâtre, feuilleté, pesant 0g,76, résidu dont :

0g,41 se composent de sels, devenus insolubles par l'évaporation (silicates et carbonates),

Et 0 ,35 de sels solubles (chlorures, sulfates et nitrates).

0 ,76

En ramenant les carbonates (rendus neutres par l'évaporation) à l'état de bicarbonates, tels qu'ils existent dans
l'eau naturelle, on trouve alors, par litre d'eau, un résidu
de 0ᵍ,855, composé des éléments suivants :

Acide carbonique et air à peine sensibles.	
Chlorures de sodium et de potassium......	0ᵍ,230
Silicates de soude et de potasse..........	0 ,285
Sulfates de chaux et de soude anhydres....	0 ,030
Bicarbonate de soude anhydre..........	0 ,030
Bicarbonate de potasse anhydre..........	0 ,031
Bicarbonate de chaux.................	0 ,190
Bicarbonate de magnésie..............	0 ,039
Nitrate de magnésie.................	0 ,020
Alumine, oxyde de fer et matières organiques traces légères.	
Total...........	0 ,855

Les eaux de Sail sont prises en bains et sous forme de
boissons. On les prescrit surtout pour les maladies cutanées et les affections scrofuleuses et rhumatismales.

Eaux
de
Saint-Alban. Les eaux de Saint-Alban ressemblent, par leur situation, aux thermes de Sail. Elles sourdent du pied oriental
du chaînon porphyrique de Saint-Haon et Renaison, au
point où le vallon de Saint-Alban débouche dans la plaine
de Roanne. On les voit s'échapper d'une sorte de fente
qui isole, sur ce point, le grès à anthracite du porphyre
quartzifère. On distingue trois jets différents; mais au fond
c'est une seule source, divisée en trois branches, comprises
dans une même cour de 20 mètres carrés.

Les eaux sont presque froides (18 à 19° c.), fortement
chargées d'acide carbonique libre, qui s'échappe en bouil-
lonnant avec force. Elles sont surtout remarquables par
une notable proportion de bicarbonate de magnésie, joint
à une dose ordinaire de bicarbonate de soude. La saveur
des eaux, d'abord piquante, est ensuite alcaline et faiblement amère. Le point d'émergence des sources est à
1ᵐ,50 au-dessus du ruisseau de Saint-Alban, et la pro-

fondeur des puits d'environ 6 mètres. On estime le volume des eaux à 27 litres par minute; il ne varie pas avec les saisons. Celui du gaz acide carbonique est de 45 litres par minute, ou de 60 mètres cubes par 24 heures. Ce volume, comme au reste le gaz de toutes les sources, augmente sensiblement lorsque le baromètre baisse ou lorsqu'on épuise les eaux du puits. Sur le parcours des eaux il se dépose de l'oxyde de fer, de la silice et des matières organiques.

D'après une analyse de MM. Barruel et Soubeiran, un litre d'eau renferme en principes salins :

Bicarbonate de soude	1ᵍ,213
Bicarbonate de chaux	0 ,894
Bicarbonate de magnésie	0 ,423
Bicarbonate de fer	0 ,038
Chlorure de sodium	0 ,032
Total	2 ,600

On a négligé la silice et les matières organiques. Les eaux de Saint-Alban sont apéritives et diurétiques. On les prescrit surtout comme boisson, plus rarement sous forme de bains. On expose aussi quelques malades à l'action de l'acide carbonique gazeux, mêlé de vapeur d'eau.

Les sources de Saint-Alban sont connues depuis longtemps; elles ont appartenu à l'ordre de Malte et sont actuellement la propriété de M. le docteur Goin. Au fond des puits on a trouvé de nombreuses monnaies romaines et plusieurs pièces du moyen âge; on y a découvert aussi les restes d'une ancienne piscine. Malgré cela, Saint-Alban n'est guère visité que par les malades des contrées voisines. On évalue leur nombre à cinq cents par année; mais on tire un profit accessoire des sources en recueillant l'acide carbonique dans une sorte de gazomètre, d'où on l'extrait à l'aide d'une pompe pour la fabrication d'eaux gazeuses ordinaires.

Les eaux de Salt-en-Donzy, jadis utilisées, ainsi que

son nom semble du moins l'attester, sont depuis long-temps tout à fait délaissées. La source est située au centre du village, dans la cour d'une maison, au bord de la Loyse. Elle sort du pied des coteaux granitiques de Panissières et de Haute-Rivoire, là où ce massif est précisément coupé par un culot de porphyre quartzifère, et s'abaisse sous les sables tertiaires de la plaine du Forez. L'eau est tiède et dégage quelques bulles d'acide carbonique. Sa saveur est presque nulle, quoique légèrement alcalescente. Son analyse n'a point été faite; mais ce qui précède suffit pour montrer qu'elle est faiblement chargée de bicarbonate de soude et probablement alcalino-saline, comme les eaux de Sail-lez-Château-Morand. Au reste, l'eau minérale n'est pas isolée; l'eau de la rivière s'y mêle par infiltration et abaisse ainsi sa température et la proportion de ses principes salins. Pour connaître sa vraie nature, il faudrait la capter à une certaine profondeur, travail dont le succès, ou l'opportunité, me paraît incertain à cause du faible volume de la source.

2° Sources
du
Système
des fractures
N. O.-S. E.
—
Eaux
de Sail-sous-
Couzan.

La source de Sail-sous-Couzan est la plus importante parmi celles qui doivent leur origine aux failles N. O.-S. E. Elle sort de la grande fracture de la vallée de l'Auzon, le long de laquelle le granite des montagnes du Forez fut soulevé au delà du niveau du grès anthraxifère. Au lieu d'eaux silicéo-plombeuses et barytiques, qui longtemps ont dû parcourir cette puissante fente, il ne s'en échappe plus maintenant qu'une eau froide (13° c.) alcalino-saline, fortement chargée d'acide carbonique.

La source connue sous le nom de *Fontfort* est située au village même de Sail; elle jaillit à gros bouillons des bords du Chagnon, petit ruisseau qui joint le Lignon à quelques cents mètres en aval de Sail. Elle débite 15 litres par minute. Un bassin de 3 mètres entoure la source; mais au dehors de ce puits, d'autres sources plus faibles s'élèvent du lit même de la rivière jusqu'à une distance assez grande de Sail.

L'analyse des eaux de Couzan, faite par le chimiste O. Henry, et communiquée le 14 février 1846 à l'Académie de médecine de Paris, a fourni les résultats suivants :

Outre un excès indéterminé d'acide carbonique, le litre contient :

Bicarbonate de soude anhydre..............	0^g,527
Bicarbonate de potasse anhydre............	0 ,237
Bicarbonate de chaux....................	0 ,589
Bicarbonate de magnésie.................	0 ,311
Bicarbonate de fer, avec un peu de magnésie, de strontiane et de lithine.................	0 ,008
Sulfate de soude.......................	0 ,140
Sulfate de chaux.......................	0 ,012
Chlorures de sodium et de potassium........	0 ,120
Chlorure de magnésium.................	0 ,030
Silicates de soude, chaux et alumine........	0 ,185
Total............	2 ,159

En comparant cette analyse à celle des eaux de Saint-Alban, on voit que la source de Couzan est plus saline, mais beaucoup moins chargée de substances alcalines; elle dégage aussi une proportion moindre de gaz et jouit, en général, de propriétés thérapeutiques moins énergiques. On peut, en été, la prendre sans inconvénient comme boisson habituelle; les gens du lieu en boivent ordinairement, et on l'expédie comme eau gazeuse naturelle dans les villes et bourgs des environs. Sa saveur est agréable, légèrement acidulée, avec faible arrière-goût alcalescent. Les eaux déposent un léger précipité ocreux, composé de fer, chaux et silice. Quatre à cinq cents malades visitent Sail-sous-Couzan annuellement. Les eaux, quoique moins énergiques que celles de Saint-Alban, sont pourtant aussi apéritives et diurétiques; on les prescrit surtout pour les affections de la vessie et des voies urinaires.

Les sources sont la propriété de la commune de Sail-sous-Couzan, qui en retire, par fermage, 1,800 à 2,000 francs.

Au pied de la chaîne du Forez, entre Montbrison et Moingt, on voit jaillir trois sources minérales, plus fortement chargées de principes alcalins qu'aucune de celles dont j'ai déjà parlé. Elles paraissent correspondre à la grande fracture N. O.-S. E. que parcourt le Vizezy, en amont de Montbrison, parallèlement au chaînon de Pierre-sur-Autre. L'une des sources est située sur les bords du Vizezy, aux portes de Montbrison; on la connaît sous le nom de *Fontfort*, ou source de la rivière. A quinze cents mètres de là, aux portes de Moingt, se trouve la deuxième source, appelée aujourd'hui fontaine de Moingt; elle était désignée autrefois sous les noms de fontaine des *Ladres* ou fontaine de l'Hôpital. Enfin, à cent mètres plus loin, près d'un ancien temple jadis dédié à Cérès, on voit une troisième source, d'apparence boueuse, dont les eaux ne peuvent librement s'écouler à cause des murs trop élevés du puits.

Les trois sources sont alcalino-gazeuses; celle de Montbrison surtout laisse échapper de nombreuses bulles d'acide carbonique. De là résulte, au premier instant, un goût piquant assez prononcé; mais lorsque l'impression de l'acide carbonique a disparu, il reste un arrière-goût alcalescent et amer fort désagréable.

Malgré l'abondance des principes salins que recèlent ces eaux et les puissants effets thérapeutiques qui leur correspondent, aucune d'elles n'est utilisée. En 1837, prises comme boisson ordinaire par plusieurs militaires de la garnison de Montbrison, elles occasionnèrent des accidents assez graves. Je fus, par ce motif, chargé de les analyser. J'y ai cherché en vain le brôme, l'iode et d'autres substances énergiques; mais les accidents s'expliquent suffisamment par la proportion élevée des bicarbonates de soude et de magnésie.

La température des sources correspond à la moyenne du sol, soit 13° c. Celle de Montbrison fournit environ 18 litres et celle de Moingt 12 litres à la minute.

A la température de 7° c. j'ai trouvé la pesanteur spécifique de la *Fontfort* de Montbrison 1,0033, et celle de la fontaine de Moingt 1,0037.

Un litre d'eau de la source de, Montbrison a laissé 3ᵍ,06 de résidu salin blanc, surtout composé de carbonate de soude, et la même mesure d'eau de Moingt a donné un résidu pareil, pesant 3ᵍ,57.

En calculant les carbonates neutres comme bicarbonates, j'ai trouvé pour la composition des eaux les résultats suivants :

	Eau de Montbrison.	Eau de Moingt.
Bicarbonate de soude........	3ᵍ,306	3ᵍ,972
Bicarbonate de chaux.........	0 ,411	0 ,372
Bicarbonate de magnésie.....	0 ,454	0 ,438
Bicarbonate de fer avec traces d'alumine ou de phosphate de chaux	0 ,018	0 ,024
Chlorure de sodium.........	0 ,018	0 ,071
Chlorure de potassium.......	0 ,185	0 ,122
Silice.................	0 ,045	0 ,065
	4 ,437	5 ,064

On voit que les deux sources sont presque identiques. Elles ressemblent à celles de Saint-Alban, mais renferment trois fois plus de carbonate de soude, et sont, par ce motif, beaucoup plus énergiques, quoique moins chargées d'acide carbonique libre.

Les sources minérales qui semblent se rattacher à la fois aux filons porphyriques et aux failles N. O.-S. E. sont peu importantes, peu connues, à peine utilisées par les habitants mêmes du pays. Quoiqu'aucune d'elles n'ait été analysée, on sait néanmoins qu'elles sont toutes sans exception plus ou moins alcalines, comme les précédentes.

L'une de ces sources se voit dans un profond ravin, au nord de Saint-Priest-la-Roche, à peu de mètres des bords de la Loire, là où ce fleuve coule le long d'une

3° Sources qui se rattachent à la fois aux filons porphyriques et aux failles N. O.-S. E.

Source de Saint-Priest-la-Roche.

fracture N. O.-S. E. Elle s'échappe des bords d'un puissant dyke de porphyre quartzifère qui a brisé et redressé le grès à anthracite, suivant l'alignement h. 8 (pages 401 et 402). La source a été recueillie dans un petit puits carré de 0^m,60 de profondeur. Elle est froide, peu abondante, et ne laisse échapper que quelques rares bulles d'acide carbonique à des intervalles assez éloignés. Par son goût, elle rappelle Saint-Alban, mais dépose une proportion plus forte d'hydrate de fer. Il n'est guère probable, vu sa situation et son faible volume, qu'elle puisse jamais être utilisée.

Eau minérale de Duivon.

Une source analogue existe à Duivon, commune de Cremeaux, dans le massif porphyrique compris entre les deux failles N. O.-S. E. que parcourent l'Aix et l'Ysable. Elle est située à un quart de lieue du village des Molières, un peu au-dessous du bois Duivon, dans le fond d'une combe qui descend vers le Tranlon. Comme la précédente, elle sort du grès anthraxifère, en suivant le bord d'un filon porphyrique.

La source est alcalino-gazeuse, ayant le goût de celle de Saint-Alban, mais moins riche en acide carbonique. Elle dépose une matière blanche gélatineuse qui doit principalement se composer de silice. La source n'est point exploitée.

Sources de Juré et de Verrières.

D'autres sources analogues se rencontrent dans la vallée même de l'Aix, sur le passage de la faille N. O.-S. E., à laquelle ce vallon doit son existence. La notice sur les eaux minérales du département de la Loire qui a été publiée dans l'annuaire départemental de 1845 en cite quatre à Juré et une à Verrières. Elles sont également alcalino-gazeuses, et celle de Verrières est spécialement assimilée à la source de Saint-Priest. Aucune d'elles n'est exploitée, et une seule, la principale de Juré, a été captée à l'aide d'un puits. Leur température est celle du sol, qui est de 13° c. Comme les sources de Duivon et de Saint-Priest, elles appartiennent à l'une des régions du terrain anthraxifère le plus sillonnées de filons porphyriques, en sorte qu'il serait difficile de dire si elles doivent leur existence à ces filons ou aux failles N. O.-S. E. du système du Morvan.

Les eaux de Saint-Galmier sont les plus remarquables de notre département, ou du moins celles dont l'usage est le plus répandu. Elles sont alcalino-salines et gazeuses, comme celles de Sail-sous-Couzan, et peuvent être bues sans inconvénient d'une façon permanente. On les recherche comme boisson rafraîchissante, pour les mêler au vin, non-seulement dans le département de la Loire et à Lyon, mais aussi à Paris, dans le midi de la France et même à l'étranger. Sous ce rapport, on les préfère à celles de Couzan, parce qu'elles sont plus salines et moins chargées de carbonates alcalins.

La source était connue des Romains, et la ville bâtie auprès, désignée sous le nom de *Urbs aquæ segestæ* (fontaine des Moissonneurs). Aujourd'hui cette source, comme beaucoup d'autres, porte le nom de *Fontfort*. Elle est placée au niveau de la Coize et sort de la faille qui limite le granite du Beaujolais du côté du Forez. On a recueilli les eaux dans un puits de 6 mètres de profondeur, et son volume est estimé à 20 litres par minute. Elle appartient à la ville de Saint-Galmier, mais son exploitation fut cédée en 1837, et pour dix-huit ans, à un habile fermier, M. Badoit, qui le premier a su imprimer à l'exportation de ces eaux un puissant développement. Le prix de la ferme était de 2,350 francs.

A quelques mètres de la *Fontfort*, un propriétaire voisin, fonçant en 1843 un puits dans sa cave, rencontra une autre source de même espèce, ou plutôt l'une des branches de la source mère. En 1845, M. Badoit trouva également, sur un terrain à lui appartenant, une troisième source, appelée depuis lors source *Badoit*, tandis que celle qui fut découverte en 1843 a pris le nom de source *André*.

En réalité, les trois sources ont la même origine, et si la Fontfort est un peu moins chargée de principes salins, cela tient évidemment à l'infiltration d'eaux douces voisines.

4° Sources sortant de la faille qui barre à l'ouest le massif granitique du Beaujolais.
—
Eaux de Saint-Galmier.

Les eaux des trois sources sont froides, limpides, faiblement alcalines, avec un premier avant-goût piquant dû à l'acide carbonique libre. Le gaz s'en échappe avec abondance, et les eaux, conservées dans des bouteilles closes, laissent encore dégager des bulles lorsqu'on les débouche.

L'eau de la Fontfort contient, par litre, d'après M. O. Henry, outre l'acide carbonique libre, dont l'eau est sursaturée à la pression ordinaire, les éléments suivants :

Bicarbonate de soude anhydre	0^g,238
Bicarbonate de strontiane	0 ,007
Bicarbonates de chaux et de magnésie (celui de chaux prédomine)	1 ,037
Bicarbonates de fer et de magnésie	0 ,009
Chlorure de sodium	0 ,216
Sulfate de soude anhydre	0 ,079
Sulfate de chaux anhydre	0 ,180
Nitrate de magnésie	0 ,060
Phosphates solubles	Traces.
Silice et un peu d'alumine	0 ,036
Matière organique non azotée (Géine?)	0 ,024
Total	1 ,886

La source Badoit renferme, outre l'acide carbonique libre, mêlé d'un peu d'air oxygéné :

Bicarbonate de soude anhydre	0^g,200
Bicarbonate de potasse anhydre	0 ,020
Bicarbonate de chaux	1 ,020
Bicarbonate de magnésie	0 ,420
Bicarbonate de strontiane	Traces.
Chlorures de sodium, de magnésium et de calcium	0 ,480
Sulfates de soude et de chaux anhydres	0 ,200
Nitrate alcalin	0 ,055
Silice et un peu d'alumine	0 ,134
Fer et matières organiques	Traces.
Total	2 ,529

M. Chatin y a trouvé aussi des traces d'iode.

L'eau de Saint-Galmier excite la digestion d'une manière douce. Les médecins la recommandent spécialement pour son action diurétique, comme au reste la plupart des eaux minérales de notre département.

Le nombre des malades qui visitent annuellement Saint-Galmier ne s'élève guère au delà de 5 à 600; mais son importance doit plutôt être mesurée par l'exportation de l'eau gazeuse naturelle. On estime le nombre des bouteilles annuellement vendues à environ 2 millions. M. Badoit, seul, en expédie 1,400,000 à 1,500,000. Les 60 litres coûtent 8 francs à Saint-Étienne, les bouteilles vides étant restituées.

2ᵉ CLASSE. — Eaux minérales des terrains tertiaires.

Les eaux minérales des terrains tertiaires, au moins dans les pays de plaine non volcanisés, sont rarement énergiques, et presque toujours peu abondantes et non gazeuses, hormis le cas où le dépôt tertiaire a une puissance faible et repose directement sur les terrains anciens, de transition, ou éruptifs. Généralement elles sont légèrement sulfureuses ou ferrugineuses et renferment divers sulfates. L'une des mieux connues de cette classe, dans le département de la Loire, est celle de Roanne. On l'a découverte en 1836 dans une prairie humide et basse située entre la Loire et le Renaison, non loin de l'établissement des bains d'eau douce ordinaire de M. Pitre.

Eau minérale de Roanne.

L'eau est limpide, froide, d'une saveur ferrugineuse, avec faible odeur d'hydrogène sulfuré. A l'air elle se couvre, comme toutes les eaux ferrugineuses, d'une pellicule irisée, qui se transforme à la longue en un dépôt ocreux et gélatineux d'*apocrénate* de fer.

L'hydrogène sulfuré provient de la réaction de l'acide *crénique* (substance végétale) sur les sulfates que renferme la source. D'après M. Barruel, un litre d'eau contient :

Sulfate de soude...................... $0^g,0073$

Chlorure de sodium.................... $0,0062$

Carbonate et crénate de soude........... $0,0007$

Acide crénique...................... $0,0559$

Protoxyde de fer.................... $0,0147$

Magnésie......................... $0,0098$

Chaux........................... $0,0031$

Hydrogène sulfuré .... Quantité indéterminée.

Total........... $0,0977$

On voit par cette analyse que l'eau minérale de Roanne renferme moins de substances salines que les eaux de la Saône, du Rhône et de la Seine (page 61). Malgré cela, le fer et l'hydrogène sulfuré peuvent exercer à la longue sur les buveurs une faible action thérapeutique. On assure, en effet, que les eaux de Roanne combattent avec succès l'atonie des viscères abdominaux. Le nombre des personnes qui en font usage est cependant peu considérable.

Eau minérale de Feurs.

Depuis longtemps on connaît une source de même genre près de Feurs, au centre de la plaine du Forez. Elle sort du milieu d'un champ dans le domaine *des Quatre*, à un kilomètre au sud-est de Feurs. La surface du sol est couverte d'alluvions, mais le terrain tertiaire s'y rencontre à moins d'un mètre. La source est recueillie dans un simple tonneau fixé en terre et couverte de planches. L'eau est limpide, froide, ferrugineuse et sulfureuse. L'analyse n'en a point encore été faite, mais sa saveur et son odeur sulfureuse prouvent que le fer et l'hydrogène sulfuré doivent y être plus abondants que dans celle de Roanne. Comme cette dernière, elle dépose à l'air des flocons gélatineux d'apocrénate de fer. Quelques personnes de Feurs et des villages voisins en boivent par ordonnance du médecin. Ses effets diffèrent peu de ceux de la source de Roanne.

Eaux minérales de Chatard et Origny.

La plaine tertiaire de Roanne renferme, outre les eaux ferro-sulfureuses de M. Pitre, deux autres sources salines contenant des sulfates et de l'hydrogène sulfuré : ce sont les eaux de Chatard et d'Origny, sur les bords de deux faibles ruisseaux qui se rendent dans le Renaison, à l'ouest de Roanne. Elles ne sont guère utilisées, comme les précédentes, que par les habitants des villages les plus voisins. On les prescrit, sous forme de boissons, contre les scrofules et les maladies cutanées.

Enfin, on cite encore deux autres sources analogues non exploitées, dont j'ignore la position et la nature précises. L'une est située dans la commune de Perreux (plaine de Roanne), sur les bords du Rhodon : elle dépose de l'oxyde de fer; l'autre, dans la commune de Saint-Cyprien (plaine du Forez), non loin de la Loire. Cette dernière surtout paraît tout à fait insignifiante.

Eaux de Perreux et de Saint-Cyprien.

Nota. Une source dégageant de l'acide carbonique vient d'être signalée au pied de la butte basaltique de Saint-Romain-le-Puy, non loin de la route qui conduit de Saint-Étienne à Montbrison.

CHAPITRE XII.

ROCHES ET MINÉRAUX UTILES DES PÉRIODES QUATERNAIRE
ET MODERNE.

Les périodes quaternaire et moderne ont produit peu de substances que l'on puisse utiliser dans les arts et les travaux industriels. Nous devons citer cependant :

Les galets et sables du terrain alluvial, comme matériaux de construction ;

Les tourbes, comme combustibles et substances propres à l'amendement des terres ;

Les glaises et argiles alluviales, pour les briques et les murs en pisé ;

Enfin les sources minérales, comme agents thérapeutiques et eaux gazeuses naturelles.

Le chapitre précédent fait connaître déjà les ressources que peuvent offrir les dépôts tourbeux et les eaux minérales. Nous n'avons, par suite, à nous occuper ici que des matériaux propres aux travaux de construction.

1° Galets et sables.

Les galets du terrain alluvial, et surtout ceux que charrie la Loire, sont recherchés pour le pavage des rues. Ils sont de trois sortes : basaltiques, phonolithiques et granitiques.

Galets granitiques.

Ces derniers sont les plus abondants ; mais, à part certains granites roses, ils n'offrent pas en général une bien grande dureté. La plupart sont trop micacés pour résister longtemps aux influences réunies du frottement, de la pression et des agents de l'atmosphère.

Galets phonolithiques.

Les phonolithes sont plus durs et résistent parfaitement à l'action délétère de l'atmosphère. Ils ont seulement l'inconvénient de prendre du poli et, à cause de leur structure schistoïde, de voler en éclats sous l'effort d'un choc brusque très-violent.

Le basalte, lorsqu'il est compacte et peu chargé d'olivine, est, par contre, à la fois dur, tenace, peu altérable, non sujet à devenir lisse. C'est la pierre qui convient le mieux comme galet de pavage lorsqu'on craint la dépense des pavés en granite ou grès dur, régulièrement taillés. *Galets basaltiques.*

Outre les galets assez volumineux pour servir au pavage des rues, la Loire et les alluvions anciennes fournissent encore de nombreux cailloux de moindres dimensions que l'on emploie avec avantage, à l'état concassé, sur les routes macadamisées. Pour ce but aussi ce sont les phonolithes, et surtout les basaltes, que l'on recherche de préférence.

La Loire fournit enfin du sable d'excellente qualité. Pour les mortiers et les pavés, il est préféré à tout autre dans le département de la Loire. On l'exploite, lors des basses eaux, dans le lit même du fleuve. Les alluvions proprement dites n'en renferment guère, ou du moins il est alors trop terreux ou trop caillouteux, tandis que les eaux du fleuve opèrent sans cesse le partage, par ordre de grosseur, des boues, sables et graviers. Les sables de la Loire sont surtout granitiques et quartzeux, mais renferment aussi de nombreux grains noirs de basalte et de phonolithe. *Sable de la Loire.*

Lorsqu'on ne peut se procurer du sable de la Loire, on emploie les alluvions de ses principaux affluents[1], ou bien les *arènes* des granites, porphyres et grès désagrégés, ou encore certains sables peu argileux du terrain tertiaire. *Sables divers et arènes.*

2° Glaises, argiles quaternaires, terres à pisé.

J'ai fait connaître dans le chapitre X la nature, la ma-

---

[1] Ainsi, à Saint-Étienne, le sable de Champagne des bords du Furens.

47.

nière d'être et l'origine de nos dépôts glaiseux : ce sont de
véritables atterrissements, provenant de l'altération lente des
roches, accumulés dans les bas-fonds par les eaux de pluies.
On les rencontre à la surface des terrains argilo-feldspathiques, les gneiss, schistes argileux, schistes carbonifères,
et abondent surtout dans les districts houillers et anthraxifères. Ils sont exploités sur tous ces points pour la confection des tuiles et des briques.

Tuileries
du
bassin houiller.

Dans le bassin houiller de Saint-Étienne et de Rive-de-
Gier, l'industrie des briques a acquis une certaine importance. Le nombre des tuileries y dépasse soixante, sur lesquelles Saint-Étienne, avec sa banlieue, en compte une
vingtaine, Saint-Chamond avec Izieux et Saint-Julien douze
à quinze, Rive-de-Gier avec les communes attenantes six
à sept, et Firminy avec ses environs immédiats également
six à sept.

Dans chacune de ces tuileries on travaille, en moyenne,
huit à neuf mois de l'année; le nombre des ouvriers y est
de quatre à six, parmi lesquels deux mouleurs, soit 250
à 300 pour l'ensemble du bassin houiller. Les tuiliers viennent, comme les maçons, du département de la Creuse.

La production annuelle de chaque tuilerie est comprise
entre 250,000 et 300,000 briques ou tuiles, ce qui donne
pour Saint-Étienne et sa banlieue 5 à 6 millions[1] et pour
la vallée houillère environ 15 millions de briques, dont
la valeur actuelle, au prix de 35 à 40 francs le mille, est
de 5 à 600,000 francs. Dans ce chiffre ne sont pas comprises les briques fabriquées depuis deux ans, par la méthode flamande, pour les travaux du chemin de fer; le seul
tunnel de Terre-Noire en a consommé plus de 5 millions.

La cuisson se fait dans des fours clos, à chauffes voûtées,
où l'on stratifie, de plus, un peu de houille menue avec les

[1] La ville proprement dite a consommé, d'après les registres de l'octroi : en 1854, 9,100 mètres cubes de briques et tuiles; en 1855,
9,564; en 1856, 10,975 : ce qui correspond à peu près au chiffre de
4 millions de briques diverses.

briques. Les fours sont de grandeur très-variable; la plupart tiennent 25 à 30,000 briques, les plus grands 50 à 60,000.

Le séchage se fait sous des hangars dont le sol est sillonné de galeries que l'on chauffe en hiver et pendant les temps humides. On consomme pour la cuisson des grosses briques 6 hectolitres ou 480 kilogrammes de houille menue ordinaire, et pour leur dessiccation, 3 hectolitres ou 240 kilogrammes[1].

Le prix de revient se compose des éléments suivants :

Main-d'œuvre............................	10 à 11
Combustible.............................	8 à 10
Loyer de la tuilerie[2] et entretien........	7 à 9
Total.................	25 à 30
Bénéfice par millier............	10 à 12

Après le terrain houiller, ce sont les grès à anthracites et les schistes carbonifères qui fournissent les glaises quaternaires les plus abondantes (p. 704).

La zone carbonifère du plateau de Neulize et des coteaux voisins comprend 25 à 30 tuileries, alimentées par ces terres. Les produits sont de qualité variable et, en général, moins estimés que les briques des argiles tertiaires. Aussi la fabrication y est-elle moins active que dans les plaines. La plupart des tuileries n'occupent que deux ouvriers et chôment même une partie de la belle saison. Elles se louent, en général, 100 à 150 fr. et ne font guère au delà de 3 à 4 four-

Tuileries du bassin anthraxifère.

---

[1] La consommation est sensiblement la même dans le four Carville d'Alais, qui tient 80,000 briques anglaises de 0ᵐ,22, dont le volume n'est que le tiers de celui des grosses briques de la Loire. On y brûle par millier 2 hectolitres de houille. *Bulletin de la Société d'encouragement*, an 1841, p. 156.

[2] Le loyer est généralement de 700 à 800 francs pour une tuilerie pouvant produire 250,000 briques par an.

nées par an; ce qui porte la production moyenne de chaque
tuilerie, au maximum, à 50,000 briques ou tuiles par an,
et, par suite, leur fabrication totale à un million et quart,
valant à peu près 35 à 40,000 francs. Le prix de revient
est de 20 à 25 francs le mille, comme dans les établissements de la plaine du Forez (p. 686). La cuisson se fait,
selon les localités, au bois ou à la houille.

Tuileries
des
régions grani-
tiques.

Les roches granitiques et granito-schisteuses produisent
également, par leur altération lente, des terres à briques.
On les utilise spécialement dans les communes de Panissières, Roziers, Chevrières, etc., des montagnes du Beaujolais. Elles alimentent 10 à 12 tuileries, où travaillent
une vingtaine d'ouvriers, livrant par an au plus 500,000
briques et tuiles, dont la valeur est de 15,000 francs. Les
produits sont quelque peu friables, à cause de la maigreur
des terres.

Terres à pisé.

Comme dernier produit des terrains modernes nous devons encore citer les terres à pisé. On peut employer comme
telles les glaises quaternaires des terrains houillers, lorsqu'elles sont maigres. Mais en général, à cause du bas
prix des moellons de grès, on a peu recours aux constructions en pisé dans le bassin houiller. On en voit davantage
dans la région anthraxifère (plateau de Neulize), où les
glaises sont d'ailleurs plus maigres. Mais l'emploi du pisé
est surtout fréquent dans les plaines de Roanne et de Feurs,
dont le sol ne fournit aucune roche solide. Seulement on
n'emploie dans ces régions, moins les alluvions fines des
bords de la Loire, que les argiles sableuses, plus ou moins
remaniées, de l'étage le plus élevé du terrain tertiaire.

FIN DU PREMIER VOLUME.

TABLE DES MATIÈRES.

————◦◦◦————

AVANT-PROPOS.

PREMIÈRE PARTIE.
CONSTITUTION PHYSIQUE.

DEUXIÈME PARTIE.

CONSTITUTION GÉOLOGIQUE.

CHAPITRE Ier.

TERRAINS ANCIENS OU AZOÏQUES.

CHAPITRE II.

ROCHES ET MINÉRAUX DIVERS DES TERRAINS ANCIENS EN FILONS
OU MASSES SUBORDONNÉES.

Poudingues............................. 278
Calcaires............................. *Ibid.*
Puissance du terrain............................ 279
Restes organiques.............................. 280
Influence du terrain sur la conformation générale du sol... 282
Le terrain de grauwacke au point de vue hydrographique et
    agricole................................. *Ibid.*

§ 2. Porphyre granitoïde............................. 284
    Différence minéralogique entre le porphyre granitoïde et le
        granite proprement dit........................ 285
    Le porphyre granitoïde contient deux feldspaths différents.. 286
    Différence entre le porphyre granitoïde et le porphyre quar-
        tzifère.................................... 289
    Le porphyre granitoïde est facile à confondre avec le grès
        ou tuf porphyrique à anthracite.................. *Ibid.*
    Influence du porphyre sur la configuration du sol........ 290
    Situation des masses porphyriques.................. *Ibid.*
    Influence du porphyre sur le régime des eaux.......... *Ibid.*
    Le porphyre granitoïde au point de vue agricole........ *Ibid.*

§ 3. Grès à anthracite du Roannais (terrain houiller inférieur ou
    millstone-grit)................................. 291

    Poudingue................................. *Ibid.*
    Poudingue ordinaire........................... *Ibid.*
    Poudingue à ciment siliceux...................... 292
    Poudingue à ciment silicéo-feldspathique............. *Ibid.*
    Origine du poudingue silicéo-feldspathique............ 293

    Grès..................................... 294
    Le grès est une sorte de tuf porphyrique très-feldspathique
        et micacé................................ *Ibid.*
    Le mica se présente souvent dans le grès sous forme de tables
        hexagonales............................. 295
    Le grès est souvent criblé de petits fragments de schistes... *Ibid.*
    Le grès ressemble parfois au porphyre vert-violet........ 296
    Rarement le grès est nettement stratifié.............. 297
    Quelquefois le grès est divisé en colonnades prismatiques.. *Ibid.*
    Le grès a été confondu avec le porphyre granitoïde et aussi
        décrit comme mélaphyre, diorite et granite à grains fins. 298

    chistes feldspathiques........................... 299
    Grès schisteux feldspathiques à empreintes végétales..... *Ibid.*

    Anthracites................................. *Ibid.*

Pages.

CHAPITRE IV.

ROCHES ET MINÉRAUX DIVERS, EN COUCHES, FILONS OU MASSES

SUBORDONNÉES, DANS LES TERRAINS DE TRANSITION.

768 TABLE DES MATIÈRES.

49

CHAPITRE IV BIS.

TERRAIN HOUILLER.

NOTA. Ce chapitre formera à lui seul un volume spécial.

CHAPITRE V.

PÉRIODE SECONDAIRE.

(Terrain jurassique.)

CHAPITRE VI.

ROCHES ET MINÉRAUX UTILES DES TERRAINS JURASSIQUES.

(Carrières, marnières, etc.)

CHAPITRE VII.

PÉRIODE TERTIAIRE.

CHAPITRE VIII.

ROCHES ET MINÉRAUX EXPLOITÉS DU TERRAIN TERTIAIRE.

CHAPITRE IX.

CÔNES BASALTIQUES DU FOREZ.

CHAPITRE XI.

PRODUITS ET DÉPÔTS DE L'ÉPOQUE ACTUELLE.

CHAPITRE XII.

ROCHES ET MINÉRAUX UTILES DES PÉRIODES QUATERNAIRE ET MODERNE.

FIN DE LA TABLE.

ADDITION ET CHANGEMENTS.

P. 15, ligne 27, lisez 940 au lieu de 797.

P. 170, ligne 20 :

> Note. — Quelques autres filons quartzeux, comme je l'ai prouvé dans le mémoire publié en 1856 (voy. les *Annales de Lyon*), obéissent à des directions différentes et se rattachent aux éruptions porphyriques.

P. 416, ligne 17, lisez $ 8 au lieu de 6°.

P. 425, ligne 27, lisez $ 9 au lieu de 7°.

P. 429, ligne 22, lisez $ 10 au lieu de 8°.

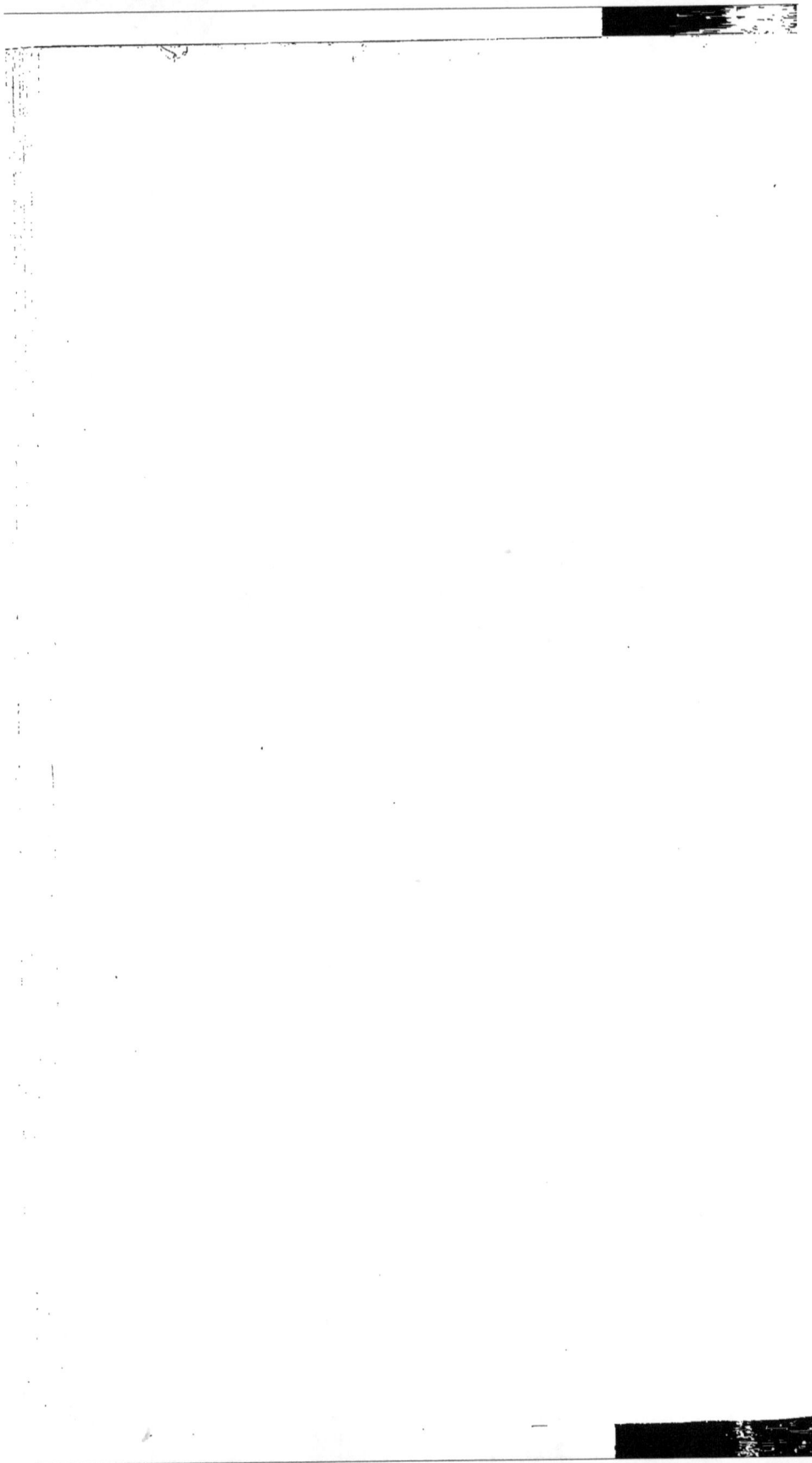

CARTE OROGRAPHIQUE DU FOREZ ET DES CONTRÉES VOISINES.

LÉGENDE.

Territoires divers dont se compose le Forez.

I. Montagnes du Forez	1ʳᵉ Chaine du Forez. *(Terrain ancien)*
	2ᵉ Massif de la Chaise-Dieu. *(Terrain ancien)*
	3ᵉ Montagnes de la Madeleine. *(Terrain de transition)*

II. Massif du Pilat. *(Terrain ancien.)*

III. Groupe des montagnes du Beaujolais. *(Terrains anciens, de transition et secondaires.)*

IV. Plateau de S.ᵗ Étienne. *(Terrains carbonifères et éocènes.)*

V. Plaine du Forez. *(Terrain éocène.)*

VI. Plateau de Neulise. *(Terrain de transition.)*

VII. Plaine de Roanne. *(Terrains tertiaires et quaternaires.)*

Axes de soulèvement, par ordre de dates, en commençant par le plus ancien.

1ᵉ Système V. 15 a 30° E. *(du Ballouy.)*

2ᵉ Système O. 12 a 15° N. *(des Vosges.)*

3ᵉ Système E. 15° N. *(Soulèvement lent pendant le cours de la période houillère.)*

4ᵉ Système N. 15° O. *(du Forez.)*

5ᵉ Système N. 30° O.

6ᵉ Système N. 65° E. *(du Pilat.)*

Limites du département de la Loire

Limites des Territoires

ÉCHELLE.

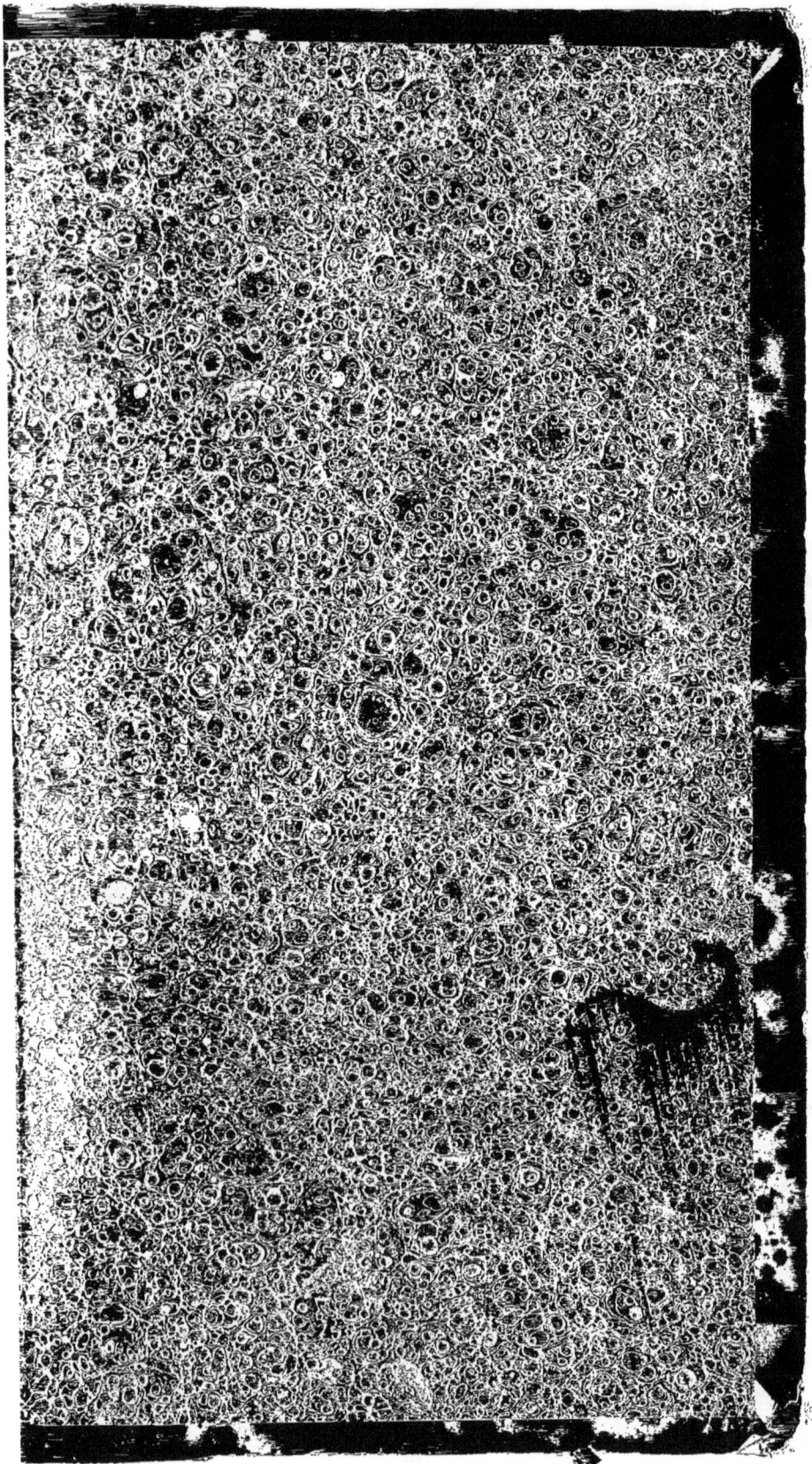